12년 기술사 강의 노하우 합격의 정석!!

최신
개정판

건설안전
기술사

이 태 엽 저자
건설안전기술사
토목시공기술사

건설현장 컨설팅 노하우를 반영한 실무노트

- **핵심 키워드 적극 활용**

  핵심 키워드를 활용하여 답안의 간략화 및 차별화

- **약자노트 파일 제공**

  약자노트 파일을 제공하여 암기력 및 순발력 향상

- **홈페이지를 통한 질의응답**

  홈페이지를 통한 질의응답으로 학습효과 증대

한솔아카데미 H/A/N/S/O/L//A/C/A/D/E/M/Y

Preface

머리말

최근 건설 규모의 대형화 복잡화로 인해 발생되는 중대재해로 건설안전 인력이 절실히 요구되고 있으나 터무니없이 부족한 건설안전 인력자원으로 말미암아 건설현장의 재해는 지속적으로 증가되는 추세에 있습니다.

그럼에도 불구하고 건설안전기술사에 도전하기란 결코 쉬운 일이 아닙니다.
수험생의 걱정거리는 "과연 내가 이 어려운 시험에 합격할 것인지?"에 대한 의구심으로 감히 도전할 용기를 낼 수 없기 때문입니다.

그러나 많은 현장을 경험한 여러분의 머릿속에는 기본적인 기술이나 지식은 가지고 있으나, 머릿속에 있는 경험과 노하우를 정리할 수 있는 기술이 없기 때문에 학습을 통한 정리의 기술능력을 발휘한다면 큰 어려움 없이 합격하리라고 생각합니다.

기술사 공부를 하기 위해서는

1. 대제목 작성 능력을 익히고 문장의 키워드를 잡아내어 이 키워드를 그림과 함께 생각하고 정리한다면 자연스럽게 지식이 축적됩니다.

2. 이 키워드를 약자화하여 시험장에서 순발력을 발휘한다면 명쾌하게 시험을 치룰 수 있습니다.

3. 틈틈이 연습한 그림을 빈 공간에 채워주고 숫자 공식 비교표 등을 넣어주면 차별화 된 답안지로 전략화 할 수 있습니다.

공부를 하려면 직장생활을 하면서 시간을 어떻게 할애할 것인지가 관건인데 직장업무 후 저녁 7시부터는 공부하는 시간을 습관화하여 어디서든 접할 수 있도록 자신만의 메모장과 저녁에 공부한 연습장 등을 이용하여 출퇴근 시 혹은 틈나는 시간을 활용한다면 축적되는 지식으로 자신감을 갖게 될 것입니다.

건설안전기술사 자격증은 정년퇴직한 이후에도 자신의 건설안전기술의 능력을 발휘하여 제2의 인생 발전을 도모할 수 있는 효자 자격증이므로 현역에 있을 때 필히 취득해 놓으라고 권유를 합니다.

기술사 시험은 하루아침에 합격할 수 있는 시험이 아니며, 최소 2년 이상 피나는 노력을 하여야 합격하는 시험이므로 여러분도 자신감을 가지고 도전하여 합격의 영광을 이루시기를 기원합니다.

저자 이 태 엽

❶ 시험 개요

건설 사업장에서의 안전사고가 점차 증가되고 있는 바 사업장에서 일어나는 여러 가지 안전사고와 관리방법을 이해하고 재해방지기술을 습득하여 건설사고에 대한 예방 대책과 제반시설의 검사 등 산업안전관리를 담당할 전문인력의 양성이 요구되어 자격 제도 제정

❷ 진로 및 전망

• 전문 및 종합건설업체 안전관리 분야나 건설안전 관련 연구소나 공공기관에 진출할 수 있다.
• 건설재해는 다른 산업재해에 비해 빈번히 발생할 뿐 아니라 다양한 위험요소가 상호 연관, 복합적인 상태에서 발생하기 때문에 전문적인 안전관리자를 필요로 한다. 또한 건설경기 회복에 따른 건설재해가 증가, 구조조정으로 인한 안전관리자의 감소 「산업안전보건법」에 의한 채용의무 규정, 경제성 (재해에 따른 손실비용은 안전관리에 따른 비용에 몇 배의 간접비가 따름) 등 증가요인으로 인하여 건설안전기술사의 인력수요는 증가할 것이다.

❸ 수행직무

건설안전 분야에 고도의 전문지식과 실무경험에 입각한 계획, 연구, 설계, 분석, 시험, 운영, 시공, 평가 또는 이에 관한 지도, 감리 등의 기술업무 수행

❹ 취득방법

① 시 행 처 : 한국산업인력공단
② 관련학과 : 대학과 전문대학의 산업안전공학 및 건설안전공학, 토목공학, 건축공학 관련학과
③ 시험과목
  • 산업안전관리론(사고원인분석 및 대책, 방호장치 및 보호구, 안전점검 요령), 산업심리 및 교육(인간공학), 산업안전관계법규, 건설산업의 안전운영에 관한 계획, 관리, 조사, 기타 건설안전에 관한 사항
④ 검정방법
  • 필기 : 단답형 및 주관식 논술형(매교시당 100분 총 400분)
  • 면접 : 구술형 면접시험(30분 정도)
⑤ 합격기준
  • 100점 만점에 60점 이상

⑤ 실시기관명

한국산업인력공단

⑥ 실시기관 홈페이지

http://www.q-net.or.kr

⑦ 변천과정

`74.10.16. 대통령령 제7283호	`91.10.31. 대통령령 제13494호	현 재
안전관리기술사(건설안전)	건설안전기술사	건설안전기술사

⑧ 시험수수료

· 필기 : 67,800
· 실기 : 87,100

■ 이 교재의 특징 및 대제목의 중요성

❶ 키워드 중심의 답안작성 가능

① 1면2단 인쇄로 책의 부피를 과감히 줄였고 700여 문제를 게재하여 폭 넓은 학습이
  가능하도록 만들었다.
② 약자와 함께 신속하고 정확한 답안 작성이 가능하다.
③ 자신감을 향상 시켜 지속적인 학습이 가능하다.

❷ 약자암기로 답안작성 시 순발력 발휘

① 약자는 시험장에서 순발력을 발휘할 수 있는 최고의 무기이다.
② 약자 암기비법을 제시하여 학습에 향상효과를 증대시켰다.
③ 암기비법과 mp3 음원 지원으로 출퇴근 시 지속적인 학습이 가능하며 약자로 자신
  감을 얻을 것이다.

❸ 현장사진 및 저자의 그림으로 현실감 있는 학습

① 그림과 사진을 보고 답안을 작성하는 연습을 통해 학습효과를 증대시킬 수 있다.
② 그림과 사진은 이해력을 증진시키는 최고의 자료이며 상상력을 발휘하여 최선의 답안을
  작성할 수 있다.

❹ 대제목의 중요성

시험장에서 무엇을 어떻게 쓸 것인가? 를 망설이면 시간은 흘러가고 긴장되고 초조해
져서 알고 있는 답도 못쓰게 된다. 그만큼 1분1초가 소중하며, 400분 시간은 어떻게
지나간지도 모를 정도로 촌각을 다툰다.

수험생이 공부를 할 때 머릿속에 대제목을 체계적으로 나열하며 학습을 했다고 치자. 답
안지를 받자마자 필요한 대제목부터 나열하고 간격 및 번호체계 등 질서정연하게 답안을
정리하면 답안 작성도 자신감 있고 수월해진다. 빈공간에는 그림을 넣고 연습된 약자를
나열하며 답안을 작성한다면 시험종료전 10분은 절약할 수 있다. 절약된 10분은 빈공간에
추가로 그림을 더욱 알차게 그려 넣고 최종체크를 하면 된다.

합격선의 답안을 작성하려면 초집중 상태에서 쉬지 않고 알고 있는 지식 재능 능력을 십분
발휘해야 합격할 수 있다. 대제목의 중요성을 인식하고 대제목 순서대로 정리하는 습관을
기르자.

❺ 대제목의 작성방법

---

1. **개요**
   정의, 문제점, 종류
2. **사고유형**
3. **공법종류**
4. **문제점**, 원인, 대책
5. **특징**
   적용, 장점, 단점
6. **시공순서**
7. **시공시유의사항**
   (시공상 안전대책)   +관리상 안전대책
8. **품질관리**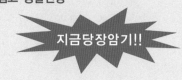
9. **계측**   암기 담보불내 출악점고 상달전정
10. **맺음말**
    인원, 장비, 자재,   지금당장암기!!
    향후 개선 방향
    암기 개유종문 특순시품 계맺

1교시 용어정리
  1~10중 약 4개 선택

2, 3, 4교시 논문
1~10중 약 7개 선택

---

1. 개요의 정리
   1) 정의
   2) 특징 : 장점 단점
   3) 문제점 원인 대책(향후 개선방향)
   4) 종류
등을 나열하면 4~5줄 정도 된다.

2. 사고유형

   암기 추감충협 붕도낙비기 전화발폭밀 로 동일

7. 시공상 안전대책 : 시공시 유의사항을 나열

   관리상 안전대책 : 암기 담보불내 출악점고 상달전정

9. 계측 : 연약지반/흙막이/터널/교량 계측으로 정리

10. 맺음말
    – 문제점 원인 대책을 간단히 정리하고
    – 인원 장비 자재 등을 향후 개선방향 으로 마감하여 5줄 정도로 마감
    – 차별화 대책(기술문제 경우)은
       원인 : 4M 인간적 설비적 작업적 관리적
       대책 : 3E 기술적 교육적 규제적 대책
       등과 같이 기술론에 일반론으로 마감하면 조화를 이루며 차별화할 수 있다.

■ 번호체계 및 답안지의 배분

❶ 번호체계

① 번호 체계가 없는 상태로 어수선하면 채점 시 피곤해진다.

② 번호체계가 3개 이상이 되면 답안이 조잡해진다. 가급적 3개 이하로 마감하자.

③ 3개 이하의 번호체계 (ex : 1. 1) ①) 이와 같이 자신의 노하우를 개발하자.

❷ 1교시 용어정리 번호체계

① 1page로 끝낸다.

② 많이 안다고 자신이 넘쳐 페이지수를 넘기면 다음문제는 1페이지를 못쓰게 되어 낭패를 보게 될 수 있다.

③ 문제를 마치고는 끝, 마지막 문제를 마치고는 이하여백을 쓴다.

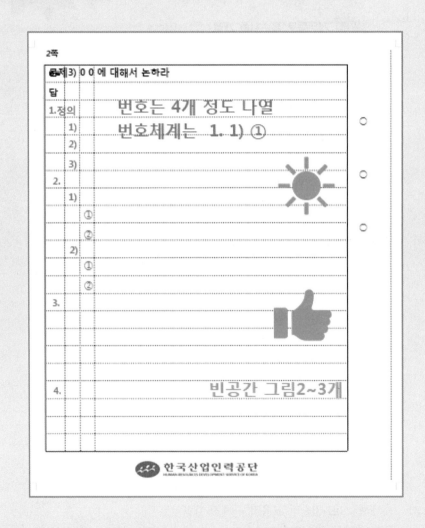

❸ 2~4교시 논문 번호체계

① 2.5~3page로 끝낸다. 좀 더 자신있는 문제는 3page로 마감한다.
② 많이 안다고 자신이 넘쳐 페이지수를 넘기면 다음문제는 못쓰게 되어 낭패를 보게 될 수 있다.
③ 문제를 마치고는 끝, 마지막 문제를 마치고는 이하여백을 쓴다.

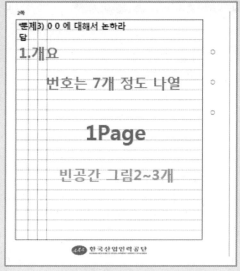

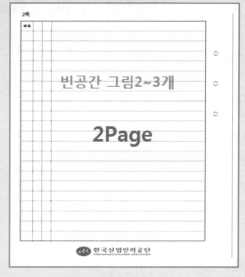

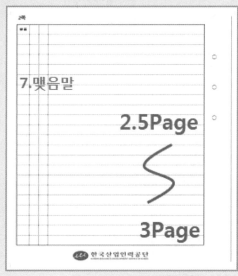

● 좀 더 자신있는 문제는
　3page로 마감

목차

Chapter 1 | 산업안전보건법

Chapter 2 | 시설물안전법

목차

Chapter 3 | 건설기술진흥법

Chapter 4 | 기타법(재난, 지하)

Chapter 5 | 안전관리

목차

Chapter 6 | 안전심리

Chapter 7 | 안전교육

Chapter 8 | 인간공학

Chapter 9 | 시스템안전

목차

Chapter 10 | 기술안전

Chapter 11 | 가설공사

Chapter 12 | 토목공사

목차

Chapter 13 | 콘크리트공사

목차

Chapter 14 | 철골

목차

Chapter 15 | 해체공사

Chapter 16 | 전문공사

목차

Chapter 17 | 기타공사

부록

CHAPTER-1

산업안전보건법

제 1 장

01 중대재해처벌법(시행 2022. 1. 27.)

1. 개요

1) 산업재해로 사람이 숨졌을 때 경영 책임자 등이 안전 관리를 소홀히 한 점이 인정되면 1년 이상 징역이나 10억원 이하 벌금으로 처벌하는 게 핵심이다. 징역형과 벌금형을 함께 받을 수 있고, 법인에도 50억원 이하 벌금이 부과된다.
2) 같은 사고로 6개월 이상 치료가 필요한 부상자가 2명 이상 나와도 경영 책임자 등을 7년 이하 징역이나 1억원 이하 벌금으로 처벌한다. 기존 산업안전보건법(사망 사고 시 개인은 7년 이하 징역 또는 1억원 이하 벌금, 법인은 10억원 이하 벌금)보다 처벌 수위가 훨씬 높다.

2. 적용범위

1) 상시근로자가 5명 이상인 사업 또는 사업장
2) 다만, 개인사업자나 상시근로자 50명 미만인 사업 또는 사업장(건설업은 공사금액 50억원 미만의 공사)은 2024.1.27.부터 적용

3. 책임주체

1) 대표이사 등 사업을 대표하고 총괄하는 권한과 책임이 있는 사람
2) 대표이사 등에 준하는 책임자로서 사업 또는 사업장
3) 전반의 안전·보건 관련 조직, 인력, 예산을 결정하고 총괄 관리하는 사람

4. 중대산업재해 및 중대시민재해 범위

1) 중대산업재해
 ① 사망자 1명 이상
 ② 6개월 이상 치료 필요한 부상자 2명 이상
 ③ 급성중독, 직업성 질병자가 1년에 3명 이상
2) 중대시민재해
 ① 사망자 1명 이상
 ② 2개월 이상 치료 필요한 부상자 10명 이상
 ③ 3개월 이상 치료가 필요한 질병자 10명 이상

5. 중대재해 발생 시 처벌규정

1) 산업재해 사망시 경영 책임자 등 안전관리 인정되면 1년 이상 징역이나 10억원 이하 벌금. 법인에도 50억원 이하 벌금이 부과

2) 같은 사고로 6개월 이상 치료가 필요한 부상자가 2명 이상 나와도 경영 책임자 등을 7년 이하 징역이나 1억원 이하 벌금
3) 산업안전보건법(사망 사고 시 개인은 7년 이하 징역 또는 1억원 이하 벌금, 법인은 10억원 이하 벌금)으로 처벌 수위 상향

6. 중대산업재해가 발생한 경우 다음 의무를 미준수 시 경영책임자는 처벌

1) 재해 예방에 필요한 안전보건관리체계의 구축 및 이행
2) 재해 발생 시 재발방지대책의 수립 및 이행
3) 중앙행정기관·지방자치단체가 관계 법령에 따라 개선 시정 등을 명한 사항의 이행
4) 안전·보건 관계 법령상 의무이행에 필요한 관리상 조치

7. 안전보건관리체계 구축 및 이행방법

1) 안전·보건에 관한 목표와 경영방침 설정
2) 안전·보건 업무를 총괄·관리하는 전담 조직구성
3) 사업 또는 사업장의 유해위험요인 확인 및 개선
4) 안전보건 인력·시설·장비를 구비하고 유해위험요인 개선에 필요한 예산을 편성 집행
5) 안전보건관리책임자 등의 업무수행 지원
6) 안전관리자, 보건관리자 등 전문인력 배치
7) 종사자의 의견을 청취하고 개선방안 등의 이행 여부를 점검
8) 중대재해 발생 및 급박한 위험에 대비할 매뉴얼을 마련하고 반기 1회 이상 점검
9) 도급, 용역, 위탁 시 안전보건 확보 기준과 절차를 마련하고 반기 1회 이상 점검

8. 문제점

1) 법 내용이 모호하고 혼란스러워 탁상공론의 여지가 있음
2) 처벌대상자가 사업주인지 경영책임자인지 등에 대한 논란
3) 안전관련 대표이사를 두면 처벌을 면하는지에 대한 논란 등

9. 중대재해처벌법 산업안전보건법 비교

구분	중대재해처벌법	산업안전보건법
재해 정의	중대산업재해 : 사업장의 종사자 1) 사망자 1명 이상 2) 동일한 사고로 6개월 이상 치료가 필요한 부상자 2명 이상 3) 동일한 유해요인으로 직업성 발병자가 1년 이내에 3명 이상	중대재해 : 사업장의 노무를 제공하는자 1) 사망자 1명 이상 2) 3개월 이상 요양이 필요한 부상자가 동시 2명 이상 3) 부상자 또는 직업성 질병자 동시 10명 이상
보호 대상	시설 장소에 실질적인 지배 운영 관리하는 책임이 있는 경우 계약 형태에 관계없이 투입되는 모든 근로자(근로자, 노무제공자, 수급인의 근로자 및 노무제공자	근로자, 수급인의 근로자, 특수형태근로자
책임 의무 주체	사업주 또는 경영책임자	사업주 / 현장소장
사고 시 적용 법률	산업안전보건법, 건설기술진흥법, 광산안전법, 선박안전법 등	산업안전보건법

참고 **중대재해처벌법의 목적 및 정의**

제1장 총칙

제1조【목적】이 법은 사업 또는 사업장, 공중이용시설 및 공중교통수단을 운영하거나 인체에 해로운 원료나 제조물을 취급하면서 안전·보건 조치의무를 위반하여 인명피해를 발생하게 한 사업주, 경영책임자, 공무원 및 법인의 처벌 등을 규정함으로써 중대재해를 예방하고 시민과 종사자의 생명과 신체를 보호함을 목적으로 한다.

제2조【정의】이 법에서 사용하는 용어의 뜻은 다음과 같다.
1. "중대재해"란 "중대산업재해"와 "중대시민재해"를 말한다.
2. "중대산업재해"란 「산업안전보건법」 제2조제1호에 따른 산업재해 중 다음 각 목의 어느 하나에 해당하는 결과를 야기한 재해를 말한다.
  가. 사망자가 1명 이상 발생
  나. 동일한 사고로 6개월 이상 치료가 필요한 부상자가 2명 이상 발생
  다. 동일한 유해요인으로 급성중독 등 대통령령으로 정하는 직업성 질병자가 1년 이내에 3명 이상 발생
3. "중대시민재해"란 특정 원료 또는 제조물, 공중이용시설 또는 공중교통수단의 설계, 제조, 설치, 관리상의 결함을 원인으로 하여 발생한 재해로서 다음 각 목의 어느 하나에 해당하는 결과를 야기한 재해를 말한다. 다만, 중대산업재해에 해당하는 재해는 제외한다.
  가. 사망자가 1명 이상 발생

  나. 동일한 사고로 2개월 이상 치료가 필요한 부상자가 10명 이상 발생
  다. 동일한 원인으로 3개월 이상 치료가 필요한 질병자가 10명 이상 발생

제2장 중대산업재해

제3조【적용범위】상시 근로자가 5명 미만인 사업 또는 사업장의 사업주(개인사업주에 한정한다. 이하 같다) 또는 경영책임자등에게는 이 장의 규정을 적용하지 아니한다.

제4조【사업주와 경영책임자등의 안전 및 보건 확보의무】
① 사업주 또는 경영책임자등은 사업주나 법인 또는 기관이 실질적으로 지배·운영·관리하는 사업 또는 사업장에서 종사자의 안전·보건상 유해 또는 위험을 방지하기 위하여 그 사업 또는 사업장의 특성 및 규모 등을 고려하여 다음 각 호에 따른 조치를 하여야 한다.
1. 재해예방에 필요한 인력 및 예산 등 안전보건관리체계의 구축 및 그 이행에 관한 조치
2. 재해 발생 시 재발방지 대책의 수립 및 그 이행에 관한 조치
3. 중앙행정기관·지방자치단체가 관계 법령에 따라 개선, 시정 등을 명한 사항의 이행에 관한 조치
4. 안전·보건 관계 법령에 따른 의무이행에 필요한 관리상의 조치
② 제1항제1호·제4호의 조치에 관한 구체적인 사항은 대통령령으로 정한다.

제5조【도급, 용역, 위탁 등 관계에서의 안전 및 보건 확보의무】사업주 또는 경영책임자등은 사업주나 법인 또는 기관이 제3자에게 도급, 용역, 위탁 등을 행한 경우에는 제3자의 종사자에게 중대산업재해가 발생하지 아니하도록 제4조의 조치를 하여야 한다. 다만, 사업주나 법인 또는 기관이 그 시설, 장비, 장소 등에 대하여 실질적으로 지배·운영·관리하는 책임이 있는 경우에 한정한다.

제6조【중대산업재해 사업주와 경영책임자등의 처벌】① 제4조 또는 제5조를 위반하여 제2조제2호가목의 중대산업재해에 이르게 한 사업주 또는 경영책임자등은 1년 이상의 징역 또는 10억원 이하의 벌금에 처한다. 이 경우 징역과 벌금을 병과할 수 있다.
② 제4조 또는 제5조를 위반하여 제2조제2호나목 또는 다목의 중대산업재해에 이르게 한 사업주 또는 경영책임자등은 7년 이하의 징역 또는 1억원 이하의 벌금에 처한다.
③ 제1항 또는 제2항의 죄로 형을 선고받고 그 형이 확정된 후 5년 이내에 다시 제1항 또는 제2항의 죄를 저지른 자는 각 항에서 정한 형의 2분의 1까지 가중한다.

제7조【중대산업재해의 양벌규정】법인 또는 기관의 경영책임자등이 그 법인 또는 기관의 업무에 관하여 제6조에 해당하는 위반행위를 하면 그 행위자를 벌하는 외에 그 법인 또는 기관에 다음 각 호의 구분에 따른 벌금형을 과(科)한다. 다만, 법인 또는 기관이 그 위반행위를 방지하기 위하여 해당 업무에 관하여 상당한 주의와 감독을 게을리하지 아니한 경우에는 그러하지 아니하다.
1. 제6조제1항의 경우: 50억원 이하의 벌금
2. 제6조제2항의 경우: 10억원 이하의 벌금

제3장 중대시민재해

제9조【사업주와 경영책임자등의 안전 및 보건 확보의무】

① 사업주 또는 경영책임자등은 사업주나 법인 또는 기관이 실질적으로 지배·운영·관리하는 사업 또는 사업장에서 생산·제조·판매·유통 중인 원료나 제조물의 설계, 제조, 관리상의 결함으로 인한 그 이용자 또는 그 밖의 사람의 생명, 신체의 안전을 위하여 다음 각 호에 따른 조치를 하여야 한다.

1. 재해예방에 필요한 인력·예산·점검 등 안전보건관리체계의 구축 및 그 이행에 관한 조치

2. 재해 발생 시 재발방지 대책의 수립 및 그 이행에 관한 조치

3. 중앙행정기관·지방자치단체가 관계 법령에 따라 개선, 시정 등을 명한 사항의 이행에 관한 조치

4. 안전·보건 관계 법령에 따른 의무이행에 필요한 관리상의 조치

② 사업주 또는 경영책임자등은 사업이나 법인 또는 기관이 실질적으로 지배·운영·관리하는 공중이용시설 또는 공중교통수단의 설계, 설치, 관리상의 결함으로 인한 그 이용자 또는 그 밖의 사람의 생명, 신체의 안전을 위하여 다음 각 호에 따른 조치를 하여야 한다.

1. 재해예방에 필요한 인력·예산·점검 등 안전보건관리체계의 구축 및 그 이행에 관한 조치

2. 재해 발생 시 재발방지 대책의 수립 및 그 이행에 관한 조치

3. 중앙행정기관·지방자치단체가 관계 법령에 따라 개선, 시정 등을 명한 사항의 이행에 관한 조치

4. 안전·보건 관계 법령에 따른 의무이행에 필요한 관리상의 조치

③ 사업주 또는 경영책임자등은 사업이나 법인 또는 기관이 공중이용시설 또는 공중교통수단과 관련하여 제3자에게 도급, 용역, 위탁 등을 행한 경우에는 그 이용자 또는 그 밖의 사람의 생명, 신체의 안전을 위하여 제2항의 조치를 하여야 한다. 다만, 사업이나 법인 또는 기관이 그 시설, 장비, 장소 등에 대하여 실질적으로 지배·운영·관리하는 책임이 있는 경우에 한정한다.

④ 제1항제1호·제4호 및 제2항제1호·제4호의 조치에 관한 구체적인 사항은 대통령령으로 정한다.

제10조【중대시민재해 사업주와 경영책임자등의 처벌】

① 제9조를 위반하여 제2조제3호가목의 중대시민재해에 이르게 한 사업주 또는 경영책임자등은 1년 이상의 징역 또는 10억원 이하의 벌금에 처한다. 이 경우 징역과 벌금을 병과할 수 있다.

② 제9조를 위반하여 제2조제3호나목 또는 다목의 중대시민재해에 이르게 한 사업주 또는 경영책임자등은 7년 이하의 징역 또는 1억원 이하의 벌금에 처한다.

제11조【중대시민재해의 양벌규정】

법인 또는 기관의 경영책임자등이 그 법인 또는 기관의 업무에 관하여 제10조에 해당하는 위반행위를 하면 그 행위자를 벌하는 외에 그 법인 또는 기관에게 다음 각 호의 구분에 따른 벌금형을 과(科)한다. 다만, 법인 또는 기관이 그 위반행위를 방지하기 위하여 해당 업무에 관하여 상당한 주의와 감독을 게을리하지 아니한 경우에는 그러하지 아니하다.

1. 제10조제1항의 경우: 50억원 이하의 벌금

2. 제10조제2항의 경우: 10억원 이하의 벌금

02 산업안전보건법

1. 개요

1) 산업안전보건법은 근로자의 안전보건 확보, 근로자의 생명 신체 보호에 있으며 법적 강제력이 있다.
2) 사업주나 근로자가 지켜야 할 의무사항
3) 근로자의 안전보건, 쾌적한 작업환경, 산업재해의 책임소재가 명확하기 위함이다.

2. 산업안전보건법의 목적 [암기] 기책산쾌인

1) 산업안전보건 기준확립
2) 산업재해 책임소재 명확
3) 산업재해 예방
4) 쾌적한 작업환경
5) 안전보건 유지증진
6) 인간 존중

3. 산업안전보건법의 구성 [암기] 법령칙 고예훈 안보취

1) 산업안전보건법 : 기본제도
2) 산업안전보건법 시행령 : 관련법 위임사항 및 규정
3) 산업안전보건법 시행규칙 : 법, 시행령 위임사항 규정
　① 산업안전보건법
　② 산업안전기준
　③ 산업보건기준
　④ 유해위험작업 취업제한 : 자격, 면허, 경험
4) 고시, 예규, 훈령
　① 고시 : 일반적이고 객관적인 사항, 검사 및 검정
　② 예규 : 행정 및 사무 기준
　③ 훈령 : 상·하급 지휘 및 감독체계

4. 산업안전보건법의 효력

1) 준수 의무
2) 형사처벌 : 징역, 벌금
3) 시행령, 시행규칙 : 법규명령, 형사처벌
4) 고시, 예규
　① 행정
　② 경제, 세금, 감독, 융자 제재
　③ 강제성, 규제성

5. 산업안전보건법 문제점 [암기] 타구제환실

1) 타 법령 간의 조화 : 시특법, 건기법, 재난법, 환경법
2) 구체성 일관성 부족 : 조급한 법 제정
3) 근로자 제재 조치 : 재래형 재해 반복
4) 환경관련 : 환경법 미고려
5) 우리 실정과 상이 : 문제 발생 시 급조

6. 대책

1) 타 법령과의 조화 도모
2) 구체성 있고 일관성 있는 법 제정
3) 재래형 재해예방
4) 환경법 고려
5) 우리 실정 고려하여 법 제정

7. 중대재해처벌법 산업안전보건법 비교

구분	중대재해처벌법	산업안전보건법
재해 정의	중대산업재해 : 사업장의 종사자 1) 사망자 1명 이상 2) 동일한 사고로 6개월 이상 치료가 필요한 부상자 2명 이상 3) 동일한 유해요인으로 직업성 발병자가 1년 이내에 3명 이상	중대재해 : 사업장의 노무를 제공하는자 1) 사망자 1명 이상 2) 3개월 이상 요양이 필요한 부상자가 동시 2명 이상 3) 부상자 또는 직업성 질병자 동시 10명 이상
보호 대상	시설 장소에 실질적인 지배 운영 관리하는 책임이 있는 경우 계약 형태에 관계없이 투입되는 모든 근로자(근로자, 노무제공자, 수급인의 근로자 및 노무제공자	근로자, 수급인의 근로자, 특수형태근로자
책임 의무 주체	사업주 또는 경영책임자	사업주 / 현장소장

[참고] 산업안전보건법의 목적 및 정의

제1장 총칙

제1조【목적】이 법은 산업 안전 및 보건에 관한 기준을 확립하고 그 책임의 소재를 명확하게 하여 산업재해를 예방하고 쾌적한 작업환경을 조성함으로써 노무를 제공하는 사람의 안전 및 보건을 유지·증진함을 목적으로 한다. <개정 2020. 5. 26.>

제2조【정의】이 법에서 사용하는 용어의 뜻은 다음과 같다. <개정 2020. 5. 26., 2023. 8. 8.>
　1. "산업재해"란 노무를 제공하는 사람이 업무에 관계되는 건설물·설비·원재료·가스·증기·분진 등에 의하거나 작업 또는 그 밖의 업무로 인하여 사망 또는 부상하거나 질병에 걸리는 것을 말한다.

2. "중대재해"란 산업재해 중 사망 등 재해 정도가 심하거나 다수의 재해자가 발생한 경우로서 고용노동부령으로 정하는 재해를 말한다.

3. "근로자"란 「근로기준법」 제2조제1항제1호에 따른 근로자를 말한다.

4. "사업주"란 근로자를 사용하여 사업을 하는 자를 말한다.

5. "근로자대표"란 근로자의 과반수로 조직된 노동조합이 있는 경우에는 그 노동조합을, 근로자의 과반수로 조직된 노동조합이 없는 경우에는 근로자의 과반수를 대표하는 자를 말한다.

6. "도급"이란 명칭에 관계없이 물건의 제조·건설·수리 또는 서비스의 제공, 그 밖의 업무를 타인에게 맡기는 계약을 말한다.

7. "도급인"이란 물건의 제조·건설·수리 또는 서비스의 제공, 그 밖의 업무를 도급하는 사업주를 말한다. 다만, 건설공사발주자는 제외한다.

8. "수급인"이란 도급인으로부터 물건의 제조·건설·수리 또는 서비스의 제공, 그 밖의 업무를 도급받은 사업주를 말한다.

9. "관계수급인"이란 도급이 여러 단계에 걸쳐 체결된 경우에 각 단계별로 도급받은 사업주 전부를 말한다.

10. "건설공사발주자"란 건설공사를 도급하는 자로서 건설공사의 시공을 주도하여 총괄·관리하지 아니하는 자를 말한다. 다만, 도급받은 건설공사를 다시 도급하는 자는 제외한다.

11. "건설공사"란 다음 각 목의 어느 하나에 해당하는 공사를 말한다.

가. 「건설산업기본법」 제2조제4호에 따른 건설공사

나. 「전기공사업법」 제2조제1호에 따른 전기공사

다. 「정보통신공사업법」 제2조제2호에 따른 정보통신공사

라. 「소방시설공사업법」에 따른 소방시설공사

마. 「국가유산수리 등에 관한 법률」에 따른 국가유산 수리공사

12. "안전보건진단"이란 산업재해를 예방하기 위하여 잠재적 위험성을 발견하고 그 개선대책을 수립할 목적으로 조사·평가하는 것을 말한다.

13. "작업환경측정"이란 작업환경 실태를 파악하기 위하여 해당 근로자 또는 작업장에 대하여 사업주가 유해인자에 대한 측정계획을 수립한 후 시료(試料)를 채취하고 분석·평가하는 것을 말한다. <시행일: 2024. 5. 17.> 제2조

제4조【정부의 책무】 ① 정부는 이 법의 목적을 달성하기 위하여 다음 각 호의 사항을 성실히 이행할 책무를 진다. <개정 2020. 5. 26.>

1. 산업 안전 및 보건 정책의 수립 및 집행

2. 산업재해 예방 지원 및 지도

3. 「근로기준법」 제76조의2에 따른 직장 내 괴롭힘 예방을 위한 조치기준 마련, 지도 및 지원

4. 사업주의 자율적인 산업 안전 및 보건 경영체제 확립을 위한 지원

5. 산업 안전 및 보건에 관한 의식을 북돋우기 위한 홍보·교육 등 안전문화 확산 추진

6. 산업 안전 및 보건에 관한 기술의 연구·개발 및 시설의 설치·운영

7. 산업재해에 관한 조사 및 통계의 유지·관리

8. 산업 안전 및 보건 관련 단체 등에 대한 지원 및 지도·감독

9. 그 밖에 노무를 제공하는 사람의 안전 및 건강의 보호·증진

② 정부는 제1항 각 호의 사항을 효율적으로 수행하기 위하여 「한국산업안전보건공단법」에 따른 한국산업안전보건공단(이하 "공단"이라 한다), 그 밖의 관련 단체 및 연구기관에 행정적·재정적 지원을 할 수 있다.

제5조【사업주 등의 의무】 ① 사업주(제77조에 따른 특수형태근로종사자로부터 노무를 제공받는 자와 제78조에 따른 물건의 수거·배달 등을 중개하는 자를 포함한다. 이하 이 조 및 제6조에서 같다)는 다음 각 호의 사항을 이행함으로써 근로자(제77조에 따른 특수형태근로종사자와 제78조에 따른 물건의 수거·배달 등을 하는 사람을 포함한다. 이하 이 조 및 제6조에서 같다)의 안전 및 건강을 유지·증진시키고 국가의 산업재해 예방정책을 따라야 한다. <개정 2020. 5. 26.>

1. 이 법과 이 법에 따른 명령으로 정하는 산업재해 예방을 위한 기준

2. 근로자의 신체적 피로와 정신적 스트레스 등을 줄일 수 있는 쾌적한 작업환경의 조성 및 근로조건 개선

3. 해당 사업장의 안전 및 보건에 관한 정보를 근로자에게 제공

② 다음 각 호의 어느 하나에 해당하는 자는 발주·설계·제조·수입 또는 건설을 할 때 이 법과 이 법에 따른 명령으로 정하는 기준을 지켜야 하고, 발주·설계·제조·수입 또는 건설에 사용되는 물건으로 인하여 발생하는 산업재해를 방지하기 위하여 필요한 조치를 하여야 한다.

1. 기계·기구와 그 밖의 설비를 설계·제조 또는 수입하는 자

2. 원재료 등을 제조·수입하는 자

3. 건설물을 발주·설계·건설하는 자

제6조【근로자의 의무】 근로자는 이 법과 이 법에 따른 명령으로 정하는 산업재해 예방을 위한 기준을 지켜야 하며, 사업주 또는 「근로기준법」 제101조에 따른 근로감독관, 공단 등 관계인이 실시하는 산업재해 예방에 관한 조치에 따라야 한다.

03 산업재해

1. 개요

1) 재해 : 안전사고의 결과로 인명 재산의 손실을 초래
2) 산업재해 : 업무와 관련된 건설물 설비 원재료 가스 증기 분진으로 사망 부상 질병에 이환 되는 것
3) 중대재해 : 산업재해로 사망의 정도가 심각한 것

2. 산업재해의 요인

1) 인적 : 지식 기능 태도가 불량한 불안전한 행동
2) 물적 : 위험 기계·기구·설비, 유해가스 등이 불안전한 상태
3) 작업환경 : 유해물질 건강장해 정리정돈 조명 환기가 불량한 상태

3. 산업재해 발생 시 사업주의 의무

1) 사망 또는 3일 이상 부상 및 질병
2) 산업재해조사표 작성
 ① 1월 이내 관할 노동관서장에게 보고
 ② 미보고 시 1,000만 원 이하의 과태료
3) 내용
 ① 사고개요
 ② 현재 상황
 ③ 사고 후 조치 결과
 ④ 향후전망

4. 산업재해 발생 시 기록보존

1) 기록보존 3년간
2) 산재조사표 작성보고
3) 재발 방지 대책

5. 재해발생시 조치 [암기] 산긴재원 대대실평

1) 산업재해
2) 긴급처리기계정지-확산 방지-응급조치-통보-2차 재해방지
3) 재해조사 : 육하원칙(5W 1H)
4) 원인 강구
 ① 간접적·직접적인 원인 강구
 ② 인적·물적원인 강구

5) 대책
 ① 동종재해 예방대책
 ② 유사재해 예방대책
6) 대책실시계획 : 육하원칙(5W 1H)
7) 실시 : 대책실시계획
8) 평가 : 후속 조치

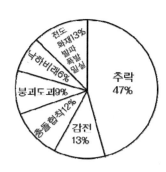

재해유형별 발생율

04 중대재해

1. 개요

1) 재해 : 안전사고의 결과로 인명 재산의 손실을 초래
2) 산업재해 : 업무와 관련된 건설물, 설비, 원재료, 가스, 증기, 분진으로 사망 또는 부상 질병에 걸리는 것
3) 중대재해 : 산업재해로 사망의 정도가 심각한 것

2. 중대재해 [암기] 사요부질

1) 사망자 1인 이상
2) 3월 이상 요양을 필요로 하는 부상자 2인 이상
3) 부상 및 질병이 동시에 10인 이상 발생

3. 중대재해 시 발생 보고

1) 기관장에게 즉시 보고
2) 천재지변 발생 시 사유 소멸 즉시 보고
3) 방법 : 전화 혹은 Fax
4) 보고내용
 ① 사고개요
 ② 인적 사항
 ③ 일시 및 장소
 ④ 사고원인
 ⑤ 재발 방지대책

4. 산업재해조사표

1) 사망
2) 4일 이상 요양, 3일 이상 휴업을 요하는 부상 질병
3) 1,000만 원 과태료
4) 1월 이내 관할노동관서장 제출

5. 재해발생 시 조치 [암기] 산긴재원 대대실평

1) 산업재해
2) 긴급처리기계정지-확산 방지-응급조치-통보-2차 재해방지
3) 재해조사 : 육하원칙(5W 1H)
4) 원인 강구
 ① 간접적 직접적인 원인 강구
 ② 인적 물적원인 강구

5) 대책
 ① 동종재해 예방대책
 ② 유사재해 예방대책
6) 대책실시계획 : 육하원칙(5W 1H)
7) 실시 : 대책실시계획
8) 평가 : 후속 조치

6. 무재해

사망 및 3일 이상 요양, 부상·질병이 없는 상태

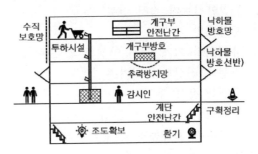

안전시설

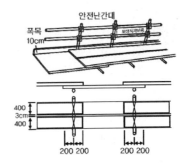

안전난간대 / 작업발판

철근 조립 시 안전대 체결

05 정부 책무·사업자 직무· 근로자 직무

1. 개요

산업재해의 예방을 위한 정부의 정책, 사업주의 의무, 근로자가 의무 등의 규정을 법률화함.

2. 정부 책무 `암기` 수지개조 무시산단

1) 산업안전보건 정책 수립
2) 재해예방 지원
3) 유해위험 기계·기구 안전성 확보 및 개선
4) 안전 보건상의 조치기준
5) 무재해 운동 추진
6) 안전 보건시설 설치 운영
7) 산업재해 조사통계 및 유지관리
8) 안전 보건 관련 단체지원
9) 근로자의 안전 건강 유지

3. 사업주 직무 `암기` 표관예규 중환유보

1) 안전보건표지 설치
2) 안전관리자 배치
3) 산업재해 예방
4) 안전보건관리규정 작성
5) 작업중지(중대재해 시, 악천후 시, 급박위험 시)
6) 작업환경측정
7) 유해위험방지계획 작성 제출
8) 안전보호구 적정성 확인

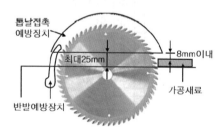

목재가공용 둥근톱

4. 근로자 직무 `암기` 규조교보작

1) 안전보건관리규정 준수
2) 안전보건 예방조치 준수
3) 안전보건교육 참여
4) 안전보호구 착용
5) 안전작업규정 준수

참고 안전수칙

1. 종류 `암기` 건중위전동

1) 건설 안전수칙
2) 중량물취급 안전수칙
3) 위험공정 안전수칙
4) 전기작업 안전수칙
5) 동력취급 안전수칙

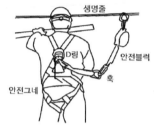

안전그네

2. 기본항목

1) 근로자의 안전 확보
2) 상 하위 법령의 체계 정립
3) 기본내용 확립
4) 근로자 불이익 조항 유무
5) 불이익 조항의 적법 여부

3. 내용

1) 근로자의 생명
2) 합리적인 내용
3) 안정성
4) 시공자와의 상호갈등
5) 경제성 고려
6) 현장 적용의 타당성

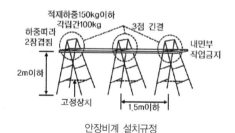

안장비계 설치규정

4. 형식 `암기` 본부 조항호목 항조

1) 본칙 : 조, 항, 호, 목
2) 부칙 : 항, 조

06 환산재해율

1. 개요

1) 정의 : 근로자 100명당 발생하는 재해자 수의 비율
2) 노동부 장관은 국토교통부 장관의 고시를 고려하여 시공능력을 평가하며, 사망자 1건을 경상 5건으로 가중치 부여한다.

2. 산정기준

1) 사망만인율 $= \dfrac{\text{사망재해자수}}{\text{상시근로자수}} \times 10{,}000$

2) 환산재해율 $= \dfrac{\text{환산재해자수}}{\text{상시근로자수}} \times 100$

3) 상시근로자수 $= \dfrac{\text{연간국내공사실적액} \times \text{노무비율}}{\text{건설업월평균임금} \times 12}$

3. 사망자 가중치부과

1) 사망 1건 : 경상 5건으로 환산
2) 사망연도 다를 경우 : 익년 3.31일로 적용
3) 공동도급 : 출자비율 따라
4) 근무 태만 : 인지 연도 적용
5) 제외 : 지병, 방화, 폭행, 천재지변, 무과실판결, 제삼자 과실, 취침, 운동, 휴식 중 사고

4. 산재보호위반 감점부과

산재은폐(지연보고 제외) 벌금 받을 경우 1건 0.2점 부과

참고 입찰참가자격 사전심사

1. 개요

1) PQ : Pre-qualification
2) 부실공사를 방지하기 위한 수단으로 입찰전에 미리 공사수행능력 등을 심사하여 일정수준 이상의 능력을 갖춘 자에게만 입찰에 참가할 자격을 부여하는 제도 (임의규정)

2. PQ 내용

1) 대상공사 : 추정가격 100억 이상 공사 중 교량·댐 등 22개 공종
2) 사전심사신청 : 열람기간 종료일부터 10일 이내
3) 심사기준 : 시공경험(30), 기술능력(37), 경영상태(33), 신인도(±3)
   ① 다만, 1,000억원 이상 공사(최저가낙찰제)는 시공경험(32), 기술능력(35), 경영상태(33), 신인도(±3)

② 각 기관은 필요하다고 인정되는 경우에는 재정경제부장관과 협의하여 분야별 항목별 배점한도를 30%범위내에서 가감조정하거나 항목별(신인도 제외) 세부사항을 추가 또는 제외할 수 있음

3. 적격자 선정방법

1) 시공경험 기술능력 및 경영상태별로 각각 배점한도 액의 50% 이상을 득하고, 신인도를 합한 종합 평점이 60점 이상인 자를 모두 입찰적격자로 선정(각 기관은 필요하다고 인정될 때에는 30%범위 내에서 상향조정 할 수 있음)
2) 1000억원 이상 PQ대상공사(최저가낙찰제)는 90점 이상(각 기관은 필요하다고 인정될 때에는 5%의 범위 내에서 상향조정할 수 있음)

4. 기타

1) 현장설명참가 : 적격자로 선정된 자만이 현설참가 가능
2) 공동도급의 경우 우대 : 중소건설업체 보호 육성을 위해 우대 가능
3) 심사면제 : 동종의 공사에 대해 동일회계년도 내에 이미 심사하여 종합평점이 60점 이상 받은 자

5. PQ가감 적용기준 암기 규칙적+0.15씩↑ ,0730730

건설업 평균환산재해율 0.25배 이하 +2.0
건설업 평균환산재해율 0.40배 이하 +1.7
건설업 평균환산재해율 0.55배 이하 +1.3
건설업 평균환산재해율 0.70배 이하 +1.0
건설업 평균환산재해율 0.85배 이하 +0.7
건설업 평균환산재해율 1.0배 이하 +0.3
건설업 평균환산재해율 1.0배 초과 +0.0

07 안전보건표지

1. 개요

1) 판단 행동 착오를 예방하기 위해 특정장소 또는 시설물체에 부착한다.
2) 비상시 대처하고 안전보건 의식을 고취하기 위한 표지이며, 외국인 근로자를 고려하여 설치한다.

2. 목적

1) 산업재해 예방
2) 안전보건 의식 고취
3) 사고위험 사전예방

3. 구분

1) 금지 : 위험한 행동 금지
2) 경고 : 유해위험 경고
3) 지시 : 보호구 착용
4) 안내 : 비상시 좌우 피난방향 안내

4. 종류   암기 금경지안 빨노파녹 동삼동사

금지	🚫	빨강 (원형)	출입금지, 보행금지, 사용금지, 탑승금지
경고	⚠️	노랑 (삼각)	인화성물질, 폭발성물질, 고압전기, 낙하물 경고
지시	👷	파랑 (원형)	안전모착용, 방독마스크착용, 보안경착용
안내	➕	녹색 (사각)	비상구 위치, 응급구호안내, 좌우측 피난통로

5. 설치

1) 출입구, TBM 장
2) 식별하기 쉬운 장소
3) 견고하게 고정
4) 부착 어려울 시 도장

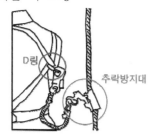

D링   추락방지대

추락방지대

6. 고소작업시 안전보건표지 예

1) 승하강 시 추락방지대 착용 주의표지
2) 안전승강통로 – 적재하중 240kg 이하 주의표지

08 안전보건관리책임자, 안전보건관리총괄책임자

1. 개요

1) 산업안전보건을 지휘 감독 총괄하는 책임자
2) 안전보건총괄책임자는 사업주간협의체를 개최하고 사업장의 산업재해예방을 위한 점검 및 조치를 하여야 한다.

2. 적용

1) 안전보건관리책임자
   ① 20억 이상
   ② 전문공종 50~100인
2) 안전보건총괄책임자
   ① 20억 이상 원청
   ② 50인 이상

3. 조직도

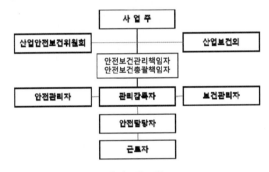

안전보건 조직도

4. 안전보건관리책임자

1) 산재예방계획 작성
2) 안전보건관리규정 작성
3) 안전보건교육 실시
4) 작업환경 측정
5) 건강진단 실시
6) 산업재해 원인 규명
7) 산업재해통계 기록 및 유지
8) 안전보호구 적격품 보급
9) 유해위험성평가 실시
10) 현장소장의 업무 및 역할
11) 현장의 대내조직도 대외조직도

5. 안전보건총괄책임자

1) 작업 중지 및 재개
2) 도급사업안전보건조치
3) 산업안전보건관리비 관리 감독
4) 산업안전보건관리비 집행 감독 협의 조정
5) 안전인증기계기구
6) 위험성 평가

참고 **산업안전보건위원회·노사협의체·사업주간협의체 비교**

구분	산업안전보건 위원회	노사협의체	사업주간 협의체
공사 금액	건축 120억 이상 토목 150억 이상	건축 120억 이상 토목 150억 이상	건축 120억 이상 토목 150억 이상
대상	1) 사업주 측 : - 대표자 - 안전관리자 1명 - 보건관리자 1명 - 사업부서장 7명 2) 근로자 측 : - 근로자대표 - 명예산업안전 감독관 - 근로자 8명	1) 사업주 측 : - 대표자 - 안전관리자 1명 - 20억 이상 도급 ·하도급사업주 2) 근로자 측 : - 근로자대표 - 명예산업안전 감독관 - 20억 이상 도급 ·하도급 근로자대표	도급인사업주 수급인사업주
횟수	1회/3개월	1회/2개월	1회/월
협의 내용	산재예방계획 안보관리규정 안보교육작업환경 건강진단 산재원인 산재통계 안전보건관리자수 및 자격직무	산재예방 시작시간 연락방법 대피방법 안전보건	산재예방 시작시간 연락방법 대피방법 안전보건

09 관리감독자

1. 개요

1) 생산 관련 소속직원 지휘 감독부서장 해당자
2) 산업재해 예방
3) 특히 필요한 위험공종에 안전담당자로 지정

2. 적용

1) 생산관계 소속직원을 지휘하는 감독부서장으로서 그 직위에 해당하는 자
2) 당해 직무 및 안전보건업무

3. 안전보건조직

안전보건관리책임자, 안전보건총괄책임자, 안전관리자, 관리감독자, 안전담당자로 구성

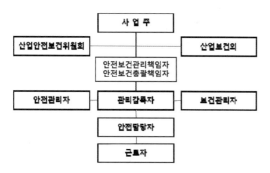

안전보건 조직도

4. 직무

1) 기계기구설비 사용 적격 여부
2) 안전보호구 착용 및 안전상태
3) 방호장치 시설 여부
4) 산업재해보고
5) 재해 시 응급조치
6) 정리정돈 및 통로확보
7) 보건의 안전관리자 보건관리자 안전관련 지도 조언

5. 특히 위험업무

1) 안전담당자로 지정
2) 고압실, 용접(밀폐 습한 장소)
3) 양중기 사용 : 크레인 리프트 곤돌라 호이스트 5대 이상
4) 굴착높이 2m 이상 터널, 콘크리트 거푸집 동바리 설치 해체작업
5) 흙막이 설치 해체
6) 유해위험물질(아세틸렌, 보일러 설치 해체)
7) 토석붕괴, 부식균열, 동결융해
8) 맨홀, 산소결핍 밀폐공간

10 안전관리자

1. 개요

1) 안전관련 기술사항 사업주 관리책임자 보좌
2) 관리감독자 지도 조언
3) 산업재해 예방, 현장규정 이행 여부 확인 및 교육 훈련

2. 선임대상(2020.07.01 이후 착공 현장에 해당)

1) 공사금액 80억 이상
   안전관리자 1인 이상(유해위험방지계획서 대상 무관)
2) 공사금액 50억 ~ 800억 미만
   안전관리자 1인(2항 부터는 유해위험방지계획서 적용대상)
3) 공사금액 800억 ~ 1,500억 미만
   ① 공사기간 15/100 ~ 85/100 해당 시 안전관리자 2명
   ② 공사기간 15/100 ~ 85/100 외 기간 안전관리자 1명
4) 공사금액 1,500억 ~ 2,200억 미만
   ① 공사기간 15/100 ~ 85/100 해당 시 안전관리자 3명
   ② 공사기간 15/100 ~ 85/100 외 기간 안전관리자 2명
   ③ 공사기간 내 기술사 혹은 경력자 1명 이상 포함
5) 공사금액 2,200억 ~ 3,000억 미만
   ① 공사기간 15/100 ~ 85/100 해당 시 안전관리자 4명
   ② 공사기간 15/100 ~ 85/100 외 기간 안전관리자 2명
   ③ 공사기간 내 기술사 혹은 경력자 1명 이상 포함
6) 공사금액 3,000억 이상 : 산업안전보건법 시행령

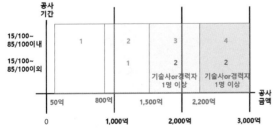

안전관리자 선임대상

3. 선임자격

1) 건설안전기술사
2) 건설안전기사, 건설안전산업기사
3) 산업안전기사, 산업안전산업기사
4) 4년제 대학, 전문대학 해당 학과 졸업 후 관리 감독자로 건설시공 실무 3년(4년제 이공계 대학 1년) 이상, 지정교육 수료 후 소정 시험 합격
5) 공업계 고등학교 또는 이와 같은 수준 학교 졸업 후 관리감독자 업무 5년 이상, 지정교육 수료 후 소정 시험 합격
6) 건설현장 안전보건관리자로 10년 이상 재직

4. 직무

1) 산업안전보건위원회 심의의결
2) 안전보건관리규정 취업규칙
3) 안전보호구 적격품
4) 안전교육계획
5) 순회 점검 지도조치
6) 산업재해 원인 및 재발 방지대책
7) 산업재해통계 유지관리
8) 안전기술 지도 조언
9) 안전 위반 근로자 조치

5. 선임완화 문제점

1) 건설재해 증가
2) 안전관리자 취업 기회 감소
3) 부실한 안전관리
4) 정부의 형식적인 안전관리 정책
5) 경력인정기사 배치로 혼란

6. 안전관리자 업무상 문제점

1) 직무 외 업무
2) 형식적인 안전관리
3) 겸직에 따른 위상 하락
4) 안전지식 부족
5) 지도 조언 권한 부재

7. 안전관리자 위상정립방안

1) 역량강화
2) 자기개발
3) 안전관리비 실행 집행 권한
4) 겸직금지

11 보건관리자

1. 개요

1) 보건 사항에 관해 사업주 관리책임자를 보좌하고 보건 관련 관리감독자에게 지도 조언을 한다.
2) 산업재해 예방

2. 업무

1) 산업안전보건위원회 심의의결
2) 안전보건관리규정
3) 취업규칙
4) 보호구 적격품
5) 물질안전보건자료
6) 안전보건 교육훈련
7) 순회 점검
8) 산재원인 재발 방지
9) 산재통계유지
10) 보건관련기술 지도 조언

3. 선임

1) 건축 800억 이상(토목 1,000억 이상), 상시 600인 이상 : 보건관리자 1명
2) 상시 300인 이상 : 업무에 지장이 없는 한 겸직 가능
3) 1,400억 증가 혹은 상시근로자 600인 추가 시 : 보건관리자 1명씩 추가

4. 직무

1) 의사
2) 간호사
3) 산업보건지도사
4) 산업위생관리사
5) 환경관리기사
6) 전문대 동등 이상, 산업관련학과 졸업자

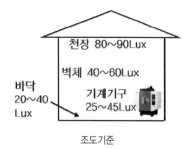

조도기준

참고 **산업안전보건관리위원회**

1. 개요

1) 사업장의 안전보건 관련 사항 심의 의결
2) 근로자와 사용자 간 동수로 구성

2. 목적 암기 기책산쾌인

1) 안전보건 기준확립
2) 산업재해 책임소재
3) 산업재해 예방
4) 쾌적한 작업환경
5) 인간 존중

3. 심의·의결 사항

1) 산업재해 예방 원인 및 대책
2) 사업장 안전보건 규정
3) 안전보건 교육
4) 작업환경 측정
5) 건강진단
6) 중대재해
7) 산재통계기록

4. 적용

1) 건축 120억 이상(토목 150억 이상)
2) 상시 100인 이상
3) 상시 50~100인 토사채취업

5. 구성 암기 사근 10 10

사업주 측	근로자 측
대표자	근로자대표
안전관리자 1명	명예산업안전감독관
보건관리자 1명	근로자 8명
사업부서장 7명	

12 안전보건관리규정

1. 개요

1) 산업재해 예방을 위해 지켜야 할 기본사항과 안전 수칙을 규정화함.
2) 사업장의 기계기구설비 등의 방호시설 안전규정 및 안전사용을 규정화함.

2. 내용

1) 안전보건
 ① 안전보건조직
 ② 안전보건관련 직무
 ③ 안전보건교육
 ④ 안전보건관리

2) 산업재해 사고조사
3) 위험성 평가
4) 무재해 운동
5) 문서보존

3. 작성 및 변경

1) 상시 100인 이상
2) 변경사유 발생 30일 이내
3) 절차
 ① 산업안전보건위원회 심의 의결
 ② 산업안전보건위원회 미설치 경우 근로자대표 동의

4. 작성 시 유의사항

1) 안전보건규정 최소준수
2) 현장에 맞는 규정
3) 전원에게 주지
4) 위배 시 권한의 강제 규정
5) 안전규정의 명확화
6) 현장 의견 반영
7) 전원이 참석하여 작성

5. 재해유형 [암기] 추감충협붕도낙비기 47 13 12 9 6 13

1) 추락
2) 감전
3) 충돌 협착
4) 붕괴 도괴
5) 낙하 비래
6) 기타 : 전도, 화재, 발파, 폭발, 밀실작업

재해유형별 발생율

6. 비계조립 시 준수사항

1) 밑둥잡이 밑받침철물 고정
2) 고저차 : 조절형 밑받침철물
3) 경사 : 피벗형 받침철물
4) 상하좌우 지정통로
5) 상하동시작업 금지
6) 작업발판 규정
7) 최대하중 표지판 설치
8) 가공선로 감전방지 시설

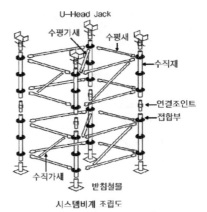

시스템비계 조립도

13 안전상 조치 보건상 조치

1. 개요
1) 사업장 사고위험 및 건강장해 예방, 안전보건 조치
2) 근로자 건강증진 및 쾌적한 작업환경 조성

2. 안전상 조치 [암기] 위불작
1) 위험작업
 ① 기계기구설비 사용
 ② 화재 폭발, 인화 발화
 ③ 전기 열 Energy
2) 불량작업
 ① 굴착, 채석
 ② 거푸집동바리 조립·해체
 ③ 중량물 인양
 ④ 하역운반, 벌목
3) 작업위험장소
 ① 추락, 감전, 붕괴, 낙하, 비래
 ② 천재지변

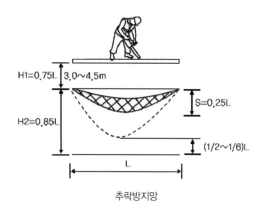

추락방지망

3. 보건상 조치
1) 원재료, Gas, 증기, 분진, 소음·진동
2) 산소결핍 방사선 유해광선
3) 이상기압, 고온 저온, 초음파
4) 사업장 배출 기체 액체 등 잔재물
5) 중량물 인양작업
6) 환기, 채광, 조명, 밀폐

4. 근로자, 사업주 벌칙
1) 근로자 준수 위반 시 300만 원 이하 과태료
2) 사업주 조치 위반 시 7년 이하 징역 1억 원 이하 벌금

3) 형 선고받고 그 형이 확정된 후 5년 이내 같은 죄를 범한 자 : 그 형의 1/2까지 가중처벌, 또한 사망사고 시 10억 원 벌금

5. 작업환경 측정대상 [암기] 분코연4 유특산소 고한다
1) 분진, 코크스, 연업무, 4알킬연 옥내사업장
2) 유기용제, 특정화학물질, 산소결핍 옥내사업장
3) 강렬한 소음, 고열 한랭 다습 옥내사업장

6. 작업환경 대책 [암기] 돈조채소통 환색온행
1) 정리정돈
2) 조명 채광
3) 소음 진동, 통풍 환기, 색채, 온열
4) 불안전한 행동요인 제거

7. 안전조직 직무
1) 기업손실 예방
2) 사업장 사고예방 및 위험제거
3) 위험 제거기술 향상
4) 산업재해예방율 저감

14 작업중지

1. 개요

1) 중대재해
2) 악천후 시
3) 급박위험 시
4) 안전보건 조치 후 작업재개

2. 대상 [암기] 중악급

1) 중대재해 [암기] 사요부질
   ① 사망자 1인 이상
   ② 3월 이상 요양을 필요로 하는 부상자 2인 이상
   ③ 부상자 질환자 동시에 10인 이상
2) 악천후 시
   ① 거푸집 작업, 철골, 양중기 조립해체 금지, 높이 2m 이상 작업 금지
   ② 일상작업 [암기] 일철 풍우설진

강풍	10분간 평균풍속 10m/sec 이상
강우	50mm/회 이상
강설	25cm/회 이상
지진	진도 4 이상

   ③ 철골작업

강풍	10분간 평균풍속 10m/sec 이상
강우	1mm/hr 이상
강설	1cm/hr 이상

3) 급박위험 시 [암기] 추감충협붕도낙비기
   ① 추락
   ② 감전
   ③ 충돌 협착
   ④ 붕괴 도괴
   ⑤ 낙하 비례
   ⑥ 기타 : 전도, 화재 발파·폭발, 밀실작업

재해유형별 발생율

3. 법개정(2019)

1) 근로자 스스로 작업중단 후 대피
2) 이에 불이익을 준 자는 1년 이하 징역, 1천만 원 이하 벌금

4. 대책

1) 작업 중지 후 대피
2) 직상급자 즉시 보고
3) 조치 후 작업재개
4) 원인조사(조사 시 방해 훼손하면 엄벌)
5) 근로감독관 전문가 안전보건진단 실시

15 도급사업안전보건조치

1. 개요

같은 사업장에서 일부를 도급하는 도급인은 수급인의 안전보건 조치를 하여야 한다.

2. 도급사업안전보건조치 [암기] 동산작안

1) 동일 장소 작업 시
  ① 사업주간협의체 : 월 1회, 도급인·수급인 사업주 회의, 시작시간 연락방법·대피방법 협의, 기록 보존
  ② 순회 점검 : 2일 1회 이상, 거부방해 시 엄벌
  ③ 안전보건교육
2) 산재발생위험장소 [암기] 추감충협붕도낙비기
3) 작업장 안전보건조치 : 1회/2월, 점검반(도급인·수급인 근로자 각 1인) 점검
4) 안전 위생 저해
  ① 설계도서에 산정된 공기를 단축하는 행위
  ② 공사비 절감을 위한 설계변경
  ③ 표준시방 위배

3. 유해화학물질

1) 제조 사용 운반 설비 등
2) 명칭·위험성·주의사항 정보제공

M.S.D.S

4. 위생

식당, 휴게시설, 세면장 등

[참고] **현장소장 인허가**

[암기] 안환기 사안유기안 비쓰특폐 임착지도가폭

1. 개요

1) 현장소장은 공사착공 전 안전·보건·환경과 관련된 인허가를 득하여야 한다.
2) 각종 인허가 사항은 발주처 및 해당기관에 사전신고를 하여야 한다.

2. 안전 [암기] 사안유기안

1) 사업장 개시 신고
2) 안전관리자 선임 신고
3) 유해위험방지계획서 제출
4) 기술지도 계약
5) 안전관리계획서 제출

3. 환경 [암기] 비쓰특폐

1) 비산·먼지 발생 신고
2) 쓰레기 다량 배출 신고
3) 특정공사 신고
4) 폐기물 배출 신고

4. 기타 [암기] 임착지도가폭

1) 임시전력사용 신고
2) 착공계 신고
3) 지하매설물 신고
4) 도로점용허가 신고
5) 가건물축조 신고
6) 폭약사용허가

16 산업안전보건관리비

1. 개요

1) 일정 금액 이상 의무사항
2) 산업재해 예방, 안전 보건 확보
3) 공사종료 후 1년간 보존

2. 적용

1) 산업재해보상보험법
2) 공사금액 2,000만 원 이상

3. 산출기준

1) 재료비 미포함 시 1.2배 초과 금지
2) 재료비 노무비가 구별이 안 될 때 70% 계상

4. 사용기준

공정률	50~70%	70~90%	90% 이상
사용기준	50% 이상	70% 이상	90% 이상

1회/6개월 발주처 노동부 확인

5. 문제점

1) 협력사 전담 안전관리자 비상주
2) 협력사 교육지도 부족
3) 도급사 수급사 사용구분 불가
4) 위험공종 과소책정
5) 공단·노동부 지도인력 부족

6. 항목별 사용내역 [암기] 인시개안 진교행 건건본

항 목	사용내역	사용 불가
안전 관리자 인건비	인건비, 출장비, 업무수당 (급여10%), 유도자, 신호수, 안전보조원, 겸직 안전관리자 임금 50% 사용, 안전보건전담조직 인건비 5억원 한도폐지 (단, 1~200위 종합 건설업체는 사용제한)	교통통제정리신호, 경비, 청소, 자재정리비
안전 시설비	추락, 낙하·비래시설 맨홀보호시설, 안전표지, 위생, 피난감시TV, 안전장치구입수리, 스마트 안전장비 구입·임대 20% 허용	출입금지, 공사장경계, 외부 비계, 작업발판, 가설계단, 교통시설, 기성제품부착장치, 분전반, 전신주이설비
개인 보호구 안전 장구	보호구 구입 수리, 무전기, 카메라, 절연장화, 장갑, 절연복, 철골철탑특수화, 우의, 습지장소장화	근로자작업복, 순시선, 구명정, 면장갑, 코팅장갑

항 목	사용내역	사용 불가
안전 진단비	안전보건진단비, 유해위험 방지계획서작성심사비, 환경측정, 고소작업장, 크레인·리프트 안전인증, 안전경영진단비, 협력사안전관리진단	안전순찰차량유지 가능, 안전순찰차량구입 불가
안전 보건 교육비, 행사비	안전보건관리책임자교육 (신규 보수), 안전관리자교육, 자체 안보교육, 교재, VTR, 초빙강사료, 교육프로그램이수, 안전 보건행사비	교육장 냉난방, 기공식 준공식, 안보고취명목 회식비
건강 관리비	구급기자재, 건강진단, 건강관리실, 흑한혹서기 간이휴게시설, 소금정제, 손소독제·체온계·진단키트, CPR구입비, AED구입비	의료보험실시, 이동화장실, 급수, 세면, 샤워시설, 병원진료비
건설 재해 예방 기술 지도비	건설재해예방기술지도 수수료 및 기술지도비	
본사	본사 안전전담 인건비·업무수행비	

7. 설계변경 시 산업안전보건관리비 조정·계상 방법

1) 설계변경에 따른 안전관리비는 다음 계산식에 따라 산정한다.
   설계변경에 따른 안전관리비 = 설계변경 전의 안전관리비 + 설계변경으로 인한 안전관리비 증감액

2) 1)의 계산식에서 설계변경으로 인한 안전관리비 증감액은 다음 계산식에 따라 산정한다.
   설계변경으로 인한 안전관리비 증감액 = 설계변경 전의 안전관리비 × 대상액의 증감 비율

3) 2)의 계산식에서 대상액의 증감 비율은 다음 계산식에 따라 산정한다. 이 경우, 대상액은 예정가격 작성시의 대상액이 아닌 설계변경 전·후의 도급계약서상의 대상액을 말한다.
   대상액의 증감 비율
   =[(설계변경후 대상액−설계변경 전 대상액)/설계변경 전 대상액]×100%

17 건설재해예방 전문지도기관

1. 개요

1) 중소기업 건설현장에서 안전조직체계 미흡으로 재래형 재해가 지속적으로 발생한다.
2) 이에 사업 종류 공사금액 규모 등 기준에 따라 건설재해예방 전문지도기관으로부터 기술지도교육을 받아야 한다.

2. 대상

1) 공사금액 1억원 이상
2) 건축법 제11조의 건축대상공사
3) 제외
 ① 공사기간 1개월 미만인 공사
 ② 도서지역(제주도는 제외)
 ③ 고용노동부에 안전관리자를 선임한 현장
 ④ 유해위험방지계획서 제출 대상 공사

3. 기술지도 미계약 시 조치

1) 산업안전보건관리비 20% 해당 금액 환수 혹은 미지급
2) 300만 원 이하 과태료

4. 기술지도 한계 및 지도지역

1) 기술지도한계
 ① 담당 1인당 30개 사업장 전담으로 관리 어려움
 ② 대책 : 3억 원 미만 3개소를 1개소로 개선, 3~40억 원 2개소를 1개소로 개선
2) 지도지역
 ① 건설예방지도기관
 ② 지방노동청, 지방노동청소속사무소

5. 기술지도범위 및 준수

1) 안전보건관리비 사용
2) 산재예방관련 지도
3) 전문지도기관 개선 권고 시 사업주는 이행
4) 사업주가 미이행 시 관할노동관서 장보고
 ① 권고사항을 2회 이상 미이행 시
 ② 중대위험 발견 즉시 관할노동관서 미보고 시

6. 결과기록 보관

1) 사업장·지도기관에 보고서 각 1부씩 보관
2) 사업장 관리카드 보관
3) 사진 등 보관

7. 설립기준

1) 시설 : 사무실(장비실 포함) 50m 이상

2) 인력 　암기 5 7 1 3 2
 ① 산업안전지도사 or 건설안전기술사 1인 이상
 ② 건설안전기사실무 5년 이상, 건설안전산업기사 실무 7년 이상 중 2인 이상
 ③ 산업안전기사실무 1년 이상, 산업안전산업기사 실무 3년 이상 중 2인 이상
 ④ 안전관리자 자격취득 후 실무 2년 이상 1인 이상
 ⑤ 건축기사 혹은 토목기사 취득 후, 안전관리자 양성교육이수자 대체가능

3) 장비 　암기 가산진비조
 ① 가스농도 측정기
 ② 산소농도 측정기
 ③ 진동 측정기
 ④ 비파괴검사기
 ⑤ 조도계

18 무재해운동

1. 개요

1) 산업재해 ZERO
2) 착공 전 14일 이내 산업안전보건공단에 무재해 운동 개시보고
3) 사업장 전 직원 및 근로자 참여
4) 1979년 도입, 2018년 1월1일부터 사업장 자율운동으로 전환

2. 무재해 운동 3요소 알기 최라직

1) 최고경영자의 안전경영철학 반영
2) 라인(관리감독자)화 철저
3) 직장 내 자율안전보건활동 활성화
4) 전직원 참여

3. 무재해목표시간(1배수)

무재해목표시간(1배수)

$$= \frac{연간총근로시간}{연간총재해자수}$$

$$= \frac{연평균근로자수 \times 1인당연평균근로시간}{연간총재해자수}$$

$$= \frac{1인당\ 평균근로시간}{재해율}$$

4. 무재해로 분류

1) 천재지변
2) 돌발사고 구조행위 중 사고
3) 긴급피난 중 구조행위로 인한 사고
4) 작업시간 외 천재지변
5) 위험장소에서 사회통념상 인정되는 사고
6) 업무 중, 출·퇴근 중 사고
7) 운동 행사 중 사고
8) 제삼자 행위에 의한 사고
9) 업무시간 외 사고

19 안전보건교육

1. 개요

1) 산업재해 예방
2) 추락 낙하 충돌 협착 등 재래형 재해예방
3) 관리감독자 안전교육
4) 근로자 기초교육 및 유해물질취급 교육

2. 근로자 안전보건교육

교육과정	교육대상		교육시간
사무직 종사 근로자	사무직 종사 근로자		매반기 6시간 이상
	그 밖의 근로자	판매업무에 직접 종사하는 근로자	매반기 6시간 이상
		판매업무에 직접 종사하는 근로자 외의 근로자	매반기 12시간 이상
2채용시	일용근로자 및 근로계약기간이 1주일 이하인 기간제근로자		1시간 이상
	근로계약기간이 1주일 초과 1개월 이하인 기간제근로자		4시간 이상
	그 밖의 근로자		8시간 이상
작업내용 변경시	일용근로자 및 근로계약기간이 1주일 이하인 기간제근로자		1시간 이상
	그 밖의 근로자		2시간 이상
특별교육	일용근로자 및 근로계약기간이 1주일 이하인 기간제근로자 : 별표 5 제1호라목(제39호는 제 외한다)에 해당하는 작업에 종 사하는 근로자에 한정한다.		2시간 이상
	일용근로자 및 근로계약기간이 1주일 이하인 기간제근로자 : 별표 5 제1호라목제39호에 해 당하는 작업에 종사하는 근로 자에 한정한다.		8시간 이상
	일용근로자 및 근로계약기간이 1주일 이하인 기간제근로자를 제외한 근로자 : 별표 5 제1호 라목에 해당하는 작업에 종사 하는 근로자에 한정한다.		-16시간 이상(최초 작업에 종사하기 전 4시간 이상 실시하고 12시간은 3개월 이내에서 분할하여 실시 가능) -단기간 작업 또는 간헐적 작업인 경우에는 2시간 이상

3. 관리감독자 안전보건교육

교육과정	교육시간
정기교육	연간 16시간 이상
채용시 교육	8시간 이상
작업내용 변경시 교육	2시간 이상
특별교육	16시간 이상(최초 작업에 종사하기 전 4시간 이상 실시하고, 12시간은 3 개월 이내에서 분할하여 실시 가능)
	단기간 작업 또는 간헐적 작업인 경 우에는 2시간 이상

4. 교육내용

1) 공통
   ① 산업안전보건법
   ② 건강증진
   ③ 물질안전보건자료
2) 특별안전교육
   ① 유해위험방지
   ② 안전점검 및 안전작업절차
   ③ 응급조치 방법
   ④ 안전기준 현장규정
   ⑤ 안전보호구

5. 안전보건교육 면제

1) 재해발생 정도 등이 고용노동부 장관이 정하는 기준에 해당하는 경우
2) 특별교육이수자 : 신규채용 또는 작업내용 변경 시 교육을 면제
3) 관리감독자 : 노동부장관이 정하는 교육 이수 시 정기안전보건교육 면제

20 관리책임자 직무교육

1. 개요

1) 산업재해예방을 위한 안전교육 및 훈련을 시행한다.
2) 추락 낙하 충돌 협착 등 재래형 재해예방을 위한 관리감독자 안전교육을 실시한다.
3) 근로자 기초교육 및 유해물질취급 교육을 실시한다.

2. 대상

1) 사업주, 관리책임자, 안전관리자, 관리감독자, 안전담당자, 산업보건의, 보건관리자
2) 안전관리대행기관 종사자
3) 재해예방전문지도기관 종사자

3. 교육시간

대 상	시 간	
	신 규	보 수
안전보건관리책임자	6시간 이상	6시간 이상
안전관리자, 보건관리자, 안전보건관리전문기관 종사자, 건설재해예방전문지도기관 종사자, 석면조사기관 종사자	34시간 이상	24시간 이상
안전보건관리담당자	-	8시간 이상
안전검사기관, 자율안전검사기관 종사자	34시간 이상	24시간 이상

4. 교육내용

1) 불안정한 상태 및 불안전한 행동
2) 시공안전
3) 추락 감전, 충돌 협착, 붕괴 도괴, 낙하 비래 전도, 화재 발파 폭발, 밀실작업

5. 위반 시

1) 관리책임자 안전관리자 보건관리자 : 500만원 이하 과태료
2) 재해예방지도기관 종사자 : 300만원 이하 과태료

참고 Stress

1. 개요

1) 스트레스 요인을 조절하면서 생기는 심리적 생리적 행동적인 반응이다.
2) 사업장에서 불안전한 행동을 유발하므로 휴식이 필요하다.

2. 요인

1) 내부 : 마음, 도전 좌절, 현실 부정
2) 외부 : 경제적, 직장갈등, 가족관계, 건강

3. 증세

1) 불안신경증 : 불안하고 답답하며 호흡이 중지될 것 같은 느낌
2) 강박신경증 : 생각 감정으로 인한 심리적인 압박
3) 공포신경증 : 자신의 행동을 방해하고 긴장과 불안을 조성
4) 외상성신경증 : 재해를 당한 뒤에 생기는 비정상적인 심리상태

4. 스트레스로 유발되는 행동적인 반응

1) 폭음, 폭식증, 식습관 변화
2) 짜증, 화, 신경질 등 과민반응
3) 집중력 저하, 결근
4) 재해발생 등

5. 대책

1) 휴식, 근육이완, 목욕
2) 산책, 등산 등 운동
3) 음악감상 등

21 안전인증 보호구

1. 개요

1) 유해위험기계기구 및 설비 방호장치 안전성검증
2) 안전보호구의 안전성 평가
3) 안전인증기계기구 제조 수입 설치 시 안전성검증

2. 의무안전인증 적용 보호구 [알기] 모대화장 경면진독 음송보

1) 추락 감전방지 안전모, 안전대
2) 안전화, 안전장갑
3) 차광 비산 보안경, 용접보안면
4) 방진마스크, 방독마스크
5) 방음귀마개, 귀덮개, 송기마스크
6) 보호복, 전동식호흡보호구

3. 자율안전인증 적용 보호구 [알기] 모경면잠

1) 안전모(추락 감전 제외)
2) 보안경(차광 비산 제외)
3) 보안면(용접 제외)
4) 잠수기(헬멧 마스크 포함)

4. 자율안전확인

종류	내용	대상
자율 안전 확인	설계제작 노동부장관 제출 인증절차 : 설계제작 - 서면 - 신고 - 서류보존	• 위험기계 : 원심기, 공기 압축기, 곤돌라 등 3종 • 방호장치 : 연삭기 덮개 등 8종 • 보호구 : 보안경 등 4종

5. 확인 시기

1) 의무안전 1년
2) 자율안전 매 2년

[참고] 안전인증

1. 개요

1) 유해위험 기계 · 기구 · 설비 방호장치에 대해 안전성
   검증을 하기 위한 제도이다.
2) 안전보호구 안전성 평가 및 안전인증기계기구 제조 ·
   수입 · 설치 시 안전성을 검증한다.

2. 안전인증 [알기] 형제 의자 프전로사고 안전모화

종류	내용	대상
형식	완제품 설계, 성능, 방호장치, 보호구 서면심사 - 기술능력 - 생산 체계 - 제품심사	프레스, 전단기, 로울러, 사출성형기, 고소작업대 안전모, 안전화, 안전대 외 12종
제품	조립설치상태 서면검사, 제품심사	크레인, 리프트, 곤돌라, 압 력용기 4종

3. 확인 시기

1) 의무안전 1년
2) 자율안전 매 2년
3) 인증표시

안전인증 및 자율안전	임의 인증표시
KCs	S

** 안전인증제도는 강제(의무)제도가 아닌 임의인증제
도이며 인증을 받지 않더라도 규제나 불이익을 받
지 않는다.

22 안전검사

1. 개요

1) 유해위험기계기구 사용단계에서 안전 성능이 검사 기준에 적합한지를 판단하기 위한 제도로 노동 부장관이 시행하는 검사를 받아야 한다.
2) 안전검사는 안전검사제도와 자율검사프로그램 인정 제도가 있다.

2. 목적

1) 산업재해 예방
2) 쾌적한 작업환경
3) 안전유지
4) 기계기구설비 성능보장

3. 안전검사 대상 기계기구 　암기 프전롤크 리곤원압 건국화사

1) Press, 전단기, 롤러
2) Crane, Lift, 곤돌라
3) 원심기, 압력용기, 건조설비
4) 국소배기장치, 화학설비
5) 사출성형기와 그 부속장치

4. 검사주기

1) 최초설치 3년 이후 2년
2) 크레인·리프트·곤돌라 최초 6개월
3) 공정안전보고서 압력용기 최초 3년, 검사 이후 4년
4) 자율검사프로그램인정 : 안전검사 해당 주기 1/2 마다

5. 안전검사

종류	주요내용	적용품목
안전 검사 제도	사업주가 검사주기에 따라 검사기관에 신청	1) 위험기계 : 　암기 프전롤크 리곤원압 건국화
자율 프로 그램 인정 제도	사업주·근로자대표 협의하여 자율 프로그램 수립, 노동부장관 인정 시 면제	2) 방호장치 : 크레인·리프트·곤돌라 : 6개월 그 밖 유해해위험기계기구 : 최초 3년 이내, 최초 이후 매 2년

6. 자율안전검사 프로그램 인정제도 　암기 연산혼파 식컨자공 고인기

사업주가 근로자 대표와 협의하여 검사기준 검사 방법 검사주기 등을 충족하는 자율검사 프로그램 을 실시한 내용에 대해 인정하는 제도

1) 연삭기, 산업용로봇, 혼합기, 파쇄분쇄기
2) 식품가공기계, 컨베이어, 자동화정비용 리프트, 공작기계
3) 고정용목재가공기계, 인쇄기, 기압조절기

7. 안전검사 시 확인사항 　암기 변부마손기

1) 변형
2) 부식
3) 마모
4) 손상
5) 기능

8. 안전인증·안전검사 비교

구분	안전인증	안전검사
의무 주체	국내외 제조	위험 기계기구설비 사용 사업주
적용	위험기계기구설비, 방호장치, 보호구 28종	위험기계기구설비 12종
실시 시기	제조 설치 유통단계	사용단계
내용	1) 성능, 품질안전인증 검사 : 정부위탁기관 2) 위반 시 : 3년 징역, 2천만원 과태료	1) 안전성검사 : 정부위탁기관 2) 위반 시 : 1천만원 과태료

23 양중기 분류

1. 개요
1) 기계기구설비 성능검사
2) 작동상태 정상 여부 검사

2. 목적
1) 산업재해 예방
2) 쾌적한 작업환경
3) 안전유지
4) 성능보장

3. 분류 <mark>암기</mark> 크리곤승 고이데 건간 가본 승인화에
동력으로 화물, 사람 운반
1) 크레인 : 고정식, 이동식, 데릭
2) 리프트 : 건설용, 간이용
3) 곤돌라 : 가설식, 본설식
4) 승강기 : 승용, 인화공용, 화물용, 에스컬레이터

4. 안전검사 <mark>암기</mark> 과권브클훅자이 달배집배개 와이어
1) 1회/6월 이상
2) 과부하, 권과방지장치, 브레이크, 클러치
3) 훅, 자유선회장치, 이탈방지장치
4) W/R, 달기체인, 달기기구
5) 배선, 집전장비, 배전관, 개폐기, 컨트롤러 이상 유무
6) 승강기 제외

5. 안전검사 시 확인사항 <mark>암기</mark> 변부마손기
1) 변형
2) 부식
3) 마모
4) 손상
5) 기능 작동상태

6. 안전검사 시 유의사항
1) 작업지휘자 지정
2) 검사순서
3) 안전장치 의무화
4) 운전중지
5) 동력차단
6) 오물제거
7) 운전 시 주의

7. 양중기 분류
1) 양중기 <mark>암기</mark> 크리곤승 고이데 건간 가본 승인화에

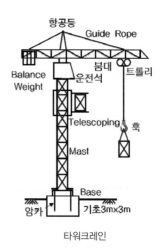

타워크레인

2) 크레인 <mark>암기</mark> 고이데 타지호 트크유 가삼진 설클집 고이 마베 수경

크레인	고정식 크레인	타워	설치	고정식
				이동식
			Climb	Mast
				Base
			Jib	수평
				경사
		지브		
		호이스트		
	이동식 크레인	트럭		
		크롤러		
		유압식		
	데릭	가이데릭		
		삼각데릭		
		Gin Pole		
리프트	건설용 리프트			
	간이용 리프트			
곤돌라	가설식 곤돌라			
	본설식 곤돌라			
승강기	승용			
	인화용			
	화물용			
	에스컬레이터			

24 물질안전보건자료

1. 개요

1) M.S.D.S : Material Safety Data Sheet
2) 폭발 화재, 화학물질명칭 독성정보 응급조치요령 취급방법 안전사용설명서 등을 말한다.

2. 물질안전보건자료 게시내용 _{암기} 화취환물 화독응

1) 화학물질 명칭
2) 취급주의
3) 인체환경 영향
4) 물리적 화학적 특성
5) 독성정보
6) 화재폭발 시 대처
7) 응급조치요령

3. 제외항목 _{암기} 원약마농

1) 원자력 방사성물질
2) 약사법 의약품
3) 마약법 마약
4) 농약관리법 농약

4. 수입 제조자 의무

1) 양도제공 시 자료제공
2) 관리요령 등 정보제공
3) 용기포장 시 경고표시
4) 수입제조자가 작성
5) 노동부장관에게 보고

M.S.D.S 경고표지

5. 작성

1) 신뢰성 확보
2) 인용자료 게시
3) 세부내용
4) 용어 정의

6. 경고 표지

1) 제제 단위
2) 용기포장 내용
3) 화학물질 취급
4) 제제 명칭

참고 GHS 제도

1. 개요

1) G.H.S : Globally Harmonized System 제도
2) 화학물질 세계조화시스템
3) 화학물질 분류 및 표시

2. 필요성

1) 유해위험분류 통일
2) 경고표시
3) 국제적통용시스템
4) 건강환경 보호
5) 시스템 없는 국가에 제공
6) 기본체계
7) 중복시험 평가방지
8) 화학물질 국제교역
9) 경고표시 이중부착
10) 다른 내용 교육 방지
11) 안전건강 위협
12) MSDS 정보전달

3. 적용 _{암기} 물건환

1) 물리적위험성
   ① 폭발 인화 산화
   ② 고압가스 자연발화
   ③ 자기발열 급속부식

2) 건강유해성
   ① 급성독성에 의한 피부부식
   ② 자극 시 눈 손상
   ③ 호흡기 과민반응

3) 환경유해성 : 수생환경 유해성 물질

25 작업환경측정

1. 개요

1) 작업환경측정이란 소음 분진 유해물질 등 유해인자 노출 정도에 따른 작업환경에 관한 실태를 파악하는 것을 말한다.
2) 절차 : 계획수립-시료채취-분석-평가
3) 조치 : 시설설비개선 및 결과 주지

2. 목적 [알기] 쾌생직유

1) 쾌적한 작업환경
2) 근로자 생명 보호
3) 직업병 사전예방
4) 유해인자

3. 대상 [알기] 분코연4 유특산소 고한다

1) 분진·코크스·연업무·4알킬연 옥내사업장
2) 유기용제·특정화학물질 옥내사업장
3) 산소결핍·강렬소음·고열 옥내사업장
4) 한랭·다습한 옥내작업장

4. 측정기관

1) 국가기관
2) 지방자치단체 소속기관
3) 종합병원
4) 병원
5) 대학 부속기관
6) 법인

5. 환경측정 결과 보고 조치

1) 60일 이내 노동관서장 보고
2) 보고 : 상반기 8.15, 하반기 2.15
3) 조치
 ① 결과 주지, 시설개선
 ② 대표입회
 ③ 요구 시 설명회

6. 실시 시기

1) 30일 이내 실시, 1회/6월 이상
2) 1회/3월 이상 대상 : 발암물질 초과, 기준 2배 이상
3) 1회/1년 이상 대상 : 2회 측정 결과 노출 기준 이하

7. 환경개선 [알기] 돈조채소통환색온행

1) 정리정돈
2) 조도 : 보통작업 150Lux 이상, 기타 75Lux 이상
3) 채광 : 바닥면적 1/10
4) 소음 : 청각피로, 보호구
5) 통풍 : 인화, 폭발, 가스, 증기, 환기, 통풍
6) 환기 : 유해물질, 기체, 배출장치, 배기장치
7) 색채 : 시각적 심리적 식별
8) 온열 : 피로, 냉방, 난방, 통풍, 온습도
9) 행동장해 : 작업장 넓이·폭·높이 조정 및 정리정돈

[참고] 건설현장 M.S.D.S 해당물질

1. 건설현장 M.S.D.S [알기] 방도용

1) 방수·방청 : 옹벽 지하시설물 방수프라이머, 에폭시 방수제
2) 도장 : 유성페인트, 광명단, 에폭시
3) 용접 : 용접봉 함유, 중금속, 니켈, 망간 등

2. 대상 [알기] 분코연4 유특산소 고한다

1) 분진·코크스·연업무·4알킬연 옥내사업장
2) 유기용제·특정화학물질 옥내사업장
3) 산소결핍·강렬소음·고열 옥내사업장
4) 한랭 다습한 옥내작업장

3. 환경개선 [알기] 돈조채소통환색온행

1) 정리정돈
2) 조명
3) 채광
4) 소음, 진동
5) 통풍
6) 환기
7) 색채
8) 온열
9) 행동장애요인

26 건강진단

1. 개요

1) 유해작업 배치 전 근로자의 건강상태 파악하고 업무 관련된 질병을 예방하기 위해 산업안전보건법이 정한 제도로 정기적 채용 시 측정한다.
2) 근로자대표 요구 시 또는 필요하면 대표자가 입회한다.

2. 종류　암기 일특배수임

1) 일반건강진단
 ① 상시
 ② 사무직 1회/2년 이상, 근로자 1회/1년 이상
2) 특수건강진단 : 유해인자관련자, 특수건강진단 결과 직업병 의심자
3) 배치 전 건강진단 : 특수작업종사자
4) 수시 건강진단 : 특수건강진단 적용자, 직업병 질병 유소견자
5) 임시 건강진단 : 유해인자 원인 확인, 지방노동관서장의 지시

3. 환경개선 조치

1) 장소변경
2) 작업전환
3) 근로시간 변경
4) 작업환경 측정
5) 기계기구설비 등 설치개선

참고 질환자 근로금지 및 취업제한

1. 개요

1) 전염병 정신병
2) 병세 악화 우려, 질병 이환 된 자
3) 의사 진단받고 근로금지 취업제한

2. 근로금지

1) 전염성
2) 정신질환 치매
3) 심장·신장
4) 폐질환

3. 취업제한　암기 분코연사 유특산소 고한다

1) 분진·코크스·연업무·4알킬연 옥내사업장
2) 유기용제·특정화학물질 옥내사업장
3) 산소결핍·강렬소음·고열 옥내사업장
4) 한랭 다습한 옥내작업장

4. 질병자의 근로 금지 및 제한

1) 감염병 정신병 또는 근로로 인하여 병세가 크게 악화할 우려가 있는 질병
2) 근로자가 건강을 회복하였을 때는 바로 취업하게 하여야 한다.
3) 위반 시 : 벌칙금 1천만 원

27 위험성 평가 5단계

1. 개요

1) 근로자의 안전보건 확보를 위해 유해위험평가계획서에 의한 사전안정성평가를 실시하는 것을 말한다.
2) 현장의 위험요인을 정량적·정석적으로 도출하여 사전유해위험을 제거하는 데 활용한다.

2. 위험성 평가 방법

1) 유해 위험 요인파악
2) 위험성 추정 결정
3) 대책실행

3. 절차 암기 평위위위개

```
[평가적용     [위험요인    [위험도    [위험도
 공정선정] —   도출] —     계산] —    평가] —

[개선대책
 수립]
```

4. 위험성평가표 암기 빈강위

평가 적용 공정		위험성 평가 (4M – Risk Assessment)			평가 공정		
평가 일시					평균 위험도	현재	개선 후

작업 내용	평가 구분	위험 요인 재해 형태	현 재 조 치	현재위험도			개선 대책	코드 번호	개선후 위험도		
				빈 도	강 도	위 험			빈 도	강 도	위 험

5. 현장 안전보건 점검방법

1) 순회점검
2) 청취조사
3) 안전보건 자료
4) 체크리스트

6. 감소대책

1) 위험성 크기 및 영향순서 나열
2) 위험성 범위 확인, 허용 가능, 위험성 수준
3) 중대재해 위험성, 질병 위험성 등 조치
4) 게시 및 주지

7. 평가

1) 최초평가
2) 수시평가
3) 정기평가

8. 기대효과

1) 산업재해감소
2) 안보 체계구축
3) 경쟁력
4) 노사참여

참고 **사업장 위험성평가에 관한 지침(고용노동부 고시 제2023-19호)에 따른 위험성평가의 목적과 방법, 수행절차, 실시 시기별 종류에 대하여 설명**

1. 주도

1) 사업자가 주도 (안전보건관계자, 관리감독자, 일반 근로자, 협력사)

2. 실시시기 및 종류

1) 최초평가 : 사업장 실착공 1개월내 착수, 평가의 실효성 확보되는 시기 적절하게 시행
2) 상시평가(월-주-일 단위로 일상화 된 안전활동)-새로운 평가 방식
   ① 월요일 : 노사합동순회점검-아차사고분석-제안제도실시
   ② 주간 : 원하청 합동안전점검회의(이행확인 점검)
   ③ 일일 : 작업전 안전점검회의(TBM)(공유)
3) 정기평가 : 매년 위험성평가 결과의 적정성 재검토
4) 수시평가 : 설비 물질 신규도입 또는 산업재해 발생시

3. 방법

1) 사전준비 : 실시규정 작성, 담당자 선정, 사고사례 수집분석
2) 유해위험요인 파악 : 노사합동 순회점검, 아차사고 분석, 제안제도 실시
3) 위험성 결정 : 위험성 수준 판단 결정
4) 위험성감소대책 : 우선순위에 따른 수립 및 실행
5) 공유 기록 : TBM 교육증을 통해 공유 및 기록

참고 **위험성평가 요약**

1. Who

사업주 책임하 현장의 유해위험요인을 잘 알고 있는 관리감독자와 현장근로자 참여가 중요

2. When

사업장개시 후 1개월 이내 최초평가
설비물질신규도입 또는 재해발생시 수시평가
매년 위험성평가 결과의 적정성 재검토하는 정기평가방식으로 시기별 실시

3. Where

사업장에서 근로자들의 업무와 관계되는 장소

4. What

현장에서 사용하는 설비 화학물질 작업방법 등 근로자에게 사망 부상 또는 질병 등 피해를 유발할 수 있는 유해위험요인 빠짐없이 찾기

5.How

빈도강도법, 3단계판단법, 핵심요인기술법, 체크리스트법 등으로 체크

6. Why

피해를 유발할 수 있는 유해위험요인을 제거하여 안전일터 조성하기 위함

28 사전안전성평가(유해위험방지계획서)

1. 개요

1) 공종별 유해위험 요소를 사전제거하여 근로자의 안전보건 및 사업장의 안전확보를 제거하기 위한 제도이다.
2) 노동부령으로 일정 규모에 자격을 부여하여 유해위험계획서를 사전평가하며, 착공 전 평가하여 적정·조건부·부적정 제한을 둔다.

2. 제출대상 [암기] 지최깊터다연

1) 지상높이 31m 이상 건축물, 3만m 이상 건축물, 연면적 5천m 이상 문화·집회시설·판매·운수, 의료·종합병원·숙박·지하도상가, 냉동·냉장 창고 건설개조
2) 최대지간길이 50m 이상 교량건설
3) 깊이 10m 이상 굴착공사
4) 터널공사
5) 다목적댐·발전용댐 및 저수용량 2천만톤 이상 용수전용댐·지방상수도전용댐 [암기] 다발용
6) 연면적 5천m 이상 냉동·냉장 창고시설, 설비공사·단열공사

3. 유해위험계획서

4. 안전성평가순서 [암기] 기정정안평착제

5. 작성

1) 공사개요, 재해예방계획, 작업공종별유해위험방지계획
2) 공종별유해위험방지계획
   ① 가설공사, 기초공사, 구조물공사
   ② 강구조물공사, 콘크리트공사
   ③ 마감공사, 전기기계공사
3) 작업환경조성계획
   ① 소음, 진동, 분진
   ② 위생(식당, 화장실, 세면장)
   ③ 건강진단
   ④ 환기
   ⑤ 위험물보관 사용 시 안전계획

6. 심사 [암기] 적조부

1) 적정 : 안전보건조치, 구체적 안전보건 확보
2) 조건부 : 조건부 보완
3) 부적정 : 중대위험 및 결함, 착공중지

7. 확인

1) 토목 : 3월 1회 공단 확인
2) 건축 : 31m 이상(냉동 호텔사업장 제외) 3월 1회
3) 기타 건축공사 : 6월 1회 이상 공단 확인
4) 확인내용 : 실제공사와 부합여부, 변경내용의 적정성, 추가로 유해위험요인 존재여부

8. 사전안전성평가 문제점

1) 환경사항 미반영
2) 모델의 다양성 부족
3) 공단전문인력 부족
4) 산안법, 건기법 이원화
5) 건설안전기술사, 전문가 활동 미흡

9. 유해위험방지계획서·안전관리계획서·1종 시설물 비교

유해위험방지계획서	안전관리계획서	1종 시설
[암기] 지최깊터다연	[암기] 1지계인제	[암기] 교터항댐건하상

참고 구축물 등의 안전성 평가

1. 개요

사업주는 구축물 등이 다음 각 호의 어느 하나에 해당하는 경우에는 구축물 등에 대한 구조검토, 안전진단 등의 안전성 평가를 하여 근로자에게 미칠 위험성을 미리 제거해야 한다.

2. 대상

1) 구축물 등의 인근에서 굴착·항타작업 등으로 침하·열 등이 발생하여 붕괴의 위험이 예상될 경우
2) 구축물 등에 지진, 동해, 부동침하 등으로 균열·비틀림 등이 발생했을 경우
3) 구축물 등이 그 자체의 무게·적설·풍압 또는 그 밖에 부가되는 하중 등으로 붕괴 등의 위험이 있을 경우
4) 화재 등으로 구축물 등의 내력이 심하게 저하됐을 경우
5) 오랜 기간 사용하지 않던 구축물 등을 재사용하게 되어 안전성을 검토해야 하는 경우
6) 구축물 등의 주요구조부에 대한 설계 및 시공 방법의 전부 또는 일부를 변경하는 경우
7) 그 밖의 잠재위험이 예상될 경우

29 산안법상 안전점검

1. 개요

1) 안전확보 산업재해 예방
2) 불안정한 상태·불안전한 행동 제거
3) 작업방법개선
4) 잠재적인 위험요인 제거

2. 목적

1) 불안정한 상태·불안전한 행동 제거
2) 사고예방
3) 기계기구설비 안전확보
4) 생산성 향상

3. 점검내용

1) 조직, 계획, 교육 상태 점검
2) 설비, 환경, 소음, 분진 등 작업환경 점검
3) 유해물질, 위험물 안전성 점검
4) 운반설비 점검, 중량물 줄걸이 점검
5) 안전장치 작동여부 점검
6) 보호구 착용상태
7) 정리정돈

4. 종류 암기 일정기밀특

종류	시기	내용	주체
일상	매일, 수시	기계 기구 설비	사업주
정기	매주, 매월 1회	기계 기구 설비, 안전상 중요부, 피로 마모 손상 부식	
특별	신설 변경, 천재지변 발생 후	기계 기구 설비 신설 변경, 고장수리	

5. 점검 방법 암기 외작기종

1) 외관 : 육안, 손상, 변형, 부식, 마모, 균열 등 점검
2) 작동 : 순서, 작동상황
3) 기능 : 제어장치, 안전장치 성능 이상 유무
4) 종합 : 측정검사, 운전시험

6. 유의사항

1) 복장 동작 모범적
2) 점검방법 점검자 능력

3) 과거 재해 배제, 불량 시 동종설비 점검
4) 안전수준 향상
5) 점검자 독선금지, 관계자 의견청취
6) 원인 대책 제시

참고 근로자 참여제도

1. 개요

1) 객관적 참여제도 : 근로자의 의무 권리에 대한 사항
2) 구체적 참여제도 : 산재예방 관련하여 근로자의 역할에 대한 사항

2. 객관적 참여제도 암기 의권 일규조개건첩공안 참정심입권신

1) 의무 암기 일규조개건첩공안
① 일반적 의무(산재예방, 사업주실시)
② 안전보건규정
③ 안전보건조치
④ 안전보건개선계획
⑤ 건강진단
⑥ 건강관리수첩 양도 금지
⑦ 공정안전보고서, 안전보건개선계획

2) 권리 암기 참정심입권신
① 참여 : 산업안전보건위원회, 명예산업안전감독관
② 정보요청 : 안전관리규정, 산업안전보건위원회 의결사항, 자체검사내용, MSDS, 작업환경측정
③ 심의 : 안전보건관리규정, 안전보건개선계획 심의 의결
④ 입회 : 기계기구자체검사, 작업환경측정
⑤ 권리 : 급박위험 시 작업 중지 및 대피
⑥ 신고 : 명예산업안전감독관

3. 구체적 참여제도 암기 보로신하 속항유화 탈양

1) 안전보호구 착용
2) 산업용로봇 이상 유무 확인
3) 양중기 신호규정 준수, 운전자 위치이탈
4) 하역운반기계 및 건설기계 운전
5) 건설기계 속도준수
6) 항타기 항발기 안전운전, 유도자 유도준수
7) 화물취급
8) 운전 중 이탈금지
9) 양중기 규정준수

30 안전보건진단

1. 개요

1) 사업장의 잠재적인 위험을 제거하고 개선대책을 수립하여 근로자의 안전보건 및 사고예방을 지향하기 위한 제도이며, 노동부장관이 지정한 기관이 조사 평가를 한다.

2) 진단 시 거부방해 기피 등을 금지하여야 하며, 종합진단 안전기술진단 보건기술진단으로 분류한다.

2. 진단시기

1) 안전에 대한 의심이 생길 경우
2) 안전대책 필요 시
3) 안전수준 파악 시

3. 대상

1) 중대재해발생(제외 : 평균산재율 2년간 초과하지 않았을 경우에는 제외)
2) 안전보건개선계획 수립시행 명령
3) 재해발생위험 시 지방관서장 명에 의거

4. 특징 [암기] 종안보

1) 종합진단
   ① 경영관리
   ② 산재원인, 작업조건
   ③ 유해위험측정, 안전보호구 착용상태
   ④ 작업환경적정, 유해물질, MSDS 작성교육, 경고표지

2) 안전기술진단
   ① 산재사고
   ② 작업조건
   ③ 보호구, 안전보건장비
   ④ 작업환경개선시설

3) 보건기술진단
   ① 산재사고
   ② 작업조건, 유해물질
   ③ 온도 습도 환기, 소음 진동 분진, 유해광선
   ④ 안전보건장비
   ⑤ 유해물질, MSDS, 작업환경
   ⑥ 근로자 건강

5. 결과

실시 후 30일 이내 노동관서장 보고

참고 조도

1. 개요

1) 조도란 인공광선을 사용하여 명암을 조절하는 것을 말한다.
2) 조도미흡 시 피로증대로 생산능률을 저하시키므로 품질확보는 물론이고 근로자의 안전 건강에 해를 입히므로 작업장 조도를 확보하여야 한다.

2. 조명방식 [암기] 전국국보 초정보기

1) 전반조명 : 일정한 조도로 높은 곳에 설치
2) 국부조명 : 고조도로 좁은 작업면에 적용
3) 국부전반조명 : 고조도로 정밀작업부서 적용
4) 보조조명 : 빛의 성질을 이용한 보충조명

3. 작업면 조도기준 [암기] 초정보기

작업구분	기준
초정밀 작업	750Lux 이상
정밀 작업	300Lux 이상
보통 작업	150Lux 이상
기타 작업	75Lux 이상

4. 양호한 조명조건

1) 적정한 조도로 눈부심 없도록 시설
2) 광원 흔들림이 없도록 시설
3) 적당한 입체감 형성, 그림자를 만들지 말 것
4) 채광과 인공조명 조화
5) 1회/6월 정기점검

5. 조도반사율 [암기] 천벽기바

1) 천정 80~90%
2) 벽 40~60%
3) 기계기구 25~45%
4) 바닥 20~40%

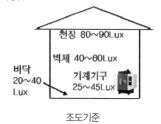

조도기준

31 공정안전보고서(P.S.M : Process Safety Management)

1. 개요

1) 위험설비 보유사업장 위험물질 누출, 화재, 폭발 산업재해 예방
2) 공정안전자료 공정위험성평가서 안전운전계획 비상조치계획 작성제출
3) 산업안전보건위원회 심의 및 근로자대표의견 노동부장관에게 제출

2. 목적

1) 중대재해 예방
2) 위험물질 누출 예방
3) 화재폭발 예방
4) 산업재해 예방

3. 적용

1) 원유정제, 석유정제
2) 합성수지, 질소, 복합비료
3) 농약, 화약불꽃 제조
4) 제외 : 원자력, 군사시설, 차량운송설비, 액화석유(Gas 충전저장시설)

4. 내용 `암기` 안위운비

1) 공정안전자료
2) 공정위험평가서
3) 안전운전계획
4) 비상조치계획

5. 제출

1) 설치/이전/변경 시 30일 전 2부 공단에 제출하고 5년마다 제출
2) 소방법 : 화재예방 관련 사항은 소방관련기관에 통보

6. 공정안전관리(PSM) 12대 실천과제

`암기` 안위운비 설안도공 가공변자

1) 공정안전자료
2) 공정위험성평가
3) 안전운전절차
4) 비상조치계획
5) 설비점검 검사 보수
6) 안전작업허가서
7) 도급업체 안전관리
8) 공정안전 교육훈련
9) 가동 전 점검지침
10) 공정사고조사
11) 변경 요소 관리
12) 자체 감사

`참고` **명예산업안전감독관**

1. 개요

1) 사업장 산업재해의 예방을 위해 노동부에서 위촉하여 협의체를 구성하고, 사업장의 의견을 청취하는 제도이다.
2) 산재예방 활동의 참여와 지원을 촉진하기 위해 근로자단체 사업주단체 산업예방관련단체에 소속된 자 중에서 위촉한다.

2. 위촉대상

1) 100억 이상
2) 노동조합 또는 지역대표기구
3) 전국규모 사업주단체 또는 산하 조직에 소속된 임직원
4) 산재예방단체 또는 산하 조직에 소속된 임직원

3. 업무

1) 자체점검
2) 법령위반 사업주 적발
3) 급박위험 시 작업중지
4) 작업환경 측정
5) 건강진단 입회
6) 임시건강진단
7) 안전수칙 준수
8) 산재예방 정책개선 건의
9) 안전보건의식 고취
10) 무재해 활동

4. 위촉 절차

추천요청(노동부 → 근로자대표) - 근로자대표가 사업주 동의를 받아 추천(근로자대표 → 노동부) - 명예산업안전감독관 위촉(2년 연임 가능)

32 안전보건 개선계획

1. 개요

1) 중대재해발생 사업장, 산업재해 발생률이 동종 업종보다 높은 사업장에 대해 산업재해예방을 위하여 실시한다.
2) 사업주는 개선계획을 강구하여 동종재해 및 유사 재해를 방지하여야 한다.

2. 적용 암기 수진

1) 안전보건개선계획 수립대상 사업장
   ① 중대재해발생, 평균산재발생율 이상
   ② 유해인자 발생기준 이상
2) 안전보건진단 받고 안전보건개선계획 수립대상 사업장
   ① 중대재해
   ② 동종업종 평균산재발생율 이상 사업장
   ③ 직업병 연간 2인 이상 사업장
   ④ 작업환경 화재폭발 화학물질유출 등 사회적 물의를 일으킨 사업장
   ⑤ 노동부장관이 지정한 사업장

3. 수립절차

1) 의견수렴 : 산업안전보건위원회 근로자대표 의견수렴
2) 작성자 : 사업주
3) 확인자 : 산업안전보건공단
4) 제출 : 명령 60일 이내 공단 검토, 노동관서장에게 제출
5) 결과 통보 : 공단 검토-15일 이내 통보-노동관서장 보완 명령

4. 내용

1) 안전시설
2) 관리체계
3) 안전보건교육
4) 산업재해 예방
5) 작업환경측정

참고 **산업안전지도사**

1. 개요

1) 한국산업인력공단에서 시행한 시험에 합격한 자로서 안전보건상 문제점을 개선하기 위하여 외부전문가의 도움을 받을 수 있도록 한 제도이다.
2) 유해위험 평가 및 안전보건 지도 자문

2. 종류 암기 기전화건

1) 기계안전분야
2) 전기안전분야
3) 화공안전분야
4) 건설안전분야

3. 직무

1) 공정안전 평가지도
2) 유해위험 평가지도
3) 위험성 평가지도
4) 안전보건개선계획서 작성
5) 산업안전보건 관련 자문

4. 업무영역

1) 유해위험방지계획서 작성지도
2) 안전보건개선계획서 작성지도
3) 가설시설 가설전기 등 안전성 평가
4) 굴착공사, 밀폐공간 환기·배기 안전성 평가
5) 토목건축공사 안전보건교육 및 기술지도

5. 의무

1) 비밀누설 : 1년 이하 징역, 1,000만 원 벌금
2) 손해배상 : 보증보험가입
3) 유사명칭 사용 : 300만 원 이하
4) 노동부 교육 : 2년간 16시간, 미이행 시 범칙금 300만 원 이하 과태료

33 목재가공 둥근톱

1. 개요

목재 톱날의 간섭에 의한 반발타격을 예방하기 위해 분할날 반발예방장치를 설치하여 톱날 신체접촉을 예방하여야 한다.

2. 목재가공용 둥근톱 **암기** 반톱 25 8

1) 안전장치 : 분할날, 톱날덮개, 평행조정기
2) 설치조정
 ① 하단과 테이블높이 최대 25mm 제한
 ② 톱날덮개 하단과 가공재 8mm 이내 조정

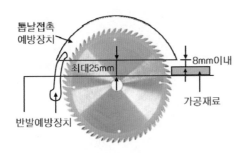

톱날접촉
예방장치
최대25mm
8mm이내
반발예방장치
가공재료

목재가공용 둥근톱

3. 안전작업

1) 절단 : 천천히 밀어 목재 훼손 및 반발을 방지하고, 무리한 작업금지
2) 얇은 : 누름판 사용
3) 소음 : 귀마개, 귀덮개, 방음보호구
4) 분진 : 분진마스크

4. 둥근톱 정지(전원off)

1) 작업중단 시
2) 수리 보수 교체 시
3) 청소 시
4) 작동 이상 시

5. 안전담당자 직무

1) 안전작업 지휘
2) 방호장치 점검
3) 기계기구설비 사용상황 감독
4) 기계기구설비 이상 시 조치

신체접촉방지장치

고속절단기

참고 위험기계기구(목재가공용 둥근톱)

1. 사고원인

1) 개인보호구 미착용 시 부딪힘 찔림
2) 정리정돈 미실시로 자재 걸려 넘어짐
3) 날접촉예방장치(덮개) 미설치로 손가락 절단
4) 경사지에 목재가공용 둥근톱 설치 시 전도
5) 누전차단기 미설치 시 누설전류에 의한 감전

2. 안전대책

1) 개인보호구 착용 철저
2) 주변 정리정돈 철저
3) 장갑 착용 금지, 톱날덮개 설치 철저
4) 누전차단기 설치

목재가공용둥근톱

참고 위험기계기구(연삭기)

1. 사고원인

1) 보안경 미착용 시 파편으로 안구손상
2) 연삭숫돌 교체 시 오조작, 손가락 절단
3) 연삭숫돌 파손으로 신체손상
4) 비접지형콘센트에 사용 및 접지 미실시로 감전
5) 연삭숫돌 측면사용 시 숫돌파손, 신체손상
6) 톱날덮개 미설치로 손가락 절단, 신체손상
7) 누전차단기 미연결, 접지 미실시로 감전

2. 안전대책

1) 보안경 등 개인보호구
2) 연삭숫돌교체 시 전원코드 뽑아 전기차단
3) 연삭숫돌 덮개설치, 연삭숫돌 규격품
4) 접지형플러그는 접지형콘센트에 꽂아 사용
5) 숫돌은 측면 사용금지
6) 톱날덮개 설치, 피부접촉방지장치 임의고정금지
7) 누전차단기 연결사용, 접지실시

고속절단기

핸드그라인더

34 구급용품 및 응급처치

1. 개요

1) 사고 발생 시 긴급한 응급치료를 위해서 구급용품을 비치하고 비치장소·사용방법을 주지시키고, 항상 사용할 수 있도록 청결을 유지한다.
2) 응급 시를 대비하여 인공호흡 등 수시교육 한다.

2. 비치구급용품

1) 붕대, 탈지면
2) 핀셋, 반창고
3) 소독약, 지혈대
4) 부목, 들것
5) 화상약

3. 구급용품

1) 비치장소, 사용방법 주지
2) 관리자 지정
3) 항상 사용할 수 있도록 청결유지
4) 수불대장 작성
5) 필요한 품목 사전 구입

4. 응급처치

1) 인공호흡 구급처치법 평소 교육훈련
2) 구조용구 장소·연락방법 게시
3) 안락하게 눕히고, 급격한 온도·습도 유지, 냉정하고 신속하게 상태관찰
4) 호흡장애 목도리·혁대·신발 등 느슨한 상태
5) 의식이 없는 상태에서 물 음료수 공급 금지
6) 편안한 자세 유지, 호흡곤란 시 인공호흡
7) 응급처치 신속병원 후송
8) 응급처치자 : 생사판정금지, 의약품사용 금지, 응급처치 후 신속히 의사에게 인계

참고 국제노동권고(I.L.O권고)

1. 개요

1) International Labour Organization
2) 국제적인 산업재해 예방, 근로자보호, 안전보호조치를 하는 사전안전성평가제도

2. 국제노동권고

1) 사고사전예견
2) 사고위험방지
3) 사고사전예방

3. 국내 사전안전성 평가제도

1) 유해위험방지계획서 : 노동부
2) 안전관리계획서 : 건설교통부
   ① 시공안전
   ② 주변안전
   ③ 통행시설
   ④ 교통소통

4. 산업재해 국제적 구분

알기 일영미대중 사c기c사 노안산노노 400119

시행	명칭	기관
일본	사전안전성평가	노동성
영국	C.D.M 제도	안전보건청
미국	기본안전계획서	산업안전보건청
대만	C.S.M 제도	노공위원회
중국	사전안전성평가제도	노동부

5. 재해의 분류

1) 사망
2) 영구 전노동불능재해
3) 영구 일부노동불능재해
4) 일시 전노동불능재해
5) 일시 일부노동불능재해
6) 구급처치 재해

35 근골격계

1. 개요

근골격계 질환이란 무리한 힘의 사용, 반복적인 동작, 부적절한 작업자세, 날카로운 면과의 신체접촉, 진동 온도 등의 요인으로 인해 근육과 신경, 힘줄 인대 관절 등의 조직이 손상되어 신체에 나타나는 건강 장해를 총칭한다.

2. 원인

1) 무리한 힘의 사용
2) 반복적인 동작으로 장시간 고정
3) 부적절한 작업자세 및 손잡이 크기 등
4) 날카로운 면과의 신체접촉
5) 장시간 손벌림 하거나 장시간 팔 벌림
6) 머리를 과도하게 앞뒤 굽힘
7) 진동 및 온도·습도상태 장시간 작업

3. 근골격계 질환 발생단계

1) 1단계
   ① 작업 중 통증·피로감
   ② 하룻밤 지나면 증상 없음
   ③ 작업능력 감소 없음
   ④ 며칠 동안 지속·악화·회복 반복
2) 2단계
   ① 작업시간 초기부터 통증
   ② 하룻밤 지나도록 통증 지속
   ③ 화끈거려 잠을 설침
   ④ 작업능력 감소
   ⑤ 몇 주·몇 달 동안 지속·악화·회복 반복
3) 3단계
   ① 휴식 시간에도 통증
   ② 하루 종일 통증
   ③ 통증으로 불면
   ④ 작업수행 불가능
   ⑤ 다른 일도 어렵고 통증을 동반

4. 근골격계 질환 부담작업

1) 1일 4hr 이상, 키보드·마우스로 집중하여 자료 입력 [암기] 게이머
2) 1일 2hr 이상 목·어깨·발꿈치·손목·손 동작반복 [암기] 기타리스트
3) 1일 2hr 이상 머리 위 손·팔꿈치·몸통으로 들거나 뒤로 위치 [암기] 댄서

4) 1일 2hr 이상 지지하지 않은 상태에서 허리를 구부리고 트는 반복작업 [암기] 기술사
5) 1일 2hr 이상 지지하지 않은 상태에서 1kg 이상 한 손가락으로 들거나, 2kg 이상 한 손가락으로 쥐는 작업 [암기] 연탄집게
6) 1일 2kg 이상 지지하지 않은 상태에서 4.5kg 이상 물건을 한 손으로 들거나, 동일 힘으로 쥐는 작업 [암기] 노가다
7) 1일 10회 이상 25kg 이상 드는 작업

5. 작업별 근골격계 질환

작업	근골격계 질환
타격하기, 갈기	건초염, 흉곽출구증후군, 손목터널증후군, 손목건염, 원회내근증후근
머리위 조립 (용접, 페인트)	흉곽출구증후군, 어깨건염
실내장식작업	흉곽출구증후군, 손목터널증후군, 손목건염
중장비운전	흉곽출구증후군
목수, 벽돌공	손목터널증후군, 가운(Palmar)터널증후군
저장창고, 선적	흉곽출구증후군, 어깨건염
재료운반	흉곽출구증후군, 어깨건염

6. 건설현장 근골격계 발생 장소

1) 몸을 오랫동안 구부려야 하는 협소한 장소
2) 경사면 발목 꺾어야 하는 작업
3) 천장 등 지속적으로 목을 꺾어야 하는 작업
4) 그라인딩 및 브레이커 등 충격작업

7. 대책

1) 휴식
2) 작업 전 중 후 스트레칭
3) 바른 자세 및 근력운동 걷기
4) 작업대 기구배치 높낮이
5) 작업환경 개선
6) 디자인 : Lay Out, 적정한 공구 장비 사용, 신체조건에 맞는 작업대 의자 사용

8. 근로자 보건관리

1) 작업환경측정, 건강진단
2) 건강관리수첩
3) 질환자 취업금지 제한
4) 근로시간 연장제한

36 통합계획서

1. 개요

1) 유해위험방지계획서 및 안전관리계획서 작성은 비효율적이므로 체계적이고 효율적인 안전관리 계획서를 작성하기 위함이다.
2) 업체의 부담을 줄이고 원활한 안전관리를 수행하기 위함이다.

2. 유해위험방지 계획서 대상 `암기` 지최깊터다연

1) 지상높이 31m 이상 건축물, 3만m 이상 건축물, 연면적 5천m 이상 문화 집회시설, 판매 운수 의료, 종합병원, 숙박, 지하도상가, 냉동·냉장 창고 건설개조
2) 최대지간길이 50m 이상 교량건설
3) 깊이 10m 이상 굴착공사
4) 터널공사
5) 다목적댐 발전용댐 및 저수용량 2천만톤 이상 용수전용댐 지방상수도전용댐 `암기` 다발용
6) 연면적 5천m 이상 냉동·냉장 창고시설, 설비 공사 단열공사

3. 안전관리계획서 대상 `암기` 1지폭계인제

1) 1종 시설물, 2종 시설물
2) 지하 10m 이상 굴착공사, 폭발물 사용 20m 안 시설물, 100m 안 양육가축 영향 예상
3) 계약 시 품질보증계획수립 명시
4) 인허가승인 행정기관장 필요 인정
5) 제외 : 원자력시설공사

4. 유해위험방지계획서 작성기준

1) 공사개요
 ① 공사개요서
 ② 공사현장도면
 ③ 기계설비배치도
 ④ 공정표

2) 안전보건관리계획
 ① 산업안전보건관리비 사용계획
 ② 안전관리 조직표 안전보건교육계획
 ③ 개인보호구 지급계획
 ④ 재해발생 위험 시 연락 및 대피방법

3) 작업공종별 유해위험방지계획(건축, 교량, 터널, 댐, 굴착공사와 관련)가설공사, 구조물공사, 강구조공사, 터널, 흙막이, 교량, 댐, 전기 및 기계설비 공사

4) 작업환경 조성계획분진 소음 진동 유해환경 위생 시설물 등

5. 안전관리계획서 작성기준

1) 안전관리계획
 ① 공사개요
 ② 안전관리조직
 ③ 공종별 안전점검계획
 ④ 공사장 주변 안전관리계획
 ⑤ 통행안전시설 설치 및 교통소통계획
 ⑥ 안전관리비 집행계획
 ⑦ 안전교육계획
 ⑧ 비상시 긴급조치계획

2) 적용시설물별 세부 안전관리계획가설공사, 굴 착공사 및 발파공사, 콘크리트공사 등

6. 통합계획서 구성

1) 기본사항
2) 유해위험방지계획서
3) 안전관리계획
4) 공통

7. 통합계획서 제출 및 심사

1) 유해위험방지계획서 : 착공 전 일정한 자격을 갖춘 자, 산업안전지도사, 건설안전기술사, 토목·건축관련 기술사, 건설안전기사 5년, 건설 안전산업기사 7년 이상
2) 안전관리계획서 : 착공 전, 공사감독, 감리원, 발주자, 인허가승인기관
3) 심사 `암기` 적조부
 ① 유해위험방지계획서, 안전관리계획서
 ② 적정, 조건부, 부적정

37 KOSHA 18001 (안전보건경영시스템) 인증제도

1. 개요

자율안전보건 경영체제를 구축하기 위함이며, 산업안전공단에서 제정하여 안전보건관련 사업자를 평가하고 인증하는 제도이다.

2. 인증절차

신청서 — 제출 — 검토 — 서면통보 — 계약

3. 실시 효과

1) 신뢰성 손실 저감
2) 경영의 표준화
3) 권한 책임 부여
4) 휴먼에러 감소
5) 과학적인 위험성평가기법
6) 체계적인 위험관리
7) 의사소통 원활
8) 급변경영변화에 기업리스크 감소

4. 실태확인

1) 상호계약
2) 확인심사
3) 결과보관
4) 기술지원

5. 사후심사

1년, 기술지원

6. 인증취소

1) 거짓, 부정
2) 사후심사 거부 2회 이상, 시정 불응 시
3) 기준위배, 사회 물의
4) 3년 동종업종 평균재해율 이상
5) 20일 이상 소명 기회

7. 심사원 자격

1) 건설안전기술사
2) 건축 및 토목 시공기술사 3년 실무
3) 산업안전지도사 3년 실무
4) 석사 5년, 기사 7년, 기타 10년

8. 국내외 안전인증시스템

1) 국내
   ① KOSHA 18001 : 한국산업안전공단
   ② K-OHSMA 18001 : 한국인정원
   ③ KGS : 한국가스안전공사
2) 외국 다국적인증 : OHSAS 18001

참고 산업안전보건법 벌칙 과태료

1. 개요

1) 행정목적을 달성하기 위한 행정제도이며, 형벌 범죄와는 무관하다.
2) 사업주가 의무 주체이며 위반행위자는 관계와 무관하고 사업주체가 과태료를 부과한다.

2. 근로자 과태료

1) 위반 즉시 경고 5만 원
2) 확인서 사진 첨부
3) 목격자 확보
4) 10일 이상 소명 기회

3. 과태료 부과 절차

1) 시정조치 경고
2) 위반행위 정도에 따라 1/2 경감
3) 10일 이상 기간 내에 구술 또는 서면 기회
4) 이후 부과통지
5) 법원이송(비송사건 처리절차법)

4. 과태료 징수 절차

1) 납부고지서(30일 이내)
2) 이의제기(고지 접수 후 30일 이내)
3) 이의 없으며 과태료 미납부 시 : 국세체납처분

CHAPTER 1

38 석면

1. 개요

1) 건축물 철거 해체 시 소유주는 석면조사기관에 조사를 의뢰하고, 석면조사기관에서는 조사 결과를 기록 보존하여야 한다.
2) 기록보존 : 석면함유여부·종류·함유량·위치· 면적 기록보존

2. 석면함유구조물

1) 내화뿜칠
2) 슬레이트 지붕
3) 덕트 보온
4) 천장 텍스
5) 음향조절판

3. 대상 암기 건주설파

1) 건축물 연면적 50m² 이상
2) 주택 연면적 200m² 이상
3) 설비자재면적 15m² 이상, 부피 합 1m 이상
4) 파이프 길이 합 80m 이상, 철거·해체 보온재 80m 이상
5) 석면노출기준 암기 크아코
   ① 크리소타일 2개/cm³
   ② 아모사이트 0.5cm³
   ③ 코로시돌라이트 0.2cm³

4. 작업 시 조치

1) 밀폐 : 위생설비 연결부·환기부
2) 습식작업
3) 지붕에서 던지지 말 것
4) 보호구 : 작업 전 사용방법 교육

5. 석면제거업체

1) 계획수립
2) 작업 전 7일 전 관할노동관서 신고
3) 작업기준준수
   (안전교육, 작업공간밀폐, 음압유지 등)
4) 완료 후 농도측정
5) 서류보존 : 30년간 작업장소·근로자인적사항· 작업내용·작업기간 보존

6. 석면 해체·제거·처리 방법

1) 작업장 밀폐, 경고표지관계자외 출입금지(석면 취급/해체중)
2) 개인보호구 지급 착용 방진마스크(1급 이상), 고글보안경, 보호의 등
3) 관계자외 출입금지, 흡연금지
4) 위생설비탈의실, 샤워실 등
5) 석면함유 잔재물 처리폐기물관리법에 의거 처리
6) 잔재물흩날림 방지 습식작업, 고성능필터 청소기 사용
7) 작업 후 실내 석면농도 측정
8) 관할 고용노동부 결과보고

39 건설현장 재해유형

1. 추락

1) 안전난간대
   ① 안전난간 : 상부 90cm, 중간 45cm
   ② 허용하중 : 중간 120kg, 겹침부 100kg

2) 안전대 착용대상(높이 2m 이상 추락위험이 있는 장소)
   ① 작업발판(폭 40cm 이상) 없는 장소
   ② 작업발판이 있어도 난간대가 없는 장소
   ③ 난간대가 있어도 상체를 내밀고 작업하는 장소
   ④ 작업발판과 구조체 간 간격이 30cm 이상인 장소
   ⑤ 수평방호시설이 없는 장소

3) 최하사점

   H > h = 로프길이(l) + 로프신장길이(l·) + 작업자키 1/2(T/2)

   H > h : 안전

   H = h : 위험

   H < h : 중상·사망

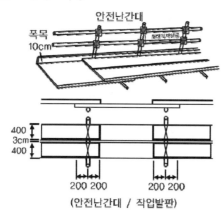

(안전난간대 / 작업발판)

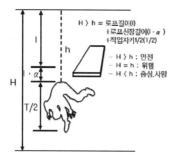

최하사점

4) 추락방지망 원칙적 2단 : 상부 10cm×10cm, 하단 2.5cm×2.5cm
   ① 낙하높이(충돌면 여유)
   ② 작업점 아래 h1 = 0.75L(3~4m),
   　　　　　　　h2 = 0.85L h1 아래 망처짐
   　　　　　　　S = 0.25L
   　　　　　　　하단부에서 1/2L ~ 1/6L

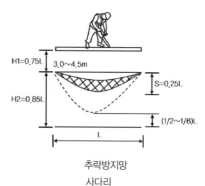

추락방지망
사다리

5) 사다리 여장 0.6m, 상부고정, 경사도 75도, 30cm×30cm, 아웃리거

6) 개구부
   ① 안전난간 : 상부 90cm, 중간 45cm
   ② 허용하중 : 중간 120kg, 겹침부 100kg
   ③ 조도유지, 추락위험 표지

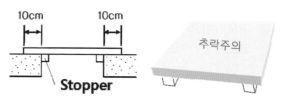

개구부 덮개

2. 감전

1) 콘센트 파손, 전선줄 파단
2) 증상
   ① 15~50mA(밀리암페어) : 강한 경련
   ② 50mA 이상 : 사망
3) 안전보호구 : 안전장갑 안전장화

3. 충돌 협착

1) 백호 퀵커플러 장착
2) 장비작업 시 작업반경 내 출입금지
3) 덤프 덤핑 시 신호수가 후진 신호를 마치고 운전원 앞으로 이동 후 덤핑

CHAPTER 1

백호 퀵커플러

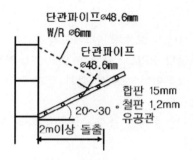

낙하물방호선반

4. 붕괴 도괴

1) 시스템비계 지반지지력

① 토공 20kgf/cm^2

② 보조기층 30kgf/cm^2

2) 사면구배 암기 토풍연경

구분	지반종류	기울기
보통흙	습지	1 : 1 ~ 1 : 1.5
(토사)	건지	1 : 0.5 ~ 1 : 1
암반	풍화암	1 : 1.0
	연암	1 : 1.0
	경암	1 : 0.5

① 안전한 경사로 확보, 낙석위험 토석제거, 옹벽 흙막이 지보공 설치

② 토사 등의 붕괴 낙하 위험이 되는 빗물 지하수 배제

③ 갱내 낙반 측벽 붕괴 위험이 있는 경우 지보공 설치 및 부석제거

3) 동결융해 : 흙막이 굴착깊이 50cm

5. 낙하 비래

1) 낙하물방호선반 30˚, 2m 이상 돌출

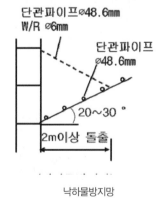

낙하물방지망

2) 터널막장 부석정리 : 장비 2회 인력 2회

① 발파 후 : 장비 1회, 인력 1회

② 천공 후 : 장비 1회, 인력 1회

3) 와이어 암기 이소공꼬심 10 7일

① 소선수 10% 감소

② 공칭지름 7% 감소

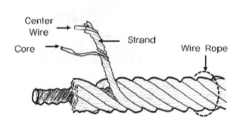

6 X 24 X 1WRC X B X 20mm

Wire Rope 구성

4) 샤클방향(슬링벨트 체결 시)

① ∩ : 정상

② ∪ : 비정상

③ ⊂ : 가장 위험

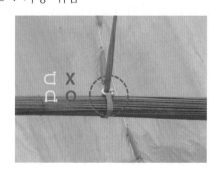

샤클 줄걸이

5) 와이어클립

① 9~16mm 4개 6d 간격

② 주선에 볼트부 넓은 면 위치

6) 후크이탈방지장치

7) 줄걸이 60˚ 이내 유지

8) 유도로프 여유 있게 설치

6. 비산

1) 고속절단기 보호캡 임의 고정
2) 그라인딩 RPM : 동력부 3,500 〈 연삭날 3,800
3) 핸드그라인더 보호캡 설치 철저
4) 용접용단
 ① 비산된 불티는 풍향·풍속에 따라 비산거리 달라짐
 ② 비산된 불티는 1,600℃ 이상의 고온체
 ③ 비산된 후 상당시간 경과 후에도 축열에 의하여 화재발생
 ④ 용접작업에 의한 불티의 비산거리는 최소 3.5m에서 최대 6.5m

고속절단기

7. 전도

1) I-Beam 제작장 배수불량·브레이싱·지지대 노후
2) 자재 쌓기, 자재 밴딩 해체 시
3) 장비 토공 단부·연약지반 작업 시
4) 항타기 크레인 아웃리거 미설치

8. 화재

1) 건설현장 화재 원인 : 용접용단·그라인딩·담뱃불
2) 인화성물질 : 스티로폼·비닐류·박스 등
3) 불티방지막·불티방지포·소화기 설치, 소화기 충전압력 7~9kg/cm²
4) 화재감시자 미배치 시 5,000만 원
5) 용접용단
 ① 비산불티는 풍향·풍속에 따라 비산거리 달라짐
 ② 비산불티는 1,600℃ 이상의 고온체
 ③ 비산된 후 상당시간 경과 후에도 축열에 의하여 화재발생
 ④ 용접작업에 의한 불티의 비산거리는 최소 3.5m에서 최대 6.5m

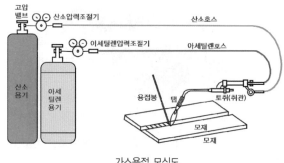

가스용접 모식도

9. 발파

1) 대피
2) 정전기 차단
3) 천공장 1패턴 370공 350kg
4) 화약 350~400kg

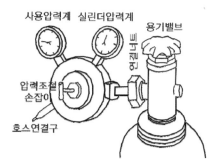

용기에 압력조정기 체결방법

10. 폭발

1) LPG 가스압력 녹색범위
2) 가스용기 내용연한
3) 가스호스
 ① 내열성 70℃에서 120시간
 ② 용접용단불티 1,600℃

11. 밀실작업

1) 맨홀, 흄관, 정화조, 탱크, 지하실 방수
2) 산소 18%
3) 산소 6% 혼수상태 6분 이내 사망

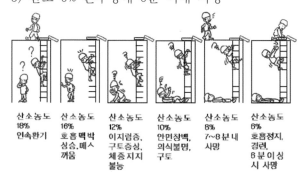

산소결핍에 대한 사람의 반응

참고 기적 및 환기

1. 개요

1) 옥내작업장 공기의 기준
2) 밀폐공간 작업안전

2. 기적산식

$$S = \frac{V - v}{N}$$

3. 환기기준 암기 일고자산

작업장소	환기량
일반적인 옥내작업장	50m³ 이상/1인
고압실내	40m³ 이상/1인
자연환기 불충분장소	100m³ 이상/1인
산소결핍 우려장소	산소농도18% 이상 유지

4. 밀폐공간 작업 시 안전작업 절차

1) 출입금지표지 설치 및 출입제한
2) 작업 전 밀폐공간 작업허가 및 안전장비 구비
3) 밀폐공간 출입 시 산소와 유해가스농도 측정
4) 환기실시 및 내부공기 적정상태 유지
5) 감시인 배치, 연락체계 구축 및 출입인원 점검

5. 밀폐공간 측정가스 농도 및 적정농도

1) 산소 18% 이상, 23.5% 미만
2) 황화수소 10ppm 미만
3) 가연성가스(메탄 등) 10% 미만
4) 탄산가스 1.5% 미만
5) 일산화탄소 30ppm 미만

40 건설업 KOSHA-MS 리더십과 의지표명, 근로자 참여 및 협의 항목 인증기준

1. 리더십과 의지표명

1) 재해예방, 쾌적한 작업환경, 안전보건 유지증진
2) 안전보건 목표수립, 조직 전략적 방향 조화
3) 안전보건 경영시스템과 조직의 비즈니스 프로세스 통합
4) 안전보건 경영시스템 구축, 실행, 유지, 개선 필요자원(물적, 인적)을 제공
5) 안전보건경영의 중요성, 안전보건 경영시스템 요구사항 이행
6) 안전보건 경영시스템 결과 달성위해 지속적 촉진
7) 유해위험요인 위험성 보고 시 부당한 조치로부터 근로자 보호
8) 안전보건경영시스템의 운영상에 근로자의 참여 및 협의를 보장

2. 근로자 참여 협의

1) 목적 : 안전보건경영시스템이 원활히 적용하고 근로자가 참여활동
2) 적용 : 공사감독자, 현장대리인, 근로자
3) 공사감독자의 참여
   ① 착공 전 안전관리계획 추진계획의 수립여부와 적정성 검토
   ② 위험성평가 위험요인 및 예방대책 도출 시 공사와 공동 진행
   ③ 안전보건 경영시스템에 대한 실행력을 판단
4) 시공사 현장대리인 및 근로자의 참여
   ① 위험성평가시 도출과정 현장대리인 및 근로자 참여
   ② 위험작업 작업중지를 요청 공사안내간판
5) 간담회 실시
   ① 안전보건 경영시스템 의견공유 개선

41 산업안전보건법에서 정하는 건설공사 발주자의 산업재해 예방조치의무 (안전보건대장)

1. 발주자

1) (건설공사 계획 시)기본안전보건대장 작성
2) (설계계약 체결 시)기본안전보건대장을 설계자에게 제공
3) (건설공사계약 체결 시)설계안전보건대장을 수급인에게 제공
4) 설계자의 설계안전보건대장 작성 확인(필요 시 보완요청)
5) 수급인의 공사안전보건대장 작성 확인
6) 수급인의 산업재해예방조치
   (공사시작 후 1회/3개월 이상)
7) 안전보건대장의 작성
8) 수급인이 공사안전보건대장에 따른 안전보건 조치 등
9) 공사기간 단축 및 공법변경 금지
10) 악천후 등 불가항력의 사유
11) 도급계약 체결 시 도급금액에 산업안전보건관리비 계상

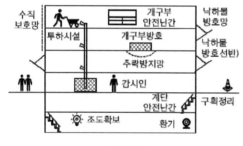

안전시설

2. 설계자

1) 설계안전보건대장 작성
2) 기본설계 시 설계안전보건대장을 작성, 발주자의 확인, 실시설계 시에는 그 구체적인 내용을 설계서에 반영

3. 수급인

1) 공사안전보건대장 작성 및 이행
2) 공사안전보건대장에 변경 시 발주자는 변경요청의 적정성을 검토(공사안전보건 대장에 반영)
3) 공사기간 단축 및 공법변경 금지
4) 악천후 등 불가항력의 사유 공사기간 연장 요청
   (사유종료일로부터 10일 이내)

5) 가설구조물의 붕괴 낙하 등 재해발생의 위험 시 전문가의 의견을 들어 발주자에게 설계변경 요청
6) 공사중지명령, 유해위험방지계획서 변경 명령을 받아 설계변경이 필요한 경우 발주자에게 설계변경 요청

4. 건설사업 단계별 안전보건대장의 구성

구분	포함내용
기본 안전 보건 대장	① 공사규모, 공사예산 및 공사기간 등 사업개요 ② 공사현장 제반 정보 ③ 공사 시 유해·위험요인과 감소대책 수립을 위한 설계조건
설계 안전 보건 대장	① 안전한 작업을 위한 적정 공사기간 및 공사금액 산출서 ② 설계조건을 반영하여 공사 중 발생할 수 있는 주요 유해·위험요인 및 감소대책에 대한 위험성평가 내용 ③ 유해위험방지계획서의 작성계획 ④ 안전보건조정자의 배치계획 ⑤ 산업안전보건관리비의 산출내역서 ⑥ 건설공사의 산업재해 예방 지도의 실시계획
공사 안전 보건 대장	① 설계안전보건대장의 위험성평가 내용이 반영된 공사 중 안전보건 조치 이행계획 ② 유해위험방지계획서의 심사 및 확인결과에 대한 조치내용 ③ 산업안전보건관리비의 사용계획 및 사용내역 ④ 건설공사의 산업재해 예방 지도를 위한 계약 여부, 지도결과 및 조치내용

42 산업안전보건기준에 관한 규칙 개정 내용 요약(2022.10.18.)

1. 굴착기 관련 안전규정 정비

1) 굴착기 규정 내용
① 굴착기 선회 반경 내 근로자 출입 금지
② 작업 전 후사경과 후방영상표시장치 등의 작동 여부 확인
③ 버킷, 브레이커 등 작업장치 이탈방지용 잠금 장치 체결
④ 운전원 안전띠 착용 의무화

2) 굴착기 인양작업 가능
① 그간 금지했던 굴착기를 사용한 인양 작업을 허용
② 제조사에서 정한 작업설명서 준수, 지반침하 우려가 없는 장소, 신호수 배치, 작업반경 내 출입 금지, 정격하중 준수 후 작업가능

2. 이동식 크레인(기중기) 탑승 작업의 예외적 허용

1) 이동식 크레인 탑승 예외 허용
그간 높은 장소에서의 작업은 고소작업대만을 활용하도록 하였으나, 현실적으로 고소작업대 사용이 어려운 경우 안전한 작업을 위하여 이동식 크레인의 탑승 작업을 예외적으로 허용하였다

2) 탑승 예외 조건(교량 우물통 공사 등)
① 이동식 크레인 중 높은 장소에서 안전하게 작업할 수 있는 기중기에 한국산업표준에 맞게 작업대를 설치하는 등 안전기준을 충족하면 기중기를 활용한 근로자 탑승 등으로 작업을 할 수 있도록 했다.
② KS B ISO 12480-1(크레인-안전한 사용 제1부)의 부속서(C.1~C.4)

3. 항타기, 항발기 관련 규정 합리화

1) 기존 항타기 항발기 규정
① 항타기 항발기 조립 시 안전점검사항을 해체 시에도 준수토록 명시하고, 제조사의 설치해체 작업 설명서를 따르도록 의무화하였다.
② 기존에는 항타기 항발기 사용 시 3개 이상의 버팀대 또는 버팀줄로 상단을 지지하도록 규정하고 있었으나, 실제 현장에서 사용하는 국내 장비 중 버팀대가 3개 이상인 장비는 존재하지 않고, 대다수 장비는 버팀줄도 없는 것이 현실을 반영하여 버팀대 버팀줄의 개수 및 증기 동력원 규정 삭제

2) 준수 및 점검사항
① 준수사항 : 권상기에 쐐기장치 또는 역회전방지용 브레이크 부착, 권상기의 견고한 설치, 조립해체시 제조사에서 정한사항
② 점검사항 : 본체 부속장치 및 부속품의 강도, 본체 부속장치 및 부속품의 심한 손상 마모 변형 또는 부식 여부

4. 상시환기장치를 갖춘 밀폐공간 관리규정 합리화

1) 밀폐공간 규정 합리화밀폐공간에 상시 가동되는 급·배기 환기장치(상시환기장치)를 설치하고 24시간 상시 작동해 질식, 화재, 폭발 등의 위험이 없도록 한 경우 해당 밀폐공간에 대하여 아래의 조항(표)를 적용하지 않음

2) 비적용 규정(산업안전보건기준에 관한 규칙)
① 제619조 제2항 밀폐공간 작업 시작 전 확인사항(작업정보, 산소 유해가스 농도측정, 보호구, 비상연락체계)
② 제619조 제3항 작업장 출입구에 제2항에 따른 확인사항 게시
③ 제620조 밀폐공간 작업 시 환기 등을 통한 적정공기 상태 유지
④ 제621조 밀폐공간 작업 시 출입인원 점검
⑤ 제623조 밀폐공간 작업 시 밀폐공간 외부 감시인 배치 등
⑥ 제624조 산소결핍 또는 유해가스 중독으로 추락 우려시 안전대, 송기마스크 등 지급
⑦ 제640조 6개월에 1회 이상 구조훈련 실시
⑧ 예외 : 분뇨, 오염된 흙, 썩은 물, 폐수, 오수, 그 밖에 부패하거나 분해되기 쉬운 물질이 들어있는 정화조, 침전조, 집수조, 탱크, 암거, 맨홀, 관 또는 피트 내부 적용되지 않음

5. 이산화탄소 소화설비 질식사고 예방을 위한 안전기준 신설

1) 개요이산화탄소 소화설비의 점검·유지·보수 작업 시 소화설비가 설치된 방호구역 및 소화용기 보관장소에 출입하는 경우 안전조치로써, 미리 소화설비의 수동밸브를 잠그거나 기동장치에 안전핀을 꽂도록 하는 등 작업 중 소화설비의 오동작으로 인한 질식사고를 예방하기 위한 규정을 마련하였다.

2) 주요내용
① 관계자 사전지정 및 출입기록 작성관리
② 출입근로자에 대한 반기 1회 이상 교육 실시
③ 소화용기 및 배관밸브 교체 작업시 공기호흡기(송기마스크) 지급 착용

④ 소화설비 작동 관련 전기, 배관 등 작업시 작업 계획서 작성 의무 부여

⑤ 방호구역 각 부분으로부터 출입구(또는 비상구) 까지 이동거리가 10m 이상인 방호구역과 이산 화탄소 소화용기 100개 이상(45kg 용기 기준) 보관하는 소화용기 보관장소

⑥ 질식의 우려가 있을 경우 경고 및 출입금지 표시

6. 화재감시자 지급용 방연마스크의 기준 명확화

화재감시자에게 KS인증 제품(KS M 6766, 화재용 긴급 대피 마스크) 또는 한국소방산업기술원 기준 (화재대피용 자급식호흡기구의 KFI 인정기준)을 충족하는 화재 대피용 마스크를 지급하도록 기준을 마련하였다.

43 화재감시자 지정

1. 대상

1) 작업반경 11m 이내 가연성 물질이 있는 장소

2) 가연성 물질이 11m 이상 떨어져 있지만 불꽃에 의해 쉽게 발화될 우려가 있는 장소

3) 가연성 물질의 주변이 금속으로 되어 있는 장소

4) 제외대상 : 한 장소에서 반복적인 작업을 할 때, 소방설비가 갖추어진 경우 화재감시자를 배치하지 않아도 됨

2. 미배치 시

미배치 시 5년 이하 징역이나 5천만 원 이하의 벌금

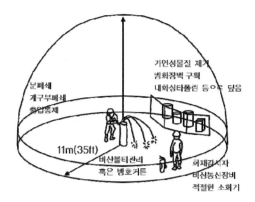

화재감시자 배치

3. 화재감시자 배치기준

1) 연면적 15,000㎡ 이상의 건설공사 또는 개조공사가 이루어지는 건축물의 지하장소

2) 연면적 5,000㎡ 이상의 냉동·냉장창고시설의 설비공사 또는 단열공사 현장

3) 액화석유가스 운반선 중 단열재가 부착된 액화석유가스저장시설에 인접한 장소

4) 사업주는 화재감시자에게 업무 수행에 필요한 확성기, 휴대용 조명기구 및 방연마스크 등 대피용 방연장비를 지급하여야 한다.

44 소음작업 중 강렬소음, 충격소음 작업

1. 소음작업

소음작업 중 1일 8시간 작업기준, 85데시벨 이상 소음이 발생하는 작업

2. 강렬한 소음작업

1) 90데시벨 이상 소음, 1일 8시간 이상 발생작업
2) 95데시벨 이상 소음, 1일 4시간 이상 발생작업
3) 100데시벨 이상 소음, 1일 2시간 이상 발생작업
4) 105데시벨 이상 소음, 1일 1시간 이상 발생작업
5) 110데시벨 이상 소음, 1일 30분 이상 발생작업
6) 115데시벨 이상 소음, 1일 15분 이상 발생작업

3. 충격소음작업

소음이 1초 이상의 간격으로 발생하는 작업
1) 120데시벨 초과 소음, 1일 1만회 이상 발생작업
2) 130데시벨 초과 소음, 1일 1천회 이상 발생작업
3) 140데시벨 초과 소음, 1일 1백회 이상 발생작업

45 산업안전보건법 공사기간 연장 요청

1. 배경

1) 하도급 반복적 갑을관계
2) 원청 일방적 시공기간 완공지시
3) 안전상 미비로 산재사고발생

2. 개정안

1) 타인에게 도급하는 자, 특별사유 없으면
2) 태풍 홍수, 악천 후, 사변, 지진, 화재, 전염병, 폭염, 그 밖 당사자 통제범위 초월사유
3) 도급하는 자 책임으로 착공지연
4) 시공중단
5) 고용노동부령

46 화학물질 및 물리적 인자의 노출기준

1. 대상

인체유해 가스 증기 미스트 흄 분진 소음 고온 화학물질 물리적인자

2. 목적

1) 작업환경평가
2) 근로자건강보호

3. 노출기준

시간가중평균노출기준(TWA) : 1일 8시간 작업, 유해인자측정치에 발생시간을 곱하여 8시간으로 나눈값

$$TWA환산값 = \frac{C_1 \cdot T_1 + C_2 \cdot T_2 \cdots + C_n \cdot T_n}{8}$$

 : 유해인자측정치(단위 : ppm, mg/m, 개/cm)

 : 유해인자의 발생시간(단위 : 시간)

단시간노출기준(STEL) : 15분간 시간가중평균 노출값

최고노출기준(C) : 1일 작업시간 동안, 잠시라도 노출되어서는 아니되는 기준

47 안전인증 및 자율안전 확인신고 대상 가설기자재 종류

1. 의무안전인증대상

기계·기구	규격 및 형식별
추락, 낙하, 붕괴 등 위험방호 가설 기자재	파이프 서포트 및 동바리용 부재
	조립식 비계용 부재
	이동식 비계용 부재
	작업발판
	조임철물
	받침철물(고정형 제외)
	조립식 안전난간
	추락 또는 낙하 방지망

2. 자율안전확인대상

기계·기구	규격 및 형식별
추락, 낙하, 붕괴 등 위험방호 가설 기자재	선반지주
	단관비계용 강관
	고정형 받침철물
	달비계용 및 부재(달기체인 및 달기틀)
	방호선반
	엘리베이터 개구부용 난간틀
	측벽용 브래킷

48 산업안전보건법상 도급사업에 따른 산업재해 예방조치, 설계 변경 요청대상 및 설계변경 요청 시 첨부서류 설명

1. 도급에 따른 산업재해 예방조치

1) 도급인 수급인 안전보건 협의체 구성
2) 작업장 순회점검
3) 안전보건교육 장소 제공
4) 안전보건교육 실시
5) 발파 화재 폭발 지진 시 경보체계 운영, 대피방법
6) 동일장소 등 작업관련 작업시기, 작업내용, 안전보건조치 확인

2. 대상

1) 높이 31m 이상인 비계
2) 높이 5m 이상인 거푸집동바리
3) 작업발판이 일체형인 거푸집
4) 높이 2m 이상 흙막이지보공
5) 동력을 이용하여 움직일 수 있는 가설 구조물
6) 터널 지보공

3. 설계변경 요청시 첨부서류

1) 제안사항에 대한 구체적인 설명서
2) 제안사항에 대한 산출내역서
3) 당초 공사공정예정표에 대한 수정공정예정표
4) 공사비의 절감 및 시공기간의 단축효과
5) 기타 참고사항

49 건설업 특별안전보건교육 대상작업 (10개 선택)

1) 고압실
2) 아세틸렌용접
3) 밀폐장소
4) 인화성폭발성가스
5) 화학설비탱크 내
6) 건조설비
7) 목재가공
8) 원동기
9) 운반용 하역기계
10) 1톤 이상 크레인 5대 이상 호이스트 보유
11) 크레인, 리프트, 곤돌라
12) 콘크리트파쇄기
13) 2m 이상 굴착작업
14) 흙막이지보
15) 터널굴착
16) 선박하역
17) 거푸집동바리
18) 비계설치
19) 타워크레인 설치 해체
20) 맨홀

50 안전보건조정자

1. 목적

감리, 시공, 공사관계자들 혼선방지 및 이해증진

2. 선임대상

50억 이상

3. 자격

건설기술진흥법 안전관리자 보건관리자가 아닌 공사
감독자

4. 직무

1) 분리발주된 공사간 혼재작업 파악
2) 산업재해 발생위험성 분석
3) 작업간 간섭을 피하기 위한 작업시기 작업내용
   안전보건 등 조치 및 조정
4) 각도급인의 관리책임자간 작업정보 공유

51 휴게시설의 필요성

1. 개요

1) 신체적 피로, 정신적 스트레스해소
2) 휴식시간이용 옥외 그늘막 휴식
3) 가구 비품 쾌적 유지

2. 필요성

1) 과로사 등, 업무상 질병 예방
2) 졸음, 긴장 등, 신체적 증상 완화
3) 스트레스 감소, 업무능률 향상
4) 비용대비 편익 2.2배 증가

3. 효과

1) 안전사고 감소
2) 피로감소 및 휴식
3) 업무효율 증대
4) 경제성 향상

4. 개선대책

1) 휴게시설(22.08.18시행, 과태료 1,500만원)
2) 면적 6m² 이상, 높이 2.1m 이상
3) 온도 20~28℃, 습도 50~55%
4) 조명 100~200Lux
5) 환기소음 노출
6) 의자 등 비품, 음용이 가능한 물, 청결상태,
   흡연여부
7) 휴게시설 표지, 휴게시설 담당자 지정

52 설계변경 시 산업안전보건관리비 계상방법

1. 설계변경에 따른 안전관리비

안전관리비=설계변경전 안전관리비+설계변경으로 인한 안전관리비증감액

2. 안전관리비 증감액

안전관리비증감액=설계변경전 안전관리비×대상액 증감비율

3. 대상액 증감비율

1) 대상액 : 예정가격 작성시의 대상액이 아닌 설계 변경 전·후의 도급계약서상 대상액
2) 대상액 증감비율=[(설계변경 후 대상액−설계변 경전 대상액)/설계변경 전 대상액]×100%

4. 설계변경 요청 시 첨부서류

계약상대자는 신기술, 공법에 의한 설계변경을 원할 경우에는 다음의 서류를 첨부하여 공사감독관을 경유, 계약담당공무원에게 서면으로 설계변경을 요청 할 수 있다.

1) 제안사항에 대한 구체적인 설명서
2) 제안사항에 대한 산출내역서
3) 당초 공사공정예정표에 대한 수정공정예정표
4) 공사비의 절감 및 시공기간의 단축효과
5) 기타 참고사항

53 자율안전컨설팅, 건설업상생협력 프로그램사업

1. 자율안전컨설팅

1) 대상 : 공사금액 120억원 이상 1,500억원 미만인 공사현장 중 시공능력 평가순위 1,000위 이내 인 건설업체로 환산재해율이 상위 40% 이하인 현장
2) 신청 : 고용노동부 지방고용노동청 홈페이지
3) 혜택
   ① 이행기간 동안 3대 취약시기 및 추락감독 등 기획감독 유예
   ② 단, 중대재해 발생 또는 지방관서 필요시 점 검을 실시하여 안전관리 상태가 극히 불량할 경우 승인 취소 후 감독 실시

2. 건설업 원하청 상생협력 프로그램

1) 목적
   ① 안전보건활동 분야의 기술력 관리증력 등이 부족한 하청업체 지원유도
   ② 건설재해 예방
2) 대상 : 공사금액 1,500억원 이상 건설현장 중 시공능력 평가순위 1,000 이내인 건설업체로 환산재해율이 상위 40%인 현장
3) 신청 : 고용노동부 지방고용노동청 홈페이지
4) 혜택
   ① 이행기간 동안 3대 취약시기 및 추락감독 등 기획감독 유예
   ② 단, 중대재해 발생 또는 지방관서 필요시 점 검을 실시하여 안전관리 상태가 극히 불량할 경우 승인 취소 후 감독 실시

54 안전근로협의체

1. 개요

안전관리 중점기관인 공공기관(이하 "원청업체"라 함)이 자신의 업무를 도급한 업체(이하 하청업체라 함)와 안전·보건에 관한 중요사항을 협의하기 위해 사업장별로 구성·운영하는 원·하청 노사 통합 안전근로협의체이다.

2. 대상

1) 안전관리 중점기관으로 지정된 공공기관중 산업안전보건법 시행령의 산업안전보건법 적용대상 사업장
2) 1)의 사업장 중 산업안전보건위원회를 두어야 하는 사업장
3) 2)의 사업장 중 도급에 의하여 수행하는 기관의 도급인인 원청업체가 구성·운영 대상

3. 구성

1) 원청업체의 산업안전보건위원회+하청업체 노사대표로 구성
2) 하청업체측은 현장 최고책임자(안전보건관리책임자), 노사측은 하청근로자를 대표하는 자가 참여
3) 하청업체는 상시 작업중인 업체를 대상으로 하되, 일시·간헐적으로 작업하는 업체는 제외

4. 운영방법

안전근로협의체구성	안전근로협의체 운영	산업안전보건위원 회 심의의결	회의결과 등의 주지
산업안전보건위원회 + 하청업체노사대표	매분기 1회 이상 하청업체노사대표 건의사항 등 의견수렴	산안법 제19조 하청업체건의사항	사내방송, 정례조회 게시 등

1) 회의개최 : 매 분기단위로 산업안전보건위원회 정기회의시 운영
2) 하청업체 노사대표의 역할 : 안전·보건과 관련하여 개선요청 사항, 애로·건의사항, 차별 등 의견 개진 및 개선요청
3) 원청업체 : 수급인 사업장을 포함한 사업장 전체 산재예방계획, 도급 및 수급인 근로자의 안전보건교육, 수급인의 작업환경 점검 및 개선 등을 포함
4) 심의 의결 : 산업안전보건위원회로만 심의·의결
5) 불이익 금지 : 원청업체는 하청업체의 노사대표가 안전근로협의체에서 정당한 활동, 발언 등을 한 것을 이유로 그 대표에게 불이익을 주어서는 아니됨.

55 진동재해 예방대책

1. 개요

1) 작업장에서 노출되는 진동은 진동수와 가속도에 따라 느끼는 감각이 다르다.
2) 진동은 크게 전신진동과 국소진동으로 구분할 수 있으며, 산업현장에서 노출되는 진동은 인체에 미치는 영향이 더 크고 직업병을 유발할 수 있다.

2. 진동에 의한 건강장애

1) 진동에 의한 건강장해를 최소화 하는 공학적인 방안은 진동의 댐핑과 격리이다.
2) 진동 댐핑이란 고무 등 탄성을 가진 진동흡수재를 부착하여 진동을 최소화 하는 것이고 진동 격리란 진동발생원과 작업자 사이의 진동 노출 경로를 어긋나게 하는 것이다.
3) 이러한 공학적인 방안은 진동의 특성, 흡수재의 특성, 작업장 여건 등을 고려하여 신중히 검토한 후 적용하여야 한다.

3. 예방대책

1) 전동 수공구는 적절하게 유지보수하고 진동이 많이 발생되는 기구는 교체한다.
2) 작업시간은 매 1시간 연속 진동노출에 대하여 10분 휴식을 한다.
3) 지지대를 설치하는 등의 방법으로 작업자가 작업공구를 가능한 적게 접촉하게 한다.
4) 작업자가 적정한 체온을 유지할 수 있게 관리한다.
5) 손은 따뜻하고 건조한 상태를 유지한다.
6) 가능한 공구는 낮은 속력에서 작동될 수 있는 것을 선택한다.
7) 방진장갑 등 진동보호구를 착용하여 작업한다.
8) 손가락의 진통, 무감각, 창백화 현상이 발생되면 즉각 전문의료인에게 상담한다.
9) 니코틴은 혈관을 수축시키기 때문에 진동공구를 조작하는 동안 금연한다.
10) 관리자와 작업자는 국소진동에 대하여 건강상 위험성을 충분히 알고 있어야 한다.

56 안심일터 만들기 4대 전략

1. 재해다발 6대업종 맞춤형 예방대책 추진

서비스, 자동차, 철강, 건설, 화학

2. 중소기업 안전보건 자립기반 구축

1) 중소기업 산업재해취약조건 개선지원
2) 안전보건관리대행서비스 체제개편 : 전문화, 대형화, 종합화

3. 새로운 직업병 유발요인 대응강화

1) 장시간 작업근로자, 급성중독물질, 발암성물질 등 직업병예방

4. 산업안전보건 선진문화 저변확대

1) 다양한 산재통계산출
2) 산업안전문화 인증제

참고 **위험감수성과 위험감행성의 조합에 따른 인간의 행동 4가지**

1. 정의

1) 위험감수성 이란
위험감수성 이란 무엇이 위험한지, 어떻게 행동하면 위험한 상태가 되는지 않는지를 직관적으로 파악하고, 리스크의 크고 작음을 민감하게 감지하는 능력을 말한다. 요컨대, 위험한 것을 위험하다고 감지하는 능력을 위험감수성 이라고 부른다.
2) 위험감행성 이란
위험감행성은 어느 정도의 위험까지 받아들이는가 를 나타낸다.

2. 위험감수성과 위험감행성의 조합에 따른 인간의 행동 4가지의 유형

1) 안전확보행동 : 위험감수성이 높고, 위험감행성이 낮은 유형
위험을 민감하게 느끼고, 그 위험을 가능한 한 회피하는 경향이 강하다.
2) 한정적 안전확보행동 : 위험감수성, 위험감행성 모두 낮은 유형
위험에 둔감하지만 기본적으로 위험을 회피하는 경향이 있기 때문에 결과적으로 안전이 확보될 확률이 높다.
3) 의도적 위험감행 행동 : 위험감수성, 위험감행성 모두 높은 유형
위험을 민감하게 감지하고 있어도 굳이 그 위험을 피하려고 하지 않고 위험사태에 헤치고 들어간다.

4) 무의도적 위험감행 행동 : 위험감수성이 낮고, 위험감행성이 높은 유형
위험에 대하여 둔감하고 위험을 피하려고 하지 않는다.

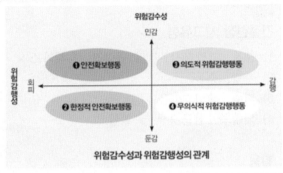

위험감수성과 위험감행성의 관계

출처 : 안전보건 2020. 5월호

57 사물인터넷을 활용한 건설현장 안전관리방안

1. 건설현장 사고유형

1) 감전, 고압전선, 걸려 넘어짐, 유해가스
2) 추락, 충돌
3) 끼임, 베임, 소음
4) 뇌졸중, 심근경색, 고혈압

2. 활용

1) IoT센서(유해가스, 움직임 감지, 거리측정, 먼지, 조도, 온도습도, 소음, 알콜 등)
2) 작업자, 가설시설물 등에 설치 안전사고 위해요인 사전감지 대처방안 강구
3) 장비
① 데이터무선통신전송
② WiFi, LTE 모듈, 전력공급 배터리 구비
③ 안전화 : 압력센서
④ 벨트 : 가속도센서, 전류센서, 알람센서
⑤ 헬멧 : 거리센서, 유해물질, 가스센스, 먼지센서
⑥ 작업복 : 심박수, 체온센서 구비, 작업자 안전 사고위해요인 감지

58 답안지 작성요령 / 개요 / 맺음말

1. 개요 암기 정문특종

1) 정의
2) 문제점 원인 대책
3) 특징 적용 장점 단점
4) 종류 향후개선대책

2. 재해유형

암기 추감충협봉도낙비기 전화발폭밀 47 13 12 9 6 13

3. 공법의 종류

4. 문제점 원인 대책

5. 특징 적용 장점 단점

6. 작업순서

7. 시공시 주의사항

8. 품질관리

9. 계측

10. 맺음말

1) 4M 재해원인 암기 인설작관
① 인간적 : 과오, 망각, 무의식, 피로
② 설비적 : 설비결함, 안전장치 임의 제거
③ 작업적 : 순서, 동작, 방법, 환경, 정리정돈
④ 관리적 : 조직, 규정, 교육, 훈련
2) 3E 대책 암기 기교규
① 기술 : 설비, 환경, 방법
② 교육 : 교육, 훈련
③ 관리 : 엄격규칙, 제도적
3) 향후개선방법 암기 인장자
인원, 장비, 자재 연구개발방향

시설물안전법

제 2 장

01 시설물 안전관리에 관한 법

1. 개요

1) 성수대교 붕괴(1994), 삼풍백화점 붕괴(1995)

2) 시설물의 안전점검과 적정한 유지관리를 통하여 재해와 재난을 예방하고 시설물의 효용을 증진함으로써 공중의 안전을 확보하고 나아가 국민의 복리증진에 이바지함을 목적으로 한다.

2. 목적 [암기] 안유효공복

1) 안전점검

2) 유지관리

3) 효용증진

4) 공중안전

5) 복리증진

3. 법 문제점 [암기] 타구제환실

1) 타 법령 혼제

2) 구체적 내용 부재

3) 제재 미흡

4) 환경법 미적용

5) 실용성 미흡

6) 전문인력 부족

7) 표준화 미흡

4. 시설물 상태 평가항목

1) 콘크리트 [암기] 균충박박백손누 염중알동

① 염해, 중성화, 알칼리

② 동결융해

③ 균열 층분리 박리 박락

④ 백테, 손상, 누수

2) 강재 [암기] 부피과손

① 부식, 내화피복

② 과재하중

③ 강재손상

④ 부등침하

⑤ 강재규격, 강도

⑥ 용접부, 볼트부

철골 부식 파손

콘크리트 재료분리

[참고] 시설물의 안전 및 유지관리에 관한 특별법(약칭 : 시설물안전법)

제1조【목적】이 법은 시설물의 안전점검과 적정한 유지관리를 통하여 재해와 재난을 예방하고 시설물의 효용을 증진시킴으로써 공중(公衆)의 안전을 확보하고 나아가 국민의 복리증진에 기여함을 목적으로 한다.

제2조【정의】이 법에서 사용하는 용어의 뜻은 다음과 같다.

1. "시설물"이란 건설공사를 통하여 만들어진 교량·터널·항만·댐·건축물 등 구조물과 그 부대시설로서 제7조 각 호에 따른 제1종시설물, 제2종시설물 및 제3종시설물을 말한다.

2. "관리주체"란 관계 법령에 따라 해당 시설물의 관리자로 규정된 자나 해당 시설물의 소유자를 말한다. 이 경우 해당 시설물의 소유자와의 관리계약 등에 따라 시설물의 관리책임을 진 자는 관리주체로 보며, 관리주체는 공공관리주체와 민간관리주체로 구분한다.

3. "공공관리주체"란 다음 각 목의 어느 하나에 해당하는 관리주체를 말한다.

가. 국가·지방자치단체

나. 「공공기관의 운영에 관한 법률」 제4조에 따른 공공기관

다. 「지방공기업법」에 따른 지방공기업

4. "민간관리주체"란 공공관리주체 외의 관리주체를 말한다.

5. "안전점검"이란 경험과 기술을 갖춘 자가 육안이나 점검기구 등으로 검사하여 시설물에 내재(內在)되어 있는 위험요인을 조사하는 행위를 말하며, 점검목적 및 점검수준을 고려하여 국토교통부령으로 정하는 바에 따라 정기안전점검 및 정밀안전점검으로 구분한다.

6. "정밀안전진단"이란 시설물의 물리적·기능적 결함을 발견하고 그에 대한 신속하고 적절한 조치를 하기 위하여 구조적 안전성과 결함의 원인 등을 조사·측정·평가하여 보수·보강 등의 방법을 제시하는 행위를 말한다.

7. "긴급안전점검"이란 시설물의 붕괴·전도 등으로 인한 재난 또는 재해가 발생할 우려가 있는 경우에 시설물의 물리적·기능적 결함을 신속하게 발견하기 위하여 실시하는 점검을 말한다.

8. "내진성능평가(耐震性能評價)"란 지진으로부터 시설물의 안전성을 확보하고 기능을 유지하기 위하여 「지진·화산재해대책법」 제14조제1항에 따라 시설물별로 정하는 내진설계기준(耐震設計基準)에 따라 시설물이 지진에 견딜 수 있는 능력을 평가하는 것을 말한다.

9. "도급(都給)"이란 원도급·하도급·위탁, 그 밖에 명칭 여하에도 불구하고 안전점검·정밀안전진단이나 긴급안전점검, 유지관리 또는 성능평가를 완료하기로 약정하고, 상대방이 그 일의 결과에 대하여 대가를 지급하기로 한 계약을 말한다.

10. "하도급"이란 도급받은 안전점검·정밀안전진단이나 긴급안전점검, 유지관리 또는 성능평가 용역의 전부 또는 일부를 도급하기 위하여 수급인(受給人)이 제3자와 체결하는 계약을 말한다.

11. "유지관리"란 완공된 시설물의 기능을 보전하고 시설물이용자의 편의와 안전을 높이기 위하여 시설물을 일상적으로 점검·정비하고 손상된 부분을 원상복구하며 경과시간에 따라 요구되는 시설물의 개량·보수·보강에 필요한 활동을 하는 것을 말한다.

12. "성능평가"란 시설물의 기능을 유지하기 위하여 요구되는 시설물의 구조적 안전성, 내구성, 사용성 등의 성능을 종합적으로 평가하는 것을 말한다.

13. "하자담보책임기간"이란 「건설산업기본법」과 「공동주택관리법」등 관계 법령에 따른 하자담보책임기간 또는 하자보수기간 등을 말한다.

02 1종 시설물

1. 개요

1) 공중의 이용 편의와 안전을 도모하기 위하여 특별히 관리할 필요가 있거나 구조상 안전 및 유지관리에 고도의 기술이 필요한 대규모 시설물

2) 교량, 터널, 항만, 댐, 건축물, 하천, 상하수도 등이 대상이다.

2. 목적 암기 안유효공복

1) 안전도모
2) 유지관리
3) 효용증대
4) 공중안전
5) 국민복리증진
6) 수명연장

3. 분류 암기 교터항댐건하상

구 분	1종 시설물
교량	1. 도로교량 : 암기 현사아트 　현수교, 사장교, 아치교, 트러스교 　최대경간장 50m 이상, L=500m 이상 2. 철도교량 : 　고속철도, 도시철도, 고가교, L=500m 이상의 교량
터널	1. 도로터널 : L=1km 이상, 3차로 이상, 500m 이상 　지하차도 2. 철도터널 : 고속철도·도시철도 L=1km 이상
항만	갑문시설 말뚝구조계류시설(5만톤급 이상) 선박하역시설(20만톤급 이상) 원유부이식계류시설(하저송유관) 등
댐	다목적댐, 발전용댐, 홍수전용댐 1천만톤 이상 용수전용댐 등 암기 다발홍용
건축물	21층 이상 or 연면적 5만m² 이상 연면적 3만m² 이상 관람장 고속철도역시설 1만m² 이상 지하도상가 등
하천	하구뚝, 특별시 광역시 내에 있는 국가하천 수문·통문
상하수도	광역상수도, 공업용수도 1일 공급능력 3만톤 이상 등

1. 도로교량 : 암기 현사아트
　현수교, 사장교, 아치교, 트러스교
　최대경간장 50m 이상, L=500m 이상
2. 철도교량 :
　고속철도, 도시철도 및
　고가교, L=500m 이상

21층 이상 or 연면적 5만m²
연면적 3만m² 이상 관람장
고속철도역시설,
1만m² 이상 지하도상가 등

1. 도로터널 : L=1km 이상
　3차로이상 500m 이상 지하차도
2. 철도터널 : 고속철도, 도시철도
　L=1km 이상

하구뚝, 국가하천
수문, 통문, 제방

광역상수도, 공업용수도
1일 공급능력 3만톤 이상 등

갑문시설
말뚝구조계류시설(5만톤급 이상)
선박하역시설(20만톤급 이상)
원유부이식계류시설(하저송유관)등 이상

다목적댐, 발전용댐, 홍수전용댐
1천만톤 이상 용수전용댐 등 암기 다발홍용

참고 유해위험방지계획서, 1종 시설물 대상 혼돈 주의

유해위험 방지계획	암기 지최깊터다연 31m 이상, 3만m² 이상 5천m² 관람장 이상	용수전용 2천만톤 이상
1종 시설물	암기 교터항댐건하상 21층 이상, 5만m² 이상, 3만m² 관람장 이상	용수전용 1천만 톤 이상

03 2종 시설물

1. 개요

1) 1종 시설물 외에 사회기반시설 등 재난이 발생할 위험이 크거나 재난을 예방하기 위하여 계속 관리할 필요가 있는 시설물을 말한다.
2) 교량, 터널, 항만, 댐, 건축물, 하천, 상하수도, 옹벽 등이 대상이다.

2. 목적 [암기] 안유효공복

1) 안전도모
2) 유지관리
3) 효용증대
4) 공중안전
5) 국민복리증진
6) 수명연장

1종 2종시설물 [암기] 교터항댐건하상

3. 분류

구 분	2종 시설물
교량	1. 도로교량 : – 최대경간장 50m 이상인 한경간 교량 – 1종시설물에 해당하지 않는 L=100m 이상 교량 – 1종시설물에 해당하지 않는 복개구조물 폭 6m 이상 L=100m 이상 2. 철도교량 : 1종시설물에 해당하지 않는 연장 100m 이상 교량
터널	1. 도로터널 : – 1종시설물에 해당하지 않는 고속국도, 일반국도, 특별시, 광역시, 시도, 군도, 구도 터널 L=500m 이상 시도, 군도, 구도 터널 – 1종시설물에 해당하지 않는 지하차도 100m 이상의 터널 2. 철도터널 : – 1종시설물에 해당하지 않는 특별시, 광역시 터널
항만	1종시설물에 해당하지 않는 계류시설(100만 톤 이상)

구 분	2종 시설물
댐	1종시설물에 해당하지 않는 지방상수도전용댐, 총저수영량 1백만 톤 이상 용수전용댐
건축물	1.공동주택 : 16층 이상 2.공동주택 외 : – 1종시설물에 해당하지 않는 대형건축물 연면적 3만m² 이상(철도역시설 제외) – 1종시설물에 해당하지 않는 다중이용 건축물 16층 이상 5천m² 이상 전시장 – 도시철도, 광역철도 역시설 – 1종시설물에 해당하지 않는 지하도상가 (연면적 5천m² 이상)
하천	수문, 통문 : 시 안에 있는 구조물 제방 : 국가하천의 제방 보 : 1종시설물에 해당하지 않는 국가하천 다기능 보
상·하수도	상수도 : 1종시설물에 해당하지 않는 지방상수도 하수도 : 1일 최대처리용량 5백 톤 이상 하수처리시설
옹벽·절토사면	– 지면노출 5m 이상으로 부분합 100m 이상 옹벽 – 연직높이(옹벽이 있는 경우 옹벽상단으로부터의 높이) 50m 이상, 단일수평연장 200m 이상인 절토사면

04 3종 시설물

1. 개요

1) 시설물의 안전관리에 관한 특별법 제11조, 제12조에 의거 관리주체는 3종시설물에 대한 정기안전점검 수행
2) 3종시설물시설물의 안전 및 유지관리에 관한 특별법 제8조에 의거 1, 2종외에 안전관리가 필요한 소규모 시설물로서 제8조에 따라 지정, 고시된 시설물
3) 소규모 취약시설로 노후화 된 3종 시설물 안전 관리강화

2. 대상

1) 준공 10년 경과, 소규모 노후화 및 상태불량 토목분야 시설물(교량, 터널, 육교, 옹벽)
2) 준공 15년 경과 3종 시설물 : 건축물, 문화 및 집회시설, 종교 및 운동시설, 관광휴게시설, 공공업무시설, 지하도상가

3. 시설물 안전점검 정밀안전진단 성능평가의 실시시기

구분		점검 대상	안전등급		
			A	B·C	D·E
정기안전점검		1·2·3종	반기1회 이상		1년3회 이상
정밀안전점검	건축물	1·2종	4년1회 이상	3년1회 이상	2년1회 이상
	그 외 시설물		3년1회 이상	2년1회 이상	1년1회 이상
정밀안전진단		1종	6년1회 이상	5년1회 이상	4년1회 이상
성능평가		1·2종 일부	5년1회 이상		

4. D등급 E등급 3종시설물 정밀안전점검 의무화

1) 소규모 상태불량 시설물에 대한 점검 의무화
2) 3종시설물의 긴급한 보수보강이 필요한 D(미흡) E(불량) 시설물로 나올 시 최초 정밀안전점검은 정기안전점검 완료한 날로부터 1년 이내 실시하도록 의무화

5. 점검대상 및 범위

1) 토목

구분	대 상
교량	1. 준공 후 10년이 경과된 교량으로 – 도로법상 도로교량 연장20m 이상~100m 미만 교량 – 도로법상 도로교량 연장20m 이상 교량 – 연장 100m 미만 철도교량
터널	1. 준공 후 10년이 경과된 터널로 – 연장 300m 미만의 지방도, 시도, 군도, 구도의 터널 – 농어촌도로의 터널 연장 100m미만인 지하차도 – 법 1, 2종 시설물에 해당하지 않는 철도터널
육교	설치된 지 10년 이상 경과된 보도육교
옹벽	지면으로부터 노출된 높이가 5m 이상인 부분이 포함된 연장 100m 이상인 옹벽 2. 지면으로부터 노출된 높이가 5m 이상인 부분이 포함된 연장 40m 이상인 복합식 옹벽
기타	중앙행정기관의 장 또는 지방자치단체의 장이 재난예방을 위하여 안전관리가 필요하다고 인정하는 교량 터널 항만 댐 등 시설물

2) 건축

구분	범위
공동주택	1. 준공 후 15년이 경과, 5층이상~15층 이하 아파트 2. 준공 후 15년이 경과, 연면적 660m² 초과, 4층 이하 연립주택
공동주택 외 건외 시설물축물	1. 11층 이상 16층 미만 또는 연면적 5천m² 이상 3만m² 미만인 건축물(동물 및 식물관련 시설 및 자원순환 관련시설은 제외) 2. 연면적 1천m² 이상 5천m² 미만인 문화 및 집회시설, 노유자시설, 수련시설, 운동시설, 숙박시설, 관광휴게시설, 장례시설 3. 연면적 5백m² 이상 1천m² 미만인 문화 및 집회시설(공연장 및 집회장만 해당), 종교시설 및 운동시설 4. 연면적 3백m² 이상 1천m² 미만인 위락시설 및 관광휴게시설 5. 연면적 1천m² 이상인 공공업무시설 6. 연면적 5천m² 미만인 지하도상가
기 타	그 밖에 중앙행정기관의 장 또는 지방자치단체의 장이 재난예방을 위하여 안전관리가 필요한 것으로 인정하는 시설물

** 노유자시설 : 아동관련시설, 노인복지시설

05 관리주체, 시설물하자담보, 하자담보책임기간

1. 개요

1) 관리주체란 관계 법령에 따라 해당 시설물의 관리자로 규정된 자나 해당 시설물의 소유자를 말한다. 해당 시설물의 소유자와의 관리계약 등에 따라 시설물의 관리책임을 진 자는 관리주체로 본다.
2) 관리주체는 공공관리주체와 민간관리주체로 구분한다.

2. 관리주체

1) 관리자
2) 소유자
3) 용역업자
4) 공공관리주체, 민간관리주체

3. 시설물 하자담보 목적

1) 부실공사 척결
2) 하자담보 종료연장

4. 구조물별 하자담보책임기간

면칭	내용	기간(년)
교량	경간장 L=50m, 연장 L=500m 이상, 철근콘크리트, 철골구조	10
	연장 L=500m 이하, 철근콘크리트, 철골구조	7
	교면포장, 이음부, 난간시설	2
터널	철근콘크리트, 철골구조	10
	상기외	5
철도	교량·터널 제외, 철근콘크리트, 철골	7
도로	콘크리트포장, 아스팔트포장	3 2
댐	본체, 여수로 그외	10 5
상하수도	철근콘크리트, 철골구조부	7
건축	대형공공(공동주택, 종합병원, 숙박, 집회시설, 16층 이상 건축물)기둥, 내력벽	10
건축그외	실내의장, 미장, 타일, 도장, 창호 토공, 석공, 조적, 방수, 지붕	1 2 3

5. 분류 [암기] 공민 특령칙특

구 분	관리주체	시설물관리법
공공관리주체	국가, 지방자치단체 정부투자기관 지방공기업	시설물안전관리특별법
	한국공항공단 부산교통공단 한국컨테이너부두공단	시설물특별법시행령
	농지개량조합 중소기업진흥공단 공업단지관리공단	시설물특별법시행규칙
민간관리주체	공공관리주체 외	시설물안전관리특별법

06 시설물 안전점검

1. 개요
경험기술을 갖춘 자가 육안 및 점검기구를 사용하여 내재된 위험요인을 조사하는 것이다.

2. 목적
1) 시설물 현 상태 판단 및 안전성 평가
2) 시설물 상태평가, 노후화 관리, Feed Back
3) 보수성능회복 우선순위 결정

3. 대상 [암기] 교터항댐건하상
1) 1종 시설물
2) 2종 시설물

4. 종류 [암기] 일정기밀급진
1) 일상점검 : 매일, 작업 전 중 후 점검
2) 정기점검 : 경험기술을 바탕으로 육안 및 외관 검사
3) 정밀점검 [암기] 일건썰 234 ABCDE 432 321
   ① 육안검사, 간단한 측정기구 사용, 정기적 점검
   ② 일반 2년, 건축 3년, 썰물 4년 이후 등급 따라 점검

안전등급	정밀점검	
	건축물	그 외 시설물
A등급	4년 1회 이상	3년 1회 이상
BC등급	3년 1회 이상	2년 1회 이상
DE등급	2년 1회 이상	1년 1회 이상

4) 긴급점검
   ① 계획 없이 시행
   ② 사용 제한 및 사용금지 판단
   ③ 정밀점검 보완수단

5. 주체
1) 관리주체
2) 안전진단기관
3) 유지관리업자

6. 유지관리
1) 시설물 이용자 편의를 위한 일상점검
2) 손상부위 원상복구
3) 시설물 개량 및 보수보강

[참고] **시설물 정밀점검 정밀안전진단 비교**

[암기] 일건썰 234 ABCDE 432 321 654

[암기] 10년 경과 1 2 654

1. 정밀점검
1) 일반 2년, 건축 3년, 썰물 4년
2) 이후 등급 따라

2. 정밀안전진단
1) 10년 경과 후 1년 이내
2) 2회차부터 등급 따라

안전등급	정밀점검		정밀안전진단
	건축물	그외시설	
A	4년 1회 이상	3년 1회 이상	6년 1회 이상
B C	3년 1회 이상	2년 1회 이상	5년 1회 이상
D E	2년 1회 이상	1년 1회 이상	4년 1회 이상

[참고] **안전점검 종류(산안법 · 시특법 · 건진법)**

[암기] 산시건 일정기밀특 정기밀급진 자정기밀초

1. 산안법	2. 시특법	3. 건진법
[암기] 일정기밀특	[암기] 정기밀급진	[암기] 자정기밀초
일상점검	정기점검	자체안전점검
정기점검	정밀점검	정기안전점검
정밀점검	긴급점검	정밀안전점검
특별점검	정밀안전진단	초기안전점검

07 시설물 정밀안전진단

1. 개요

1) 시설물 정밀안전진단은 물리적, 기능적 결함, 안전성 결함 원인 및 조사측정평가를 한다.
2) 보수·보강 제시하고 정밀점검과정에서 발견이 안 된 결함부위를 조사·진단한다.

2. 목적

1) 시설물 현 상태 판단 및 안전성 평가
2) 시설물 상태평가, 노후화 정도 측정, 지속적인 기록
3) 보수성능회복 우선순위 결정

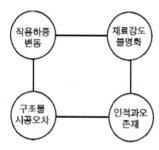

안전진단 필요성

3. 순서 [암기] 예계종대보

4. 진단시기 [암기] 10년경과 1 2 654

1) 10년 경과 후 1년 이내
2) 2회차부터 등급 따라 진단실시

안전등급	정밀안전진단
A	6년 1회 이상
B, C	5년 1회 이상
D, E	4년 1회 이상

5. 주체

1) 안전진단전문기관
2) 시설안전공단

6. 대상 [암기] 교터항댐건하상

1) 관리주체 필요 인정 시
2) 10년을 경과한 1종 시설물
3) 1종 시설물

구 분	1종 시설물
교량	1. 도로교량 : [암기] 현사아트 현수교, 사장교, 아치교, 트러스교 최대경간장 50m 이상, L=500m 이상 2. 철도교량 : 고속철도,도시철도,고가교,L=500m 이상의 교량
터널	1. 도로터널 : L=1km 이상, 3차로 이상, 500m 이상 지하차도 2. 철도터널 : 고속철도·도시철도 L=1km 이상
항만	갑문시설 말뚝구조계류시설(5만톤급 이상) 선박하역시설(20만톤급 이상) 원유부이식계류시설(하저송유관) 등
댐	다목적댐, 발전용댐, 홍수전용댐 1천만톤 이상 용수전용댐 등 [암기] 다발홍용
건축물	21층 이상 or 연면적 5만m² 이상 연면적 3만m² 이상 관람장 고속철도역시설 1만m² 이상 지하도상가 등
하천	하구뚝, 특별시 광역시 내에 있는 국가하천 수문 통문
상하수도	광역상수도, 공업용수도 1일 공급능력 3만톤 이상 등

7. 정밀안전진단 후 보수·보강

[암기] 치표충주 An강프탄 방보단교

1) 콘크리트 보수보강공법 [암기] 치표충주 An강프탄
  ① 보수공법 : 치환, 표면처리, 충진, 주입
  ② 보강공법 : Anchor, 강판부착, Prestress, 탄소섬유보강
  ③ 시설물상태평가

상태등급	노후화 상태	조치
A	문제점 없는 최상상태	정상적 유지관리
B	경미손상 양호상태	지속적 주의관찰
C	보조부재손상 보통상태	지속적 감시 보수·보강
D	주요부재 노후화진전	사용제한여부 판단 정밀안전진단 필요
E	주요부재 노후화심각	사용금지, 교체, 개축 긴급보강조치

④ 잔존수명

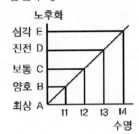

t1 : 비경제적 잔존수명
t2 : 적정한 잔존수명
t3 : 위험한 잔존수명
t4 : 노후화 심각(교체)
∴ 잔손수명 = t3 - t2
A,B,C,D,E : 시설물의 상태

구조물 잔존수명

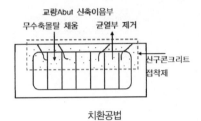

치환공법

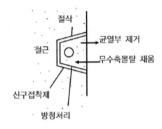

충진공법

Cement Paste

표면처리

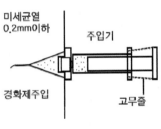

주입공법

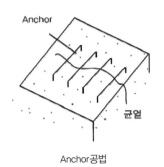

Anchor공법

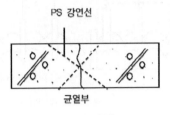

강판부착

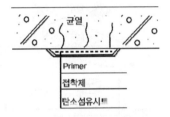

Prestress공법

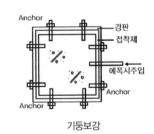

탄소섬유보강공법

2) 강구조물 보수보강공법 암기 방보단교

① 방청제
② 보강판 부착, 균열부 교체
③ 단면보강
④ 교정보강

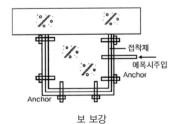

기둥보강

보 보강

참고 **콘크리트 타설방법, 다짐방법, 시멘트 보관방법**

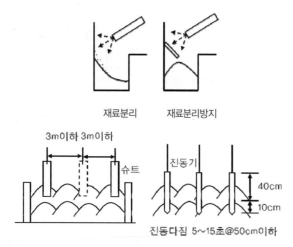

재료분리   재료분리방지

3m이하 3m이하   진동기   슈트

40cm
10cm

진동다짐 5~15초@50cm이하

콘크리트 다짐방법

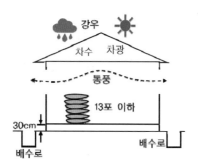

강우   차수   차광

통풍

13포 이하

30cm   배수로   배수로

시멘트 보관시설

08 시설물안전유지관리

1. 개요

1) 국토교통부장관은 5년마다 시설물관리기본계획 수립 및 고시를 한다.
2) 시설물 관리주체는 매년 시설물관리계획 수립 및 시행한다.

2. 시행

1) 공공 : 행정기관장
2) 민간 : 시장, 군수, 구청장
3) 공공·민간을 행정기관장이 취합하여 국토부장관에게 제출

3. 기본계획 포함사항 _{암기} 기연인체정

1) 기본방향
2) 기술연구 개발
3) 인력양성
4) 유지관리
5) 정보체계

4. 포함사항 _{암기} 조인장긴설 보수보강유

1) 조직, 인원, 장비
2) 긴급조치계획
3) 설계 시공 감리 유지관리, 설계도서 수집보존
4) 안전점검, 정밀안전진단 실시계획
5) 보수보강계획
6) 유지관리비용

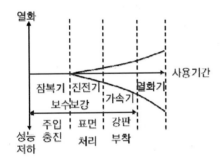

열화에 따른 보수보강

참고 안전점검 종류별 비교

1. 비교

종류	점검시기	점검내용	점검주체
정기 점검	반기별 1회	기능 현재사용요건	관리주체 안전진단전문기관 유지관리업자
정밀 점검	일반 : 2년 1회 건축 : 3년 1회 썰물 : 4년 1회	현상태최초변화 상태평가등급	
긴급 점검	관리주체, 기관장필요시	재해, 사고 구조적손상	

2. 안전점검 시 고려사항

1) 계획수립 시 문제점
2) 최신기술 실무적용
3) 안전점검 빈도 수준은 구조형식 및 부위, 붕괴가능성에 따라 결정
4) 책임기술자 자격기준

09 안전점검 종합보고서

1. 개요

1) 경험기술 갖춘 자가 육안 및 점검기구를 사용하여 시설물에 내재된 위험요인을 조사하는 것이다.
2) 종합보고서 내용은 개요, 상태평가, 안전성 평가 등이다.

2. 적용

1) 1종 시설물
2) 2종 시설물

3. 내용

1) 서두 : 제출문, 기술진
2) 개요 : 범위, 내용, 이력, 장비
3) 상태평가 : 상태평가, 재료시험, 결과분석
4) 안전성 평가 : 필요하면 추가
5) 종합결론 : 사용제한여부, 유지관리사항
6) 부록 : 사진, 외관조사망도, 측정시험성과표

4. 구조상 주요 부분

1) 철근콘크리트, 철골 _{암기} 기보벽기
 ① 철근콘크리트
 ② 철골
 ③ 건축법상 주요구조부 : 기둥·보·벽, 기초, 지붕, 계단

2) 국토부장관 _{암기} 교터항댐건하상
 ① 교량 교좌장치
 ② 터널 복공부
 ③ 항만시설, 갑문, 문비작동시설, 계류시설
 ④ 댐본체, 시공이음부, 여수로
 ⑤ 조립식건축물 연결부위
 ⑥ 하천, 제방, 수문문비
 ⑦ 상수도관 이음부

_{참고} **시설물 주요구조부 보수보강범위**

1. 개요

1) 시설물 주요구조부 보수보강범위는 철근콘크리트구조부 또는 철골구조부 건축법에 따른 주요구조부, 국토교통부령으로 정하는 주요 부분이다
2) 관리주체는 설계도 관련서류 및 설계도를 공사준공 후 보존하고 시설안전공단에 제출하여야 한다.

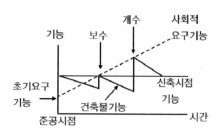

시설물 요구기능

2. 주요구조부 설계도 보존

1) 철근콘크리트 구조부
2) 철골 구조부
3) 건축법상 : 기둥 보 벽
4) 국토부령 : 교량, 터널, 항만, 댐, 건축물, 하천, 상하수도

3. 보수보강범위 _{암기} 교터항댐건하상 기보벽기

1) 철근콘크리트 철골 구조부
2) 건축 : 기둥, 보, 내력벽, 바닥, 지붕틀
3) 국토부령
 ① 교량 교좌장치
 ② 터널복공
 ③ 수문문비, 댐본체, 시공이음부, 여수로
 ④ 조립식건축물 연결부위
 ⑤ 항만 갑문작동시설, 계류시설

10 안전점검 정밀안전진단 지침

1. 개요
1) 목적 : 기능안전, 재해예방, 수명연장
2) 점검자는 진단의 작성지침 및 실시 방법에 따라 점검을 진행하고, 관보고 절차에 따라 보고한다.

2. 목적
1) 구조물 기능
2) 구조물 안전
3) 유지관리
4) 재해예방

3. 적용범위 [암기] 교터항댐건하상
1) 1종 시설물
2) 2종 시설물

4. 내용
1) 설계도, 시방서
2) 사용재료
3) 시공자료수집
4) 실시자 조직, 계획수립
5) 사용장비 및 항목별 점검방법
6) 사용재료시험
7) 결과평가, 결과보고서
8) 육안검사, 평가방법, 결함부위 확정 방법
9) 원인분석, 상태평가기준, 하중내하력평가

5. 정밀안전진단 후 보수 · 보강
[암기] 치표충주 An강프탄 방보단교

1) 콘크리트 보수보강공법 [암기] 치표충주 An강프탄
① 보수공법 : 치환, 표면처리, 충진, 주입
② 보강공법 : Anchor, 강판부착, Prestress, 탄소섬유보강
③ 시설물 상태평가
④ 잔존수명

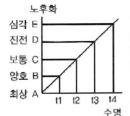

구조물 잔존수명

2) 강구조물 보수보강공법 [암기] 방보단교
① 방청제
② 보강판 부착 균열부 교체
③ 단면보강
④ 교정보강

[참고] **시설물 중대결함**

1. 개요
1) 시설물의 중대한 결함이란 안전점검 또는 정밀안전진단 결과 발견된 구조상 주요부분에 시공상의 잘못으로 인한 중대한 하자를 말한다.
2) 기초, 교량, 터널, 항만, 댐 등의 내력상실 등 시설물의 내구성에 심각한 영향을 미친다.

2. 시설물주요부 중대결함 [암기] 교터항댐건하상
1) 교량 : 기초세굴, 부등침하
2) 터널 : 부등침하, 벽체균열, 내공변위
3) 항만 : 강관부식, 철근콘크리트 파일 파손 부식
4) 댐 : 콘크리트 파손, 시공이음부 누수
5) 건축물 : 기둥, 보 내력 상실
6) 하천 : 제방 본체, 수문, 교량파손, 누수
7) 상수도 : 이음부 파손, 누수, 변형, 부식

3. 발견 시 조치
1) 실시자 : 시장, 군수, 구청장 통보
2) 내용
① 명칭, 소재지
② 관리주체
③ 상호명칭, 성명, 주소
④ 실시자, 실시기간, 등급
⑤ 결함내용, 조치내용
⑥ 안전관리

11 콘크리트 비파괴검사

1. 개요

1) N.D.T : Non Distructive Test
2) 비파괴시험은 시설물을 파괴하지 않고 내부의 결함 유무를 검사하는 방법
3) 현장시험 : 강도, 결함, 균열, 피복, 위치, 직경

2. 콘크리트 구조물 비파괴검사 [암기] 반초복음자방전내인

1) 반발경도법 [암기] 보경저매 NLPM

보통콘크리트	N형 15~60MPa
경량콘크리트	L형 10~60MPa
저강도콘크리트	P형 5~15MPa
Mass콘크리트	M형 60~100MPa

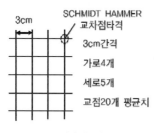

반발경도법

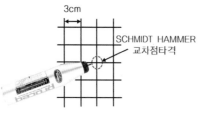

Schmit Hammer

2) 초음파법 : Pulse 발사, 측정거리 10cm 이상

속도	상태
4.5km/sec 이상	우수
3.5~4.5km/sec	보통
3.5km/sec 미만	불량

3) 복합법 : (보통 con'c)

$$F_c = 8.2R_0 + 269V_p - 1094$$

4) 음파법 : 공명, 진동 이용 층분리, 균열
5) 자기법 : 자기장의 자력에 의한 검사
6) 방사선법 : X선, 선, 필름, 결함, 철근위치, 직경, 밀도, 결함

7) 전기법 : 전극의 + - 흐름에 의한 검사
8) 내시경법 : 필요부위를 천공, 내시경을 삽입하여 검사
9) 인발법 : 미리 철근을 박아놓고 경화 후 인발 시험
10) 레이더법 : 레이더 발사에 의한 검사, 바닥판, 노후화, 공동, 층분리

콘크리트 동해

콘크리트 내구성 저하

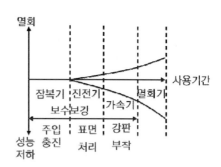

열화에 따른 보수보강

12 강재구조물 비파괴검사

1. 개요

1) N.D.T : Non Distructive Test
2) 비파괴시험은 시설물을 파괴하지 않고 내부의 결함 유무를 검사하는 방법
3) 현장시험 : 용접부위, 용접두께, 표면결함

2. 강재비파괴시험 [암기] (육)방초자액와

1) (육안검사)
2) 방사선 : X선, 선 필름을 사용하여 내부결함 검사, 기록가능하고 두꺼운 검사장소 제한, 검사관 차이, Slag 감싸돌기, Blow Hole, 용입불량, 균열 등 검사
3) 초음파탐사 : 브라운관을 통해 넓은 면 관찰, 속도 빠르고 경제적이며 기록가능, 두께, 크랙, Blow Hole 등 검사

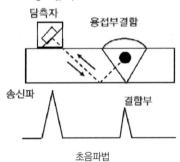

초음파법

4) 자기분말탐상 : 자력선 자장에 의한 검사로, 육안검사가 안되는 외관검사가 가능하고 기계가 대형이며 깊은 결함·표면결함·크랙·흠집·용접부 표면결함 등 검사
5) 액상침투탐상 : 침투액을 도포하고 닦은 후 검사액을 도포하여 검사, 검사가 간단하고 넓은 범위 가능하며 비철금속도 가능
   ① 염색침투탐상시험 : 적색염료 침투액 사용하여 자연광 백색광 아래서 확인
   ② 형광침투탐상시험 : 형광물질 침투액을 사용하여 어두운 곳에서 자외선 비춰 검사
6) 와류탐상 : 전기장 교란하여 검출하며 자기분말탐상시험과 유사하고, 비접촉검사로 속도 빠르고 고온시험체 탐상 가능하며 기록·보존가능, 비철금속 용접부 표면결함 등 검사

3. 침투탐상검사원리

| 침투제 도포 | 투과 | 표면 세척 | 현상제 도포 | 불연속 결함검출 |

[참고] 콘크리트 비파괴, 강재비파괴, 노후화 약자

1. 콘크리트 노후화

1) 원인·대책 : [암기] 기기물기 설재시 동건온 염중알 진충마파전류
2) 노후화 종류, 보수·보강 :
   [암기] 균층박박백손누 치표충주 An강P탄
3) 진단 : [암기] A B C D E
4) 비파괴검사 : [암기] 반초복음자방전내인

2. 강재

1) 노후화, 보수·보강 : [암기] 부피과손 방보단교
2) 비파괴검사 : [암기] (육)방초자액와

13 콘크리트 구조물 노후화 종류 열화평가기준

1. 개요

1) 콘크리트는 복합재료로 노후화 시 고용연수가 짧아지며 반영구적인 구조물이 아니다.
2) 시설물의 열화평가 항목에 따른 안전도 평가방법에는 반발경도법, 초음파법, 방사선법 등이 있다.

2. 시설물 점검진단 `암기` 일정기밀급진

1) 일상점검 : 매일, 작업 전 중 후 점검
2) 정기점검 : 경험기술을 바탕으로 육안 및 외관 검사
3) 정밀점검 `암기` 일건썰 234 ABCDE 432 321
 ① 육안검사, 간단한 측정기구 사용, 정기적 점검
 ② 일반 2년, 건축 3년, 썰물 4년 이후 등급 따라 점검

안전등급	정밀점검	
	건축물	그 외 시설물
A등급	4년 1회 이상	3년 1회 이상
BC등급	3년 1회 이상	2년 1회 이상
DE등급	2년 1회 이상	1년 1회 이상

4) 긴급점검
 ① 계획없이 시행
 ② 사용제한 및 사용금지 판단
 ③ 정밀점검 보완수단으로 활용

5) 정밀안전 진단 : 시설물 주요부 중대결함 진단

3. 시설물 상태평가 및 조치 `암기` A BC DE

상태 등급	노후화 상태	조치
A	문제점 없는 최상상태	정상적 유지관리
B	경미손상 양호상태	지속적 주의관찰
C	보조부재 손상 보통상태	지속적 감시, 보수·보강
D	주요부재 노후화 진전	사용제한여부 판단 정밀안전진단 필요
E	주요부재 노후화 심각	사용금지, 교체, 개축 긴급보강조치

4. 노후화 상태에 따른 시설물 잔존수명

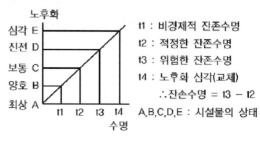

t1 : 비경제적 진존수명
t2 : 적정한 잔존수명
t3 : 위험한 진존수명
t4 : 노후화 심각(교체)
∴ 잔손수명 = t3 - t2
A,B,C,D,E : 시설물의 상태

구조물 잔존수명

5. 콘크리트 노후화 종류 `암기` 균층박박백손누

1) 균열(Crack) `암기` 미중대
 ① 위치, 방향, 길이, 폭
 ② 녹, 백태
 ③ 미세 0.1mm 미만 중간 0.1~0.7mm 대형 0.7mm 이상
2) 층분리(Delamination) : 상하 분리 망치로 치면 중공음
3) 박리(Scaling) `암기` 경중심극
 ① 몰탈손실
 ② 경미 0.5mm 미만 중간 0.5~1.0mm 심함 1.0~25mm 극심 25mm 이상
4) 박락(Spalling)
 ① 원형으로 떨어져 나감
 ② 소형 깊이 25mm 미만, 직경 150mm 미만 대형 깊이 25mm 이상, 직경 150mm 이상
5) 백태(Efflorescence) : 석회화합물이 용해되어 콘크리트 표면에 고형화되는 현상
6) 손상 : 외부충돌, 손상
7) 누수 : 배수공, 시공이음, 결함, 균열

6. 열화 판정 기준 `암기` 균중기동처

1) 균열폭 : PC 0.1mm 이상, RC 0.2mm 이상
2) 중성화 : 피복두께 ≥ 40mm(15% 이상)
3) 기초세굴 : 200mm 이상 침하진행, 침하 측방 유동 징후
4) 동해깊이 : 300mm 이상
5) 처짐 : 균열간격 20cm

14 강재구조물 노후화 종류

1. 개요

1) 강재구조물은 환경적 영향, 반복하중, 과재하중 등에 의해 노후화가 발생되고 있다.
2) 종류 : 부식, 피로균열, 과재하중, 외부 충격·손상

2. 시설물 상태평가 및 조치 암기 A BC DE

상태 등급	노후화 상태	조치
A	문제점 없는 최상상태	정상적 유지관리
B	경미손상 양호상태	지속적 주의관찰
C	보조부재 손상 보통상태	지속적 감시, 보수·보강
D	주요부재 노후화 진전	사용제한여부 판단 정밀안전진단 필요
E	주요부재 노후화 심각	사용금지, 교체, 개축, 긴급보강조치

3. 강재구조물 노후화 종류

암기 부피과손 암기 염중알동 진충마파전

1) 부식
① 부식의 Mechanism

$$Fe \rightarrow Fe^{++} + 2e^-$$
$$Fe \rightarrow Fe+2eFe+2OH \rightarrow Fe(OH)_2 : 수산화제1철$$

$$Fe(OH) + \frac{1}{2}H_2O + \frac{1}{4}O \rightarrow Fe(OH)_3 : 수산화제2철$$

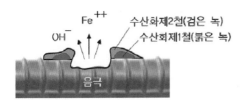

철근 녹

② 원인 : 염해, 중성화, 알칼리골재반응, 동결융해, 기계적작용(진동, 충격, 마모, 파손), 전류
③ 부식촉진제(3요소) : 물, 산소, 전해질
④ 부식종류 : 환경적요인, 전류, 박테리아, 과대응력, 마모

철골 부식 파손

2) 피로균열 : 하중이력, 응력범주, 제작형태, 파괴인성, 용접
3) 과재하중 : 하중초과, 인장부재 신장 단면감소, 압축부재좌굴
4) 외부충격손상 : 비틀림, 변위

15 구조물 인접 위해행위

1. 개요

1) 구조물의 안전에 위해를 끼치는 행위는 구조변경, 용도변경, 과하중 적재, 인접지반에 의한 영향 등이 있다.

2) 구조안전에 위해가 발생할 때 대형사고로 연결되므로 구조물의 안전에 위해를 끼치는 원인에 대한 철저한 분석과 대책이 필요하다.

2. 위해행위 유형

1) 건축물 : 구조변경, 용도변경
2) 인접지반 : 굴착, 강제배수, 파일항타, Anchor 설치

3. 건축물 구조안전 [암기] 구용위

1) 구조변경
 ① Slab, 벽, 보, 하중 전달장해
 ② 거실 확장, 베란다, 천장, 보철거
2) 용도변경
 ① 준공 후 과하중유발
 ② 수영장, 사우나, 과도무게, 균열누수
3) 위치 무단변경
 ① 위치이동, 기둥, 보, Slab
 ② 과하중, 삼풍 냉각탑

4. 인접지반 구조안전 [암기] 기인펌말고An

1) 추가 기초지반굴착 : 침하, 기초손상
2) 인접굴착 : 기울기, 사면붕괴, 하중 이상
3) 지하수 Pumping : 수위저하, 압밀
4) 말뚝항타 : 토압, 진동
5) 측면 고성토 : 토압으로 벽체 붕괴
6) 인접건물 Anchor설치 : 기초손상

5. 안전점검요령

1) 건축물 내부 : 벽지 타일 뻑소리(천정벽체), 문틀 창틀 비틀림
2) 인접지반 : 옹벽상단 옹벽담장 현관 주건물 보도 블럭 지반침하 및 물고임, 지중매설관 가로수

참고 안전점검 · 안전진단 시 기존자료 활용방안

1. 개요

1) 안전점검 및 안전진단은 물리적, 기능적 결함, 작용하중 변동, 재료강도, 시공오차, 인적과오 등을 검사하여 신속히 보수·보강 조치하여 안전확보를 하는 것이다.

2) 설계서, 공사도면, 시방서 등의 기존자료를 활용하여야 한다.

2. 내용

1) 설계도, 시방서, 사용재료내역
2) 실시자구성, 장비, 점검방법
3) 시험, 결과평가, 결과보고서
4) 결함종류, 보고방법

3. 활용

1) 설계도서, 시방서, 관련계산서
2) 사진, 재료시험
3) 유지관리자료

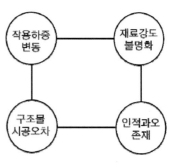

안전진단 필요성

16 실시간 구조안전감시시스템

1. 개요

1) 구조물의 대형화 복잡화로 붕괴 시 피해 규모는 상상을 초월한다.
2) 평상시 안전진단 유지관리시스템으로 수명예측을 하여 보수시기 등을 정하여 구조물을 관리하는 온라인 안전진단 기술이다.

2. 특징

1) 시공 이후 안전점검, 보수보강, 수명연장
2) 안전감시체계 불안 해소
3) 유무선자동화계측으로 내구성 향상
4) 반경 20km 시스템구축하여 통합네트워크
5) 중앙통제방식으로 상시감시체제

3. 현행문제점

1) 매번 진단비용 발생
2) 상시점검은 불가능
3) 내구성 영향 연속문제

4. 안전대책 `암기` 스광제 내캡광식

1) 스마트구조물 : 실시간 감지, 재산·인명피해 감소, 비용저감
2) 광섬유 센서 : 빛 속도 복합센서 내장으로 안정적, 잔존수명 예측
3) 제진구조 : 특별장치로 에너지분산, 기능 안전성 경제성, 큰 지진시 피해최소
4) 내진구조 : 진동흡수, 튼튼한 설계, 큰 지진 시 구조손상

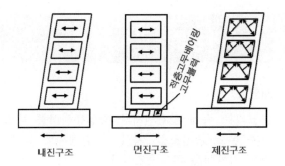

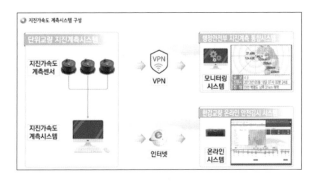

한강교량 On-Line 안전감시시스템
(출처 : 서울시 한강교량 On-Line 안전감시시스템)

`참고` 시설물정보관리종합시스템(FMS) 체계구축

1. 개요

1) 국토안전관리원에서 운영하는 운영전산시스템으로 시설물 안전, 유지관리, 정보체계, 안전진단, 유지관리, 보수보강 이력, 생애주기 등을 통합관리하는 시스템이다.
2) 목적은 시설물의 효용증진 안전성 확보에 있다.

2. 활용 `암기` 정통정

1) 정보수집 : 준공직후 설계도, 구조계산서, 감리보고서, 시설물 관리대장, 각종 점검진단, 보수보강자료, 보고서, 설계도서, 데이터베이스
2) 통합 DB 구축 : 한국시설안전관리공단 통합베이스구축, 안전성 확보, 시설물 기본정보, 안전관리정보, 생애주기, 비용정보, 사고사례, 지리정보, 연계정보, 관련업체 정보 제공
3) 정보서비스 : 통계자료 관련업체 정보 제공

시설물통합정보관리시스템
(출처 : 국토교통부 FMS 시설물 통합정보관리시스템)

** FMS : Facility Management System

17 스마트콘크리트 종류

1. 개요

콘크리트 속에 압전센서나 광섬유센서를 내장하여 자가 온도·습기조절, 자극 및 환경변화 등을 감지하는 자가대응 콘크리트이다.

2. 구성원리

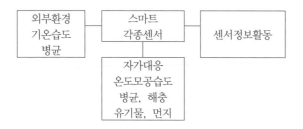

3. 특징

1) 센서를 활용해서 외부환경에 대응
2) 수명연장 및 내구성 유지
3) 유지관리 및 건전성 유지
4) 초기공사비 비싸고 시공실적 미흡
5) 다양한 특성에 대한 연구개발 미흡

4. 시공순서

5. 종류 [암기] 스광제 내캡광식

1) 내장형 광섬유 센서
 ① 광감도, 간섭형, 광섬유브레그
 ② 제작 쉽고 견고함
 ③ 신호처리 양호
 ④ 측정감도 불량

2) 캡슐형 [암기] 항방에조
 ① 항균
 ② 방충
 ③ 에폭시
 ④ 조습제(제올라이트)

3) 광촉매 [암기] 수대살탈자
 ① 태양광이 산호작용으로 각종물질 분해
 ② 수질 및 대기오염물 살균, 탈취, 자기정화

4) 식생 : 다공성 배양, 공극률 5~35%

6. 시공 시 주의사항

1) 다양성 : 화재
2) 계측 유지관리
3) D/B Feed Back
4) 거푸집 존치기간 거푸집 50MPa 이상
5) 한중콘크리트 서중콘크리트 양생주의
6) 연직하중 횡하중 측벽하중 특수하중 등 구조검토
7) 품질시험하여 재료분리 방지

7. 향후개발방향

1) 다기능성 구조물에 적용
2) 친환경적 방법 연구
3) 자기모니터링 기능 강화

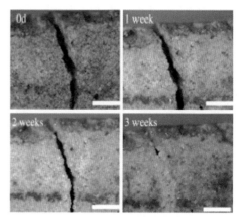

Smart Concrete Self-Healing

18 철근콘크리트 균열평가

1. 개요

1) 철근콘크리트는 여러 가지 환경적인 변화로 균열을 수반한다.
2) 이에 균열의 종류 특징 등을 파악하여 보수기준, 보수공법 등을 평가한다.

2. 균열분류 [암기] 미경 소자건탄

1) 구조적
① 설계오류
② 외부하중
③ 단면철근량
④ 시공 Error

2) 비구조적 [암기] 소침건온
① 소성수축
② 소성침하
③ 건조수축
④ 온도균열

3. 균열평가 상태평가등급 [암기] 0.3 0.5 1.0

등급	균열깊이	상태
A	0.3D 이하	최상
B	0.3D	양호
C	0.3D ~ 0.5D	보통
D	0.5D ~ D	불량
E	1.0D 이상	위험

4. 균열평가방법 [암기] 육비코설

1) 육안검사 : 휴대용 균열측정기
2) 비파괴 : 초음파, 자기법
3) 코어검사
4) 설계도면 시공자료 활용

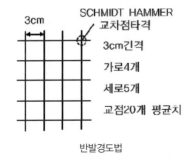

반발경도법

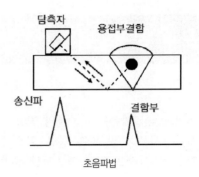

초음파법

5. 균열폭 허용규제기준 [암기] 건습부고

1) 건조환경 : 0.4mm
2) 습윤환경 : 0.3mm
3) 부식성 환경 : 0.004mm(피복두께)
4) 고부식성 환경 : 0.0035mm(피복두께)

6. 보수판정기준(시특법) [암기] ABCDE

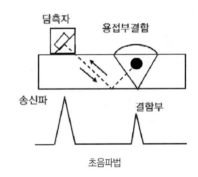

초음파법

상태 등급	노후화 상태	조치
A	문제점 없는 최상상태	정상적 유지관리
B	경미손상 양호상태	지속적 주의관찰
C	보조부재 손상 보통상태	지속적 감시, 보수·보강
D	주요부재 노후화 진전	사용제한여부 판단 정밀안전진단 필요
E	주요부재 노후화 심각	사용금지, 교체, 개축 긴급보강조치

7. 보수시기결정 [암기] 잠진가열

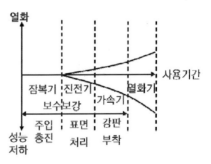

열화에 따른 보수보강

19 보수·보강공법

1. 개요

1) 콘크리트 균열파손은 구조물의 기둥·보·벽에 내력
상실, 강재부식 및 파손 등을 일으키므로 내구성
증진, 수명연장을 위한 지속적인 유지관리가 필요
하다.

2) 보수보강공법 : 표면치환, 충진, 단면보강, 주입
공법, 앵커링, 탄소섬유보강, 프리스트레스

2. 콘크리트 보수보강공법 `알기` 치표충주 An강프탄

1) 보수공법
① 치환공법
② 표면처리공법
③ 충진공법
④ 주입공법

2) 보강공법
① Anchor공법
② 강판부착공법
③ Prestress공법
④ 탄소섬유보강공법

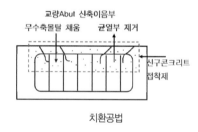

치환공법

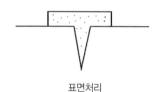

표면처리

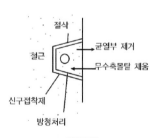

충진공법

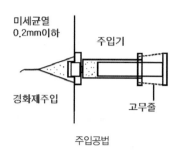

주입공법

3) 시설물 상태평가 `알기` A BC DE

상태 등급	노후화 상태	조치
A	문제점 없는 최상상태	정상적 유지관리
B	경미손상 양호상태	지속적 주의관찰
C	보조부재 손상 보통상태	지속적 감시, 보수·보강
D	주요부재 노후화 진전	사용제한여부 판단 정밀안전진단 필요
E	주요부재 노후화 심각	사용금지, 교체, 개축 긴급보강조치

4) 잔존수명

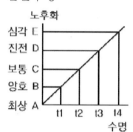

구조물 잔존수명

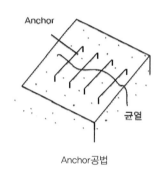

Anchor공법

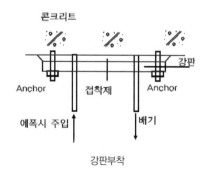

강판부착

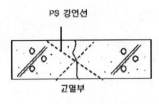

Prestress공법

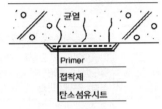

탄소섬유보강공법

3. 강구조물 보수보강공법 [암기] 방보단교

1) 방청제
2) 보강판 부착 균열부 교체
3) 단면보강
4) 교정보강

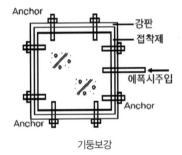

기둥보강

20 공사가 중단된 건설현장 안전 대책

1. 개요

1) 공사중단 시 철골·철근콘크리트 구조물의 오랫동안 방치로 노후화, 흉물화, 우범화 등 지역 상권을 파괴하고 있다.
2) 이에 사업자 책임회피에 따른 행정기관의 법 집행 강화가 필요하다.

2. 대상

1) 토공사
2) 골조공사
3) 마감공사

3. 위험 요소

1) 토공사
  ① 사면붕괴
  ② 액상화
  ③ 토사유출
  ④ 배수로 막힘
  ⑤ 비산, 먼지

2) 골조공사
  ① 용접부 및 볼트부 녹
  ② 붕괴위험
  ③ 도심지 흉물화
  ④ 낙하물 발생
  ⑤ 외부인 출입

4. 공사중단 시 안전조치

1) 전기차단
2) 우기 시 지하실 침수
3) 부식, 방역
4) 주민 출입금지
5) 임시조치 불가 시 강제집행

5. 재개시 안전대책

1) 공사계획
2) 정밀안전진단
3) 부식철근 대책
4) 콘크리트 균열대책

6. 사회적 파장

1) 분양받은 사람 피해
2) 우범 지역화
3) 주변 경관 저해

참고 **시설물 진단측정 장비**

구분	진단측정 장비
교량	비디오카메라, 균열폭, 반발경도, 초음파, 철근탐사, 철근부식도, 염분, 코어, 도막두께, 측량, 강재비파괴
터널	정적동적변형측정, 내공변위측정(정밀도 0.11mm 이상)
항만	유독가스, 관로누수, 금속관
댐	유속계(0.1m/sec~3m/sec)
건축물	진동, 정적변형, Tilt Meter
종합	상기 모두 구비
상하수도	누수, 부식, 염분, 도막

21 안전난간 문제점

1. 개요

1) 안전난간의 문제점은 서구화된 근로자의 투입으로 인한 구조적인 문제, 높이 부족, 하중 검증이 어려움, 비규격 검증이 안 된 제품 사용 등 여러 가지 문제가 발생하고 있다.

2) 이에 규격화, 안전화 된 인증된 자재의 사용이 요구된다.

2. 안전난간대의 구성

1) 높이 : 상부 90cm, 중간 45cm
2) 허용하중 : 중간 120kg, 겹침부 100kg
3) 최하사점
   $H > h$ = 로프길이(l) + 로프신장 길이(l $\cdot$) + 작업자 키1/2(T/2)
   $H > h$: 안전
   $H = h$: 위험
   $H < h$: 중상, 사망

3. 문제점

1) 법적인 높이 규제
2) 안전대의 지지력
3) 부착설비 전용철물
4) 시공상 문제점
5) 외국인 장신

4. 개선방향

1) 단관비계 설치기준
2) 높이 개선 : 상부 90~120cm, 중간 45~60cm
3) 지지력 확인시스템
4) 설계단계에 적용
5) 안전시설물 설치자 기능교육

안전난간대 및 승강로

참고 **안전진단기관 설립·등록**

1. 개요

1) 건기법에 의거 국토교통부 인정하는 소요 인력·장비를 갖추어야 한다.
2) 대상 : 교량·터널, 수리, 항만, 건축, 종합

2. 분류

1) 교량·터널
2) 수리
3) 항만
4) 건축
5) 종합

3. 안전진단기관 설립·등록 기준

암기 교터수항건종 특중초

구 분		토목			건축	종합
		교량 터널	수리	항만		
특 급	토목·건축·안전 기술자격 특급 (토건기술인력 50% 이상) 건축사 5천㎡ 설계감리실적	2	2	2	2	8
중 급	토목·건축·안전 중급기술 자격 이상 (토건중급 이상 60% 이상)	3	3	3	3	11
초 급	토목·건축·안전 초급기술 자격 이상	3	3	3	3	11

CHAPTER-3

건설기술진흥법

01 부실벌점제도

1. 개요
1) 건설공사를 부실하게 수행한 시공 업체와 설계 업체 등을 감시대상 명단에 올려놓고 그 업체들이 발주공사에 참여하는 것을 제한하는 제도이다.
2) 벌점에 따라 입찰참가제한, 사전적격심사 감점 등 불이익을 주어 부실에 대한 경각심을 높이고 부실공사를 방지하고자 함이다.

2. 벌점 부과
1) 국토부장관
2) 발주청
3) 인허가행정기관장

3. 대상
1) 건설업자
2) 주택건설업자
3) 설계용역업자
4) 감리자
5) 기술자

4. 적용
1) 설계용역 : 1억5천만 원 이상
2) 책임감리 : 1억5천만 원 이상
3) 토목 : 50억 원 이상
4) 건축 : 50억 원 이상, 바닥면적 합계 1만m² 이상

5. 산정방법 및 벌점
1) 동일업체 or 건설기술용역 2회 이상
   Σ당해부실벌점÷점검횟수=평균부실벌점Σ3년간 평균부실벌점÷2=누계평균부실벌점
2) 벌점 : 1~3점

6. 경감
1) 적용
 ① 시공능력
 ② 우수업체, 표창, 당해반기 1회 적용, 2개 이상 시 1개 적용
2) 기준
 ① 적용 : 당해현장 및 용역
 ② 부실벌점측정기관, 최종집계 및 부실벌점

참고 **건설기술진흥법 목적**

1. 개요
1) 독립기념관 화재(1987) 계기로 제정
2) 건설기술 수준 향상, 건설연구 개발촉진, 공공복리 향상 및 국민경제발전에 그 목적이 있다.

2. 목적 [암기] 연수공경
1) 연구개발촉진
2) 기술수준
3) 공공복리
4) 국민경제발전
5) 효율적 이용

3. 문제점 [암기] 타구제환실
1) 타 법령과 조화 미흡
2) 구체적 내용 미흡
3) 전문인력 부족
4) 환경관리 제외
5) 우리 실정에 맞지 않음

참고 **건설기술진흥법**

제1장 총칙

제1조【목적】이 법은 건설기술의 연구·개발을 촉진하여 건설기술 수준을 향상시키고 이를 바탕으로 관련 산업을 진흥하여 건설공사가 적정하게 시행되도록 함과 아울러 건설공사의 품질을 높이고 안전을 확보함으로써 공공복리의 증진과 국민경제의 발전에 이바지함을 목적으로 한다.

제2조【정의】이 법에서 사용하는 용어의 뜻은 다음과 같다. <개정 2015. 5. 18., 2015. 7. 24., 2018. 8. 14., 2019. 4. 30., 2020. 2. 18., 2021. 3. 16.>
1. "건설공사"란 「건설산업기본법」 제2조제4호에 따른 건설공사를 말한다.
2. "건설기술"이란 다음 각 목의 사항에 관한 기술을 말한다. 다만, 「산업안전보건법」에서 근로자의 안전에 관하여 따로 정하고 있는 사항은 제외한다.
   가. 건설공사에 관한 계획·조사(지반조사를 포함한다. 이하 같다)·설계(「건축사법」 제2조제3호에 따른 설계는 제외한다. 이하 같다)·시공·감리·시험·평가·측량(해양조사를 포함한다. 이하 같다)·자문·지도·품질관리·안전점검 및 안전성 검토
   나. 시설물의 운영·검사·안전점검·정밀안전진단·유지·관리·보수·보강 및 철거
   다. 건설공사에 필요한 물자의 구매와 조달
   라. 건설장비의 시운전(試運轉)
   마. 건설사업관리
   바. 그 밖에 건설공사에 관한 사항으로서 대통령령으로 정하는 사항
3. "건설엔지니어링"이란 다른 사람의 위탁을 받아 건설기술에 관한 업무를 수행하는 것을 말한다. 다만, 건설공

CHAPTER 3

사의 시공 및 시설물의 보수·철거 업무는 제외한다.

4. "건설사업관리"란 「건설산업기본법」 제2조제8호에 따른 건설사업관리를 말한다.

5. "감리"란 건설공사가 관계 법령이나 기준, 설계도서 또는 그 밖의 관계 서류 등에 따라 적정하게 시행될 수 있도록 관리하거나 시공관리·품질관리·안전관리 등에 대한 기술지도를 하는 건설사업관리 업무를 말한다.

6. "발주청"이란 건설공사 또는 건설엔지니어링을 발주(發注)하는 국가, 지방자치단체, 「공공기관의 운영에 관한 법률」 제5조에 따른 공기업·준정부기관, 「지방공기업법」에 따른 지방공사·지방공단, 그 밖에 대통령령으로 정하는 기관의 장을 말한다.

7. "건설사업자"란 「건설산업기본법」 제2조제7호에 따른 건설사업자를 말한다.

8. "건설기술인"이란 「국가기술자격법」 등 관계 법률에 따른 건설공사 또는 건설엔지니어링에 관한 자격, 학력 또는 경력을 가진 사람으로서 대통령령으로 정하는 사람을 말한다.

9. "건설엔지니어링사업자"란 건설엔지니어링을 영업의 수단으로 하려는 자로서 제26조에 따라 등록한 자를 말한다.

10. "건설사고"란 건설공사를 시행하면서 대통령령으로 정하는 규모 이상의 인명피해나 재산피해가 발생한 사고를 말한다.

11. "지반조사"란 건설공사 대상 지역의 지질구조 및 지반상태, 토질 등에 관한 정보를 획득할 목적으로 수행하는 일련의 행위를 말한다.

12. "무선안전장비"란 「전파법」 제2조제1항제5호에 따른 무선설비 및 같은 법 제2조제1항제5호의2에 따른 무선통신을 이용하여 건설사고의 위험을 낮추는 기능을 갖춘 장비를 말한다.

02 건설기술

1. 개요

인간이 더욱 쾌적하고 안락한 생활을 영위하기 위하여 여러 가지 시설 및 구조물을 만드는 기술을 말하며 건설산업을 발달시키는 근원이 된다.

2. 건설기술

1) 계획, 조사, 설계
2) 시공, 감리
3) 시설물, 유지보수
4) 철거, 유지관리

3. 건설기술용역

1) 다른 사람 위탁
2) 공고적용 : 예정용역사업비규정
3) 공고 : 용역명, 시행기관, 내용, 예산, 입찰시기

4. 하자보수 담보책임 기간

공종	내용	기간 (년)
교량	경간장 L=50m, 연장 L=500m 이상, 철근콘크리트, 철골	10
	연장 L=500m 이하, 철근콘크리트, 철골 구조	7
	교면포장, 이음부, 난간시설	2
터널	철근콘크리트, 철골구조	10
	상기외	5
철도	교량, 터널제외, 철근콘크리트, 철골	7
도로	콘크리트포장	3
	아스팔트포장	2
댐	본체, 여수로	10
	그외	5
상하수도	철근콘크리트, 철골구조부	7
건축	대형공공(공동주택, 종합병원, 숙박, 집회, 16층 이상건축물)기둥, 내력벽	10
건축 그 외	실내의장, 미장, 타일, 도장, 창호, 판금,	1
	토공, 석공, 조적	2
	방수, 지붕	3

5. 기술능력배양

1) EC화 능력배양
2) 업체기술개발
 ① 해외기술교류
 ② 전문인력양성
 ③ Eng'g 능력 강화
 ④ 기술연구소 교류
  ** EC : Engineering & Construction

참고 **안전관리공정표의 분류** 암기 전세단

1. 분류

1) 전체안전관리공정표
2) 세부안전관리공정표
3) 단위안전관리공정표

2. 전체안전관리공정표

1) PERT/CPM
2) 중요도에 따라 별지서식 활용
3) 안전관리에 활용

3. 세부안전점검공정표 활용

1) 과다한 요약부
2) 하도관리부분
3) 집중점검공종

4. 단위안전점검공정표

1) 세부안전공정표 과다한 요약부분
2) 단위별 세분화
3) 세부작성하여 안전관리에 활용

03 건설공사 품질관리

1. 개요

1) 건설공사의 품질관리란 건설공사를 시행하면서 부실을 방지하고 책임시공을 하여 품질을 향상시키는 것이다.
2) 품질확보를 위한 제도로 품질관리보증계획, 품질시험 및 품질검사가 있다.

2. 품질보증계획 수립 적용

1) 전면책임감리 500억 이상
2) 건축물 연면적 3만m 이상 다중이용건축물
3) 계약 시 품질보증계획수립

3. 품질시험 계획수립

1) 5억 이상 토목
2) 660m 이상 건축
3) 2억 이상 전문공사

4. 기준

1) 한국산업규격(KS), 표준시방서, 품질시험기준
2) 면제
 ① 시험성적서
 ② KS
 ③ 품질검사, 품질인증

5. 품질보증 적용 건설 부자재

1) 레미콘
2) 아스팔트콘크리트
3) 해사
4) 철강재 철근, H형강
5) 기타 품질보증이행 건설자재

6. 생산성 향상 알기 안전18 품9살어 14(열나게)환경관리

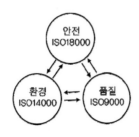

안전/환경/품질

참고 **안전관리계획서, 유해위험방지계획서 비교**

1. 산업안전보건법

작업환경 근로조건, 신체적 안전

2. 건설기술진흥법

시공안전, 공사장 주변안전

구분	유해위험방지계획서	안전관리계획서
근거	산업안전보건법 제48조(고용노동부)	건설기술진흥법 제26조2(국토교통부)
목적	근로자, 안전보건	건설공사, 시공안전
작성 적용	알기 지최깊터다연	알기 1지폭계인제
작성자	사업주(시공자)	사업주(시공자)
제출 서류	유해위험방지계획서	총괄안전관리계획서 공종별안전관리계획서
제출 시기	착공 전 심의 : 15일 이내	15일전 심의 : 10일 이내
제출처	산업안전보건관리공단	발주자 인허가행정기관
주요 확인	보호구, 유해위험, 건강보험, 작업환경, 가설공사, 정리 정돈	안전시공, 가설안전, 공정 별안전점검, 공사장주변, 통행, 교통소통
결과 통보	적정 조건부 부적정	적정 조건부 부적정

04 안전관리계획서

1. 개요

착공~준공까지 사업장의 재해예방을 위해서 작성하는 계획서로 안전사고예방, 사전안전성평가로 활용한다.

2. 수립대상 [암기] 1지폭계인제

1) 1종 시설물, 2종 시설물
2) 지하 10m 이상 굴착공사, 폭발물 사용 20m 안 시설물, 100m 안 양육가축 영향예상
3) 계약 시 품질보증계획수립 명시
4) 인허가승인 행정기관장 필요 인정
5) 제외 : 원자력시설공사

3. 작성기준

1) 총괄안전계획서
 ① 개요, 조직, 점검
 ② 공사장 주변 안전
 ③ 통행안전시설
 ④ 교통소통
 ⑤ 안전관리비 사용계획

2) 공종별안전관리계획서
 ① 가설공사
 ② 굴착·발파공사
 ③ 콘크리트공사
 ④ 강구조
 ⑤ 토공사
 ⑥ 해체공사
 ⑦ 건축설비공사

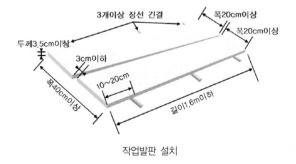

작업발판 설치

4. 안전관리비 사용기준

1회/6개월 발주처 노동부 확인

공정율	50~70%	70~90%	90% 이상
사용기준	50% 이상	70% 이상	90% 이상

5. 건설기술진흥법 제60조 안전관리비

1) 안전관리계획의 작성 및 검토 비용 또는 소규모안전 관리계획의 작성 비용
2) 발파·굴착 등의 건설공사로 인한 주변 건축물 등의 피해방지대책 비용
3) 공사장 주변의 통행안전관리대책 비용
4) 계측장비, 폐쇄회로 텔레비전 등 안전 모니터링 장치의 설치·운용 비용
5) 가설구조물의 구조적 안전성 확인에 필요한 비용
6) 무선설비 및 무선통신을 이용한 건설공사 현장의 안전관리체계 구축·운용 비용
7) 해당사유로 추가로 발생하는 안전관리비에 대해서는 증액 계상(발주자의 요구 또는 귀책사유로 인한 경우로 한정)
 - 공사기간의 연장
 - 설계변경 등으로 인한 건설공사 내용의 추가
 - 안전점검의 추가편성 등 안전관리계획의 변경
 - 그 밖에 발주자가 안전관리비의 증액이 필요하다고 인정하는 사유
 - 안전관리비의 계상 및 사용에 관한 세부사항은 국토교통부장관이 정하여 고시

CHAPTER 3

6. 설계변경 시 산업안전보건관리비 조정 · 계상 방법

1) 설계변경에 따른 안전관리비는 다음 계산식에 따라 산정한다.
   설계변경에 따른 안전관리비 = 설계변경 전의 안전관리비 + 설계변경으로 인한 안전관리비 증감액

2) 1)의 계산식에서 설계변경으로 인한 안전관리비 증감액은 다음 계산식에 따라 산정한다.
   설계변경으로 인한 안전관리비 증감액 = 설계변경 전의 안전관리비 × 대상액의 증감 비율

3) 2)의 계산식에서 대상액의 증감 비율은 다음 계산식에 따라 산정한다. 이 경우, 대상액은 예정가격 작성시의 대상액이 아닌 설계변경 전·후의 도급계약서상의 대상액을 말한다.
   대상액의 증감 비율 = [(설계변경후 대상액 − 설계변경 전 대상액) / 설계변경 전 대상액] × 100%

05 정기안전점검

1. 개요

1) 공사기관 점검의뢰 착공~준공 시까지 장기계약 하여, 가설공사, 시공안전, 추락 낙하 감전 등 공사현장 안전관리 상태를 점검한다.
2) 대상 : 1종, 2종 시설물 건설공사

2. 적용공사 [암기] 1지폭계인제

1) 1종 시설물, 2종 시설물
2) 지하 10m 이상 굴착공사, 폭발물 사용 20m 안 시설물, 100m 안 양육가축 영향예상
3) 계약 시 품질보증계획수립 명시
4) 인허가승인 행정기관장 필요 인정
5) 제외 : 원자력시설공사

3. 점검시기 및 횟수

종류	1차	2차	3차
교량	가설공사, 기초공사	하부공	상부공
터널	갱구, 수직구, 굴착 초기	터널굴착 중기	라이닝콘크리트 중간
건축물	기초공사		구조체공사 말기

4. 내용

1) 가설공사
2) 품질검사
3) 시공상태
4) 인접 공사장 주변

5. 점검주체 점검 비용

1) 주체
 ① 안전진단전문기관
 ② 시설안전관리공단
2) 비용 : 산업안전보건관리비 별도계상

6. 조사내용

1) 육안검사 : 콘크리트 시공상태
2) 균열
 ① 0.1~0.3mm 망상형 균열
 ② 미충전부
 ③ 철근 노출
 ④ 재료분리

3) 압축강도 : 반발경도법, 초음파법
4) 철근 배근
 ① 철근량
 ② 구조적 문제
 ③ 간격, 이음, 덮개, 표준갈고리

5) 부식 : 녹, 비파괴장비(TR-02)
6) 콘크리트탄산화
 ① 코어드릴 천공
 ② 페놀프탈레인 용액 분사
 ③ 탄산화 깊이
 ④ 염해, 중성화, 알칼리, 동결융해

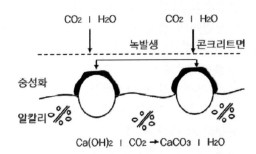

중성화 Mechanism

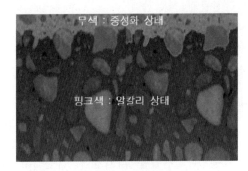

콘크리트 중성화

CHAPTER 3

06 건설공사 감리제도

1. 개요

1) 감리자의 안전관리는 감리업무의 목적으로 안전점검을 하고 있으며, 제도상으로는 안전관리에는 미흡하다.
2) 설계서 시방서 시공여부 등 품질관리에 주력하고 안전 및 안전기술지도는 역량이 미흡하다.

2. 개선방안

1) 안전관리 직접적 능동적 관여
2) 안전관리비 법제화
3) 안전 미행 시 철수 권한
4) 안전관리계획서 심의 권한
5) 감리 건설안전기술사 배치
6) 안전관리에 감리자 범위 확대
7) 전문안전진단기구 신설
8) 감리자 정기안전교육 시행

3. 문제점

1) 안전관리 책임한계
2) 안전관련 참여의식 미흡
3) 안전관리비용은 시공사 권한
4) 시공관련 업무과다

4. 업무

1) 착공 전 준비 : 현장설명서, 계약서, 설계도서, 현장조사
2) 착공 시 : 공정표, 가설공사, 시공계획, 건설공해
3) 공사 진행 중 : 세부공정, 사용자재, 안전, 품질, 검측
4) 완공 시 : 예비준공검사, 발주처 준공검사 시 보조역할, 주요 서류, 시설물 인계

5. 배치기준 및 감리역할

1) 배치기준

구분	책임 상주감리	상주감리
대상	1.다중이용건축물 － 문화·판매·종교·종합병원·관광숙박 여객시설 용도면적 5천m2 이상 또는 16층 이상	1. 면적 5천m^2 이상 건축물, 아파트(5개층 이상 주택) 등 2. 준다중이용건축물 － 문화·판매·종교·종합병원·관광숙박·위락시설·장례식장 등의 용도면적 1천m^2 이상) 3. 연속 2개층 + 면적 2천m^2 이상 건축물

구분	책임 상주감리	상주감리
배치기준	1. 책임감리원 － 건축사보 상주 2. 분야별 감리원 － 토목·전기·기계 등 해당 분야 감리원배치	1. 1인 상주 － 공사감리원(건축사보) 공사 안전 감리 공동수행 2. 2인 상주 － 공사감리원 1 (건축분야 건축사보) － 안전감리원 1 (안전분야 건축사보)
감리자	1. 건설기술용역업자 － 건설기술진흥법 2. 건축사 － 건설기술진흥법에 따라 건설기술인 배치 시	1. 건축사 － 건축사법에 따라 등록한 자

07 건기법상 건설공사 안전점검

1. 개요

1) 건기법에 공정상 주요공종별 안전점검 실시를 법제화하고 있다.
2) 종류 : 자체점검, 전기안전점검, 정밀안전점검, 초기점검

2. 적용공사 [암기] 1지폭계인제

1) 1종 시설물, 2종 시설물
2) 지하 10m 이상 굴착공사, 폭발물 사용 20m 안 시설물, 100m 안 양육가축 영향예상
3) 계약 시 품질보증계획수립 명시
4) 인허가승인 행정기관장 필요 인정
5) 제외 : 원자력시설공사

3. 안전점검 종류 [암기] 자정기밀초

구분	점검시기	점검내용
자체안전점검	매일	현장전반, 구조물전반
정기안전점검	정한 횟수	가설공사공법, 인접, 공사장 주변, 통행안전시설, 교통소통
정밀안전점검	점검결과 필요 시	물리적, 기능적 사항
초기점검	준공 직전	시공상태, 정기안전점검 수준이상

4. 정기안전점검 및 빈도

구분	1차	2차	3차
교량	가시설, 기초	하부	상부
터널	갱구	굴착중기	굴착말기
항만	기초	철근콘크리트	뒷채움
댐	유수전환	기초	축조 초중말
건축물	기초	구체 초중	구체 말
하천	가시설	되메우기	구체 말
상수도	가시설, 기초	구체 초중	구체 말
폐기물	토공	중기	말기
지하차도	토공	중기	말기
폭발물사용	초·중기	중기	

5. 점검 시 고려사항

1) 계획 시 문제점
2) 최신기술 적용
3) 실무경험
4) 안전점검 빈도 및 수준
5) 책임기술자 법정 자격

[참고] 건기법 시행령 관련 관리시험 종류

[암기] 강슬공염

1. 압축강도시험
2. 슬럼프시험
3. 공기함유량
4. 염화물함유량

[참고] 건기법상 검사 종류

[암기] 기준하예특

1. 기성부분검사 : 준공 전, 기성량
2. 준공검사 : 완공 시
3. 하자검사 : 하자기간 만료이전
4. 예비준공검사 : 공사준공 1개월 전, 준공기한 내 미진 사항
5. 특별검사 : 발주처 필요

(압축강도시험)

(Slump Test)

(공기량시험)

(염화물함유량시험)

콘크리트 시험

08 건설공사시 설계안전성 검토절차

1. 정의

1) 설계단계에서 건설안전을 고려한 설계가 될 수 있도록 시공 중 위험요소를 사전 발굴하여 위험성 평가 실시 및 저감대책을 수립하여 설계에 반영함으로써 위험요소를 설계단계에서 제거 및 저감하는 활동이다.
2) 건설공사의 안전성 선제적 관리, 실시설계단계에서 안전성 검토
3) 기획-설계-시공-유지관리 전과정걸쳐 안전관리체계 구축

2. 실시설계의 안전성 검토 절차 F/C

기획 - 설계 - 시공 - 유지관리 전과정

1) 기획
2) 설계
3) 시공
4) 유지관리

3. 관련근거

1) 건설진흥법 제62조 건설공사의 안전관리발주청은 설계안전성을 검토하고 국토교통부장관에게 제출
2) 건설기술진흥법 시행령 제75조의2 설계의 안전성 검토 제출
   ① 시공단계에서 위험요소, 위험성및 저감대책
   ② 설계에 포함된 시공법과 절차에 관한 사항
   ③ 안전상확보를 위한 국토교통부장관이 정하여 고시하는 사항

4. 벌칙사항(건설기술진흥법 제91조)

1) 설계안전성 미검토시 1천만원 이하의 과태료 부과
2) 설계안전성 검토결과 미제출시 300만원 이하 과태료 부과

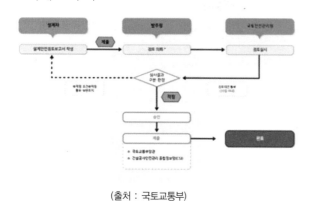

(출처 : 국토교통부)

09 건설기계관리법상 건설기계안전교육

1. 건설기계 관리법

제31조【건설기계조종사의 안전교육 등】

1) 건설기계조종사는 건설기계로 인한 인적·물적피해를 예방, 국토교통부장관이 실시하는 안전 및 전문성 향상을 위한 교육
2) 국토교통부장관은 전문교육기관을 지정하여 안전교육 등을 실시
3) 안전교육등의대상·내용·방법·시기 및 전문교육기관의 지정 기준·절차 등에 필요한 사항은 국토교통부령으로 정한다.

2. 건설기계 관리법 시행규칙

제83조【안전교육 등의 대상 등】

1) 법 제31조에 따른 안전 및 전문성 향상을 위한 교육 건설기계조종사면허를 발급받은 사람으로 한다.
2) 교육대상자별 안전교육등의방법 및 내용 별도공지
3) 안전교육등을받아야 하는 시기
   ① 안전교육 등을 최초로 받는 사람 : 건설기계조종사면허를 최초로 받은날(건설기계조종사면허가 2개 이상인 경우에는 가장 최근에 취득한 건설기계조종사면허를 최초로 받은 날을 말한다)부터 3년이 되는 날이 속하는 해의 1월 1일부터 12월 31일까지
   ② 안전교육등을받은 적이 있는 사람 : 마지막으로 안전교육등을 받은 날로부터 3년이 되는 날이 속하는 해의 1월 1일부터 12월 31일까지

3. 건설기계조종사 면허의 종류

1) 불도저, 5톤 미만의 불도저
2) 굴삭기, 3톤 미만의 굴삭기
3) 로더, 3톤 미만의 로더, 5톤 미만의 로더
4) 지게차, 3톤 미만의 지게차
5) 기중기, 롤러, 이동식 콘크리트 펌프카, 쇄석기, 공기압축기
6) 천공기, 5톤 미만의 천공기
7) 타워크레인, 3톤 미만의 타워크레인

> **참고** 제6차건설기술진흥기본계획(2018~2022) 스마트건설관리체계 구축배경 추진방안

1. 구축배경

1) 시설물유지관리 : 선제적, 예방적 유지관리, 성능평가 중심관리체계
2) 국내인프라 노후화 : 유지관리 대책필요
3) 건설현장 안전관리 : 첨단기술활용, 관리체계
4) 품질검사성적서 위조, 불량자재 : 품질관리고도화

2. 추진방안

1) 스마트건설기술
 ① 안전체계구축, 드론 안전관리비 사용
 ② 건설기술진흥법령개정, 계측센서,
 ③ 지하시설물관리기술개발 : 비개착방식건설, 유지관리
  장비기술개발
2) Maintenance Free 건설재료 : 구조물상태진단, 스스로
 치유가능, 건설재료 개발, 시설물 유지관리 효율화,
 센서내장, 박테리아캡슐, 자기치유
3) 시설물정보통합관리시스템(FMS)
4) 친환경순환골재 : 미세먼지 저감,환경관리비 산출 적용

10 건설기술진흥법상 건설공사 안전관리 종합보고망(C.S.I)

1. 보도자료 배경

1) 정부(국토교통부)는 2019년 7월 1일부터 '건설 공사안전관리종합정보망(이하 CSI)' 운영을 개 시한다고 했다.
2) 건설사고가 발생시 : CSI 시스템에 입력, 통계 관리, 중대재해처벌법 제정 논의에도 불구 증가 추세로 전환, 처벌위주의 정책논의에 매몰, 구 조적 문제를 해결하지 못한 한계

2. 보도자료 요약

1) CSI 시스템의 조사 및 신고 운영상 문제점
 ① 정부 CSI 시스템이 부실운영
 ② 확인 및 검증 부재
 ③ OO사 공사 붕괴사고(사고의 주원인을 우수유 입으로 신고)로 개통을 2년 이상 지연에도 불구하고 건설사고조사위원회 구성 및 운영 없이 일반조사로 건설사고를 축소 의혹

3. 경실련 주장

1) 건설사고 신고 누락 구체적이고 실효적 방안 마련
2) CIS 시스템 입력사항 정부(국토교통부)의 최종 확인

4. CSI 시스템 입력사항에 대한 개선

1) 건설사고 발생 사업장에 대한 참여주체(발주자, 시공자, 감리자)의 명의 입력 필요
2) 사업구분은 현행 공공/민간에서 민자를 추가 필요
3) 중대건설 현장사고 건설사고조사위원회 또는 중앙지하사고조사위원회구성·운영을 원칙
4) CSI D/B를 상시 공개하여 사고방지 실무활용

11 건기법상 설계안전성검토 (Design for Safety)

1. 목적

1) 설계단계위험요소 사전발굴 위험성평가
2) 단계별위험요인 제거, 재해발생 미연방지

2. 관련근거

1) 설계안전성검토(건설기술진흥법시행령제 75조 2
2) 설계시행단계(건설공사안전관리업무수행지침 제6조 국토교통부고시 제2016-718호)

3. 검토대상, 제출시기

1) 건설기술진흥법시행령, 안전관리계획 수립대상, 발주청 발주공사, 실시설계용역
2) 제출시기 : 실시설계 완료시점

기타법(재난, 지하)

01 재난·재난관리·긴급구조· 안전관리

1. 정의

1) 재난관리란 재난의 예방, 대비, 대응 및 복구를 위한 모든 활동을 말한다.
2) 안전관리란 재난이나 그 밖의 각종 사고로부터 사람의 생명, 신체 및 재산의 안전을 확보하기 위한 모든 활동을 말한다.
3) 긴급구조란 재난이 발생할 우려가 현저하거나 재난이 발생하였을 때 국민의 생명, 신체 및 재산을 보호하기 위하여 긴급구조기관과 긴급구조지원기관이 하는 인명구조, 응급처치, 그 밖에 필요한 모든 긴급한 조치를 말한다.

2. 재난 및 안전관리기본법의 목적

[암기] 재난예복관 국토민

1) 재난예방
2) 재난복구
3) 재난관리체계
4) 국토보존
5) 국민생명보호

3. 재난

1) 국민생명피해
2) 국민재산피해
3) 국가피해

국민재난안전포탈
(출처 : 정부 국민재난안전포탈)

4. 재난의 분류

1) 천재
   ① 태풍, 홍수, 호우, 폭풍, 해일
   ② 폭염, 가뭄
   ③ 황사, 적조

2) 인재
   ① 화재, 폭발
   ② 붕괴
   ③ 교통사고
   ④ 화생방, 환경오염에너지
   ⑤ 통신, 교통
   ⑥ 금융, 의료, 수도
   ⑦ 전염병

5. 재난관리

1) 재난예방
2) 재난대비
3) 재난대응 및 복구
4) 위험제거
5) 재난활동

6. 긴급구조

1) 긴급구조기관의 지원하에 구조행위
2) 인명구조 응급처치 긴급조치 행위
3) 소방방재청 소방본부 소방서 해양경찰청 해양경찰서 등 인력과 장비를 갖춘 기관이 수행

7. 안전관리

1) 불안전한 시설 및 물질 제거
2) 생명보호 활동
3) 안전확보 활동

[참고] **재난 및 안전관리 기본법(약칭 : 재난안전법)**

제1조 【목적】 이 법은 각종 재난으로부터 국토를 보존하고 국민의 생명·신체 및 재산을 보호하기 위하여 국가와 지방자치단체의 재난 및 안전관리체계를 확립하고, 재난의 예방·대비·대응·복구와 안전문화활동, 그 밖에 재난 및 안전관리에 필요한 사항을 규정함을 목적으로 한다. <개정 2013. 8. 6.>

제2조 【기본이념】 이 법은 재난을 예방하고 재난이 발생한 경우 그 피해를 최소화하여 일상으로 회복할 수 있도록 지원하는 것이 국가와 지방자치단체의 기본적 의무임을 확인하고, 모든 국민과 국가·지방자치단체가 국민의 생명 및 신체의 안전과 재산보호에 관련된 행위를 할 때에는 안전을 우선적으로 고려함으로써 국민이 재난으로부터 안전한 사회에서 생활할 수 있도록 함을 기본이념으로 한다. <개정 2023. 5. 16.>

제3조【정의】이 법에서 사용하는 용어의 뜻은 다음과 같다.

1. "재난"이란 국민의 생명·신체·재산과 국가에 피해를 주거나 줄 수 있는 것으로서 다음 각 목의 것을 말한다.

   가. 자연재난 : 태풍, 홍수, 호우(豪雨), 강풍, 풍랑, 해일(海溢), 대설, 한파, 낙뢰, 가뭄, 폭염, 지진, 황사(黃砂), 조류(藻類) 대발생, 조수(潮水), 화산활동, 소행성·유성체 등 자연우주물체의 추락·충돌, 그 밖에 이에 준하는 자연현상으로 인하여 발생하는 재해

   나. 사회재난 : 화재·붕괴·폭발·교통사고(항공사고 및 해상사고를 포함한다)·화생방사고·환경오염사고 등으로 인하여 발생하는 대통령령으로 정하는 규모 이상의 피해와 국가핵심기반의 마비, 「감염병의 예방 및 관리에 관한 법률」에 따른 감염병 또는 「가축전염병예방법」에 따른 가축전염병의 확산, 「미세먼지 저감 및 관리에 관한 특별법」에 따른 미세먼지 등으로 인한 피해

2. "해외재난"이란 대한민국의 영역 밖에서 대한민국 국민의 생명·신체 및 재산에 피해를 주거나 줄 수 있는 재난으로서 정부차원에서 대처할 필요가 있는 재난을 말한다.

3. "재난관리"란 재난의 예방·대비·대응 및 복구를 위하여 하는 모든 활동을 말한다.

4. "안전관리"란 재난이나 그 밖의 각종 사고로부터 사람의 생명·신체 및 재산의 안전을 확보하기 위하여 하는 모든 활동을 말한다.

4의2. "안전기준"이란 각종 시설 및 물질 등의 제작, 유지관리 과정에서 안전을 확보할 수 있도록 적용하여야 할 기술적 기준을 체계화한 것을 말하며, 안전기준의 분야, 범위 등에 관하여는 대통령령으로 정한다.

5. "재난관리책임기관"이란 재난관리업무를 하는 다음 각 목의 기관을 말한다.

   가. 중앙행정기관 및 지방자치단체(「제주특별자치도 설치 및 국제자유도시 조성을 위한 특별법」 제10조제2항에 따른 행정시를 포함한다)

   나. 지방행정기관·공공기관·공공단체(공공기관 및 공공단체의 지부 등 지방조직을 포함한다) 및 재난관리의 대상이 되는 중요시설의 관리기관 등으로서 대통령령으로 정하는 기관

5의2. "재난관리주관기관"이란 재난이나 그 밖의 각종 사고에 대하여 그 유형별로 예방·대비·대응 및 복구 등의 업무를 주관하여 수행하도록 대통령령으로 정하는 관계 중앙행정기관을 말한다.

6. "긴급구조"란 재난이 발생할 우려가 현저하거나 재난이 발생하였을 때에 국민의 생명·신체 및 재산을 보호하기 위하여 긴급구조기관과 긴급구조지원기관이 하는 인명구조, 응급처치, 그 밖에 필요한 모든 긴급한 조치를 말한다.

7. "긴급구조기관"이란 소방청·소방본부 및 소방서를 말한다. 다만, 해양에서 발생한 재난의 경우에는 해양경찰청·지방해양경찰청 및 해양경찰서를 말한다.

8. "긴급구조지원기관"이란 긴급구조에 필요한 인력·시설 및 장비, 운영체계 등 긴급구조능력을 보유한 기관이나 단체로서 대통령령으로 정하는 기관과 단체를 말한다.

9. "국가재난관리기준"이란 모든 유형의 재난에 공통적으로 활용할 수 있도록 재난관리의 전 과정을 통일적으로 단순화·체계화한 것으로서 행정안전부장관이 고시한 것을 말한다.

9의2. "안전문화활동"이란 안전교육, 안전훈련, 홍보 등을 통하여 안전에 관한 가치와 인식을 높이고 안전을 생활화하도록 하는 등 재난이나 그 밖의 각종 사고로부터 안전한 사회를 만들어가기 위한 활동을 말한다.

9의3. "안전취약계층"이란 어린이, 노인, 장애인, 저소득층 등 신체적·사회적·경제적 요인으로 인하여 재난에 취약한 사람을 말한다.

10. "재난관리정보"란 재난관리를 위하여 필요한 재난상황정보, 동원가능 자원정보, 시설물정보, 지리정보를 말한다.

10의2. "재난안전의무보험"이란 재난이나 그 밖의 각종 사고로 사람의 생명·신체 또는 재산에 피해가 발생한 경우 그 피해를 보상하기 위한 보험 또는 공제(共濟)로서 이 법 또는 다른 법률에 따라 일정한 자에 대하여 가입을 강제하는 보험 또는 공제를 말한다.

11. "재난안전통신망"이란 재난관리책임기관·긴급구조기관 및 긴급구조지원기관이 재난 및 안전관리업무에 이용하거나 재난현장에서의 통합지휘에 활용하기 위하여 구축·운영하는 통신망을 말한다.

12. "국가핵심기반"이란 에너지, 정보통신, 교통수송, 보건의료 등 국가경제, 국민의 안전·건강 및 정부의 핵심기능에 중대한 영향을 미칠 수 있는 시설, 정보기술시스템 및 자산 등을 말한다.

13. "재난안전데이터"란 정보처리능력을 갖춘 장치를 통하여 생성 또는 처리가 가능한 형태로 존재하는 재난 및 안전관리에 관한 정형 또는 비정형의 모든 자료를 말한다.

02 건설현장 비상시 긴급조치계획

1. 개요

긴급조치란 건설현장에 비상상황 시 인적 물적 재산의 보호를 위해서 평소에 훈련 및 준비로 비상시에 긴급대처하는 것이다.

2. 비상연락망 [암기] 본소경병 노발감구

1) 내부 : 발주자, 인허가기관, 시공사, 감리단, 본사, 출타 시 기록
2) 외부 : 본사, 소방서, 경찰서, 병원, 노동부, 발주처, 감리단, 구청

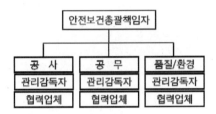

건설현장 대내조직도

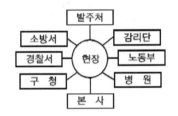

건설현장 대외조직도

3. 비상동원 조직의 구성 [암기] 상유응복

1) 상황조 : 상황전파, 외부연락
2) 유도조 : 대피 유도, 인원 편성
3) 응급조 : 피해자 응급조치
4) 복구조 : 손상시설복구

4. 비상경보체계 [암기] 공시작 비발

1) 경보시설
① 공사규모에 따른 체계
② 시각적 눈에 띄도록 설치
③ 정기적인 작동점검

2) 경보종류
① 비상사태 시
② 상황별 발신

3) 긴급대피 및 피난유도

5. 응급조치 및 복구작업 [암기] 상응복지복피

1) 상황전파 : 상황의 중단 및 종료
2) 응급조치 : 피해자 응급조치, 2차 피해가 발생하지 않도록 조치
3) 복구작업 : 우선순위 복구대상 결정, 피해 최소화, 체계적인 작업 유도
4) 지원요청 : 소방서, 경찰서, 장비지원
5) 복귀유도 : 대피인원 질서유지, 피해결과 파악 및 보고

6. 피해복구 [암기] 비자관

1) 비상장비
2) 비상자재

수직구 비상시 인원탑승시설

CHAPTER 4

03 중앙안전관리위원회, 지역안전관리위원회

1. 개요

1) 중앙안전관리위원회는 안전관리에 관한 중요정책의 심의 및 총괄 조정 안전관리를 위한 관계부처간의 협의·조정, 그 밖에 안전관리에 필요한 사항을 시행하기 위한 국무총리실 소속의 행정위원회이다.

2) 주관부처는 안전행정부이고, 위원회 성격은 심의위원회이다.

2. 중앙안전관리위원회

`암기` 중조간분 시도군구

정책심의, 총괄, 조정, 안전관리, 관계부처 간 협의·조정

1) 기능
 ① 안전관리정책, 기본계획안, 집행계획안, 심의총괄조정
 ② 재난업무 협의·조정
 ③ 재난사태 선포·건의
 ④ 특별재난지역 선포·건의·심의

2) 중앙위원회
 ① 국무총리
 ② 위원 : 중앙행정기관장

3) 조정위원회 : 행정안전부 장관

4) 간사위원 : 소방방재청장

5) 분과위원 : 중앙안전관리위원회 조정위원회 각 1인 분과위원회

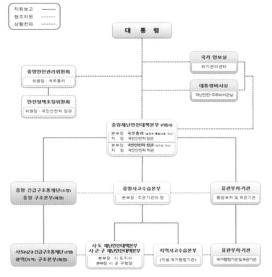

국가재난관리 체계도
(출처 : 국가법령정보센터 국가재난관리 체계도)

3. 지역위원회

1) 시도안전관리위원회 : 특별시장, 광역시장, 도지사

2) 시군구안전관리위원회 : 시장, 군수, 구청장

3) 기능
 ① 정책심의총괄조정 및 기본계획안심의
 ② 안전관리업무 협의·조정

04 재난 및 안전관리기본법상 특별재해지역

1. 개요

중앙본부장은 재난 시 국민의 생명보호, 국가안녕, 사회질서를 효과적인 수습 복구 조치를 위해서 대통령에게 특별재해지역 선포를 건의할 수 있다.

2. 선포 건의

1) 중앙본부장 중앙위원회심의
2) 특별재해지역 선포 대통령에게 건의

3. 특별재난선포지역 선포

1) 대통령 선포
2) 책임기관장은 계획수립시행

4. 지원

1) 응급대책
2) 재난구호
3) 복구, 행정, 재정, 금융, 의료상, 특별지원

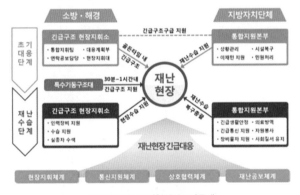

국민안전처 안전혁신마스터플랜
(출처 : 국민안전처)

참고 재난 및 안전관리 기본법(약칭 : 재난안전법)

1. 특별재난지역의 선포

제60조【특별재난지역의 선포】① 중앙대책본부장은 대통령령으로 정하는 규모의 재난이 발생하여 국가의 안녕 및 사회질서의 유지에 중대한 영향을 미치거나 피해를 효과적으로 수습하기 위하여 특별한 조치가 필요하다고 인정하거나 제3항에 따른 지역대책본부장의 요청이 타당하다고 인정하는 경우에는 중앙위원회의 심의를 거쳐 해당 지역을 특별재난지역으로 선포할 것을 대통령에게 건의할 수 있다. ② 제1항에 따라 특별재난지역의 선포를 건의받은 대통령은 해당 지역을 특별재난지역으로 선포할 수 있다. ③ 지역대책본부장은 관할지역에서 발생한 재난으로 인하여 제1항에 따른 사유가 발생한 경우에는 중앙대책본부장에게 특별재난지역의 선포 건의를 요청할 수 있다.

CHAPTER 4

05 사전재해영향성검토서

1. 개요

사전재해영향성검토란 자연재해에 영향을 미치는 각종 행정계획 및 개발사업으로 인한 재해 유발 요인을 예측·분석하고 이에 대한 대책을 마련하는 것을 말한다.

2. 적용

1) 부지면적 5천m² 이상
2) 연장 2km 이상

서울비전 2030 4대 신성장 혁신축
(국제경쟁, 청년첨단, 미래융합, 감성문화)

(출처 : 서울특별시)

3. 도시기본계획 협의 시 검토항목 [암기] 공협추

1) 공통사항
① 저지대 인구밀집·인구유입시설 지양
② 재해위험지구, 침수위험지역
③ 위험시설지역, 자연재해유발요인

2) 협의·적용
① 재해예방
② 상·하위 방재지침 부합여부
③ 재해이력 추이 분석
④ 토지형질변경 최소화
⑤ 자연지형 유지 여부
⑥ 우수 침수 배수불량

3) 추가 검토
① 방수, 방화, 방풍
② 상습침수지, 유수지, 녹지
③ 담수능력, 투수포장재

4. 사전재해영향성검토서 내용

1) 개요
① 수립 배경·목적
② 실시 근거
③ 내용

2) 협의·적용·절차 검토
① 적용
② 절차
③ 협의 시 검토항목

3) 적용지역 설정
① 기초조사
② 설정

4) 기초현황조사
① 저감시설, 관리현황
② 재해특성
③ 관련 계획

5) 재해영향예측평가
① 범위·방향
② 시가화예정용지, 이전, 이후

6) 대책 : 하천개발계획
  ** 시가화예정용지 : 도시기본계획상 장차 도시가 확산 또는 발전 방향에 따라 개발돼 주거, 상업, 공업지역 등으로 쓰일 곳

06 산업재해보상보험법의 목적

1. 개요

산업재해보상보험법은 근로자의 업무상 재해를 신속하고 공정하게 보상하고, 재해근로자의 재활 및 사회복귀를 촉진하며, 이에 필요한 보험시설을 설치·운영하고, 재해예방, 근로자 복지증진 및 근로자 보호에 이바지하는 것을 목적으로 한다.

2. 목적

1) 업무상 재해 신속하고 공정하게 보상
2) 재해예방
3) 근로자 복지증진
4) 근로자 보호

3. 문제점

1) 보상기준 불합리
2) 보상금 미흡
3) 기술적인 결여
4) 관련법 조화 미흡

4. 산업재해보상보험법상 건설업의 종류

암기 일(갑을)중철특

1) 일반건설공사(갑)
 ① 건축공사
 ② 도로공사
 ③ 기타건설공사

2) 일반건설공사(을)기계장치공사
3) 중건설공사
 ① 제방공사
 ② 수력발전공사
 ③ 터널 신설공사

4) 철도, 궤도 신설
 ① 철도, 궤도공사
 ② 고가철도공사
 ③ 지하철도 신설공사

5) 특수, 기타건설공사
 ① 단독발주공사
 ② 준설공사
 ③ 조경공사
 ④ 택지조성공사
 ⑤ 전기공사
 ⑥ 정보통신공사

참고 산업재해보상보험법(약칭 : 산재보험법)

제1조【목적】이 법은 산업재해보상보험 사업을 시행하여 근로자의 업무상의 재해를 신속하고 공정하게 보상하며, 재해근로자의 재활 및 사회 복귀를 촉진하기 위하여 이에 필요한 보험시설을 설치·운영하고, 재해 예방과 그 밖에 근로자의 복지 증진을 위한 사업을 시행하여 근로자 보호에 이바지하는 것을 목적으로 한다.

제2조【보험의 관장과 보험연도】① 이 법에 따른 산업재해보상보험 사업(이하 "보험사업"이라 한다)은 고용노동부장관이 관장한다. <개정 2010. 6. 4.>
 ② 이 법에 따른 보험사업의 보험연도는 정부의 회계연도에 따른다.

제3조【국가의 부담 및 지원】① 국가는 회계연도마다 예산의 범위에서 보험사업의 사무 집행에 드는 비용을 일반회계에서 부담하여야 한다.
 ② 국가는 회계연도마다 예산의 범위에서 보험사업에 드는 비용의 일부를 지원할 수 있다.

제4조【보험료】이 법에 따른 보험사업에 드는 비용에 충당하기 위하여 징수하는 보험료나 그 밖의 징수금에 관하여는 「고용보험 및 산업재해보상보험의 보험료징수 등에 관한 법률」(이하 "보험료징수법"이라 한다)에서 정하는 바에 따른다.

제5조【정의】이 법에서 사용하는 용어의 뜻은 다음과 같다.
 1. "업무상의 재해"란 업무상의 사유에 따른 근로자의 부상·질병·장해 또는 사망을 말한다.
 2. "근로자"·"임금"·"평균임금"·"통상임금"이란 각각 「근로기준법」에 따른 "근로자"·"임금"·"평균임금"·"통상임금"을 말한다. 다만, 「근로기준법」에 따라 "임금" 또는 "평균임금"을 결정하기 어렵다고 인정되면 고용노동부장관이 정하여 고시하는 금액을 해당 "임금" 또는 "평균임금"으로 한다.
 3. "유족"이란 사망한 사람의 배우자(사실상 혼인 관계에 있는 사람을 포함한다. 이하 같다)·자녀·부모·손자녀·조부모 또는 형제자매를 말한다.
 4. "치유"란 부상 또는 질병이 완치되거나 치료의 효과를 더 이상 기대할 수 없고 그 증상이 고정된 상태에 이르게 된 것을 말한다.
 5. "장해"란 부상 또는 질병이 치유되었으나 정신적 또는 육체적 훼손으로 인하여 노동능력이 상실되거나 감소된 상태를 말한다.
 6. "중증요양상태"란 업무상의 부상 또는 질병에 따른 정신적 또는 육체적 훼손으로 노동능력이 상실되거나 감소된 상태로서 그 부상 또는 질병이 치유되지 아니한 상태를 말한다.
 7. "진폐"(塵肺)란 분진을 흡입하여 폐에 생기는 섬유증식성(纖維增殖性) 변화를 주된 증상으로 하는 질병을 말한다.
 8. "출퇴근"이란 취업과 관련하여 주거와 취업장소 사이의 이동 또는 한 취업장소에서 다른 취업장소로의 이동을 말한다.

07 보험 급여 종류의 범위와 보상 기준

1. 개요

산업재해보상보험법은 근로자의 업무상 재해를 신속하고 공정하게 보상하고, 재해근로자의 재활 및 사회 복귀를 촉진하며, 이에 필요한 보험시설을 설치 · 운영하고, 재해예방, 근로자 복지증진 및 근로자 보호에 이바지하는 것을 목적으로 한다.

2. 보험급여 종류 `암기` 요휴장유 상장

1) 요양급여
2) 휴업급여
3) 장애급여
4) 유족급여
5) 상병보상연금
6) 장의비

3. 보험급여 산정

1) 평균임금=전회평균임금×(1+전회평균임금× 전회평균임금산정이후 통상임금변동률)
2) 최저보상기준금액=전년도 최저보상기준금액 ×(1+최저 임금의 전년대비조정율)

4. 요양급여

1) 전액, 지정의료기관
2) 3일 이내 치유 시 지급하지 않음
3) 범위 : 진찰, 약, 보철, 처치, 수술, 개호, 이송
4) 개호범위
 ① 두 손, 손가락, 식사 불가
 ② 두 눈 실명, 거동 불가
 ③ 언어장애, 소통 불가
 ④ 체표 35% 화상
 ⑤ 골절, 붕대, 배뇨 배변 불가
 ⑥ 하반신마비, 욕창 방지, 체위 변형
 ⑦ 직업병, 허약, 조력 필요, 거동 불가
 ⑧ 수술 후 일정기간 거동 불가

5) 국외 시
 ① 10일 이내 신고하지 않을 경우, 재해발생신고서, 지연사유서 제출
 ② 30일 이상 장기요양 필요시 국내요양통보

6) 요양급여 신청
 ① 신청서 관할공단에 제출
 ② 신청 시 산업재해조사표 제출

5. 휴업급여

1) 1일 평균임금의 70/100 상당
2) 3일 이내 시 지급하지 않음

6. 장애급여

1) 장애보상연금
2) 일시금

7. 유족급여

1) 유족보상연금, 유족일시금, 평균임금 1,300일분
2) 권리순위 : 배우자 - 자녀 - 부모 - 손 - 조부모 - 형제·자매

08 산재보상보험법상 업무재해 범위

1. 개요

1) 산업재해보상보험법은 근로자의 업무상 재해를 신속하고 공정하게 보상하고,
2) 재해근로자의 재활 및 사회 복귀를 촉진하며,
3) 이에 필요한 보험시설을 설치·운영하고,
4) 재해예방, 근로자 복지증진 및 근로자 보호에 이바지하는 것을 목적으로 한다.

2. 업무상 사고

1) 근로계약 된 자
2) 사업주 지배하에 있는 자
3) 사업주 관리 시설물 관리상 상당인
4) 고의 범죄는 해당 없음

3. 업무상 질병

1) 업무 수행상 유해요인취급, 근무기간중 폭로경력 폭로량이 있는 경우
2) 작업환경 영향으로 신체부위 임상증상
3) 의학적 소견 있는 자, 의학적 요양 필요성 있으며 보험급여 사유가 있는 자

4. 작업시간 중 사고

1) 작업, 생리, 작업준비, 마무리
2) 천재지변, 화재, 사회통념상 예견된 사고
3) 구조행위 긴급피난행위 중 일어난 사고

5. 작업시간 외 사고

1) 사업주관리시설
 ① 관리소홀
 ② 천재지변
 ③ 돌발사고 발생 우려장소

2) 사회통념상
 ① 휴식 중 사고
 ② 사업장 시설사용 중 사고
 ③ 출퇴근 시 사고

3) 출퇴근
 ① 교통수단 제공
 ② 관리이용권

6. 출장 중 사고

1) 출장 지시에 의거 출장 중, 출퇴근 중 사고
2) 해당하지 않을 경우
 ① 경로이탈
 ② 자해, 범죄
 ③ 지시위반

7. 행사 중

1) 운동경기, 야유회, 등산대회
2) 각종 행사, 준비연습, 행사 기획·운영

CHAPTER 4

09 도시 및 주거환경정비법

1. 개요

1) 도시기능의 회복이 필요하거나 주거환경 등이 불량한 지역을 계획적으로 정비하고,
2) 노후·불량 건축물을 효율적으로 개량하여 도시환경을 개선하고
3) 주거생활의 질을 높이고자 함.

2. 도시 주거환경정비법

1) 주거상태가 불량지역 정비
2) 노후주택 효율적인 개발
3) 주거생활 질 향상

서울시 도시주거환경정비 기본계획
(출처 : 서울특별시)

3. 노후불량 주택범위

1) 훼손, 멸실, 도괴 우려
2) 주거환경불량, 재건축 시 효용증가
3) 도시미관 저해
4) 기능결함, 부실시공
5) 노후화 철거 불가피

4. 노후불량주택지정 재개발시행 절차

1) 신청 : 구역지정, 용적율, 층수
2) 승인 : 구청시청
3) 인가 : 사업시행인가, 설계도
4) 이주 및 철거

참고 **도시 및 주거환경정비법(약칭 : 도시정비법)**

제1조【목적】 이 법은 도시기능의 회복이 필요하거나 주거환경이 불량한 지역을 계획적으로 정비하고 노후·불량건축물을 효율적으로 개량하기 위하여 필요한 사항을 규정함으로써 도시환경을 개선하고 주거생활의 질을 높이는 데 이바지함을 목적으로 한다.

제2조【정의】 이 법에서 사용하는 용어의 뜻은 다음과 같다.
<개정 2017. 8. 9., 2021. 1. 5., 2021. 1. 12., 2021. 4. 13.>

1. "정비구역"이란 정비사업을 계획적으로 시행하기 위하여 제16조에 따라 지정·고시된 구역을 말한다.

2. "정비사업"이란 이 법에서 정한 절차에 따라 도시기능을 회복하기 위하여 정비구역에서 정비기반시설을 정비하거나 주택 등 건축물을 개량 또는 건설하는 다음 각 목의 사업을 말한다.

가. 주거환경개선사업 : 도시저소득 주민이 집단거주하는 지역으로서 정비기반시설이 극히 열악하고 노후·불량건축물이 과도하게 밀집한 지역의 주거환경을 개선하거나 단독주택 및 다세대주택이 밀집한 지역에서 정비기반시설과 공동이용시설 확충을 통하여 주거환경을 보전·정비·개량하기 위한 사업

나. 재개발사업 : 정비기반시설이 열악하고 노후·불량건축물이 밀집한 지역에서 주거환경을 개선하거나 상업지역·공업지역 등에서 도시기능의 회복 및 상권활성화 등을 위하여 도시환경을 개선하기 위한 사업. 이 경우 다음 요건을 모두 갖추어 시행하는 재개발사업을 "공공재개발사업"이라 한다.

1) 특별자치시장, 특별자치도지사, 시장, 군수, 자치구의 구청장(이하 "시장·군수등"이라 한다) 또는 제10호에 따른 토지주택공사등(조합과 공동으로 시행하는 경우를 포함한다)이 제24조에 따른 주거환경개선사업의 시행자, 제25조제1항 또는 제26조제1항에 따른 재개발사업의 시행자나 제28조에 따른 재개발사업의 대행자(이하 "공공재개발사업 시행자"라 한다)일 것

2) 건설·공급되는 주택의 전체 세대수 또는 전체 연면적 중 토지등소유자 대상 분양분(제80조에 따른 지분형주택은 제외한다)을 제외한 나머지 주택의 세대수 또는 연면적의 100분의 50 이상을 제80조에 따른 지분형주택, 「공공주택 특별법」에 따른 공공임대주택(이하 "공공임대주택"이라 한다) 또는 「민간임대주택에 관한 특별법」 제2조제4호에 따른 공공지원민간임대주택(이하 "공공지원민간임대주택"이라 한다)으로 건설·공급할 것. 이 경우 주택 수 산정방법 및 주택 유형별 건설비율은 대통령령으로 정한다.

다. 재건축사업 : 정비기반시설은 양호하나 노후·불량건축물에 해당하는 공동주택이 밀집한 지역에서 주거환경을 개선하기 위한 사업. 이 경우 다음 요건을 모두 갖추어 시행하는 재건축사업을 "공공재건축사업"이라 한다.

1) 시장·군수등 또는 토지주택공사등(조합과 공동으로 시행하는 경우를 포함한다)이 제25조제2항 또는 제26조제1항에 따른 재건축사업의 시행자나 제28조제1항에 따른 재건축사업의 대행자(이하 "공공재건축사업 시행자"라 한다)일 것

2) 종전의 용적률, 토지면적, 기반시설 현황 등을 고려하여 대통령령으로 정하는 세대수 이상을 건설·공급할 것. 다만, 제8조제1항에 따른 정비구역의 지정권자가 「국토의 계획 및 이용에 관한 법률」 제18조에 따른 도시·군기본계획, 토지이용 현황 등 대통령령으로 정하는 불가피한 사유로 해당하는 세대수를 충족할 수 없다고 인정하는 경우에는 그러하지 아니하다.

3. "노후·불량건축물"이란 다음 각 목의 어느 하나에 해당하는 건축물을 말한다.

가. 건축물이 훼손되거나 일부가 멸실되어 붕괴, 그 밖의 안전사고의 우려가 있는 건축물

나. 내진성능이 확보되지 아니한 건축물 중 중대한 기능적 결함 또는 부실 설계·시공으로 구조적 결함 등이 있는 건축물로서 대통령령으로 정하는 건축물

다. 다음의 요건을 모두 충족하는 건축물로서 대통령령으로 정하는 바에 따라 특별시·광역시·특별자치시·도·특별자치도 또는 「지방자치법」 제198조에 따른 서울특별시·광역시 및 특별자치시를 제외한 인구 50만 이상 대도시(이하 "대도시"라 한다)의 조례(이하 "시·도조례"라 한다)로 정하는 건축물

1) 주변 토지의 이용 상황 등에 비추어 주거환경이 불량한 곳에 위치할 것

2) 건축물을 철거하고 새로운 건축물을 건설하는 경우 건설에 드는 비용과 비교하여 효용의 현저한 증가가 예상될 것

라. 도시미관을 저해하거나 노후화된 건축물로서 대통령령으로 정하는 바에 따라 시·도조례로 정하는 건축물

4. "정비기반시설"이란 도로·상하수도·구거(溝渠 : 도랑)·공원·공용주차장·공동구(「국토의 계획 및 이용에 관한 법률」 제2조제9호에 따른 공동구를 말한다. 이하 같다), 그 밖에 주민의 생활에 필요한 열·가스 등의 공급시설로서 대통령령으로 정하는 시설을 말한다.

5. "공동이용시설"이란 주민이 공동으로 사용하는 놀이터·마을회관·공동작업장, 그 밖에 대통령령으로 정하는 시설을 말한다.

6. "대지"란 정비사업으로 조성된 토지를 말한다.

7. "주택단지"란 주택 및 부대시설·복리시설을 건설하거나 대지로 조성되는 일단의 토지로서 다음 각 목의 어느 하나에 해당하는 일단의 토지를 말한다.

가. 「주택법」 제15조에 따른 사업계획승인을 받아 주택 및 부대시설·복리시설을 건설한 일단의 토지

나. 가목에 따른 일단의 토지 중 「국토의 계획 및 이용에 관한 법률」 제2조제7호에 따른 도시·군계획시설(이하 "도시·군계획시설"이라 한다)인 도로나 그 밖에 이와 유사한 시설로 분리되어 따로 관리되고 있는 각각의 토지

다. 가목에 따른 일단의 토지 둘 이상이 공동으로 관리되고 있는 경우 그 전체 토지

라. 제67조에 따라 분할된 토지 또는 분할되어 나가는 토지

마. 「건축법」 제11조에 따라 건축허가를 받아 아파트 또는 연립주택을 건설한 일단의 토지

8. "사업시행자"란 정비사업을 시행하는 자를 말한다.

9. "토지등소유자"란 다음 각 목의 어느 하나에 해당하는 자를 말한다. 다만, 제27조제1항에 따라 「자본시장과 금융투자업에 관한 법률」 제8조제7항에 따른 신탁업자(이하 "신탁업자"라 한다)가 사업시행자로 지정된 경우 토지등소유자가 정비사업을 목적으로 신탁업자에게 신탁한 토지 또는 건축물에 대하여는 위탁자를 토지 등 소유자로 본다.

가. 주거환경개선사업 및 재개발사업의 경우에는 정비구역에 위치한 토지 또는 건축물의 소유자 또는 그 지상권자

나. 재건축사업의 경우에는 정비구역에 위치한 건축물 및 그 부속토지의 소유자

10. "토지주택공사등"이란 「한국토지주택공사법」에 따라 설립된 한국토지주택공사 또는 「지방공기업법」에 따라 주택사업을 수행하기 위하여 설립된 지방공사를 말한다.

11. "정관등"이란 다음 각 목의 것을 말한다.

가. 제40조에 따른 조합의 정관

나. 사업시행자인 토지등소유자가 자치적으로 정한 규약

다. 시장·군수등, 토지주택공사등 또는 신탁업자가 제53조에 따라 작성한 시행규정

CHAPTER 4

10 비산·먼지 관리기준

1. 개요

1) 미세먼지란 공기 중의 고체상태의 입자와 액적(液滴)상태의 입자의 혼합물을 말하며, 먼지의 크기에 따라 미세먼지(PM10, 지름이 10m보다 작은 입자)와 초미세먼지(PM2.5, 지름이 2.5m보다작은 입자)로 구분

2) 미세먼지 및 미세먼지 생성물질의 배출을 저감, 그 발생을 지속적으로 관리함으로써 미세먼지가 국민건강에 미치는 위해를 예방하고

3) 대기환경을 적정하게 관리·보전하여 쾌적한 생활환경을 조성

2. 발생 원인 및 대책 `암기` 해토말콘마

1) 해체공사 : 재개발, 구조물 해체,

2) 토공사 : 절토 성토, 터파기 되메우기

3) 말뚝공사 : 파일항타 및 인발

4) 콘크리트공사 : 타설 양생, 도장

5) 마감공사 : 견출작업, 보수보강

3. 대상 `암기` 건토굴조해

공 종	규 모
건축공사	연면적 1,000m² 이상
토목공사	공사면적 1,000m² 이상 구조물용적 1,000m³ 이상 총연장 200m 이상
굴착공사	토사량 200m³ 이상 총연장 200m 이상
조경공사	공사면적 5,000m² 이상
해체공사	연면적 3,000m² 이상

4. 미세먼지 규제기준(μg : 마이크로그램)

항 목	기 준($\mu g/m^3$)	측정방법
미세먼지 (PM 10)	연간 평균치 : 50 이하 24시간 평균치 : 100 이하	베타선 흡수법

5. 비산·먼지관리기준

1) 야적물질

① 1일 이상 보관 시 방진덮개

② 초속 8m 이상 덤프 토사 상하차금지

③ 최고 저장 높이 1/3 이상 방진벽, 방진막설치

④ 경계 1.8m 이상 방진벽설치

⑤ 고정이동식 살수시설(반경 5m 이상, 3kgf/cm² 이상)

2) 현장출입차량

① 밀폐 덮개

② 적재함 수평 5cm 이하 적재

③ 간이포장

④ 시속 20km

⑤ 살수·세륜 1일 1회 이상 살수, 환경전담요원

3) 연마 도장 발파작업관리기준

① 집진시설 설치

② 이동식방진망설치

③ 야외도장 시 방진막, 스크랩 처리 청결유지

④ 발파 시 살수시설 및 젖은 가마니

⑤ 천공 시 먼지 포집

⑥ 초속 8m 이상 연마 도장 발파 금지

6. 미세먼지 예보 등급

미세먼지 농도 ($\mu g/m^3$, 일평균)	좋음	보통	나쁨	매우 나쁨
미세먼지 (PM 10)	0 ~ 30	31 ~ 81	81 ~ 150	151 이상
초미세먼지 (PM 2.5)	0 ~ 15	16 ~ 35	36 ~ 75	76 이상

7. 옥외작업 건강보호가이드 기준

	사전준비	주의보	경보
기준		PM2.5 75 $\mu g/m^3$ 이상 또는 PM10 150 $\mu g/m^3$ 이상	PM2.5 150 $\mu g/m^3$ 이상 또는 PM10 300 $\mu g/m^3$ 이상
예보 기준	~ 나쁨	매우 나쁨	

조치
사항
	1. 민감군 사전확인
	  – 폐질환자, 심장질환자, 고령자, 임산부 등
	2. 비상연락망 구축
	3. 유해성 주지, 마스크 착용 교육·훈련
	4. 미세먼지 농도 수시 확인
	  – TV, 라디오, 인터넷
	  – 모바일앱(우리동네 대기 정보)
	5. 마스크 비치 (자율착용)
	  – 예보기준 나쁨 단계 이상
		1. 미세먼지 농도 정보 제공
		2. 마스크 지급 및 착용
		3. 민감군에 대해 중작업 단축 또는 휴식시간 추가배정
			1. 미세먼지 농도 정보 제공
			2. 마스크 지급 및 착용
			3. 적절한 휴식, 휴식하면서 깨끗한 음료 섭취
			4. 중작업 일정 조정 또는 단축
			5. 민감군 작업 단축 또는 휴식시간 추가 부여

	이상 징후자는 스스로 작업을 중단하고 휴식, 의사의 진료를 받도록 조치		

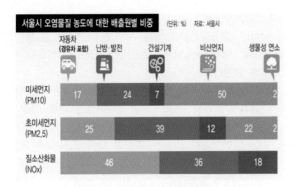

서울시 오염물질 농도에 대한 배출원별 기준
(출처 : 서울특별시)

11 환경영향평가

1. 개요

환경영향평가는 특정 사업이 환경에 영향을 미치게
될 각종 요인에 대해 그 부정적 영향을 제거하거나
최소화하기 위해 사전에 그 환경영향을 분석하여
검토하는 것을 말한다.

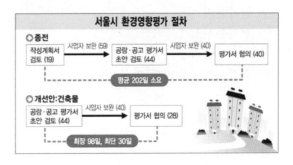

서울시 환경영향평가 절차
(출처 : 서울특별시)

2. 작성분야

암기 사생자 인산교문 소진수폐토토대 기지지동식

1) 사회환경
① 인구   ② 산업
③ 교통   ④ 문화재

2) 생활환경
① 소음 진동   ② 수질
③ 폐기질   ④ 토양
⑤ 토질   ⑥ 대기질

3) 자연환경
① 기후   ② 지질
③ 지하수   ④ 동물상
⑤ 식물상

3. 환경관리비   암기 보폐재

환경관리비=환경보전비+폐기물처리비+재활용비

12 지하안전점검 대상사업, 범위, 실시시기 및 방법

1. 안전점검대상 지하시설물

1) 「도로법」 제2조제1호의 도로 및 「철도건설법」 제2조제6호

① 상수도 중 직경 500밀리미터 이상

② 하수도 중 직경 500밀리미터 이상의 하수도관

③ 전기설비,

④ 전기통신설비

⑤ 가스공급시설

⑥ 직경 500밀리미터 이상 수송관

⑦ 공동구, 지하도로 및 지하광장

⑧ 도로

⑨ 도시철도시설

⑩ 철도시설

⑪ 주차장, 지하도상가

2. 안전점검 대상 주변지반의 범위

1) 지하시설물을 중심으로 지하시설물의 매설 깊이의 2분의 1에 해당하는 범위의 지표(이하 "주변지반"이라 한다)에 대하여 안전점검을 실시한다.

2) 다만, 주변지반에 건축물 등이 설치되어 기술적으로 안전점검이 어려운 경우에는 건축물이 설치된 면적을 제외한 나머지 면적에 대하여 안전점검을 실시한다.

3. 안전점검의 실시 시기 및 방법

1) 지반침하 육안조사 : 연 1회 이상

2) 지표투과레이더탐사를 통한 공동조사 : 종전의 조사 완료일을 기준으로 매 5년마다 1회 이상

참고 **지하안전관리에 관한 특별법(약칭 : 지하안전법)**

제1조【목적】 이 법은 지하를 안전하게 개발하고 이용하기 위한 안전관리체계를 확립함으로써 지반침하로 인한 위해(危害)를 방지하고 공공의 안전을 확보함을 목적으로 한다.

제2조【정의】 이 법에서 사용하는 용어의 뜻은 다음과 같다. <개정 2021. 7. 27.>

1. "지하"란 개발·이용·관리의 대상이 되는 지표면 아래를 말한다.

2. "지반침하"란 지하개발 또는 지하시설물의 이용·관리 중에 주변 지반이 내려앉는 현상을 말한다.

3. "지하개발"이란 지반형태를 변형시키는 굴착, 매설, 양수 (揚水) 등의 행위를 말한다.

4. "지하시설물"이란 상수도, 하수도, 전력시설물, 전기통신설비, 가스공급시설, 공동구, 지하차도, 지하철 등 지하를 개발·이용하는 시설물로서 대통령령으로 정하는 시설물을 말한다.

5. "지하안전평가"란 지하안전에 영향을 미치는 사업의 실시계획·시행계획 등의 허가·인가·승인·면허·결정 또는 수리 등(이하 "승인등"이라 한다)을 할 때에 해당 사업이 지하안전에 미치는 영향을 미리 조사·예측·평가하여 지반침하를 예방하거나 감소시킬 수 있는 방안을 마련하는 것을 말한다.

6. "소규모 지하안전평가"란 지하안전평가 대상사업에 해당하지 아니하는 소규모 사업에 대하여 실시하는 지하안전평가를 말한다.

7. "지하개발사업자"란 지하를 안전하게 개발·이용·관리하기 위하여 지하안전평가 또는 소규모 지하안전평가 대상사업을 시행하는 자를 말한다.

8. "지하시설물관리자"란 관계 법령에 따라 지하시설물의 관리자로 규정된 자나 해당 지하시설물의 소유자를 말한다. 이 경우 해당 지하시설물의 소유자와의 관리계약 등에 따라 지하시설물의 관리책임을 진 자는 지하시설물관리자로 본다.

9. "승인기관의 장"이란 지하안전평가 또는 소규모 지하안전평가 대상사업에 대하여 승인등을 하는 기관의 장을 말한다.

10. "지반침하위험도평가"란 지반침하와 관련하여 구조적·지리적 여건, 지반침하 위험요인 및 피해예상 규모, 지반침하 발생 이력 등을 분석하기 위하여 경험과 기술을 갖춘 자가 탐사장비 등으로 검사를 실시하고 정량(定量)·정성(定性)적으로 위험도를 분석·예측하는 것을 말한다.

11. "지하정보"란 「국가공간정보 기본법」 제2조제1호에 따른 공간정보 중 지반특성, 지하시설물의 위치 등 지하에 관한 정보로서 대통령령으로 정하는 정보를 말한다.

12. "지하공간통합지도"란 지하를 개발·이용·관리하기 위하여 필요한 지하정보를 통합한 지도를 말한다.

13. "지하정보관리기관"이란 「국가공간정보 기본법」 제2조제4호에 따른 관리기관으로서 지하정보를 생산하거나 관리하는 기관을 말한다.

제3조【국가 등의 책무】 ① 국가 및 지방자치단체는 국민의 생명·신체 및 재산을 보호하기 위하여 지반침하 예방 및 지하안전관리에 관한 종합적인 시책을 수립·시행하여야 한다. ② 지하개발사업자 및 지하시설물관리자는 지하개발 또는 지하시설물 이용으로 인한 지반침하를 예방하고 지하안전을 확보하기 위하여 필요한 조치를 하여야 한다. ③ 국민은 국가와 지방자치단체의 지반침하 예방 및 지하안전관리를 위한 활동에 적극 협조하여야 하며, 자기가 소유하거나 이용하는 지하시설물로부터 지반침하가 발생하지 아니하도록 노력하여야 한다.

13 지하안전관리 특별법상 국가지하 안전관리 기본계획 및 지하안전 영향평가대상사업

1. 국가지하안전관리 기본계획

1) 개요국토부장관, 지반침하예방, 5년 마다, 기본 계획
2) 기본계획 포함사항
 ① 중장기정책, 기본목표, 추진방향
 ② 법령, 제도, 개선
 ③ 지반침하사고예방, 교육홍보
 ④ 정책, 기술연구개발
 ⑤ 정보체계, 구축, 운영

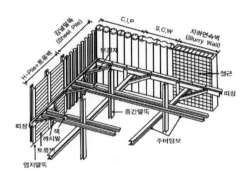

흙막이 구조별 분류

2. 지하안전영향평가 대상사업

1) 최대굴착깊이 20m 이상
2) 터널(산악, 수저(水底) 제외)
3) 건축법
 ① 토지정착건축물 : 지붕, 기둥, 벽 있는
 ② 지하, 고가설치 : 사무소, 공연장, 점포, 창고
4) 실시사업
 ① 도시개발, 산업단지, 에너지, 수자원, 항만, 도로, 철도, 공항, 건설
 ② 하천이용, 관광단지, 체육, 폐기물처리, 군사
 ③ 토석, 모래, 자갈, 채취, 대통령령이 정함

3. 지하안전영향평가 작성

지하개발업자 – 승인기관장 – 국토교통부장관

14 도심지 소규모굴착공사 붕괴사고 원인

1. 소규모 굴착

1) 깊이 10m 이상, 지하 2층 이상 굴착, 높이 5m 이상 옹벽
2) 굴착 영향 범위 내, 석축, 옹벽위치, 지하 2층 미만 굴착
3) 석축, 옹벽 등 높이와 굴착깊이 합 10미터 이상 허가권자, 굴토심의 필요 판단

2. 인허가행정

현장지반조사-굴토심의-인허가신청-처리-착공신고 -검토-착공신고수리-건축물시공-사용승인

3. 붕괴사고원인

1) 흙막이 배면 자재적치
2) 토압증가, 과굴착
3) 흙막이 띠장이음 소홀 단차발생
4) 흙막이 벽체밀림, 지반침하, 지하수 토사유출
5) 흙막이 미설치
6) 인접구조물 손상
7) CIP벽체 근입깊이 부족

CHAPTER 4

15 복공판 종류

1. 개요

1) 무늬 ㄷ형강, ㄱ형강에 용접
2) 지하개발 시 H형강 가시설 설치 후 그 위에 복공판 설치하여 차량, 사람통행
3) 크레인 등 올릴 수 있도록 설치

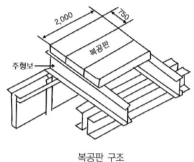

복공판 구조

2. 복공판 종류 특징

1) 일반복공판 : 길이 1990mm × 넓이 750mm × 높이 200mm, 1.5m 복개면적, 중량 280Kg
2) 콘크리트복공판 :
   ① 미끄러움 보완, 철재틀에 철망 철근 넣고 콘크리트 부어 양생
   ② 무게 400Kg, 자원 재활용 어려움

3. 시설시 유의사항

1) 크레인 사용방법
2) 줄걸이 사용방법
3) 작업자 안전작업

CHAPTER-5

안전관리

제 5 장

01 안전관리

1. 개요

1) 안전관리란 위험 요소를 조기에 발견하여 위험을 예측하여 사전 사고를 예방하는 것이다.
2) 인명존중, 사회적인 신뢰, 경제성 향상, 기업손실을 예방하기 위함이다.

2. 목적 [암기] 인사경기

1) 인간존중 이념
2) 사회적 신뢰
3) 경제성 향상
4) 기업손실 예방

3. 재해기본원인(4M) [암기] 인설작관 PDCA

1) Man(인간적) : 과오, 망각, 무의식, 피로
2) Machine(설비적) : 기계결함, 안전장치제거
3) Media(작업적) : 동작, 방법, 환경, 정리정돈
4) Management(관리적) : 조직, 규정, 교육훈련

4. 안전관리순서 [암기] PDCA 계실검조

1) Plan(계획) : 공종을 고려하여 적합한 방법
2) Do(실시) : 교육훈련 실시
3) Check(검토) : 안전활동 검토
4) Action(조치) : P-D-C-A 일상화

5. 공사관리 4대 목표 [암기] 공품안원

공사요소	목 표	공사관리
안전	안전하게	안전관리
품질	좋게	품질관리
공사기간	빠르게	공정관리
경제성	저렴하게	원가관리

[참고] 안전관리 품질관리 비교

1. 개요

1) 안전관리 : 위험 요소를 조기에 발견하여 위험을 예측하여 사전 사고를 예방하는 것.
2) 품질관리 : 구조물의 성능이 저하되지 않도록 관리하는 것.

2. 순서

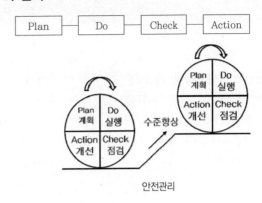

안전관리

3. 연계성

안전관리 = [품질확보] = 품질관리

4. 안전관리 품질관리 비교 [암기] 인설작관 노자설자공

구분	안전관리	품질관리
관련법규	산업안전보건법 (노동부)	건설기술진흥법 (건설교통부)
목적	재해방지(4M)	품질관리(5M)
적용	Man(인간적) Machine(설비적) Media(작업적) Management(관리적)	Man(노무) Material(자재) Machine(설비) Money(자금) Method(공법)

CHAPTER 5

02 안전업무 5단계

1. 개요

1) 안전관리란 위험 요소를 조기에 발견하여 위험을 예측하여 사전 사고를 예방하는 것이다.
2) 안전업무란 인적 물적 재해를 예방하기 위해 위험요인을 사전에 찾아 사고요인을 신속히 차단하는 것이다.

2. 목적

1) 위험요인 사전에 발견하여 차단
2) 재해발생 시 피해 최소화
3) 안전활동의 조직화

3. 업무

1) 안전부서 : 기획, 입안, 조정
2) 담당 : 안전업무 실시

4. 안전업무 5단계 [암기] 예재재비Fe

| 예방 대책 | 재해 국한 | 재해 처리 | 비상 대책 | 개선조치 Feed Back |

5. 안전업무 분류 [암기] 예재재비Fe

1) 예방대책 : 인적·물적 사전대책
2) 재해국한 : 그것에 국한하고 피해 최소화
3) 재해처리 : 신속한 일 처리
4) 비상대책 : 진압이 안 될 시 2~3차 재해 발생하지 않도록 비상처리
5) Feed Back : 개선조치, 직간접 원인, 유사재해 동일재해가 발생하지 않도록 조치

03 안전관리조직

1. 개요

1) 안전관리란 위험 요소를 조기에 발견하여 위험을 예측하여 사전 사고를 예방하는 것이다.
2) 안전관리를 체계적으로 하기 위한 구성원을 말한다.

2. 목적 [암기] 인사경기

1) 인간존중 이념
2) 사회적 신뢰
3) 경제성 향상
4) 기업손실 예방

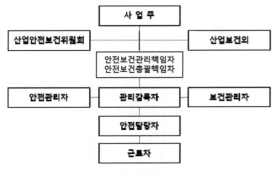

안전보건조직도

3. 유형(3가지) [암기] 라스라스 직참복

1) Line형(직계식)
  ① 계획·실시·평가는 생산조직을 통해서
  ② 생산조직 전체에 안전관리 기능을 부여
  ③ 안전전담부문 없고 100명 미만, 소규모

2) Staff형(참모식)
  ① 계획, 조사, 검토, 보고
  ② 안전과 생산 별개로 취급하기 쉽고 조언과 보고만 한다.
  ③ 100~500명 중규모

3) Line Staff 복합형(직계, 참모식)
  ① Line Staff 장점만 활용
  ② Safety 전문부문, Line 겸임, Safety 기획, Line에서는 업무만 수행
  ③ 안전활동을 생산과 분리하지 않아 유리
  ④ 1,000명 이상 대규모 사업장

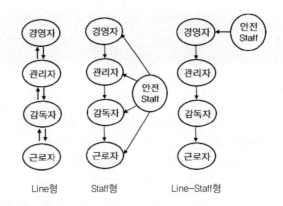

Line형   Staff형   Line-Staff형

4. 활성화 방안

1) 안전 관리체제 확립
2) 전 직원에게 책임과 권한 부여
3) 상벌제 시행
4) 정리정돈 및 안전활동 생활화
5) 최고경영자 관심과 참여

5. 안전보건조직 목적

1) 위험제거
2) 생산관리
3) 손실방지
4) 근로자 안전
5) 설비안전

04 안전사고, 응급처치

1. 개요

1) 안전사고란 위험이 있는 장소에서 안전 교육의 미비 또는 부주의로 인해 안전수칙을 지키지 않음으로써 일어나는 사고를 말한다.

2) 응급처치란 사고발생 시 의사치료 전의 인명을 구하기 위한 구급행위이며, 응급처치 후 신속히 병원으로 후송한다.

암기 결불물인사재

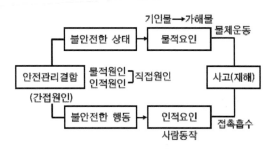

재해발생 Mechanism

2. 안전사고 종류 암기 인물 사물접흡

구분		분류항목
인적사고	사람동작	추락, 충돌, 협착, 전도, 무리한 동작
	물체운동	붕괴, 도괴, 낙하, 비례
	접촉, 흡수	감전, 이상온도 접촉, 유해물 접촉
물적사고		상해없고, 화재, 폭발, 파열, 경제손실

3. 응급처치 요령

1) 인공호흡법 구급처치법 평소에 훈련
2) 비상 시 구조용구 비치장소 연락방법 게시
3) 편안한 자세 인공호흡 실시 신속히 병원
4) 냉정하고 신속히 관찰
5) 호흡장애 시 혁대 신발 느슨하게
6) 물 음료수 절대 안 됨
7) 움직이지 말고 편한 자세

4. 감전사고 발생 시

1) 산소량 감소되며 1분 내 사망
2) 응급조치 시 95% 이상 소생
3) 전원을 차단하고 인공호흡 실시

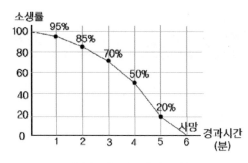

감전사고 후 인공호흡시 소생율

5. 전기화상 시

1) 물과 소화담요 사용
2) 의복 세균 감염 위험
3) 화상붕대 사용

6. 응급처치자 지켜야 할 것

1) 생사판단 금지
2) 의약품 금지
3) 응급처치 후 신속히 의사에게 인계

접지

05 위험 분류(사고원인)

1. 개요

1) 위험 : 안전하지 못하거나 신체나 생명에 위해·손실이 생길 우려가 있는 것.

2) 분류 : 기계적 위험, 화학적 위험, 에너지 위험, 작업적 위험

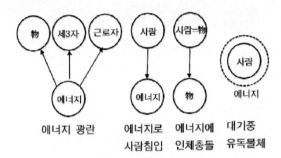

사람과 에너지간 재해발생구조

2. 분류 [알기] 기화에작

1) 기계적 위험
① 접촉 : 동력 회전체에 신체 일부 들어감
② 물리적 : 원재료 비산
③ 구조적 : 숫돌파열, 보일러파열

2) 화학적 위험
① 화학물질, 폭발, 화재, 중독
② 발열, 인화, 산화, 가연성

3) 에너지 위험(전기, 열 등)
① 용접, 감전, 발열, 고온, 방사선, 레이저
② 전기에너지 : 용접, 감전, 정전기, 과열, 누전
③ 열에너지 : 고온, 방사선, 레이저, 눈 손상

4) 작업적 위험
① 작업방법 부적합, 작업환경 불량
② 방법 : 자세, 동작, 순서, 속도, 강도, 시간, 휴식
③ 장소 : 환경, 정리정돈, Lay Out, 조명, 색채, 소음, 분진, 유해가스

[참고] **정격전류와 인체반응** [알기] 최고이교심 가불

1. 최소 감지전류 : 1~2mA, 찌릿
2. 고통한계전류 : 2~8mA, 참자, 고통
3. 이탈전류(가수전류) : 8~15mA, 참을 수 없다, 뗄 수 있다.
4. 교착전류(불수전류) : 15~50mA, 뗄 수 없다, 근육 수축 심장기능 저하, 수분 이내 사망
5. 심실세동전류 : $\dfrac{165}{\sqrt{t}}mA$

06 작업환경요인

1. 개요

1) 근로자의 건강은 작업환경의 요인에 의하여 크게 영향을 받으며, 작업환경요인은 크게 화학적 요인, 물리적 요인, 생물적 요인, 사회적 요인 4가지로 분류할 수 있다.

2) 개선대책 : 정리정돈, 조명, 채광, 소음, 통풍, 환기, 색채, 온도, 행동장애 요인 제거

2. 분류 [알기] 화물생사

1) 화학적 요인 : 유해물질

2) 물리적 요인 : 유해 Energy

3) 생물적 요인 : 병원균

4) 사회적 요인 : 주위 환경

3. 작업환경 4 요인 건강장해 종류

작업환경요인	건강장해	적용작업
화학적 요인 광물성 중금속 분진 유기용제 유해가스 산소결핍	진폐증 암, 피부 피부, 진폐 피부 산업중독 산소결핍	건설, 요업, 주조 축전지, 요업 방적, 제지 조선 인쇄, 도장 광공업 건설, 화학, 지하
물리적 요인 이상 온습도 이상기압 부적절조명 소음 레이저 자외선 적외선	열 중증, 동상 잠수, 잠함 피로, 근시 난청 망막, 실명 홍반, 각막염 백내장	열처리, 냉동 잠수, 압기, 고소 정밀, 사무 건설, Press 용접, 살균, 복사 건조로, 도장 의료, 비파괴
생물적 요인 세균, 쥐, 곤충 알레르겐	감염, 식중독 알레르기	모든 작업 화학, 농림, 축산
사회적 요인 근로, 인간	정신피로, 정서	모든 작업

[참고] **작업환경, 노동환경, 근로환경 개선대책**

[알기] 화물생사 돈조채소통 환색온행

1. 정리정돈 : 작업장, 가설통로 작업공간 확보
2. 조명 : 작업통로 밝기, 눈부심 안됨
3. 채광 : 자연광, 유리창 바닥 면적 1/5
4. 소음 : 청각피로, 불안전한 상태·행동
5. 통풍 : 폭발, 가스, 증기, 자연환기, 통풍
6. 환기 : 유해물질, 기체, 배출장치, 배기장치
7. 색채 : 시각, 심리, 식별
8. 온열 : 피로, 냉방, 난방, 통풍, 온습도
9. 행동장해 요인 : 넓이, 폭, 높이, 통로, 복장

[참고] **조도기준**

[알기] 초정보기

구분	조도
초정밀	750 Lux 이상
정밀	300 Lux 이상
보통	150 Lux 이상
기타	75 Lux 이상

07 산업재해 발생구조

1. 개요

1) 외부 에너지가 신체에 충돌하면 생명에 지장을 유발하고 노동기능 및 능력이 감퇴한다.
2) 종류 : 폭발, 감전, 충돌(추락), 유해 Energy

2. 산업재해구조 _{암기} 폭감충유

1) 제1형 : 폭발, 파열, 낙하, 비례
 ① 제삼자(통행인) 사고 시 산업재해로 해당 안 됨
 ② 산재 해당 안 됨 : 인체에 충돌하였으나 경제 손실 주는 경우

2) 제2형 : Energy 활동구역, 감전, 동력, 충전부
3) 제3형 : 충돌, 추락, 반동력, 탄성
4) 제4형 : 유해물질, 산소결핍, 질식, 환경 불안전한 상태·행동

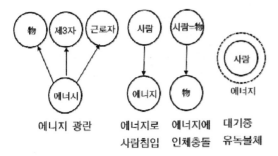

사람과 에너지간 재해발생구조

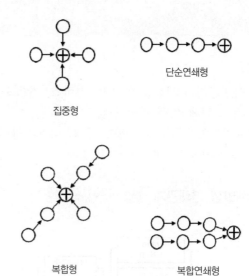

집중형   단순연쇄형

복합형   복합연쇄형

참고 재해발생 형태

1. 개요

등치성 이론은 여러 결함 중 어느 한 가지만이라도 없으면 사고가 일어나지 않으며, 사고는 여러 가지 사고요인이 연결되어 발생한다는 이론이다.

2. 등치요인

1) 한 가지 요인만 빠지면 재해가 일어나지 않는다.
2) 등치 아닌 요인은 재해요인이 아님
3) 등치성이론 = 산업재해

3. 발생형태 _{암기} 집연복

1) 집중형(단순자극형)
 ① 상호자극에 의해 순간적
 ② 재해가 일어난 장소에 일시적인 요인 집중

2) 연쇄형
 ① 하나의 요인이 또 다른 요인 연결
 ② 단순연쇄형 : 사고요인이 원인 계속 양산
    복합연쇄형 : 2개 이상 단순연쇄형이 재해유발
3) 복합형 : 집중형 연쇄형이 복합적 작용

08 안전 4기둥(4M, 재해기본원인)

1. 개요

1) 안전관리의 결함은 인간적, 설비적, 작업적, 관리적 요인에 의해 일어난다.
2) 위의 요인들은 불안전한 상태, 불안전한 행동을 유발하여 사고가 일어난다.

2. 재해발생 연쇄관계 [암기] 결4M불사재

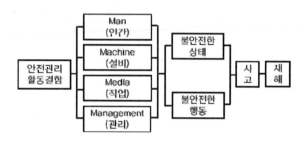

재해발생의 연쇄관계 4M

3. 재해의 기본원인(4M) [암기] 인설작관

구분	내용
Man (인간적)	심리적 : 망각, 착오, 생략, 고민, 무의식 생리적 : 피로, 질병, 수면, 신체기능 직장 : 인간관계, 의사소통, 통솔력
Machine (설비적)	기계설비, 방호장치, 안전장구 점검·정비
Media (작업적)	정보, 자세, 동작, 공간, 환경
Management (관리적)	조직, 규정, 계획, 교육, 훈련, 배치, 건강, 지도, 감독 부족

도미노 이론

[참고] 답안지 작성요령 / 개요 / 맺음말

1. 개요

1) 정의
2) 문제점 원인 대책
3) 특징 적용 장점 단점
4) 종류 향후개선대책

2. 재해유형

[암기] 추감충협붕도낙비기 전화발폭밀 47 13 12 9 6 13

3. 공법의 종류

4. 문제점 원인 대책

5. 특징 적용 장점 단점

6. 작업순서

7. 시공시 주의사항

8. 품질관리

9. 계측

10. 맺음말

1) 재해원인 대책 [암기] 인설작관
① 인간적 : 과오, 망각, 무의식, 피로
② 설비적 : 설지결함, 안전장치 임의 제거
③ 작업적 : 순서, 동작, 방법, 환경, 정리정돈
④ 관리적 : 조직, 규정, 교육, 훈련

2) 3E 대책
① 기술 : 설비, 환경, 방법
② 교육 : 교육, 훈련
③ 관리 : 엄격규칙, 제도적

3) 향후개선방향 : 인원, 장비, 자재

09 하인리히(H.W. Heinrich) 재해의 연쇄성이론

1. 개요
1) 하인리히는 재해의 발생은 사고요인 연쇄반응의 결과로 발생한다는 연쇄성 이론을 제시하였다.
2) 불안전한 상태와 불안전한 행동을 제거하면 사고는 예방이 가능하다고 주장하였다.

2. 재해발생 Mechanism [암기] 결불물인사재

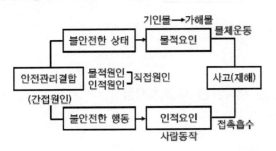

재해발생 Mechanism

3. 재해연쇄성이론 [암기] 유사개불 사제
1) 유전적 요인, 사회적환경(선천적 결함)
  ① 성격은 유전 환경의 영향
  ② 유전 환경은 인적결함의 원인
2) 개인적 결함(인적 결함)
  ① 선천적(유전) 후천적(환경)인 인적결함(무모, 탐욕, 신경질, 흥분, 안전 무시)
  ② 불안전한 상태 및 불안전한 행동 허용
3) 불안전 상태, 불안전 행동
  ① 불안전한 상태 : 시설, 환경, 장치, 설비, 방호장치, 안전보호구
  ② 불안전한 행동 : 안전장치 제거, 잘못 사용, 보호구 미착용
4) 사고(인적사고, 물적사고)
  ① 직접 간접적 인명 재산손실
  ② 분류 : 인적사고, 물적사고
5) 재해(상해, 손실)
  ① 상해(사망, 골절, 질병)
  ② 최종결과 인적 물적 손실

4. 재해예방 4원칙(H.W Heinrich) [암기] 손원예대
1) 손실우연
  ① 손실은 우연적
  ② 상해를 수반하지 않는 방대한 수 300건
2) 원인계기
  ① 원인은 필연적, 직접·간접 영향
  ② 불안전한 상태, 불안전한 행동, 천재
  ③ 기술적, 교육적, 관리적
3) 예방가능
  ① 원인제거
  ② 불안전한 상태, 불안전한 행동 점검
  ③ 교육 및 훈련
4) 대책선정
안전대책은 항상 존재한다.

5. 재해구성 비율(1:29:300)
1) 330회(사망 or 중상 1회, 경상 29회, 무상해 사고 300회)
2) 재해 배후에 상해를 수반하지 않는 방대한 수 (300건/90.9%)
3) 300건 사고, 즉, 아차사고의 인과가 안전대책의 중요한 실마리

6. 재해발생
재해발생=물적·불안전한 상태+인적·불안전한 행동+
$$\alpha = \frac{300}{1+29+300}$$
90.9% 아차사고 인과
: 잠재된 위험한 상태(Potential)=재해

7. 구성비율

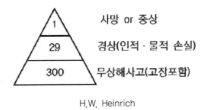

H.W. Heinrich

8. 현장위험예지 체크리스트
1) 재료
2) 가구
3) 장비, 기계의 적정배치

10 버드(F.E. Bird) 재해연쇄성이론

1. 개요

1) 버드는 손실제어 요인이 연쇄반응의 결과로 재해가 발생한다는 연쇄성 이론을 제시했다.
2) 관리철저와 기본원인을 제거하면 사고를 방지할 수 있다. 라고 주장하였다.

2. 재해발생 과정

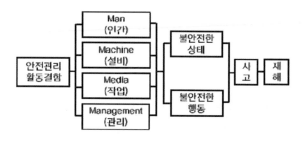

재해발생의 연쇄관계 4M

3. 재해연쇄성이론 [암기] 제기직사재

1) 제어부족 : 안전관리자·스텝 안전관리 부족
2) 기본원인
① 기본원인규정, 제어가능
② 인간적 설비적 작업적 관리적 요인제거개인적 : 지식, 육체, 정신작업적 : 설비, 작업기준, 체제
3) 직접원인(징후)
① 불안전한 상태, 불안전한 행동 제거
② 근원징 후, 색출, 조사
4) 사고(접촉)
① 물질접촉
② 불안전 관리
③ 기본원인
5) 재해(상해, 손실) : 인적 물적 손실

4. 재해구성 비율(1 : 10 : 30 : 600)

1) 641회(사망 or 중상 1회, 경상 10회, 무상해 사고 30회, 상해손상 없는 사고 600회)
2) 재해 배후 상해를 수반하지 않는 방대한(630건 /98.28%)
3) 630건 사고 즉, 아차사고의 인과가 안전대책의 중요한 실마리

5. 도미노이론

6. 구성비율

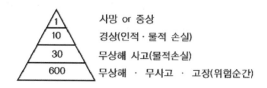

F.E. Bird

[참고] **재해발생 시 조치사항**
[암기] 산긴재원대대실평

1. 개요

재해발생 시 2차 재해를 예방하고 기자재 정지, 출입금지 조치를 하며 현장을 보존해야 한다.

2. 재해발생 시 조치 [암기] 산긴재원대대실평

1) 산재발생
2) 긴급처리 : 기계정지, 확산방지, 응급조치, 통보, 2차 재해예방, 현장보존
3) 재해조사 : 육하원칙에 의거
4) 원인강구 : 직접 간접, 인적 물적
5) 대책수립 : 동종재해, 유사재해 재발방지
6) 대책실시계획 : 육하원칙에 의거
7) 실시 : 대책실시계획
8) 실시평가 : 후속 조치

11 하인리히 버드 연쇄성이론 비교

1. 개요
1) 하인리히 : 사고요인의 연쇄반응 결과 재해발생, 불안전한 상태, 불안전한 행동 제거
2) 버드 : 손실제어요인 연쇄반응 결과 재해발생, 철저한 관리 기본원인 제거, 4M(인간적·설비적·작업적·관리적) 제거

2. 재해구성비율
1) 하인리히
① 1 : 29 : 300
② 상해를 수반하지 않는 방대한 300건
③ 아차사고의 인과가 안전대책의 주요 실마리

2) 버드
① 1 : 10 : 30 : 600
② 상해를 수반하지 않는 방대한 630건
③ 아차사고의 인과가 안전대책의 주요 실마리

3. 재해예방 중점요소
1) 하인리히
① 불안전한 상태, 불안전한 행동 제거
② 직접원인 제거 재해예방

2) 버드
① 기본원인(4M)제거
② 기본원인 제거 재해예방

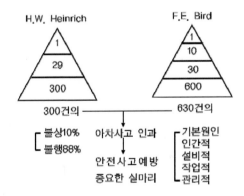

하인리히 버드 비교

4. 하인리히, 버드 Domino 이론 비교

단계	하인리히	버드
1	유전적 요인, 사회적 환경	제어부족(안전관리 부족)
2	개인적 결함(인적결함)	기본원인(개인적, 작업상)
3	직접원인(불안정한 상태, 불안전한 행동)	직접원인(불안정한 상태, 불안전한 행동)
4	사고	사고
5	재해	재해
대책	직접원인(불안전한 상태 및 행동제거)	4M(인간적, 설비적, 작업적, 관리적 요인 제거)

5. 하인리히, 버드 재해발생 비율 비교

	하인리히		버드
1	사망 or 중상	1	사망 or 중상
29	경상(인적·물적손실)	10	경상 (인적·물적 손실)
300	무상해 사고 (고장포함)	30	무상해 사고 (물적 손실)
불상불행		600	무상해, 무사고 고장(위험순간)

6. 하인리히와 버드의 이론 비교

구분	하인리히	버드
비율	1 : 29 : 300	1 : 10 : 30 : 600
도미노 이론	5골패(고전이론) 유전적·사회적 결함 개인적 결함, 불안전한 상태·불안전한 행동 (인적·물적), 사고·재해	5골패(최신이론) 제어부족, 기본원인, 직접원인 사고·재해
손실비용	1 : 4(직접 : 간접)	1 : 6~53(직접 : 간접) (빙산의 원리)
재해예방 5단계	조직, 사실발견, 분석, 시책선정, 시책적용	
재해예방 4원칙	손실우연, 원인계기, 예방가능, 대책선정	

12 재해예방 4원칙

1. 개요

1) 하인리히 예방이론, 손실우연법칙 반복발생
2) 손실방지 > 사고자체방지

2. 재해예방 4원칙(H.W. Heinrich)

암기 손원예대 조사분시시

1) 손실우연
   ① 사고와 손실크기 우연성
   ② 재해 배후에는 상해를 수반하지 않는 방대한 수 (300건/90.9%)

2) 원인계기
   ① 직접·간접, 불안전 상태·불안전 행동, 천재, 기술적 교육적 규제적
   ② 사고-손실 : 우연적, 사고-원인 : 필연적

직접원인	간접원인
불상(10%) : 물적	기술적(10%)
불행(88%) : 인적	교육적(70%)
천후(2%) : 불가항력, 천재지변	규제적(20%)

3) 예방가능
   ① 원인제거
   ② 인재 : 불안전 상태(10%), 불안전 행동(88%)을 미연에 방지

4) 대책선정
   ① 안전대책
   ② 3E 대책

기술적	설비, 환경, 방법
교육적	교육, 훈련
관리적	엄격규칙, 제도강화

3. 재해예방 기본원리 5단계(H.W. Heinrich)

암기 조사분시시

1) 조직 : 안전관리조직
2) 사실발견 : 현상파악
3) 분석 : 원인분석
4) 시정책 선정 : 대책수립
5) 시정책 적용 : 실시

참고 사고예방 대책 5단계

1. 개요

1) 인재는 미연에 방지하면 재해예방 가능
2) 과학적·체계적 사고예방

2. 재해발생 Mechanism

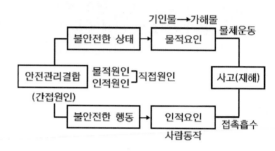

재해발생 Mechanism

3. 사고예방 기본원리 5단계(하인리히)

1) 조직 : 경영자, 안전관리자, 안전조직 강화
2) 사실발견 : 사고 활동기록 분석 점검 검사 조사 철저
3) 분석 : 원인 기록 자료분석, 인적·물적, 환경적, 위험 공종, 교육훈련, 적정배치, 안전수칙, 보호구 적부
4) 시정책 선정 : 대책, 기술적, 교육훈련, 규정, 인사 조정, 안전행정, 수칙, 제도, 안전운동전개
5) 시정책 적용 : 실시계획 및 목표설정, 기술적 교육적 규제적 방침 적용

참고 기인물, 가해물

1. 기인물 : 재해를 발생하게 한 것, 불안전한 상태를 유발한 물체, 기계장치 환경 등
2. 가해물 : 사람과 직접 충돌하거나 접촉으로 위해를 준 물체

13 재해 분류

1. 개요

1) 천재 : 전체재해의 2%, 천재지변, 불가항력, 미연에 방지할 수 없고 예견을 통해 예방
2) 인재 : 전체재해 98%, 인위적 사고, 예방가능

2. 재해분류 _{암기} 천인

천재 (전체재해 의 2%)	천재지변, 불가항력, 미연에 방지할 수 없고 예견을 통해서 예방	지진, 태풍, 홍수, 번개, 가뭄, 적설, 동결, 이상 기온
인재 (전체재해 의 98%)	인위적 사고, 예방가능	건설, 공장, 광산, 교통, 항공, 선박, 학교, 도시, 화재, 공해, 가정

3. 발생원인 _{암기} 직간 불불천 기교규

직접원인	불안전한 상태 10% : 시설, 환경
	불안전한 행동 88% : 행위, 제거
	천후 2% : 지진, 태풍, 홍수
간접원인	기술적 10% : 기술불비, 결함
	교육적 70% : 지식, 경험, 교육
	규제적 20% : 책임감, 조직, 지시

4. 인재 예방대책 _{암기} 조사분시시 기교규 시법

1) 재해예방 5단계(H.W. Heinrich)
 ① 제1단계(조직) : 조직
 ② 제2단계(사실발견) : 현상파악
 ③ 제3단계(분석) : 원인분석
 ④ 제4단계(시정책 선정) : 대책수립
 ⑤ 제5단계(시정책 적용) : 실시

2) 3E 대책(J.H Harvey의 3E)
 ① 기술적(Engineering)
 ② 교육적(Education)
 ③ 규제적(Enforcement)

3) 기타
 ① 시설대책
 ② 법령준수

참고 안전(Safety), 재해(Calamity,Loss)

1. 개요

1) 안전 : 사망, 상해, 재산손실이 Zero인 상태
2) 재해 Zero : 위험이 존재하지 않으며, 재해위험이 없는 상태

2. 재해

1) 안전사고 결과 인명·재산 손실발생
2) 산업재해 : 업무관계 된 설비, 원재료 가스 증기 분진으로 사망 질병 발생
3) 천재 : 전체재해의 2%
 ① 천재지변은 불가항력적이고 미연에 방지할 수 없으며 예견을 통해서 예방
 ② 지진, 태풍, 홍수, 번개, 가뭄, 적설, 동결, 이상기온
4) 인재 : 전체재해 98%
 ① 인위적 사고로 미연에 방지 및 예방가능
 ② 건설, 공장, 교통, 항공, 선박, 화재, 광산

참고 낙하물재해예방 점검항목 주요 Cheklist

_{암기} 낙리통상 투줄정부뜬

1. 낙하물방지망
2. 리프트승강장, 방호선반
3. 근로자통행로, 낙하물방호시설
4. 상하동시작업, 고소낙하위험작업
5. 투하설비
6. 줄걸이 작업수칙
7. 비계상, 구조물 단부, 정리정돈
8. 터널굴착, 부석정리
9. 절성토, 뜬돌

14 하비(J.H. Harvey)의 3E 대책

1. 개요

재해의 원인은 직접원인과 간접원인에 의해 발생하며, 안전대책은 기술적 교육적 관리적 방법으로 재해를 예방할 수 있다.

2. 발생과정(발생 Mechanism) _{암기} 결불물인사재

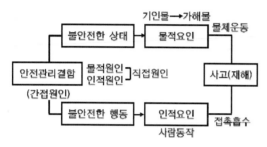

재해발생 Mechanism

3. 3E 대책 _{암기} 기교규 or 기교관

3E	원인	대책
기술적 (Engineering) 10%	기술불비, 결함	안전설계, 작업행정, 안전기준, 환경설비, 점검보존
교육적 (Education) 70%	지식, 방법, 경험, 교육, 훈련부족	지식·기능·태도·경험·훈련
규제적 (Enforcement) 20%	조직결함	엄격규칙, 책임감, 조직, 적정인원, 지시, 동기부여 기준, 솔선수범, 사기향상

참고 재해 형태별 발생비율

_{암기} 추감충협붕도낙비기

1. 추락 47%
2. 감전 13%
3. 충돌·협착 12%
4. 붕괴·도괴 9%
5. 낙하·비례 6%
6. 기타 13%
   : 전도·화재·발파·폭발·밀실

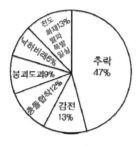

재해유형별 발생율

참고 천재 예방대책

1. 개요

2%, 천재지변, 불가항력적으로 미연에 방지가 불가하고 예견에 의해 경감대책을 마련해야 한다.

2. 예방대책

1) 지진 : 내진설계, 지진 시 낙하물 정리

2) 태풍
   ① 보호Sheet 일시 철거
   ② 벽 연결부 보강 고정
   ③ 시계악화, 행동 둔화, 안전보호구

3) 홍수
   ① 최대홍수위 관리, 고지대, 고립 시 철수계획
   ② 우기 대비 공정계획 점검

4) 낙뢰
   ① 피뢰침(20m 이상)
   ② 소화대책
   ③ 피뢰침, 접지선, 접지판
   ④ 우기 전 점검, 수리 교체

5) 기타
   ① 설계 시공 시 자연현상 고려
   ② 예견하여 인위적 대책

15 재해조사

1. 개요

재해조사 시 육하원칙에 따라 원인 결함을 규명하고 인적·물적, 불안전한 행동·불안전한 상태를 제거하여 동종 유사재해를 방지하여야 한다.

2. 재해조사 방법 〔암기〕 현사목감피

1) 현장보존 : 사건 직후
2) 사실수집 : 물적증거, 사진, 기록
3) 목격자 감독자 피해자 : 사고상황 청취, 판단은 금물, 전문가 의견 청취

3. 재해조사 목적 〔암기〕 진원예 동유

1) 진실규명, 원인규명
2) 예방대책 : 동종재해 유사재해 사전예방

4. 재해조사실시 4단계 〔암기〕 사문근대

1) 사실 발견 : 인적·물적, 관리적
2) 문제점 발견 : 인적·물적, 관리적, 직접원인 간접원인
3) 근본문제점 결정 : 중요도, 불안전한 행동, 불안전한 상태, 4M
4) 대책수립 : 구체적이고 실시 가능한 대책을 수립하여 동종 유사재해 예방

5. 재해조사 시 주의사항

1) 사실수집, 객관적이고 공평한 조사 위해 2인
2) 현장보존
3) 목격자 증언 외 추측 말은 참고
4) 조사 신속, 긴급조치
5) 인적·물적, 사실수집
6) 불안전한 상태, 불안전한 행동 조사
7) 사진, 도면
8) 사람 및 기계설비 요인 도출
9) 책임추궁 〈 재발방지 목적
10) 피해자 구급 조치
11) 2차 재해예방을 위해 보호구 착용

6. 재해조사항목

1) 연월일, 시간, 장소
2) 성명, 성별, 나이, 경험
3) 직업, 직종
4) 상병 정도, 부위, 성질
5) 형태
6) 기인물, 가해물
7) 불안전한 행동, 불안전한 상태
8) 관리요소

〔참고〕 재해발생 원인(건설재해 증가 원인)

1. 개요

1) 건설현장 재해의 증가 원인은 경영자의 안전에 대한 인식부족, 안전시설의 미흡, 미숙련공의 부주의, 규제조치 미흡에서 비롯된다.
2) 불안전한 상태·불안전한 행동을 제거하여 재해를 예방하여야 한다.

2. 원인 〔암기〕 자사재기협법

1) 자율안전 관리체제
2) 사회간접자본시설 투자증가
3) 재해예방 시설 투자 미흡
4) 기본적 안전대책 소홀
5) 협력업체 안전관리 미흡
6) 법 준수풍토 미흡

3. 대책

1) 자율안전관리 체제구축
2) 기능인력 양성 및 적정배치
3) 재해예방 시설 투자증대
4) 기본적 안전대책 철저
5) 협력업체 안전관리 능력 강화
6) 근로자 안전의식 개혁
7) 법령준수 및 제도개선
8) 불이행근로자 추방

16 재해원인 분석방법

1. 개요

재해조사는 재해를 과학적인 방법으로 조사·분석하여 재해의 발생 원인을 규명하고 안전대책을 수립함으로 동종재해 및 유사재해의 재발을 방지하기 위함이다.

2. 재해발생 시 조치순서 `알기` 산긴재원 대대실평

3. 개별적 원인분석

1) 하나하나 상세규명
2) 특수재해, 중대재해 건수 적은 중소기업

4. 통계적 원인분석(재해통계 분석방법)

`알기` 파특크관 파오

1) 파레토도(Pareto Diagram)
  ① 유형, 기인물, 영향이 큰 순서
  ② 도표로 중점원인 파악
  ③ 관리적용선정, 재해크기, 비중
  ④ 가로축 : 재해원인, 형태, 기인물, 불안전한 상태, 불안전한 행동, 큰 순
  ⑤ 세로축 : 항목합계, 백분율

2) 특성요인도(Causes & Effects Diagram)
  ① 특성 영향 원인과 결과 관계, 생선뼈 모양으로 도해
  ② 특성 : 결과, 요인, 문제점, 원재료, 생산조건, 설비, 환경, 작업조건
  ③ 요인 : 직간접 원인, 작업자, 설비, 환경, 작업방법
  ④ 순서 : 특성결정-등뼈-큰뼈-중뼈소뼈-특성결정
    등뼈기입 : 좌→우, 굵은 화살표
    큰뼈기입 : 중소뼈 : 미세원인, 깊은 원인
    영향 큰 순서 : 붉은 동그라미

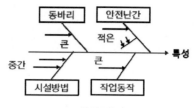

특성요인도

3) 크로스도 분석도(Cross Diagram)
  ① 2개 이상 문제
  ② 위험도가 큰 것 위주
  ③ 복합적인 상호관계 분석
  ④ 상호분석분류 : 상해종류-발생형태, 불안전한 행동-불안전한 상태, 2개 이상 상호관계, 위험도 큰 조합

크로스도

4) 관리도(Control Chart)
  ① 월별, 그래프화
  ② 관리선, 상한 하안 도해
  ③ 월별 발생 수 그래프화
  ④ 특정치 관리상태 한눈에 파악

5) 기타
  ① 파이도표
  ② 오밀러도표

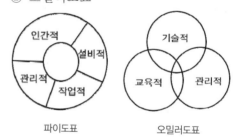

파이도표   오밀러도표

5. 문답방식

1) Flow Chart 이용
2) 분석 시 상의 원점 검토하며 재해요인 파악

17 재해사례연구법

1. 개요

1) 재해조사는 재해를 과학적인 방법으로 조사·분석하여 재해의 발생 원인을 규명하고 안전대책을 수립함으로 동종재해 및 유사재해의 재발을 방지하기 위함이다.

2) 사례과제와 사실배경을 분석하여 문제점 원인을 규명하고 대책을 선정하는 방법이다.

2. 재해사례연구기준

1) 법규, 기술지침, 사내규정을 기준으로 작업명령 작업표준 작성

2) 설비기준 작업상식 직장관습 등 연구

3. 순서(Flow Chart) 암기 상사실

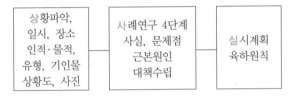

| 상황파악,
일시, 장소
인적·물적,
유형, 기인물
상황도, 사진 | 사례연구 4단계
사실, 문제점
근본원인
대책수립 | 실시계획
육하원칙 |

4. 진행방법 암기 개반전

1) 개별연구 : 자문자 조건 비판 등 연구

2) 반별토의 : 자기개발 상호개발 등 의견 교환

3) 전체토의 : 상호 경험 정보 등 의견교환

5. 재해조사 순서 암기 사문근대

1) 사실확인

2) 문제점 직접원인 확인

3) 근본문제점 결정

4) 대책
 ① 동종재해 유사재해 재발방지
 ② 원인조사 및 예방

참고 재해산출 통계 종류

1. 제도이용통계 암기 제조원

1) 산안법 산재법 법적규정 실시 결과

2) 산재현황분석

3) 건강진단

4) 작업환경측정

2. 조사자료

1) 설문지, 조사표, 표본조사

2) 센서스, 면접

3) 우편, 자기기입 산재원인 조사

4) 취업 근로환경 조사

5) 산업안전보건 동향 조사

6) 건강실태조사

3. 원시자료

1) 검사자료

2) 기록자료

3) 설문자료 등 신뢰성 떨어짐

18 정성적 재해통계 종류

1. 개요

재해정보의 활용을 위해 재해사례를 통계적으로 처리하고 공통적인 요소를 찾아내어 동종재해 유사재해를 방지하기 위함이다.

2. 재해통계 종류 [암기] 시요월 직장종 연경 부성상

1) 시간별 : 11~14시 재해 자주 발생하므로 주의
2) 요일별 : 월요일 주중 주말 재해가 자주 발생하므로 주의
3) 월별 : 매월 발생건수를 발생율 강도율로 나타냄
4) 직장별 : 2개 이상 사업장간 비교하며 경쟁의욕 고취
5) 직종별 : 발생건수 재해율 등 경향분석
6) 연령별 : 젊은 층은 경상, 40세 이상 중대재해
7) 경험연수별 : 미숙련자 숙련자 지식 기능 태도
  ① 경험 적은 : 신입은 지식 기능이 적은 상태에서 불안전한 행동
  ② 경험 많은 : 위험도 크고 안전수단 생략하여 자신과잉, 고령은 대응능력 저하
  ③ 방지대책 : 3E(기술, 교육, 규제), 기능훈련, 적정배치, 동기부여, 작업환경 개선
8) 부상부위 : 안전모, 보호구 착용
9) 기타 : 성별 상해유형별 작성

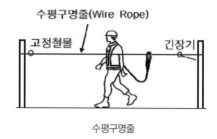

수평구명줄

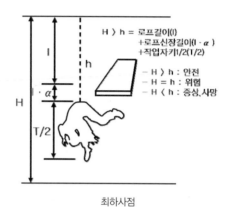

최하사점

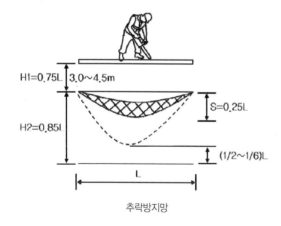

추락방지망

3. 재해통계 작성 시 유의사항

1) 활용목적 충족 위해 내용이 충분할 것
2) 안전활동을 추진하기 위함
3) 상태를 추측하지 말고 사실을 이해

19 정량적 재해통계 분류 (재해평가지수)

1. 개요

재해 비율에 따른 안전수준 및 성적 등을 자료화하여 예방대책을 마련하기 위함이다.

2. 정량적재해통계 분류

`암기` 환연도강종안 환환상100 연연연1,000 도재연1,000,000

강근연1,000 종도강 안현과

1) 사망만인율=(사망자 수/근로자 수)×10,000

2) 환산재해율=(환산재해자 수/상시근로자 수)×100사망자 가중치부여

3) 연천인율(천인율)=(연 재해자 수/연평균 근로 수)×1,000,재적 근로자 1,000인당 재해자 수

4) 도수율=[재해자 수/(연근로시간=근로자 수×근로시간)]×1,000,000산재발생빈도를 측정하며, 백만 시간당 재해발생 건수

5) 강도율=(근로손실일수/연근로시간)×1,000재해의 강도를 측정하며, 근로시간 1,000시간당 근로손실일수

6) 종합재해지수(FrequencySeverityIndicator)산재발생빈도와 재해의 강도로 사업자의 위험도를 표시

7) 안전성적(Safety Score)

$$\text{안전성적} = \frac{\text{현재도수율}-\text{과거도수율}}{\sqrt{\dfrac{\text{과거도수율}}{\text{현재 근로총시간수}} \times 1,000,000}}$$

과거와 현재의 안전관리상태 비교

+나쁜 결과, -좋은 결과

+2 이상 : 과거보다 나빠짐

+2 ~ -2 : 현상유지

-2 이하 : 과거보다 좋아짐

8) 상시근로자 수=(연간국내공사실적액×노무비율)/(건설업월평균임금×12)

9) 환산도수율=(재해자 수/연근로시간수)×100,000

10) 환산강도율=(근로손실일수/연근로시간수)×100,000

11) 평균강도율=(강도율/도수율)×1,000

3. 재해통계 작성 시 유의사항

1) 활용목적 충족 위해 내용이 충분할 것

2) 안전활동을 추진하기 위함

3) 상태를 추측하지 말고 사실을 이해

4. 근로손실일수 7,500일 산출근거

1) 사망자 평균연령 : 30세

2) 근로가능연령 : 55세

3) 근로가능일수 : 300일

4) 근로손실일수=(55-30)×300일=7,500일

`참고` **종합재해지수**

`암기` 종도강

종합재해지수=도수강도치(F.S.I : Frequency Severity Indicator)

1. 도수율(F.R : Frequency Rate of Injury)

2. 강수율(S.R : Severity Rate of Injury)
안전성적

$$\text{안전성적} = \frac{\text{현재도수율}-\text{과거도수율}}{\sqrt{\dfrac{\text{과거도수율}}{\text{현재 근로총시간수}} \times 1,000,000}}$$

CHAPTER 5

20 국제노동기구의 산업재해 정도별 구분

1. 개요

1) I.L.O(International Labor Office)
2) 노동정도의 구분은 국제노동기구의 부상기준에 따른 노동의 가능 정도를 구분하여 국제적으로 통용화하기 위한 재해의 국제적 분류를 말한다.

2. 근로손실일수 7,500일

1) 사망자평균연령 : 30세
2) 근로가능연령 : 55세
3) 근로가능일수 : 300일
4) 근로손실일수=(55-30)×300일=7,500일

3. 국제적 분류 [암기] 400119

1) 사망 : 부상 결과 사망, 1~3급
2) 영구전노동불능재해 : 노동불가, 1~3급
3) 영구일부노동불능재해 : 일부 노동 가능, 4~14급
4) 일시전노동불능재해 : 일정기간 노동 불능, 신체 장애 수반하지 않음, 일반휴업재해
5) 일시일부노동불능재해 : 어느 기간만 노동 불능, 근무하며 진료
6) 구급처치 재해 : 의료처치하고 다음 날 복귀

4. I.L.O 재해원인분류방법 [암기] 형매성상

1) 재해형태 : 추락, 낙하
2) 매개물 : 기계류, 운송, 장비, 재료, 물질, 환경
3) 재해성격 : 골절, 외상, 타박상
4) 인체상해부위 : 머리, 목, 손, 발

21 재해손실비(Accident Cost) 평가방식

1. 개요

재해손실비는 업무상 재해로 발생 된 인적상해 손실 비용 등을 말하며, 재해가 없다면 지출을 안 해도 되는 직간접비용을 말한다.

2. 재해손실비 산정 시 고려사항

1) 안전관리자가 쉽고 간편하게 사용
2) 기업규모와 관계없이 사용 가능
3) 일률적 채택으로 전국적 사용
4) 사회적 신뢰가 가능하도록

3. 재해손실비 평가방법

암기 하시버콤 하직간14 시산비 버직간5 콤개공

1) 하인리히(H.W. Heinrich) 방식 암기 하직간 14
① 총재해비용=직접비(1)+간접비(4)
② 직접비 : 요양, 휴업, 장해, 유족, 상병, 장례
암기 요휴장유 상장
③ 간접비 : 인적, 물적, 생산, 특수, 기타

2) 시몬스(R.H. Simonds) 방식 암기 시산비
① 총재해비용=산재보험비용+비보험비용(산재보험 비용 〈 비보험비용)
② 산재보험법, 보상비용
③ 비보험비용 : 산재 이외 비용, 제삼자 중지지급, 손상재료 교체 철거, 특별지급, 교육훈련, 산재 처리 안되는 의료비, 감독자 관계자 소모비, 생산감소, 소송, 모집비, 계약해제

3) 버드(F.E Bird) 방식 암기 버직간 15
① 직접비 : 간접비=1 : 5
② 직접비(보험료) : 의료비, 보상금
③ 간접비(비보험손실비) : 건물손실 기구·장비 제품 재료, 조업중단 시간 조사 교육, 임대비

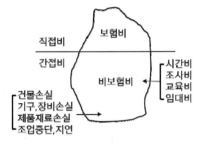

Bird 빙상이론

4) 콤페스(Compes) 방식 암기 콤개공
① 총재해비용=개별비용비+공용비용비
② 개별비용 : 직접손실, 작업중단, 수리, 조사
③ 공용비용 : 보험, 안전보건팀 유지, 기업명예비, 추상적 비용

22 안전보호구 종류

1. 개요

1) 안전보호구란 작업 시 몸을 보호하기 위한 보조 기구로 신체 일부 혹은 전부를 보호하는 기구를 말한다.
2) 분류 : 안전보호구, 위생보호구

2. 분류 `암기` 안위 모대화장 경면진독

1) 안전보호구 : 안전모, 안전대, 안전화, 안전장갑
2) 위생보호구 : 보안경, 보안면, 방진마스크, 방독마스크, 방음보호구, 송기마스크, 보호복

3. 구비조건

1) 착용이 간편하고 작업용이
2) 방호성능 있고 품질 양호
3) 마무리 양호하고 외관 양호
4) 작업을 방해해선 안 됨

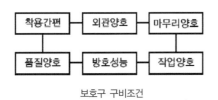

보호구 구비조건

4. 보관방법

1) 직사광선 없는 통풍 잘되는 곳
2) 부식 인화 기름 산 통합보관금지
3) 발열 시 주위 화재
4) 땀 오염 세척
5) 모래 진흙 세척 그늘에 말림

5. 보호구 사용 시 유의사항

1) 검정합격
2) 적절 보호구
3) 정기점검
4) 필요한 수량 구비
5) 사용법

6. 보호구 종류

종류	구분	적용
호흡	방진마스크	연마, 광택, 배합
	방독마스크	유기용제, 유해가스, 미스트, 흄발생
	송기마스크, 산소흡기, 공기호흡기	저장조, 하수구, 청소, 산소결핍
청력	귀마개, 귀덮개	소음
안구, 시력	전안면보호구	분진비산, 유해광선
	시력보호안경	유해광선
안전화, 장갑	장갑	화학물질, 강산성물질
	장화	화학물질, 강산성물질
보호복	방열복, 방열면	고열
	전신보호복	강산, 맹독, 비산
	부분보호복	부분적비산물
피부	보호크림	피부염, 홍반

`참고` **최하사점**

최하사점이란 추락시 로프를 지지한 위치에서 신체의 하사점까지의 거리를 뜻하며, 1개걸이 안전대 사용시 적용된다.

H > h = 로프길이(l) + 로프신장길이(l·) + 작업자키 1/2(T/2)

H > h : 안전
H = h : 위험
H < h : 중상, 사망

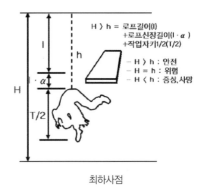

최하사점

23 안전대

1. 개요

안전대란 고소작업 시 작업자의 추락을 방지하기 위해 와이어 혹은 로프 등을 양측 기둥에 긴결하여 고정시켜 놓은 안전장치이다.

2. 종류 `암기` U 1 안추

종류	사용구분
벨트식 안전그네식	U자걸이 전용
	1개걸이 전용
	안전블록
	추락방지대

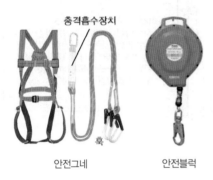

안전그네   안전블럭

3. 특징

1) U자걸이 : 죔줄을 등 뒤 카라비너로 D링에 고정하여 신축조절기 연결
2) 1개걸이 : 죔줄을 D링에 고정하고, 훅 카라비너를 구명줄에 긴결
3) 안전그네 : 신체를 지지하기 위해 전신에 띠로 체결하여 추락을 억제
4) 안전블럭 : 자동감김장치에 죔줄의 자동수축으로 추락을 방지하는 장치(완강기)
5) 추락방지대 : 자동감김장치에 죔줄이 걸려 있고, 수직구명줄을 걸고 수직이동 시 사용
6) 충격흡수장치 : 충격하중 완화장치로 죔줄과 연결되어 수직구명줄에 연결

4. 안전대착용 적용

1) 높이 2m 이상, 추락위험
2) 추락위험 있는 장소
 ① 작업발판(폭 40cm 이상) 없는 곳
 ② 작업발판 있으나 난간대 없는 곳
 ③ 난간대에서 상체 내밀고 작업
 ④ 작업발판~구조체 간 30cm 이상, 수평방호시설이 없는 곳

5. 안전대 점검

1) 벨트 : 마모, 흠, 비틀림, 변색
2) 재봉실 : 마모, 절단, 풀림
3) 철물 : 마모, 균열, 변형, 전기, 리벳
4) 로프 : 마모, 소선절단, 흠, 열, 변형, 약품

6. 최하사점

H > h = 로프길이(1) + 로프 신장 길이(1·) + 작업자 키1/2(T/2)

H > h : 안전
H = h : 위험
H < h : 중상, 사망

7. 폐기기준

1) 로프 : 소선, 오물, 비틀림, 헐거워짐
2) 벨트 : 끝 폭이 1mm 이상 손상 변형, 양 끝 헤짐
3) 재봉부 : 이완, 1개소 이상 절단, 재봉실 풀림
4) D 링 : 깊이 1mm 이상 손상, 녹 변형
5) 훅, 버클 : 갈고리 외측 1mm 이상 손상, 이탈방지장치 작동이 안되고 녹·변형 체결이 안 됨

8. 안전대사용 시 준수사항

1) U자 걸이
 ① 훅걸림 확인하고 서서히 체중을 실어 이상 유무 확인 시 손을 뗄 것
 ② 허리 착용 벨트보다 낮지 않게
 ③ 로프길이 최단
 ④ 로프 미끄러지지 않게

2) 1개 걸이
 ① 2.5m 이내 벨트 위치보다 높게
 ② 신축조절기 사용 시 로프길이 짧게
 ③ 추락 시 진자상태 충돌 방지
 ④ 안전대 설치 로프길이 2배 이상 높이 구조물에 긴결

24 추락방지대

1. 개요

추락방지대란 고소작업 시 작업자의 추락을 방지하기 위해 안전그네 형식의 벨트를 몸에 착용하여 추락을 방지하는 안전장치이다.

2. 안전대 종류 [암기] U 1 안추

종류	사용구분
벨트식 안전그네식	U자걸이 전용
	1개걸이 전용
	안전블록
	추락방지대

충격흡수장치

훅

안전그네   안전블록

3. 추락방지대 종류

1) 와이어로프타입 : Steel Wire, 섬유로프로 탈부착 가능
2) 레일블럭타입 : 특수레일이 작업자와 함께 이동하며 추락 시 자동으로 감김

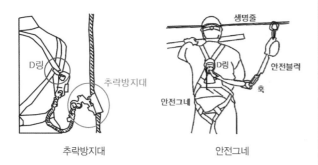

생명줄

D링   안전블록

추락방지대   훅

안전그네

추락방지대   안전그네

4. 구성

1) 수직구명줄 : 로프 레일로 유연하며 단단함
2) 추락방지대 : 자동감김장치 죔줄을 수직구명줄에 연결함
3) 죔줄 : 벨트 안전그네 구명줄을 걸이 설비에 연결함

5. 기능

1) 승 하강 중 걸림장치에 걸려 추락 시 멈춤
2) 역방향 시설 시 추락주의

[참고] **안전대 착용 적용**

1. 높이 2m 이상, 추락위험

2. 추락위험 있는 장소

1) 작업발판(폭 40cm 이상) 없는 곳
2) 작업발판 있으나 난간대 없는 곳
3) 난간대에서 상체 내밀고 작업
4) 작업발판~구조체 간 30cm 이상, 수평방호시설이 없는 곳

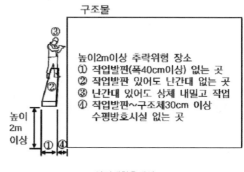

구조물

높이2m이상 추락위험 장소
① 작업발판(폭40cm이상) 없는 곳
② 작업발판 있어도 난간대 없는 곳
③ 난간대 있어도 상체 내밀고 작업
④ 작업발판~구조체30cm 이상 수평방호시실 없는 곳

높이 2m 이상

안전대착용대상

25 구명줄(Life Line)

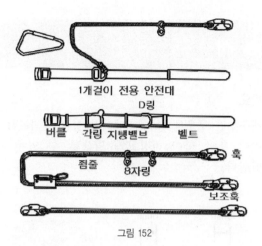

1개걸이 전용 안전대

D링

버클 각링 지탱벤브 벨트

죔줄 8자링 훅

보조훅

그림 152

1. 개요

고소작업자의 추락사고를 방지하기 위한 장치로 잡고 이동할 수 있는 장치로서 안전난간 기능과 안전대 걸이 기능을 하여 추락을 저지하기 위한 안전장치 이다.

2. 종류

1) 수평구명줄
2) 수직구명줄

3. 안전대부착설비 종류 `알기` 비구건전 수평수직

1) 비계
2) 구명줄
  ① 수평구명줄 : 허리보다 높게 설치
  ② 수직구명줄 : 추락방지대에 안전대 결속

3) 건립 중인 구조체 : 용접, 아이볼트
4) 전용철물 : 턴버클, 와이어클립, 셔클

수평구명줄(Wire Rope)

고정철물 긴장기

수평구명줄

4. 수평구명줄

1) 진자운동 에너지 최소화
2) 허리높이 위에 설치하고 이동 시 잡고 이동
3) 안전난간 기능
4) 추락방지 기능
5) 구성 : 고정철물, W/R, 긴장기

카라비너

훅

죔줄

카라비너 사용 예

5. 수직구명줄

1) 고정줄 긴결하여 추락 저지
2) 종류 : W/R, 레일
3) 기능 : 수직이동 시, 작업 시

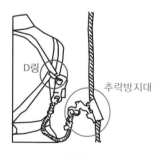

D링

추락방지대

추락방지대

26 개구부

1. 개요

개구부란 구조물 중 엘리베이터 창문 등과 같이 열려 있어 추락 및 낙하사고가 발생할 수 있는 장소를 말한다.

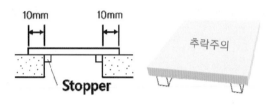

개구부 덮개

2. 바닥개구부 [암기] 바벽 소대 엘발s l

1) 소형
① 상부는 10cm 넓게 설치
② 하부는 stopper 설치

2) 대형
① 난간 : 상부 90cm, 중간 45cm
② 발끝막이 10cm
③ 경고표지 : 추락위험, 낙하위험, 출입금지 등

바닥 개구부

3. 벽면개구부

1) 엘리베이터
① 상부 90cm, 중간 45cm
② 발끝막이 10cm
③ 경고표지 : 추락위험, 낙하위험, 출입금지 등

2) 발코니
① 상부 90cm, 중간 45cm
② 발끝막이 10cm
③ 경고표지 : 추락위험, 낙하위험, 출입금지 등

3) Slab 단부
① 상부 90cm, 중간 45cm
② 발끝막이 10cm
③ 경고표지 : 추락위험, 낙하위험, 출입금지 등

벽면 개구부

27 안전인증적용 안전모

1. 개요

1) 안전보호구란 작업 시 몸을 보호하기 위한 보조 기구로 신체 일부 혹은 전부를 보호하는 기구를 말한다.

2) 안전인증 제도란 제품시험 및 공장심사를 거쳐 제품의 안정성을 증명하는 제도를 말한다.

2. 구비조건 [암기] 내 전열한수 충난

1) 내전성, 내열성, 내한성, 내수성
2) 내충격성, 난연성
3) 값싸게 대량생산
4) 가볍고 사용성 외관 양호하게

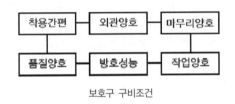

보호구 구비조건

3. 종류 [암기] 낙비 추 감 추감

종류	구분	재질
A	낙하·비래	합성수지, 금속
AB	낙하·비래+추락	합성수지
AE	낙하·비래+감전	합성수지
ABE	낙하·비래+추락·감전	합성수지

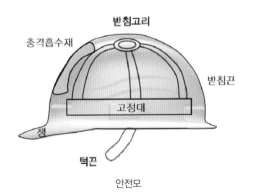

안전모

4. 성능시험 [암기] 내관충전수난

1) 내관통성시험 : 0.45kg 추를 3m 높이에서 자유 낙하시켜 관통거리 측정
2) 충격흡수성시험 : 3.6kg 둥근추를 1.5m 높이에서 자유낙하시켜 충격력 측정

3) 내전압성시험 : 1분간 물에서 20kV 전압에 견딜 수 있는 충전전류를 측정하며, 절연파괴되면 불합격

4) 내수성시험 : 25℃ 수중에 24시간 침수 후 표면의 수분을 제거하여 측정하며, 질량 증가율 1% 이내이면 합격

$$질량증가율 = \frac{담근\ 후\ 무게 - 담그기\ 전\ 무게}{담그기\ 전\ 무게} \times 100$$

5) 난연성시험 : 분젠버너로 10초간 연소시킨 후 불꽃 제거 후 불꽃 연소시간을 측정하며, 불꽃이 5초 이상 붙어 있으면 불합격

[참고] 보안면 종류 [암기] 용접 일반

1. 용접보안면

1) 아크용접 가스용접 시 불티 비산 접촉 방지
2) 자외선 가시광선 적외선 방지
3) 눈에 파편 화상, 안면 목 보호
4) 재질 : 박카나이즈파이버, 유리섬유강화플라스틱

핸드실드형   헬멧형

보안면

2. 일반보안면

1) 일반작업, 용접, 비산물, 유해액체 방지
2) 얼굴, 목, 눈부심방지, 보안경 겹쳐서 사용
3) 재질 : 플라스틱

28 안전화 종류

1. 개요

1) 낙하 충격 찔림으로부터 발을 보호하여 주는 신발
2) 화학약품으로부터 발·발등을 보호하여 주는 신발
3) 감전 인체대전방지 등으로부터 발을 보호하여 주는 신발

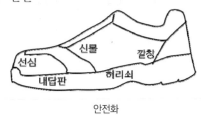

안전화

2. 종류 　암기 가고정발 절연장 낙충찔

종류	성능
가죽제	낙하·충격·찔림
고무제	낙하·충격·찔림+방수·내화학성
정전기	낙하·충격·찔림+정전기·인체대전
발등	낙하·충격·찔림+발등
절연화	낙하·충격·찔림+저압·감전
절연장화	고압·감전·방수

3. 재료시험 　암기 가죽두결인 강봉

1) 가죽두께 : 지름 5mm의 원형가압면이 달린 두께 측정기로 측정
2) 가죽결렬 : 15kgf/cm의 압박하중을 가해 결렬 육안판정
3) 가죽인열 : 100±20mm/min 인장속도로 당겨 강도측정
4) 강재부식 : 강재선심을 8% 끓는 식염수에 15분간 담금후 세척하여 실온에서 48hr 방치후 부식유무 육안조사
5) 봉합사 : 봉합사 330mm 채취하여 실인장시험기로 300±15mm/min 속도로 인장

4. 성능시험 　암기 내압답 박충

1) 내압박성시험 : 유점토를 넣고 선심을 압박하여 유점토 최저부 높이를 측정
2) 내답발성시험 : 규정된 철못을 허구리에 50kgf 정하중을 수직으로 가해 관통여부 시험
3) 박리저항시험 : 인장시험기에 시험편 15±5mm를 그립에 고정하고 당겨 박리측정

4) 내충격성시험 : 23±0.2kgf 강재추를 자유낙하하여 유점토의 변형높이 측정

참고 방진마스크

1. 개요

분진이 체내유입하는 것을 방지하여 호흡기를 보호하기 위해 착용하는 보조기구를 말한다.

2. 종류 　암기 분안 격직

1) 연결관 유무 따라 구분
2) 분리식
   ① 격리식 : 종류는 전면형 반면형이 있고, 안면부 여과재 연결관 흡기밸브 배기밸브 머리끈 등으로 구성
   ② 직결식 : 종류는 전면형 반면형이 있고, 안면부 여과재 흡기밸브 배기밸브 머리끈 등으로 구성
3) 안면부 여과식 : 안면부 머리끈으로 구성, 재사용 불가

3. 안전기준

1) 압박 고통이 없을 것
2) 투시부 흐림 안됨
3) 부품교환 간편
4) 변형 없어야 하며
5) 밀착되어 분진 차단

분리식　　　　안면부여과식

방진마스크

29 보안경

1. 개요

작업 시 비산물질이 발생하는 장소에서 위험한 유해
물질로부터 시력장애를 방지하기 위해 착용하는 보조
기구를 말한다.

2. 종류 구분 [암기] 차유도플

1) 차광보안경 : 자외선, 적외선, 가시광선
2) 유리보안경 : 미분, 칩, 비산물
3) 도수렌즈보안경 : 근시, 원시, 난시
4) 플라스틱보안경 : 미분, 칩, 액체

3. 형태 [암기] 스프고

1) 스펙터클형 [암기] 레이번
2) 프론트형 [암기] 폴라크리머
3) 고글형 : 수영장, 잠수부 고글모양

스펙터클형　　프론트형　　고글형

보안경

4. 안전조건

1) 착용이 간편하고
2) 견고하고 탈착이 쉬워야
3) 내구성이 우수하고
4) 세척 쉽고
5) 시력교정용은 고글사용

5. 보안경 사용 시 유의사항

1) 정기점검
2) 필요수량 구비
3) 올바른 사용법 숙지
4) 불편하지 않을 것
5) 필요보호구 사용
6) 검정품 사용
7) 눈보호 효과

[참고] 손보호구의 종류 및 특징

1. 구비조건

1) 유연하고 탄력 있는 제품
2) 양질의 고무사용
3) 다듬질 흠 기포 불가
4) 이음부 불가
5) 착용이 간편하고 작업용이
6) 방호성능 있고 품질 양호
7) 마무리 양호하고 외관 양호
8) 작업을 방해해선 안 됨

2. 안전장갑 종류 및 사용구분 [암기] A B C

1) A종 : 300V ~ 교류 600V, 직류 750V
2) B종 : 교류 600V, 직류 750V ~ 3500V
3) C종 : 3500V ~ 7000V

CHAPTER 5

30 방독마스크

1. 개요

밀실공간 작업 시 독성물질이 체내유입하는 것을 방지하여 호흡기를 보호하기 위해 착용하는 보조기구를 말한다.

2. 종류 [암기] 격직소

1) 격리식
① 정화통 흡기배기밸브 안면부 머리끈으로 구성
② Gas농도 2%(암모니아 3%) 이하 대기 중 사용

2) 직결식
① 정화통 흡기배기밸브 안면부 머리끈으로 구성
② Gas농도 1%(암모니아 1.5%) 이하 대기 중 사용

3) 직결식 소형
① 정화통 흡기배기밸브 안면부 머리끈으로 구성, 긴급 시 사용 불가
② Gas 증기농도 0.1% 이하 대기 중 사용

격리식   직결식

방독마스크

3. 안전조건

1) 깨어지지 않을 것
2) 착용 간편
3) 공기 새지 말 것
4) 압박 고통 없고
5) 공간 커야 한
6) 시야 확보
7) 안개 끼면 안 되고
8) 부품교환 용이

4. 표시사항

1) 파괴곡선도
2) 사용시간 기록카드
3) 용도표시 색

참고 방음보호구

1. 개요

소음 등으로부터 청력을 보호하기 위해 귀를 덮어 차음을 하는 보조기구를 말한다.

2. 종류 [암기] 귀마덮

1) 귀마개
① 외이도 덮고
② 1종은 저음~고음, 2종은 고음 가능, 저음(회화음) 불가
2) 귀덮개 : 전체 덮어 보호

3. 구조

1) 귀마개
① 잘 덮어지게
② 불쾌감 없고
③ 빠짐이 없을 것

2) 귀덮개
① 전체 덮어
② 덮개부 : 발포제 플라스틱
③ 흡음, 밀착
④ 머리띠 조절
⑤ 탄성
⑥ 압박감 불쾌감 없을 것

4. 방음보호구 사용 시 유의사항

1) 정기점검
2) 필요 수량 보관
3) 사용법 숙지
4) 불편하지 않을 것
5) 필요 보호구 지급
6) 검정품 사용
7) 차음효과

2,000Hz(일반소음)	20dB 차음효과
4,000Hz(공장소음)	25dB 차음효과

31 송기마스크

1. 개요

미립자의 체내유입 또는 산소결핍으로부터 호흡기를 보호하기 위해 착용하는 보조기구를 말한다.

2. 분류

1) 안전보호구 : 안전모, 안전대, 안전화, 안전장화, 안전장갑
2) 위생보호구 : 보안경, 보안면, 방진마스크, 방독마스크, 방음보호구, 송기마스크, 보호복

3. 종류 [암기] 호에복 폐송 일디

1) 호스마스크
   ① 폐력흡인형 : 신선한 공기가 안면부를 통해 자신 폐력으로 흡입
   ② 송풍형 : 송풍기가 신선한 공기를 안면부를 통해 송기, 유량조절, 필터교환

2) 에어라인마스크
   ① 일정유량형 : 고압공기통에서 호스를 통해 공기 송기, 분진 미스트 등 여과
   ② 디멘드형, 압력디멘드형 : 일정유량형과 구조 동일, 개인 호흡량에 따라 안면부로 송기

3) 복합식에어라인마스크
   ① 보통상태 에어라인마스크로 사용
   ② 급기중단 긴급 시 고압공기 용기로 급기 받아 공기호흡기로 사용

4. 안전조건

1) 튼튼하고 가볍고 장시간 고장 없고
2) 확실히 결합하여 누설 없을 것
3) 충격에 강하고 취급 용이
4) 파손 안 되고
5) 압박감 없을 것

32 전동식 호흡보호구

1. 개요

분진 및 유해물질이 호흡기를 통해 체내흡수 되는 것을 전동기, 여과제를 통해 차단하는 보호구를 말한다.

2. 분류 [암기] 전동식 진독후보

1) 전동식방진마스크 : 분진을 차단하고, 고효율정화통 전동장치 등이 있다.
2) 전동식방독마스크 : 유해물질 분진을 차단하고, 고효율정화통, 여과재, 전동장치 등이 있다.
3) 전동식후드, 전동식보안면 : 유해물질 분진을 차단하고, 고효율정화통 여과재, 전동장치 등이 있다.

호흡용 보호구

전동식호흡보호구

3. 전동식방진마스크 구조

1) 전동식방진마스크
① 전동기 여과재 호흡호스 안면부 흡기밸브 배기밸브 머리끈 전동기구동으로 구성
② 분진공기 : 흡기밸브, 호흡여분 배기밸브, 안면 전체를 커버하는 구조

2) 전동식방독마스크
① 전동기 여과재 호흡호스 안면부 흡기밸브 배기밸브 머리끈 전동기구동으로 구성

② 분진공기 : 흡기밸브, 호흡여분 배기밸브, 코·입 덮는 구조
3) 사용조건 : 산소농도 18% 이상

4. 보호구 구비조건

1) 착용감 좋고
2) 성능 품질 우수
3) 발열체 접근 안 됨

[참고] 호흡보호구 정리

1. 공기 → 여과재 → 흡기밸브 → 배기밸브 → 배출연결 관호흡호스는 격리식에 있고 직결식은 없다.

2. 안전기준

1) 압박 고통 없고
2) 투시부 흐림 없고
3) 부품교환 쉽고
4) 밀착 착용
5) 깨지지 않고
6) 착용 시 누설되지 말 것

보호구 구비조건

3. 방진마스크 [암기] 분안격직

1) 분리식 : 격리식 직결식
2) 안면부여과식

4. 방독마스크 [암기] 격직소

1) 격리식
2) 직결식
3) 직결식 소형

5. 송기마스크 [암기] 호에복 폐송 일디

33 추락재해

1. 개요

1) 추락재해는 작업자가 고소작업 시 높은 장소로 부터 낙하하여 발생하는 재해를 말하며, 대표적인 재래형 재해로 안전시설 미비 및 불안전한 상태·불안전한 행동에 기인하여 발생한다.

2) 보호시설로 안전난간대, 안전대, 추락방지망 등이 있다.

2. 특성

1) 작업장보다 낮은 곳
2) 중대재해
3) 딱딱한 곳 두부충격 시 중상 이상
4) 높을수록 재해정도 심하고
5) 고령자일수록 위험

3. 발생장소

1) 개구부
2) 비계
3) 이동식비계
4) 이동사다리
5) 리프트
6) 경사지붕

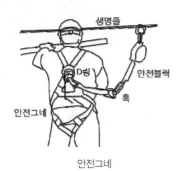

안전그네

4. 발생원인

1) 개구부 : 안전시설, 표지, 주의경고, 조명
2) 비계 : 폭, 안전대, 손잡이, 불안정
3) 이동식비계, 사다리 : 넘어짐, 불안정, 부적당
4) 경사지붕 : 발 빠짐, 미끄러짐
5) 기타 : 불안전한 상태·불안전한 행동, 무인, 환경, 조명, 정리정돈, 해체작업, 토사굴착사면

5. 방지대책

1) 추락방지 : 2m 이상 장소, 작업발판, 방망, 안전대
2) 개구부 방호조치 : 2m 이상 장소, 개구부, 작업발판 끝, 표준안전난간
3) 안전대부착설비 : 2m 이상 장소, 안전대착용, 부착설비
4) 악천후 시 작업중지
5) 조명설치 : 계단층
6) 경사지붕 : 슬레이트, 30cm 이상 발판, 방망
7) 승강설비 : 높이, 깊이 2m 이상
8) 이동식비계 : 승강사다리, 표준난간, 2단 이상 가새
9) 이동식사다리 : 30cm 이상, 미끄럼방지, 여장 1m 이상, 아웃리거
10) 안전담당자 : 지정, 지휘, 작업방법 지도
11) 출입금지 : 관계자 외

안전난간

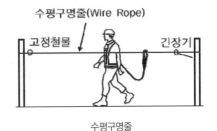

수평구명줄

카라비너 사용 예

34 추락방지망(추락방지용방망)

1. 개요

1) 추락재해는 작업자가 고소작업 시 높은 장소로
   부터 낙하하여 발생하는 재해를 말하며, 대표적인
   재래형 재해로 안전시설 미비 및 불안전한 상태
   ·불안전한 행동에 기인하여 발생한다.
2) 보호시설로 안전난간대, 안전대, 추락방지망 등이
   있다.

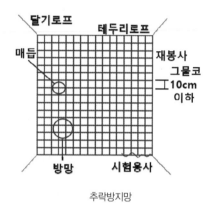

추락방지망

2. 구조 `암기` 방그테달재시

방망, 그물코, 테두리, 달기로프, 재봉사, 시험 용사

3. 방망사 신품(폐기)인장강도 `암기` 10 5 유무

그물코(cm)	종 류(kg) 신품(폐기)	
	매듭무	매듭유
10	240(150)	200(135)
5	–	110(60)

4. 설치 시 유의사항

1) 원칙적 2단(상부 10×10, 하단 2.5×2.5)
2) 낙하높이(충돌면 여유공간)
3) 크레인 중앙부 인양하고 양단보조로프 펴서 인력
   설치
4) 전용철물 30cm 이하로 틈메움
5) 겹침넓이 1m 이상 긴결
6) 고정클램프 강관 이용
7) 양중전 방망설치철물 부착
8) 공동작업 시 안전대 설치

5. 설치기준

1) 작업점 아래 h1=0.75L(3~4m)
   h2=0.85L
   S=0.25L
   하단부 여유 1/2L~1/6L

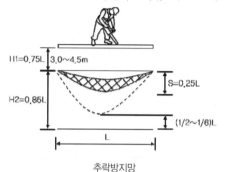

추락방지망

2) 인장강도 기준적합
3) 철골 내부 10m 이내 수평
4) 용접용단 파손이 안 되도록

6. 정기시험

1) 6개월 등속인장시험
2) 10m 이상 80kg 낙하시험
3) 지지점 강도 600kg 이상
4) 테두리 달기로프 1,500kg 이상

철골 추락방지망

수평구명줄

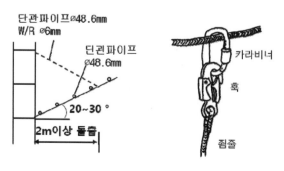

낙하물방지망   카라비너 사용 예

35 낙하, 비래 재해예방

1. 개요

1) 낙하는 물건이 위에서 떨어져서 생기는 재해를 말한다.
2) 비래는 물건이 높은 장소로부터 떨어지거나 날아와서 부딪치며 발생하는 재해를 말한다.

2. 유형

1) 고소 거푸집 조립·해체
2) 바닥자재 정리정돈 불량
3) 인양장비사용 안 하고 인력 던짐
4) 크레인 운반 중 W/R 절단

3. 원인

1) 높은 곳 적재
2) 정리정돈 불량
3) 불안전한 상태 자재 적재
4) 작업바닥 폭 간격
5) 투하설비 미설치
6) 낙하물방지망 미시설
7) 매달기 결속
8) 위험지역 통제 미실시
9) W/R 불량

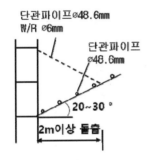

낙하물방호선반

낙하물방지망/수평보호망

4. 대책

1) 출입금지 구역 설정
2) 보호구 착용
3) 낙하비래방지설비
   ① 첫 단 8m, 2단부터 10m마다
   ② 2m 돌출, 각도 20~30°
   ③ 2단 이상 설치 시 최하단 방호선반
4) 수직보호망
   ① 비계 외측에 설치
   ② 수평 5.5m, 수직 4.0m
   ③ 표지판 설치, 감시인 배치

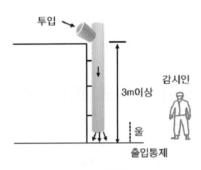

투하설비

5) 투하설비 : 3m 이상 장소

돌출된 골조 수직보호망

6) 기타
   ① 단부 개구부
   ② 위험작업 금지
   ③ 고소작업 시 정리정돈
   ④ 인력투하 금지, 인양장비 사용

CHAPTER 5

36 무재해운동

1. 개요

1) 무재해란 : 사망 or 4일 이상 요양, 부상 or 질병이 이완되지 않은 것
2) 사업장 전원이 자율적으로 잠재적인 사고요인을 제거하는 것인 무재해로 가는 길이다.

2. 목적 `암기` 노인무전

1) 노사관계
2) 인간존중
3) 무재해
4) 전원참가

3. 무재해운동의 기본이념(3원칙) `암기` 무선참

무재해운동 3원칙

1) 무의원칙 : 잠재요인 사전 근원적 제거
2) 선취원칙 : 행동 전 미리 파악
3) 참가원칙 : 잠재적 재해 찾기 위해 전원참가

4. 무재해운동 추진 3기둥 `암기` 최라직

1) 최고경영자 경영자세
2) Line화 철저
3) 직장 자주활동 활성화

5. 무재해 추진방법(무재해실천 4단계) `암기` 인준개목시

1) 인식단계
2) 준비단계
3) 개시, 시행단계무재해시간=실근무자 수×실근로시간 수(실근무시간 곤란 시 1일 → 8시간)
4) 목표를 달성하면 시상

훈련단계	내 용
1Round(현상파악)	어떤 위험이 잠재?
2Round(본질추구)	이것이 위험의 Point!
3Round(대책수립)	당신이라면 어떻게?
4Round(목표설정)	우리는 이렇게 하자!

6. 무재해운동 세부 추진기법 `암기` 위브T지5잠

1) 위험예지훈련(4R법)
   ① 행동 전 잠재적 위험요인 찾는 습관화
   ② 사고예방을 위해 전원참가
   ③ 불안전한 상태·불안전한 행동 제거
   ④ 자유로운 대화가 포인트

2) 브레인스토밍
   ① 토의 비판하지 말고, 판단하지 말고
   ② 질 고려하지 말고
   ③ 떠오르는 대로 아이디어 창출

3) Tool Box Meeting
   ① 그때 그 장소
   ② 상황 적응
   ③ 즉시 즉흥적

4) 지적확인
   ① 오조작 안 나오게
   ② 작업공정 요소요소 좋아~! 큰소리 지적
   ③ 안전확보

5) 5C 운동 `암기` 복정청점전
   ① 복장단정
   ② 정리정돈
   ③ 청소청결
   ④ 점검확인
   ⑤ 전심전력

6) 잠재재해 발굴운동
   ① 잠재요인
   ② 불안전한 상태·불안전한 행동 제거
   ③ 매월 1회 발표토의

7) 원포인트 위험예지
   ① 2, 3, 4 R
   ② 원 2~3분

8) Touch & Call
   ① 동료의 어깨 손 피부 터치
   ② 행동목표 구호 및 큰소리
   ③ 일체감, 연대감, 스킨쉽

무재해운동 추진 3기둥

9) 1인 위험예지
① 1~4R
② 직접 확인
③ 원포인트예지

10) 삼각위험예지
① 말쓰기 미숙자
② 위험포인트 △표시
③ 팀 합의형성

11) 아차사고 사례기법 : 큰일 날 뻔한 사례, 동종 사례방지

12) 안전계몽방송
① 의식 고취, 출근 점심 퇴근시간
② 전직원방송자, 자기작성방송

정리정돈

13) 안전제안제도
① 동기부여
② 심사 후 포상
③ 설비제도개선

14) 안전의 달
① 육체정신긴장 저하예방
② 재해발생 많은 달

15) 안전점수 승진반영
① 경영의지 표명, 의식향상
② 30% 배점, 안전과목 신설

16) 노사합동 정기점검 제도화 : 위생, 환경, 기계기구, 수공구, 지도계몽

참고 위험예지훈련 도입방법

1. 개요

위험예지훈련이란 잠재적인 사고요인을 찾아내기 위해 소집단이 모여 작업 전·중·후 단시간에 위험요인을 토의하는 습관화된 훈련이다.

2. 도입방법

1) 계획 : 단시간 도입정착, 기간을 명시하고 풍토개선, 매일
2) 경영자 이해 협력 : 경영기반 솔선수범
3) 지도자양성 : 능력 있고 의욕적으로 체험학습회
4) 과제선정 : 다 함께 빨리, 올바르게 단시간 테마
5) 전원참가 운동전개 : 협력사 전사적 회보 벽보

3. 점검사항

1) 작업동작 : 위치, 범위, 속도, 신호, 체력, 기능
2) 작업순서 : 작업순서에 따라 분담하거나 공동작업
3) 작업환경 : 통로정비, 정리정돈, 방해물 정리, 조도 유지
4) 안전작업 : 보호구, 안전장치, 불안전한 행동·불안전한 상태 제거

참고 5C 운동

1. 개요

작업장에서 꼭 지켜야 할 사항으로 쾌적한 작업환경을 조성하기 위한 실천기법이다.

2. 필요성

1) 안전
2) 원가, 판매
3) 표준
4) 만족감

3. 5C 운동 효과 알기 복정청점전

1) 복장단정(Correction)
① 근무기강
② 마음정신

2) 정리정돈(Clearance)
① 작업공간 확보
② 효율적 자체관리
③ 시간절약
④ 작업능률 향상

3) 청소청결(Cleaning)
① 심리적 안정
② 수칙준수
③ 생산성

4) 점검확인(Checking)
① 생산중단 요인 사전제어
② 보수주기 파악
③ 설비수명연장

5) 전심전력(Concentration)
① 안전활동
② 집중유도
③ 자발적 참여

4. 5C 운동 추진방법

1) 복장단정
2) 정리정돈
3) 청소청결
4) 점검확인
5) 전심전력

CHAPTER 5

37 위험예지 무재해소집단 활동

1. 개요

위험예지훈련이란 잠재적인 사고요인을 찾아내기 위해 소집단이 모여 작업 전·중·후 단시간에 위험 요인을 토의하는 습관화된 훈련이다.

2. 안전선취방법

1) 감수성 훈련
2) 단시간 미팅 훈련
3) 문제해결 훈련

3. 무재해 소집단 활동 [암기] 위브T지5잠

1) 브레인스토밍
① 토의 비판하지 말고, 판단하지 말고
② 질 고려하지 말고
③ 떠오르는 대로 아이디어 창출

2) Tool Box Meeting
① 그때 그 장소
② 상황적응
③ 즉시 즉응

3) 지적확인
① 오조작 안 나오게
② 작업공정 요소요소 좋아~! 큰소리 지적
③ 안전확보

4) Touch & Call
① 동료의 어깨 손 피부 터치
② 행동목표, 구호로 큰소리
③ 일체감, 연대감, 스킨쉽

5) 5C 운동
① 복장단정
② 정리정돈
③ 청소청결
④ 점검확인
⑤ 전심전력

6) 잠재재해 발굴운동
① 잠재요인
② 불안전한 상태·불안전한 행동 제거
③ 매월 1회 발표토의

[참고] 위험예지훈련 도입방법

1. 도입방법

1) 계획 : 단시간 도입정착, 기간을 명시하고 풍토개선, 매일
2) 경영자 이해 협력 : 경영기반 솔선수범
3) 지도자양성 : 능력 있고 의욕적 체험학습
4) 과제선정 : 다 함께 빨리, 올바르게 단시간 테마
5) 전원참가 운동전개 : 협력사 전사적 회보 벽보

2. 점검사항

1) 작업동작 : 위치, 범위, 속도, 신호, 체력, 기능
2) 작업순서 : 작업순서에 따라 분담하거나 공동작업
3) 작업환경 : 통로정비, 정리정돈, 방해물 정리, 조명
4) 안전작업 : 보호구, 안전장치, 불안전한 행동·불안전한 상태 제거

[참고] 안전활동

1. 안전활동 목적

1) 안전의식 고취
2) 관심 유도
3) 안전동기유발
4) 불안전한 상태·불안전한 행동
5) 재해 가능성 예방

2. 안전문화운동

1) 가정안전
2) 학교생활
3) 직장생활

38 브레인스토밍(Brain Storming) 4원칙

1. 개요 [암기] 비자대수

오스본에서 개발되었으며, 토의식으로 편안한 분위기에서 자유분방하게 아이디어를 도출하는 방법이다.

2. B.S 기본전제

1) 창의력 발휘
2) 비창의적인 풍토는 창의성 계발 저해
3) 자유허용
4) 부정적 태도는 금물

3. 특징

1) 떠오르는 데로
2) 자유연상
3) 기초 4R

4. 4원칙 [암기] 비자대수

1) 비판금지 : 좋다 나쁘다 비평금지
2) 자유분방 : 편안한 마음으로 자유롭게
3) 대량발언 : 어떤 내용이든 많이
4) 수정발언 : 타인 아이디어 덧붙여

5. 무재해 근원 무의원칙 [암기] 무선참

1) 무의원칙, 선취의 원칙, 참가의 원칙
2) 소극적인 사고 없애고
3) 직장 내 모든 위험요인 사전발견
4) 근본 해결, 제로 발상 전환
5) 인간존중

[참고] **안전활동 종류**

[암기] 안전 조모순당 제홍확충 무

1. 안전조회(아침조회)
2. 안전모임(T.B.M : Tool Box Meeting)
3. 안전순번(Safety Patrol)
4. 안전당번
5. 안전제안 실시
6. 안전홍보(표어·포스터)
7. 안전확인 5지 운동
8. 안전충고, 안전경쟁, 안전표창
9. 무재해운동, 위험예지훈련, 지적확인 등

[참고] **현장소장 일상적 안전활동**

[암기] 조모전중돈확

1. 안전조회
2. 안전모임
3. 작업 전 안전점검
4. 작업 중 지도·감독
5. 작업종료 전 정리정돈
6. 작업종료 시 확인

[참고] **안전확인 5지 운동**

[암기] 엄인중약소 마복규정확

1. 엄지 : 마음
2. 인지 : 복장
3. 중지 : 규정
4. 약지 : 정비
5. 소지 : 확인

5지 운동 명칭

CHAPTER 5

39 T.B.M(Tool Box Meeting) 진행방법(기초4Round)

1. 개요

그때 그때 상황에 적응하는 즉시 적응법으로 미국 건설업에서 큰 성과를 얻어 도입된 훈련기술이다.

2. 효과

1) 문제해결
2) 책임감
3) 실천 큰 영향
4) 팀 수준 향상

3. 방법

1) 작업개시 5분
2) 작업종료 후 5분
3) 5~7인 작은 원으로 모여
4) 위험요인

4. 진행순서 4R

1) 1R 현상파악 : 문제를 제기하여 현상파악
2) 2R 본질추구 : 문제점 중요문제 결정
3) 3R 대책수립 : 해결책 구체적 방안
4) 4R 목표설정 : 중점사항 실시계획

5. 훈련방법 암기 T원상단

1) T.B.M 역할연기훈련 : 역할연기 시 다른 팀은 관찰하고 강평, 서로 교대 연기하는 체험학습
2) One Point 위험예지훈련 : 4R 중 2R 4R을 One Point 요약 실시, 2~3분 소요
3) 삼각위험예지훈련 : 현상파악, 위험 Point △형 표시, 팀 합일점 찾는 훈련
4) 단시간 Meeting 즉시 즉응훈련 : TBM 장소에서 즉흥적 전원 참가하여 역할연습

6. 무재해운동 참여원칙 암기 무선참

1) 전원참여
   ① 경영자~일선, 직간접
   ② 관리부문, 전원
   ③ 협력사, 종업원 가족, 지역사회전원

2) 경영소집단 참가 필요
   ① 안전제일 의식
   ② 전원참가, 사업주책임
   ③ 직장풍토조성

참고 **Touch and Call**

1. 개요

동료의 손 어깨 피부 등을 마주하고 행동목표를 정하여 구호를 외치며 일체감 연대감을 조성하는 훈련기법이다.

2. 시기

1) 위험예지훈련 종료 전
2) 단시간 미팅 종료 시

3. 소요시간

1) 훈련 시 5~10초
2) 숙달 시 3~4초

4. 방법

1) 손고리형 : 5~6명, 왼쪽 엄지 잡고 원형
2) 어깨동무형 : 7~8명, 왼손 상대 오른어깨, 왼손 상대 왼쪽어깨 각각 얹고 지적제창
3) 손포개기형 : 4~5명, 리더 손바닥 위 왼손포개고 지적제창

5. 효과

1) 협동심, 일체감, 연대감, 팀워크
2) 무의식적인 안전행동
3) 피부 맞대 교류감 · 동료애

40 지적확인

1. 개요

1) 진행되는 공정 요소요소에서 자신의 행동, 물적 불안전한 상태 등을 직접 확인하여 재해를 예방하는 기법이다.
2) 손가락을 가리키며 좋아 좋아 등을 큰소리로 외치며 불안전한 상태·불안전한 행동 등을 지적한다.

2. 필요성

1) 부주의, 착각
2) 서두름, 오판단, 오조작, 자신행동
3) 작업결과, 정확도

3. 효과 [암기] 아손확손

작업방법	아무것도 안 하는 경우	손가락 지적만	확인만	손가락 지적확인
오조작률	2.85%	1.5%	1.25%	0.8%

4. 항목 [암기] 인물 불행상

1) 인적확인
① 위치 : 거리를 두고 살핌
② 자세 : 머리, 가슴, 허리, 다리, 위치
③ 복장 : 작업모, 작업복, 단추, 소매끈
④ 보호구 : 턱끈, 구두끈, 규정

2) 물적확인
① 자재, 제품, 높이, 위치, 방향, 각도
② 위험물, 유해물, 출입금지, 장애물표지, 선명도
③ 안전모, 안전화, 안전벨트, 성능양부

5. 지적확인 시기

1) 사전확인 : 밸브개방, 스위치 On
2) 사후확인 : 안전벨트 착용, 산소농도, 접다리 등 확인
3) 위험작업 전 : 산소결핍, 고소위험 요소
4) 상호점검 : 복장 보호구, 마주 선 자세, 좋아! 좋아!

[참고] **안전시공 Cycle 운동**

1. 개요

안전시공 관리체계 : 작업 전-중-종료 전-종료 시

2. 안전시공 Cycle 분류 [암기] 일주월

1) 일일 [암기] 조모전중돈확
2) 주간 : 전체모임, 공정협의, 안전점검, 정리정돈
3) 월간 : 협의체, 자체정기점검, 안전행사

[참고] **적극안전(Positive Safety)**

1. 적극안전 : 자기자신과 구성원 모두를 위한 안전
2. 소극안전 : 자신만을 위한 안전

41 잠재재해 발굴운동

1. 개요

아차 순간 깜박하면 죽을 뻔한 불안전한 상태·불안전한 행동, Near Miss 등 잠재적인 사고요인을 매 1회 이상 발표하는 훈련기법이다.

2. 기본내용

1) 아차, 깜짝, 사고 날 뻔
2) 기계설비결함, 사고발생 우려
3) 불안전한 상태·불안전한 행동

3. 진행순서

4. 진행방법

1) 잠재재해발굴
① 아차, 깜짝 사고날 뻔
② 불안전한 상태·불안전한 행동

2) 기록카드제출
① 노란색 카드, 육하원칙
② 분임조장 제출
③ Line명 분임조명 성명 등 기록

3) 기록카드분류
① A급 : 자체 처리, 행동개선
② B급 : 처리 곤란, 설비개선

4) 분류카드처리
① A급 : 분임조장 보관, 행동목표 설정
② B급 : 분임 회의록 기록, 상급자 제출, 상위조직처리

5) 회의록작성
① 카드분류, 발굴자 성명
② 우측 : A급 행동목표 기록

6) 행동목표실천
① 상호주의, 선임·신입 행동목표
② 불안전한 상태·불안전한 행동 지적보완
③ T.B.M 실시 : 행동목표 제창 숙지, 불이행 시 지적확인, 불안전한 상태·불안전한 행동 개선

42 스트레칭, 인력운반 시 안전수칙

1. 개요

유연성 체조 건강증진 등 근로자의 근골격계를 보호하기 위한 신체의 유연성 훈련이며 인력운반 중량물 취급 시 중노동 전 실시한다.

2. 필요성

1) 근육긴장 완화
2) 부상 예방, 유연성
3) 격렬한 활동, 신체인지도
4) 관절 가동, 혈액순환 촉진

3. 필요시기

1) 휴식 시, 뻐근
2) 작업 시작 전 작업 후 긴장해소
3) 오래 서 있거나 앉은 후

4. 실천기법

1) 의자에 장시간 앉아 있은 후
2) 등 하부 긴장 완화
3) 작업 전후

5. 실시요령

1) 근육 쭉 펴고 10~30초 유지
2) 의식 집중하고 풀리는 감각 감지
3) 호흡 천천히 내뱉는 숨 악센트

6. 인력 운반 작업 시 안전수칙

1) 들어 올릴 때 팔 무릎 사용하고 척추 곧은 자세
2) 중량물 공동
3) 긴 물건은 앞쪽을 높이고 화물 중심을 낮게, 어깨보다 낮게
4) 무리한 자세 장시간 금지

참고 **제조물 책임(P.L : Product Liability)**

1. 개요

제조물에 어떤 결함 혹은 하자로 소비자가 인적 재산적 손해를 입으면 제조자가 부담하는 배상책임을 말한다.

2. 기업책임

1) 제조물책임 : 신체, 재산
2) 하자담보책임 : 교환, 수리, 회수, 대금반환

3. 소비자 4대 권리 [암기] 알안선의

1) 알 권리
2) 안전의 권리
3) 선택의 권리
4) 의사 반영의 권리

4. 종류 [암기] 과담엄

1) 과실책임 : 설계상, 제조상, 경고 의무
2) 담보책임 : 명시보증, 묵시보증
3) 엄격책임 : 불합리한 위험 상태, 판매책임

5. 방지대책

1) 안전기준 엄격, 안전성 확보
2) 사용 잘못 대책, 예방기술 도입
3) 재해사례

CHAPTER 5

43 건설현장 재해유형

1. 개요

1) 대형화 고층화 복잡화로 재래형 재해 증가
2) 관리·감독 강화하고 안전시설 확충하여, 미이행 근로자 법령 강화

2. 안전사고 분류 `암기` 인물 사물접흡

구분		분류항목
인적사고	사람동작	추락, 충돌, 협착, 전도, 무리한동작
	물체운동	붕괴·도괴, 낙하·비래
	접촉, 흡수	감전, 이상온도접촉, 유해물접촉
물적사고		상해없고, 화재, 폭발, 파열, 경제손실

3. 재해유형 `암기` 추 감 충협 붕도 낙비 기

1) 추락 : 고소, 비계, 개구부, 안전난간, 안전대
2) 감전 : 기계기구, 가공선로, 전기배선, 교류아크 용접기
3) 충돌 협착 : 장비, 신호수
4) 붕괴 도괴 : 침하, 붕괴, 과하중, 비계, 동바리
5) 낙하 비래 : 형틀, 자재, 콘크리트 덩어리, 낙하 비래 방지시설 미설치
6) 기타 : 전도, 화재, 발파, 폭발, 밀폐, 터널

4. 재해방지시설

1) 추락재해방지시설
 ① 추락방지용방망
 ② 표준안전난간
 ③ 작업발판
 ④ 안전대부착설비
 ⑤ 개구부 추락방지설비

철골 추락방지시설

2) 낙하비례방지시설
 ① 낙하물방지망
 ② 낙하물방호선반
 ③ 수직방호망
 ④ 투하설비
 ⑤ 기타 : 주출입구 방호선반, 건설용리프트 탑 승대기장, 통행로

낙하물방지망/수평보호망

5. 안전대책

1) 추락방지
2) 낙하·비래 방지
3) 감전방지
4) 충돌·협착방지
5) 붕괴방지
6) 도괴방지
7) 화재
8) 발파폭발
9) 밀폐
10) 터널

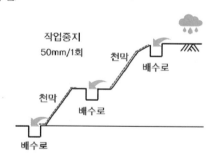

강우 시 사면보호대책

44 건설재해가 근로자 기업 사회에 미치는 영향

1. 개요

1) 근로자 : 본인 생명 위협, 정신적인 타격
2) 기업 : 이미지 손실, 신뢰성 손실, 영업손실
3) 사회적 : 불안감 조성, 세금증가, 공사비 증가

2. 건설업 특수성 [암기] 특위편 하고노근 기재

1) 작업환경 특수성 : 지형 지질 기후 등 예측 어려운 작업
2) 작업 자체 위험성 : 고소작업 상하동시작업 등 복합적 위험
3) 공사계약 편무성 : 무리한 수주, 무리한 공기
4) 하도급 안전관리체계 미흡 : 재하도
5) 고용불안정 노무자 유동성 : 이동 잦아 정기교육 어려움
6) 근로자 안전의식 미흡 : 의식, 지식 결여
7) 기계화 : 설비 대형화
8) 재래형 재해 : 안전〈경제성 우선, 추락 낙하 비래

3. 근로자 [암기] 생본경정

1) 생명, 신체 손상
2) 본인, 가족 생계
3) 경제적 손실
4) 정신적 타격

4. 기업 [암기] 인물신기

1) 인적 : 노동력 사기 능률 저하
2) 물적 : 비용, 직간접손실, 교육훈련, 경비, 시간손실
3) 신뢰성 : 이미지, 기업평가, 근로자 신뢰도 하락
4) 기업활동 : 법적 책임 감수, 신규수주, 생산활동, 판매 부진

5. 사회 [암기] 국민세생정 일

1) 국민세금 : 사회보장경비, 세금
2) 국민생활 : 제품비 공사비 상승
3) 국민정신 : 불안감 조성
4) 일상생활 : 교통두절 정전 가스중단

[참고] 직업병

1. 개요

1) 건설현장의 특성상 여러 공정이 같은 장소에서 진행되므로 작업자는 다양한 위험요인에 노출되어 있다.
2) 대표적인 직업병으로 무리한 육체노동으로 인한 근골격계질환, 소음으로 인한 난청 질환, 분진 유해물질 흡입으로 호흡기 질환 등이 있다.

2. 종류 [암기] 화물생사

1) 화학적 요인 : 분진, 가스, 중금속, 산소
2) 물리적 요인
   ① 조명, 소음, 유해광선, 온습도
   ② 피로, 근시, 난청, 백내장
   ③ 열 중증, 동상
3) 생물적 요인
   ① 세균, 위, 알레르기
   ② 감염증, 식중독
4) 사회적 요인
   ① 근로조건
   ② 인간관계
   ③ 정신피로, 정서

3. 대책 [암기] 생유생직

1) 생산공정 : 유해, 소음, 오염, 유해에너지
2) 유해환경 : 오염, 환기, 쾌적
3) 생체반응 : 개인보호구, 개인위생
4) 직업성질병 : 건강검진

CHAPTER 5

45 협력업체 안전수준

1. 개요

협력업체 안전관리체계 정립, 물적 안전관리체계 구축, 관리·감독 강화, 원청과의 공조체계 강화하여 자율안전체제 구축해야 한다.

2. 문제점 `암기` 제인시운환

1) 제도적
   ① 일방적 계약
   ② 하도급 권리
   ③ 책임한계

2) 인적측면
   ① 의식, 고용
   ② 노령
   ③ 3D 기피
   ④ 미숙련공

3) 시설측면
   ① 한계 불분명
   ② 비용 미고려

4) 운영·관리 측면
   ① 돌관작업
   ② 안전관리, 안전활동 미흡
   ③ 안전의식 미흡

5) 환경적 측면
   ① 복합성
   ② 위험성
   ③ 가변성
   ④ 공정

3. 대책 `암기` 협물관원최

1) 협력사 안전관리체계 정립
   ① 경영주 의식·목표 확고
   ② 조직, 책임 권한, 안전관리 생활화

2) 물적 안전관리체계 구축
   ① 설비, 기자재 점검
   ② 점검검사, 노사합동점검
   ③ 표준수칙 정립

3) 관리·감독 강화
   ① 종합안전점검반 가동
   ② 불이행근로자 조치
   ③ 적정배치, 안전성 확보, 위험예지
       훈련 강화

4) 원청과 공조체계 강화
   ① 안전보건교육
   ② 안전보건 위원회, 실무협의회
   ③ 안전장구지원

5) 최신안전관리기법 적용
   ① 안전수칙, 절차규범
   ② 교육훈련, 의식수준

`참고` 고령근로자

1. 개요

젊은 근로자는 건설업종을 3D로 기피하고 고령화의 증가로 기능 저하는 물론 숙련공의 부족으로 안전사고는 증가하고 있다.

2. 신체특성

1) 근력, 파지력, 반사동작 부족
2) 불안전한 행동, 피로도, 시청각 기능 저하
3) 신체 회복력 저하

3. 특징

1) 인적요인 : 마음만 앞서 심리안정 안 됨, 안이한 태도
2) 작업요인
   ① 추락·전도 : 몸 이동, 자세, 요철, 미끄럼, 고소, 오르내리는 작업 등
   ② 충돌·협착·절단 : 순간적인 힘 부족, 조급 서두름, 무리한 방법, 안전 무시

4. 안전대책

1) 직접적인 대책 : 추락, 전도, 중량물, 자세, 시청각, 조도, 소음
2) 간접적인 대책
   ① 집체교육보다는 분리교육 실시
   ② 기능·지식 측면 면담
   ③ 건강진단, 심신 건강증진

46 건설공사 안전관리 문제점

1. 개요

1) S.O.C 투자확충에 따른 채산성 악화로 건설현장의 기본적인 안전대책이 소홀하다.
2) 건설사업의 증가로 비숙련공과 외국인 근로자들의 증가로 건설환경은 더욱 악화하고 있다.

2. 재해유형 `암기` 추감충협 붕도낙비기 전화발폭밀

3. 안전관리 문제점 `암기` 특위편하고노근기재

1) 작업환경 특수성 : 지형, 지질, 기후, 예측 어려운 작업
2) 작업 자체 위험성 : 고소작업, 상하동시작업 등 복합적 위험
3) 공사계약 편무성 : 무리한 수주, 연약지반, 무리한 공기
4) 하도급 안전관리체계 미흡 : 재하도
5) 고용불안정 노무자 유동성 : 이동 잦아 정기교육 어려움
6) 근로자 안전의식 미흡 : 의식 지식 결여
7) 기계화 : 설비 대형화
8) 재래형 재해 : 안전 〈 경제성 우선, 추락 낙하 비래

4. 재해 발생 요인 `암기` 자사재기협근법

1) 자율안전관리 체제구축 : 원청업체 채산성 악화, 협력사 협조 미흡
2) 사회간접자본시설 투자확충 : 기능인력 부족, 미숙련공 투입
3) 재해예방시설 투자 미흡 : 과열경쟁, 수익저하, 시설투자 미흡
4) 기본적 안전대책 소홀 : 추락 낙하 비래 방호시설부족, 재래형 재해
5) 협력업체 안전관리 미흡 : 영세성, 안전수칙, 작업환경 악화
6) 근로자 안전의식 결여 : 안전모, 안전대, 보호구 미착용
7) 법 준수풍토 미흡 : 법 준수 및 현장규정 미이행

5. 건설재해 감소대책 `암기` 자사재기협근법

1) 자율안전관리 체제구축
2) 기능인력 양성 및 교육훈련
3) 과열 경쟁 및 수익 저하 예방, 시설 투
4) 추락 낙하 비래, 방호시설 설치
5) 안전수칙 준수, 작업환경 개선, 원청사 공조
6) 안전모, 안전대, 보호구 착용 철저
7) 법 준수, 입찰제도 개선

`참고` 외국인 근로자

1. 개요

1) 외국인 근로자의 채용에 있어 외국인 근로자에 대한 교육훈련기관 부족과 통역 및 전문강사가 부족한 실태에 있다.
2) 외국인에 적합한 교재, 2인 1조 후견인제도 등 다양한 제도가 필요하다.

2. 문제점

1) 의사소통
2) 불법체류
3) 단독 임의 행동
4) 교재
5) 낯선 환경
6) 기능숙련도

3. 휴먼에러 대책

1) 위험요인 제거
2) 방호장치
3) 경보장치
4) 개인보호구
5) 개인규칙 준수
6) 후견인

47 하절기 건강장애

1. 개요

1) 하절기 폭염 및 고열환경에 장시간 노출되었을 때 발생하는 질환에는 열실신, 열경련, 열피로, 열사병이 있다.

2) 직업병 발생 시 즉시 응급조치한 후 병원으로 긴급후송하여 의사의 진료를 신속히 받아야 한다.

2. 유형 [알기] 열경실피사발

유형	원인·증상	대책
열경련	고온환경, 심신육체노동, 근육경련	0.1% 식염수, 근육마사지
열실신	고온환경 폭로시, 혈관장해, 피로, 현기증	서늘한 곳, 신속히 병원 후송
열피로	땀 염분손실, 두통, 현기증, 신체피로	서늘한 곳, 물·염분 섭취
열사병	고온다습 폭로 시, 갑자기 중추신경 마비, 체온상승	즉시 병원 후송
열발진	두드러기	서늘한 곳, 신속히 병원 후송

3. 폭염대비 행동 요령

1) 사전준비 : 기상상황 주시, 응급 시 조치, 필요용품 구비, 무더위 안전상식

2) 폭염발령 시 : 가정 직장 학교, 축사 양식장 주의사항

3) 국민재난 안전포탈

국민재난안전포탈

(출처 : 정부 국민재난안전포탈)

4. 휴게시설의 필요성

1) 필요성
① 과로사 등, 업무상 질병 예방
② 졸음, 긴장 등, 신체적 증상 완화
③ 스트레스 감소, 업무능률 향상
④ 비용대비 편익 2.2배 증가

2) 효과
① 안전사고 감소
② 피로감소 및 휴식
③ 업무효율 증대
④ 경제성 향상

3) 개선대책
① 휴게시설 (22.08.18시행 과태료1,500)
② 면적 6m 이상, 높이 2.1m 이상
③ 온도 20~28℃, 습도 50~55%
④ 조명 100~200Lux
⑤ 환기소음 노출
⑥ 의자 등 비품, 음용가능한물, 청결상태, 흡연여부
⑦ 휴게시설 표지, 휴게시설 담당자 지정

휴게시설

48 돌관작업 현장의 안전관리방안

1. 개요

1) 당초의 계획된 공사기간 내 공사 목적물의 완성을 위해 불가피하게 돌관작업을 추진하는 경우
2) 산업재해 예방을 위해 준수하여야 할 안전보건지침을 정함

2. 작업계획 수립 시 고려사항

1) 근로자투입 및 근무시간의 적정 배분 계획
2) 미숙련 근로자에 대한 안전교육실시 계획
3) 근로자 휴게시설 확보 계획
4) 관리감독자 및 안전관리자의 운용계획
5) 동시 투입가능 장비의 수량 및 운용계획
6) 가설재 및 안전시설물 확보 및 설치계획
7) 동시 투입에 따른 가설전기 가설용수 확충계획
8) 다수공종 동일장소에서 동시작업시 간섭최소화
9) 동시작업에 따른 위험성 평가 및 대책
10) 작업장 동선 계획 및 정리정돈 계획
11) 화재예방 및 대피계획
12) 재해 발생 시 구조 및 응급처치 계획

3. 근로자의 의무

1) 안전보건기준을 준수
2) 산업재해 방지 조치 준수
3) 충분한 휴식과 수면 음주절제 등
4) 급박위험 시 작업중단 – 안전장소 대피 – 관리감독자 보고

4. 계획 수립 시 유의사항

1) 근로기준법 의거 근로시간을 초과하지 않도록
2) 교대근무 편성 등 충분한 휴식시간 확보
3) 작업공정별간 간섭이 최소화
4) 근로자 추가투입에 따른 관련대책
5) 야간작업 시 야광반사조끼, 휴식시설

5. 장비관리 계획

1) 동시 투입할 수 있는 적정장비 산출
2) 사전점검 및 정기점검 계획 수립
3) 장비의 동선 간섭되지 않도록 계획 수립
4) 신호수 유도자 배치계획
5) 야간작업 : 조명, 안전표지판, 조명, 경광등, 반사테이프 부착

6. 가설구조물 및 안전시설물 설치 계획

1) 가설재 및 안전시설물 수급계획
2) 비계, 거푸집동바리 구조검토 및 조립도
3) 야간작업 시 차량의 충돌 방지계획, 작업발판 끝단의 식별계획

7. 비상시 피난계획 및 훈련 실시

1) 비상 시 대피경로 구별 안내표지
2) 정전 시 대비 비상조명등, 유도등, 손전등
3) 비상 시 경보설비
4) 비상 시 근로자 대피훈련 실시
5) 응급조치시설, 구난장비 비치 성능유지

8. 작업의 중지

1) 가시설 및 안전시설물 적정하게 확보되지 않은 경우
2) 정전이 예고된 경우의 야간작업
3) 강풍, 강우, 강설, 혹한 시 옥외작업
4) 안전보건조치가 미흡으로 재해발생 위험 상존
5) 중대재해 발생 시

49 건축물의 PC(Precast Concrete) 공사

1. PC(Precast Concrete)정의
공장제작, 현장조립, 고소작업, 추락재해 가장 높음

2. 재해유형 [암기] 추감충협붕도낙비기

3. 공법분류 [암기] 판골상
1) 판식 : 횡벽, 종벽, 양벽
2) 골조식 : HPC, RPC, 적층
3) 상자식 : Space Unit, Cubicle Unit

PC 반입

4. 특징
1) 공장생산
2) 품질, 공기, 노무비, 대량생산, 원가절감
3) 고소직업
2) 접합부, 운반, 설치, 파손

5. 안전대책
1) 반입도로 : 중차량, 안전운행, 유지보수, 적치장 연결
2) 적치장 : 양중장비반경, 통행지장, 평탄, 배수, 적치스텐드
3) 비계 : 바닥면보다 1m 이상 높게
4) 설치 : 파손되지 않게, 오염된 받침목 설치 금지, 수직설치
5) 조립 : 인양신호, 복장단정, 안전모, 안전대, 보호구, 작업중 아래 출입금지, 결속철저, 임시로 가새설치, 달아올린 채 주행금지, 적재하중 초과 금지, 반경 내 출입금지, 고압선로 감전 예방조치, 크레인 침하 전도 지내력 점검

6. 재해방지설비

7. 시공순서
1) 공장제작도면확정 - 부재제작 - 운반
2) 현장시공사전조사 - 준비 - 가설작업 - 기초조립 - 접합 - 접합부방수 - 마감

50 사전작업허가제 (PTW : Permit To Work)

1. 사전 작업 허가제

1) 작업 착수 전에 안전조치 등에 대해 작업허가서를 작성
2) 절차로 PDCA 형태로 구성

2. 국민생명 지키기 3대 프로젝트

추락 위험공사중 공공부문의 고소작업, 굴착, 가설공사, 철골 구조물 공사, 도장 공사 등에서 시행하고 있던 작업 허가제를 민간공사까지 확대 적용하도록 권고

3. 선정 시 유의사항

1) 무분별하게 선정하지 않을것
2) 유사 시 담당자의 책임 회피 목적 아님
3) 형식적인 서류가 되지 않도록 할것
4) 허가 업무가 신속하게 진행
5) 중대 위험요소 일목요연 간략한 표준양식 사용

4. 절차

1) 작업 개소(장소) 기준으로 PTW를 작성
2) 작업 기간 동안 1회 승인 후 작업을 실시
3) 작업 전에 시행해야 하는 안전조치 사항 매번 확인

5. PTW 대상 작업

1) 고강도 위험 작업, 밀착 안전관리가 필요작업
2) 밀폐공간작업, 환기가 불충분한 장소, 유해가스나 산소결핍
3) 화기작업으로 화재시 대피가 어려운 장소에서 수행되는 화기 작업 : 지하층탱크내부, 터널 내 용접, 용단, 연마, 드릴 등 화염 스파크
4) 2m 이상 깊이의 굴착 작업 : 토사 함몰, 붕괴 등의 위험제거 위한 PTW 작성(관로매설작업, 맨홀 설치 작업 등)

평가적용공정		위험성 평가 (4M – Risk Assessment)					평가공정			
평가일시							평균위험도		현재	개선 후
작업내용	평가구분	위험요인 재해형태	현재위험도				개선대책	코드번호	개선후위험도	
			현재조치	빈도	강도	위험			빈도	강도	위험

6. 작업 위험성 평가 _{암기} 평위위위계

1) 평가대상공정선정
2) 위험요인도출
3) 위험도계산
4) 위험도평가
5) 개선대책수립
6) 위험성평가표 _{암기} 빈강위

CHAPTER 5

51 고소작업대(차량탑재형)

1. 고소작업대 사용 시

1) 과상승방지장치 4개 작동확인
2) 키 작업반장 관리
3) 중간문타이로 고정 금지
4) 고소작업대차 비상 하강버튼 조작스티커부착
5) 사용자 보험기간 부착

2. 고소작업대 점검사항

1) 안전장치 부착 및 작동 유무
2) 비상정지장치, 과상승방지장치 등
3) 상승후 주행금지 장치, 강제하강장치 등
4) 구조부 외관상태 확인 유무
5) 작업대 안전난간, 승강작동부 핀 체결, 용접부등
6) 안전인증 및 안전검사 확인
7) 고소작업대 제원, 작업방법, 작업범위 등 작업
   계획 및 대책 수립 여부

고소작업차

고소작업대

52 타워크레인 자립고 이상의 높이로 설치할 경우 지지방법과 준수사항 제142조(타워크레인의 지지)

1. 개요

1) 사업주는 타워크레인을 자립고(自立高) 이상의 높이로 설치하는 경우 건축물 등의 벽체에 지지하도록 하여야 한다.

2) 다만, 지지할 벽체가 없는 등, 부득이한 경우에는 와이어로프에 의하여 지지할 수 있다. 〈개정 2013. 3. 21.〉

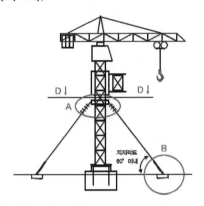

타워크레인 시공도

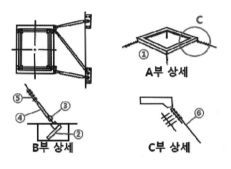

타워크레인 연결부

2. 타워크레인 벽체 지지 시 준수사항

1) 「산업안전보건법 시행규칙」 제58조의4제1항 제2호에 따른 서면심사에 관한 서류(「건설기계관리법」 제18조에 따른 형식승인서류를 포함한다) 또는 제조사의 설치작업설명서 등에 따라 설치할 것

2) 제1호의 서면심사 서류 등이 없거나 명확하지 아니한 경우에는 「국가기술자격법」에 따른 건축구조·건설기계·기계안전·건설안전기술사 또는 건설안전분야 산업안전지도사의 확인을 받아 설치하거나 기종별·모델별 공인된 표준방법으로 설치할 것

3) 콘크리트구조물에 고정시키는 경우에는 매립이나 관통 또는 이와 동등 이상의 방법으로 충분히 지지되도록 할 것

4) 건축 중인 시설물에 지지하는 경우에는 그 시설물의 구조적 안정성에 영향이 없도록 할 것

3. 와이어로프로 지지 시 준수사항

1) 제2항제1호 또는 제2호의 조치를 취할 것

2) 와이어로프를 고정하기 위한 전용 지지프레임을 사용할 것

3) 와이어로프 설치각도는 수평면에서 60도 이내로 하되, 지지점은 4개소 이상으로 하고, 같은 각도로 설치할 것

4) 와이어로프와 그 고정부위는 충분한 강도와 장력을 갖도록 설치하고, 와이어로프를 클립·샤클(shackle) 등의 고정기구를 사용하여 견고하게 고정시켜 풀리지 아니하도록 하며, 사용 중에는 충분한 강도와 장력을 유지하도록 할 것

5) 와이어로프가 가공전선(架空電線)에 근접하지 않도록 할 것

53 굴착기 작업 시 재해유형별 안전대책, 인양작업이 가능한 굴착기 충족조건

1. 개요

1) 굴착 작업은 건축물 구축위해 지하 터파기를 하는 작업

2) 토사붕괴 방지로 흙막이시설 설치, 흙막이 내부 토사굴착

3) 굴착시 사고유형 : 흙막이무너짐(붕괴), 떨어짐(추락), 부딪힘(충돌), 끼임(협착)

굴삭기 안전장치

2. 재해유형별 안전대책

1) 충돌 협착
 ① 전담 유도자를 배치, 유도자 신호준수
 ② 작업반경 내 근로자 출입통제
 ③ 운전자 시야 벗어난 장소 작업금자
 ④ 굴삭기 안전장치 작동상태, 작업장소 지반상태 등 사전점검

2) 전도
 ① 유도자 신호준수
 ② 정해진 운행경로 및 작업장소 이동 또는 작업
 ③ 지반의 침하방지조치 및 평탄성을 확보
 ④ 굴착면기울기 기준 준수 등 지반붕괴 방지
 ⑤ 굴착 및 성토 기울기면 끝단 작업금지, 안전거리를 유지

3) 낙하 비래
 ① 자재, 버킷 하부 근로자 출입금지
 ② 버킷 연결용 유압 커플러안전핀 체결
 ③ 사용하중 준수 및 주용도 외 사용 금지
 ④ 수리점검 시 지면에 내려 놓거나, 안전지주, 안전블럭등 설치

3. 인양작업이 가능한 굴착기의 충족조건

1) 작업반경 내 근로자 접근통제조치를 한 경우

2) 훅 해지장치 부착한 경우

3) 정격 샤클, 슬링벨트 및 와이어로프 등을 사용한 경우

54 건설현장의 임시소방시설 종류와 임시소방시설을 설치해야 하는 화재 위험작업

1. 임시소방시설의 종류

1) 소화기
2) 간이소화장치 : 물을 방사하여 화재를 진화
3) 비상경보장치 : 화재가 발생 시 화재사실을 알릴 수 있는 장치
4) 간이피난유도선 : 피난구방향을 안내

2. 임시소방시설을 설치하여야 하는 공사의 종류와 규모

1) 소화기 : 건축허가시소방본부장 소방서장의 동의, 특정소방대상물의 건축·대수선·용도변경 또는 설치 등 위한 공사
2) 간이소화장치
 ① 연면적 3천m 이상
 ② 지하층, 무창층 또는 4층 이상의 층. 바닥면적이 600m 이상

소화장비

3) 비상경보장치
 ① 연면적 400m² 이상
 ② 지하층 또는 무창층. 바닥면적이 150m² 이상
4) 간이피난유도선 바닥면적이 150m² 이상인 지하층 또는 무창층

안전심리

01 안전심리 5대 요소

1. 개요

인간의 습관은 안전과 직접적인 관계가 있으며, 안전심리의 5대 요소인 감정·동기·기질·습성·습관을 통제할 경우 사고예방에 영향을 준다.

2. K.Lewin 인간 행동법칙

인간행동은 내외환경으로 자극을 받아 발생한다.

$B = f(P \cdot E)$

B : 인간행동
f : 함수관계
P : 지능, 시각, 성격, 감각, 연령
E : 인간관계, 온습도, 조명, 분진, 소음, 정리 정돈, 청소, 채광, 행동장애

3. 인간심리 특성 암기 간일R

1) 간결성 : 최소 에너지로 목표 성취
2) 일점집중 : 돌발 시 판단이 정지되고 멍청해지는
3) Risk Taking
 ① 위험한 일을 자기 나름대로 판단하여 진행하는 행동
 ② 태도가 양호한자 R/T 적음
 ③ 추락 위험, 안전모 미착용, 안전대 미설치

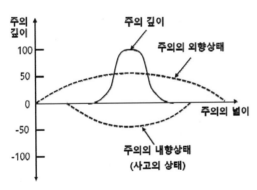

주의의 집중과 배분

4. 안전심리 5대 요소 암기 감동기습습

1) 감정 : 희로애락, 정신적 동기
2) 동기 : 능동적으로 마음을 움직임
3) 기질 : 성격 능력 등 개인적인 특성, 성장 시 주위 환경의 영향을 받음
4) 습성 : 버릇 행동양식 습관이 되어버린 성질
5) 습관 : 성장과정에서 되풀이되며 저절로 익혀진 행동

참고 **재해의 원인 대책**

1. 재해원인 암기 직간 불불천 기교규

1) 직접 불안전한 상태(물적) : 10% (시설, 환경)
   불안전한 행동(인적) : 88% (행위, 제거)
   천후(불가항력) : 2% (지진, 태풍, 홍수)
2) 간접 기술적 : 10% (방호장치, 결함)
   교육적 : 70% (지식, 기능, 태도)
   규제적 : 20% (조직, 인원, 지시)

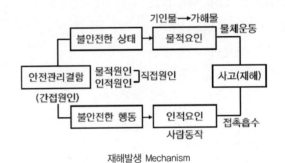

재해발생 Mechanism

2. 재해예방대책 암기 조사분시시 기교규 시법

1) 재해예방 5단계(H.W. Heinrich)
 ① 제1단계(조직) : 조직
 ② 제2단계(사실발견) : 현상파악
 ③ 제3단계(분석) : 원인분석
 ④ 제4단계(시정책 선정) : 대책수립
 ⑤ 제5단계(시정책 적용) : 실시

2) 3E 대책(J.H Harvey의 3E)
 ① 기술적(Engineering)
 ② 교육적(Education)
 ③ 규제적(Enforcement)

3) 기타
 ① 시설대책
 ② 법령준수

CHAPTER 6

02 불안전한 행동 배후요인

1. 개요

재해요인의 직접적인 요인 중 불안전한 행동은 88%를 차지하며, 인간측 요인과 환경측 요인을 바로 잡아야 재해를 예방할 수 있다.

2. 불안전 행동 배후요인

`알기` 인외 심생4M 착생소주의무억격 피적에영작

1) 인적요인

심리적	• 착오 : 불안전한 행동유발 • 생략 : 지름길, 급함, 피로 • 소질결함 : 신체결함 • 주변동작 : 주변환경 모름, 몰두 • 의식우회 : 부적응, 사고직결, 딴 생각 • 무의식적 행동 : 가지 말아야 할 길 • 억측판단 : 이 정도면 되겠지^^ • 걱정거리 : 작업 외, 불안전한 행동 • 망각 : 필요 절차 무시
생리적	• 피로 : 정신, 육체, 급성, 만성 • 영양 : R.M.R, 심신의 부조화 발생 • 에너지대사 : 심신을 조화롭게 • 적성 : 조화롭지 않음, 적재적소 배치 • 작업 : 적재적소 배치

2) 외적요인 `알기` 인설작관

인**간**적	지식 기능 태도, 상호협력
설**비**적	위험성, 취급상, 유지관리
작**업**적	방법, 순서, 속도, 정리정돈, 소음, 분진
관**리**적	교육훈련, 감독지도, 적정배치

3) 안전대책 `알기` 기교관심시법

기**술**적	교육훈련, 복잡한 작업 주의
교**육**적	지식 기능 태도, 재해빈발자 교육훈련
관**리**적	적성검사
심**리**적	개별면담, 동기부여, 피로회복
시**설**적	안전난간, 안전대
법**적**	현장규정 위반 시 퇴출

3. 불안전한 행동 종류 `알기` 지기태인 인설작관

1) 지식부족(모른다) : 방호방법 안전지식 등을 모른다.
2) 기능미숙(할 수 없다) : 경험도 없고 숙련이 안 되어 미흡하다.

3) 태도불량(하지 않는다) : 작업방법 알면서도 하지 않는다.
4) 인간 Error `알기` 인설작관
   ① 인간적 : 과오, 망각, 무의식, 피로
   ② 설비적 : 시설결함, 안전장치 제거
   ③ 작업적 : 작업순서 작업동작 작업방법 등 무시, 작업환경 불량, 정리정돈 불량
   ④ 관리적 : 조직 현장규정 교육훈련 미흡
   ⑤ 대책 : 교육훈련, 착시·착오요인 제거, 동작장해 제거, 심신건강유지, 능력초과요구 업무 금지, 작업환경개선, 면담

4. K.Lewin 행동법칙

인간행동은 내외환경으로 자극을 받아 발생한다.

$$B = f(P \cdot E)$$

B : 인간행동
f : 함수관계
P : 지능, 시각, 성격, 감각, 연령
E : 인간관계, 온습도, 조명, 분진, 소음, 정리정돈, 청소, 채광, 행동장애

03 모랄서베이(Morale Survey)

1. 개요

노동자가 기업에 대해 어떤 심리적인 연대감을 가지고 있는가를 조사하는 것으로, 노동자의 감정과 기분을 과학적으로 고려하여 사기를 높이고 이에 따른 경영의 관리 활동을 개선하려는 것에 목적을 두고 있다.

2. 효과

1) 불만해소
2) 노동의욕
3) 경영개선
4) 정화작용

3. 방법

1) 질문지 : 질문지 돌려 작성
2) 면접 : 카운슬링 상담
3) 집단토의 : 집체 토의
4) 의견조사 : 만족·불만족 통계처리

4. 활용방법 [암기] 통사관실태 질면집 일자

1) 통계방법 : 생산고 결근 이직 등 통계자료
2) 사례연구법 : 제안제도, 고충처리, 사기불만
3) 관찰법 : 근무실태 사기정황 관찰
4) 실험연구법 : 표본선택하여 실험연구
5) 태도조사법 : 의견조사 방법, 가장 널리 활용
 ① 질문지법 : 질문하여 응답자료 활용
 ② 면접법 : 일문일답법, 자유질문법
 ③ 집단토의 : 구성원 의견조사

04 착오발생 3요인

1. 개요

착오란 사실과 관념이 일치하지 않는 것으로 불안전한 행동의 배후요인이며 사고재해의 원인이다.

2. 심리적 요인 [암기] 착생소주 의무억격

1) 착오 : 불안전한 행동유발
2) 생략 : 지름길, 급함, 피로
3) 소질결함 : 신체결함
4) 주변동작 : 주변환경 모름, 몰두
5) 의식우회 : 부적응, 사고직결, 딴 생각
6) 무의식적 행동 : 가지 말아야 할 길
7) 억측판단 : 이 정도면 되겠지^^
8) 걱정거리 : 작업 외, 불안전한 행동
9) 망각 : 필요 절차 무시

3. 착오발생 3요인 [암기] 감중운 인판조

1) 인지과정
 ① 정보를 받아 대뇌의 감각중추로 인지되기까지 일어나는 에러
 ② 정보저장 한계, 감각차단, 정서 불안정, 불안

2) 판단과정
 ① 의사결정 후 운동중추에서 동작명령을 내릴 때까지 과정에서 일어나는 에러
 ② 능력부족, 정보부족, 자기합리화

3) 조작과정
 ① 동작이 나타나기까지의 과정에서 일어나는 에러
 ② 기술미숙, 경험부족

[참고] 의식동작구조
[암기] 감중운 인판조

1) 감각기관 : 인지과정 에러, 대뇌작용
2) 중추신경 : 판단과정 에러, 의사결정 동작 명령
3) 운동기관 : 조작과정 에러, 절차생략 조작 잘못

CHAPTER 6

05 자신과잉

1. 개요

1) 익숙하면 안전수단을 생략하여 사고를 유발하는 경우가 있다.

2) 이는 지식·기능·태도 중 태도불량으로 옳은 방법을 알면서도 이행하지 않아 불안전한 행동을 유발한다.

2. 불안전 행동 종류 알기 지기태인 인설작관

1) 지식부족(모른다) : 방호방법 안전지식 등을 모른다.

2) 기능미숙(할 수 없다) : 경험도 없고 숙련이 안 되어 미흡하다.

3) 태도불량(하지 않는다) : 작업방법 알면서도 하지 않는다.

4) 인간 Error 알기 인설작관

① 인간적 : 과오, 망각, 무의식, 피로

② 설비적 : 시설결함, 안전장치 제거

③ 작업적 : 작업순서 작업동작 작업방법 등 무시, 작업환경 불량, 정리정돈 불량

④ 관리적 : 조직 현장규정 교육훈련 미흡

⑤ 대책 : 교육훈련, 착시·착오요인 제거, 동작장해 제거, 심신건강유지, 능력초과 요구업무 금지, 작업환경개선, 면담

자신과잉

3. 원인

1) 끝날 무렵 : 짧은 시간에 안전수단 생략

2) 주위영향 : 주위 동화되어 생략, 미경험자

3) 피로 : 심신이 귀찮아

4) 직장분위기 : 정리정돈 및 조명 미흡, 감독사각지대 안이함

4. 대책

1) 규율강화

2) 환경정비

3) 교육훈련

4) 동기부여

5) 피로회복

06 운동의 시지각(착시, 착각)

1. 개요

1) 운동의 시지각이란 움직이지 않는 물체가 마치 움직이는 것처럼 착각을 일으키는 것을 말한다.
2) 플랫폼에서 정지하고 있는 열차가 마치 움직이는 것처럼 보이는 효과이다.

2. 착각현상(운동의 시지각) [암기] 자유가 Mul Hel Her Pog

1) 자동운동 : 암실소광점이 움직이는 것처럼 보이는 것
2) 유도운동 : 어느 기준이 이동되며 유도되어 움직이는 것처럼 느끼는 것, 플랫폼
3) 가현운동 : 일정 위치에서 착각을 일으켜 움직이는 것처럼 느끼는 것, 운동

3. 가현운동 [암기] 알베감델엡 신운팽감색 뮬헬허폭

1) α : 화살표, 다른 도형, 선 신축, Muller착시
2) β : 자극 순간 제시, 만화영화, 운동
3) γ : 자극 순간 제시, 팽창
4) δ : 강도 다른 두 자극, 강한→약한 감소변화
5) ϵ : 흰 바탕은 자극, 흑-백, 백-흑 색변화
6) 가현운동 실례
  ① Muller : a > b 길어 보임

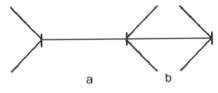

Muller Lyer의 착시

  ② Helmholz : 세로, 가로, 길어 보임

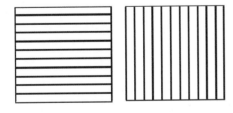

Helmholz의 착시

③ Herling : 양단, 중앙, 벌어져 보임

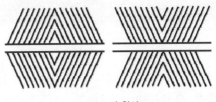

Hering의 착시

④ Poggendorf : 일직선, 실제는 아님

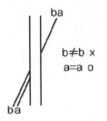

Poggendorf의 착시

착시, 착오, 착각

07 사고자(재해빈발자)

1. 개요

1) 사고자는 착각·실수·판단·착오 등 불안전한 행동을 유발하며, 소심하고 소극적이며 사고를 유발한다.
2) 무사고자는 불안전한 상황에서도 침착하고 모든 일에 숙고하며 어려움을 잘 극복한다.

2. 유형 [암기] 상습미소

1) 상황성 : 어려워 결함이 생기고 집중이 안 되며 심신에 근심이 많음
2) 습관성 : 겁쟁이고 신경과민하며, 슬럼프에 자주 빠짐
3) 미숙성 : 기능 환경에 적응이 안 됨
4) 소질성 : 소질이 맞지 않는 특수한 성격

3. 소질적 사고요인 [암기] 지씨성

1) 지능 : 높거나 낮거나 사고와는 반비례
2) 시각기능 : 시각기능 결함, 시력 불균형 자
3) 성격 : 적응이 안 되며 허영·쾌락·소심·산만한 성격

4. 사고자 특성

1) 주의력 집중력 떨어짐
2) 괴팍하고 접촉을 꺼림
3) 무기력하고 눈치 많음
4) 좌절 불만, 피해망상 원한
5) 자기행위는 정당하고 책임회피
6) 남이 자기평가에 신경 곤두세움
7) 남의 과오는 혹독한 비판
8) 알코올중독 약 자주 복용
9) 자제가 안 되고 조급함
10) 그릇된 가치관
11) 충동적 본능적 욕구

5. 3E 대책 [암기] 기교관

1) 기술 : 설비, 환경, 작업방법
2) 교육 : 교육, 훈련
3) 관리 : 엄격한 규칙, 제도적

6. 재해빈발자 주요특성

1) 주의력 산만
2) 괴팍 조급
3) 무기력 알코올
4) 자제력 없음

[참고] **무사고자**

1. 개요

1) 사고자는 착각·실수·판단·착오 등 불안전한 행동을 유발한다.
2) 무사고자는 불안전한 상황에서도 침착하고 모든 일에 숙고하며 어려움을 잘 극복한다.

2. 무사고자 특성

1) 온순, 절제
2) 의욕, 법규
3) 겸손, 전체이익
4) 상황판단, 추진력
5) 능력을 과시하지 않음
6) 순응, 내성적, 수줍음

3. 무사고자 주요특성

1) 온순, 절제
2) 의욕, 법규
3) 겸손, 전체이익

4. 사고자 주요특성

1) 소수 근로자
2) 소심
3) 산만

5. 소질적 사고요인 [암기] 지씨성

1) 지능 : 높거나 낮거나 사고와는 반비례
2) 시각기능 : 시각기능 결함으로 시력 불균형 자
3) 성격 : 적응이 안되며 허영·쾌락·소심·산만한 성격

08 동기부여

1. 개요

1) 일정한 목표를 가지고 일을 성취하려는 능동적인 행동을 일으키는 것을 말한다.
2) 동기는 목표를 만들고 행동을 실천한다.

2. 동기유발이론 분류

`암기` 마알맥허 생안사인자 생관성 XY 위동

1) Maslow

생리적욕구	기아, 갈증, 호흡, 배설, 성욕
안전욕구	보호, 불안, 해방
사회적욕구	애정, 소속, 친화
인정욕구	자존심, 명예, 성취, 지위, 승인
자아실현욕구	잠재능력실현, 성취

2) Alderfer E.R.G 욕구

생존욕구	생존, 유지
관계욕구	타인, 상호, 대인
성장욕구	개인발전, 증진

3) McGregor X, Y 이론환경개선 〈 일의 자유화, 불필요한 통제 배제

X 이론	불신감, 물질, 명령, 통제, 저개발국
Y 이론	신뢰, 정신, 자율, 선진국형

4) Herzberg 위생

위생요인	불만족요인, 동물적, 생리, 감정, 비합리적
동기요인	만족요인, 자아실현, 경험, 지식, 합리적

3. 동기부여이론

`암기` 마알맥허 생안사인자 생관성 XY 위동

Maslow 욕구 5단계	Alderfer E.R.G	McGreger X,Y	Herzberg
생리적욕구 안전욕구	생존욕구	X 이론	위생요인
사회적욕구	관계욕구	Y 이론	동기요인
인정욕구 자아실현욕구	성장욕구		

4. 안전동기 유발방법 `암기` 이목결상경최

1) 이념 : 참된 가치 근본인식
2) 목표 : 달성 가능한 안전목표 설정
3) 결과 : 구성원 평가 검토
4) 상벌 : 인위적인 경쟁
5) 경쟁협동 유도 : 사회적 동기유발
6) 곤란한 일 지양

`참고` 감성안전

1. 개요

1) 근로자의 감성을 자극해서 마음을 움직이는 안전을 말한다.
2) 감성안전은 안전 경각심을 고취하고 근로자 스스로 안전의식을 갖추게 한다.

2. 특징

1) 수직하달 명령 등 금지
2) 존중, 칭찬, 경청, 배려
3) 작업환경 개선

3. 감성안전 요소 `암기` 존신자동 공애관

1) 존중
2) 신뢰
3) 자부심
4) 동료애
5) 공정대우
6) 애정
7) 관심

4. 안전심리 5요소 `암기` 감동가습습

1) 감정
2) 동기
3) 기질
4) 습성
5) 습관

09 McGregor X·Y 이론

1. 개요

1) 환경개선보다는 일의 자유화 추구
2) 불필요한 통제를 배제하고 특정 작업에 기회를 부여하려는 이론

2. X·Y 이론

1) 일의 자유화
2) 불필요한 통제
3) 기회부여
4) 정보제공
5) 비교

X 이론	Y 이론
불신감	신뢰감
성악설	성선설
게으름, 태만, 지배	부지런, 근면, 적극, 자주적
물질(저차원)	정신(고차원)
명령, 통제	신뢰, 자율
저개발국형	선진국형

3. 동기부여 안전활동

1) 안전조회
2) 안전모임
3) 안전순찰
4) 안전표창
5) 안전방송
6) 안전홍보
7) 안전당번
8) 안전뉴스

참고 정보처리 Channel

1. 개요

1) 정보 : 감지, 조작, 처리
2) 인간 : 행동, 실수, 판단, 잘못, 오조작

2. 정보처리 Channel 암기 반주루동문

1) 반사작업 : 무의식적이며 지각이 통과하지 않는데도 반사신경이 처리하는 작업
2) 주시 안 해도 : 몸 피부로 학습되어 간단히 처리하는 작업
3) 루틴작업 : 미리 순서가 정해져 있는 작업
4) 동적의지 결정작업 : 결과를 봐야 다음 조작이 가능한 작업
5) 문제해결 : 미경험으로 창의력을 발휘해야 하는 작업

10 Maslow 인간욕구 5단계 (동기부여이론)

1. 개요

저차원적인 욕구에는 생리적욕구 안전욕구 등이 있으며, 고차원적 욕구에는 사회적욕구 인정욕구 자아실현욕구 등이 있다.

2. 매슬로우 욕구 5단계 암기 생안사인자 저고

1) 생리적 : 기아, 갈증, 호흡, 배설, 성욕
2) 안전 : 보호, 불안해방
3) 사회적 : 애정, 소속, 친화
4) 인정 : 자존심, 명예, 성취, 지위, 승인
5) 자아실현 : 잠재능력 실현, 성취

1 단계	생리적욕구	신체적	저차원적 욕구
2 단계	안전욕구	안전적	
3 단계	사회적욕구	사회적	고차원적 욕구
4 단계	인정욕구	품위적	
5 단계	자아실현욕구	자기실현	

11 주의, 부주의

1. 개요

1) 주의는 의식을 집중하여 불안전한 행동을 없애는 사고이다.
2) 부주의는 목적에서 벗어나는 심리적 신체적으로 불안전한 행동을 유발하는 사고이다.
3) 작업환경과 근로조건을 개선하고 적정배치와 안전교육을 통해서 주의상태를 유지해야 한다.

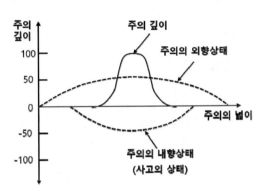

주의의 집중과 배분

2. 주의 특징 [암기] 선방변

1) 선택성 : 한 가지만
2) 방향성 : 주시점만
3) 변동성 : 주의와 부주의가 공존

3. 부주의 특징

1) 불안전한 행동 불안전한 상태
2) 실패 동작 정신상태 이하
3) 원인 존재
4) 무의식행위
5) 의식주변
6) 착각
7) 판단
8) 실수
9) 착오

4. 부주의 원인

구분	외적(불안전한 상태)	내적(불안전한 행동)
원인	작업환경 : 불쾌, 지능 작업순서 : 판단, 조작	소질적 : 간질병 의식우회 : 걱정, 불만, 경험 미경험 : 주의력, 억측
대책	작업환경, 근로조건, 작업순서, 작업방법	적정작업, 건강진단, 상담, 교육훈련, 집중훈련, 피로

5. 의식수준 5단계 [암기] 주부 수졸일적과 단우저정집과

의식수준	주의상태	신뢰도	부주의현상
Phase0	수면	Zero	의식단절, 의식우회
Phase1	졸음	0.9 이하	의식수준저하
Phase2	일상	0.99~0.99999	정상
Phase3	적극활동	0.99999 이상	주의집중, 15분이상 지속불가
Phase4	과잉긴장	0.9 이하	주의일점집중, 의식과잉

6. 부주의 현상과 의식수준 [암기] 단우저과

1) 의식단절 : Phase 0
2) 의식우회 : Phase 0
3) 의식수준저하 : Phase 1
4) 의식과잉 : Phase 4

CHAPTER 6

12 피로

1. 개요

1) 피로란 작업활동이 지속되어 능률이 저하되고 주의가 감소하는 상태이다.
2) 피로 시 일에 대한 흥미 상실로 권태롭고 심리가 불쾌하여 불안전한 행동을 유발한다.

2. 피로 분류 [암기] 정육급만

1) 정신피로 : 긴장 스트레스
2) 육체피로 : 근육이 지친 상태
3) 급성피로 : 휴식 회복으로 회복이 가능
4) 만성피로 : 오랜 축적으로 휴식으로는 회복 불가

3. 증상

1) 정신적 : 주의력 감소, 불쾌, 긴장, 권태, 태만, 흥미 저하
2) 육체적 : 자세 불안정, 무감각, 무표정, 경련, 작업량 감소

4. 피로 예방

1) 휴식, 수면
2) 영양섭취
3) 산책, 체조
4) 음악, 오락
5) 목욕

5. 대책 [암기] 돈조채소통환색온행

1) 작업자세
2) 작업방법
3) 작업속도
4) 작업시간
5) 정리정돈
6) 조명 채광
7) 소음 진동
8) 통풍 환기
9) 색채 조화 온도
10) 행동 장해요인 제거

[참고] 에너지대사율
(R.M.R : Relative Metabolic Rate)

1. 개요

1) 작업강도 단위
2) 산소호흡량 측정
3) Energy 소모량 결정

2. 작업강도 [암기] 경중풍초

$$R.M.R = \frac{\text{작업대사량}}{\text{기초대사량}}$$

$$= \frac{\text{작업 시 소비 Energy} - \text{안정 시 소비 Energy}}{\text{기초대사량}}$$

기초대사량 $= A \times H^{0.725} \times W^{0.425} \times 72.^{46}$

3. 작업강도 영향 요소

1) Energy 소모량
2) 작업속도, 작업자세, 작업 범위
3) 변화도, 위험도, 정밀도, 복잡성
4) 수행 의지, 제약
5) 판단 정도
6) 대인관계
7) 작업시간

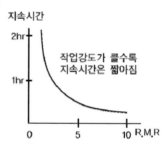

작업강도-작업시간 관계곡선

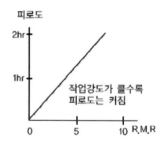

작업강도-피로도 관계곡선

13 휴식시간

1. 개요

1) 피로란 작업활동이 지속되어 능률 저하 및 주의 감소가 되는 상태이다.

2) 피로 시 일에 대한 흥미 상실로 권태롭고 심리가 불쾌하여 불안전한 행동을 유발한다.

3) 작업 평균 Energy 값 : 4kcal/분한계 초과 시 휴식시간을 삽입하여 피로 해소

2. 산출식

$$휴식시간(분)\ (R) = \frac{60(E-4)}{E-1.5}$$

R : 휴식시간(분)

E : 작업 시, 평균 Energy 소비량

총 작업시간 60분, 60분8시간/1일480분

작업 시 분당 평균 E 소비량

4kcal/분 2000 ÷ 480 ≒ 4.16 = 4.0

휴식시간 중 E 소비량

1.5kcal/분 750 ÷ 480 ≒ 1.56 = 1.5

3. 작업 시 평균 에너지 소비량

1) 1일 소비에너지 4,300Kcal/day

2) 기초대사 2,300Kcal/day

3) 작업 시 소비에너지 2,000Kcal/day, 4Kcal/분

4) 휴식 시 소비에너지 750Kcal/day, 1.5Kcal/분

4. 피로 예방

1) 휴식, 수면

2) 영양섭취

3) 산책, 체조

4) 음악, 오락

5) 목욕

5. 회복대책 암기 돈조채소통환색온행

1) 작업자세

2) 작업방법

3) 작업속도

4) 작업시간

5) 정리정돈

6) 조명 채광

7) 소음 진동

8) 통풍 환기

9) 색채 조화 온도

10) 행동 장해요인 제거

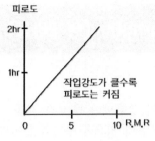

작업강도-피로도 관계곡선

피로도

2hr

1hr

작업강도가 클수록 피로도는 커짐

0   5   10 R.M.R

14 Biorhythm(생체리듬) 종류 특징

1. 개요

생체리듬의 종류에는 육체적 리듬·감성적 리듬·지성적 리듬 등이 있으며 주기적인 변화에 따라 활동에 영향을 준다.

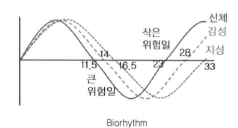

Biorhythm

2. 생체리듬 특징 [암기] 육감지 23 28 33 청적녹

1) 육체적 리듬(P : Physical Rhythm) : 23, 11.5
   ① 건전 11.5, 불건전 11.5,
   ② 원기 왕성, 피로, 싫증, 식욕, 소화력, 활동력, 스태미너, 지구력
   ③ 운동선수, 운전자

2) 감성적 리듬(S : Sensitivity Rhythm) : 28, 14
   ① 예민 14일, 예민하지 않음 14일
   ② 감정발산, 짜증, 자극, 희로애락, 주의력, 창조력, 예감, 통찰력
   ③ 서비스업자, 직장인, 연예인

3) 지성적 리듬(I : Intellectual Rhythm) : 33, 16.5
   ① 지성적 사고 고조 16.5일, 지성적 사고 저하 16.5일 주기적인 반복
   ② 안정기 머리 맑고, 불안정기 산만, 망각
   ③ 상상력, 사고력, 기억력, 판단력, 의지력
   ④ 경영자, 정치가, 학자, 학생

3. 위험일

1) 큰 위험일 : 고조기+에서 저조기-로 변화 시
2) 작은 위험일 : 저조기-에서 고조기+로 변화 시
3) 위험일 발생 : 6회/달 겹침, 1~3회/년, 사고위험

4. 활용

1) 건강관리
2) 사고방지
   * 영속적 : 영원히 계속되는 것

참고 연습곡선(학습곡선)

1. 개요

1) 학습이란 기능변화가 영속적이며 변화과정에서 Level Up 되는 것.
2) 연습이란 일정한 목적을 가지고 능력을 향상하기 위해 지속적으로 반복하는 것.

2. 연습 3단계 [암기] 의기응

3. 연습곡선

1) 연습곡선 : 일정한 목적을 가지고 반복연습
2) 고원현상
   ① 능률 향상, 일정한 시간이 경과 후 정체
   ② 원인 : 피로, 학습방법 미흡, 행동의 단조성
   ③ 대책 : 충분한 수면, 방법표준화, 운동, 표준작업방법, 스트레칭

연습곡선

* 영속적 : 영원히 계속되는 것

15 STOP(Safety Training Observation Program)

1. 개요

1) 관리자·근로자를 위험으로부터 보호하기 위해 만들어진 안전관찰 프로그램이다.
2) 듀폰에서 개발됨.

2. 불안전 행위를 제거하기 위한 관찰사이클

`암기` 결정관조보

| 결심 — 정지 — 관찰 — 조치 — 보고 |

3. STOP 기본원칙

1) 모든 안전사고와 직업병 예방
2) 안전책임은 각자에게 있음
3) 모든 종업원을 훈련시킬 책임이 있음
4) 모든 현장은 안전대책을 마련해야 함
5) 궁극적으로 기업성공에 있음
6) 고용조건의 일부임

4. 효과

1) 위험행위 감소
2) 부상예방
3) 안전의식 고취
4) 안전수준 향상

`참고` **카운슬링**

1. 개요

관리자와 근로자가 대화를 통해 위험 요소를 찾아내고 원인과 대책을 파악하여 불안전한 행동 불안전한 상태를 제거하는 기법이다.

2. 방법

1) 직접 충고
2) 설득하는 방법
3) 설명하는 방법

3. 순서

| 현장점검 — 원인대책 — 교육훈련 — 현장규정 활용 |

4. 효과

1) 불안전한 상태·불안전한 행동 제거
2) 안전 태도 변화
3) 동기부여
4) 사고감소
5) 쾌적한 작업환경

16 건설현장 재해 트라우마(Trauma)

1. 개요

1) 중대재해나 이에 상응, 직간접 경험, 심리적 신체적반응(공포, 불안, 슬픔, 신체적반응)
2) 적절한 관리가 없을 시 외상 후 스트레스 장애와 일상생활 직장생활로 부정적 영향

2. 범위

1) 1차 피해자 : 사망, 부상, 정신적 외상, 생존자
2) 2차 피해자 : 사망, 부상, 목격, 1차 피해자 가족 유족, 사건에 책임있다고 생각하는 사람
3) 3차 피해자 : 응급서비스직, 군인, 경찰, 소방관, 진료보조사, 앰블런스 운전자

3. 관리프로그램

1) 직간접 사고피해자 심리적 불안감 완화
2) 외상 후 스트레스 예방
3) 일상, 직장복귀 도모
4) 사건의 충격정도 파악, 정상화 최종확인
5) 필요 시 전문치료 연계

17 건설현장에서 사고요인자의 심리치료 목적과 행동치료과정 및 방법

1. 사고요인자의 심리치료 목적

1) 가벼운 심리적 문제에서 보다 심각한 정신증적인 문제를 가진 환자를 대상으로 증상 완화에서 성격을 변화시키는 것까지 다양한 범위의 문제에 초점을 둠
3) 상담과 심리 치료는 누구를 대상으로 하고, 어떠한 문제에 초점을 두느냐에 따라 구별을 하고 있으나 치료과정이나 내용 측면에서는 엄격히 구별되지 않음

2. 행동치료과정

1) 대부분의 비정상적인 행동을 학습을 통해 획득하고 유지하는 것으로 가정하고 그 행동을 소거하거나 효율적이고 바람직한 행동을 새롭게 학습하도록 내담자를 도와주는 것
2) 행동 변화를 위해 객관적인 행동관찰을 통해 문제 행동을 지속하게 되는 요인을 파악하고 이를 변화 시켜야 한다고 봄
3) 객관적으로 관찰할 수 있는 측정 가능한 행동을 상담 목표로 설정하고, 구체적이고 체계적인 상담 절차를 이용함
4) 상담자는 적극적이고 지시적인 역할을 하며 내담자가 변화시켜야 할 문제 행동과 문제 행동을 가장 잘 수정할 수 있는 방법을 결정함
5) 현재의 행동치료는 고전적 조건형성, 조작적 조건형성, 사회학습 이론뿐 아니라 개인과 환경 간의 상호작용에만 초점을 두지 않고 인간의 인지적 요인을 강조하고 변화를 돕는 인지행동치료로 발전

3. 행동치료방법

이완 훈련	스트레스와 불안에 관련된 문제에 적용 : 지속적인 훈련을 통해 힘든 상황에서 언제든지 이완할 수 있도록 함, 예) 근육이완, 심상법, 호흡법
체계적 둔감법	특정한 상황이나 상상에 의하여 조건형성된 공포 및 불안반응을 극복 할 때 이용 : 불안 위계 목록을 통한 점진적 훈련
노출법	두려움을 일으키는 자극을 지속적으로 제시하는 기법 : 실제상황 노출법, 상상 노출법
혐오적 조건 형성	바람직하지 않은 행동에 대한 강력한 회피반응을 일으키도록 자극 제시

18 인간에 대한 모니터링방식

1. 셀프모니터링(자기감지)

2. 생리학적 모니터링방법

3. 비주얼 모니터링방법

  1) 태도교육에 적합
  2) 반응에 대한 모니터링방법
  3) 환경의 모니터링방법

19 산업심리에서 어둠의 3요인

1) 어둠의 3요소는 사회적으로 바람직하지 않은 나르시시즘, 마키아벨리주의, 사이코패스의 성격 특징을 모아 놓은 심리학적 탐구이다.

2) 어둠의 3요소 검사는 경찰서와 법원, 정신과 병동뿐만 아니라 대기업에서도 종종 측정 및 사용된다.

3) 본 검사 상에서 높은 점수를 얻은 사람일수록 범죄를 저지르거나 법을 위반하는 등의 문제를 일으킬 확률이 높으며 친구나 직장과 같은 사회생활중에서도 어려움을 겪을 가능성이 더 많게 나타난다.

4) 반면에 어둠의 3요소를 가진 개인의 경우 종종 훌륭한 리더십 자질을 지니고 있으며 사회적으로 높은 지위를 얻고 바람직한 성 생활 파트너를 얻는 것이 상대적으로 쉽다는 연구 결과 또한 존재한다.

5) 마키아벨리주의, 나르시시즘, 사이코패스와 같은 사회적으로 어두운 성격들은 종종 어둠의 3요소라고 하는 세 가지 상호 관련 특성으로 개념화된다.

20 프로이드(Anne Freud)의 대표적인 적응기제(14가지)

1. 억압(Reperssion)

1) 불안에 대한 일차적 방어기제이다.
2) 가장 많이 사용되는 방어기제로서, 의식에서 용납하기 힘든 생각, 욕망, 충동들을 무의식속으로 눌러 넣어 버리는 것.

2. 억제(Superssion)

1) 억제는 의식적으로 잊으려고 노력하는 방어기제이다.(억제 이외의 다른 방어기제들은 무의식적인 방어기제임)
2) 실연당한 젊은이가 옛 기억을 잊으려고 한다든가 화가 났을 때 참으려고 하는 것 등이 여기에 속한다.

3. 취소(Undoing)

자신의 욕구와 행동(상상속의 행동 포함)으로 인하여 타인에게 피해를 주었다고 느낄 때 그 피해적 행동을 중지하고 원상복귀시키려는 일종의 속죄 행위

4. 반동형성(Reaction formation)

1) 겉으로 나타나는 태도나 언행이 마음속의 생각이나 욕구와는 정반대인 경우의 방어기제이다.
2) 무의식의 밑바닥에 흐르는 생각, 소원, 충동이 너무나도 부도덕하고 받아들일 수 없는 두려운 것일 때, 그것과는 정반대의 언행을 강조하고 선택함으로써 의식에 떠오르는 두려움을 막아 버리는 방어기제이다.

5. 동일시(Identification)

1) 동일시란 부모 등 주위의 영향력 있는 사람의 태도와 행동을 닮아가는 것을 말한다.
2) 독서, 연극, 영화, 운동경기관람 등의 재미는 주인공과 자기를 동일시함으로써 주인공의 강점을 자기것으로 만드는 작업, 즉, 소원성취(Wish - fulfillment)가 그것이다.

6. 함입(Introjection)

1) 외부의 대상을 자기 나름대로 느끼고 생각하여, 자기의 자아 속에 받아들이는 것.
2) 외부 대상에게 주었던 사랑이나 증오가, 자기 내면 세계 속의 대상으로 자리 잡게 함으로써, 실제 대상에게서 얻을 수 없었던 욕구를 충족시키려는 방어 기제

7. 투사(Projection)

1) 현실에서 자신이 받아들일 수 없는 자신의 무의식적인 욕구나 충동을 다른 대상의 것으로 간주해 버림으로써 스스로의 불안을 피하려는 방어기제
2) 투사된 내용(Projected Material)은, 투사하고 있는 사람의 무의식에 내재되어 있으면서 불안을 조장하고 있는 충동이나 욕구들이다.
3) 이러한 충동이나 욕구가 사고 과정으로 투사되면 망상(Delusion)이 되고, 지각 과정으로 투사 되면 환각(Hallucination)이 된다.

8. 부정(Denial)

1) 가장 원초적인 방어기제 중 하나로서, 의식화된다면 도저히 감당할 수 없는 어떤 생각, 욕구, 또는 현실적 사실자체를 무의식적으로 부정하는 방어기제
2) 즉, 감당할 수 없는 현실에 직면했을 때, 그 사실 자체를 부정해 버림으로써 마음의 평정을 찾고 스스로 불안을 피하려는 것을 말한다.(자기파괴적 위험성이 높다.)
3) 예를 들면 월남에서 전사한 남편의 유품을 받고서도 「우리 남편은 죽지 않았어요. 이것은 무언가 착오가 있는거예요」라고 말하는 어떤 부인

9. 전환(Conversion)

1) 심리적 갈등이 신체감각기관 (Sensory Organ) 및 수의근육계(Voluntary muscular system)의 증상으로 표출되어지는 것을 말한다.
2) 전환에 동원되어지는 방어기제로는 억압(Repression), 부정(Denial), 동일시(Identification) 등이 있다.
3) 예를 들면 못된 상관을 때려 죽일만큼 미워하는 사람에게 어느날 갑자기 오른팔에 마비가 오는 것. 심인성 실명 등

10. 전치(Displacement)

1) 원래는 무의식적으로 불특정대상에게 주었던 것인데 자기의 감정을 주어도 덜 위험한 대상에게로 옮기는 방어기제이다.
2) 전이(전이)나 공포증(Phobia)은 전치에 의해서 생긴다.
3) 예를 들면 언니를 미워하는 동생이 언니의 공책을 찢어버리는 행위. 정치인을 싫어하는 사업가가 할아버지가 정치인이었던 자기 아내에게 화를 내는 경우.

11. 해리(Dissociation)

1) 마음을 편치 않게 하는 성격의 일부가 그 사람 자신의 지배를 벗어나 하나의 독립된 성격인 것처럼 행동하는 방어기제로서 이중인격(Dual personality)이 대표적인 Case이다.(지킬박사와 하이드)
2) 현실적인 고통을 참고 처리 할 만큼 성숙되지 못한 사람이 감당할 수 없는 큰 고통에 직면했을 때, 해리라는 방어기제를 사용하는데 익숙해져 있었다면, 우리가 흔히 「귀신이 붙었다」고 이야기하는 병적 증세로까지 진전될 수 있다.
3) 예를 들면 엄청나게 심한 시집살이를 하던 30대 주부가 시아버지 귀신이 붙었다하여 병원에 입원한 Case

12. 격리(Isolation)

1) 과거의 고통스러운 사실은 기억을 하지만, 그 사실과 관련되었던 감정은 의식에서 격리되어 무의식 속으로 억압(Repress)되어져 있기 때문에 의식적으로는 느끼지 못하게 된 것으로서, 강박장애에서 흔히 볼 수 있는 경우이다.
2) 예를 들면 자기와 심하게 싸운 상사를 죽이고 싶다는 공격충동을 느꼈던 사람이 자기가 하고 있는 업무에 대해서 혹시 잘못된 것은 아닐까 하여 서류를 확인하고 또 확인하는 반복행위를 한다든가 또는 퇴근하여 몰고 온 차의 범퍼에 자기도 모르게 사람을 치여 피가 묻지 않았을까 확인하는 증상이 있다고 치자. 서류를 확인한다든가 범퍼를 확인하는 것은 분명 공격적인 강박관념에서 비롯된 것이지만, 업무를 싫어한다거나 어떤 사람을 차로 치어버리려고 하는 따위의 공격적인 감정을 스스로 느낄 수 없는 경우, 이 사람은 격리라는 방어기제를 사용하여 너무나 부도덕하고 무서운 「상사살해감정」에 대해서 무의식속으로 억압·격리시킨 것이다.

13. 보상(Compensation)

1) 실제적인 것이든 상상의 것이든 간에 자신의 성격, 외모, 지능 등의 결함을 보완하기 위해서 취하게 되는 무의식적인 노력을 말한다.
2) 즉, 심리적으로 어떤 약점이 있는 사람이 그 약점을 보완시키기 위해서 다른 어떤 것을 과도하게 발전시키는 정신현상을 말한다.

14. 합리화(Rationalization)

1) 합리화란 자기보호(Self protection)와 체면유지를 위해서 우리가 가장 많이 사용하는 방어기제이다.
2) 인식하지 못하고 있는 어떤 동기에서 나온 자신의 행동을, 나름대로의 이론체계[논리불통, Logic-tight]에 맞추어진 이유를 들어 설명하는 것으로써, 자신의 행동 속에 숨어 있는 실제 원인은 의식에서 용납할 수 없는 내용일 경우가 대부분이지만 자기 자신은 그 원인이 무엇인지 모르고 있는 경우 역시 대부분이다. 그래서인지는 몰라도, 실제 내용을 지적당하게 되면 그는 화를 내게 된다.

15. 이타주의(altruism)

1) 이타주의(altruism)는 타인의 욕구에 맞춤으로서 감정적 갈등이나 스트레스를 해소하려 한다.
2) 반동형성을 보이나 자기희생과 달리 대리적으로 만족하거나 타인의 반응에 의해 만족한다. 예를 들어 정서적 외로움을 겪은 사람이 정서적 외로움을 겪는 사람을 돕기 위해서 카운슬러가 되어, 내담자들이 자신이 겪었던 문제에서 해방됨을 보고 자신의 외로움의 문제를 대신 해결하는 과정을 들 수 있다.

21 프로이드(Freud)의 인간의 성격을 3가지의 기본구조 원초아(Id), 자아(Ego), 초자아 (Super Ego) 3가지 구조

1. 원초아(Id)

1) 본능적인 나, 성격중에서 생물학적익 본능적인 요소지칭, 태어날때부터 존재하는 가장 원시적이고 유전적인 것. 공격적에너지 모두 포함. 원초아를 움직이는 원리는 쾌작원칙으로 반사적이고 일차적인 욕구를 충족시키는 것을 목적으로 한다.

2) 즉 원초아는 맛있는 음식을 보면 먹고 싶고, 훈남을 보면 다가가 말을 걸고 싶어 하는 욕망과 같이 기본적이며 반사적인 욕구에 따라 움직인다. 이런 의미에서 프로이트는 원초아의 정보처리과정을 일차적 처리과정이라고 불렀다.

2. 자아(Ego)

1) 현실적인 나, 자아는 외부현실과 초아의 제한을 고려하여 원초아의 욕구를 표현하고 만족시키는 정신기제를 말한다.

2) 자아는 개체의 보존과 안전이 유지되고 위험에 빠지지 않는 범위 내에서 원초아의 욕구가 실현되도록 의사 결정을 하는 의식적인 요소로 눈먼 왕이라 불리는 원초아의 힘을 안내하는 길잡이 역할을 하는 것으로 비유한다. 자아를 움직이는 원리는 현실원칙이다.

3) 즉, 적절한 배출구나 욕구를 충족시키기에 적합한 환경적 조건이 성숙될 때까지 원초아로부터 나타나는 본능적인 욕구를 지연시킴으로써 유기체의 안정을 보존해 주는 역할을 한다.

4) 프로이트는 개인과 타인의 안녕을 해치지 않으면서 본능적 욕구를 충족시키는 알맞은 과정을 발달시킨다는 의미에서 자아의 정보처리 과정을 이차적 처리과정이라고 불렀다.

5) 자아는 사람으로 하여금 현실과 환상을 구분하고 적절한 양의 긴장을 유지하게 하며, 합리적이고 인지적으로 행동하게 하는 등의 지적기능과 문제해결자 역할을 수행하게 된다.

3. 초자아(Super-Ego)

1) 초자아는 프로이트 성격구조에서 마지막으로 발달하는 체계로서 사회규범과 기준이 내면화 된 것을 말한다.

2) 인간은 사회화과정을 통해 합리적인 사회적 가치, 규범, 윤리체계를 받아들이게 된다. 이런 사회화과정에서 부모나 선생님 및 다른 여러 존경할 만한 사람들과의 상호작용이 중요한 역할을 하게 된다. 초자아는 양심과 자아이상이라는 주가지관정에 의해 형성된다.

3) 우선 양심을 처음에는 부모에게서 받은 처벌을 통해 형성되는 것으로 지적과 야단 및 비판이 내재화 되면서 형성된다. 이는 자신에 대한 비판적 평가, 도덕적금지, 죄의식 등의 형태로 나타난다.

4) 한편, 자아이상은 부모가 선별적으로 보여주는 인정이나 중요하고 가치 있게 여기는 것을 내면화 하면서 개인이 형성하게 되는 목표 및 포부를 말한다.

5) 개인은 자아 이상을 달성함으로써 자존감과 자긍심을 키우게 된다. 개인의 판단기준이 부모의 통제에서 자아통제로 바뀔 때 초자아는 완전한 형상을 갖추게 된다.

22 실효온도와 불쾌지수

1. 실효온도

1) 감각온도개념 : 실효온도, 온도감각 3인자(기온, 기습, 기류)

2) 최적감각온도
   ① 겨울 : 60 ~ 71℉
   ② 여름 : 66 ~ 76℉

3) 최호적감각온도
   ① 겨울 : 19℃
   ② 여름 : 21.7℃

4) 최적감각온도조건 : 주관적 최적 감각온도로 개인의 감수성 차에 의해 각각 다르게 느끼게 되며, 가장 쾌적하고 이상적인 온도를 말한다.

5) 생산적 최적 감각온도 : 작업의 종류 및 강도에 따라 다르게 느껴진다.
   ① 정신작업 〉 근육작업
   ② 경작업 〉 중노동작업

6) 생리적 최적 감각온도 : 최소한 생명을 유지하면서 최고의 활동능력을 발휘할 수 있는 온도를 말한다. 18±2℃

2. 불쾌지수

1) 미국 기상국 톰에 의해 고안, 공기조절장치(냉·난방, 공조)등의 사용시 소요전력 예측. 베크가우울척도(D.I.Depression Inventory)로 사용된 것이 불쾌지수로 발전

2) 적용 : 실내에서만 적용, 기류와 복사열은 고려되어 있지 않다. 감각온도와 차이가 있는 결점이 있다.

3) 불쾌지수(D.I. - Discomfort Index)
   ① D.I. ≥ 70 : 10% 정도 사람 불쾌감 호소
   ② D.I. ≥ 75 : 50% 이상 사람 불쾌감 호소
   ③ D.I. ≥ 80 : 거의 모든사람 불쾌감 호소
   ④ D.I. ≥ 86 : 견딜 수 없는 상태

4) 등가온도
   ① 등가온도란 감각온도와 같이 이온, 기습, 기류만을 기초로 하여 나타내는 온도가 아니라 기온, 기습, 기류, 복사열까지 포함하여 고려한 온도이다.
   ② 등가온도는 복사량이 많은 작업장에서는 감각온도보다 합리적이라 할 수 있다.

안전교육

01 안전교육 목적

1. 개요

  1) 안전교육의 목적은 근로자에게 지식·기능·태도를 교육하여 재해를 예방하기 위함이다.

  2) 안전교육을 위해서 교육내용 교육방법 등을 사전에 준비하여야 한다.

2. 목적   암기 정행환설물

  1) 인간정신

  2) 행동 환경 안전화

  3) 설비 물자 안전화

3. 안전교육 3요소   암기 주객매 강수교

  1) 주체 : 강사

  2) 객체 : 수강자

  3) 매개체 : 교재

4. 안전교육 형태   암기 on off

  1) On J.T(On the Job Training)

   ① 직장 중심 교육

   ② 직속 상사가 개별적 추가적 상시지도

   ③ 조회 시 재직자중심 개인지도

  2) Off J.T(Off the Job Training)

   ① 직장 외 다수 직원 조직훈련

   ② 지식·경험등을 강사를 초빙하여 초청 교육

   ③ 사례교육, 감독자 집합교육, 신입자 집합기초 교육

5. 안전교육 시 유의사항

  1) 지식수준 맞게 교육

  2) 체계적이고 반복적인 안전교육

  3) 사례중심의 인상강화

  4) 교육 후 평가

CHAPTER 7

02 학습지도 원리

1. 개요

지식·기능·태도 등의 학습목표 달성을 효과적으로 이루기 위해서 자극 지도기술 기법의 원리를 이용하여 효과적인 학습을 이루어야 한다.

2. 특성

1) 의욕유도 방향 제시
2) 조화로운 학습계획
3) 동기부여
4) 개별적 문제해결 지도
5) 학습자 경험 존중

3. 원리(5원리) [암기] 자개사통직

1) 자기활동 : 스스로 자발적 학습
2) 개별화 : 요구와 능력에 맞는 기회부여
3) 사회화 : 경험교류 공동학습 우호적학습
4) 통합 : 총체적 전체를 지도하는 동시 학습
5) 직관 : 사물을 직접 제시 경험 큰 효과

4. 방법(안전교육 종류) [암기] 강독필시신시계

1) 강의식 : 강단에서 말로
2) 독서식 : 교재를 학생에게
3) 필기식 : 강의내용을 필기하며
4) 시범식 : 유능한 강사가 먼저 시행
5) 신체적 표현 : 신체로 표현
6) 시청각교재 : 시청각 자료 이용
7) 계도(유도) : 학습에 어려운 것을 지도

5. 효과

1) 이해도 [암기] 귀눈입머손발

구분	귀	눈	귀+눈	귀+눈+입	머리+손·발
이해도	20%	40%	60%	80%	90%

2) 감지 효과(5감 효과) [암기] 시청촉미후

구분	시각	청각	촉각	미각	후각
감지효과	60%	20%	15%	3%	2%

6. 학습목표 달성 기법 [암기] 인지이적

1) 인지 : 사실을 느낌으로 감지
2) 지각 : 사실을 기억하며 회상
3) 이해 : 개념 및 이론의 상관관계 정립
4) 적용 : 실생활에 기술·기능을 응용

03 학습전이

1. 개요

학습전이란 훈련프로그램을 통하여 학습한 내용인 지식과 기술을 학습자가 근무하는 현장에서 적용하여 일반화하고 지속적 유지하는 것으로 변화된 행동으로 학습 결과 다른 학습에 영향을 주는 훈련효과이다.

2. 전이효과

1) 적극적 : 선행학습이 다음 학습에 촉진적 진취적 효과를 주는 효과
2) 소극적 : 선행학습이 학습방해 학습능률 저하시키는 효과

3. 전이의 특성 　암기　유학시지태 동일형

1) 유이성 : 선행학습과 다음 학습이 관계가 있어야 전이가 가능
2) 학습정도 : 전이의 가능한 정도는 완성도 정도에 따라 다름
3) 시간적 간격 : 학습이 영향을 미치는 시간적 차이에 따라 효과가 다름
4) 학습자 지능 : 학습자 지능에 따른 차이
5) 학습자 태도 : 학습자 태도 및 준비도, 복습 예습 차이에 따른 차이

4. 전이이론 　암기　동일형

1) 동일요소설 : 선행학습과 다음 학습 사이 같은 요소로 연결될 때 전이효과가 크다는 설
2) 일반화설 : 경향이 비슷한 상황은 같은 방법으로 대하려는 태도로 성과를 이루려는 설
3) 형태이조설 : 경험할 때 상황을 그대로 옮겨 전이가 이루어진다는 설

5. 강사 자세

1) 시선 : 수강자의 눈과 눈을 보며
2) 자세 : 자연스럽고 부드러운 몸가짐
3) 교단 : 교탁 중심으로 좌우로 움직이며
4) 제스처 : 손짓 발짓
5) 버릇 : 바람직하지 못한 행동

04 파지와 망각(기억의 과정)

1. 개요

1) 파지란 획득내용을 지속적으로 간직하여 보존하는 것
2) 망각이란 획득된 내용이 지속되지 않고 소실되어 재생 및 재인이 안 되는 것

2. 파지 유지방법

1) 지속적인 연습
2) 학습직 후 효과적
3) 질서 있는 학습
4) 계획적인 학습

3. 기억과정 　암기　기파재재기

기명 → 파지 → 재생 → 재인 → 기억
1) 기명 : 인상을 간직하는 것
2) 파지 : 간직한 인상이 보존되는 것
3) 재생 : 보존된 인상이 다시 의식으로 떠오르는 것
4) 재인 : 과거의 경험이 비슷한 상태에 부딪히면 떠오르는 것
5) 기억 : 과거 경험이 어떤 형태로든 미래의 행동에 영향을 미치는 것

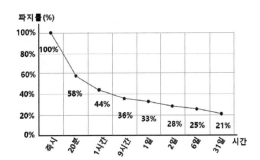

Herman Ebbinghaus의 망각곡선

4. 에빙거스 기억율

기억률(H.Ebbinghaus)

$$= \frac{\text{최초에 기억하는데 소요된 시간} - \text{그후에 기억에소요된시간}}{\text{최초에 기억하는 데 소요된 시간}} \times 100$$

CHAPTER 7

05 적응 부적응 (K.Lewin 3가지 갈등형)

1. 개요

1) 적응이란 자신의 환경에 만족하고 조화롭게 능력을 발휘하는 직무에 만족하는 상태이다.

2) 부적응이란 욕구불만으로 갈등이 생겨 능률 저하로 생산성이 저하되고 욕구가 충족되지 않아 불만족스럽고 정서적으로 긴장되는 상태이다.

2. K.Lewin에 의한 3가지 갈등형 [암기] 접 회 접회

1) 접근-접근
   ① 2개 긍정적인 욕구
   ② 동시에 기술사 영어 공부

2) 회피-회피
   ① 2개 부정적 유의성
   ② 소주하고 2차 또 하고

3) 접근-회피
   ① 긍정 부정 동시
   ② 기술사 공부하며 소주도 먹고

적응과 부적응

06 적응기제(Adjust Mechanism)

1. 개요

1) 욕구불만이나 갈등 등으로 해결 안 될 경우 비합리적인 방법으로 해결하려고 행동하는 취하는 것을 말한다.
2) 분류 : 방어기제, 도피기제, 공격기제

적응과 부적응

2. 부적응(Maladjustment)요인 [암기] 접 회 접회

1) 접근-접근
① 2개 긍정적인 욕구
② 동시에 기술사 영어 공부

2) 회피-회피
① 2개 부정적 유의성
② 소주하고 2차 또 하고

3) 접근-회피
① 긍정 부정 동시
② 기술사 공부하며 소주도 먹고

3. 적응기제(Adjustment Mechanism) [암기] 방도공합

1) 방어기제 : 자신의 약점, 무능력 열등감, 보상심리, 합리화
2) 도피기제 : 욕구불만, 현실세계에서 벗어나려는 심리
3) 공격기제 : 욕구불만, 반항, 자기를 괴롭히는 적을 적대시하며 감정도출
① 직접 : 기물파손, 폭행
② 간접 : 조소, 비난, 중상모략, 폭언, 욕설

4) 합리적 적응기제
① 조화롭고 통합적인 행동
② 현실과 이상을 통찰하고 조화롭게 노력
③ 지식·기능·태도를 갖추어 문제해결
④ 자신 있게 해결하는 긍정적 행동

[참고] 안전교육법 4단계

1. 개요

1) 안전교육의 목적은 근로자에게 지식·기능·태도를 교육하여 재해를 예방하기 위함이다.
2) 안전교육을 위해서 교육내용 교육방법 등을 사전준비하여야 한다.

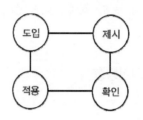

안전교육법 4단계

2. 안전교육법 4단계 [암기] 도제적확 반학행결

1) 도입 : 작업을 배우고 싶은 의욕
2) 제시 : 확실하게, 빠짐없이, 끈기있게 지도
3) 적용 : 작업을 시켜보며 중점을 찾도록 유도
4) 확인 : 가르친 뒤 확인

구분	강의식	토의식	교육방법
도입	5분	5분	목적, 배경, 동기부여
제시	40분	10분	설명, 시범, 시청각
적용	10분	40분	응용, 활용, 연구, 복습
확인	5분	5분	이해도, 과제부과, 실천

3. 안전교육평가 4단계 [암기] 반학행결

4. 안전교육 시 유의사항

1) 지식수준 맞게 교육
2) 체계적이고 반복적인 안전교육
3) 사례중심의 인상강화
4) 교육 후 평가

CHAPTER 7

07 교육지도 8원칙

1. 개요

안전교육의 목적은 효과적 방법으로 근로자에게 지식·기능·태도의 목표를 달성하는 것이며, 교육지도의 원리를 통해 더욱 효과적으로 교육의 목적을 달성할 수 있다.

2. 안전교육 기본방향

1) 사고사례
2) 표준작업
3) 안전의식 향상

3. 교육지도 8원칙　[암기] 상동쉬반 한인오기

1) 상대방 입장
 ① 피교육자 중심
 ② 지식·기능·태도 적합하게 적용

2) 동기부여
 ① 근본이념 및 목표 설정
 ② 결과에 대해 상벌 부여
 ③ 경쟁·협동하고 최적 수준 조화롭게 유지

3) 쉬운 부분부터
 ① 능력 파악
 ② 쉬운 것부터 어려운 것으로

4) 반복학습
 ① 들은 것은 1시간 후 44%, 한 달 후 20%만 기억
 ② 지속적이고 꾸준하게

5) 한 번에 하나씩
 ① 순서를 계획하고 이해 폭넓게
 ② 하나를 완벽하게 하고 다음 계획 실행

6) 인상 강조
 ① 보조재 견학 사진 사례 등 재강조
 ② 속담, 격언, 암시

7) 오감 활용　[암기] 시청촉미후

구분	시각	청각	촉각	미각	후각
감지효과	60%	20%	15%	3%	2%

8) 기능적 이해
 ① 기억
 ② 안전작업, 표준작업
 ③ 위험예측, 응급처치

[참고] 안전교육 3단계

1. 개요

안전교육의 목적은 효과적 방법으로 근로자에게 지식·기능·태도의 목표를 달성하는 것이다.

2. 안전교육 3단계　[암기] 지기태

1) 지식
 ① 강의 및 시청 교육을 통해 지식을 전달
 ② 원리 법규 기준 등 잠재요소
2) 기능
 ① 현장실습 교육 등을 통해 경험을 체득
 ② 전문적 기능, 안전장치 기능, 위급 시 조작 방법 등 실습을 통한 경험
3) 태도
 ① 안전행동을 습관화
 ② 작업동작 지도 및 적정배치

[참고] 안전교육의 교육수단

1. 개요

1) 안전교육의 목적은 근로자에게 지식·기능·태도를 교육하여 재해를 예방하기 위함이다.
2) 교육의 수단을 이용하여 예방능력 의식변화 실천 의욕을 향상 시킬 수 있다.

2. 목적　[암기] 정행환설물

1) 인간정신
2) 인간행동
3) 작업환경
4) 설비 물자의 안전화

3. 안전교육수단(방법, 도구)

1) 게시판
2) 간행물
3) 경진대회
4) 표어, 포스터
5) 집단교육
6) 현장안전교육
7) Program식 교육

08 안전교육 향상을 위한 추진방법

1. 개요

안전교육의 목적은 근로자에게 지식·기능·태도를 교육하여 재해를 예방하기 위함이다. 안전교육계획과 체계적인 관리를 통해 근로자의 안전의식을 향상시킬 수 있다.

2. 목적 [암기] 정행환설물

1) 인간정신
2) 인간행동
3) 작업환경
4) 설비 물자의 안전화

3. 추진방법 [암기] 지감교동

1) 지원
 ① 관리적 물리적 기계적 화학적 환경개선
 ② 방법 및 절차 제공
 ③ 유능한 감독
 ④ 개인보호구

2) 감독
 ① 안전지시
 ② 보호구
 ③ 기계·도구 조작 시범
 ④ 안전작업

3) 교육훈련
 ① 신규자 작업방법 및 기술 교육훈련
 ② 정규교육 보수교육 실시

4) 동기부여
 ① 근본이념 및 목표 설정
 ② 결과에 대해 상벌 부여
 ③ 경쟁·협동을 최적수준으로 조화롭게 유지

4. 교육지도 8원칙 [암기] 상동쉬반 한인오기

1) 상대방 입장
 ① 피교육자 중심
 ② 지식·기능·태도 적합하게 적용

2) 동기부여
 ① 근본이념 및 목표 설정
 ② 결과에 대해 상벌 부여
 ③ 경쟁·협동을 최적수준으로 조화롭게 유지

3) 쉬운 부분부터
 ① 능력 파악
 ② 쉬운 것부터 어려운 것으로

4) 반복학습
 ① 들은 것은 1시간 후 44%, 한 달 후 20%만 기억
 ② 지속적이고 꾸준하게

5) 한 번에 하나씩
 ① 순서를 계획하고 이해 폭넓게
 ② 하나를 완벽하게 하고 다음 계획 실행

6) 인상 강조
 ① 보조재 견학 사진 사례 등 재강조
 ② 속담, 격언, 암시

7) 오감 활용 [암기] 시청촉미후

구분	시각	청각	촉각	미각	후각
감지효과	60%	20%	15%	3%	2%

8) 기능적 이해
 ① 기억
 ② 안전작업, 표준작업
 ③ 위험예측, 응급처치

09 안전교육 지도자

1. 개요

안전교육 지도자는 근로자의 불안전한 상태·불안전한 행동을 교육훈련을 통해 방지하여야 하며, 전문지식 교육신념 인격 등의 자질을 갖추어야 한다.

2. 안전교육 3요소 [암기] 주객매 강수교

1) 주체 : 강사
2) 객체 : 수강자
3) 매개체 : 교재

3. 조건

1) 풍부한 지식, 인격, 말 행동 전달 능력
2) 건전한 정신, 직무 열의
3) 대인관계
4) 관심, 흥미
5) 연구발전

4. 교육지도 8원칙 [암기] 상동쉬반 한인오기

1) 상대방 입장
   ① 피교육자 중심
   ② 지식·기능·태도 적합하게 적용

2) 동기부여
   ① 근본이념 및 목표 설정
   ② 결과에 대해 상벌 부여
   ③ 경쟁·협동을 최적 수준 조화롭게 유지

3) 쉬운 부분부터
   ① 능력 파악
   ② 쉬운 것부터 어려운 것으로

4) 반복학습
   ① 들은 것은 1시간 후 44%, 한 달 후 20%만 기억
   ② 지속적이고 꾸준하게

5) 한 번에 하나씩
   ① 순서를 계획하고 이해 폭넓게
   ② 하나를 완벽하게 하고 다음 계획 실행

6) 인상 강조
   ① 보조재 견학 사진 사례 등 재강조
   ② 속담 격언 암시

7) 오감 활용 [암기] 시청촉미후

구분	시각	청각	촉각	미각	후각
감지효과	60%	20%	15%	3%	2%

8) 기능적 이해
   ① 기억
   ② 안전작업, 표준작업
   ③ 위험예측, 응급처치

5. 안전교육 시 유의사항

1) 지식수준 맞게 교육
2) 체계적이고 반복적인 안전교육
3) 사례중심의 인상강화
4) 교육 후 평가

10 교육훈련기법(안전교육기법)

1. 개요
1) 강의법은 강사를 두어 지식·기능·태도 등을 교육 훈련하는 방법
2) 토의법은 그룹을 형성하여 상호 간의 의견을 전달하고 소통하여 결과를 창출하는 방법

2. 교육훈련기법(안전교육기법)
[암기] 강토 강문문 문자포심패버사역

1) 강의법
① 강의식 : 강사의 의견 청취
② 문답식 : 강사와 수강자 간 문답형식 진행
③ 문제제시식 : 제시된 안건에 대한 문제해결

2) 토의법 [암기] 문자포심 패Bu사역
① 문제법 : 문제를 인식하고 해결 방법을 찾아 자료를 수집하여 해결하여 정리 및 결과 검토
② 자유토의법 : 각자 지식 경험 의견 등을 자유롭게 발표
③ Forum : 자료와 교재를 제시하고 문제를 제기한 후 의견을 발표

④ Symposium : 전문가의 견해에 대한 의견질문
⑤ 패널디스커션 : 사회자 전문가 4~5명을 두고 토의 진행

⑥ Buzz Session : 분임토의 형식으로 사회자를 두고 서기 6명이 포함된 소집단이 자유롭게 토의하여 의견을 종합
⑦ 사례토의 : 사례를 제시하여 상호관계 검토 및 대책을 토의

⑧ 역할연기법 : 일정한 역할을 실제 연기하여 확실히 인식

3. 안전교육법 4단계 [암기] 도제적확
1) 도입 : 작업을 배우고 싶은 의욕
2) 제시 : 확실하게 빠짐없이 끈기있게 지도
3) 적용 : 작업을 시켜보며 중점을 찾도록 유도
4) 확인 : 가르친 뒤 확인

[참고] 학습지도, 안전교육 약자정리

1. 학습지도 5원리 : 자개사통직
2. 학습지도 방법 7가지 : 강독필시신시계
3. 학습지도 감지효과 : 시청촉미후
4. 학습지도 이해도 : 귀·눈·입·머리·손·발
5. 학습목표 달성기법 : 인지이적
6. 학습전이 : 유학시지태
7. 학습전이이론 : 동일형
8. 교육지도 8원칙 : 상동쉬반한인오기
9. 안전교육 3단계 : 지기태인
10. 안전교육법 4단계 : 도제적확
11. 안전교육평가 4단계 : 반학행결
12. 안전교육기법 : 강토 강문문 문자포심패버사역

11 역할연기법(Role Playing)

1. 개요

타인의 역할 연기를 통해 경험해 봄으로써 자신과 타인을 이해하는 데 도움을 주고, 집단 구성원들에게 서로 다른 역할을 주고 가상의 역할을 경험하게 하는 훈련기법이다.

2. 특징

1) 목적이 명확
2) 정도는 떨어짐
3) 의지결정 훈련으로 기대하기 어려움

3. 진행순서

준비 — 리허설 — 본연기 — 확인(지적확인)

4. 방법

1) 준비 : 역할 분담
2) 리허설 : 대사는 원상태로 서서 대본낭독
3) 본연기 : 사실처럼 절도있게 단시간 체험
4) 확인 : 끝난 뒤 청중과 토의, 지적확인 Touch & Call

5. 안전교육 시 유의사항

1) 지식수준 맞게 교육
2) 체계적이고 반복적인 안전교육
3) 사례중심의 인상강화
4) 교육 후 평가

참고 Project Method

1. 개요

프로젝트의 목적을 가지고 참가자 스스로 계획을 세워 활동함으로써 실무에 도움을 주고자 하는 학습기법이다.

2. 특징

1) 동기부여하므로 스스로 주체적 활동
2) 실제로 현실감 있음
3) 책임감 인내력 창의력 발휘, 중소기업 활용
4) 시간 에너지 많이 소요
5) 일관성 결여

3. 실행방법

1) 목표설정 : 흥미로운 과제로 동기유발
2) 계획수립 : 그룹별 협력하여 계획수립
3) 실행 : 목표설정 후 적극 행동
4) 평가 : 서로 상호평가, 응용 및 활용

12 교육방법

1. 개요

기업 내·기업 외 교육방법은 사고의 예방수단으로 기업규모와 사업의 특성에 따라 교육의 방법을 설정한다.

2. 기업 외 교육

1) 피교육자 외부 위탁
2) 세미나
3) 외부단체 강습회
4) 파견하여 위탁교육

3. 기업 내 교육

1) 정형교육 : 기업 내 지도방법, 교재 표준화, 기업 내 사내강사 활용
2) 비정형교육 : 기업 내 지도방식 없어 정형화 할 수 없을 경우 활용

4. 안전교육 시 유의사항

1) 지식수준 맞게 교육
2) 체계적이고 반복적인 안전교육
3) 사례중심의 인상강화
4) 교육 후 평가

참고 **건설안전교육 활성화방안**

1. 개요

건설안전교육이 비효율적일 때 재해율 줄지 않고 경제 및 제도 등 위축이 되므로 지속적인 연구개발로 활성화방안을 마련해야 한다.

2. 건설안전교육 문제점 및 대책

1) 문제점
   ① 기업규제 완화로 형식적
   ② 기업의 수동적인 태도
   ③ 지도조건 한계

2) 기존대책 한계
   ① 의무규정 미흡
   ② 실효성 낮음
   ③ 안전교육 규제 없으면 기업 기피

3. 건설안전교육 활성화방안

1) 자발적인 체험유도, 실용적인 교육훈련
2) 교육방법 다양화, 수요자 편의 이수방식개선
3) 교육자료 지속적인 개발
4) 전문가 수준의 전문화
5) 전문기관 재정지원 경제적 유인책
6) 실습 위주 사고사례 교재 등 자료개발
7) 공사금액별 안전교육 자격자 자격 부여

13 기업 내 정형교육, 기업 내 비정형교육

1. 개요

기업 내 정형교육은 회사 내에 정해져 있는 강사나 지도방법을 통해 교육하는 방법으로 사내 발간된 교재 및 표준화된 교육방법이다.

2. 목적 [암기] 정행환설물

1) 인간정신
2) 인간행동
3) 작업환경
4) 설비 물자의 안전화

3. 교육방법

1) 기업 외 교육
① 피교육자 외부 위탁
② 세미나
③ 외부단체 강습회
④ 파견하여 위탁교육

2) 기업 내 교육
① 정형교육 : 기업 내 지도방법, 교재 표준화, 기업 내 사내강사 활용
② 비정형교육 : 기업 내 지도방식 없어 정형화할 수 없을 경우 활용

4. 기업 내 정형교육(4가지) [암기] A A M T

1) A.T.P(Administration Training Program) or C.C.S(Civil Communication Section)
① 최고경영자, 회사정책
② 경영조직
③ 품질원가

2) A.T.T(American Telephone Telegram)
① 계층에 한정되지 않고
② 이수 후 부하직원 교육
③ 감독, 인원배치, 자료기록, 인사 등에 활용

3) M.T.P(Management Training Program) or FEAF(Far East Air Forces)
① 관리자
② 관리, 조직
③ 회의방법, 안전작업
④ 강토법

4) T.W.I(Training Within Industry) [암기] 잡인메리세
① 일선 감독자, 직무 직책 교육
② 작업방법 및 방향 등 향상

J.I.T (Job Instruction Training)	작업지도훈련
J.M.T (Job Method Training)	작업방법훈련, 개선기법
J.R.T (Job Relation Training)	인간관계훈련
J.S.T (Job Safety Training)	작업안전훈련

5. 기업 내 비정형교육

1) 사례토의 : 사례제시 하고 상호관계 등 검토 및 대책
2) 강습회 강연회 : 폭넓게 계층에 국한되지 않음
3) 역할연기법 : 일정 역할을 실제 연기하여 확실히 인식
4) 직무교대 : 서로 직무교대, 실효성 떨어짐
5) 기업 내 통신 교육 : 사내 방송, 온라인
6) 사보 : 사보게재, 간접교육
7) 기타 : 연구회, 독서회, 협의회

14 S-R 이론

1. 개요

1) 어떤 자극 S(Stimulus)에 대해서 생체가 나타내는 특정 반응 R(Response)의 결합으로 이루어진다는 학습이론이다.

2) Edward Thorndike 가 자극과 반응의 결합설을 주창하였고 생체가 나타내는 특정 반응 R(Response)의 결합으로 이루어진다.

2. 시행착오설(Thorndike)

1) 연습 : 전습법, 분습법
2) 반복
3) 효과
4) 준비성

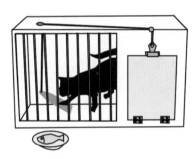

Thorndike 시행착오설

3. 조건반사설(Pavlov)

1) 시간
2) 강도
3) 일관성
4) 계속성

Pavlov 조건반사설

참고 Edward Thorndike S-R 이론

손다이크에 의하면, 생체는 새로운 장면에 부딪히게 되면 갖가지 반응을 시도하면서 자기의 요구를 만족시키려고 하며, 이러한 과정에서 시행착오를 일으켜 요구를 만족시킬 수 없는 오류를 범하기도 한다. 그러나 착오가 아닌 요구를 만족시키는 반응을 하게 되면 그러한 자극과 반응의 결합은 한층 강화되는데 이를 효과의 법칙이라 하였다. 따라서 학습은 많은 시행착오를 거쳐, 서서히 진행되어 간다고 생각할 수 있다.

CHAPTER 7

15 플립러닝(Flipped Learning)

1. 정의

1) 플립러닝은 온라인을 통한 선행학습 후 오프라인에서 교수와 토론식 수업을 진행하는 방식
2) 미국과 우리나라 일부 대학 도입

2. 현황

1) 기존 : 집체교육과 이러닝
2) 변경 : 거꾸로 학습으로 불리는 플립러닝시범운영

3. 대상

1) 교육생을 대상 사전설문 실시
2) 건설공사 위험성평가
3) KOSHA 18001 인증실무
4) 거푸집 동바리 구조안전

4. 효과

1) 능동적인 자기주도 학습
2) 안전재해 예방

5. 국내외 안전보건교육의 트랜드

1) 4차 산업혁명 : 자동화, 로봇, 인공지능, 3D프린팅기술, 무인자동차, 물리적, 디지탈, 생물학적 영역구분 경계모호
2) 자동화, 로봇화 : 유체노동절감, 재료투입, 미장, 유해위험작업
3) 인공지능 : 기술지식표준화, 상용화, AI가 운영주체가 되는 과학적 경영관리기법, 육체적 심리적 부담감소
4) 3D 프린팅 : 위험기계제거, 호흡기 질환, 화재, 폭발, 새로운 위험요인 출현 우려

인간공학

01 인간공학

1. 개요

1) 인간공학은 인간의 신체적인 특성을 고려하여 디자인을 과학적인 방법으로 기존보다 사용하기 편하게 만드는 응용학문이다.

2) 인간공학의 목적은 인간능력과 기계기구의 조화를 통해 작업방법과 작업환경을 개선하기 위함이다.

2. 목표

1) 안전성
2) 능률성
3) 생산성
4) 쾌적성
5) 사고예방

3. 인간 – 기계 장단점

구분	인간	기계
장점	상황판단, 유연한 대처, 질적처리, 숙련된 능력, 저에너지 자극 감지, 복잡다양한 자극, 문제해결, 독창력, 귀납적 추정	획일적, 고에너지, 양적인 처리, X선, 레이더, 초음파, 장기간, 반복수행, 연역적
단점	능력한계, 시간(피로,졸음, 과긴장, 감정), 실수, 주위환경(소음,공해)	고장 적응 안됨, 경직성, 단순성, 자기회복능력 불가, 위험성 우선순위, 주관적인 추정 어려움

4. 인간–기계 안전 4M [암기] 인설작관

구분	사고	원인	안전4M
기계 사용 시 불안전한 현상	공학적	설계·제작 착오, 재료 피로, 열화, 고장, 오조작, 배치·공사착오	설비
	인간-기계	잘못 사용, 오조작, 착오, 실수, 논리 착오, 협조 미흡, 불안한 심리	인간
		작업정보 부족, 불안전 사용, 협조 미흡, 작업환경 불량, 불안전 접촉	작업 매체
		안전조치 미흡, 교육·훈련 부족, 오판단, 계획 불량, 잘못 지시	관리
	불가항력	천재지변	

02 인간-기계 기본기능

1. 개요

인간과 기계의 조화를 통해 인간이 기계로부터 정보를 얻고 판단하여 기능을 제어함으로써 인간과 기계의 결합체를 만드는 것이다.

2. 인간-기계 기본기능 [암기] 정감정의행

1) 정보보관(정보저장)
   ① 인간 : 기억(대뇌)
   ② 기계 : 펀치카드, 자기테이프 기록장치
2) 감지(정보수용)
   ① 인간 : 시각, 청각, 촉각, 미각, 후각
   ② 기계 : 전자, 사진 기계작동
3) 정보처리, 의사결정
   ① 인간 : 귀납적, 다양한 정보
   ② 기계 : 연역적, Program
4) 행동
   ① 인간 : 기억, 교육, 훈련
   ② 기계 : 조종장치, 신호, 기록

3. 인간-기계 통합체계 유형 [암기] 수기자

1) 수동체계 : 수공구, 보조물
2) 기계화체계 : 반자동 동력제어장치, 동력은 기계가 운전기능은 조정장치
3) 자동체계 : 인간은 감시, 프로그램은 정비유지

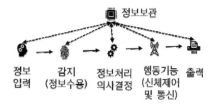

인간 – 기계체계 기본기능

[참고] Man-Machine System 신뢰도

1. 개요

인간과 기계의 특성에 따라 차이가 있으며, 인간과 기계의 신뢰도가 상승 시 신뢰도는 높아진다.

2. 인간-기계 신뢰도 요인

1) 인간 : 주의력, 긴장수준, 의식수준
2) 기계 : 재질, 기능, 작동방법

3. 인간-기계의 신뢰도

1) Man-Machine 신뢰도
   $R_S = R_H \cdot R_E$
   R_S : 신뢰도
   R_H : 인간신뢰도
   R_E : 기계신뢰도
2) 직렬연결과 병렬연결 시 신뢰도
   ① 직렬배치(Series System)
   R_S(신뢰도) $= r_1 \times r_2$
   직렬연결과 병렬연결시 신뢰도
   ② 병렬배치(Series System)
   R_S(신뢰도) $= r_1 + r_2(1-r)$

4. 신뢰도 유지방안

1) 인간적인 측면을 중시
2) Fail Safe
3) Lock system

03 인간·기계 유리한 기능

1. 개요

인간과 기계의 조화를 통해 인간이 기계로부터 정보를 얻고 판단하여 기능을 제어함으로써 인간과 기계의 결합체를 만드는 것이다.

2. 인간·기계 기본기능 [암기] 정감정의행

1) 정보보관(정보저장)
  ① 인간 : 기억(대뇌)
  ② 기계 : 펀치카드, 자기테이프 기록장치

2) 감지(정보수용)
  ① 인간 : 시각, 청각, 촉각, 미각, 후각
  ② 기계 : 전자, 사진 기계작동

3) 정보처리, 의사결정
  ① 인간 : 귀납적, 다양한 정보
  ② 기계 : 연역적, Program

4) 행동
  ① 인간 : 기억, 교육, 훈련
  ② 기계 : 조종장치, 신호, 기록

3. 인간 [암기] 자신사정 의전독귀 문주

1) 자극(시각, 청각, 촉각, 미각, 후각), 신호인지
2) 예기치 못한 사건을 감지
3) 중요정보 보관
4) 경험 통한 의사결정
5) 중요한 일에 전념
6) 문제해결 독창성
7) 귀납적 추리
8) 다양한 문제해결
9) 주관적인 추산평가

4. 기계 [암기] 자사대연 일정물장

1) 자극을 감지(초음파, X선, 레이더파)
2) 드문 사상감지
3) 암호정보 대량보관
4) 연역적 추리
5) 입력신호에 일관된 반응
6) 명시된 Program 정량적인 정보처리
7) 물리적 양 계수측정
8) 장시간 작업수행

5. 인간과 기계의 우수한 점 비교

구분	인간 우수	기계 우수
정보보관	중요도에 따른 장시간 보관, 방대한 정보보다 원칙을 잘 기억	암호화 신속 대량, 수많은 수치 신속 보관
감지 (정보수용)	시각 청각 촉각 미각 후각으로 감지, 잡음 속 신호 인지, 여러 자극 식별, 예기치 못한 감지 (예감, 느낌)	인간이 감지할 수 없는 초음파 X선 레이더파, 많은 수치 신속한 기억
정보처리 의사결정	해당 정보를 기억, 경험을 토대로 의사결정, 실패 시 다른 방법, 원칙 적용 다양한 문제 해결, 관찰 통해 귀납적 추리, 주관적 평가, 독창력	암호화 정보를 신속하고 정확한 회수, 연역적 추리, 신속한 입력, 신속한 일관성, Program 정략적 처리, 물리적양 계수 측정
행동기능	과부하 시 중요일에 전념, 신체적인 반응 무리하지 않는 적응	과부하 시 효율적, 장시간 반복작업 신뢰, 여러 개 동시수행, 주위환경 무관

04 건설업 Human Error

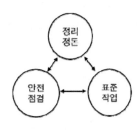

안전작업 3원칙

1. 개요

휴먼에러는 허용범위를 벗어난 일련의 행동으로 규정한다. 시스템의 성능·안전 또는 효율을 저하하거나 감소시킬 잠재력이 있는 허용범위를 벗어난 부적격하거나 원치 않는 일련의 인간동작을 말한다.

2. 인간 에러

1) 개인특성
2) 교육훈련
3) 환경조건
4) 직장 및 작업의 특성에 따라 차이

3. 불안전한 행동의 배후요인 [암기] 인외 심생 4M(인설작관)

1) 인적요인
① 심리적 요인 : 착오, 생각, 소심, 주의, 의식, 무의식, 억측, 걱정
② 생리적 요인 : 피로, 영양, 에너지, 적응, 작업환경

2) 외적요인
① Man(인간) : 과오, 망각, 무의식, 피로
② Machine(설비) : 시설결함, 안전장치 제거
③ Media(작업적) : 작업순서, 작업동작, 작업방법, 작업환경, 정리정돈
④ Management(관리적) : 조직, 현장규정, 교육훈련 미흡

4. 대책 [암기] 인설작관

1) 교육훈련으로 착시·착오 요인 제거
2) 동작장해 제거, 심신건강유지
3) 능력 초과 요구업무 금지
4) 작업환경개선 및 면담

5. 착오발생 3단계 [암기] 인판조

1) 인지
2) 판단
3) 조작

6. 건설업 휴먼에러 [암기] 계설시유

단계	세부	내용
계획	계획	조사, 지형, 지질, 강우량, 홍수량
설계	구조	형식, 경간, 단면형상
	계산	기준, 조건, 안전도, 응력해석, 데이터 입력
	도면	주철근, 배력철근, 이음부 응력, 구조검토
시공	재료	콘크리트 품질, 강재 재질
	시공	방법, 순서, 가설재, 공사기간
유지관리	관리	과하중, 열화, 보수보강, 예산, 조직

05 작업표준

1. 개요

작업표준이란 제조 공정상의 작업조건, 작업방법, 관리방법, 사용재료, 사용설비, 작업요건 등에 관한 기준을 규정한 것이다.

2. 필요성

1) 목적 : 효율성 늘리고 위험요인 손실요인 제거
2) 필요성 : 반복적 작업으로 능률향상 및 품질확보

3. 작업표준 종류

1) 시방서
2) 작업순서
3) 동작표준
4) 작업지시서
5) 작업요령

4. 전제조건

1) 경영자 이해
2) 안전규정
3) 설비적정
4) 정리정돈
5) 작업방식

5. 작업표준 작성순서

분류 → 분석 → 토의 → 표준안 → 교육

6. 작업표준응용

1) 도시화
2) 발췌내용 게시
3) 기초훈련
4) 지도·감독
5) 변경 시 조정
6) 변경 시 유의사항
 ① 방법검토
 ② 유해 요인
 ③ 의견협조하에 작성
 ④ 숙련도
 ⑤ 개선기법
 ⑥ 지도

06 노동과학(Labor Science)

1. 개요

근로자 노동에 있어 악영향을 제거하고 노동력을 유지 보전하여 근로조건 육체적 정신적인 영향을 적게 하여 경제적인 노동을 실현하기 위한 기술이다.

2. 목적

1) 악영향 제거하고 노동력 유지
2) 근로의 적정화로 육체적 정신적 영향 최소화
3) 물적 인적요인 연구 분석하여 결과 획득

3. 노동환경요인 [암기] 화물생사

1) 화학적 요인 : 유해물질
2) 물리적 요인 : 유해 Energy
3) 생물적 요인 : 병원균
4) 사회적 요인 : 주위 환경

4. 환경개선 [암기] 돈조채소통환색온행

1) 정리정돈
2) 조도 : 보통작업 150Lux 이상, 기타 75Lux 이상
3) 채광 : 바닥면적 1/10
4) 소음 : 청각피로, 보호구
5) 통풍 : 인화, 폭발, 가스, 증기, 환기, 통풍
6) 환기 : 유해물질, 기체, 배출장치, 배기장치
7) 색채 : 시각적 심리적 식별
8) 온열 : 피로, 냉방, 난방, 통풍, 온습도
9) 행동장해 : 작업장 넓이·폭·높이 조정 및 정리 정돈

[참고] 환경 나오면

1. 노동환경요인 : 화물생사
2. 작업환경개선 : 돈조채소통 환색온행

07 동작경제 3원칙

암기 외내 능절개

1. 개요

불필요 동작을 제어하고 경제적인 표준동작을 함으로서 동작을 개선하여 경제성을 향상하기 위한 동작의 지침이다.

2. 동작분석 방법

1) 관찰법 : 육안관찰
2) Film 분석법 : 카메라 기록 분석

3. 인간동작 특성 `암기` 외내

1) 외적 : 동적·정적 조건, 기온·습도, 소음, 환경
2) 내적 : 경력, 개인차, 생리적 변화

4. 동작경제 3원칙 `암기` 능절개

1) 능력 활용
   ① 발 또는 왼손 사용 시 오른손 사용 하지 않음
   ② 양손 동시 사용

2) 절약
   ① 작업량 적게
   ② 작업장 주변 정리정돈
   ③ 동작 수·양
   ④ 장시간 작업 시 장구 사용

3) 동작개선
   ① 자동적 순서대로 동작
   ② 양손 동시 반대로 사용
   ③ 좌우대칭 사용
   ④ 관성·중력 이용
   ⑤ 높이 적당하게 하여 피로감 적게

5. 동작 실패 요인

1) 착시 착각
2) 오동작
3) 망각
4) 의식 태만
5) 기피
6) 생략

6. 실패방지대책

1) 지식·기능·태도 교육훈련
2) 피로 시 휴식
3) 무의식적 동작 금지
4) 의식적인 동작

참고 간결성 원리

1. 개요

물적 세계에도 지름길 반응이나 생략행위가 생각하고 있는 것처럼, 심리활동에 있어서도 최소의 에너지에 의해서 어떤 목적을 달성하려고 하는 경향이 있으며, 이를 간결성의 원리라고 한다.

2. 적용

1) 정보관리과정
2) 물건의 정리
3) 항상현상
4) 운동의 시지각
5) 착각

3. 3E 원인 대책

3E	원인	대책
기술적 (Engineering) 10%	기술불비, 결함	안전설계, 작업행정, 안전기준, 환경설비, 점검보존
교육적 (Education) 70%	지식, 방법, 경험, 교육, 훈련부족	지식, 기능, 태도, 경험훈련
규제적 (Enforcement) 20%	조직결함	엄격규칙, 책임감, 조직, 적정인원, 지시, 동기부여기준, 솔선수범, 사기향상

* 항상현상 : 여러 가지 조건이 바뀌어도 친숙한 대상은 항상 같게 지각되는 현상. 물체의 크기·모양·빛깔, 또는 소리를 들은 거리나 빛의 명암 따위의 조건에 따라 달라지는 것이 원칙이지만, 생리적 자극과는 관계없이 항상 같게 지각되는 경향이다.

08 반응시간

1. 반응시간

1) 응답시간 또는 반응시간은 어떤 것을 인식하고 그것에 대한 대답을 얻는데 까지 걸리는 시간의 양을 의미한다.

2) 이것은 하나의 자극에 대한 대답을 얻고 처리하고 감지하는 능력을 말한다.

2. 응답시간 요인

1) 지각력

① 안전하게 자극을 느끼고 듣고 보는 것은 좋은 반응시간을 얻기 위한 필수 조건이다.

② 육상경기에서, 심판의 출발 총성이 울리면, 이 소리가 운동선수의 귀에 도달한다(자극 인식).

2) 처리

① 적절한 반응시간을 위해 정보를 잘 이해하고 집중하는 것이 필요하다.

② 육상선수가 출발 신호를 인지하면, 환경에 대한 소리와 구분하고 경기를 시작해야 한다는 것을 인지한다(자극 처리).

3) 응답

① 민첩성 운동은 자극을 실행하고 좋은 응답시간을 가지는 데 필요하다.

② 육상선수가 신호를 정확하게 인지하고 처리하면 그들의 다리를 움직이기 시작한다.(자극에 대한 응답하기)

CHAPTER 8

시스템안전

01 System 안전 Program 5단계

1. 개요

1) 안전확보를 위한 기본지침으로 최소비용과 안전 요건을 갖추어야 한다.
2) 전문지식 과학적 공학적 원리 활용하여 위험 요소를 제어하기 위함이다.

2. System 안전 Program 5단계 [암기] 구사설제조

1) 구상 : 사용조건, 제품성상, 요구기능
2) 사양 결정 : 설비구비기능, 사양, 달성목표
3) 설계 : Fail Safe 기능, 안전성, 신뢰성
4) 제작 : 작업표준, 보전방식, 안전점검 기준
5) 조업 : 조업개시, 시운전, 안전성, 신뢰성

3. 포함사항

1) 개요
2) 안전조직
3) 계약조건
4) 관련 부문과 조정
5) 안전기준
6) 안전해석
7) 안전성 평가
8) 안전 Data 수집분석
9) 결과분석

4. System 안전수단

1) 위험소멸 : 불연성, 모퉁이 둥글게
2) 위험 Level 제한 : 연속감시, 자동제어
3) 잠금, 조임 : Inter Lock
4) Fail Safe : 위험 상태 최소화
5) 고장 최소화 : 안전율 여유

02 System 안전 해석기법

1. 개요

System 안전을 확보하기 위한 기본지침으로 시스템 분석기법을 예상하여 위험 수준을 파악하는 것이다.

2. 프로그램단계에 의한 분류

`암기` 프수논 예서시운 정성량 귀연

1) 예비 사고분석법
2) 서브시스템 사고분석
3) 시스템 사고분석
4) 운영 사고분석

3. 수리적 해석방법

1) 정성적 방법
2) 정량적 방법

4. 논리적 방법에 의한 분류

1) 귀납적 분석
2) 연역적 분석

5. 위험성 분류 `암기` 무한위파

1) 무시 : 인원·기계손상 없음
2) 한계적 : 상해·손해 배제 제어 억제
3) 위험 : 상해 손해, 시정조치
4) 파국적 : 사망, 중상, 손상

6. System 안전해석기법 `암기` 훼펄이프 크디메테

1) F.M.E.A(FailureModeand Analysis/F.M & E)
① 고장형별분석
② 정성적 정량적 영향

2) F.T.A(Fault Tree Analysis)
① 결함수분석
② FT 도표 이용

3) E.T.A(Event Tree Analysis)
① 사고수 분석
② 안전도
③ 귀납, 정량적
④ 재해확대요인 분석

4) P.H.A(Preliminary Hazards Analysis)
① 예비사고분석
② 최초단계분석
③ 사전분석

5) C.A(Critical Analysis)
① 위험도 분석
② 사상 손실 높은 위험도
③ 요소, 형태분석

6) D.T(DecisionTree)
① 의사결정나무
② 요소 신뢰도 이용
③ System 모델
④ 귀납적·정량적

7) M.O.R(Management Oversight & Risk Tree)
① Tree 중심
② F.T.A 기법
③ 관리, 설계, 생산, 보존
④ 안전도모
⑤ 원자력산업 이용

8) T.H.E.R.P(Technique of Human Error Rate Prediction)
① 인간적 Error
② 정량적 평가
③ 안전공학

03 F.M.E.A

1. 개요

기기 부품의 전체 고장 요소를 정성적 귀납적 방법으로 유형별로 분석해 기기부품 고장 및 사고재해의 가능 여부를 검토하는 방법이다.

2. 특징

1) 도표 없고, 서식만 있음
2) 서식 간단
3) 적은 노력으로 가능
4) 훈련 안 되면 논리성 적고
5) 동시 2개 이상 고장 시 곤란
6) 물체로 한정
7) 인적 원인분석 어려움

3. 시스템 고장형태 분류 [암기] 노폐기운

1) 노출 개폐 차단
2) 기동정지
3) 운전 계속

4. 기재사항

구분	내용
항목	요소 성분의 명칭, 도면번호 등
기능	기능의 간단한 표현
고장형태	형태별 특징을 기술
고장 반응시기	발생에서 최종고장까지의 소요시간

5. F.M.E.A 분류 [암기] 무한위파

1) Category1 무시 : 인원·기계 손상 없음
2) Category2 한계적 : 상해·손해 억제
3) Category3 위험 : 상해·손해 시정조치
4) Category4 파국적 : 사망, 중상, 손상

04 F.T.A

1. 개요
1) 재해발생 이전의 예측기법으로 활용 가치가 높은 방법이다.
2) 결함수 분석으로 고장이나 재해발생 요인을 FT 도표에 의해 분석하는 기법으로 재해발생 이전의 예측을 하는데 활용 가치가 높은 기법이다.

2. 적용
1) 재해요인분석
2) 결과 원인
3) 요인 도시화
4) 나뭇가지 모양
5) 안전대책 이론 검토
6) 재해예방대책

3. 작성 시기
1) 기계설비 설치가동 시
2) 위험 고장 우려 시
3) 재해발생 시

4. 특징
1) 재해발생 후 원인 규명보다 재해 예측이 가능
2) 활용가치 높음
3) 재해발생과 원인을 정확하게 해석
4) 정량적·귀납적 해석이 가능

5. 작성 방법
1) 공정 작업내용 파악
2) 원인 영향 등 정보수집
3) F.T 작성하여 수식화로 처리 간소화
4) 원인과 발생확률을 대입하여 계산

6. FTA 재해사례연구순서
1) 선정
  ① 정상사상 선정
  ② 안전보건 문제점
  ③ 중요도
  ④ 재해위험 고려
  ⑤ 재해결정

2) 원인
  ① 사상마다 재해원인 규명
  ② 중간사상
  ③ 기본사상

3) FT도
  ① 작성
  ② 부분적-중간사상-전체

4) 개선
  ① 계획작성
  ② 안전성 개선안 제약 검토
  ③ 개선안 결정 및 실시계획

05 E.T.A

1. 개요

1) 초기사건 시 특정 장치의 이상, 운전자 실수 등 잠재적인 사고 결과를 평가하는 기법이다.
2) 초기사건부터 후속사건 간의 순서와 상관관계를 파악하는 데 활용되는 기법이다.

2. 작성순서

1) 관심이 있는 초기사건 확인
2) 초기사건에 대처하기 위해 설계된 안전기능 확인
3) ET 작성
4) 사건·사고 경로 결과 기술

3. 특징

1) 고장형태 작성에 유용
2) 고장빈도 예측
3) 안전 개선을 위한 설계변경 시 유용
4) 대부분 공장에서 작성
5) ET 작성 시 소요시간 과다

참고 **시스템안전 용어**

1. 상대위험순위 결정(Dow And Mond Indices)기법

설비에 존재하는 위험에 대하여 수치적으로 상대위험 순위를 지표화하여 그 피해정도를 나타내는 상대적 위험 순위를 정하는 안전성평가 기법

2. 작업자실수분석(Human Error Ananylysis, HEA)

기법설비의 운전원, 정비보수원, 기술자 등의 작업에 영향을 미칠만한 요소를 평가하여 그 실수의 원인을 파악하고 추적하여 정량적으로 실수의 상대적 순위를 결정하는 기법

3. 사고예상질문분석(WHAT-IF)기법

공정에 잠재하고 있으면서 원하지 않은 나쁜 결과를 초래할 수 있는 사고에 대하여 예상질문을 통해 사전에 확인함으로써 그 위험과 결과 및 위험을 줄이는 방법

4. 위험과 운전 분석(Hazard And Operablity Studies, HAZOP)기법

공정에 존재하는 위험요소들과 공정의 효율을 떨어뜨릴수 있는 운전상의 문제점을 찾아내어 그 원인을 제거하는 기법

5. 이상위험도분석(Failure Modes, Effects, and Criticality Analysis, FMECA)기법

공정 및 설비의 고장의 형태 및 영향, 고장형태별 위험도 순위 등을 결정하는 기법

6. 원인결과분석(Cause-Consequence Ananlysis, CCA)기법

잠재된 사고의 결과와 이러한 사고의 근본적인 원인을 찾아내고 사고 결과와 원인의 상호관계를 예측 평가하는 기법

참고 **오버홀(overhaul)**

기계 분해수리의 방법으로 기계의 주요부품을 분해해서 세밀하게 점검하고 교체하는 작업을 통칭

CHAPTER 9

06 Risk Management(위험관리)

1. 개요

1) 미국에서 개발된 기법이며 보험중개인이 보험료를 모아 보험 조합을 만들기 위해 생각한 기법이다.

2) 위험처리기술에는 위험의 회피, 위험의 제거 보유 보험의 전가 등이 있다.

2. 종류  순투 정동

1) 순수위험 : 정태적 위험, 손해만 발생, 보험, 천재, 착오

2) 투기적위험 : 동태적 위험, 이익손해 발생, 경영적 도박 거래, 욕구, 사회환경

3. Risk Management 순서

Risk발굴 확인	Risk측정 분석	Risk처리 기술	Risk처리 기술선택

4. 위험관리 3단계 발확정대

1) 위험의 발견 및 확인 : Risk 추출
2) 위험 정량화 : Risk 피해 정도
3) 위험 대처 : 최적 방안

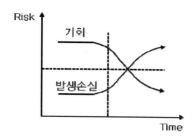

Risk Management의 개념

5. 위험처리기술 회제보전

1) 위험회피
① 특정 사업에 손대지 않음
② 활동 자체를 하지 않음

2) 위험제거 방분결제소적
① 방지 : 예방, 경감
② 분산 : 분산, 이전
③ 결합 : 협정, 제거
④ 제한 : 위험부담 경계 확정

3) 위험보유
① 소극적 : 무지하여 결과적 보유
② 적극적 : 충분히 확인 후 보유

4) 위험전가
① 제거할 수 없는 위험
② 제삼자에게 전가
③ 보험, 공제조합, 기금

07 System 안전에서 위험의 3가지 의미

1. 개요

System 안전이란 기능 시간 비용 등의 계약조건에서 상해 손상을 최소화하는 것을 말한다.

2. 위험의 분류 [암기] Ri Pe Ha

1) Risk : 위험 발생 가능성
2) Peril : 사고 자체
3) Hazard : 위험의 근원

3. 의미

1) Risk
 ① 위험부담
 ② 사고 가능성
 ③ 손해피해 가능성

2) Peril
 ① 위험 발생, 사고 자체
 ② 우발적, 화재 폭발 충돌 사망

3) Hazard
 ① 위험증가
 ② 사고의 잠재적인 요인

4. 예시

1) Risk
 ① 원유탱크, 폭발
 ② 환경에 나쁜 영향을 미칠 가능성

2) Peril
 ① 원유탱크
 ② 화재 폭발 등 사고 자체

3) Hazard
 ① 원유탱크
 ② 물 자체, 휘발유
  - Risk, Peril, Hazard
  - 주유소, 유류 운반 차량을 예를 들어 보자.

참고 System안전 Hazard 강도

1. 개요

Hazard란 사고발생 가능 요소, 사고위험의 근원 즉 위험 요소가 존재함을 말한다.

2. 위험분류 [암기] Ri Pe Ha

1) Risk : 사고 발생 가능성
2) Peril : 사고 자체
3) Hazard : 위험의 근원

3. Hazard 강도

1) 궁극적인 원인
2) 상해, 직업병
3) 재산·설비 손해 정도 등 최악의 잠재력
4) 정성적 평가

4. Hazard 이론 [암기] 랠바크돌

1) Lalley : 손해 발생 가능성을 높이는 조건
2) Vaughan & Elliott : 사고 손해 가능성 증대
3) Crane : 손해 예상 증대
4) Dorfman : 손해 빈도 강도 증대

5. 위험의 근원(갱폼 예시)

1) Chain W/R 대신 철선 사용
2) 삼각지지대 대신 강관비계 사용 제작
3) 강우 우천 시 작업강행
4) Slab Anchor로 콘크리트못 박음
5) 커터로 W/R 흠집

08 Lay Out 주요 사항

1. 개요

1) 기계설비 취급재료 제품장소 기계운동 범위 등을 고려하여 효율적으로 배치하는 것을 말한다.
2) 공장의 환경정비의 기본이며 생산능률의 향상은 안전확보를 우선으로 해야 한다.

2. 환경정비 기본요건

1) Lay Out
2) 정리정돈, 청소 및 청결
3) 안전표지

3. 주요 사항

1) 기계설비
  ① 작업흐름 방해하지 않고, 불필요 공정 없애고, 교차 동선이 안 되게 시설
  ② 운반 자동화
  ③ 작업장소 넓게

2) 기계설비 주변
  ① 취급재료 다룰 충분한 공간
  ② 가공품 크기
  ③ 작업적인 운동범위

3) 보수점검용이
4) 조작정거장 고려 : 작업능률, 안전동작
5) 안전통로 : 산업안전기준
6) 재료제품보관 : 보관장소, 보관방법, 취급방법
7) 위험도 큰 설비 : 폭발성, 고압전기 피해방지

09 안전설계기법 종류

1. 개요

기계설비 결함이 발생한다고 하더라도 기능을 회복하거나 기능을 대행하는 안전장치를 말한다.

2. 기계설비 설계 시 검토항목

1) 인간과 기계간의 작업 배분
2) 융합
3) 배치
4) 공간 결정
5) 시스템 평가

3. 종류 [암기] Fa Back 다 Fool Fa 고안위

1) Fail Safe : 고장 시 안전 측 동작
2) Back Up system : 후방대기 고장 시 대행
3) 다중계화 : 동일·동종 다중설비 병렬
4) Fool Proof : 틀리기 어렵고, 틀리더라도 안전
5) Fail Soft : 일부 고장 시, 기능 저하 시, 전체 기능 정지하지 않고 작동
6) 고장진단회복 : 고장 검출하여 빨리 기능 회복
7) 안전율 적용 : 안전여부
8) 위험 부위 고장감소 : 고장빈도율 적게

4. 안전장치 선정조건 [암기] 작전신경 방적보

1) 작업성 : 저해 요소 없고
2) 전용성 : 여러 분야 사용 가능
3) 신뢰성 : 구조 기구 간단하고 취급 쉽고
4) 경제성 : 최소비용
5) 방호성 : 위험을 예지하고 사고방지
6) 적용성 : 기계장치의 적합 부적합
7) 보수성 : 점검·분해·조립 쉬운 것

[참고] Fail Safe

1. 개요

인간과 기계 간의 과오, 동작상의 실수, 부품 고장, 기능 불량이 있더라도 안전사고가 발생하지 않도록 2·3중으로 통제하는 기능이다.

2. Fail Safe 기능의 3단계 _{암기} Fail P A O

1) Fail Passive
① 고장 자동감지
② 고장 시 정지
③ Energy 최저화
④ 산업기계

2) Fail Active
① 고장 자동제어
② 고장 시 경보
③ 짧은 시간 동안 운전 가능
④ 대책까지 안전

3) Fail Operational
① 고장 차단 및 조정
② 다음 보수까지 안전하게 작동
③ 가장 바람직

3. Fail Safe 기구

1) 구조적 Fail Safe : 항공기 엔진 고장 시 나머지 한쪽이 작동
2) 기능적 Fail Safe : 철도신호 고장 시 항상 적색

4. 적용사례

1) 승강기 정전 시 시운전 정지
2) 석유난로 일정한 각도로 넘어지면 소화
3) 자동차 휘발유 잔량 60에 불 들어옴

참고 Fool Proof

1. 개요

1) 인적 미스 고장 시 전체재해가 발생하지 않도록 누구나 안전하게 다룰 수 있게 하는 안전기법이다.
2) 착오미스, 인간에러, 인적과오를 방지하기 위한 기능이다.

2. 구비조건

1) 작업성 : 저해 요소 없고
2) 전용성 : 여러 분야 사용
3) 신뢰성 : 구조 기구 간단하고 사용이 쉬운
4) 경제성 : 최소비용
5) 방호성 : 위험예지 사고방지
6) 적용성 : 기계장치 적합 부적합
7) 보수성 : 점검 분해 조립이 쉬운 것

3. 중요기구 _{암기} Gu조록 트오밀기

1) Guard : 장치가 열려 있을 시 작동 안 하고, 손이 들어가면 경고
2) 조작기구 : 양손 동시사용 조작 시에만 작동하고 손을 떼면 정지
3) Lock(제어)기구 : 조건을 충족 후 동작, 여러 개 열쇠 사용 시 열림
4) Trp 기구 : 급정지 장치, 신체 일부 위험영역에 들어갈 시 기계작동 안 함
5) Over Run 기구 : 전원 off 후 Guard 안 열림
6) 밀어내기 기구 : 위험 상태 전 감지 보호, Guard 문 열렸을 때 신체를 밀어냄
7) 기동방지 기구 : 제어회로가 기동을 방지하여 신체 보호

4. Fool Proof 개념도

1) 원인 : 부주의, 착각, 미숙, 혼란, 오작동
2) 결과 : 사고방지, 혼란방지, 안전작업
3) Fool Proof 3가지 방식 _{암기} 정규경
① 정지식 : 정상 동작을 안 할 경우, 불량 발생 시 정지
② 규제식 : 실수해도 규제
③ 경보식 : 이상 여부 발생 시 미리 알려줌

4) 실례
① 승강기 : 과부하 시 경보울리고 작동하지 않음
② Crane W/R : 권과방지장치는 무한정 감김을 방지
③ 피난방향 : Door문 열림

참고 Back up system

1. 개요

외부로부터의 위험을 감지하기 어려운 위험작업에 대하여 경고하여 안전을 지원하는 시스템을 말한다.

2. 종류

1) 감시인
2) 감시장치 : CCTV, 불꽃감지기, 화재감지설비
3) 경보장치
① 화재경보장치, 도난경보장치
② 졸음방지장치, 온도경보장치
③ 터널내 과속 방지, 급커브구간 윙커

3. 경고

1) 청각 : 효과 우수, 터널 내 과속 시 사이렌 호루라기 소리, 비상 방송설비
2) 시각 : 점멸램프, 윙커, 경광등, 경고등, 커브길 LED 경광등
3) 촉각 : 동적인 촉각, 정적인 촉각
4) 후각 : 가스누출 검출 시

10 Safety Assessment

1. 개요

Safety Assessment란 시공 중에 나타날 수 있는 위험에 대해서 설계 및 계획 단계에서 정성적 정량적인 대책을 강구하여 안전성을 평가하여 개선책 등을 마련하는 것이다.

2. 안전성 평가 종류　[암기] Sa Te Ri Hu

1) Safety Assessment(사전안정성 평가)
2) Technology Assessment(기술개발 종합평가)
3) Risk Assessment(위험성 평가)
4) Human Assessment(인간과 사고상 평가)

3. 안전성 평가 5단계　[암기] 기정정안재

1) 기본자료 수집 : 평가를 위한 자료
2) 정성적 평가 : 안전확보
3) 정량적 평가 : 재해발생 가능성 큰 순서
4) 안전대책 : 위험성 제거
5) 재평가 : FMEA, FTA

4. 안전성 평가 4가지 기법

1) Check List
2) 위험성 예측평가
3) F.M.E.A
4) F.T.A

참고 Technology Assessment (기술개발 종합평가)

1. 개요

새로운 기술개발이 이루어지면 개발과정 결과 사회환경에 미치는 위험성 악영향 등을 평가하여 기술적 관리적 개선책을 마련하는 것이다.

2. 기술개발 5단계　[암기] 사실안경종

1) 사회적 복리기여도 : 개발된 기술이 사회환경에 미치는 영향
2) 실현 가능성 : 기술 잠재능력의 실용화
3) 안전성 위험성 비교평가 : 합리성 비합리성 비교검토
4) 경제성 검토 : 신제품 개발로 인한 경제성
5) 종합평가 : 바람직한 방향으로 개발

3. 기술개발 합리성(효율성), 비합리성(위험성)

1) 합리성
 ① 재해감소
 ② 생활의 고도화
 ③ 생산성 향상
 ④ 자원 확대
 ⑤ 상품의 국제화
 ⑥ 기술수준 향상

2) 비합리성
 ① 인체영향 : 사고발생
 ② 자연환경 : 대기오염, 수질오염, 열발생
 ③ 사회기능 : 도시과밀, 차량정체, 전력부족, 전파방해
 ④ 자원 낭비 : 골재고갈, 전력남용, 지하수고갈

4. T.A 실행방법

1) 적용기술 상세히 인식
2) 기초데이터 수집
3) 위해요소 문제해결 및 대체 방법 제시
4) 영향 명확화, 영향 시 대안 상호비교
5) 선택 및 실행

11 기계설비의 고장곡선

1. 설비고장곡선(Bathtub Curve)

설비의 보전계획이나 보전방침을 수립할 경우 기계의 고장특성(고장빈도, 고장시간분포)별로 일정시간동안 발생할 고장확률과 빈도를 추정하여 고장에 대비한다.

2. 고장곡선의 종류

1) 초기고장 (DFR : Decresing Failure Rate)주로 설계, 원자재, 가공, 조립, 사용자 오류에서 생기는 고장(결함)

2) 우발고장 (CFR : Costant Failure Rate)설계 고유한도, 사용, 보전시사고 등이며 예방보전활동, 사용자교육 등으로 빈도를 줄일 수 있지만 근본적인 개선은 설계를 변경하여야 한다.

3) 마모고장 (IFR : Incresing Failure Rate)장시간 사용으로 기계적인 변화와 열화 등이 원인이 되어 발생되는 고장으로 기계 자체 수명과도 직결되어 있다.

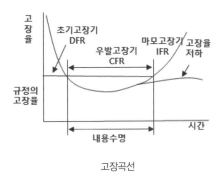

고장곡선

3. 대책

1) DFR(Decresing Failure Rate)점검이나 시운전 등으로 사고 예방

2) CFR(Costant Failure Rate)예측할 수 없을 때 생기는 고장으로 점검이나 시운전 등으로 사고를 예방할 수 없다. 예방활동 사용자교육 등을 통해 사고 예방

3) IFR : Incresing Failure Rate장치의 일부가 수명을 다해서 생기는 고장으로 안전진단 및 적당한 보수에 의해서 방지

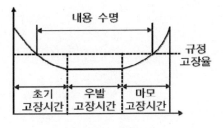

Bathtub Curve

CHAPTER 9

기술안전

01 C.M(Construction Management)

1. 개요

1) '건설사업관리'라 함은 건설공사에 관한 기획·타당성 조사 분석 설계 조달 계약 시공관리 감리 평가 사후관리 등에 관한 관리를 수행하는 것이다.

2) 건설사업의 공사비 절감 품질향상 공기단축을 목적으로 발주자가 전문지식과 경험을 지닌 건설사업관리자에게 발주자가 필요로 하는 건설사업관리 업무의 전부 또는 일부를 위탁하여 관리하게 하는 관리기법이다.

2. 필요성

1) 건설사업 참여자 간 Communication 및 조정
2) 공기지연 사업비증대 품질 안전 해결
3) 건설사업참여자 클레임 발생 우려 해소
4) 건설 인허가 행정 최적화
5) VE 및 시공성 LCC 등 고려

3. 특징 [암기] 공품안원의

1) 공기단축
2) 품질확보
3) 안정성 확보
4) 원가절감
5) 의사소통

4. 문제점

1) 인식 부족
2) 기술 부족
3) 제도 미흡
4) 전문인력 부족

5. 효과

1) 건설사업 초기 문제점 최소화
2) 인허가 행정업무 금융 조달 등 수행
3) 설계단계 시공성 검토, 공사기간 단축
4) 부실시공 방지 및 품질관리
5) 사업 진행에 관한 정보 제공

[참고] 실명제 도입

1. 개요

1) 건설공사 준공 시 공사명 공사기간 발주자 시공 설계 감리 감독 기술 준공검사자의 이름이 기재된 공사 준공표지판을 당해 시설물에 부착하도록 의무화한 건설산업기본법의 규정

2) 건설교통부는 기술자 기능공 외주업체 등 각종 공사에 참여한 사람들의 이름을 기재한 시공관리대장을 의무적으로 발주기관에 신고하도록 규정하고 있다.

2. 목적 [암기] 책임시한부 권부 인의자

1) 책임시공
2) 책임한계
3) 책임부과
4) 권리보호
5) 부실책임

3. 문제점

1) 인식부족
2) 의식결여
3) 자부심 부족

4. 대상

1) 현장대리인
2) 감리원
3) 감독자
4) 기능공

5. 방법

1) 시공관리대장
2) 권한책임

02 자동화(Robot화)

1. 개요

1) 건설공사의 고층화 대형화 복잡화에 따른 작업 환경의 열악 및 산업재해의 증가로 자동화를 통한 안전한 작업을 필요로 하고 있다.

2) 고소작업, 협소한 장소 작업, 산업재해의 증가 및 3D에 따른 건설인력 감소로 위험환경 및 위험 작업으로부터 산업재해를 예방하고 경제력 향상을 위해 자동화 개발이 진행되고 있다.

2. 배경

1) 3D 현상으로 기능공 인력 부족
2) 생산성 저하와 고임금
3) 노사문제 급증
4) 건설재해 및 안전사고 증가
5) 건설공사의 경영 합리화
6) 기계기술과 전자기술의 발달

3. 효과

1) 공기·품질·원가, 산업재해 예방
2) 악천후에 따른 위험 감소
3) 공사인력 감소
4) 위험한 공사의 안정성 향상
5) 국제입찰 경쟁력 강화

건물외벽 자동화 로봇
(출처 : 한국기계연구원 극한에너지 기계연구실 자료)

4. 대상

1) Slurry Wall 공사용 로봇
2) 토공정지 및 무인굴삭기
3) 자동용접, 외벽도장, 비파괴검사
4) Tile 하자 감지
5) 외부유리창 청소

5. 문제점

1) 경제적 측면
① 구입설치비 등 초기투자비 과다
② 가동률 전용성이 적어 비경제적

2) 기술적 측면
① 작업공정 많고 연속 반복작업 적음
② 로봇은 고정식이나 이동 시 바닥턱 등 불안정
③ 부재중량 큼

3) 구조적 측면
① 전문업체 영세하여 비용부담
② 초기투자비 많고 전문인력 적음
③ 작업시간의 제약
④ 품질 정량적 평가방법 미확립

6. 대책

1) 설계 측면
① 골조의 PC화를 통한 시공성 향상
② 부재의 단순화 표준화 및 규격화
③ 단순하고 안전한 바닥작업 확보

2) 재료 측면
① 재료의 경량화
② 운반과 취급이 쉬운 재료

3) 시공 측면
① 반복성의 시공법 개발
② 공종별 작업의 단순화

4) 신기술 개발
① 설계 및 시공의 영역 확대를 위한 EC화
② Sensor 개발
③ Computer 프로그램 개발

참고 타당성 조사

1. 개요

1) 대형 신규 공공투자 사업의 정책적 의의와 경제성을 판단하고, 사업의 효율적이고 현실적인 추진방안을 제시하는 데 목적이 있다.
2) 객관적 재조사, 불필요한 사업비 증액, 재정지출 효율성 재고에 있다.

2. 적용

총사업비 토목 500억 이상, 건축 200억 이상

3. 수행 주체

1) 500억 이상 : 기획재정부장관
2) 500억 이하 : 중앙관서장

4. 시행요건

1) 예비타당성 조사 없이 시행한 사업
2) 총사업비 20% 이상 증가한 사업
3) 수요예측 재조사가 당시 수요보다 30% 이상 감소
4) 중복투자사업, 예산낭비 개연성 있는 사업
5) 기획예산처 필요 시

참고 **Claim**

1. 개요

1) Claim 이란 계약당사자 간의 의견 불일치 상태이며, 공사와 관련되어 발생하는 손해에 대한 배상으로 협상 결렬 시 분쟁으로 발전한다.
2) 건설공사의 대형화 복잡화에 따른 시공 전·중·후에 대한 문제점 및 클레임 발생에 대한 대책이 필요하고 부실공사 방지, 수익성 증대를 위해 품질관리 등의 향상에 노력이 필요하다.

2. 유형

1) 공기지연
2) 공기촉진
3) 공사범위
4) 현장조건 상이

3. 문제점

1) 계약제도
2) 인식부족
3) 해결기구
4) 해결 능력

4. 방지대책

1) 계약내용 명확화
 ① 공사기간
 ② 설계변경 시 공사비 지급 관계
 ③ 물가변동 시 적용
 ④ 지체보상금

2) 입찰방법 개선
3) 교육적 대책
 ① 인식 철저
 ② 소프트 기술 강화
 ③ 인재육성

4) 기술적 대책
 ① 공사관리 명확
 ② 품질기준 사전 설정
 ③ 공법선정 명확화

03 건설공해

1. 개요

1) 건설공사 현장에서 발생하는 직접적인 간접적인 피해요인으로 소음 진동 분진 등이 있다.
2) 건설공해는 공사종료와 함께 소멸하며 공사 시 생활권의 침해로 민원이 야기되어 분쟁까지 일어난다.

2. 종류 [암기] 직간 소진비분지수불위교 일전풍경반

1) 직접공해(시공 중 공해)
① 소음·진동
② 비산·분진
③ 지반침하
④ 수질오염
⑤ 불안감, 위화감
⑥ 교통장애

2) 간접공해(구조물 자체공해)
① 일조권
② 전파
③ 빌딩풍
④ 경관
⑤ 반사광 장애

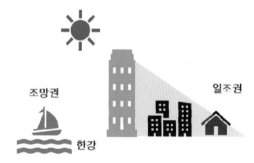

일조권 조망권

3. 건설공해 분류 [암기] 공폐건

건설공해	공사공해	소음, 진동, 비산, 분진, 악취 지하수고갈, 오염, 지반침하, 교통장애 통행장애, 정신적불안감
	폐기물공해	벤토나이트용액, 콘크리트잔해 아스콘잔해, 스트로폼잔해, 석면잔해
	건물공해	일조권방해, 전파방해 빌딩풍해, 경관저해, 반사광장애

4. 건설공해 원인(소음·진동, 비산·분진, 폐기물) [암기] 해토말콘마

1) 구조물 해체공사
2) 토공사 터파기 토석 상하차
3) 구조물 기초공사(말뚝공사)
4) 구조물 기초 및 구체콘크리트공사
5) 건축물 마감공사
6) 터널공사 구조물 설치·해체
7) 기타 : 가설시설물 설치·해체, 전선 스티로폼 PC Pipe 폐기물, 아스팔트류 슬러지 등

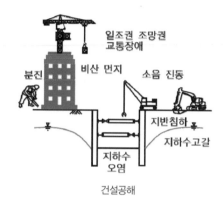

건설공해

5. 대책

1) 저소음 저진동 공법 및 기계기구
2) 건설기계 : 적정배치, 차음, 방진시설, 작업시간 조정
3) 기타 : 급발진 급정지 공회전 금지, 비폭성파쇄 팽창압공법 적용

6. 규제치

1) 소음(dB) [암기] 주상 심조주

적용	심야(22~05)	조석(05~08)	주간(08~18)
주거지	50dB 이하	60dB 이하	65dB 이하
상업지	50dB 이하	65dB 이하	70dB 이하

2) 진동허용규제기준(cm/sec) [암기] 문주상철컴

구분	문화재	주택, apt	상가	철근콘크리트 공장	컴퓨터
허용 진동치	0.2	0.5	1.0	1.0	0.2

3) 미세먼지 규제기준

항목	기준($\mu g/m^3$)	측정방법
미세먼지 (PM-10)	연간 평균치 : 50 이하 24시간 평균치 : 100 이하	베타선 흡수법

7. 터널 갱구부 소음방지시설

소음방지시설

참고 **건강장해 예방(소음)**

1. 사고원인

1) 소음발생 측정기 비설치
2) 소음발생구간 출입금지 안전보건표지 규정 미흡
3) 청력보존프로그램 미수립
4) 특별안전보건교육 미실시
5) 작업배치 전 건강진단 미실시
   ① A : 작업적합 (배치가능)
   ② C1/C2 : 부분적합(배치 후 관리)
   ③ D1/D2 : 부적합(소음 미발생 공종배치)

2. 안전대책

1) 소음발생구간 작업환경측정 실시
2) 소음원 제거 및 차단
3) 안전보호구(귀마개, 귀덮개) 착용
4) 청력 특수건강진단 실시(6개월)
5) 소음발생구간 소음수시측정
6) 저소음 저진동 공법 적용

참고 **건강장해 예방(진동)**

1. 사고원인

1) 진동발생(브레이커, 전동드릴, 햄머드릴, 천공작업 등)
   작업 사전 미확인
2) 진동구간 출입금지 안전보건표지 규정 미흡
3) 특별안전보건교육 미실시
4) 작업배치 전 건강진단 미실시

2. 안전대책

1) 저소음 저진동 기계기구 장비 사용
2) 사용시간 단축, 적절한 휴식
3) 안전보호구(진동방지장갑) 착용
4) 진동 특수건강진단 실시(6개월)
5) 정기 특별안전보건교육 실시

참고 **건강장해 예방(분진)**

1. 사고원인

1) 분진발생작업 사전조사 미실시
2) 출입금지 안전보건표지 규정 미흡
3) 호흡기보호프로그램 미실시
4) 특별안전보건교육 미실시
5) 작업배치 전 건강진단 미실시
6) 국소배기장치 송기 배기 등 미작동

2. 대책

1) 사전 작업환경측정(용접 흄, 석면분진 등)
2) 습식작업, 환기시설
3) 분진 유해성 교육
4) 호흡용보호구(마스크 등) 지급 및 착용
5) 분진 특수건강진단(6개월)
6) 정기 특별안전보건교육
7) 개인위생관리

참고 **건설산업 LCA(Life CycleAssessmentnt)**

1. 개요

특정 제품의 전 과정을 통하여 가공-제조-수송-유통-사용-재활용-폐기물에 이르기까지 전 과정 동안 배출되는 에너지 및 물질의 양을 정량화하여 환경평가 및 환경개선방안 등을 모색하는 평가방법이다.

2. 환경에 미치는 영향

1) 자원의 사용에 따른 지구온난화
2) 건설업에 따른 자원고갈
3) 건설폐기물 사용에 따른 환경오염
4) 수질 및 대기질 오염
5) 자연환경 훼손으로 생태계 파괴
6) 에너지 사용으로 지구환경 파괴

3. 순서

1) 범위설정 : LCA 관련 산업 대상
2) 목록분석 : 환경과부하 산업관련 목록 분석
3) 영향평가 : 구축된 Data Base 영향평가
4) 결과해석 : 영향평가에 따른 결과해석

CHAPTER 10

4. LCA에 적용

1) 설계초기 단계부터 적용
2) 전과정목록분석 [암기] 생운시사유해
　① 건설자재 생산과정
　② 건설자재 운송과정
　③ 구조물 시공과정
　④ 구조물 사용과정
　⑤ 구조물 유지보수 과정
　⑥ 구조물 해체 및 폐기물 처리 과정

5. LCA의 효과

1) 건설자재 환경부하 저감
2) 환경친화적 건설자재 개발
3) 환경부하의 감소에 따른 환경영향 감소

04 환경영향평가

1. 개요
1) 환경영향평가란 건설사업이 환경에 미치는 영향을 미리 조사 예측 평가하여 해로운 환경영향을 사전에 제거하고 감소시키는 방안을 마련하는 것이다.
2) 사업을 수립 및 시행할 때 해당 계획과 사업이 환경에 미치는 영향을 예측평가하고 환경보전방안 등을 마련하도록 하여 친환경적이고 지속 가능한 발전과 건강하고 쾌적한 국민생활을 도모함을 목적으로 한다.

2. 대상
1) 도시개발, 산업단지조성, 에너지개발
2) 항만건설, 도로건설, 수자원개발
3) 철도건설, 공항건설, 하천개발
4) 매립사업, 관광단지개발, 산지개발
5) 폐기물처리시설
6) 토석·모래·자갈·광물 채취사업

3. 순서 [암기] 초주최협사

| 초안
작성 | → | 주민
의견 | → | 최종
평가서 | → | 최종평가
협의검토 | → | 사후
관리 |

4. 작성분야
[암기] 사생자 인산교문 소진수폐토토대 기지지동식

1) 사회환경
   ① 인구
   ② 산업
   ③ 교통
   ④ 문화재

2) 생활환경
   ① 소음
   ② 진동
   ③ 수질
   ④ 폐기물
   ⑤ 토양
   ⑥ 토질
   ⑦ 대기질

3) 자연환경
   ① 기후
   ② 지형
   ③ 지질
   ④ 동물상
   ⑤ 식물상

5. 환경관리비 [암기] 보폐재

환경관리비 = 환경보전비 + 폐기물처리비 + 재활용비

05 비점오염원

1. 개요

1) 비점오염원이란 장소를 특정할 수 없이 넓은 면적에 걸쳐 다수의 공급원에서 오염물질이 배출되는 곳을 말한다.

2) 농지에 살포된 농약, 축사에서의 유출물, 도로상 오염물질, 도시지역의 먼지와 쓰레기, 지표상 퇴적 오염물질 등이 빗물과 함께 유출되어 수질오염을 유발한다.

2. 종류

1) 토사
   ① 토사 흡착된 영양물질 금속 탄화수소
   ② 수생생물의 광합성 호흡 성장에 장애

2) 영양물질
   ① 비료에 섞인 질소·인 등 빗물에 유출
   ② 주택 농경지 하수도에서 유출되어 하천 유입

3) 박테리아와 바이러스 : 동물 배설물, 하수월류 배출수

4) 자동차
   ① 기름과 그리스가 수생생물에 치명적
   ② 전복 차량, 세척 폐기름 무단투기

5) 금속
   ① 납, 아연, 카드뮴, 구리, 니켈 등 중금속
   ② 금속물질은 토양 및 수질오염

6) 유기물질
   ① 밭, 논, 산림 주거지역 등에서 유출
   ② 오수하수관거 침전되어 강우 시 배출

7) 기타
   ① 쓰레기 잔재물 부유물
   ② 중금속 살충제 낙엽 잔디에 붙어
   ③ 동물 배설물 용존산소 감소

3. 문제점

1) 비특정면오염원
2) 이동수질오염원
3) BOD 정량적 예측 곤란

4. 원인

1) 도시지역
2) 농지
3) 축사
4) 도로 차량매연·타이어

5. 점오염원과 비점오염원의 차이

구분	점오염원	비점오염원
배출원	공장, 가정하수, 분뇨처리장, 축산농가	대지, 도로, 논, 밭, 임야, 대기오염물질
특징	인위적 발생 배출지점 명확 일정한 경로 집중배출 연중 배출량 일정 수집 용이하고 처리효율 높음	인위적·자연적 발생 배출지점 불명확 확산배출 광범위 시간에 따른 배출량 변화가 큼 수집 곤란, 처리효율 불확실

6. 비점오염원 저감시설 　암기 저침여

1) 저류형
   강우유출수를 저류하여 침전 등에 의해 비점오염 물질 시설로 집수

2) 침투형
   ① 강우유출수를 지하로 침투, 토양 여과흡착
   ② 유공포장 침투조 침투저류지 침투도랑 등

3) 여과형
   ① 강우유출수를 집수조 등에서 집수
   ② 모래 토양 등의 여과재를 통하여 걸러

비점오염원

06 건설폐기물

1. 개요

1) 건설산업의 발전과 대규모 사업, 재개발 사업 등의 영향으로 건설폐기물의 증가와 더불어 사회적인 이슈로 부각되고 있다.
2) LCA를 통한 건설자재의 생산에서 폐기처분에 이르기까지 환경적인 영향 저감 및 폐기물의 발생억제 및 재활용 방법개발, 친환경적 자재 생산 등이 개발되어야 한다.

2. 건설공해 원인(소음·진동, 비산·분진, 폐기물)

알기 해토말콘마

1) 구조물 해체공사
2) 토공사 터파기 토석 상하차
3) 구조물 기초공사(말뚝공사)
4) 구조물 기초 및 구체콘크리트공사
5) 건축물 마감공사
6) 터널공사 구조물 설치·해체
7) 기타 : 가설시설물 설치·해체, 전선 스티로폼 PC Pipe 폐기물, 아스팔트류 슬러지 등

3. 처리방안   알기 수구평직집폐 자위 직가재환

1) 절차

2) 수집처리방법   알기 자위
 ① 자가처리 : 사업장에서 분해 및 매립
 ② 위탁처리 : 재활용 가공업체에 위탁처리

3) 재이용방법   알기 직가재환

부재	직접이용형 : 자원을 분해 및 분리
	가공이용형 : 자원을 재가공
파쇄	재생이용형 : 쇄석 등 분쇄하여 포설
	환원형 : 소각 에너지로 환원

4. 미치는 영향   알기 안환공

1) 안전사고 위험 : 해체운반 시 안전사고
2) 환경문제 대두
 ① 혼합물에 따른 환경오염
 ② 비산·먼지에 따른 생활환경에 영향
 ③ 부식에 따른 가스발생

3) 시공 시 발생하는 영향
 ① 부실공사의 원인
 ② 자재의 손실
 ③ 재활용 자재의 시방조항 미흡

5. 재생자원개념도

건설폐기물		
폐기물	재생자원 가능	재생자원
재활용 불가 유해 위험물	콘크리트 덩어리 아스콘 덩어리 목재, 벽돌	건설발생잔토 기타자원

6. 주요폐기물 절감방안

1) 철근 : Shop Drawing 상세 작성, 공장주문제작, 1일 설계량/시공량 분석 철저
2) 콘크리트 : Loss량 저감, Shop Drawing 물량 정밀 시공, Batch Plant 현장 설치
3) 조적 : 반토막 적용, 이오토막 적용, 1B 쌓기 시공
4) 미장 : 일일 시공량 지급, 규격별 물량산출 및 지급, 모르타르 사용자재 Loss량 저감
5) 타일 : 수장공사 Shop Drawing
6) 방안 : 소요량 지급 및 사용량 확인, 설계량 대비 일일 시공량 점검, 구조물별 자재 소요량 재고관리, Shop Drawing 상세 작성, 포장재 원인자부담 반출

7. 재활용방안

1) 철재 : 분리수거로 재활용
2) 폐콘크리트 : 현장 가설도로 등에 활용
3) 벽돌 블럭류 : 노체, 구조물 뒷채움
4) 목재류 : 분리수거 후 재활용

8. 재활용 필요성

1) 건설사업의 환경공해 저감
2) 자원회수 및 재사용으로 자원고갈 방지
3) 운반비 저감에 따른 원가절감
4) 재생산업의 활성화로 재활용 극대화

07 부실공사

1. 개요

1) 1970년대 이후 건설경기의 물적 성장, 질적인 소홀로 성수대교 붕괴(1994), 삼풍백화점 붕괴(1995) 이후 한강 다리의 안전성을 검사하던 중 당산철교의 부실시공(1996)이 발견되어 전면 재시공되었다.

2) 물량 위주 건설, 품질 중시 건설산업이 초래한 결과로 설계 감리 시공의 제도를 강화하여 부실공사를 방지하고 성실시공에 임해야 한다.

2. 원인 [암기] 조공품안덤하미

1) 사전조사 미흡한 턴키제도
2) 인허가 미흡에 따른 Risk를 시공자에게 전가하여 무리한 공기로 준공
3) 돌관공사에 따른 품질관리 미흡
4) 안전관리 미흡
5) 덤핑수주에 따른 협력사의 원가 하락
6) 재하도에 따른 하도급자 부실
7) 건설업의 호황에 따른 미숙련공 현장 투입

3. 대책 [암기] 제설재시감기

1) 제도상 : 턴키 담합, 저가입찰 제도개선
2) 설계상 : 무리하고 짧은 기간 설계 지양
3) 재료상 : 경량제 등의 사용기준 마련
4) 시공상 : 기술사제도 강화, 경력인증 폐지
5) 감리상 : 감리 역량강화, 기술사제도 강화
6) 기타 : 책임의식, 하도급 관리

구분	원인 및 방지대책
제도	예정가격, 사전조사, 저가입찰, 입찰제도 불법하도급, 불공정하도급
설계, 재료	설계기간, 설계자, 공사비 절감 설계변경 품질확보 제도장치
시공	도면, 시방서, 규준준수, 공기단축, 부실시공
감리	기술능력, 전문인력, 제도상 안전관리
기타	책임의식, 설계, 감리, 시공제재, 하도급 관리

참고 **황사, 연무, 스모그 비교**

1. 개요

1) 황사 : 중국 황하강 일대에서 불어오는 미세한 모래로 주요 발원지는 중국 몽골의 사막지대
2) 연무 : 공장지대에서 날아오는 그을음 등으로 대기 혼탁
3) 스모그 : 자동차 매연, 도심지 오염물질 등에 의한 매연가스

2. 차이

구분	황사	연무	스모그
발생	사막	공장	도심
시기	봄	봄·겨울·늦가을	여름
형태	바람	대기혼탁	안개
구성	모래·먼지	티끌·그을음	매연·가스
영향	호흡장애	눈 피로	호흡장애

3. 황사의 영향

1) 태양 빛 차단 농작물 활엽수 광합성 억제
2) 구름 생성을 위한 응결핵 증가
3) 복사열 흡수로 냉각 효과
4) 산성비로 인한 토양 악화
5) 호흡기관 안질환
6) 빨래 음식 등에 침강 부착
7) 항공기엔진 반도체 정밀기계 손상

4. 황사의 원인 대책 [암기] 시강질정 건자침부

1) 시야 악화 : 보안경 마스크 착용
2) 강풍 : 실내유입 억제로 외출 시 창문 잠금
3) 질병 유발 : 외출 후 손·발 등 위생 철저
4) 정밀기계 오조작 : 정밀기계실 먼지유입 억제 조치
5) 건설자재 침강 부식 : 코팅으로 보호막 설치

08 순환골재

1. 개요

1) 건설사업의 대규모, 재개발의 증가로 인한 폐기물 처리장소 부족 및 처리비용의 증가에 따른 장기적인 대책 마련이 시급하다.
2) 구조물 해체에 다른 환경문제와 건설사업 증가에 따른 골재 수급차원 문제의 해결, 순환골재의 품질개선 및 최적화 비율연구가 필요하다.

2. 순환골재의 활용 [암기] 부1조세미

1) 부재 덩어리 : 도로 성토 시 노체·기초 뒷채움
2) 1차 파쇄재 : 가설도로, 도로 노상·노체, 구조물 기초다짐에 활용
3) 조골재 : 5~25mm 세척 체가름 후 시멘트 및 아스팔트 골재로 활용
4) 세골재 : 0.15~5mm 세척 분말 선별 후 모르타르 재료로 활용
5) 미분말 : 도로와 기초재료로 활용

3. 재활용순서

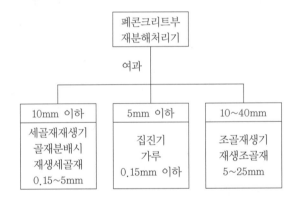

4. 순환골재 콘크리트 종류

종류	순환골재 함유량	설계기준 강도	용도
A종	50% 이상	15MPa	주택 기초콘크리트
B종	30~50%	18MPa	버림콘크리트
C종	30% 이하	21MPa	기초콘크리트

5. 순환골재의 문제점

1) 혼합물에 흡수로 품질 불량
2) 몰탈부착 곤란
3) 분진 등 불순물 다량 함유
4) 흡수량 많음

6. 순환골재의 특징

1) 불순물에 의한 강도 저하
2) 0.3mm 미립분 다량
3) 파쇄된 부순돌은 입형 불량
4) 천연골재보다 부착량 10~20% 감소

7. 순환골재 콘크리트 특징

1) 단위수량 많음
2) 응결속도 1~2시간 이상
3) Bleeding 적고
4) Slump 적고
5) 건조수축 많음
6) 압축강도 적음
7) 공기량 많음

8. 품질개선대책

1) 사용 전 AE제 고성능감수제 혼화재 혼합
2) 세정시설로 불순물을 제거하여 사용
3) 흡수율 높이기 위해 충분한 살수나 천연골재를 혼합하여 사용
4) 품질관리 등급분류 및 사용 용도 제한

09 지진

1. 개요

1) 지진은 지각에 장시간 축척되어 있는 에너지가 방출되면서 단층면을 경계로 전파되며 양쪽의 암반이 급격하게 어긋남으로써 생기는 지각변형 현상으로 지각 내 급격한 변동으로 인해 탄성파 파괴를 수반한다.

2) 지진은 파괴에 대한 예방 대비가 불가하며, 내진설계 및 정밀시공으로 안전성을 확보하여야 한다.

2. 원인

1) 판 경계가 취약한 지판 경계와 충돌로 엇갈림
2) 화산활동이 마그마를 움직여 지진 유발
3) 판 내부 응력변형으로 엇갈림
4) 활성단층 급격히 파괴와 충돌로 엇갈림
5) 인공적인 핵실험, 채석장 발파, 가스폭발 등

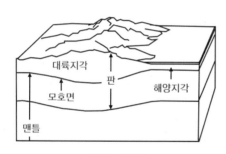

지구의 지각운동

3. 지진구분 [암기] 전본여 약중강격 3457

1) 구분
① 전진 : 본진 전 비교적 약한 지진
② 본진 : 지진 중 최대로 발생하는 지진
③ 여진 : 본진 후 미세한 흔들림 발생

2) 강도

구분	세기	현상
약진	3	집이 흔들림
중진	4	집이 몹시 흔들림
강진	5	집에 금이 감
격진	7	산사태 등 강력함

4. 지각구조

내핵 - 외핵 - 맨틀 - 표피

지구의 구조

5. 지반운동 [암기] PSL 종횡충 5,4,3

1) P파(종파)
① 속도 5km/sec, 지표면 방향으로 수직 통과
② 고체 액체 기체 모두 통과
③ 지구 표면에 최초로 도달하는 파

2) S파(횡파)
① 속도 4km/sec, 지표면으로 연직수직 통과
② 고체만 통과하는 파

3) L파(충격파, 표면파)
① 속도 3km/sec, 지구 표면에 직접 영향
② 느리게 전파하며 파괴력이 가장 큰 파

6. 구조물 미치는 영향 [암기] 액부지부구 기보벽기

1) 액상화
2) 부등침하
3) 지반침하
4) 구조체 부상
5) 구성부재(기둥·보·벽체·기초) 파괴

7. 내진설계(대책) [암기] 라내튜 강인혼 종횡충

1) 내진구조 [암기] 라내튜
① 라멘구조 : 절점이 강접합으로 수평력에 저항
② 내력벽 : 라멘구조에 인성이 작용하여 휨 방향 변형제어
③ 튜브구조 : 외부구조와 내부구조를 두어 휘며 변형 억제

2) 내진설계 [암기] 강인혼
① 강도가 증가, 저항능력 강화 : 가새, 버팀보 등
② 인성증가, 지진에너지를 흡수 : 메쉬부착, 철판부착 등
③ DIB 장치를 설치로 진동을 소멸시켜 제어
④ 이중골조에 가새·벽체를 혼합하여 진동에 저항
⑤ 기초판을 넓게 하여 안정성 유지

3) 내진설계기준 [암기] 종횡충
  ① P파 : 1차 지진파, 종파·수평파, 기초저면 확대, 기초깊이 깊게
  ② S파 : 2차 지진파, 횡파·수직파, 수평진동으로 피해발생, 기초저면 넓게하여 진동상쇄

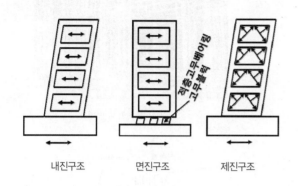

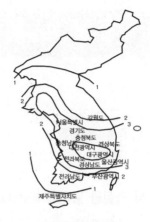

지구의 지진구역

8. 내진설계 시 유의사항

1) 편심 최소화
2) 상하층 라멘구조의 강성 인성 혼합
3) 지하층 깊이 깊게, 기초저면 확대
4) 부등침하 요인 제거, 지반 액상화 방지
5) 암반에 구조물의 기초 일치
6) 비구조부 일부에 취약부 두고 수평재 먼저 변형되어 기둥보다 보에서 먼저 변형이 일어나도록 설계
7) 평면길이와 폭의 비가 적게 설계
8) 내진구조 재료로 인성 좋고 가벼운 재료, 재료 분리 안되는 균일성을 확보할 수 있는 재료를 설계에 반영

9. 지진구역

1) 전 지역
  ① 3층 이상 건축물
  ② 연면적 1,000m² 이상(창고 축사제외)
  ③ 문화재박물관, 기념관

2) 지진구역 구분
  ① Ⅰ : 특별시, 광역시, 경기, 충청, 경상, 전북, 강원남부, 전남북동
  ② Ⅱ : 강원북부, 전남남서부, 제주도

10 지진 발생 시 가설물 안전확보

1. 개요

1) 내진설계, 고강성 자재 사용
2) 가설재, 연결재 강성 확보
3) 기초지내력 확보

2. 지진 발생 시 가설물 붕괴의 Mschanism

| 침하 | 좌굴 | 전도 | 붕괴 |

3. 가설물에 미치는 영향 `암기` 침좌전붕

1) 지반침하 : 간극수압 상승에 의한 액상화 현상으로 지반침하에 의한 구조물 파괴
2) 가시설 좌굴 : 지진의 진동에 의한 휨 변형 발생으로 가설비계 굽음
3) 전도 : 연결부위 파손 및 부등침하로 전도 발생
4) 붕괴 : 연결부위 파손에 의한 불균형 모멘트의 작용으로 전도되며 붕괴
5) 연결부 : 지지점 중 취약부 파손에 의한 전도
6) 비대칭성 : 하중의 불균형한 분포에 의한 편하중 작용으로 전도 붕괴

4. 지진발생 시 피해정보시스템

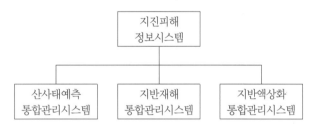

```
        지진피해
        정보시스템
     ┌──────┼──────┐
 산사태예측  지반재해   지반액상화
통합관리시스템 통합관리시스템 통합관리시스템
```

5. 내진설계 시 유의사항(안전대책)

1) 대칭구조로 균등하중 분포
2) 연결부 보강 및 보완 강성유지
3) 고강도 고강성 가설재 연구개발
4) 기초지내력 확보, 기초저면 확대로 안정성 증대
5) 가설재의 경량화로 충격 최소화
6) 지진감시설비 피해정보시스템 구축

6. 가설구조물 특성 `암기` 연결불정문

1) 수평재 등 연결재가 적은 구조
2) 부재결합이 간단하여 불안전한 결합
3) 구조물로서 통상적 개념이 확고치 않은 구조물

4) 불안전한 결합 조립 시 정밀도 적어 전도위험
5) 임의시설로 구조적인 문제점 발생

거푸집동바리 수평재

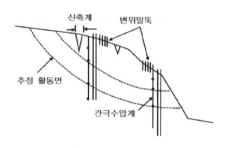

참고 지진 발생 시 내진설계 기본개념 및 도로교 내진등급

1. 내진설계 기본개념

1) 지진에 견딜 수 있는 내구성 확보
2) 지반운동에 견딜 수 있는 설계 시공

2. 내진설계기법

1) 내진구조 : 좌우진동, 구조내부 가로축이 튼튼하게
2) 면진구조 : 땅흔들림에 유연하고 파괴방지, 최하층 적층고무 진동완충작용
3) 제진구조 : 건물과 기둥사이, 댐퍼, 충격완화

3. 내진설계기준

1) 교량 : 인명피해최소화, 시설물 부재부분 피해허용하고 전체붕괴방지
2) 터널 : 갱구부, 편토압, 지내력 감소구간, 불연속구간만 내진설계
3) 항만 : 수심, 파랑, 파고, 조석, 토질기초, 수역시설, 외곽시설, 어항시설 등 고려
4) 댐 : 변형손상허용, 저수기능유지, 통제불능유출방지, 전도 안되도록 충분한 안전율
5) 건축물
   ① 적은규모 : 구조부재, 비구조부재 손상방지
   ② 중간규모 : 비구조부재 손상허용, 구조부재 손상방지
   ③ 대규모 : 구조부재 비구조부재 손상허용, 인명손상 예방
6) 상수도 : 시설물 중요도 따라, 물에 접하는 구조물 동수압 수면동요에 따라

4. 도로교의 내진등급

1) 교량등급
① 1등급 : DB-24, 고속도로, 자동차전용도로, 특별시·도, 광역시도, 일반국도, 교통량 이상 중차량통과 불가피
② 2등급 : DB-18, 지방도, 시도, 군도, 교통량 이하
③ 3등급 : DB-13.5, 산간벽지, 지방도, 시도, 군도, 교통량 극히 적은 교량

2) 교량의 내진등급

내진등급	교량
내진 특등급교	내진 I 등급교 중 사회, 안보, 경제측면, 발주처가 정한 교량
내진 I등급교	고속도로, 자동차전용도로, 특별시·도, 광역시, 일반국도교량 지방도, 시·도, 군도, 방재계획 상 필요한 도로에 건설된 교량, 일일 교통량, 중요한 교량 내진 I등급교가 건설되는 도로 위를 넘어가는 고가교량
내진 II등급교	내진 특등급교와, 내진 I등급교에 속하지 않는 교량

[참고] **건축 토목 구조물의 내진, 면진, 제진의 구분**

1. 개요

1) 건물을 지진력에 저항할 수 있도록 튼튼하게 설계하는 것을 내진설계라고 한다면,
2) 면진이란 건물을 지반에서 분리하여 지진을 피해가도록 하는 개념이며,
3) 제진은 지진에너지를 소산하여 피해를 최소화 하는 방법이다.

2. 내진설계 기준 및 대상

1) 내진설계기준 : 지진구역 I, II로 구분하여 재현주기 2,400년 진도 VII에 견딜수 있게 시행
2) 대상건축물
① 층수 : 3층 이상
② 연면적 : 1,000m² 이상
③ 높이 : 13m 이상
④ 처마높이 : 9m 이상
⑤ 기둥과 기둥사이 : 10m 이상
⑥ 지진구역의 건축물
⑦ 문화유산, 보존가치

3. 지진격리방식

1) 내진 : 지진력을 구조물의 내력으로 감당
2) 면진 : 구조물에 지진력의 전달을 감소
3) 제진 : 제진장치를 이용 지진에너지를 소산

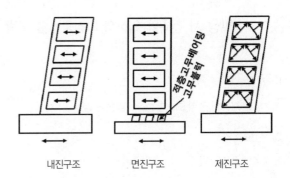

내진구조　　　　면진구조　　　　제진구조

4. 내진구조

1) 정의
① 내진이란 면진과 제진의 개념을 포함하나 구조물의 강성을 증가시켜 지진력에 저항하는 방법을 의미함
② 지진발생시 지진하중에 저항할 수 있는 구조물의 단면을 확보
2) 특징 : 부재의 단면 증대, 비경제적 설계건축물의 중량 증가

5. 면진구조

1) 정의
① 면진이란 건물과 지반사이에 전단변형 장치를 설치하여 지반과 건물을 분리(base isolation) 시키는 방법
② 지진발생 시 건축물의 고유주기를 인위적으로 길게 하여 지진과 구조물과의 공진을 막아 지진력이 구조물에 상대적으로 약하게 전달되도록 하는 것
2) 특징 : 안전성, 설계자 유도 증가, 안심거주성의 향상, 재산의 보전, 기능성 유지

6. 제진구조

1) 정의
① 제진이란 구조물의 내부나 외부에서 구조물의 진동에 대응한 제어력을 가하여 구조물의 진동을 저감시키거나, 구조물의 강성이나 감쇠등을 변화시켜 구조물을 제어하는 것
② 지진 발생시 구조물로 전달되는 지진력을 상쇄하여 간단한 보수만으로 구조물을 재사용할 수 있게 하는 시스템
2) 특징
① 내진성능 사용성 중규모 이상 시 손상레벨을 제어할 수 있는 설계
② 건축물의 비구조재나 내부 설치물의 안전한 보호에는 한계

참고 지진발생 시 건축물 외장재 마감공법별 탈락 재해 원인

1. 개요

내진설계, 안전확보, 발생시 행동요령

2. 진도계급

1) 4 : 실내 다수느낌, 실외감지 안됨
2) 5 : 건물전체 흔들림, 물체 파손, 낙하, 물체이동
3) 6 : 똑바로 걷기 어려움, 건물회벽 떨어짐, 금감
4) 7 : 서있기 곤란, 운전중 느낌, 회벽 담장 무너짐
5) 8 : 운전곤란, 일부건물 붕괴, 사면균열, 탑 붕괴
6) 9 : 견고건물 파괴, 지표 균열, 매설물 파손
7) 10 : 대다수 건물 파괴, 균열, 지표균열, 아스팔트 균열
8) 11 : 철교 심하게 휨, 구조물 거의 파괴, 지하파이프 작동 불가능
9) 12 : 천재지변, 모든 것 완전파괴, 큰바위 굴러 떨어짐

3. 건축물외장재 마감공법별 탈락재해원인

1) 벽돌 : 몰탈강도저하, 깨짐
2) 드라이비트 : 화재 시 취약, 크랙
3) 사이딩판넬 : 타카클립 약화, 재료 낙하
4) 노출 콘크리트 : 배합, 시공불량, 무너짐
5) 양철판 외장재 : 부식, 뒤틀림 변형
6) 인조석 : 부착면 강도 저하
7) 대리석 : 깨짐, 고정장치 불량

4. 탈락 재해 시 안전대책

1) 평상 시 취약부 육안확인
2) 균열부 취약부 발견 시 보수
3) 가방, 손으로 머리보호
4) 건물과 거리둘 것
5) 운동장 공원 넓은곳으로

5. 대피요령

1) 탁자밑으로, 다리를 꼭 잡는다.
2) 가스차단, 출구 확보
3) 계단이용, 엘리베이터는 안 됨
4) 신속 넓은 공간으로 탈출, 차량이용 안됨
5) 도착 후 라디오 안내방송 청취

11 건설현장 안전관리

1. 개요

1) 안전관리란 재해로부터 인간의 생명과 재산을 보호하기 위한 계획적이고 체계적인 제반활동을 말한다.

2) 안전사고란 고의성이 없는 불안전한 행동이나 조건이 직접 또는 간접적으로 인명이나 재산상의 손실을 줄 수 있는 일을 말한다.

2. 재해유형 `암기` 추감충협봉도낙비기 전화발폭밀

1) 추락 47%
2) 감전 13%
3) 충돌·협착 12%
4) 붕괴·도괴 9%
5) 낙하·비래 6%
6) 기타 13%

   전도·화재·발파·폭발·밀폐

3. 안전관리 문제점(건설업 특수성)

`암기` 특위편 하고노근 기재

1) 건설환경의 특수성 : 옥외작업 악천후 등 기후 영향
2) 고소작업 위험성 : 외부도장 비계작업 등
3) 공사계약의 편무성 : 저가입찰 등으로 근로조건 열악, 무리한 공기
4) 하도급 안전관리 체제 미흡 : 재하도에 의한 안전관리 미흡
5) 노무자의 고용불안정 : 교육훈련의 미흡한 상태로 투입
6) 노무자 유동성 : 이동성이 많아 안전교육 및 훈련의 어려움
7) 근로자의 안전의식 미흡 : 고용불안정에 의한 축적된 교육상태 미흡
8) 기계화 시공 : 중장비 등 설비의 대형화
9) 재래형 재해 : 안전보다는 경제성 우선의 경영으로 추락, 낙하, 협착 사고 등 산재

4. 건설재해 증가 원인(재해발생 요인)

`암기` 자사재안협근법

1) 자율안전관리체제 구축 미흡 : 저가입찰에 의한 경제성 악화로 협력업체와의 안전관리체계 미흡

2) 사회간접자본시설 : 민자사업 등의 사업증가로 미숙련근로자 투입
3) 재해예방시설 미흡 : 비용절감에 따른 안전시설 설치 여력 부족
4) 안전대책 소홀 : 재래형 재해에 대한 안전시설 실행 미흡
5) 협력업체 안전관리 : 비용투자에 대한 부담 및 안전에 대한 인식부족
6) 근로자 안전의식 부족 : 불안전한 행동에 대한 기본의식 부족
7) 법 준수 풍토 : 자발적인 법 준수 풍토 미흡

5. 안전대책(재해예방대책)

`암기` 담보불내 출악점고 상달전정

1) 안전담당자 배치
2) 안전보호구 착용 철저
3) 안전보호구 불량품 제거
4) TBM 시 당일 작업내용 주지
5) 구획설정 및 출입금지
6) 악천후 시 작업중지 `암기` 일철 풍우설진

① 거푸집 철골 작업 시, 양중기 조립 시 해체금지, 높이 2m 이상 작업금지
② 일상작업 `암기` 일철 풍우설진

강풍	10분간 평균풍속 10m/sec 이상
강우	50mm/회 이상
강설	25cm/회 이상
지진	진도 4 이상

③ 철골작업

강풍	10분간 평균풍속 10m/sec 이상
강우	1mm/hr 이상
강설	1cm/hr 이상

④ 악천후 직후 비계 점검보수

7) 고소작업 시 낙하비래 방호조치
8) 상하동시 작업 시 유도자의 신호에 주의
9) 자재 공구 인양 시 달줄·달포대 사용
10) 부근 전력선 감전 보호조치
11) 설치해체장 정리정돈 철저

CHAPTER 10

12 초고층빌딩 재해요인

1. 개요

1) 일반적으로 고층 건축물은 30층 이상이거나 높이가 120m 이상인 건축물을 말한다. 초고층 건축물은 층수가 50층 이상이거나 높이가 200m 이상인 건축물을 말한다.

2) 건설사업은 고층화 대형화 복잡화의 추세로 발전되고 있으며, 안전관리 미흡에 의한 추락 낙하 재해 등 재래형 재해가 산재되어 있다.

2. 특징

1) 재래형 재해 취약
2) 고소작업 안전성능 유지 어려움
3) 재해 시 피난 소요시간 지연
4) 재해발생 시 피해 대형화

3. 재해요인 `암기` 높크주 일전풍경반

1) 건물높이 : 지진, 풍압, 낙뢰, 엘리베이터, 항공기
2) 건물크기 : 화재, 에너지 중단 시, 침수
3) 주변영향 : 일조권, 전파, 빌딩풍, 경관, 반사광 장애

4. 방지대책 `암기` 풍내자방 풍실저고

1) 건물 움직임 : Turn Mass Damper 시스템 설치
2) 건물뇌격 : 피뢰시설
3) 항공등 60m 이상 설치
4) 풍동시험, 자중경감 : Simulation, 경량화, PC화

항목		내용
풍압력	풍동시험	건물주, 기류파악, 풍해예측
	실물대시험	풍압, Curtain Wall, 안전성확보
내진대책		구조단순화, 내력벽, 균등배치, 재료정량화 TMD(Turn Mass Damper) : 건물지진영향시 반대방향이동하여 진동소멸
자중 경감	저층부	콘크리트고강도화, 고강도철근, 자중경감
	고층부	경량화, 조립화, 공장제품 PC화
방진대책		진동원, 진동, 전달경로차단

5) 승강기 AI 인공지능 시스템 설치
6) 화재발생 : 피난층 설치, 피난 엘리베이터 설치, 수영장 소방수로 활용

7) 에너지 공급 연속성 : 열병합 발전설비, 햇볕 바람 우물 등

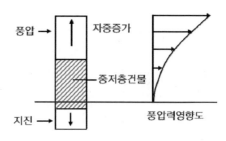

초고층건물 풍하중 발생시 영향도

13 건설현장 화재유형 대책

1. 개요

1) 건설현장 화재 요인 : 용접용단, 그라인딩, 담뱃불
2) 건설현장 인화성 물질 : 스티로폼, 비닐, 플라스틱, 목재, 박스 등
3) 화재예방 대책

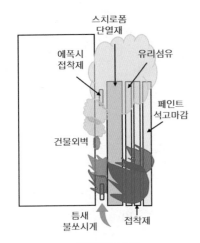

드라이비트 구조

① 주변 인화성 물질 제거
② 소화기 충전압력 7~9kg/cm, 소화기 사용법 평소 훈련, 월별 정기점검
③ 불티방지막, 불티방지포 설치

2. 화재분류 [암기] ABCD 고액전가 냉질질냉 알티분

A형	고체(목재, 종이, 플라스틱)	냉각소화
B형	액체(석유제품, 그리스)	질식소화
C형	전기발화연소(전기장치)	질식, 냉각
D형	가연금속성	알미늄, 티타늄, 분리소화

3. 화재위험 큰 건설자재

1) 유기용제 : 페인트, 에폭시
2) 석유류 : 석유통
3) 방수자재 : 방수시트
4) 화학자재 : 스티로폼, 플라스틱, 비닐
5) 가설자재 : 문양거푸집, 목재
6) 고압용기 : LPG 가스, 산소
7) 기타 : 각재, 포장재, 도배지

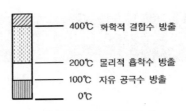

화재 발생 시 콘크리트 손상

4. 화재유형

1) 용접·용단 시 용접불꽃
2) 라이터, 담뱃불
3) 밀폐공간 도장, 흡연
4) 우레탄 스티로폼 전기합선
5) 가설숙소 누전 버너 부주의
6) 터널 스티로폼 방수시트 주변 용접

5. 화재 예방대책

1) 안전담당자, 방화관리자, 관리감독 철저
2) 밀폐공간 주의
3) 작업용 전선 누전, 콘센트 파손, 접지실시
4) 용접작업 주변 인화성 산화성 폭발성 물질 제거
5) 난방기구 사용금지, 열풍기 전도, 고체연료 사용 금지
6) 소화기 배치 스프링클러 경고표시
7) 화재 가스경보기
8) 가설숙소 연료 사용금지
9) 작업 중 흡연금지, 흡연구역 설정
10) 정리정돈 철저

6. 화재지속시간 및 콘크리트 열화 깊이

80분	800℃	0~5mm
90분	900℃	15~25mm
180분	1,100℃	30~50mm

400℃	화학적 결합수 방출
200℃	물리적 흡착수 방출
100℃	자유 공극수 방출

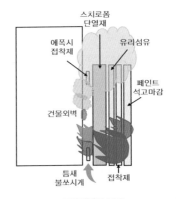

드라이비트 구조

14 비용증가(Cost Slope)

1. 개요

1) 공기 1일 단축하는데 추가되는 비용으로 공기단축 일수와 비례하고, 비용은 증가하며, MCX기법에 이용된다.

2) 정상점과 급속점을 연결한 기울기를 Cost Slop 이라고 한다.

2. Cost Slop의 산정식

$$Cost\ Slop = \frac{급속비용-정상비용}{정상공기-급속공기}$$

$$= \frac{특급비용-표준비용}{표준공기-특급공기}$$

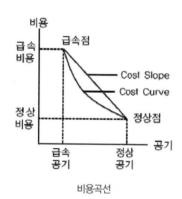

비용곡선

3. Cost Slop의 영향

1) 급속계획에 의해 직접비인 노무비 증가
2) 공기단축 일수에 비례하여 비용증가
3) Cost Slop가 클수록 공사비 증가
4) 돌관작업 시 사고위험, 안전관리비용 증대

4. 추가공사비(Extra Cost)

1) 공기단축 시 발생하는 비용증가액의 합계
2) Extra Cost=각 작업 단축일수×Cost Slop

5. MCX 순서

* MCX 기법

　주공정상의 요소작업중 비용구배가 가장 낮은 요소 작업부터 단위시간만큼 공사기간을 단축하여 최소 비용으로 일정을 단축하는 방법

15 이상기후(엘리뇨 현상)

1. 개요

1) 서태평양의 따뜻한 물이 동쪽으로 이동하여 페루 연안(동태평양)에 따뜻한 해수층을 형성하기 때문에 발생한다.
2) 해수온도 상승으로 적도 부근의 대기순환이 바뀌면서 이상기상현상에 영향을 주고 있으며, CO_2 발생량 증가로 해면온도가 급상승하고 9~3월 사이에 발생한다.

2. 재해분류

1) 자연재해
2) 인적재난

3. 재해유형

1) 폭염에 의한 일사병 열사병
2) 폭풍에 의한 크레인 승강기 전도
3) 집중호우 시 수압증가로 흙막이 전도·붕괴
4) 폭풍에 의한 가설구조물 지지대 전도
5) 바람에 의한 철골 위 공구 자재 등 낙하·비래
6) 악천후 시 추락·낙하·비래 사고 발생

4. 특징

1) 기온 급상승
2) 습도 불규칙
3) 바람이 불규칙한 돌풍
4) 대기상태 뒤바뀜

5. 안전대책

1) 재해유형별 안전예방 대책 수립
2) 예측에 의한 대응복구 계획수립
3) 폭염 폭우 강풍 시 작업중지
4) 악천후 이후 가설재 안전점검 및 유지보수
5) 재난관리체계 연습 훈련
6) 재해저감대책 수립, 기상예보 수집 철저
7) 사전재해예측평가
 ① 홍수해석 : 최대강우량 저지대 침수분석
 ② 사면안정해석 : 사면구배, 소단 L형 다이크 설치, 산마루 측구 측면 되메움 등
 ③ 재해저감대책 : 공사 전·중·후

6. 문제점 · 개발방향

1) 에너지 사용량 급증, CO_2 발생량 상승
2) 친환경 자재개발, 폐자원 재활용
3) 기상관측
 ① 기상예측 장비개발
 ② 예측기술 프로그램 연구개발
 ③ 기상전문가 양성

16 BIM 건설안전기술

1. 개요

1) Building Information Modeling 을 통한 설계 및 시공관리, 간섭물 위험성 등 시뮬레이션을 통해 사전에 설계대비 시공성 안전성 등을 검토할 수 있다.
2) 3D 기반을 통한 각 부재의 생애주기 및 효율적 관리 관리로 설계 오류를 감소시킬 수 있고, 구조물의 성능평가와 건설정보에 활용할 수 있다.

2. BIM 효과

1) 건설자동화
2) 시공성 확보
3) 건설 Risk
4) 품질 안전 확보

3. 3D 시뮬레이션 위험사전인지

1) 설계 시 작업공간 검토
2) 시공 시 작업동선 사전 검토
3) 작업 간 간섭물 선·후행 검토
4) 간섭 등 불필요 요소 사전제거로 시공 Risk 감소

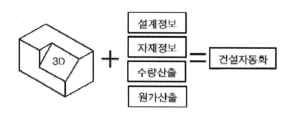

BIM 효과

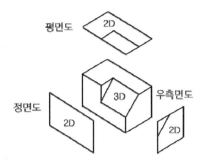

Bilding Information Modeling

4. 건설정보화(PMIS) 안전관리

1) 구조적인 안전화
2) 자재정보 공유
3) RFID(Radio Frequency Identification)를 통한 입출고 등 자동관리
4) 담당 부서 간 의사결정 신속화

5. 안전관리사례

1) 시스템 비계 철근배치 간섭부위 사전점검
2) 가시설과 크레인 펌프카 등 위치 간섭 사전점검
3) 수직재 수평재 간 설치 위치 최적화

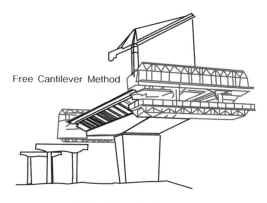

Bilding Information Modeling

17 피뢰설비

1. 개요

1) 보호하고자 하는 대상물에 접근하는 뇌격을 확실하게 흡인하여 뇌격전류를 안전하게 대지로 방류시켜 건축물을 보호하기 위하여 설치한다.
2) 수뢰부, 피뢰도선, 접지극으로 이루어져 있으며, 뇌격을 흡수하여 뇌격전류를 대지로 방출한다.

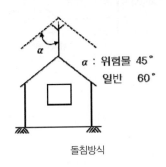

α : 위험물 45°
　　일반　60°

돌침방식

2. 종류　[암기] 돌수매

1) 돌침방식
   ① 건축선단 지붕꼭대기 옥상 최상부에 설치
   ② 구성 : 돌침, 피뢰도선, 접지전극
2) 수평도체방식
   ① 구조물 상부 보호각 45°
   ② 건물 상부 설치하고 뇌격전류를 대지로 방출
3) 매시도체방식 : 구조물 상부를 망상형 도체로 감싸 뇌격전류로부터 보호

3. 피뢰설비의 조건

1) 접근 뇌격을 피뢰설비로 막을 것
2) 불길 급속확산 등으로 인해 사람 동물 등 2차 피해가 발생치 않을 것
3) 피뢰설비구성 : 수뢰부, 피뢰도선, 접지극
4) 풍하중에 지지할 수 있도록 구조검토
5) 피뢰설비 자재 및 시공 등 감리원 승인
6) 전위가 균등히 흐르도록 설치 전 검토

4. 피뢰침 설치기준　[암기] 보접피가

1) 피뢰설비 접속 및 검사

접속	검사
화학용접식 부식방지 도체인장강도 80% 이상	부착검사 접지저항측정 접속부검사

2) 피뢰침 보호각 45° 이하
3) 피뢰침 접지저항 10
4) 피뢰도선 30mm
5) 가연성 가스보호시설물과 5m 이격거리 유지

5. 안전대책

1) 인하도선 근방에 사람이 오랫동안 머물 확률이 낮을 것, 경고문 부착
2) 인하도선 3m 이내인 지표층의 저항률 5Km 이상일 것
3) 노출인하도선은 최소 3mm 이상 두께로 가교 폴리에틸렌을 사용
4) 구조물의 경우 피뢰시스템(LPS) 적용
5) 인입설비에 접지보호장치 설치

6. 우기철 낙뢰 시 인명사상 방지대책

[암기] 빌자전고 물트금무

1) 큰 빌딩이나 금속체(자동차) 속에 머물 것
2) 핸드폰 무전기 등 사용금지
3) 큰 나무 등 고립지역으로부터 피할 것
4) 물가에 위치 시 사고위험
5) 트랙터 기계류 근처에 머물지 말 것
6) 금속체(울타리, 금속제, 배관, 철길) 주변으로부터 피할 것
7) 고립구조물을 피할 것
8) 낙뢰 시 엎드리지 말고 무릎을 꿇을 것

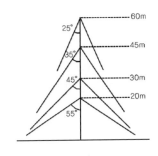

돌침보호각 설정

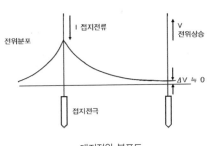

대지전위 분포도

18 피난계단, 특별피난계단, 옥외 피난계단

1. 개요

1) 건축법에 의거 5층 이상 또는 지하 2층 이하인 층에 설치하는 직통계단은 피난계단 또는 특별 피난계단을 설치하여야 한다.

2) 특별피난계단은 내화성 기밀성이 있는 불연재료를 사용하고, 방화구획 방연구획 제연기능 등이 확보되어야 한다.

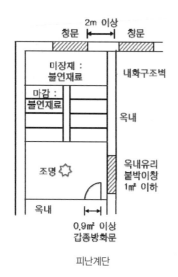

피난계단

2. 설치기준 암기 피특옥

1) 피난계단(지상 5층~지하 2층)
   ① 내화구조벽, 불연재료, 조명시설
   ② 계단실 옥외접창문(단, 망입유리붙박이창 1m 이상 제외)거리 2m 이상
   ③ 계단실 옥내접창문(망입유리붙박이창면적 1m 미만)
   ④ 계단실 출입구 0.9m 이상
   ⑤ 계단 : 내화구조로 돌음계단 적용 안 됨

2) 특별피난계단(지상 11층~지하 3층)
   ① 바닥면적 400m² 미만
   ② 내화구조벽, 불연재료, 조명시설
   ③ 계단실 : 피난층은 지상층에 직접 연결, 돌음 계단 적용 안 됨
   ④ 계단실옥외접창문(단, 망입유리붙박이창 1m² 이상 제외)거리 2m 이상
   ⑤ 계단실옥내접창문(망입유리붙박이창면적 1m² 미만)
   ⑥ 옥내 : 계단실 출입구 0.9m² 이상, 갑·을종 방화문, 제연설비, 창문 설치, 갑종방화문

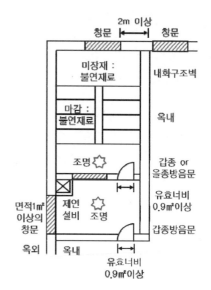

특별피난계단

3) 옥외 피난계단(지상 3층 이상)
   ① 피난층 제외
   ② 주점영업 300m² 이상, 집회당 1,000m² 이상
   ③ 내화구조, 불연재료, 조명시설
   ④ 계단 출입구 창문(단, 망입유리붙박이창 1m² 이상 제외) 거리 2m 이상
   ⑤ 계단 출입구 유효너비 0.9m² 이상, 갑·을종 방화문

> 참고 **방연구획, 제연**
>
> ### 1. 방연구획
>
> 화재 발생 시에 연기가 확산하여 피난에 지장을 초래하는 것을 방지하기 위해 방연벽 등으로 연기가 일정한 부분에서 다른 부분으로 확산하지 않도록 구획하는 것
>
> ### 2. 제연
>
> 실내에 차 있는 연기를 배출하여 없앰

19 DFS(Design For Safety)

1. DfS(Design for Safety) 정의

1) 설계단계 시공과정의 위험요소(Hazard) 제거, 회피, 감소를 목적
2) 안전설계(Design for Safety)를 말하며
3) 사용자 안전까지 고려한 전 생애주기 모델로 확장

2. 설계단계부터 안전관리의무화

1) 건설사고를 예방
2) 설계도서 작성 시 설계의 안전성검토
3) 공사시방서 입찰설명서 등에 명기

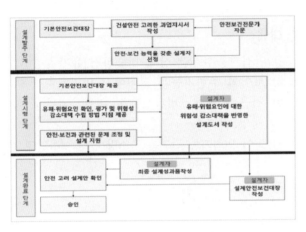

설계단계의 발주자 안전보건관리 업무
(출처 : 고용노동부)

3. 실시설계에서 위험요인 도출 및 위험요소 제어

1) 실시설계단계에 작업자들의 위험요소 제거 · 회피 · 감소
2) 건축물의 최종 사용자의 안전까지도 고려
3) 설계안전성검토보고서(Design For Safety) 작성
4) 재해발생 확률 허용할 만한 수준으로 감소
5) 시공단계작업자 안전환경 작업
6) 설계단계부터 시공안전성 검토 의무화

4. 설계 위험성 평가절차   암기 평위위계

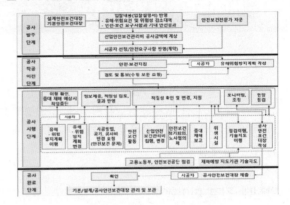

공사단계의 발주자 안전보건관리 업무
(출처 : 고용노동부)

CSI 건설공사 안전관리 종합정보만 구성업무
(출처 : 국토교통부)

20 스마트 추락방지대

1. 정의

1) 지능형 추락방지시스템
2) 고소작업 안전대 미체결 시 빨간색 LED경고신호
3) 공사감독자에게 원격정보제공
4) 안전대체결 지시

2. 안전대 긴결 미이행 시

1) 안전모 후면 또는 센서 마다 고유번호 부여
2) 밀폐 공간, 고소작업 안전대걸이 체결여부
3) 안전모 턱끈원격 모니터링
4) 근로자 출입여부를 실시간 확인

3. 효과

사망재해 및 추락사고 예방

스마트 건설 개념도
(출처 : 대우건설)

21 초고층 건축공사현장 기둥축소 (Column Shortening)현상

1. 개요

1) 초고층화 기둥은 수직횡하중 증가로 큰 압축력 작용하여 기둥간변위차 유발
2) 철근콘크리트 수직요소축소현상 : 탄성수축, 크리프, 건조수축
3) 철골수직요소 : 탄성수축량

2. 축소 종류

1) 탄성적 축소
2) 비탄성적 축소 : Creep, 건조수축

3. 대책

1) 인접기둥수축량 상호 비슷하게 유지
2) 코어월 주변기둥은 코어에서 멀리배치
3) 철근비 높게, 비탄성축소 변형, 저항성 향상, 물양 적게
4) 코어 인접기둥 단면은 축소량 감안 여유단면 설계

22 SI 단위 사용규칙

1. 국제단위계(미터법)로 처음 명명

2. 필요성

1) 국제표준단위계
2) 국가표준기준법
3) 편리
4) 단위변환계수 필요 없음

3. 구성

1) 기본단위 : 독립된 차원, 명확하게 정의
2) 유도단위 : 기본단위조합, 기본단위와 유도단위 조합
3) SI접두어 : SI 단위 앞, 십진 배수, 십진 분수, 형성 위한 접두어

4. 기본단위

1) 길이 : m
2) 질량 : Kg
3) 시간 : 초 s
4) 전류 : 암페어 A
5) 열역학적온도 : 켈빈 K
6) 물질량 : 몰 mol
7) 광도 : 칸델라 cd

참고 **단위계**

1. 2003년 개정된 콘크리트구조설계기준 부터 2012년 콘크리트구조기준 및 2015년 도로교설계기준(한계상태설계법) 에서는 기존의 공학단위계였던 MKS 단위계 대신 국제화의 흐름에 맞춰 국제단위계(International System of Unit, SI 단위계)로 사용하고 있다. SI 단위계에서는 길이(L)는 m(meter), 질량(M)은 kg(kilogram), 시간(T)은 s(second), 힘은 N(Newton)으로 표시한다. 또한, 응력은 $MPa(N/mm^2)$으로 표시하며, 압력은 $Pa(N/m^2)$로 표시한다.

2. 1N은 1kg의 질량을 갖는 물체가 $1m/sec^2$의 가속도로 움직이게 할 수 있는 힘으로 정의한다.
   즉, $1N=1kg×1m/sec^2 = 1kg·mm/sec^2$이다. 그런데, 기존의 MKS 단위계에서는 힘을 1kgf로 정의하는데, 이는 1kg의 질량을 갖는 물체가 중력가속도 $9.81m/sec^2$로 움직이게 할 수 있는 힘이다.

따라서, $1kgf = 1kg×9.81m/sec^2 = 9.81kg·m/sec^2$이며, 이 값을 SI 단위계로 변환하면 9.81N(≈10N)이 된다. 즉, 1 kgf≒10N 또는 1N≒0.1kgf로, 1tonf≒10kN 또는 1kN≒0.1tonf(100kgf) 각각 환산이 된다.

3. 1MPa의 응력은 $1N/mm^2$으로 정의하는데, 이를 MKS 단위계로 변환을 하게 되면,
   $1MPa = 1N/mm^2 ≒ 0.102kgf/mm^2 = 10.2kgf/cm^2$이 된다.
   즉, $1MPa ≒ 10kgf/cm^2$ 또는 $1kgf/cm^2 ≒ 0.1MPa$이다.

(출처 : 콘크리트구조 및 강구조공학(김대중 김행준 이기열 정제평 최승원 공저))

23 건축물 붕괴사고 발생시 피해유형, 인명구조 행동요령

1. 건물붕괴 징조를 느낄 때

1) 바닥갈라짐
2) 함몰
3) 벽에서 얼음 깨지듯한 균열소리
4) 개, 동물 크게 짖거나 평소 달리 불안해 함

2. 건물내부에 있을 때

1) 붕괴 시 대피로 찾을 것
2) 엘리베이터실, 계단실 같은 강한벽으로 임시대피
3) 부상자 탈출응급처치
4) 평소 완강기 밧줄 손전등 물품장소 확인

3. 건물외부에 있을 때

1) 건물 밖 추가붕괴 가스폭발 위험 없는 지역대피
2) 붕괴건물 밖 추가 붕괴위험 대피 시 물체 낙하 우려, 가방, 방석, 책 등으로 머리보호하며 이동

24 건설현장 야간작업 안전지침

1. 관리감독자직무

1) 안전작업 지휘, 재료기구결함 파악
2) 보호구, 안전교육, 대피요령
3) 조명, 환기, 작업발판시설점검
4) 심신상태 점검

2. 작업장조명

작업장 유형	조도(Lux)
일반실내, 지하작업장	55 이상
일반옥외	33 이상
피난, 비상구바닥	110 이상

3. 근로자복장, 안전표지

1) 근로자복장 : 야광조끼 방진마스크, 정전기방지복, 가급적 2인 이상
2) 안전표지판, 도로교통표지판 : 야간표식, 야광
3) 장비표지 : 경광등

4. 야간작업 안전시설기준

1) 안전통로 : 조명, 지장물
2) 작업발판 : 빈틈

5. 근로자 건강관리

1) 휴식시간 : 4시간에 30분 이상, 8시간에 1시간 이상
2) 심신상태, 비상구급약품, 체온유지
3) 소음, 진동, 비산 등 작업환경

6. 야간작업 안전조치

1) 화재예방, 소화방법
2) 신호체계, 출입금지
3) 장비작업, 비상 시 안전조치, 정전 시 안전조치

7. 야간작업금지

1) 조명확보 안되고
2) 안전시설 안전장구 미조치시
3) 정전예고
4) 강풍, 강우, 강설, 혹한시

25 스마트 에어커튼 시스템 (smart air curtain system)

1) 터널 내 화재 발생 시 에어커튼(Air Curtain)으로 대피 통로를 만들 수 있는 기술이 개발됐다. 오래된 터널에 별도의 통로나 방재시설을 설치하지 않고도 화재 피난로를 확보할 수 있어 적용이 확대될 전망이다.

2) 건설기술연구원은 소방방재청 재난안전기술사업단, 동일기술공사 기술연구소와 공동으로 터널 내 화재 발생 시 유독가스에 의한 피해를 최소화할 수 있는 화재연기 차단 방재 설비 시스템의 개발에 성공했다고 밝혔다. 스마트 에어커튼 시스템은 터널 내에 발생한 고온의 화재연기를 고압의 공기막으로 차단하는 기술이다.

3) 시스템은 터널 상부에 설치돼 화재 발생 시 상부에 모이는 고온의 연기를 흡입하고, 터널 하부로 공기막을 분사하게 된다. 터널 내 화재의 최대 열방출량이 약 20mw 수준에 달해도 화재연기가 확산되지 않도록 막는다. 겨울철 사무실 온풍량이 약 3kW 수준이다.

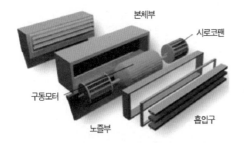

에어커튼 시스템 구성
(출처 : 건설기술연구원)

4) 시스템은 터널 화재 발생 시 대피자가 화재 발생 지점으로부터 250m까지 벗어날 수 있도록 터널 내 구간별로 설치된다.

5) 자연기류나 풍속, 화재 발생 지점 등 터널 내 다양한 화재환경을 고려해 공기막을 분사하는 만큼 상황에 따른 효율적인 연기 차단이 가능하다는 게 건기연의 설명이다.

6) 이 시스템은 고압의 송풍 장치와 차단 블라인드 등 시스템 구성도 간단하다. 터널에 화재 피난 통로나 제트팬 등을 별도로 시공할 필요가 없어 공사비와 유지보수 비용을 절감할 수 있다.

7) 건기연 관계자는 "현재 국내 도로터널의 약 40%는 2004년 이전에 건설돼 당시 시공기준에 따라 화재대피 연결통로와 제트팬이 전혀 설치되지 않았다"며 "그러나 이들 터널에 신규로 통로와 제트팬을 시공하는 것은 과다한 공사비와 장시간 교통차단 등 부작용이 발생하는 만큼 에어커튼이 대안이 될 것"이라고 설명했다.

CHAPTER 10

가설공사

01 가설재

1. 개요

1) 가설재란 본 공사가 진행되는 동안 본 공사의 완성을 위하여 임시로 시설된 각종 재료와 장비 등을 총칭한다.
2) 가설재는 본공사가 완공 시 해체되는 자재로 안전성·작업성·경제성 조건이 갖춰져야 한다.

2. 구비조건 [암기] 안작경

1) 안전성

① 붕괴 Mechanism

침하	좌굴	전도	붕괴

② 동요 : 전용철물 미사용 시 풍하중에 의한 유격 발생으로 동요
③ 추락 : 안전난간대 미설치, 작업발판 부실시공
④ 틈 : 작업발판 틈, 개구부 등 추락·낙하 사고
⑤ 강도 : 전용철물 외 사용 시 강도 부족으로 좌굴

2) 작업성

① 넓은 발판으로 근로자 행동이 자유롭게 작업할 수 있도록 시설
② 넓은 공간에서 충돌 협착 등 발생하지 않도록 시설
③ 적당한 작업자세로 허리 요추부 등 근골격계 질환이 발생하지 않도록 시설

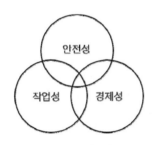

가설재 구비조건

3) 경제성

① 철거가 쉬워 Cost 절감
② 가공용이 해체철거 작업이 손쉬울 것
③ 사용 연수가 유용
④ 전용률 높아 활용성 확보
⑤ 적용성 우수하여 적재적소에 시설

3. 분류 [암기] 비통도 사설울

1) 가설비계

① 통나무비계
② 강관비계 : 48.6mm 단관파이프와 전용철물을 사용
③ 강관틀비계 : 공장생산 현장조립, 작업성 사용성이 우수
④ 달비계 : 외부도장 등 가설재를 매달아 작업
⑤ 달대비계 : 철골 등에 매달아 추락사고 예방
⑥ 말비계 : 말 모양, 밟고 작업발판으로 사용
⑦ 이동식비계 : 바퀴와 아웃리거, 사용성 용이

이동식 비계

2) 가설통로 [암기] 경계사승발

① 경사로 : 경사지 통로에 발판을 설치하고 미끄럼 방지시설 설치
② 가설계단 : 공장생산 현장조립, 사용성 우수
③ 사다리 : 상부고정, 아웃리거, 여장 1m 이상
④ 승강로 : 철골에 ㄷ형의 철물을 부착
⑤ 통로발판 : 유공형 철판을 설치

3) 가설도로

① 가설도로 : 현장의 공사를 위해 설치한 도로
② 우회도로 : 하천 등 시설물을 설치를 위해 우회시켜 설치하는 도로
③ 표지기구 : 안전표지 주의표지 경고표지 등

4) 기타

① 가설사무실
② 가설설비
③ 가설울타리

02 가설구조물

1. 개요

1) 가설재란 구조물의 완성을 위하여 임시로 시설하는 재료와 장비를 일컫는다.
2) 공사의 구조물을 직접 설치하기 위한 경우와 현장의 안전작업을 위한 간접 지원하기 위한 시설로 구분하며 본공사 완공 시 해체한다.

2. 특징 [암기] 연결불정문

1) 수평재 등 연결재가 적은 구조
2) 부재결합이 간단하여 불안전한 결합
3) 구조물로서 통상적인 개념이 확고하지 않은 구조물
4) 불안전 결합 조립 시 정밀도 적어 전도위험
5) 임의시설로 구조적인 문제점 발생

가설재

3. 문제점 [암기] 발설재시유산

1) 발주단계 가설기준 불명확
2) 설계단계에 누락 시 현장 임의시공
3) 전용철물을 미사용 시 불안전
4) 시공 Miss로 결속부 미체결 시 전도사고 발생
5) 유지관리 미흡 시 추락 낙하사고
6) 가시설물에 대한 산업안전보건법 강화 필요

가설재 개선방향

4. 향후발전방향 [암기] 강표규경동

1) 강재화
2) 표준화
3) 규격화
4) 경량화
5) 동력화

5. 가설공사 문제점

1) 설계도면에 가설공사 누락
2) 시방서의 시방조항 불명확
3) 현장 협력사의 임의시공
4) 원가 상승 요인으로 인식
5) 안전사고율 증가

[참고] 가설구조물 적재하중

1) 근로자 60kg
2) 시멘트 40kg

리프트 적재하중 예시

3) 안전난간강도 100kg 이상 근로자 60kg + 시멘트 40kg
4) 이동식난간 발판강도 250kg 이상
  2인×60kg=120kg
  2포×40kg=80kg
  기타 50kg
5) 벽이음 연결재 300kg 이상풍압을
  고려하지 않을 경우 : 5m×5m
  10m/sec 일 경우 : 3m×3m
6) 작업발판 강도 400kg 이상
7) 가설계단 강도 500kg 이상100kg×1.25(안전율 25%)
8) 방망 지지점 강도 600kg 이상
  F=ma=60kg×9.8m/sec=598kg≒600kg

03 단관비계 결속재 종류

1. 개요

1) 단관비계는 48.6mm 비계용 강관에 클램프 이음 철물 받침철물 전용철물 결속재로 설치한다.
2) 전용부속철물 : 클램프 이음철물 받침철물 등

2. 연결철물(클램프) [암기] 연이받벽 고자특 마전특 고조 15 조피

1) 고정형 : 48.6mm 강관파이프에 직교 교차
2) 자유형 : 임의각도로 자유자재로 회전 가능
3) 특수형 : 특수교차 시 사용되는 철물

가설재 전용철물

3. 이음철물(단관조인트)

1) 마찰형 : 연결 시 마찰력 이용 결합
2) 전단형 : 연결 시 전단저항 이용 결합
3) 특수형 : 특수한 부위 결합

가설재 경사지 밑받침철물

피벗형 밑받침철물

4. 받침철물

1) 고정형 : 미끄러짐 방지, 침하방지를 목적, 바닥면 수평유지
2) 조절형
   ① 고저차 : 나사산을 회전하는 조절형 밑받침철물
   ② 경사 : 하부에 쐐기 부착한 피벗형 밑받침철물

5. 벽이음용 철물

1) 벽면이탈 방지
2) 경사각도 15°
3) 강관비계
   ① 일반적으로 5m×5m 간격 설치
   ② 풍속 10m/sec 이상 경우 3m×3m 간격 설치
4) 시스템 비계 : 자재성능 고려 구조계산 후 설치

가설재 벽이음재

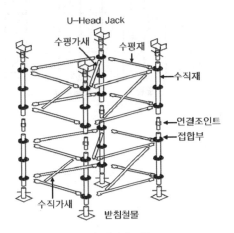

시스템비계 조립도

04 강관비계

1. 개요

1) 강관비계는 파이프와 부속철물을 이용하여 폭 높이를 자유롭게 조절하며, 조립·해체 용이, 재질이 아연도금 내구성이 우수, 장기간 사용할 수 있다.
2) 파이프 규격 : 2~6m 제작 가능, 전용성 우수

2. 강관비계 분류

1) 단관비계 : 강관+전용철물
2) 강관틀비계 : 공장생산 현장조립

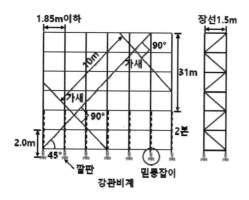

강관비계

3. 조립기준 [암기] 기띠장벽가강침400

구 분	준수사항
기둥	띠장방향 : 1.85m 이하 장선방향 : 1.5m
띠장	띠장간격 : 2.0m
비계기둥 이음	겹침이음 : 1.0m 이상 겹쳐 2개소 이상 결속 맞댄이음 : 1.8m 이상 덧댐목 대고 4개소 　　　　　 이상 결속
장선	1.5m 이하
벽연결	수평, 수직 5m 이내
가새	기둥간격 10m마다 45° 비계기둥 띠장 연결, 가새평행간격 10m
비계 발판	목재 or 합판 폭 40cm 표준안전난간(상부난간 90cm, 중간대 45cm)
적재하중	400kg 이하
높이 제한	45m 이하
강관보강	비계기둥 최고로부터 31m 지점 강관보강 밑부분 기둥 2본 강관보강
침하방지	깔판·깔목, 밑둥잡이
기타	지반지지력 : 노상　　 k=20kgf/cm² 　　　　　　 보조기층 k=30kgf/cm² 콘크리트매입 시 20cm 이상

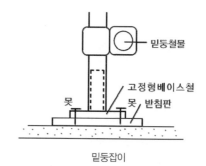

밑둥잡이

4. 가설재 비계조립, 해체 시 안전대책

[암기] 담보불내 출악점고 상달전정

1) 안전담당자 배치
2) 안전보호구 착용 철저
3) 안전보호구 불량품 제거
4) TBM 시 당일 작업내용 주지
5) 구획설정 및 출입금지
6) 악천후 시 작업중지 [암기] 일철 풍우설진
   ① 거푸집 철골 작업 시, 양중기 조립 시 해체금지, 높이 2m 이상 작업금지
   ② 일상작업

강풍	10분간 평균풍속 10m/sec 이상
강우	50mm/회 이상
강설	25cm/회 이상
지진	진도 4 이상

가설재 시스템 비계

   ③ 철골작업

강풍	10분간 평균풍속 10m/sec 이상
강우	1mm/hr 이상
강설	1cm/hr 이상

   ④ 악천후 직후 비계 점검·보수

7) 고소작업 시 낙하비래 방호조치
8) 상하동시 작업 시 유도자의 신호에 주의
9) 자재 공구 인양 시 달줄 달포대 사용
10) 부근 전력선 감전 보호조치
11) 설치해체장 정리정돈 철저

철골 추락방지망

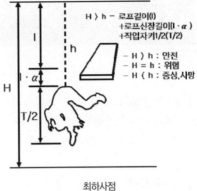

$H > h - $ 로프길이(l)
$\qquad$ +로프신장길이$(l \cdot \alpha)$
$\qquad$ +작업자키1/2$(T/2)$

$- H > h$: 안전
$- H = h$: 위험
$- H < h$: 중상,사망

최하사점

참고 강관비계 사고원인 및 대책

1. 사고원인

1) 안전인증, 품질시험검사 미실시
2) 구조검토 및 조립·해체 작업계획서 미검토
3) 최대적재하중 미이행
4) 부재의 접속부, 교차부연결고정 긴결상태 불량
5) 강관비계 수평·수직 불량
6) 밑둥잡이(깔판, 깔목) 미설치
7) 기둥(띠장방향 1.85m, 장선방향 1.5m)이하 미흡
8) 작업발판 개구부
9) 띠장간격은 2m 이하 미이행, 벽연결재 미설치
10) 장선 기둥 및 띠장에 결속상태 미흡

2. 안전대책

1) 비계 위 화기작업시 불꽃비산방지 조치
2) 작업허가서 작성
3) 최대적재 하중 400kg초과 적재금지
4) 주변고압선 방호조치
5) 수직면상 상·하 동시 작업금지
6) 작업 시 안전대고리 체결
7) 정리정돈 철저
8) 설치 해체 시 2인 1조
9) 비계내부 상·하, 좌·우 이동통로 설치

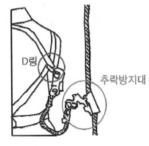

추락방지대

05 시스템비계

1. 개요

1) 시공성 경제성이 우수하고 공장제작하여 현장조립으로 표준화된 가설재로 사용 전 구조검토 및 자재인증 절차를 하여야 한다.
2) 시공성 경제성 안정성 범용성 우수
3) 구성 : 수직재, 수평재, 작업발판, 가새, 연결조인트

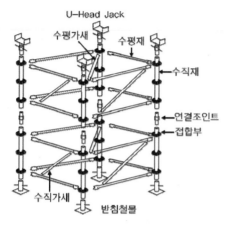

시스템비계 조립도

2. 부품의 구성

1) 수직재
   ① 본체 및 접합부가 일체화 된 구조
   ② 수직재 양 단부에 이탈 방지용 핀 구멍이 있는 경우에는 단부에서 핀 구멍까지의 간격은 40mm 이상이어야 한다. 다만, 연결조인트가 일체형으로 부착되어 있는 수직재는 핀 구멍을 생략할 수 있다.
   ③ 수직재에는 수평재 및 가새재가 연결될 수 있는 접합부가 있어야 한다. 접합부는 형태에 따라 디스크형 접합부와 포켓형 접합부로 구분된다.
   ④ 디스크형 접합부의 결합용 핀 구멍은 4개 또는 8개 이어야 하며, 핀 구멍의 중심은 수직재 단면에 대해 동일한 각도로 배치되어야 한다.
   ⑤ 포켓형 접합부의 결합용 포켓은 90°의 간격으로 배치되어야 하고 이웃하는 포켓은 일직선상에 위치하거나 단차가 있을 수 있다.

2) 수평재
   ① 본체 및 접합부가 일체화 된 구조
   ② 결합부는 수직재 접합부에 결합되어 이탈되지 않는 구조이어야 한다.

③ 본체 또는 결합부에는 가새재를 결합시킬 수 있는 핀 구멍이 있어야 한다.
④ 수평재는 본체 외에 대각보강재가 용접되어 브래킷 형상의 구조를 가질 수 있다.
⑤ 안전난간의 용도로 사용되는 수평재의 설치 높이는 작업발판면으로부터 90cm 이상 120cm 이하이어야 하며 중간난간대는 상부난간대와 작업발판면의 중간에 설치하여야 한다.

시스템비계

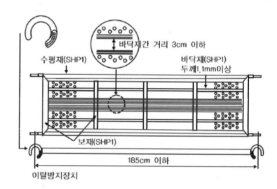

작업발판 설치도

3) 가새
   ① 본체와 연결부가 일체화된 구조
   ② 연결부는 수평재의 본체 또는 결합부에 결합되어 이탈되지 않는 구조이어야 한다.
   ③ 가새재는 본체의 길이 조절이 가능한 조절형과 길이가 정해진 고정형으로 구분한다.
   ④ 조절형 가새재는 외관에 내관을 연결하는 구조이어야 하며 핀 또는 클램프등에 의해 견고히 고정될 수 있는 구조이어야 한다.

4) 연결조인트
   ① 연결조인트는 수직재 바깥지름과 두께에 따라 동종 수직재간의 연결 시 체결되어 이탈되지 않는 구조 이어야 한다.
   ② 연결조인트는 형태에 따라 삽입형과 수직재 본체와 일체로 된 일체형으로 구분된다. 이때 일체형인 경우 연결조인트가 수직재에 삽입되거나, 수직재가 연결조인트에 삽입되어 일체화된 구조이어야 한다.
   ③ 연결조인트와 수직재와의 겹침 길이는 95mm

이상이어야 하며, 연결조인트 양단부에 이탈 방지용 핀 구멍이 있는 경우에는 연결조인트 단부에서 핀 구멍까지의 간격은 20mm 이상이어야 한다.

④ 삽입형 연결조인트 이음관은 수직재가 밀착될 수 있는 구조이어야 하며, 이음관 외부지름은 수직재의 외부지름과 동일하여야 한다.

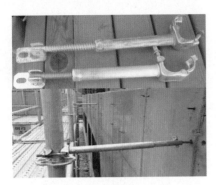

벽이음 철물

3. 작업시 유의사항

1) 비, 눈 그 밖의 기상상태의 불안정으로 인하여 풍속이 초당 10m 이상, 강우량이 시간당 1mm 이상, 강설량이 시간당 1cm 이상인 경우에는 조립 및 해체작업을 중지

2) 비계 내에서 근로자가 상하 또는 좌우로 이동하는 경우에는 반드시 지정된통로를 이용하도록 주지시켜야 한다.

3) 비계 작업 근로자는 같은 수직면상의 위와 아래 동시 작업을 금지시켜야 한다.

4) 근로자는 당해 작업에 적합한 개인보호구(안전모, 안전대, 안전화, 안전장갑등)를 착용하여야 한다.

4. 설치시 주의사항

1) 시스템 비계 조립 전 구조, 강도, 기능 및 재료 등에 결함이 없는지 면밀히 검토하여야 하며 시공 상세도면에 따라 설치하여야 한다.

2) 지반은 시스템 비계 구조물이 침하하지 않도록 충분한 다짐을 하거나 콘크리트 등을 타설한 후 설치하여야 한다.

3) 경사진 지반의 경우에는 피벗형 받침철물 또는 쐐기 등을 사용하여 수평을 유지하도록 지지하여야 한다.

4) 고압선에 근접하여 시스템 비계를 설치할 때에는 고압선을 이설하거나 고압선에 절연용 방호구를 장착하는 등 고압선과의 접촉을 방지하기 위한 조치를 하여야 한다.

5) 수평재만 연장 설치해야 하는 경우에는 수평재가 캔틸레버(Cantilever)로 작용하지 않도록 가새재를 보강하여야 한다.

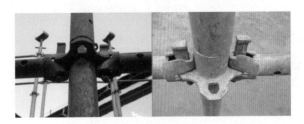

시스템비계 연결부

5. 시스템 비계 점검·보수

1) 적용 : 악천후 조립·변경·해체

2) 시기 : 시작 전 이상 징후 유무 확인

6. 풍속별 안전작업 범위

암기 0 7 10 14 안주(더시킨)경위

풍속(m/sec)	안전작업 범위	경보
0~7	전작업 가능	안전작업
7~10	외부비계 설치, 용접금지	주의경보
10~14	안전시설물 설치금지	경고경보
14 이상	장비작업 금지, 고소 하강	위험경보

7. 개발방향 암기 강표규경동

1) 강재화
2) 표준화
3) 규격화
4) 경량화
5) 동력화

가설재 개선방향

내민비계 / 내민비계 지지대

참고 **가설구조 공통**

1. Mechanism 알기 침좌전붕
2. 재해유형 알기 추감충협 붕도낙비기 전화발폭밀
3. 구비조건 알기 안작경
4. 특징 알기 연결불정문
5. 안전대책 알기 담보불내 출약점고 상달전정
6. 개발방향 알기 강표규경동
7. 가설공사문제점 : 도면 시방서, 시공자 임의계획
8. 시공원가율 상승 10%, 안전사고 발생율 증가

06 강관틀비계

1. 개요

1) 강관 등으로 공장생산·현장조립 하며 설치·해체가 신속하고 용이하다.
2) 바퀴, 아웃리거 부착하여 이동식비계로 사용

2. 구조

구분	준수사항
높이 제한	40m 이하
높이 20m 초과 시	주틀 높이 2.0m 이하 주틀 간 간격 1.8m 이하
교차가새	주틀 간 설치
수평재	최상층, 5층 이내마다 설치(띠장틀)
벽연결	수직방향 : 6.0m 이내 수평방향 : 8.0m 이내
버팀기둥	띠장방향 높이 4m 이상, 길이 10m 초과 시 띠장방향 10m이내
적재하중	400kg 이하(비계기둥 간 적재하중)
하중	400kg 이하(기본 틀 간 하중)
기타	지반지지력 : 노상 $k=20kgf/cm^2$ 　　　　　　　보조기층 $k=30kgf/cm^2$ 콘크리트매입 시 20cm 이상

3. 설치 전 준비사항

1) 강관틀비계 부속철물의 수량 및 구조
2) 지반의 지지력 수평상태, 밑둥 활동 침하방지
3) 연결접속부 긴결 상태
4) 도면의 가새 위치 확인
5) 벽연결재 벽고정
6) 최대적재하중 표시, 초과적재 금지
7) 부근 전력선 방호조치

틀비계

4. 조립 및 사용 시 준수사항

1) 밑받침철물 사용
   ① 고저차 : 나사산을 회전하는 조절형 밑받침철물
   ② 경사 : 하부에 쐐기 부착한 피벗형 밑받침철물

2) 추락방지를 위해 비계와 건물 간격 25cm 이하
3) 조립 해체 시 안전그네 착용, 안전고리 체결
4) 지반 침하방지 지반지력 확보
5) 하부 깔판 깔목 사용

07 작업발판

1. 달비계 (암기) 달비대말 본간 전통상 각안

1) 본달비계 : 돌출보 등 밧줄로 매달은 비계
2) 간이달비계 : 고층건물 외부도장, 벽 세척, 창 청소 등에 사용, 속칭 곤돌라로 부름.

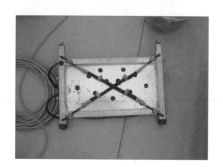

달비계

2. 달대비계

1) 전면형 달대비계 : 철골 철근콘크리트조에 전면적으로 가설되어 후속 철근공사 등의 작업발판으로 사용되는 비계

전면형 달대비계

2) 통로형 달대비계 : 철골의 내민보에 조립틀을 부착하여 작업발판으로 사용

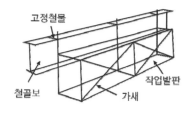

통로형 달대비계

3) 상자형 달대비계 : 기둥 내민보에 용접한 상자형 작업발판

상자형 달대비계

3. 말비계

1) 각립말비계 : 2개의 사다리를 연결, 높이가 2.0m 미만, 미끄럼방지 고정철물 설치, 수평 유지, 양 끝 발판 작업금지
2) 안장말비계 : 각립비계를 1.5~2m 간격 병렬 연결, 실내 마감공사 시 사용

철근 조립 시 안전대 체결

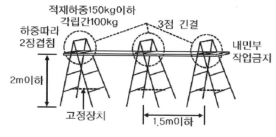

안장비계 설치규정

4. 안전대책

1) Wire Rope 안전계수 10 이상
2) W/R 권양기 감기면 상태 확인
3) 부적격 W/R (암기) 이소공꼬심 10 7
   ① 이음매가 있는 것
   ② W/R 한 가닥 소선수가 10% 이상 절단
   ③ 지름의 감소가 공칭지름의 7%를 초과
   ④ 꼬인 것
   ⑤ 심한 변형, 부식된 것
4) 승강 시 작업대 수평유지

5) 허용하중 이상 작업원 탑승 금지

6) 권양기 제동장치 설치

7) 작업발판 폭은 20cm 이상 설치

8) 발판끝막이판 10cm 설치

9) 안전난간 상부 90~120cm, 중간부 45~60cm

10) 안전난간 미설치 시 방망 혹은 안전대 설치

11) 안전모 안전그네 착용

12) 달비계 위 각립사다리 사용금지

13) 안전난간 밖 혹은 밟고 작업금지

14) 돌발적인 행동으로 동요 전도 금지

5. 조립 · 해체 시 준수사항

1) 철선 #8번 4가닥 안전계수 8 이상

2) 철근 19mm 이상

3) 안전모 착용, 안전그네 착용

4) 안전난간 상부 90~120cm, 중간부 45~60cm

5) 작업으로 인한 해체 시 작업 후 즉시 결속

6) 하중에 견딜 수 있는 구조로 제작 설치

참고 **안전가시설(달대비계)**

1. 사고원인

1) 안전대고리 미체결

2) 달대비계 재료 견고상태 미확인

3) 작업발판 하중초과로 파손되며 추락

4) 안전대 미착용

5) 달대비계의 결속부 견고치 못하게 체결

6) 발끝막이판 미설치시 자재공구 낙하

7) 자재 과적재

8) 달대비계 작업공간 부족

9) 달대비계 중량으로 제작으로 무리하게 이동

2. 안전대책

1) 안전대고리 체결

2) 달대비계 재료 견고한 재료, 최고적재중량표시

3) 작업발판 하중에 견딜 수 있는 견고한 발판

4) 안전대 긴결하게 체결

5) 달대비계 결속부 볼트 견고하게 결속

6) 작업발판 단부에 발끝막이판 설치

7) 이동 용이하도록 자재 과적재 금지

8) 작업이 용이하도록 충분한 공간 확보

9) 알루미늄, 철재 등 견고한 재질, 경량으로 제작

전면형 달대비계

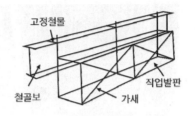

통로형 달대비계

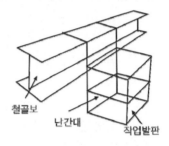

상자형 달대비계

08 시스템 동바리

1. 개요

시스템동바리란 작업하중이 크거나 층고가 높은 장소에 동바리를 부품화 조립화하여 운반·설치를 간편하고 하중을 안전하게 지지할 수 있게 만든 동바리를 말한다.

시스템 동바리

2. 부속

1) U 헤드 : 멍에재를 긴결하는 조절형 받침대
2) 수평재 : 수직부재 좌굴방지 및 수평 연결
3) 수직재 : 거푸집의 상부 하중을 하부로 전달
4) 가새 : 수직재와 수평재 긴결, 뒤틀림 방지
5) 잭베이스 : 동바리 하부에 설치, 수직재 높이를 유지하는 조절형 받침대
6) 연결핀 : 수직재와 수평재를 연결하는 고정핀

3. 구조

1) 수직재 수평재 긴결
2) 가새 견고히 고정하여 일체화
3) 수직재 받침철물 겹침 1/3 이상 견고히 긴결
4) 수평재 수직재는 직각 설치하고 연결핀에 긴결
5) 연결철물 이탈되지 않게 견고히 고정
6) 벽연결재는 자재성능에 따른 구조계산

시스템 동바리 블록간 연결

장선 멍에 U-헤드

4. 조립 시 준수사항

1) 밑둥받이 밑받침철물이 견고한지 지지력 확인
2) 고저차가 있는 곳 조절형 밑받침철물
3) 경사진 곳 피벗형 밑받침철물
4) 절연형 보호구를 설치하여 가공선로 접촉 방지
5) 상하좌우 이동통로 지정하여 충돌사고 예방
6) 상하동시작업 금지하여 낙하·비래 사고 예방
7) 작업발판 최대적재하중은 400kg 이하 유지
8) 구획정리하여 관계자 외 출입금지 표지판 설치

시스템동바리 날개벽 작업전경

말비계

09 말비계

1. 분류 _{암기} 각안

1) 각립비계
① 말같이 생겼으며, 상부 핀 고정
② 수직고 2m 미만 설치
③ 계단난간에서 사용 시에는 고정하여 설치
④ 출입문 근처 사용 시 출입자 충돌주의

2) 안장비계
① 각립비계를 3개 연결, 작업발판을 얹어 사용
② 1.5~2.0m 간격으로 병렬로 3점 이상 고정
③ 넓이가 좁을 경우 추락사고가 발생하므로 충분한 넓이 확보
④ 개구부 주위, 구조물 단부 주위 등 사용금지

철근 조립 시 안전대 체결

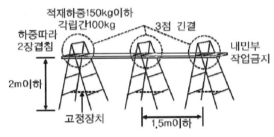

안장비계 설치규정

2. 안장비계 사용 시 주의사항

1) 수직고 2m 미만으로 설치
2) 각립은 수평을 유지, 기울어지지 않도록 고정
3) 각립사다리를 고정철물로 고정하여 벌어짐 방지
4) 하부에는 미끄럼방지장치 설치
5) 양측 단부를 밟고 작업 시 전도사고 발생하므로 단부 작업금지
6) 수평면 기울기 75° 설치, 고정철물로 고정
7) 지주부재와 지주부재 사이 긴결
8) 높이 2m 초과 시 작업발판 폭을 40cm 이상
9) 작업발판 사이는 3cm 이상 초과 금지

10 이동식비계

1. 개요

1) 이동성 작업성 시공성을 고려하여 하부에 바퀴 아웃리거 고정장치를 달아 이동성을 향상 시킨 작업발판이다.
2) 상부 이동용 사다리를 설치하고 안전난간대를 설치하여 추락사고를 예방한다.

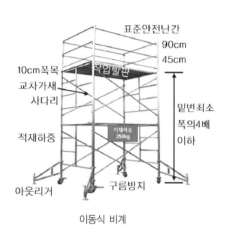

이동식 비계

2. 조립기준 _{암기} 높승적제작가표

구분	준수사항
높이 제한	밑변 최소폭의 4배 이하
승강설비	오르고 내림용 사다리 부착
적재하중	작업대 최대적재하중 250kg 이하
제동장치	바퀴 구름 장치(Stopper) 설치, 전도방지형 브라켓(아웃리거)
작업대	목재, 합판, 표준안전난간(상부난간 90cm 이하, 중간대 45cm 이하) 난간지지하중 120Kg,100Kg
가새	2단 이하 조립 시 교차가새
표지판	최대적재하중, 사용책임자

3. 조립 시 준수사항

1) 안전담당자 지휘하에 작업
2) 밑변 : 최대높이 폭 = 1 : 4
3) 발판에 빈틈이 없도록 설치하고 일부 건물에 체결하여 전도 방지
4) 승강용 사다리 설치
5) 최대적재하중 250kg 이하
6) 접속부 교차부 긴결
7) 표준안전난간 상부 90cm, 중간부 45cm 설치
8) 낙하물 방지조치 발끝막이판 10cm 설치
9) 제동장치 고정 후 작업

10) 근로자 태우고 이동금지
11) 이동 시 충분한 인원으로 이동
12) 안전모 착용
13) 자재 공구 등 이동 시 달줄 달포대 사용
14) 부근 전력선 방호조치하여 감전사고 예방
15) 상하동시 작업 시 유도자 배치

이동식 비계

11 가설통로

1. 개요

1) 가설통로란 근로자가 작업장으로 이동하는 통로로 종류에는 경사로, 가설계단, 사다리, 승강로, 작업발판 등이 있다.

2) 작업통로에는 통로표시를 하고 통행에 장해가 없도록 설치하고, 낙하·비래의 위험이 있는 곳은 낙하물방호선반을 설치하여야 하며 채광시설과 조명시설을 갖추어 추락사고를 예방하여야 한다.

3) 수직갱에 가설된 통로의 길이가 15m 이상인 경우에는 10m 이내 계단참을 설치한다.

가설통로 경사도

2. 종류 [암기] 경계사승발

1) 경사로
2) 가설계단
3) 사다리
4) 승강로(Trap)
5) 작업발판

통로형태	경사도 폭	통로 폭
경사로	30° 이내	90cm 이상
가설계단	30° ~ 60°	1.0m 이상
사다리	60° 이상	30cm 이상
승강로	폭	30cm 이상
작업발판	폭	40cm 이상

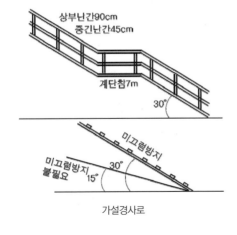

가설경사로

3. 경사로

경사각	미끄럼막이 간격
30° 이내	30cm
24°	38cm
19°	43cm
15° 초과	47cm

1) 경사로 폭 30° 이내
2) 15° 이상 미끄럼막이
3) 경사로 폭 90cm
4) 표준안전난간
   ① 상부 90~120cm, 중간 45~60cm
   ② 하중강도 중간부 120kg, 결속부 100kg
5) 계단참 7m마다 설치
6) 철재 혹은 미송 육송 설치, 미끄럼막이 설치
7) 지지기둥은 3m 이내
8) 발판 폭은 40cm 이상, 틈은 3cm 이내
9) 발판이 들리거나 이탈되지 않도록 장선에 결속

사면 도수로 경사로

4. 가설계단

1) 가설계단 및 계단참은 500kgf/㎡ 이상 내하력
2) 1단간 높이 22cm, 발판 폭 25~30cm
3) 계단 폭 1m 이상
4) 계단 경사 35° 유지
5) 계단참 3.0m 이내 폭1.2m 이상 설치
6) 2m 이상 장애물 없는 공간에 설치
7) 난간 상부 90cm, 중간 45cm
8) 난간지주 2m마다 설치

5. 사다리(이동식사다리) [암기] 고옥목철이기연

1) 종류
   ① 고정형사다리
   ② 옥외용 사다리
   ③ 목제사다리
   ④ 철제사다리

⑤ 이동식사다리
⑥ 기계사다리
⑦ 연장사다리

2) 설치 규정

① 길이 6m 초과 금지
② 다리 벌린 상태 1 : 4 유지
③ 상부 0.6m 이상 여장, 상하부 고정
④ 폭 30cm 이상
⑤ 고정식 90° 수직 설치, 75° 이하 금지

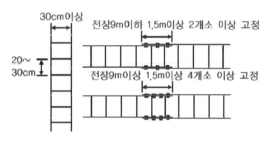

이동용사다리

6. 승강트랩

1) 연직구명줄 16mm 마닐라 로프(인장강도 2,340kg)
2) D16 철근, 간격 30cm, 폭 30cm 이내
3) 채광시설, 조명시설

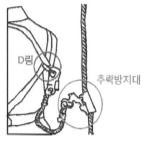

추락방지대

7. 작업발판(통로발판)

1) 금속재
① 폭 240mm 이상, 500mm 이하
② 두께 1.1mm 이상

2) 판재
① 소나무
② 건조하고 흠과 옹이가 없는 판재

3) 장선위 이음 : 겹침길이 20cm 이상
4) 발판 1개
① 지지물 2개 이상
② 구운철선 #10번 고정
③ 클램프를 결속하여 전도 탈락 방지

5) 발판
① 폭 40cm 이상
② 최대폭 1.6m 이내
③ 틈새 3cm 이하
6) 돌출된 못 옹이 철선은 즉시 제거
7) 최대적재하중 400kg 이하 위험표지 설치
8) 발끝막이판 10cm 이상 유지

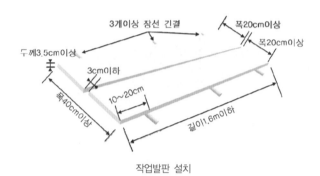

작업발판 설치

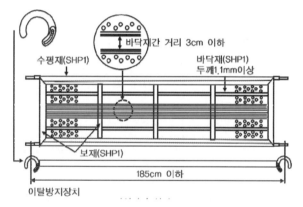

작업발판 설치도

8. 가설통로 구비조건

1) 견고하고 이동에 불편함 없는 구조
2) 항상 사용이 가능한 상태로 정리정돈
3) 충돌이 불가피한 곳은 충돌 보호시설 설치
4) 채광 및 조명을 시설하여 추락사고 예방
5) 표준안전난간
① 상부 90~120cm, 중간 45~60cm
② 하중강도 중간부 120kg, 결속부 100kg

9. 계단참

1) 경사로 계단참 7m 이내 계단참 설치
2) 가설계단 높이 3m 이내 계단참, 폭 1.2m 이상 유지
3) 수직갱에 가설된 통로의 길이가 15m 이상인 경우에는 10m 이내 계단참을 설치

참고 **안전가시설(가설경사로)**

1. 사고원인

1) 가설통로가 아닌 장소로 이동 추락
2) 가설경사로 안전작업수칙 미준수
3) 가설경사로의 경사로 각도 미준수
4) 가설경사로 미끄럼방지조치 미설치
5) 안전난간대 미설치
6) 바닥판의 틈새 너무 넓게 설치
7) 상부에서 자재낙하
8) 가설경사로 지지물이 견고하지 못하여 붕괴

2. 안전대책

1) 근로자 가설통로를 사용 안전교육 실시
2) 가설경사로 설치 시 안전작업 절차 준수
3) 가설경사로 경사 30° 이내 설치
4) 경사 15° 이상인 경우 미끄럼 방지조치

경사로 미끄럼방지시설

5) 단부에 안전난간대 설치
6) 바닥판은 밀실하게 설치
7) 가설경사로 하부 출입통제
8) 가설경사로 자중, 인하물 중량 충분히 견딜 수 있도록 견고하게 설치

참고 **안전가시설(가설통로 또는 가설계단)**

1. 사고원인

1) 가설통로 바닥의 돌출물에 이동중 걸려 넘어짐
2) 가설통로의 발판재료가 통행중부러지면서 전도
3) 지지물이 가설계단 하중을 견디지 못하고 붕괴
4) 가설통로 폭이 좁아 걸려 넘어짐
5) 가설계단 통로발판이 미고정으로 탈락
6) 발판에 미끄럼방지조치 미실시

7) 안전난간대 미설치로 추락
8) 상부 방호선반 미설치
9) 수직보호망 미설치로 자재 공구 낙하
10) 가설계단 미설치 시 근로자 임의 통로이동 중 전도 추락

2. 안전대책

1) 돌출물이 없도록 정리정돈 철저
2) 발판재료는 견고한 것으로 긴결
3) 가설계단 중량을 충분히 견딜 수 있도록 설치
4) 가설통로의 폭 적정한 폭 유지

가설계단

5) 가설계단 통로발판은 탈락되지 않도록 고정
6) 발판에 미끄럼 방지조치 실시
7) 추락위험부위에 안전난간대 설치
8) 상부에 낙하물방호선반 설치
9) 추락위험부위에 안전난간대 설치
10) 수직보호망 설치
11) 임의통행 예상 장소 가설통로 설치

참고 **안전가시설(철골승강용트랩)**

1. 사고원인

1) 안전모, 안전대미착용 하여 추락
2) 승강용트랩승강시 안전작업수칙 미준수
3) 승강용트랩 용접부위 탈락
4) 악천후 시 승강중 추락
5) 승강용트랩 미설치로 임의로 사다리 설치
6) 승강용트랩 설치 간격이 일정하지 않아 실족
7) 철골기둥 세우고 승강용트랩 설치하려다가 추락
8) 철골기둥 주변 추락방지망 미설치
9) 승강트랩 주변 불안전하게 가설계단 설치
10) 불안전하게 설치된 작업발판상 발판 전도
11) 안전대부착설비 미설치

2. 안전대책

1) 개인보호구 착용 철저
2) 수직구명줄에 안전대체결 철저
3) 승강용 트랩의 재료는 탈락되지 않는 견고한 재료
4) 악천후시 승강 및 작업 금지
5) 답단간격 30cm 이내의 승강용트랩설치
6) 승강용트랩은 30cm 이내 일정간격
7) 철골기둥 주변 추락방지망 설치
8) 가설계단 안전난간대 견고하게 설치

승강용 트랩

12 사다리 통로

1. 개요

1) 가설통로에는 경사로 가설계단 사다리 승강로 작업발판이 있다.
2) 사다리는 작업발판이 아니라 근로자가 목적물을 만들기 위해 이동하는 통로이다.

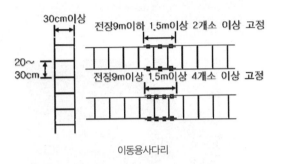

이동용사다리

2. 종류 [암기] 고옥목철 이기연

종류	준수사항
고정사다리	90° 수직, 15° 초과 금지
옥외용 사다리	철제설치, 9m마다 계단참 사방 75cm 이내 장애물 없을 것
목제사다리	건조하고, 결함 없고, 곧음 발받침대 간격 20~25cm 이음, 맞춤부 보강 벽면 이격거리 20cm 이상
철제사다리	좌굴이 안되도록 고정, 강도유지 발받침대, 미끄럼방지장치 받침대 간격 25~30cm 기름 등으로 미끄럽지 않게
이동식사다리	길이 6m 이하 다리 벌림 벽높이 1/4 정도 상부 1m 이상 여장
기계사다리	보호 손잡이 발판 구비 안전대 설치 사다리가 움직일 경우 작업자가 움직이면 안 됨
연장사다리	총길이 15m 이하 사다리 고정 : 잠금쇠, 브래킷 도르레, Rope, 강도

3. 설치 시 주의사항

1) 수리가 불가한 사다리는 반출
2) 상부 여장 1m 이상 여장, 상하부 고정
3) 상·하 움직일 경우 감시자 배치
4) 하부받침 벽돌 사용금지
5) 복장 단정하고 미끄러운 장화 추락 유발
6) 부피 큰 물건, 중량물 들고 사다리 이동금지
7) 출입문 부근 설치 시 감시자 배치하고 충돌·추락 방지
8) 금속사다리는 감전사고, 전기 주변 사용금지
9) 사다리를 수평으로 설치하여 다리처럼 사용금지

4. 설치 규정

1) 길이 6m 초과 금지
2) 다리 벌린 상태 1 : 4 유지
3) 상부 0.6m 이상 여장, 상하부 고정
4) 폭 30cm 이상
5) 고정식 90° 수직 설치, 75° 이하 금지

13 갱폼 제작 안전설비기준

1. 개요

1) 갱폼의 사고는 갱폼에 와이어의 불확실한 체결 상태에서 전단볼트 해체 시 대다수의 중대재해가 발생하고 있다.
2) 이에 양중걸이, 타워와 신호수 간 신호체계 등 사전 안전조치 후 작업에 임해야 한다.

2. 안전설비기준

1) 인양고리 : 안전율 5 이상, 냉간압연 22mm 환봉, U-밴딩 최소반경 1,500mm 이상
2) 안전난간, 추락방호대
3) 갱폼케이지 간 간격 : 20cm 초과 금지
4) 케이지코너 마무리 : 45° 각도
5) 작업발판, 연결통로 설치

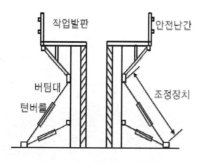

Gang Form

갱폼 조립전경

갱폼 인양고리

3. 사고원인

1) 안전모 보호구 미착용
2) 갱폼밖으로 나가 프레임을 밟고 승강중 추락
3) 인양용로프가 끊어지면서 갱폼낙하
4) 인양고리의 용접부 탈락
5) 갱폼발판 기름 밟고 미끄러져 전도
6) 갱폼발판 공구, 철근 등 낙하
7) 갱폼이 흔들리면서 건물벽체 사이로 추락
8) 갱폼볼트 체결전 타워크레인 로프를 해체
9) 갱폼 1줄 걸이 체결 인양중 갱폼요동으로 추락
10) 후크로부터 로프탈락

갱폼 전단볼트체결

4. 갱폼 사용 시 안전작업대책

1) 안전모, 안전대등 개인보호구 착용 철저
2) 관리감독자 배치, 불안전한상태, 불안전한 행동 주의
3) 인양용로프 손상, 부식상태 확인
4) 갱폼인양고리 용접 및 볼트체결 철저
5) 갱폼발판 기름, 돌출물 제거
6) 갱폼발판 공구, 폼타이 방치 금지
7) 갱폼위에서 안전대 착용 철저
8) 갱폼볼트 체결 후 타워크레인 결속된 로프 해체
9) 갱폼 인양시 2줄걸이, 수직인양
10) 후크 해지장치 부착
11) 해체자재 절단 시 : 발화성 인화성 자재주변 작업 금지, 소화기 비치, 화재감시자 배치, 슬링벨트 결속상태 확인 후 전단볼트 해체

14 Working Desk

Working Desk

1. 개요

1) Sliding Form 작업발판 등과 같이 별도의 시설이 없이 안전성을 확보한 작업발판을 말한다.
2) 외부비계의 대체공법으로 시설 등 사용성 작업성 안정성이 우수하다.

2. 종류 암기 파서슬

1) Parapet 형태
 ① Parapet 양측에 브라켓 설치, 작업발판 설치
 ② 작업발판 안전난간대 설치

2) Support 형태
 ① 철제 서포트 설치, 브라켓 설치
 ② 작업발판 안전난간대 설치

3) Sliding 형태
 ① 링 형태로 접속부 볼트체결 100% 실시
 ② 수직 수평 확인, 상부에 작업발판 설치

Working Desk

3. 특징

1) 외부비계가 필요 없어 가설재 인건비 절감
2) 가설작업발판이 설치되어 안전성·작업성
3) 토목공사 중 교량 공사에 많이 사용
4) 외부 낙하방지망 설치 곤란 시 사용
5) 작업 시 안전그네 착용 및 안전고리 체결

Sliding Form

15 가설도로

1. 개요

가설도로란 공사를 목적으로 건설현장에 가설하는
도로를 말하며, 일명 가도라고도 한다.

가설도로

2. 시공 시 유의사항

1) 안전운행 위해 도로표면 유지보수
2) 경사로는 주행차량 통행에 지장을 주지 말 것
3) 도로와 단차 발생 시 바리케이트 연석설치
4) 도로는 경사지게 설치 혹은 배수시설 설치
5) 도로 폭을 유지, 커브는 도로 폭보다 넓게
6) 커브구간에서는 차량의 속도 제한
7) 최고 허용경사도 10% 넘지 말 것
8) 교통신호등 표지판 바리케이트 노면표지 등
9) 살수 및 겨울철 눈이 쌓이지 않도록
10) 도로 작업장이 접하는 경우 방책 설치
11) 차량 속도제한 표지 부착

3. 우회로를 설치 준수사항

1) 교통량을 유지할 수 있도록 계획
2) 시공 중인 교량이나 높은 구조물의 하부를 통과
   해서는 안 되며 부득이 통과 시 안전조치
3) 교통통제 신호 등은 교통법규에 적합하도록
4) 우회로는 유지보수 점검실시하고, 필요시 가설
   등을 설치
5) 우회로 사용이 완료 시 모든 것 원상복구

4. 표지 및 기구의 설치

1) 교통안전표지 규칙에 의거
2) 방호장치
 ① 반사경
 ② 보호방책
 ③ 방호설비
3) 산업안전표지 규칙에 의거

5. 신호수 배치 시 주의사항

1) 책임감이 있는 신호수 배치
2) 임무를 숙지하고 업무에 임할 것
3) 훈련과 경험이 있는 신호수를 배치할 것

참고 **가설도로 시공**

1. 사고원인

1) 불도저, 굴삭기 운전원의 운전미숙
2) 노면상의 돌출물 및 웅덩이 전도
3) 법면의 무리한 굴착으로 법면붕괴
4) 굴착법면 부석 낙하
5) 차량계건설기계 사용 시 유도자 미배치
6) 굴삭기 연결부 탈락으로 버켓붐대 낙하

2. 안전대책

1) 불도저, 굴삭기 운전원의 자격유무
2) 노면상에 돌출물, 웅덩이 사전제거
3) 법면 굴착구배 준수
4) 법면부석 등 낙하하지 않도록 사전 제거
5) 도로 단부 안전휀스 설치하여 접근금지
6) 차량계건설기계 사용 시 유도자 배치

참고 **가설도로 벌목 및 표토제거**

1. 사고원인

1) 벌목장비 운전원의 운전미숙
2) 벌목 나무 너무 높게 야적
3) 벌목장비로 작업중 유도자 미배치
4) 벌목작업 시 쓰러지는 나무 깔림
5) 전동톱사용 시 신체 접촉
6) 벌목장비 후면에 경광등 미설치
7) 벌목장비 연결부 탈락 시 버켓 또는 절단기 낙하

2. 안전대책

1) 운전원의 자격유무, 경험정도 사전확인
2) 벌목한 나무의 야적 시 적정높이
3) 장비 유도자 배치
4) 벌목작업 시 로프 등으로 전도방향 유도
5) 전동톱 기계기구 안전작업수칙 준수
6) 벌목장비 사용시 후면 경광등 설치
7) 장비 사용전 연결부 사전점검

가설휀스

16 가설울타리

1. 개요

1) 현장을 구분하고 외부교통을 차단하며 도난을 방지하기 위해 설치한다.
2) 사업장을 위한 사무실 및 숙소 시설물 창고 야적장 등의 임시시설물이다.

2. 재료

1) 기둥재
 ① 강재 : 비계 파이프 사용
 ② 경량형강 : ㄷ형강 2개를 붙여 점용접
 ③ 철주 : 아연용융 도금판 형 철주 사용

2) 수평재
 ① 비계 파이프 사용
 ② 경량형강 사용 시 ㄱ형강의 수평재 사용

3) 막음재
 ① 전기아연도금 유색강판 1.2mm 주로 사용
 ② 유색강판 0.45mm를 사용하고 잦은 휨 발생

4) 밑둥잡이 : THP 관에 콘크리트를 붓고 기둥을 설치

5) 훅볼트(Hook Bolt) : 갈고리 모양의 연결재

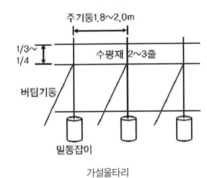
가설울타리

3. 구조

1) 주기둥 설치 간격 1.8~2.0m
2) 버팀기둥 : 주기둥 상부로부터 1/3~1/4 위치
3) 수평재
 ① 3줄 설치는 3m 간격 설치
 ② 2줄 설치는 2m 간격 설치

17 추락재해

1. 개요

1) 추락재해는 높은 곳으로부터 하부로 떨어져 발생하는 재해이다.
2) 구조물 단부 개구부 작업발판 사다리 경사면 등에서 발생하며, 안전난간대 미설치 또는 안전그네 미착용으로 발생하는 재래형 재해의 형태이다.

2. 추락방지시설 종류

1) 추락방지망
2) 표준안전난간
3) 작업발판
4) 안전대부착설비
5) 개구부
6) 추락방지설비
7) 조도 확보
8) 안전표지판

3. 원인 및 방지대책

구분	원인	대책
비계	안전난간대 미설치 고정상태 미흡 개구부 발생	안전난간대 상부 90cm, 중간부 45cm, 전용철물 긴결, 해치 등은 사용 후 즉시 닫음
사다리	상부 여장 없음 상하부 미고정 아웃리거 미설치	상부 여장 1m 상하부 고정 아웃리거 설치
철골	추락방지대 미설치 안전대 미설치 안전그네 안전고리 미체결	추락방지대 설치 2m 이상 안전대 설치 안전그네 안전고리 체결 철저
작업발판 단부	안전난간대 미설치 추락방지대 미설치	안전난간 상부 90cm, 중간 45cm, 추락방지대
해체 작업 시	안전그네 미체결 개구부 해치 방치	안전보호구 착용 철저 해치 등은 사용 후 즉시 닫음
경사면	고소작업 시 안전대 미설치 안전그네 안전고리 미체결	2m 이상 고소작업 시 안전 대 시설 철저 안전그네 안전고리 체결 철저
악천후	악천후 시 무리한 작업강행	악천후 시 현장규정 철저 이행
작업방법 부적당	개구부 주변 용접용단	개구부 뚜껑 폐합 후 작업
무리한 행동	안전난간대 밟고 해체작업	작업발판 이용하여 작업 안전그네 안전고리 체결 철저
조명미흡	계단부 건출작업	조도 보통 150 Lux 기타 75 Lux 이상

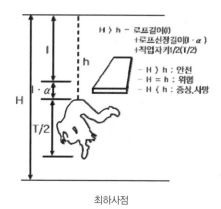

최하사점

4. 특징

1) 작업장소보다 낮은 장소로 추락
2) 중대재해로 발생하는 재래형 재해
3) 머리부터 충돌 시 사망사고
4) 딱딱한 장소에 부딪힐 경우 중상 이상 재해
5) 높을수록 사망재해 위험
6) 고령자일수록 몸의 유동성 저하로 중대재해

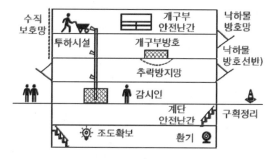

안전시설

5. 추락위험지역

1) 비계로부터 추락
2) 사다리
3) 경사지붕
4) 철골작업
5) 개구부 작업대 끝
6) 파이프샤프트 대형바닥개구부
7) 엘리베이터 개구부

18 추락방지망(추락방지용 방망)

1. 개요

1) 높은 곳에서 작업 시 추락사고를 방지하기 위해 설치하는 그물망을 말한다.
2) 추락방지망은 방망사 테두리로프 달기로프 재봉사 등으로 구성되어 있으며, 정기적인 시험을 하여 허용강도 이하의 제품은 폐기시켜야 한다.

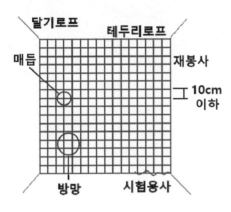

추락방지망

2. 구조 `암기` 방그테달재시

1) 방망 : 바둑판 모양의 그물코로 연결
2) 그물코 : 10cm×10cm
3) 테두리 : 방망을 당겨주는 역할
4) 달기로프 : 방망을 지지점에 연결
5) 재봉사 : 방망을 테두리 로프에 고정
6) 시험용사 : 폐기 여부를 확인하기 위해 강도 체크를 하는 시험사

3. 방망사 신품(폐기) 인장강도 `암기` 10 5 유무

그물코 크기	방망종류(단위:kg) ( )는 폐기강도	
	매듭무	매듭유
10cm	240 (150)	200 (135)
5cm	–	110 (60)

4. 설치 시 유의사항

1) 상부 10cm×10cm, 하단 2.5cm×2.5cm
2) 낙하 시 충돌면에 여유 있도록 유지
3) 작업점 아래 h1=0.75L(3~4m),
    h2=0.85L
    S=0.25L
    하단부에서 1/2L~1/6L

4) 인장강도 기준에 적합하도록 설치

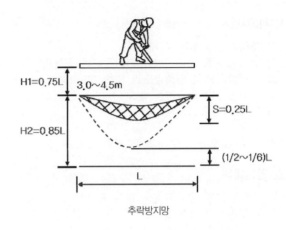

추락방지망

5) 철골 내부 10m 이내 수평
6) 전용철물 30cm 이하 틈이 발생하지 않도록
7) 겹침넓이 1m 이상 긴결하여 겹침
8) 고정클램프 강관 이용
9) 크레인은 중앙부를 먼저 인양, 양단에서 보조 로프를 인력으로 인양
10) 양중 전에 방망설치용 철물 거치
11) 공동작업을 하고 안전대를 거치한 후 작업
12) 용접용단으로 파손된 것 사용 시 즉시 교체

5. 정기시험

1) 6개월에 등속인장시험 실시
2) 10m 이상에서 80kg 자유낙하 시험
3) 지지점 강도는 600kg 이상
4) 테두리가 풀리지 않도록 긴결
5) 달기로프 강도는 1,500kg 이상

철골 추락방지망

참고 추락방지망

1. 사고원인

  1) 추락방지망 임의로 해체
  2) 추락방지망 테두리보와 지지로프 고정불량
  3) 추락방지망의 인장강도가 약한 것 사용
  4) 추락방지망 미검정품 설치
  5) 용접불티 및 충격에 손상
  6) 추락위험개구부 추락방지망 미설치
  7) 용접 불꽃 등으로 손상된 방망 방치

2. 안전대책

  1) 추락방지망 근로자 임의해체 금지
  2) 추락방지망 테두리로프, 지지로프 견고한 것 사용
  3) 추락방지망 인장강도가 충분한 검정품
  4) 그물코 간격이 10cm 이하 검정품 사용
  5) 충격으로 손상된 추락방지망 즉시 교체
  6) 추락위험이 있는 대형개구부 추락방지망 설치
  7) 용접불꽃 등으로 손상된 망 즉시 교체
  8) 철골기둥에는 승강트랩 설치

19 표준안전난간

안전난간

1. 개요

1) 고소작업 시 구조물 단부, 개구부 가설계단 등의 근로자 근접 시 추락사고 방지를 위해 시설하는 안전시설물이다.

2) 안전난간대는 작업발판 기둥 난간대 발끝막이판 등으로 구성되어 있으며, 난간대는 상부 90~120cm 중간부 45~65cm 높이로 설치하며, 작업을 위해 해체 시에는 작업종료 후 즉시 원상복구 시켜야 한다.

2. 구성

1) 난간기둥 상부난간대 중간대 폭목

2) 난간기둥을 설치하지 않아도 되는 경우 : 안전난간과 동일구조의 보호조치 설치 시 가능

3) 중간대 및 폭목을 설치하지 않아도 되는 경우
   ① 상부난간대와 방망 사이 널판 설치 시
   ② 충분한 통로 폭 확보 시

3. 구조

구분	준수사항
높이	90~120cm
중간대 높이	45~60cm
기둥 중심간 간격	2.0m 이하
발끝막이	10cm 이하
띠장목 틈	10mm 이하
하중	Span 중앙점 120kg 기둥난간대 결점 100kg
최대적재하중	400kg 이하

4. 설치장소

1) 구조물 단부로 추락위험 장소

2) 중량물 취급 개구부로 추락위험 장소

3) 작업발판에서 작업 시 추락위험 장소

4) 가설계단 근로자 이동통로

5) 흙막이 지보공 상부 추락위험 장소

5. 문제점 및 대책

1) 법적 높이 기준 : 외국인 고려

2) 지지력 확인 : 법적 기준 마련

3) 안전대부착설비 : 전용철물 사용

4) 시공상 문제점 : 시공 전 Shop Drawing 작성

6. 주의사항

1) 작업자 임의제거 금지

2) 작업으로 부득이 제거 시 작업 후 즉시 원상복구

3) 지지점에 자재 등 운반걸이 결속 금지

4) 석재 철재 등의 재료를 기대어 놓지 말 것

5) 상부나 중간을 밟고 작업하지 말 것

계단층 안전난간대

CHAPTER 11

20 안전대 부착설비

1. 개요

1) 안전대란 높은 곳에서 작업하는 근로자의 추락을 방지하기 위한 안전보호구로 고소작업 시 안전 그네 착용 및 안전고리 체결로 추락사고를 방지 하여야 한다.

2) 안전대를 걸기 위해서는 비계, 구명줄, 건립 중인 구조체, 전용철물 등의 안전대 부착설비를 사용 하여야 하며, 사용 전 안전대 부착설비의 상태를 점검한 후 사용하여야 한다.

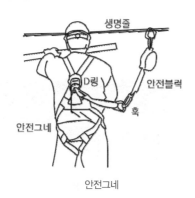

안전그네

2. 안전대를 착용해야 하는 작업

1) 높이 2m 이상의 추락위험이 있는 장소 작업
2) 작업발판 40cm 이상이 없는 장소
3) 작업발판은 있는데 난간대가 없는 장소
4) 난간대는 있어도 상체를 내밀어 작업장소
5) 작업발판과 구조체 간 30cm 이상 장소로 수평 방호시설 없는 장소

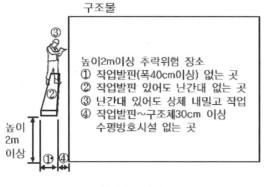

안전대착용대상

3. 종류 [암기] 비구건전 수평수직

1) 비계 : 강관 틀비계 등에 셔클 등에 긴결
2) 구명줄
 ① 수평구명줄 : 허리 이상 위에 설치
 ② 수직구명줄 : 수직 이동 시 안전대를 걸고 이동

3) 건립 중인 구조체 : 앵커·아이볼트 등 부착
4) 전용철물 : 턴버클 와이어클립 셔클 용접철물 등

안전대

안전대 부착설비

4. 설치 시 주의사항

1) 설치 전 지지력 저하 및 이탈 우려 등 사전검토
2) 고정된 2개 지점에 견고하게 고정
3) 턴버클에 긴장기를 걸어 팽팽하게 유지
4) 구명줄은 1인 1가닥 사용을 원칙
5) 보 거치 작업 전 미리 보에 긴결 후 보 거치
6) 철골의 경우 전용지주나 구명줄 설치
7) 지지로프 등에 설치 시 처짐 풀림 방지조치

21 개구부 추락방지설비

1. 개요

1) 개구부는 천정개구부 엘리베이터개구부 등 추락사고 위험이 많은 장소로 안전시설을 해야 한다.

2) 개구부의 시설물로는 안전난간대 수직보호망 개구부덮개 등이 있다.

개구부 안전난간대

2. 분류 [암기] 바벽소대 엘발슬

1) 바닥개구부

① 소형 : 스토퍼 부착, 표지 부착, 10cm 여유부

② 대형 : 표준난간 상부 90cm 중간 45cm, 수직안전망, 경고표지

2) 벽면개구부

① 엘리베이터 : 표준난간 90cm 중간대 45cm, 수직안전망, 경고표지

② 발코니 : 표준난간 90cm 중간대 45cm, 수직안전망, 경고표지

③ Slab : 표준난간 90cm 중간대 45cm, 수직안전망, 경고표지

3. 유의사항

1) 개구부 뚜껑의 밀폐 여부 사용전 점검

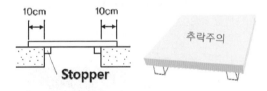

개구부 덮개

2) 임의제거 금지, 부득이 제거 시 작업 후 즉시 원상복구

3) 자재를 기대어 놓는 등 금지

4) 개구부 안전대를 밟고 작업하는 행위 금지

5) 개구부 주변 안전대 시설

6) 조도 : 보통 150Lux, 기타 75Lux

7) 안전난간대 설치가 곤란 시 추락방지망

[참고] **안전가시설(개구부)**

1. 사고원인

1) 개구부 덮개가 파손

2) 개구부주변 접근방지표지 미설치

3) 안전시설 임의해체금지 등 안전작업수칙 미준수

4) 개구부덮개 미설치

5) 개구부 주변에 안전난간 미설치

6) 개구부 덮개에 개구부표지 미설치

7) 개구부 덮개가 미고정로 덮개 탈락

2. 안전대책

1) 개구부 덮개 임의해체 금지

2) 개인보호구 착용 철저

3) 덮개재료 견고한 것 사용

4) 개구부 주변에 접근방지표지

5) 개구부 주변에서 작업 시 안전작업수칙 준수

6) 개구부 덮개 탈락되지 않도록 설치

7) 안전난간대 설치

8) 개구부에 덮개 개구부표지, 위험표지 설치

9) 개구부 덮개 stopper 고정시켜 탈락방지

22 낙하 비래 재해 방지시설

1. 개요

1) 낙하란 자재나 중량물 등의 운반 시 위에서 떨어지거나 다른 곳에서 날아오는 것을 말하며, 현장에서는 구조물 단부 등에 놓인 자재의 낙하, 중량함 혹은 슬링벨트와 샤클 체결 불량으로 이탈되며 날아오는 등의 사고가 빈번하다.

2) 낙하물 방지시설로 낙하물방지망 낙하물방호선반 수직보호망 투하설비 등이 있으며 중량물 인양방법 등의 교육훈련을 통해서 사고 예방을 할 수 있다.

2. 유형

1) 거푸집 조립 해체 시 낙하
2) 고소작업 시 안전난간대에 올려놓은 자재 낙하
3) 작업발판에 구름자재 방치, 바닥자재 정리정돈 중 낙하
4) 인양 중 슬링벨트의 묶음 부적합에 의해 이탈
5) 중량물 인양함 미사용에 의한 낙하
6) 크레인 로프 절단 및 결속 풀려 낙하

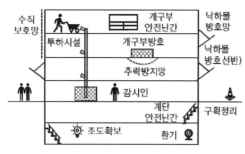

안전시설

3. 원인

1) 높은 곳 쌓인 자재 정리정돈 불량
2) 불안전한 자재의 적재
3) 바닥 폭 간격 등의 구조적인 불량
4) 투하설비 미설치
5) 낙하물방지망 미설치
6) 강재 등 중량물 인양함 미사용, 톤마대로 인양
7) W/R 슬링벨트와 샤클 체결방법 불량
8) 낙하물 발생구역 구획정리 불량, 상하동시작업 한다.

4. 종류 [암기] 낙망반수투 주리통

1) 낙하물방지망 : 재료·공구 등 낙하물을 방지하기 위해 구조물 외벽에 설치

2) 낙하물방호선반 : 낙하물방지망과 유사하나 제일 하부에 충격에 강한 철재 등 재료 사용

3) 수직보호망 : 개구부 난간대 외측에 설치하여 낙하·비산 되는 자재 보호

4) 투하설비 : 작업자 임의로 던져 발생하는 사고를 방지하기 위해 높이 3m 이상 장소 설치

5) 기타

① 주출입구 방호선반 : 근로자 출입이 많은 장소, 중량물 인양에 의한 낙하·비래사고 발생위험 장소

② 건설용리프트 탑승대기장 방호선반 : 리프트 탑승대기장에 방호울과 함께 시설

③ 통행로 방호선반 : 근로자 이동통로 등 낙하 비래 사고로부터 근로자 보호망 무게 10m 당 2.5kg 이상

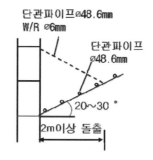

낙하물방지망

낙하물방지망

5. 낙하물방지망 설치기준

1) 첫 단 8m, 둘째 단부터는 첫 단 높이에서 10m
2) 설치각도는 20~30° 유지
3) 비계 외측 2m 이상 돌출
4) 테두리로프는 그물코마다 엮어 단관비계에 긴결, 48.6mm 강관비계 사용
5) 긴결재(철물, 로프) 강도는 100kg 이상
6) 긴결재 단관비계 결속

7) 망의 겹침폭은 15cm, 틈 발생하지 않게 겹침
8) 하부에 근로자, 보행자, 차량 통과 시에는 낙하물 방호선반 설치
9) 3개월 이내 정기점검
10) 주변 용접용단 작업금지

참고 낙하물방지망

1. 사고원인

1) 개인보호구 미착용
2) 안전대 미체결상태 작업
3) 낙하물방지망 설치 중 비계의 벽연결 불량시 붕괴
4) 낙하물방지망이 낙하물을 방호하지 못해 낙하사고
5) 낙하물방지망 설치용 크램프 등이 미검정품
6) 근로자가 안전작업절차 미숙지, 무리하게 작업
7) 낙하물방지망 미설치 시 자재 낙하

2. 안전대책

1) 개인보호구 착용 철저
2) 안전대 체결하고 작업실시
3) 하중에 견딜 수 있도록 비계조립 벽이음긴결
4) 낙하물방지망은 10m 이내 빈틈 없도록 설치
5) 설치용 크램프 등 검정품
6) 작업계획 수립 및 안전작업 절차 이행
7) 안전난간 등 안전시설물 해체 시 승인
8) 낙하물방지망 설치 시 하부 작업금지

참고 투하설비

1. 개요

1) 현장에서 작업자 임의로 자재를 투하하여 낙하·비래에 의한 사고를 방지할 목적으로 설치한다.
2) 투하설비는 3m 이상 자재의 투하 시 지정된 투입구를 설치하여 자재를 투하한다.

2. 종류

1) THP 관 : 400mm 이상
2) PET 섬유 : 고장력 타이어사 500mm
3) 부직포 : 소방호스 제작용 면

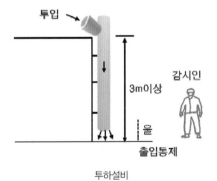

투하설비

3. 설치

1) 이음부 사이로 쓰레기가 튀지 않게 철물로 긴결
2) 투하 시 중량에 의해 구조체에 이탈되지 않도록 긴결
3) 최하단부 방호휀스를 설치하고 출입자 통제
4) 관계자 외 출입금지 표지판 설치
5) 투하 입구에 턱을 두어 낙하방지설비
6) 폐기물 투하 시 감시인 배치

CHAPTER 11

23 낙하물 방호선반

1. 개요

1) 낙하란 자재나 중량물 등의 운반 시 위에서 떨어지거나, 다른 곳에서 날아오는 것을 말한다.
2) 구조물 단부 등에 놓인 자재 낙하, 중량함 혹은 슬링벨트 샤클 체결의 불량으로 이탈되며 자재 낙하
3) 낙하물 방지설비 : 낙하물방지망, 낙하물방호선반, 수직보호망, 투하설비 등

2. 유형

1) 거푸집 조립 해체 시 낙하
2) 안전난간대에 올려놓은 자재의 낙하
3) 구름자재 방치, 바닥자재 정리정돈 중 낙하
4) 인양 시 슬링벨트의 묶음 불량
5) 중량물 인양함 미사용
6) 크레인 로프 절단 및 결속 풀려 낙하

3. 원인

1) 높은 곳 쌓인 자재 정리정돈 불량
2) 불안전한 자재의 적재
3) 바닥 폭 간격 등의 구조적인 불량
4) 투하설비 미설치
5) 낙하물방지망 미설치
6) 강재를 중량물 인양함 미사용, 톤마대로 인양
7) W/R 불량, 슬링벨트 또는 샤클 체결방법 불량
8) 낙하발생 구역 구획정리 불량, 상하동시작업

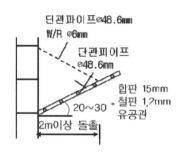

낙하물방호선반

4. 종류 암기 외주리통

1) 외부비계용 방호선반 : 근로자, 제3통행인, 차량 등 외부와 접한 장소
2) 주출입구 방호선반 : 근로자 출입구, 낙하위험이 있는 구조물 단부

3) 인화공용 Lift 주변 방호선반 : 리프트 탑승장
4) 가설통로 상부 방호선반 : 가설재로 만든 통로 상부

5. 설치기준

1) 풍압 진동 충격 등에 이탈되지 않도록
2) 깔판사이 틈새가 없도록
3) 외측 2m 이상 돌출
4) 수평설치 시 방호선반 끝 60cm 난간 설치
5) 경사도 20~30° 유지
6) 첫 단 8m, 둘째단 첫 단 높이 위 10m에 설치

6. 재료

1) 깔판 : 합판두께 15mm 이상, 금속두께 1.2mm 이상 또는 유공관
2) 지지대 : 멍애 장선에 사용되는 단관비계 파이프 사용
3) 연결재 : 강관 48.6mm, Wire Rope 6mm에 사용되는 클램프 혹은 전용철물
4) 지지철선 : #8번 선으로 꼬아 사용

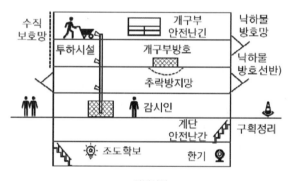

안전시설

24 수직보호망

1. 개요

1) 구조물 단부와 가설구조물 외측에 설치하여 낙하·비래 물체를 방지하기 위한 시설물이다.
2) 방염가공 처리하고 외측에는 금속고리부를 정착하여 강관 등에 결속이 가능하다.

2. 설치방법

1) 수평지지대 수직방향으로 5.5m 이하 설치
2) 수직지지대 수평방향으로 4.0m 이하 설치
3) 난연, 방염 가공된 재료 사용
4) 수직보호망끼리 연결 시 연결고리 부착철물을 부착하고, 동등한 강도 이상의 연결재로 연결, 틈이 발생하지 않도록 설치
5) 지지대 고정 시 망 주위 40cm 이내 간격
6) 연결부위 인장강도는 100kg 이상
7) 긴결재의 인장강도는 100kg 이상, 방청처리
8) 단부 모서리 틈 발생하지 않도록
9) 통기성 적어 최대풍압력에 견딜 수 있도록 보강
10) 1개월 이내 정기점검

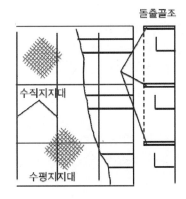

돌출된 골조 수직보호망

3. 유지관리

1) 1개월마다 정기점검
2) 망 금속고리 파손 시 폐기
3) 이물질 제거, 오염물은 세척, 불꽃으로 손상부위 동등한 성능의 망으로 보수
4) 보관방법 : 통풍이 잘되는 곳, 크기 구분, 사용기간 사용이력 등을 고려, 정착부가 금속고리 이외의 것으로 된 수직보호망은 1년마다 발췌하여 성능 검사

참고 **낙하·비래 재해예방 체크리스트**

암기 낙리통상 투정터

1. 낙하물방지망 설치 적정성
2. 리프트승강장 방호선반 설치
3. 통행로 방호선반 설치
4. 상하동시 작업 시 구획정리 및 방호계획 수립
5. 고소 낙하 위험작업 시 방호계획
6. 투하설비
7. 구조물 단부, 개구부 정리정돈 상태
8. 터널 막장의 부석정리 상태

참고 **가설재 개요 작성요령**

1) 붕괴의 Mechanism   암기 침좌전붕

| 침하 | — | 좌굴 | — | 전도 | — | 붕괴 |

2) 지반지지력으로 인해 침하붕괴
3) 연결재 고정상태 철저
4) 지반의 지지력 강화

낙하물방지망/수평보호망

25 가설재 안전성

1. 개요

1) 가설재는 목적물을 설치 후 공사종료 시 해체하는 자재로서 시공성 안전성 경제성이 있어야 한다.
2) 가설재는 사전계획 및 구조검토를 확인하고 시설하여야 하며 전용철물을 사용하여 고정하여 안정성을 확보하여야 한다.

2. 구비조건 [암기] 안작경

1) 안전성
① 붕괴의 Mechanism

| 침하 | 좌굴 | 전도 | 붕괴 |

② 동요 : 유격에 의한 동요, 풍하중에 의한 동요
③ 추락 : 안전난간대 미설치, 작업발판 부실시공
④ 틈 : 작업발판 틈 추락·낙하 사고
⑤ 강도 : 전용철물 외 강도 부족에 의한 좌굴

2) 작업성
① 넓은 발판으로 근로자 행동이 자유롭게 작업
② 넓은 공간 충돌·협착 등 발생하지 않도록 시설
③ 적당한 작업자세로 근골격계 질환 예방

3) 경제성
① 철거가 쉬워 Cost 절감
② 가공이 쉬워 해체·철거 작업이 손쉬울 것
③ 사용 연수가 유용하여 Cost 절감
④ 전용률이 높고 적용성 우수

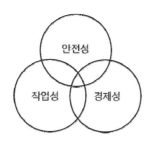

가설재 구비조건

3. 관련업계 문제점

1) 가설재 제조업체의 영세성으로 기술낙후 재질불량 및 불량품 양산
2) 경쟁에 의한 저가공세로 음성적인 비규격품 유통
3) 고품질 회피 및 연구개발 미흡
4) 보관시설의 부재 및 보수시설 부족
5) 시공사의 원가절감 이유로 값싼 자재 요구
6) 대형사의 가설재생산 회피 및 도산

4. 가설재 안전성 확보방안

1) 생산업체, 임대업체
① 검정품 규격품 생산유도로 불량 가설재 사용 금지
② 가설재의 전문화 단순화로 영세성 극복
③ 과다경쟁에 의한 음성적 비규격품 강력 단속
④ 생산회피 보관시설 보수시설에 대한 지원
⑤ 가설협회와 공동으로 연구개발
⑥ 성수기 비수기 재고를 조정하여 가동율 향상

가설재 개선방향

2) 건설업체
① 가설기자재 검정품 사용
② 가설자재로 인한 건설재해 발생 시 하도급 금지
③ 노후된 자재는 폐기처분을 하고 재사용 금지
④ 가설재 설치 해체 전문기능공 양성기관 설치
⑤ 고품질 사용으로 가설재 연구개발 활성화

3) 정부기관(제도적)
① 성능검정규격 건설현장 실정에 맞도록 개정
② 품질인증제도 확대
③ 검정용과 판매용이 다른 모순에 대한 규제
④ 재사용 가설재의 합리적인 사용기준 마련
⑤ 고품질 생산품 사용, 제조업체의 연구개발 지원

4) 기타
① 성수기 및 비수기 가동율 재고
② 지속적인 가설재 연구개발

26 가설구조물 작용하중

1. 개요
1) 가설재는 목적물을 설치하기 위해 설치한 후에 공사종료 시 해체하는 자재로서 시공성 안전성 경제성이 있어야 한다.
2) 가설재를 연결할 때는 사전계획 및 구조검토를 확인하고 시설하여야 하며 전용철물을 사용하여 고정하여야 안정성을 확보할 수 있다.
3) 작용하중에 의한 전도, 도괴, 파괴에 대한 사전 안전성 검토가 필요하다.

2. 가설재 붕괴 Mechanism [암기] 침좌전붕

침하 ─ 좌굴 ─ 전도 ─ 붕괴

3. 구비조건 [암기] 안작경
1) 안전성
① 붕괴 Mechanism : 침하-좌굴-전도-붕괴
② 동요 : 전용철물 미사용 시 유격으로 풍하중 발생 시 동요
③ 추락 : 안전난간대 미설치, 작업발판 부실시공
④ 틈 : 작업발판 틈 혹은 개구부 등에서 추락·낙하 사고
⑤ 강도 : 전용철물 외 사용 시 강도 부족으로 좌굴

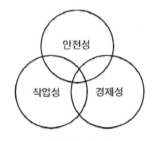

가설재 구비조건

2) 작업성
① 넓은 발판으로 근로자 행동이 자유롭게 작업할 수 있도록 시설
② 넓은 공간에서 충돌 협착 등 발생하지 않도록 시설
③ 적당한 작업자세로 허리 요추 등 근골격계 질환이 발생하지 않도록 시설

3) 경제성
① 철거가 쉬워 Cost 절감
② 가공용이 해체철거 작업이 손쉬울 것
③ 사용 연수가 유용
④ 전용률 높아 활용성 확보
⑤ 적용성 우수하여 적재적소에 시설

4. 작용하중 [암기] 연횡측특 고충작설 지과
1) 연직하중

w = 고정하중+활하중

$\quad$ = $rt+0.4kN/m^2+2.5kN/m^2 \geq 5.0kN/m^2$

r : 콘크리트단위중량

t : 슬라브두께(m)

① 고정하중(DL) : 콘크리트, 철근, 가설물 중량 등
 – 보통콘크리트단위중량 r = 24kN/m³
 – 거푸집중량 최소 0.4kN/m³
② 활하중(LL) : 작업원, 경량장비하중, 타설자재 공구 등 작업하중 및 충격하중
 – 단위면적당 최소 2.5kN/m²
 – 전동타설장비 3.75kN/m²
 – 슬라브t=0.5m 이상 시 3.5kN/m², t=1.0m 이상 시 5.0kN/m² 적용
③ 고정하중 및 활하중 조합(DL + LL)의 최소치 적용치 : 최소 5.0kN/m² 이상 적용
④ 적설하중 : 지역별 적용

2) 수평하중(HL 횡하중)
① 타설시 충격, 시공오차 등에 의한 최소의 수평하중 고려(풍하중보다 큰값)
② 고정하중의 2% 이상 또는 종바리 상단의 수평방향 길이당 1.5kN/m 보다 큰값 적용
③ 벽체거푸집에 작용하는 수평하중은 수직 투영 면적당 0.5kN/m² 적용
④ 횡경사에 의한 수평하중 고려

3) 측벽하중(측압)
① 굳지 않은 콘크리트 측압 고려
② 재료, 배합 타설속도, 타설 높이, 다짐방법, 타설시의 온도 등 검토

4) 풍하중
가설구조물의 설계풍하중 Wf = pf · A
$\quad$ Wf : 설계풍하중(kN)
$\quad$ pf=qz · Gf · Cf : 가설구조물의 설계풍력(kN/m²)
$\quad$ A : 작용면의 외곽 전면적(m²)

5) 특수하중
콘크리트 비대칭 타설시 편심하중, 경사거푸집 수직 수평분력, 콘크리트 내부매설물 양압력, 크레인 등 장비하중, 외부진동다짐 등 영향 고려

27 온도·하중에 의한 고층 가설 비계의 붕괴

1. 개요

1) 가설재 설치 시 온도변화에 따른 강재의 선팽창 계수 변화의 결과 가설재의 결속부 이탈에 따른 붕괴위험을 초래하는 바, 기후변화에 따른 안전성 검토는 필수적이고 사전계획을 수립하여야 한다.

2) 가설재의 구비조건은 안전성 작업성 경제성이다.

2. 가설재의 구비조건 [암기] 안작경

1) 안전성 : 구조체로서 강도 및 안전성 확보
2) 작업성 : 원활한 작업을 위한 작업공간 확보
3) 경제성 : 조립 해체 원활, 전용성이 높을 것

3. 가설재의 특징 [암기] 연결불정문

1) 수평재 등 연결재가 적은 구조
2) 부재결합이 간단하여 불안전한 결합
3) 구조물로서 통상적 개념이 확고하지 않은 구조물
4) 불안전 결합 조립 시 정밀도 적어 전도위험
5) 임의시설로 구조적인 문제점 발생

4. 온도에 의한 변형

1) 가설재의 연결부 및 접속부의 변형
2) 신축팽창에 따른 연결재 분리이탈
3) 지반의 기온변화에 따른 강재의 변형
4) 강재의 선팽창계수에 따른 비계의 변위 변형

5. 작용하중 [암기] 연횡측특 고충작설 지과

1) 연직하중

w = 고정하중+활하중

$= rt + 0.4kN/㎡ + 2.5kN/㎡ \geq 5.0kN/㎡$

r : 콘크리트단위중량

t : 슬라브두께(m)

① 고정하중(DL) : 콘크리트, 철근, 가설물 중량 등
  - 보통콘크리트단위중량 r = 24kN/㎥
  - 거푸집중량 최소 0.4kN/㎥
② 활하중(LL) : 작업원, 경량장비하중, 타설자재 공구 등 작업하중 및 충격하중
  - 단위면적당 최소 2.5kN/㎡
  - 전동타설장비 3.75kN/㎡
  - 슬라브t=0.5m 이상 시 3.5kN/㎡, t=1.0m 이상 시 5.0kN/㎡ 적용

③ 고정하중 및 활하중 조합(DL + LL)의 최소치 적용치 : 최소 5.0kN/㎡ 이상 적용
④ 적설하중 : 지역별 적용

2) 수평하중(HL 횡하중)

① 타설시 충격, 시공오차 등에 의한 최소의 수평하중 고려(풍하중보다 큰값)
② 고정하중의 2% 이상 또는 종바리 상단의 수평방향 길이당 1.5kN/m 보다 큰값 적용
③ 벽체거푸집에 작용하는 수평하중은 수직 투영면적당 0.5kN/㎡ 적용
④ 횡경사에 의한 수평하중 고려

3) 측벽하중(측압)

① 굳지 않은 콘크리트 측압 고려
② 재료, 배합 타설속도, 타설 높이, 다짐방법, 타설시의 온도 등 검토

4) 풍하중

가설구조물의 설계풍하중 $Wf = pf \cdot A$

Wf : 설계풍하중(kN)

$pf = qz \cdot Gf \cdot Cf$: 가설구조물의 설계풍력(kN/㎡)

A : 작용면의 외곽 전면적(㎡)

5) 특수하중

콘크리트 비대칭 타설시 편심하중, 경사거푸집 수직 수평분력, 콘크리트 내부매설물 양압력, 크레인 등 장비하중, 외부진동다짐 등 영향 고려

6. 방지대책

1) 가설재 설계 시 강재 선팽창계수를 고려
2) 설계 시 주변기온 최대치·최소치 고려
3) 비계의 결속상태 확인
4) 작업 전 비계 점검보수
5) 악천후 이후 유지보수 및 보강 후 작업

28 바람이 가설구조물에 미치는 영향

1. 개요

가설물에 풍하중 작용 시 진동에 의한 가설재의 이탈로 침하 - 좌굴 - 전도 - 붕괴의 메카니즘에 의한 붕괴를 일으키므로 사전계획 및 풍하중에 따른 사전영향성 검토를 하여야 한다.

2. 거동요소 암기 일급한

1) 일상적인 요소
 ① 일정 간격 한 방향으로 부는 바람
 ② 자재 등 사용상태에 따른 바람
 ③ 양력 및 비틀림모멘트 발생

2) 급변적인 요소
 ① 양측 아래에서 위로 맞바람이 소용돌이 발생
 ② 아래에서 상향으로 직각방향 작용 압력상승
 ③ 풍압력의 변화에 상호작용으로 진동 발생

3) 한계상태 : 일상적인 요소와 급변적 요소가 작용 시 발생

3. 영향

$F = P \cdot Q \cdot V$
 P : 공기밀도
 Q : 풍량
 V : 속도

1) 도괴
 ① 비계 외측에 수직보호망 설치 시
 ② 구조체에 비해 빨리 가설재 설치 시

2) 좌굴
 ① 구조물의 층고가 높을 시
 ② 면적 넓은 콘크리트 타설 시
 ③ 벽이음재의 연결수가 적을 시
 ④ 거푸집 동바리 결속상태 불량 시

3) 손상
 ① 가설재의 연결재의 긴결 상태 불량 시
 ② 연결재료 파손 시 연결부 유동발생
 ③ 전용철물 미사용 시

4. 대책

1) 예보에 강풍예상 시 수직보호망 해체
2) 결속부위 전용철물로 단단히 고정
3) 악천후 시 작업중지

4) 악천후 이후 점검보수 후 작업개시
5) 개구부를 가진 트러스 단면이 유리
6) 브레이싱 상자형 구조로 비틀림 강성 증대
7) 유선형으로 공기 흐름에 대비
8) 강풍 시 사전대비하여 결속보강
9) 과대풍압 시 통풍구 설치, 휀스 일시 해체
10) 작업발판 전용철물로 결속
11) 옥상가설재 재료 결속 철저 혹은 하역
12) 강풍에 파손되지 않도록 낙하물 고정
13) 주변 자재 정리정돈

가설재 벽이음재

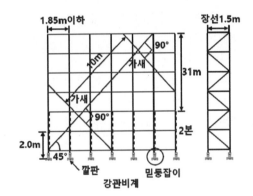

29 전기재해

1. 개요

1) 감전재해는 인체에 전류가 통해 발생되는 재해
   이며 통상 전류에 따른 증상은 15~50mA에서
   강렬한 경련을 일으킨다.
2) 전기가 점화원이 되는 재해는 화재폭발이다.

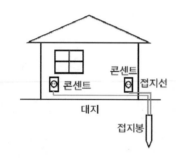

접지

2. 유형

1) 배선불량 및 습윤상태로 물에 접촉
2) 정전기 폭발
3) 감전에 의한 추락사고
4) 교류 ARC 용접기 사용 중 감전사고
5) 장비 붐대 또는 적재함이 가공선로에 접촉
6) 젖은 장소 양수기 사용 시 감전사고

3. 원인 암기 가임이정낙감

1) 가공선로
   ① 철재류의 가공선로에 접촉
   ② 장비작업 전 가공선로 보호조치 불량 시
2) 임시배선
   ① 콘센트 접속부 파손
   ② 전선줄 파단
3) 이동식 기구
   ① 전기드릴과 펌프 접속부 노출
   ② 누전차단기 연결상태 불량
   ③ 교류아크용접기 전격방지기 미설치
4) 정전기 방전에 의한 화재폭발
5) 낙뢰에 의한 감전사고 암기 보접피가

4. 방지대책

1) 가공선로 주변 방호조치
2) 임시배선
   ① 전기 사용 전 피복과 케이블 점검
   ② 분전반·배전반 잠금장치 체결

누전차단기   자동전격방지기

3) 이동식 전기 기계·기구
   ① 충격보호망 설치
   ② 교류아크용접기, 누전차단기, 자동전격방지기
4) 건설기계
   ① 사용 전 사전계획
   ② 가공선로 이격 2~7m, 7,000~22,000V
5) 분전반배전반
   ① 임시배전반 설치하여 사용
   ② 분전반 접지
   ③ 누전차단기 설치
6) 정전기 화재폭발
   ① 분전반 접지
   ② 전기작업 시 대전방지 복장착용
   ③ 누전차단기 설치
   ④ 소화기 설치
7) 낙뢰 : 피뢰침 설치 암기 보접피가
8) 접지실시 : 3종 접지저항 10 이하

5. 응급조치 암기 감전 시, 전기화상 시

1) 감전 : 인공호흡 시 1분 내 95% 소생
2) 전기화상 사고 시
   ① 물 소화용 담요를 사용하여 소화
   ② 화상용 붕대 사용하여 응급조치

<table>
<tr><td>참고</td><td>가설전기 충전부</td></tr>
</table>

1. 사고원인

1) 절연장갑 등 미착용 작업
2) 고압선충전부에 근접 시 절연복 미착용
3) 고압선에 접근한계거리를 유지 불량
4) 전선의 접속부절연 부족으로 접촉 감전
5) 충전부에 보호판 등 접촉방지 미조치
6) 용접기, 가설전선 충전부에 테이핑 등 절연조치 불량
7) 고압선 근접작업 시 절연기구 사용상태 불량

2. 안전대책

1) 가설전선, 용접기 등 충전부 절연조치, 절연장갑 등 개인보호구 착용 철저
2) 고압선충전부 근접작업 시에는 절연복 등 착용하고 활선작업대차 사용
3) 고압선충전부에 근접작업 시 접근한계 거리유지
4) 전선의 접속부는 절연조치 철저
5) 용접기 가설전선 등 충전부에 테이핑 절연조치 철저
6) 발전기, 교류아크용접기, 분전함 등 충전부에는 보호판, 보호캡 등 방호조치 실시
7) 고압선충전부 근접작업 시 절연기구 사용

<table>
<tr><td>참고</td><td>가설전기 접지</td></tr>
</table>

1. 사고원인

1) 절연장갑 등 미착용상태 접지선 연결작업
2) 접지단자에 접지선이 탈락된 상태로 기계사용
3) 접지선을 규정품으로 미사용
4) 접지봉을 수분이 많고 산류 등이 있는 장소에서 접지 성능 저하
5) 철재분전함외함, 전동기계기구 외함접지 미실시
6) 주기적인 접지상태점검 미실시 접지탈락된 상태로 작업
7) 접지 미실시 상태 전기기계기구 사용

접지

2. 안전대책

1) 절연장갑 등 개인보호구 착용
2) 접지선을 견고하게 체결
3) 접지선은 녹색피복을 한 규정품 사용
4) 접지봉 설치장소는 습기가 없고 부식의 우려가 없는 장소에 설치
5) 철재분전함에 의한 전동기계기구 외함에 접지실시
6) 주기적으로 접지상태점검(3종접지 100 이하)
7) 콘센트 또는 인출전선에 접지선 연결

<table>
<tr><td>참고</td><td>이동식 전기기계기구</td></tr>
</table>

1. 사고원인

1) 보안경 등 미착용
2) 주기적인 점검 미실시
3) 고속회전 시 이상음을 무시하고 작업중 톱날 비산
4) 작업장주변 정리정돈 미실시
5) 전선피복 벗겨짐, 충전부가 노출된 상태로 작업
6) 콘센트, 플러그 등이 파손된 상태 사용
7) 누전차단기가 미설치, 접지 미실시
8) 전기기계기구 조작스위치 이상
9) 작업 중 톱날, 덮개 등 부품 고정 불량
10) 톱날접촉방지장치가 미설치

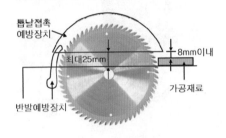

목재가공용 둥근톱

2. 안전대책

1) 보안경 등 개인보호구 착용 철저
2) 주기적으로 점검, 접지 등 이상유무, 누전차단기 동작유무 등 점검
3) 고속회전 동작중 이상음 발견 시 중지 및 점검
4) 작업장주변은 정리정돈 실시
5) 전선의 피복손상, 충전부노출된 것 절연조치
6) 콘센트, 플러그 등은 파손 즉시 교체
7) 누전차단기 설치, 접지실시하여 전기 기계기구사용, 또는 이중절연구조의 제품사용
8) 전기기계기구의 조작스위치 등은 고장유무를 확인하여 이상동작하지 않도록 조치
9) 톱날, 덮개 등 전기기계기구부품은 탈락되지 않도록 견고하게 고정하여 사용
10) 톱날 등 회전부에는 접촉방지장치(덮개 등) 설치하여 사용

<table>
<tr><td>참고</td><td>교류아크용접기</td></tr>
</table>

1. 사고원인

1) 차광보안면, 용접용장갑 등 미착용, 용접 중 화상
2) 용접작업 중 신체가 모재 또는 접지측과 용접봉의 홀더에 접촉
3) 용접기외함에 접지 미실시
4) 용접기충전부가 절연조치 불량
5) 용접기사용하지 않을 때 전원차단 미실시
6) 자동전격방지기 미설치로 접지측과 용접기홀더측에 접촉되어 감전
7) 용접기홀더가 파손되어 절연되지 않은 곳에 접촉되어 감전

2. 안전대책

1) 차광보안면, 용접용장갑, 용접앞치마 등 착용철저
2) 작업 전 감전재해예방 교육실시
3) 용접작업 시 모재 또는 접지측과 용접봉홀더측에 접촉되지 않도록 하고 개인보호구 착용 철저, 자동전격방지기 설치
4) 용접기외함은 누전에 따른 감전재해예방 위해 접지실시
5) 용접기충전부는 절연테이핑 등으로 절연조치 실시
6) 용접기 사용하지 않을 때 전원차단
7) 자동전격방지기 설치하여 무부하시 25V 이하로 유지
8) 파손된 용접봉홀더는 즉시 교체, 절연성 유지

누전차단기   자동전격방지기

30 양중기 분류

1. 양중기   암기 크리곤승 고이데 건간 가본 승인화에

크레인	고정식 크레인	타워	설치	고정식
				이동식
			Climb	Mast
				Base
			Jib	수평
				경사
		지브		
		호이스트		
	이동식 크레인	트럭		
		크롤러		
		유압식		
	데릭	가이데릭		
		삼각데릭		
		Gin Pole		
리프트	건설용 리프트			
	간이용 리프트			
곤돌라	가설식 곤돌라			
	본설식 곤돌라			
승강기	승용			
	인화용			
	화물용			
	에스컬레이터			

2. 크레인

암기 고이데 타지호 트크유 가삼진 설클집 고이 마베 수경

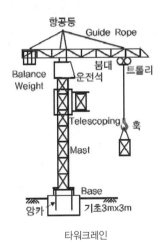

타워크레인

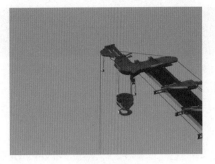

크레인 안전장치

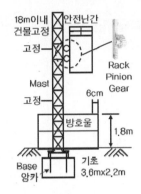

건설용 리프트

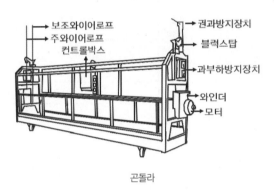

곤돌라

31 크레인

1. 개요

1) 동력을 이용하여 중량물을 상하좌우로 운반하는 양중기계
2) 종류에는 고정식, 이동식, 데릭이 있다.

2. 크레인 분류

암기 고이데 타지호 트크유 가삼진 설클집 고이 마베 수경

크레인	고정식 크레인	타워	설치	고정식
				이동식
			Climb	Mast
				Base
			Jib	수평
				경사
	지브			
	호이스트			
	이동식 크레인	트럭		
		크롤러		
		유압식		
	데릭	가이데릭		
		삼각데릭		
		Gin Pole		

3. 고정식 크레인

1) 타워 크레인
   ① 밀접 된 공간 상하좌우 물체이동
   ② 종류 : 고정식, 이동식, 데릭
2) 지브크레인
   ① 지브 선단에 화물을 매달아 운반
   ② 레일 위를 주행, 주행식 고정식
3) 호이스트2개의 주행 레일을 이용 화물 운반

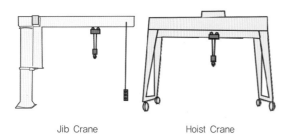

Jib Crane   Hoist Crane

4. 이동식 크레인

1) 트럭크레인
   ① 트럭에 크레인을 결합시킴
   ② 이동성이 우수, 아웃리거 거치 안전성 확보
2) 크롤러 크레인
   ① 무한궤도를 달아 주행, 기동성 저하
   ② 안전성이 우수, 연약지반 주행 가능
3) 유압식 크레인
   ① 유압식으로 작업 안전성 우수
   ② 이동성이 우수, 아웃리거 거치 안전성 확보

5. 데릭

1) 가이데릭
   ① 360° 회전 가능, 붐의 기복회전으로 운반
   ② 철골조립작업 항만하역 등에 사용
2) 삼각데릭
   ① 270° 회전 가능, 철골공사 등에 사용
   ② 주기둥과 버팀다리 하부를 삼각형 틀에 연결 고정, 크람셀 버킷 기초터파기 화물운반
3) Gin Pole
   ① 공장 등 경미한 중량물을 들어 올리는 설비
   ② 1개의 통나무나 강제의 기둥을 수직으로 세우고 정상부에 체인블록을 부착

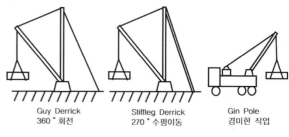

Guy Derrick   Stiffleg Derrick   Gin Pole
360° 회전   270° 수평이동   경미한 작업

건립용기계 Derrick

32 타워크레인 분류

1. 개요

1) 대도시의 고층화 대형화 복잡화의 추세로 대형 양중시설이 필요하며 타워크레인을 많이 사용하고 있다.
2) 작업범위가 넓고 건축물 근접작업 가능하여 대도시의 밀집된 고층건물 건설 시 사용한다.

2. 설치방식 분류 [암기] 고이

1) 고정식
① 고정식 기초에 많이 사용
② 마스터 본체에 연결
③ 비용이 저렴하고 가장 많이 사용

2) 이동식
① 레일 혹은 무한궤도 등을 이용
② 작업반경을 최소화하여 작업

3. Climbing 방식 분류 [암기] Ma Ba

1) Mast Climbing
① 기초에 Base를 고정 사용
② 구조물 상향 시 Mast를 연속연결 상향이동

2) Base ClimbingBase를 구조물 본체를 상부로 올려 크레인 본체와 Mast를 함께 상승

타워크레인

4. Jib 작동방식 분류 [암기] 수경

1) 수평형 타워크레인
① 트롤리가 앞뒤로 이동 작업반경 조절
② 소형크레인에 사용

2) 경사형 타워크레인
① 경사형 Jib 조절로 작업반경 조절
② 도심지 공사에 사용, 선회 시 공사구역 외 침범을 방지

크레인	고정식 크레인	타워	설치	고정식
				이동식
			Climb	Mast
				Base
			Jib	수평
				경사
		지브		
		호이스트		
	이동식 크레인	트럭		
		크롤러		
		유압식		
	데릭	가이데릭		
		삼각데릭		
		Gin Pole		

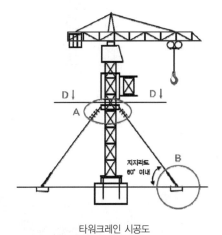

타워크레인 시공도

번호	품명	수량	비고
1	와이어로프 지지전용 프레임	1	
2	기초고정블럭	4	
3	샤클	8	
4	유압식 긴장장치	4	
5	와이어로프클립	40	1개소당 최소 5개 이상
6	와이어로프	4	

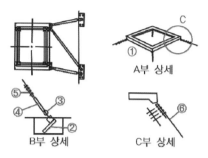

연결부 상세도

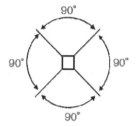

와이어로프 지지고정

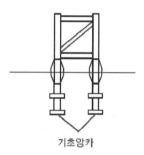

타워크레인 기초앙카 구조도

트롤리

타워크레인 Weight Balance

타워크레인 기초시공

타워크레인 설치해체시 출입통제

33 타워크레인 조립·해체

1. 개요

1) 타워크레인 조립·해체 작업은 고소작업 중량물 작업 양중걸이 작업 등이며 사전계획으로 추락 낙하 협착 붕괴 등의 재해를 예방하여야 한다.

2) 조립·해체 전에 지반의 지내력을 검토하고 크레인의 구조검토 및 이동 시 지장물 등의 제반사항 등을 사전검토하여야 한다.

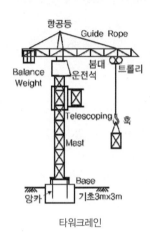

타워크레인

2. 조립, 해체 전

1) 작업순서 및 작업분담 사전계획
2) 크레인 위치, 지내력, 줄걸이, 안전보호구 확인
3) 작업구간 구획정리 출입통제
4) 작업반경 내 낙하비래 방지조치
5) 신호체계 작업자 간 공유 및 교육
6) 작업근로자 추락방지 조치

3. 조립, 해체 시

1) 안전담당자 지정배치
2) 작업순서 결정
3) 구획설정 및 출입금지 조치
4) 악천후 시 작업중지
5) 지반지내력 확인 및 아웃리거 설치
6) 조립용 볼트 규격품 사용
7) 인양 시 좌우 균형 유지
8) 자재 공구 인양 시 달줄 달포대 사용
9) 상하동시작업 시 유도자 신호준수
10) 안전보호구 안전대 착용
11) 안전난간 안전대 설치하여 추락사고 예방

크레인	고정식 크레인	타워	설치	고정식
				이동식
			Climb	Mast
				Base
			Jib	수평
				경사
		지브		
		호이스트		
	이동식 크레인	트럭		
		크롤러		
		유압식		
	데릭	가이데릭		
		삼각데릭		
		Gin Pole		

4. Tower Crane 텔레스코핑 순서 [암기] 조권슬필Ca접

```
조립된        권상된 Mast      슬루잉유니트상부
Mast 권상  →  모노레일안착  →  Mast고정핀
                                    │
 ┌──────────────────────────────────┘
 ↓
필요한        Cage            접촉부
개수 상승  →  밀어 넣음   →   밀착
```

텔레스코핑

안전대 이탈방지장치 작업전후 지속적인 확인

설치해체시 안전고리 이탈관리

CHAPTER 11

34 타워크레인 안전검사

1. 개요

건설기계 소유자는 그 건설기계에 대하여 국토교통부령으로 정하는 바에 따라 국토교통부 장관이 시행하는 검사를 받아야 한다.

2. 대상

1) 건설현장에 설치된 타워크레인
2) 제조현장의 타워크레인은 산업안전보건법에 따른 안전인증(0.5t 이상) 및 안전검사(2t 이상)를 받아야 함.

3. 검사의 종류

1) 신규등록검사 : 신규등록 시 검사 최초 1회
2) 정기검사 : 신규등록검사 후 6개월마다
3) 구조변경검사 : 구조를 변경 개조한 경우
4) 수시검사 : 성능불량 및 사고발생 타워크레인 성능점검 검사

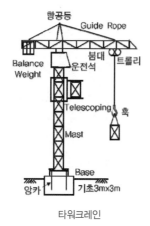

타워크레인

4. 안전검토 [암기] 기마평붐와방

1) 기초
① 기초판 크기 2m×2m 혹은 3m×3m, 기초판 두께 1.5m 이상, 고정앙카볼트 최소 1.1m 이상 근입
② 상부하중을 지지할 수 있도록 시공
③ 기초상부 수평유지

2) 마스트
① 수직도 1/1000 유지
② 회전체 전용 King Pin 체결
③ 유압잭 기름 누유 등 안전상태 확인
④ 마스트 견고히 지지
⑤ 앙카볼트 벽에 견고히 고정, 와이어로프 지면 견고히 고정

3) 평행추 : 좌우 무게중심 확인하며 설치
4) Boom : 용접금지 및 취성파괴 방지
5) Wire Rope
① 용량초과 양중금지
② Kink 비틀림 사전점검
③ 변형 손상 부식 확인

6) 방호장치 사전점검 : 과부하방지장치, 권과방지장치, 비상스위치, 선회제한스위치, 충돌방지스위치

5. 검사항목(체크리스트) [암기] 강기와전

1) 강구조
① 강재부재 연결재 용접부위 침투탐상검사
② 연결재 볼트너트 크랙검사

2) 기계
① 소음 진동 검사
② 발열 기름 누유 검사

3) 와이어로프
① 흠집 Kink 감김 상태 점검
② 안전율 확인

4) 전기점검
① 케이블 절연피복 손상상태
② 과부하방지장치 권과방지장치 작동상태

[참고] 타워크레인 사고원인(시사성)

1. 원인

1) 중국산 : 중고부품 수입
2) 노후화 : 20년 이상 21% 수입
3) 연식 위조 : 제작 일자

2. 대책

1) 정품인증, 정품감식
2) 텔레스코핑 실린더 전수조사
3) 안전점검
4) 제도 실행
5) 관련법개정

35 타워크레인 재해유형

1. 타워크레인 재해유형

1) 본체 전도
 ① 기초강도 부족으로 전도
 ② 정격하중 이상의 과부하
 ③ 마스트 강도 부족으로 전도

2) Boom 절손
 ① 장애물 상호 간 충돌
 ② 정격하중 이상의 과부하
 ③ 과하중에 의한 Wire Rope의 절단

3) 크레인 본체
 ① 권상용 승강용 Wire Rope 절단
 ② 로프 End Clip 과 Joint 핀 이탈
 ③ 유압잭 불량

4) 자재 낙하
 ① 권상용 Wire Rope 절단
 ② 줄걸이 인양방법 잘못으로 자재 낙하

5) 기타
 ① 폭풍 시 자유선회장치 불량
 ② 낙뢰로 Boom대 파단

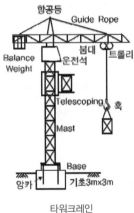

타워크레인

2. 안전대책 　암기　과권브클 훅자이

1) 과부하방지장치 : 정격하중 이상 경보기 작동
2) 권과방지장치 : 일정한도 W/R 감기면 정지
3) 브레이크장치 : 작동 시 중지, 비상 시 정지
4) 클러치 작동상태 확인
5) Hook 해지 장치, Wire Rope 이탈 여부 점검
6) 자유선회장치 작동상태 확인
7) 이탈방지장치 작동상태 확인
8) 충돌 방지 : 음파·전파로 장애물 접근 시 멈춤

9) 안전밸브 작동, 압력상승체계 작동 여부
10) 순간풍속 30m/sec 초과 시 이탈방지장치 작동
11) 순간풍속 30m/sec 초과 시, 중진 이상 지진 후 부위별 이상 유무

타워크레인 회전시 충돌주의

12) 기타
 ① 피뢰침, 항공장치
 ② 운전원 정기교육, 운전면허
 ③ Jib 경사각, 근로자 운반, 적재물 탑승
 ④ 설비인양화물 밑 근로자, 깔목 밑받침목
 ⑤ 가공선로 보호상태 확인
 ⑥ 유도로프 4~5m
 ⑦ 운전석 이탈 금지
 ⑧ Wire Rope Kink
 ⑨ 작업종료 후 동력차단 및 출입금지
 ⑩ 정기점검
 ⑪ 악천후 시 작업중지

설치해체시 안전고리 이탈관리

36 크레인 중량물 달기

1. 개요

1) 중량물 인양 시 매달기 방법 결속방법 운전원과 신호수의 신호체계 등 준수하여 작업한다.
2) 중량물 달기방법에는 외줄달기·휘말아달기·매달기 기구사용달기·주머니달기 등이 있다.

2. 중량물 달기 방법 [암기] 외휘매주

1) 외줄달기 : 한 줄 거는 방법, 원칙은 금지
2) 휘말아달기 : 로프를 한 바퀴 휘말아서 이탈방지
3) 매달기기구사용달기 : 특수형 기구에 매달기 기구가 있어 결속하여 인양
4) 주머니달기 : 단단한 주머니에 파이프 등을 넣어 이탈되지 않게 감고 인양

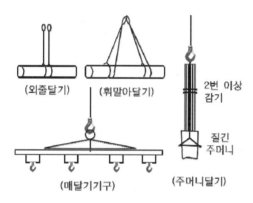

중량물 매달기

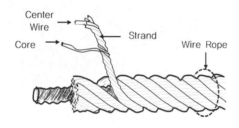

6 X 24 X 1WRC X B X 20mm

Wire Rope 구성

3. Wire Rope 및 클립의 체결방법

1) 부적격 Wire Rope [암기] 이소공꼬심10 7일
 ① 이음매가 있는 것
 ② W/R 한 가닥 소선수가 10% 이상 절단
 ③ 지름의 감소가 공칭지름의 7%를 초과
 ④ 꼬인 것
 ⑤ 심한 변형, 부식된 것

2) Clip 체결방법
 ① 클립 넓은 면이 주선, U자 부분이 보조선
 ② W/R 지름과 Clip 간격 [암기] 9 16 22 24

W/R 지름	Clip 수	Clip 간격
9~16mm	4	80mm
16mm	5	110mm
22mm	5	130mm
24mm	5	150mm

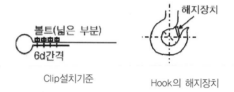

Clip설치기준 　　　Hook의 해지장치

4. 훅에 슬링벨트를 거는 방법

1) 훅의 중심에 걸을 것
2) 훅의 안전하중에 변화를 고려
3) 훅에 해지장치가 달린 것 사용
4) 입구 벌어진 훅 가열 보수하여 사용금지

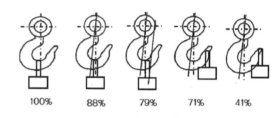

Hook의 안전하중 변화

5. 인상각도에 따라 Wire Rope에 걸리는 하중

1) 인상각도는 60° 이내가 적당
2) 인상각도를 90°를 초과하면 불안전

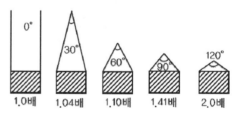

인상각도와 와이어로프 장력의 상관관계

6. 인양 시 안전조치

1) 훅 해지장치 사용
2) 정격하중 초과 시 경보장치 작동
3) 작업반경 내 관계자 외 출입금지
4) 연약지반 깔목 깔판 철판 침하방지 조치
5) 운전원과 신호수의 정해진 신호규정

6) 유도로프 사용 인양화물 요동하지 않도록
7) W/R 변형 손상된 것을 사용금지
8) 인양화물 하부 근로자 임의 출입금지

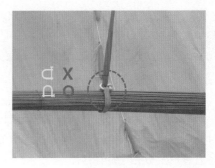
샤클 줄걸이

크레인 Hook

참고 **슬링벨트(섬유로프)**

1. 사고원인

1) 사전점검 등 미실시, 필증 미부착
2) 슬링벨트 폐기기준(고리/봉제부/몸체부) 사용
3) 장기 외부방치로 강도저하
4) 뒤틀린 상태로 결속
5) 각진 강제에 사용 시 덧댐 감기 미실시로 파단
6) 날카로운 철물 자재 양중 시 보호대 미사용
7) 5톤 이상 중량물 인양금지

2. 안전대책

1) 관리감독자 지휘하에 작업 실시
2) 사용가능 점검 필증부착
3) 사용 전 로프의 손상 상태 확인
4) 슬링벨트폐기기준 현장규정 이행
5) 지정된 건조한 함에 보관
6) 인양로프와 규격 및 줄걸이 규정 이행
7) 변질 및 부패 상태 확인
8) 오염 및 부식 상태 수시 확인

참고 **슬링벨트 폐기기준**

1) 봉제선 풀어진 길이가 벨트 폭보다 큰 경우
2) 봉제선 풀어진 길이가 봉재부 길이의 20%를 넘는 경우
3) 표면이 털모양으로 일어난 경우
4) 아이 부위 봉제선이 풀어진 경우
5) 폭의 1/10, 또는 두께의 1/5에 상당하는 잘린 흠, 긁힌 흠이 있는 경우

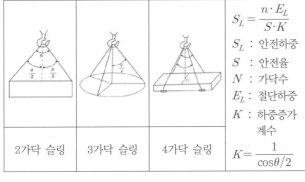

| 2가닥 슬링 | 3가닥 슬링 | 4가닥 슬링 |

$$S_L = \frac{n \cdot E_L}{S \cdot K}$$

S_L : 안전하중
S : 안전율
N : 가닥수
E_L : 절단하중
K : 하중증가계수

$$K = \frac{1}{\cos\theta/2}$$

슬링장력과 안전하중

37 리프트

1. 개요

1) 리프트란 동력을 사용하여 가이드레일을 따라 상하로 움직이는 운반구를 매달아 사람이나 화물을 운반할 수 있는 설비이다.

2) 리프트 설치 시 제작기준 안전기준 조립순서 등을 확인하고 장애물이 있는 공간에 설치를 금지한다.

2. 재해유형

1) 안전장치 미작동, 추락, 과상승
2) 가이드롤러 파손, 운반구 이탈
3) 랙 & 피니언기어 마모, 정격하중 초과
4) 마스트 고정볼트 풀림, 변형 붕괴
5) 운반구 탑승장 이격거리, 협착 추락
6) 마스트 연결작업 시 추락
7) 머리 내밀다 협착

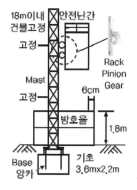

건설용 리프트

3. 분류

1) 건설용리프트
 ① 화물용 : 화물운반
 ② 인화공용 : 인력운반 및 화물운반
 ③ 동력전달방식 : 와이어로프 및 Rack 기어 & Pinion 기어

2) 간이리프트 : 소형전용으로 사용

4. 구성 [암기] 운마구

1) 운반구
 ① 마스트에 레일을 달아 Cage 부착하여 운반
 ② 출입문이 개방된 상태로 운행 금지
 ③ 설치 해체 시 안전난간대 설치 안전대 착용
 ④ 운반구 상부 보호천정 설치
 ⑤ 풍하중에 의한 영향이 최소화되도록 설계

2) 마스트
 ① 상·하 이동하는 가이드
 ② 마스트 중간부위를 구조체에 견고하게 고정
 ③ 허용응력에 견딜 수 있는 강성유지
 ④ 가새를 설치하여 뒤틀림 등에 저항

3) 구동부
 ① 자체하중 및 적재하중 운반 가능한 등급
 ② 사용 전 이상발열 소음 누유 등 점검
 ③ 제동장치 감속기 등 낙하방지장치 설치

5. 설치조립 시 안전대책

1) 기초콘크리트
 ① 리프트 자중 및 양중하중에 견디는 구조
 ② 기초콘크리트 타설 시 완충장치 앵커 매립
 ③ 기초판 가로3.6m×세로2.2m×높이0.3m
 ④ 기초프레임 4개소 이상 고정, 수직 수평 유지
 ⑤ 바닥콘크리트는 수평유지

2) 마스트
 ① 수직도 1/1000 준수
 ② 볼트 너트 부식 없는 것
 ③ 마스트에 18m 이내 고정, 최상부 반드시 고정
 ④ 허용응력에 견딜 수 있는 강도유지
 ⑤ 뒤틀림을 방지하기 위해 가새 설치
 ⑥ 여름철 고온 열변형에 유의

3) 운반구
 ① 마스트 균형유지
 ② 출입문 개방상태에서 작동금지
 ③ 상부작업 시 안전난간대 설치
 ④ 운반구 상부 친정설치
 ⑤ 슬라브와 발판 틈 사이 6cm 이하
 ⑥ 과부하 시 경고 등 작동

4) 방호울
 ① 주변 1m 이내 높이 1.8m 이상 방호울 설치
 ② 기성제품 or 파이프로 설치
 ③ 방호문에 잠금장치 설치
 ④ 중량물 초과 금지, 안전표지판 설치

6. 사용 시 유의사항

1) 전담운전원 배치, 임의작동 금지, 신호규정
2) 정기검사표 작성 관리
3) 적재 초과 금지, 안전수칙 교육, 사용제한
4) 권과방지장치 작동 여부 확인 및 과부하 제한
5) 출입금지 제한조치
6) Pit 청소 시 안전조치
7) 운반구 주행로상 정지금지
8) 폭풍 시 이상 유무 30m/sec
9) 중진 이상 지진 후 이상 유무 점검 시행

7. 조립·해체 시 조치 `암기` 담보불내 출악점고 상달전정

1) 안전담당자 배치
2) 안전보호구 착용 철저
3) 안전보호구 불량품 제거
4) TBM 시 당일 작업내용 주지
5) 구획설정 및 출입금지
6) 악천후 시 작업중지 `암기` 일철 풍우설진
   ① 거푸집·철골 작업금지, 양중기 조립·해체 작업 금지, 높이 2m 이상 작업금지
   ② 일상작업

강풍	10분간 평균풍속 10m/sec 이상
강우	50mm/회 이상
강설	25cm/회 이상
지진	진도 4 이상

   ③ 철골작업

강풍	10분간 평균풍속 10m/sec 이상
강우	1mm/hr 이상
강설	1cm/hr 이상

   ④ 악천후 직후 비계 점검·보수

7) 고소작업 시 낙하비래 방호조치
8) 상하동시 작업 시 유도자의 신호에 주의
9) 자재 공구 인양 시 달줄 달포대 사용
10) 부근 전력선 감전 보호조치
11) 설치해체장 정리정돈 철저

8. 리프트 안전장치 `암기` 과권낙비 안완출전부

1) 과부하장치
   ① 적재하중 1.1배 초과 : 경보음 작동, 모터 중지
   ② 종류 : 기계식, 전자식

2) 권과방지장치
   ① 과상승 및 과하강 방지
   ② 종류 : 전기식, 기계식

3) 낙하방지장치
   ① 자유낙하속도 1.3배 이상 시 자동전원 차단
   ② 1.4배 이내 기계장치 작동 시 운반구 1.5~3m 사이에서 동작 정지
   ③ 3개월 이내 낙하시험

4) 비상정지장치
   ① 2~3배 적색으로 돌출
   ② 벽에 흔들리지 않도록 고정 철저

5) 안전고리 : 피니언기어 랙기어 이탈 후 낙하방지
6) 완충장치 : 스프링 혹은 폐타이어
7) 출입문연동장치 : 문 열린 상태에서 작동 하지 않음
8) 전원차단장치 : 권과방지장치가 정상기능 불가 시, 수리조정 등 비상시 삼상전원을 차단하기 위한 장치
9) 부저 : 운반구 상 하강 시 리프트에 인접하여 접근을 방지하는 장치

`참고` **리프트 설치기준**

`암기` 기완수상열 사울이천

1. 기초부 견고하게 설치
2. 완충장치 충격흡수장치 설치
3. Mast 수직도 1/1000 유지
4. 마스트에 18m 이내 고정, 최상부 반드시 고정
5. Guide Rail 열변형 시 이탈 주의
6. 사다리 최상부까지 연결
7. 1.8m 높이, 울 설치
8. 탑승장 이격거리 6cm 이내
9. 천정 낙하방지시설

리프트

38 곤돌라

1. 개요

1) 곤돌라란 와이어로프 또는 달기강선으로 달기발판 또는 케이지가 전용 승강장치에 의하여 상승 또는 하강하는 설비를 말한다.
2) 고층빌딩의 외장을 청소 도장 수리 정비에 사용된다.

2. 종류 [암기] 가본

1) 가설식 : 외벽마감 공사 시 케이지를 매달아 사용
2) 본설식 : 구조물 완성 후 유지보수용으로 사용

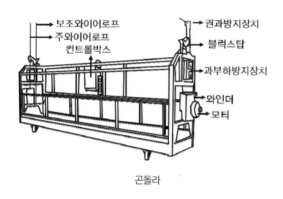

곤돌라

3. 재해유형

1) 적재하중 초과에 의한 추락
2) Wire Rope의 단선 Kink에 의한 낙하사고
3) 안전보호구 안전대시설 미흡 시 추락사고
4) 상부 낙하물 낙하사고

4. 안전대책

1) 제작연도, 제작기준, 안전기준에 적합
2) 과부하방지장치 권과방지장치 브레이크 클러치 안전검사
3) 구획설정, 출입금지로 낙하·비래 사고방지
4) 충격 풍하중에 전도되지 않는 구조
5) 지지로프와는 별도로 안전대 걸이용 수직로프 별도 설치
6) 최대적재하중 표시, 과다적재 금지
7) 안전난간대 설치, 방호울 설치
8) Wire Rope 손상 방지
9) 화물달기 시 훅해지장치 사용
10) 악천후 시 작업중지
11) 안전보호구 착용 및 구명줄 체결

[참고] 승강기

1. 개요

1) 내외부의 수직 통로를 따라 사람이나 화물을 상하로 옮기는 장치로 최대하중 0.25ton 이상
2) 가이드레일과 운반구를 사용하여 상하좌우 이동하며 탑승장을 가지고 있다.

2. 종류

1) 승용승강기
2) 인화공용승강기
3) 화물승강기
4) 에스컬레이터

3. 자체검사

정기적인 자체검사 1회/매월 이상 실시

4. 검사내용

1) 과부하방지장치 권과방지장치 작동 시 이상 유무
2) 브레이크 클러치 작동상태
3) Wire Rope 손상 유무
4) 가드레일의 상태

5. 안전대책

1) 제작기준 안전기준에 적합한 승강기 사용
2) 과부하방지장치 권과방지장치 등의 안전장치 부착
3) 적재하중 초과 금지
4) 화물용승강기 근로자 탑승금지
5) 순간풍속 30m/sec 중진 이후 이상 유무 점검
6) 조립 해체 시
   ① 지휘자 선임
   ② 작업구역에 관계자 외 출입금지
   ③ 악천후 시 작업중지, 악천후 이후 사용 전 상태점검
7) 기계기구, 부속품 등 불량품 사용금지

39 Wire Rope

1. 개요

1) 와이어로프는 소선을 여러 겹 합쳐 꼬아 만든 로프이며, 심재 둘레로 스트랜드를 꼬아 만든 구조로 되어 있고, 스트랜드는 수많은 철선을 꼬아 만든다.
2) 높은 강도와 고유연성의 장점을 갖고 있어서, 크레인 엘리베이터 리프트 등에 사용되고 화물의 운반 이동에 사용되고 있다.

2. 구성

1) 소선 : 탄소강으로 된 가는 철선
2) 스트랜드 : 소선을 꼬아 만든 연선
3) 심 : 섬유심과 철심으로 구분
4) 표시 암기 스소심인로
   스소심인로6 × 24 × 1WRC × B종 × 20mm(스트랜드수 × 소선수 × wire심재질 × 소선인장강도 × 로프직경)

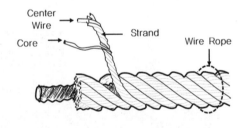

6 X 24 X 1WRC X B X 20mm

Wire Rope 구성

3. 안전계수

$$안전계수 = \frac{절단하중}{최대하중}$$

1) 근로자 탑승 10 이상
2) 화물하중지지 5 이상
3) 상기 이외 4 이상

4. 부적격 Wire Rope 암기 이소공꼬심10 7일

1) 이음매가 있는 것
2) W/R 한 가닥 소선수가 10% 이상 절단
3) 지름의 감소가 공칭지름의 7%를 초과
4) 꼬인 것
5) 심한 변형, 부식된 것

5. King 현상

1) 탄성이 있는 가는 재료는 비틀림과 느슨함을 받는 킹현상을 일으킴
2) 원인은 비틀림 응력이 작용하고 있기 때문
3) 전단력 감소 80%, 고쳐도 20%, 그대로 사용 시 43%

6. Clip 체결방법

1) 클립의 넓은 면이 주선에 닿고, U자 부분이 보조선에 닿도록
2) W/R 지름과 Clip 간격 암기 9 16 22 24

W/P 지름	Clip 수	Clip 간격
9~16mm	4	80mm
16mm	5	110mm
22mm	5	130mm
24mm	5	150mm

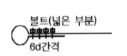

Clip설치기준

Hook의 해지장치

7. W/R 끝단 처리방법과 효율 암기 소딤Eye클쐐

1) 소켓(100%)
2) 딤플(90~95%)
3) Eye Splice(75~90%)
4) 클립(80~85%)
5) 쐐기(65~70%)

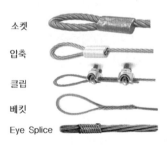

Wire Rope 가공법

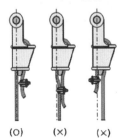

(O) (×) (×)

Wire Rope Wedge Sockets

40 차량계 건설기계 안전대책

1. 개요

1) 건설공사의 대형화 복잡화로 기계화 시공을 통한 효율적이고 다량의 작업을 동시에 복합적으로 시공할 수 있다.

2) 차량계 건설기계 사용 시 연약지반에서 붕괴에 의한 전도사고, 회전·이동에 의한 충돌·협착사고 등이 발생할 수 있으므로 사전계획에 의한 안전조치 후 작업에 임해야 한다.

2. 차량계 건설기계 종류

1) 굴착·정지 : 불도저, 그레이더
2) 굴착·상차 : 파워셔블, 크람셀, 굴삭기
3) 다짐 : 진동롤러, 진동컴펙터, 진동타이어롤러
4) 콘크리트 타설 : 콘크리트펌프카
5) 기초파일 항타·인발 : 항타기, 항발기

3. 재해유형

1) 연약지반에서 전도
2) 장애물을 넘어가다가 전도
3) 장비에서 추락
4) 콘크리트 펌프카 충돌
5) 믹서트럭과 펌프카 사이 협착
6) 특고압선 접촉으로 감전
7) 미끄럼방지목 미설치에 의한 충돌

4. 안전대책

1) 작업 전 지형지반 상태 확인
2) 작업계획
3) 현장 내 이동 시 제한속도 20km
4) 노견 침하방지, 노폭 유지
5) 유도자 신호방법 준수
6) 운전 위치 이탈 시 시동정지
7) 운전원 외 탑승금지
8) 최대사용하중 인양 금지
9) 백호버킷 거꾸로 사용금지
10) 전력선 부근 붐대암 들고 작업 금지
11) 수리 시 운전정지상태
12) 브레이크, 클러치 수시점검
13) 아웃리거 설치
14) 장애물 넘을 시 주행속도 준수
15) 절연방호구 설치 혹은 전선이설 후 작업

5. 크레인 작업안전

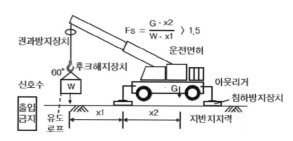

크레인 작업안전

$$안전율 = \frac{G \cdot x_2}{W \cdot x_1} \geq 1.5$$

참고 항타기, 항발기 안전대책

1. 낙석방호복 착용
2. 연약지반 : 가대 설치, 깔목 깔판 설치
3. 본체부속장치 : 마모 변형 부식 풀림 손상
4. W/R : 부식 꼬임 비틀림
5. 권상용 W/R : 부착, 설치상태
6. 항발기 W/R : 활차 셔클 고정철물 확인
7. 권상기쐐기장치
8. 역회전방지용 브레이크 부착
9. 권상기 : 들림 미끄러짐 흔들림 방지

항타기 낙석보호시설

10. 하중건상태 이탈 금지
11. 출입금지, 전담신호수, 작업지휘자
12. 반대측텐션와이어 : 제동 후 이동
13. 배전선 이설
14. 걸기작업 지정된 자
15. 지하매설물 확인 후 작업

강관비계 와이어로프 이탈방지장치

참고 **이동식크레인**

1. 사고원인

1) 지반지내력 미확인
2) 전용받침대 미설치
3) 줄걸이 현장규장 이행상태 불량
4) 임의개조 및 불법탑승설비
5) 연결핀 파단
6) 운행구간 토질 상태 등 미확인

크레인 아웃리거

2. 안전대책

1) 권과방지장치, 과부하방지장치 사전점검
2) 훅 해지 사전점검
3) 용도 외 시설 설치 금지
4) 자격증 확인, 운전원외 불법탑승 금지
5) 후시경 경고등 확인 및 시야확보
6) 아웃리거 설치, 아웃리거 전용 받침대 사용
7) 유도자, 신호수 배치
8) 줄걸이(와이어로프, 슬링, 샤클, 턴버클) 사전점검
9) 구조부외관(붐, 유압, 턴테이블, 볼트, 용접부 균열 점검
10) 전도방지, 지내력 확인

크레인 안전장치

참고 **굴삭기**

1. 사고원인

1) 지반상태 미확인
2) 굴착면 기울기 불량
3) 작업반경 내 근로자 출입
4) 후방 미확인 후 이동, 급선회
5) 버킷 탑승
6) 퀵커플러 미설치, 훅 해지장치 미설치
7) 용도 외 사용
8) 작업중 휴대폰 사용
9) 근로자 임의 탑승
10) 운전석 이탈시 버킷 든상태 이탈
11) 운전석 안전벨트 미착용

스마트 경보장치

2. 안전대책

1) 건설기계조종사 면허(굴삭기, 3톤 미만)확인
2) 안전장치 부착 및 작동유무 확인
3) 후사경 후방카메라 경보기 작동확인
4) 버킷 이탈 방지장치 확인
5) 장비 주변 운전자 시야 확보
6) 운전자 자격, 유도자 배치
7) 굴삭기 작업능력, 작업범위 확인
8) 작업전 점검 및 유지관리
9) 불법 구조변경 확인(붐길이, 집게 등)
10) 집게 하강방지장치 작동 유무 확인

백호 퀵커플러

CHAPTER 11

참고 **덤프트럭, 화물트럭**

1. 사고원인

1) 운전자의 시야 미확보
2) 운전자 운행중안전벨트 미착용
3) 경사지 주정차시 브레이크 및 고임목 미설치
4) 현장내 제한속도 주행 준수
5) 유도자(신호수) 미배치
6) 운행 중 휴대폰 사용
7) 현장내 임의 정비 및 수리
8) 적재함 하부 정비 시 안전블록 미설치
9) 수리점검기록 미관리

토공다이크

2. 안전대책

1) 건설기계조종사 면허증 확인
2) 후진경보기 및 후방카메라 확인
3) 전조등 후미등 방향지시등 확인
4) 제동장치 작동상태 확인
5) 타이어 손상 및 마모상태 확인
6) 유압장치, 조작장치 확인
7) 신호수 유도자 배치
8) 경사지 고임목 설치
9) 현장내 속도 준수

신호수 위치

참고 **불도저**

1. 사고원인

1) 운전자 시야 미확보
2) 유도자 신호수 미배치
3) 운전 시 안전밸트 미 착용
4) 노폭감소, 노견붕괴, 지반침하 등 미확인
5) 경사면 임의 주차
6) 현장내 제한 속도 미준수
7) 운전자 이탈시 시동키 꽂은 상태 이탈
8) 주용도 외 사용
9) 수리점검 기록 미관리

2. 안전대책

1) 건설기계조종사면허(불도저, 5톤 미만) 미확인
2) 전조등 및 후미등 상태 미점검
3) 헤드가드 파손
4) 후사경, 후방카메라, 룸미러, 후방경보 등 미설치
5) 사각지대 반사경 미설치
6) 조정장치, 클러치, 브레이크 등 작동상태 미확인

참고 **지게차**

1. 사고원인

1) 포크위 유리창청소추락
2) 과속운행전도
3) 포크에 걸고 이동 중 충돌
4) 강화유리 운반 중 포크탑승 협착
5) 원형롤 운반 중 건물기둥 충돌
6) 작업장내 지게차 2대 이동 중 충돌
7) 상승된 지게차 포크에서 추락
8) 지게차 오조작 협착
9) 컨테이너박스 적재물 적재하던 중 추락
10) 불량적재화물 운반 중 낙하
11) 지게차 마스트와 헤드가드사이 협착

지게차

안정도	지게차의 상태	
하역장업시의 전후 안정도 : 4% (5t 이상 : 3.5%)		
주행시의 전후안정도 : 18%		
하역작업시의 좌우안정도 : 6%		
주행시의 좌우안정도 (15+1.1V)% (V :최고속도 km/h)		
안정도$=\dfrac{A}{l}\times100\%$	전도구배	

지게차 전후좌우 안정도 기준

2. 안전대책

1) 건설기계조종사면허(지게차, 3톤 미만) 확인
2) 전조등 및 후미등 상태 사전점검
3) 헤드가드 및 백레스트 사전점검
4) 후사경, 후방카메라, 룸미러 후방경보, 경광등 설치 확인
5) 작업 전 이동통로 확인
6) 이동통로 내 단부 및 경사지 확인
7) 사각지대 반사경 설치확인
8) 정격하중과 인양물하중 확인

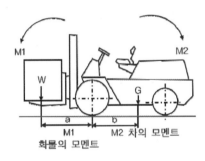

지게차의 안정조건

참고 ## 고소작업대(차량탑재형)

1. 사고원인

1) 안전장치 등 임의개조
2) 작업표시등 정상작동 상태 미확인
3) 유도자 및 신호수 미배치
4) 아웃트리거 미설치 상태 작업
5) 운전석 조작장치 및 제동장치 사전 미확인
6) 고소작업대 설치 시 수평상태 미확인
7) 붐 인출 와이어로프, 체인 마모 및 단선 상태 미확인
8) 작업대 하부 안전대 미부착
9) 전면 안전난간대 해체상태 작업

고소작업차

2. 안전대책

1) 건설기계조종사면허(기중기) 확인
2) 고소작업대(차량탑재형) 조종자 교육이수 확인
3) 작업전 붐길이 각도 센서 작동상태 확인
4) 아웃트리거 최대인발 확인
5) 작업대 로드셀, 과상승방지 장치 확인
6) 주요구조부 볼트체결 등 균열 상태
7) 작업대 고정볼트 체결
8) 전면안전난간대 설치 후 작업
9) 안전인증 표시 및 안전검사 확인

참고 ## 고소작업대(시저형)

1. 사고원인

1) 신호수 미배치 및 개구부, 단차 구간요철 등 미확인
2) 작업대 상승상태 작업자 태우고 이동
3) 과상승방지장치 작동상태 불량
4) 작업대 밖으로 신체 이동
5) 작업높이 도달 시 비상정지장치 미작동
6) 조도 미확보 상태 작업
7) 작업대 중간문 임의고정
8) 안전난간대 밟고 작업

CHAPTER 11

고소작업대

고소작업대 비상스위치

2. 안전대책

1) 운전자격 현장규정 이행
2) 정격하중 초과 시 과부하방지장치 작동상태 확인
3) 과상승방지장치 및 낙하방지밸브 작동상태 점검
4) 작업대 기울기(약 3°) 이상의 경사면 경고
5) 비상정지장치 작동시동력차단 여부
6) 조작레버 동작방향 표시, 발 스위치 작동상태 확인
7) 시저암 점검 시 사용하는 안전블럭 설치여부
8) 안전난간 작동상태, 중간대 임의고정 금지
9) 안전인증 표시 및 안전검사

41 건설기계검사 종류

1. 개요

운행, 사용 시 안전도 유지, 구조성능 확인, 소유 권공증

2. 목적

1) 구조성능확인
2) 사고방지
3) 배출가스
4) 소음진동 공해방지
5) 불법개조방지

3. 검사기관

1) 대한건설기기안전관리원
2) 시도건설기계검사소

4. 검사종류

1) 신규등록검사
2) 정기검사
3) 구조변경검사 : 등록 후, 구조부 변경개조 후 수시검사

42 건설현장에서 체인고리

1. 점검주기

　1) 사용 전 점검
　2) 월 1회 정기점검

2. 점검방법

　1) 훅변형, 절단유무 확인
　2) 체인 및 핀 마모나 변형, 노후, 부식여부 점검

3. 안전수칙

　1) 탑훅 안전하고 정확히 지지
　2) 중량물에 맞는 리프팅러그 사용
　3) 훅에 걸린 클램프에 각각 다른 부재를 권양금지
　4) 화물체인에 물건 감기 금지
　5) 훅에 매달린 부재하부 출입금지
　6) 정격하중
　7) 극단적 경사 조양을 피할 것
　8) 화물체인은 안전상 끝단부에 300mm 정도 남김
　9) 훅에 물건을 걸어둔 채 장기간 방치 금지
　10) 고장 시 임의 분해 수리 금지
　11) 체인과 훅의 마모 및 손상 수시점검
　12) 긴 체인은 체인꼬임과 엉클어짐 금지

토목공사

01 굴착작업 안전대책(토공, 흙막이, Slurry Wall, Soil Nailing, Top Down)

1. 개요

1) 굴착작업 시 매설물 방호조치, 전선줄 절연조치, 굴착깊이 준수, 흙막이 가시설 안전검토 등 사전 사고예방을 철저히 한 후 작업에 임해야 한다.
2) 굴착장비 작업반경 내 접근금지, 덤프트럭 협착 사고 주의, 토공 단부 장비접근 금지 등 충돌 협착 전도 사고에 주의해야 한다.

2. 공사 전 준비사항 [암기] 작근장매 자토신지

1) 작업내용 숙지
2) 근로자 투입 계획
3) 장애물 제거 및 보호조치
4) 매설물 방호조치
5) 자재 반입 및 적치
6) 토사 반출 시 토류판 작용하중 검토
7) 상하차 시 신호체계 유지
8) 지하수 유입에 의한 붕괴 방지

3. 작업 시 준수사항 [암기] 불근사안 단출표

1) 불안전한 상태 제거
2) 근로자 적절 배치
3) 사용 기기·공구 절연상태 점검
4) 안전보호구 착용상태 점검
5) 단계별 안전대책 수립
6) 출입금지표지, 낙하지역 구획설정
7) 표준신호 규정 준수

굴착면 붕괴 방지조치

[참고] **안전대책(재해예방대책)**
[암기] 담보불내 출악점고 상달전정

1) 안전담당자 배치
2) 안전보호구 착용 철저
3) 안전보호구 불량품 제거
4) TBM 시 당일 작업내용 주지
5) 작업구획 설정 및 출입금지
6) 악천후 시 작업중지 [암기] 일철 풍우설진
  ① 거푸집·철골 작업금지, 양중기 조립·해체 작업금지, 높이 2m 이상 작업중지
  ② 일상작업 시 작업중지

강풍	10분간 평균풍속 10m/sec 이상
강우	50mm/회 이상
강설	25cm/회 이상
지진	진도 4 이상

  ③ 철골작업 시 작업중지

강풍	10분간 평균풍속 10m/sec 이상
강우	1mm/hr 이상
강설	1cm/hr 이상

  ④ 악천후 직후 비계 점검 및 보수

7) 고소작업 시 낙하비래 방호조치
8) 상하동시 작업 시 유도자의 신호에 주의
9) 자재 공구 인양 시 달줄 달포대 사용
10) 부근 전력선 감전 보호조치
11) 설치해체장 정리정돈 철저

[참고] **굴착**

1. 사고원인

1) 운전원 굴착경험 미숙
2) 법면 토질상태 미확인
3) 굴착구배 미준수
4) 과굴착으로 법면붕괴
5) 굴착면 단부로 추락
6) 퀵커플러 미연결
7) 협착방지봉 미부착
8) 버켓에 탑승

백호 퀵커플러

2. 안전대책

1) 운전원은 자격유무 확인
2) 법면 토질 및 지층상태 확인
3) 붕괴위험이 있는 장소 출입금지
4) 굴착구배 준수
5) 흙막이 상부, 굴착단부 안전난간대 설치
6) 버켓 연결부 퀵커플러 연결
7) 후면 경광등, 협착방지봉 설치
8) 유도자 주변 통제
9) 굴착면 구배기준 [암기] 토풍연경

구분	지반종류	기울기
보통흙 (토사)	습지	1 : 1 ~ 1 : 1.5
	건지	1 : 0.5 ~ 1 : 1
암반	풍화암	1 : 1.0
	연암	1 : 1.0
	경암	1 : 0.5

① 안전한 경사로 확보, 낙석위험 토석제거, 옹벽 흙막이 지보공 설치
② 토사 등의 붕괴 낙하 위험이 되는 빗물 지하수 배제
③ 갱내 낙반 측벽 붕괴 위험이 있는 경우 지보공 설치 및 부석제거

02 흙의 기본성질 공식정리

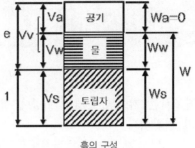

흙의 구성

1. 간극비(Void Ratio)

$$e = \frac{V_v}{V_s}$$

2. 간극률(Porosity)

$$n = \frac{V_v}{V} \times 100\%$$

3. 포화도(Degree of Saturation)

$$S = \frac{V_w}{V_v} \times 100\%$$

4. 함수비(Water Content)

$$w = \frac{W_w}{W_s} \times 100\%$$

5. 함수율

$$w' = \frac{W_w}{W} \times 100\%$$

6. 비중

$$G_s = \frac{r_s}{r_w(4\,℃)}$$

4℃에서 물의 단위중량에 대한 흙의 중량

7. 포화단위중량

$$r_{sat} = \frac{G_s + e}{1 + e} \times r_w$$

8. 수중단위중량

흙, 지하수 아래에 작용부력 : 이때의 단위중량,
포화단위중량은 부력만큼 감소

$$r_{sub} = r_{sat} - r_w = \frac{G_s - 1}{1 + e} \times r_w$$

9. 상대밀도

$$D_r = \frac{e_{max} - e}{e_{max} - e_{min}} \times 100(\%)$$

조립토 느슨, 조밀상태 : 공극크기 비교

03 조사(실내시험, 현장시험)

1. 개요

1) 토질조사는 기초의 설계와 시공에 필요한 자료를 얻기 위함이다.

2) 예비조사는 기존자료 토질정보의 정리와 판독, 총괄적인 정보와 문제점을 사전에 파악하여 예비조사로 얻은 개략적인 지식으로 실제 시공을 위한 현장지반 특성을 상세히 조사한다.

2. 토질조사 [암기] 토현실암

1) 예비조사
① 자료
② 지형
③ 지질
④ 기존공사 자료
⑤ 지하수
⑥ 인접구조물
⑦ 지하매설물

2) 현지답사
① 지표
② 지하
③ 지하수
④ 인근 현장
⑤ Sounding
⑥ Boring
⑦ Sampling

3. 현장시험

1) PBT
2) Sounding
① SPT
② Isky Meter
③ Vane Shear Test(VST)
3) Sampling

4. 실내시험

1) 흙 분류시험
2) 토성시험
3) 강도시험

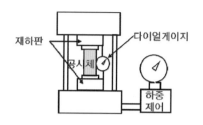

1축 압축시험기

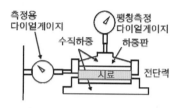

직접전단시험기

5. 암 조사

1) 암 분류
① RQD
② RMR
③ 풍화도
④ 균열계수
⑤ Q-system

2) 원위치현장시험
① 강도(직접전단 3축 압축, 실내시험)
② 투수(Lugeon)
③ 변형
④ 지압
⑤ 탄성파

3) 계측
① 변위
② 공극수압
③ 응력
④ 하중
⑤ 토압
⑥ 소음
⑦ 충격

Boring Machine   시료채취

04 지반조사

암기 지사보시토재기 터짚물 탄음전 표콘베스 회충핸수 교불 물토 평말 양간토

1. 개요

1) 토질조사는 기초의 설계와 시공에 필요한 자료를 얻기 위함이다.
2) 예비조사는 기존자료 토질정보의 정리와 판독, 총괄적인 정보와 문제점을 사전에 파악하여 예비조사로 얻은 개략적인 지식을 실제 시공을 위한 현장지반 특성을 상세히 조사한다.

2. 지하탐사법　암기 터짚물 탄음전

1) 터파보기(Test Pit) : 구멍 간격 5~10m, 지름 0.6~0.9m, 깊이 1.5~3m
2) 짚어보기(탐사 간 : Sounding Rod) : 9mm 철봉을 삽입하여 저항 울림 침하력 시험
3) 물리적 탐사(Geophysical Prospecting) : 저비용으로 단시간에 파쇄대 공동 지하수 등 검사
   ① 탄성파탐사(Seismic Prospecting) : TSP는 화약폭발에 의한 탄성파 반사파 시험으로 터널 불연속면 조사에 활용
   ② 음파탐사(Sonic Prospecting) : 해저에서 전기 발진하여 해저지형 검사, 수중에서 방전하여 지층구조 파악
   ③ 전기탐사(Electric Prospecting) : 전기성질로 암석층 지하수위 유수경로 조사

3. 사운딩(Sounding)　암기 표콘베스

로드 선단에 콘을 달아 샘플러 저항날개를 관입·회전·인발하여 시험

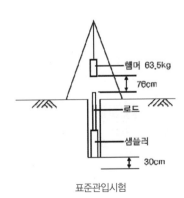

표준관입시험

1) 표준관입시험(Standard Penetration Test) :

① 63.5kg의 추를 76cm 높이에서 낙하시켜 30cm 관입할 때의 N치를 구하며 N치가 클수록 밀실
② 주로 사질이 점토보다 유리하며, 점토는 편차가 발생한다.
③ 50회 한도 : 15cm 예비타격, 30cm 본 타격

2) 콘관입시험(Cone Penetration Test)

① 로드 선단의 원추형 콘을 지중관입 시 저항치
② 연약점토 시험

3) 베인테스트(Vane Test) : 십자형 날개에 Vane을 달고 회전

① 흙의 직경, 높이로 전단강도(점착력) 판단
② 10m 깊이 시 헛돌음(굳은 지층), 연약점토질 유리

4) 스웨덴식 사운딩시험(Swedish Sounding)

① 100kg의 Screw모양의 추를 회전 타격
② 연약층에서 굳은 층까지 시험
③ 최대심도 25~30m까지 가능
④ 표준관입시험의 보조수단으로 활용

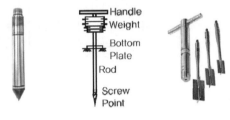

Piezo Cone　　Swedish Sounding　　Vane Test

Boring Machine　　시료채취

4. 보링　암기 회충핸수

토질의 점착력, 지하수위, 주상도를 구함
1) 회전식
   ① 케이싱을 설치하고 로드 선단에 날을 달아 회전
   ② 지하수위 측정, 표준관입시험에 이용

2) 충격식
① 충격날을 낙하하여 충격력을 이용하여 토사암석을 분쇄 및 천공
② 코어채취 불가능, 천공 목적, 지질조사 목적

3) 핸드오거
① 성토지역 연약지반에 핸드오거 인력관입
② 점토 : 나선형, 사질토 : 관형

4) 수세식
① 지중에 이중관 관입하여 압력수를 비트에서 분출하고 침전조에 침전시켜 토질판별
② 연약토질에만 이용

5) 보링병용 토질조사
① 표준관입시험은 모래 다짐정도로 내부마찰각 판단
② 베인테스트는 연약점토의 점착력 판단
③ 토질주상도 [암기] 표심주토N지

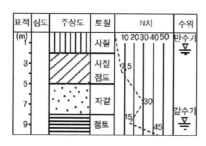

토질주상도

		2단 전단상자에 수직하중을 가해 수평으로 움직여 전단저항 측정
직접	일면전단 시험	2단 전단상자에 수직하중을 가해 수평으로 움직여 전단저항 측정
	베인전단 시험	십자형 날개를 가진 베인을 회전시켜 점착력 구함
간접	일축압축 시험	불교란시료 압축하여 파괴 시 전단저항 측정하며, 점성토에만 적용하고, 시험이 간단
	삼투압축 시험	흙 시료에 얇은 고무막을 설치하고 삼축 셀 안에 집어넣고 물에 압력을 가한 상태로 시험시료에 상하 방향의 압력을 가해 강도 측정

7. 재하시험 [암기] 평말 지지반반 압인수
1) 평판재하시험 : 평평한 재하판에 하중을 가해 지지력을 구하는 시험
2) 말뚝재하시험 : 말뚝에 하중을 가하여 말뚝의 설계와 안정성을 확인하기 위한 시험

평판재하시험
(출처 : 한국건설재료시험원)

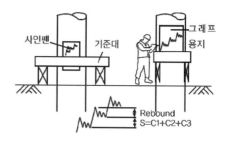

말뚝재하시험

5. 시료채취 [암기] 교불
1) 교란 시료채취
2) 불교란 시료채취

6. 토질시험 [암기] 물역 투압전 직간 일베 일삼
주로 실내에서 흙 성질, 연경도, 점착성, 함수량 측정
1) 물리적 시험 [암기] 비함입밀A
① 비중
② 함수량
③ 입도
④ 밀도
⑤ Atterberg한계

2) 역학적 시험 [암기] 투압전 직간 일베 일삼
① 투수 : 포화토의 침투, 투수성 계산
② 압밀 : 점성토의 침하량, 침하속도 계산
③ 전단 : 전단강도 측정

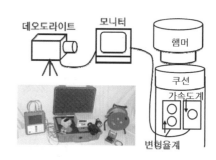

동재하시험

동재하시험

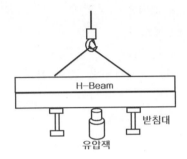

Pile loading testing

8. 기타시험 _{암기} 양간토

1) 양수시험
2) 간극수압시험
3) 토압측정

05 표준관입시험

1. 개요

1) 63.5kg의 추를 76cm 높이에서 낙하시켜 30cm 관입할 때의 N치를 구하며, N치가 클수록 밀실
2) 주로 사질이 점토보다 편차가 크다.
3) 50회 한도로 15cm 예비타격, 30cm 본 타격

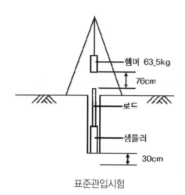

표준관입시험

2. 용도

1) 지반지지력
2) 기초공법
3) 토질주상도

3. 특징

1) 지반의 지질상태 조사
2) N치로 다짐상태 측정
3) 보링병용
4) 모래지반 효율적
5) 점토지반은 편차가 크고 신뢰성 저하

Boring Machine   시료채취

4. 순서

1) 시험면을 평평하게 정리
2) 보링 6.5~15cm, 굴착 후 Slime 제거
3) 표준관입시험 시험
4) 시료 Sample 채취 후 대표시료 용기에 밀봉
5) 타격개시 깊이, 종료 깊이, 타격횟수, 누계관입량 등 기록

5. 시험 시 유의사항

1) Slime 제거
2) 15cm 예비타격
3) 30cm 본 타격
4) 1회마다 누계관입량 50회 한도
5) 점토지반 편차가 큼
6) 토질자료 채취목적

06 CBR (California Bearing Ratio)

1. 개요

1) 지지력, 성토재료선정 시 시험
2) 시험지반의 흙으로 공시체 제작하며 실내에서 시험한다.

2. 시험방법

1) 공시체 지름 5cm 피스톤을 어떤 깊이까지 관입시키는데 소요되는 시험단위하중을 표준단위하중으로 나눈 값을 백분율로 표시한 것
2) 포장두께결정, 지반지지력 판단, 비행장 도로 가용성포장 설계에 이용
3) $CBR = \dfrac{\text{시험단위하중(시험하중강도)}}{\text{표준단위하중(표준하중강도)}} \times 100(\%)$

3. 종류

1) 실내CBR : 노상이 조성이 안 된 상태에서 현장조건과 일치하도록 공시체를 제작하여 시험
2) 현장CBR : 노상이 조성된 후 시험

California Bearing Ratio
(출처 : Civilmint)

4. 실내CBR 시험

1) 시료를 준비하여 최적함수비(OMC)를 결정
   ① 시료를 그늘에 자연건조 후 빻아서 19mm 체에 남는 중량만큼 19mm 체를 통과하고 #4체(4.76mm)에 남는 치수의 재료로 치환
   ② 직경 15cm Mold에 넣고 5층으로 나누어 4.5kg Rammer로 45cm 높이에서 55회씩 다져 공시체 제작하여 결과로 OMC 구함
   ③ 함수비가 최적함수비와 1% 내외 차가 되도록 조절하여 공시체를 만듦
   ④ 필요시 4일간 수침시켜 흡수팽창시험

2) 관입시험 및 노상토지지력비 계산

① 설계하중±2kg(최소 5kg) 하중판 올려놓고 직경 50mm Piston으로 분당 1mm 속도로 공시체를 관입
② 관입량 0.5~12.5mm일 때 하중을 읽어 하중-관입량 곡선 도해
③ 관입량 5mm일 때 지지력비가 2.5mm일 때 지지력비보다 클 경우 시험을 되풀이하고 같은 결과 시 5mm 지지력비를 사용

3) 수정 CBR 산정
① 함수비-건조밀도곡선
② 건조밀도-CBR 곡선그림

5. 현장CBR 시험

1) 대표장소 선정 후 물을 붓고 충분히 침투시킨 후 표면이 느슨한 흙을 제거
2) 시험위치에 직경 30cm의 수평면 만들어 실내 CBR 시험과 동일 시험
3) 관입시험으로 노상토지지력비를 계산

6. CBR의 이용

1) CBR 설계곡선 이용, 포장두께 설계
2) 노상, 철도노선, 성토, 다짐도 관리
3) 성토시공 중 중장비 통과 가능성 판정

7. N치와 CBR의 관계 [암기] 상내허탄 컨일점허 성지도팽흡

구분	사질지반	점성지반
N치	상대밀도, 내부마찰각, 허용지지력, 탄성계수	Consistency, 일축압축강도, 점착력, 허용지지력
CBR	성토재료, 지반지지력, 도로두께, 재료팽창률, 재료흡수력	

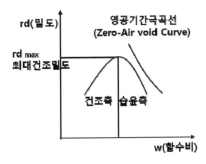

흙의 다짐곡선

* 최적함수비(O.M.C : Optimum Moisture Content)

1) 다짐시험결과 건조밀도가 가장 높은 꼭지점을 최대 건조밀도라 한다.
2) 최대건조밀도시의 함수비를 최적함수비(O.M.C)라 한다.

참고 **과전압(over compaction)**

1. 정의

흙을 다짐하여 강도증진을 목적으로 할 때 최대건조밀도가 얻어지는 최적함수비의 건조측에서 다질 때 더 큰 강도를 얻을 수 있다

2. 과전압에 의한 피해

1) 표면의 흙입자 파손
2) 흙덩어리의 전단파괴
3) 흙의 분산화
4) 강도저하
5) 시공면의 밀림현상

3. 과다짐의 발생원인

1) 한 층의 다짐횟수가 많을 때
2) 토질이 화강풍화토일 경우
3) 다짐에너지가 너무 큰 다짐장비 사용
4) 최적함수비의 습윤측에서 과다한 다짐시

4. 방지대책

1) 적정의 다짐장비 선정
2) 다짐횟수 규정준수
3) 표면과다 살수 금지

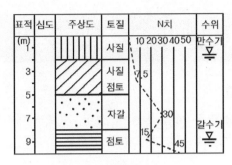

토질주상도

07 보링(Boring)

1. 개요
1) 지반의 구성상태 파악하기 위함
2) 천공하여 샘플러로 토질 채취

2. 목적 　암기　 토점지주
1) 토질조사
2) 점착력 판정
3) 지하수위 조사
4) 토질주상도

Piezo Cone

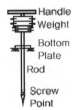
Swedish Sounding

Vane Test

3. 종류 　암기　 회충핸수
1) 회전식
① 케이싱 설치, 로드선단 날 회전
② 지하수위 측정, 표준관입시험에 이용

2) 충격식
① 충격날을 낙하하여 충격력을 이용하여 토사·암석 등을 분쇄 천공
② 코어채취 불가능하며 천공 목적

3) 핸드오거식
① 성토지역이나 연약지반에 핸드오거로 인력관입
② 점토 : 나선형

4) 수세식
① 지중에 이중관을 관입하고 압력수를 비트에서 분출하여 침전조에 침전시켜 토질을 판별
② 연약토질에만 이용

5) 보링병용 토질조사
① 표준관입시험은 모래 다짐정도로 내부마찰각 판단
② 베인테스트는 연약점토의 점착력 판단
③ 토질주상도 　암기　 표심주토N지

08 토질시험과 흙의 연경도

1. 개요

1) 물리적 성질, 역학적 성질, 주로 실내시험
2) 점착성, 함수량, 흙의 연경도

액성한계 시험기구

2. 물리적 시험 암기 비함입밀A

1) 비중 : 교란시료 이용
2) 함수량 : 수분량 측정
3) 입도 : 흙 입자의 분포 상태
4) 밀도 : 지반의 다짐도 상태
5) Atterberg한계 : 함수량에 따른 변화상태

3. 역학적 시험 암기 투압전 직간 일베 일삼

1) 투수시험 : 투수계수 측정
2) 압밀시험 : 침하량·속도·침하시간을 측정
3) 전단시험

직접	일면전단시험	2단 전단상자에 수직하중을 가해 수평으로 움직여 전단저항 측정
	베인전단시험	십자형 날개를 가진 베인을 회전시켜 점착력 구함
간접	일축압축시험	불교란시료 압축하여 파괴 시 전단저항 측정하며, 점성토에만 적용하고, 시험이 간단
	삼투압축시험	흙 시료에 얇은 고무막을 설치하고 삼축 셀 안에 집어넣고 물에 압력을 가한 상태로 시험시료에 상하 방향의 압력을 가해 강도 측정

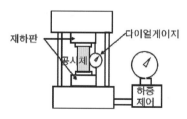

1축 압축시험기

4. Atterberg한계(흙의 연경도:Consistency 한계)

암기 고반소액 수소액 수소수 소수액소 액w한지

1) 점착성 있는 흙의 함수량 감소에 따른 흙의 변화 상태
2) 고체·반고체·소성·액성 변화함수량

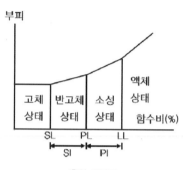

흙의 연경도

3) 공식
① 수축지수(SI)=소성한계(PL)−수축한계(SL)
② 소성지수(PI)=액성한계(LL)−소성한계(PL)
③ 액성지수(LL)=$\dfrac{w-\text{소성한계}(PL)}{\text{소성지수}(PI)}$

소성지수 클수록 : 함수비 크고, 나쁜 흙
소성지수 적을수록 : 함수비 적고, 좋은 흙, 노상 PI 〈 10

소성한계 시험

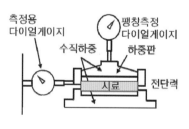

직접전단시험기

09 액상화 현상

1. 개요 `암기` 간유전액

1) 모래지반이 순간적인 충격·지진·진동 등에 의해 간극수압이 상승하여 유효응력이 감소되어 전단 저항이 상실되어 액체 상태처럼 변하는 현상

2) 건물부상, 부등침하, 지반이동

Liquefaction phenomenon

(출처 : stuff.co.nz)

2. 액상화 발생원인

1) 포화된 느슨한 모래가 진동·충격에 의해 발생

2) Coulomb 법칙에서 유효응력을 상실할 때

$$\tau = C + \tan\phi$$

S : 전단강도

C : 점착력

σ : 수직응력

$\tan\phi$: 마찰각

ϕ : 내부마찰각

3. 액상화 영향

1) 구조물부상

2) 부등침하

3) 지반이동

4. 방지대책

1) 탈수공법

① Sand Drain

② Paper Drain

③ Pack Drain

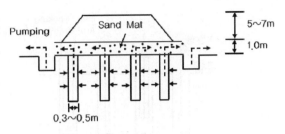

Sand Drain 공법

Paper Drain

2) 배수공법

① Well Point

② Deep Well

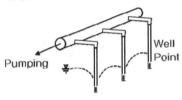

Well Point

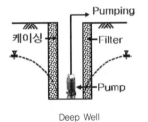

Deep Well

3) 입도개량공법

① 치환공법

② 약액주입공법

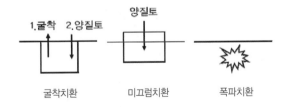

굴착치환   미끄럼치환   폭파치환

4) 전단변형억제공법

① Sheet Pile

② Slurry Wall

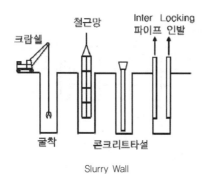

Slurry Wall

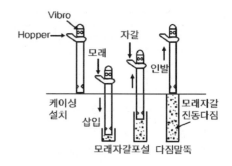

Vibro Compaction Pile

Slurry Wall 지반굴착

5) 밀도증대공법
　① Vibro Flotation

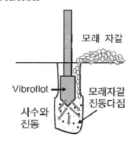

Vibro Flotation

　② Sand Compaction Pile

6) 구조물 자체 강성보강 확보
7) 액상화 발생 가능지역 구조물 축조금지

Slurry Wall 굴착장비

10 재하시험

1. 개요
1) 항타한 파일에 실제하중을 가해 지지력 구함
2) 기초설계, 말뚝설계 시 실시

2. 평판재하시험(Plate Bearing Test)

`암기` 평말 지지반반

평평한 재하판에 하중을 가해 지지력, 지반계수를 구하는 시험
1) 지지력시험 : 건축물기초
2) 지지력, 지반계수시험 : 교량수문, 토목기초
3) 지반계수시험 : 노상, 노반재하시험

평판재하시험
(출처 : 한국건설재료시험원)

3. 말뚝재하시험(Pile Loading Test) `암기` 압인수

실제 말뚝에 하중을 가해 지지력 확인, 말뚝설계 및 안정성 확인

1) 압축재하시험
① 설계의 2~3배 하중 가해 시험
② 사하중 재하 시 콘크리트 블럭, 철근 등 말뚝머리에 올려 시험
③ 반력말뚝 : 유압잭을 사용하여 필요한 하중을 가해 시험

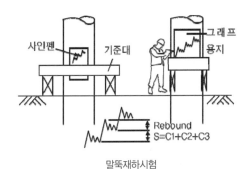

말뚝재하시험

2) 인발재하시험
① 유압잭을 타입 된 말뚝에 고정 후 인발
② 설계하중 25%, 50% 가해 잔류인발량 측정

3) 수평재하시험
① 유압잭에 수평하중을 가해 저항정도 측정
② 종류 : 1개 말뚝, 2개 말뚝을 동시에

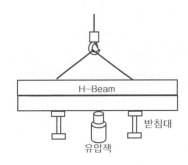

Pile loading testing

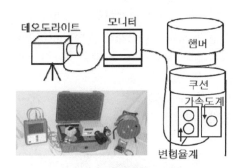

동재하시험

동재하시험

11 평판재하시험(Plate Bearing Test)

1. 개요

1) 재하판에 하중을 가하여 지반의 지지력 측정
2) 기초지반지지력 지반계수 지반반력계수 지반허용 지지력 측정

2. 종류 [알기] 지지반반

1) 지지력시험 : 건축물기초
2) 지지력, 지반계수시험 : 교량수문, 토목기초
3) 지반계수시험 : 노상, 노반재하시험

3. 순서

1) 시험면 터파기 평평하게 정리
2) 시험하중크기 : 설계하중 2~3배
3) 주문진 모래 위에 재하판 30cm(0.09m²) 설치
4) 침하계의 눈금을 0에 맞춘 후 단계적으로 하중을 가해 침하량 측정
5) 항복점 or 극한하중 측정, 최소 20~25mm까지 침하량 측정

평판재하시험
(출처 : 한국건설재료시험원)

4. 판정법 [알기] 항극 피록SP

1) 항복하중에 의한 판정법 [알기] P Log S P
   ① P-S 곡선분석법 : 단계하중, 침하량 가장 크게 변화 시 항복하중 결정
   ② logP-logS 곡선분석법 : 단계하중, 침하량 기울기 변화 측정
   ③ S-logT 곡선분석법 : 시간에 따른 침하량 도시, 기울기 갑자기 커졌을 때 항복하중 결정
   ④ P-logT,(곡선분석법 : 침하량 차이, 시간차이로 나눈 값과 하중 도시, RM 직선기울기가 커질 때 항복하중 결정

2) 극한하중에 의한 판정법
   ① 하중 증가 없이 침하가 계속되는 점
   ② 하중 증가 없이 너무 큰 침하가 발생하는 점
   ③ 하중 증가에 비해 너무 큰 순침하가 발생하는 점
   ④ 재하판 직경의 10% 침하가 발생되는 점

5. 유의사항

1) 지질주상도 관찰
2) 연약층, 전단특성, 압밀특성 파악 후 실제지지력과 침하량 산출
3) 지하수위 변동, 재하판 크기 영향 고려
4) 침하증가량 2hr에 약 0.1mm 이하 될 시 침하 정지로 봄
5) 단기하중에 대한 허용지내력은 적은 값
   ① 총침하량 20mm
   ② 침하곡선 항복상태
6) 단기하중 허용지내력=장기하중 허용지내력×2배

12 지반계수

1. 개요

평판재하시험에서 지반에 하중이 작용할 때 하중을 침하량으로 나눈 값이다.

2. 평판재하시험

1) 재하판에 하중을 가하여 지반의 지지력 측정
2) 기초지반지지력 지반계수 지반반력계수 지반허용 지지력 산출

3. 지반계수

1) 기초크기 근입깊이 재하시간에 따라 변화
2) 지반계수 K = $(k-value) = \dfrac{P_1}{S_1}$

① 연약점토 : 2 이하
② 모래 : 8~10

4. 지반계수 영향 요소

1) 기초크기 작을수록 침하량 적고 지반계수 크다.
2) 기초길이 짧을수록 지중응력이 미치는 범위가 작게 되어 지반계수가 크다.
3) 근입깊이 깊을수록 침하량 적고 지반계수 크다.
4) 탄성계수 클수록 지반계수 크다.
5) 기초형상은 직사각형 보다 원형기초가 모서리 응력의 불균등이 없게 되어 지반계수가 크다.

참고 **토공다짐공법**

암기 전진충 블로탐타 진동롤컴타 람탐 탄마

1. 전압식

1) Buldozer
2) Road Roller
 ① Tandem Roller
 ② Macadam Roller
3) Tamping Roller
4) Tire Roller

2. 진동식

1) 진동 Roller
2) 진동 Compactor
3) 진동 Tire Roller

3. 충격식(접속부, 뒷채움)

1) Rammer
2) Tamper

4. 장비의 조합

1) 상차 : 파워쇼벨+백호+드레그라인+크레인
2) 운반 및 정지 : 불도저+스크레이퍼+덤프트럭
3) 정지 : 그레이더

참고 **흙의 다짐**

암기 함토다다다다

1. 개요

1) 다짐이란 흙에 하중을 가하여 흙 속의 공기를 제거 하는 것이다.
2) 체적만 압축되고 중량은 불변상태이다.

2. 영향요인

1) 함수비
2) 토질
3) 다짐에너지
4) 다짐횟수
5) 다짐장비
6) 다짐방법

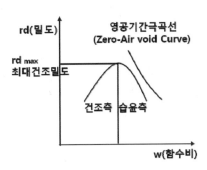

흙의 다짐곡선

3. 다짐도 규정 방법 암기 건포강상변다

1) 건조밀도
2) 포화도, 공극률
3) 강도로 규정
4) 상대밀도
5) 변형량 : Proof Rolling
6) 다짐장비, 다짐횟수

13 흙의 전단파괴

1. 개요

1) 상부 구조물에 의한 과도침하 발생 시 지반파괴
2) 평판재하시험 시 하중-침하곡선에서 지반항복점을 통과하면서 국부전단파괴와 전반전단파괴로 구분

2. 흙의 전단파괴 〔암기〕전국관

1) 전반전단파괴 : 활동면 따라 전반파괴
2) 국부전단파괴 : 침하를 동반하며 부분파괴
3) 관입전단파괴 : 지표의 변화없이 관입

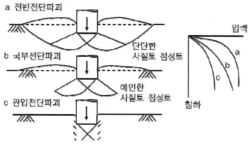

지반파괴형태

3. 특징

구분	전반전단파괴	국부전단파괴	관입전단파괴
형태	활동면 따라 전반전단파괴	침하를 동반한 부분파괴	지표 변화없이 관입만
토질	단단한 사질, 점토	예민한 사질, 점토	액상화, 초연약, 점토
변형	전체융기	부분융기	변화 시

〔참고〕 토공 취약공종 5가지
〔암기〕구편종확토

1. 구조물 뒷채움
2. 편절편성부
3. 종방향 흙깎기
4. 확폭구간 접속부
5. 구조물과 토공접속부

〔참고〕 절토공법
〔암기〕기발 TB유로 팽선미Drill

1. 기계식

1) TBM
2) Breaker
3) 유압잭, 유압Ripper
4) Road Header

2. 발파공법

1) 팽창성파쇄공법
2) 선균열팽창
3) 미진동발파
4) Drill & Blast

〔참고〕 법면보호공
〔암기〕식구 씨씨식평줄식식 돌돌콘콘현모비돌보

1. 식생공

1) 씨앗살포
2) 씨앗뿜어붙이기
3) 식생매트
4) 평떼
5) 줄떼
6) 식생망테
7) 식생구멍

2. 구조물

1) 돌쌓기
2) 돌붙임
3) 콘크리트붙임
4) 콘크리트블럭격자
5) 현장몰탈 & 콘크리트뿜어붙이기
6) 비탈면앙카
7) 돌망태
8) 보강토

14 동상현상(Frost Heave)

1. 개요

흙 온도가 0℃ 이하로 내려가서 지표면 아래 흙 속의 공극수가 얼어 지표면이 부풀어 오르는 현상이다.

2. 피해 [암기] 철도상지

1) 철도침목
2) 도로포장
3) 상수도관
4) 지반융기

3. 발생원인 [암기] 흙온지

1) 흙
   ① Silt(0.005~0.074mm)
   ② 미세한 퇴적토

2) 온도
   ① 0℃ 이하
   ② Ice Lense, 서릿발

3) 지하수 : 모관수

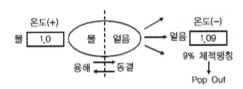

체적팽창 메커니즘

4. 방지대책 [암기] 치차단안

1) 동결심도 아래 기초
2) 지하수위 저하
3) 배수층
4) 비동결성 재료 사용
5) 흙 치환
6) 모관수 차단
7) 단열처리
8) 안정처리

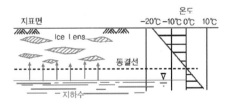

흙의 동결현상

5. 동결심도 측정법 [암기] 동보실열

1) 동결지수 $Z = C\sqrt{F}$ (: 햇볕 3, 그늘 5)
2) 보정동결지수
3) 실제로 파서 Ice Lens 온도측정
4) 열전도율 $Z = \sqrt{\dfrac{48kF}{L}}$

6. 측정시간

03시 09시 15시 19시 21시

[참고] 융해현상(Thawing)

1. 동결된 지반이 융해되어 흙 속의 과잉수분으로 인해 연약해지고 강도가 저하되는 현상이다.

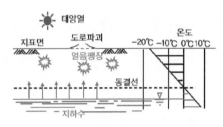

흙의 융해현상

2. 원인

1) 배수불량
2) 융해속도 > 배수속도

3. 현상

태양열 영향으로 도로를 파괴하고, 얼음이 녹아 체적이 팽창하며 배수불량 상태에서 융해현상이 나타난다.

15 연약지반

1. 개요 [암기] 함일느

1) 함수비가 많고
2) 일축압축강도가 낮은
3) 느슨하게 쌓인 유기질토

2. 문제점 [암기] 침안측

1) 침하
2) 안전
3) 측방유동

3. 전단특성요인

점토	모래
예민비 Thixotrophy Leaching Heaving 동상/연화 NF 주면마찰력 과잉간극수압 압밀침하 1·2차	액상화 상대밀도 Dilatancy Quick Sand Boiling

** Dilatancy : 사질토가 전단응력의 발생으로 체적변화를 일으키는 현상

4. 연약지반 특성

점토	모래
예민비 크고 세립토 함유량 많고 동상현상에 의한 연화현상 함수비, 전단강도 감소 N < 4	상대밀도(Dr) 감소 Cu·Cg가 불량한 입도 Dilatancy 액상화 쉬운 N < 10

5. 침하량, 침하시간, 압밀도

1) 침하량 : $Sc = \dfrac{Cc}{1+e_0} H \log \dfrac{P_0 + \triangle P}{P_0}$ (cm)

2) 침하시간 : $t = \dfrac{T_v H^2}{C_v}$ (분)

3) 압밀도 : $\overline{u} = 1 - \dfrac{u}{u_i}$

6. 연약지반 판정기준

1) 점성토
   ① $N \leq 4$
   ② 표준관입시험
   ③ 자연함수비
   ④ 일축압축강도

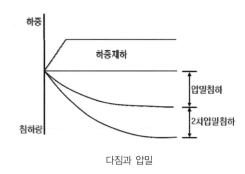

다짐과 압밀

2) 사질토
   ① $N \leq 10$
   ② 표준관입시험
   ③ 자연상태 간극비
   ④ 상대밀도

7. 연약지반 처리공법 [암기] 점모 치압탈배고 진다폭전약동

	점성토		사질토
치환	기계굴착, 폭파, 강제, 동치환	진동다짐	Vibroflotation
압밀	Preloading, 압성토	다짐말뚝	Sand Compaction Pile (= VibroCompozer)
탈수	Sand Drain, Paper Drain, Pack Drain	폭파다짐	
배수	Well Point, Deep Well	전기침투	
고결	생석회, 소결공법, 전기침투압, 강제배수, 전기화학	약액주입	
		동압밀	동다짐

** 동치환공법(Dynamic Replacement Method)
  : 점성토 연약지반에 쇄석을 미리 포설한 후 중추를 낙하시켜 쇄석기둥을 형성하는 공법
** 동다짐공법(Dynamic Consolidation Method)
  : 사질토 연약지반에 10~40톤의 중추를 반복적으로 낙하시켜 지반을 개량하는 공법

16 연약지반처리공법(답안작성요령)

1. 개요 _{암기} 함일느

1) 함수비가 많고
2) 일축압축강도가 낮은
3) 느슨하게 쌓인 유기질토

2. 목적

1) 액상화 방지
2) 부등침하 방지
3) 전단강도 증대
4) 기초지정

3. 연약지반 판정기준

1) 점성토 $N \leq 4$
2) 사질토 $N \leq 10$
3) 유기질토

4. 공법 종류

1) 치환공법 : 굴착, 활동, 폭파

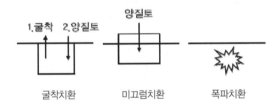

굴착치환   미끄럼치환   폭파치환

2) 압밀공법(재하공법)
 ① 선행재하(Preloading)

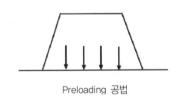

Preloading 공법

 ② 압성토(Surcharging)

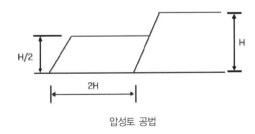

압성토 공법

 ③ 사면선단재하 : 계획선 이상 여성토 쌓기

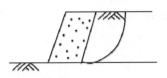

사면선단재하공법

3) 탈수공법(Vertical Drain) :
Sand Drain, Paper Drain, Pack Drain
4) 배수공법
 ① 중력배수 : 높은 곳 → 낮은 곳 집수
 ② 강제배수 : 강제로 집수하여 펌핑
 ③ 전기침투 : 지중에 전기를 흘려 전류로 이동

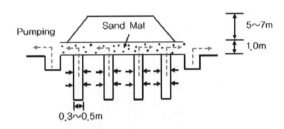

Sand Drain 공법

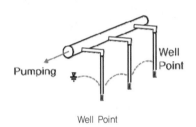

Well Point

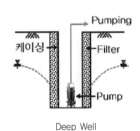

Deep Well

5) 고결공법
 ① 생석회 말뚝 : 콘크리트 말뚝
 ② 동결, 소결

6) 다짐공법
① Vibro Flotation(진동다짐) : 봉상 진동기로 사수와 진동

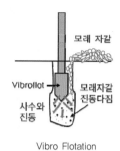

Vibro Flotation

② Vibro Compaction Pile(다짐모래말뚝) : 진동하여 모래 속 공기를 빼며 다짐

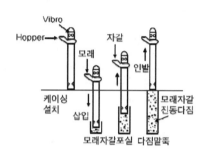

Vibro Compaction Pile

③ 동압밀(동다짐) : 5~40ton 추를 자유낙하
7) 혼합공법 : 입도조정, Soil 시멘트, 화학약액
8) 주입공법 : 시멘트주입약액주입 : LW 시멘트+물

약액주입공법

5. 연약지반계측

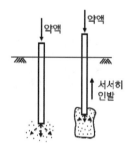

연약지반계측

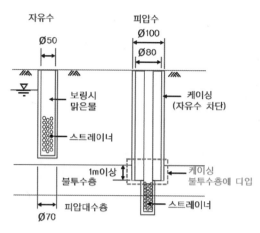

자유수와 피압수

6. 공사 전, 작업 시 안전대책

> **암기** 전일 작근장매자토신지 불근사안단출표

1) 공사 전 준비사항
① 작업내용 숙지
② 근로자 투입 계획
③ 장애물 제거 및 보호조치
④ 매설물 방호조치
⑤ 자재 반입 및 적치
⑥ 토사반출 시 토류판 작용하중 검토
⑦ 상하차 시 신호체계 유지
⑧ 지하수유입에 의한 붕괴방지

2) 일일 준비사항(작업 시 준수사항)
① 불안전한 상태 제거
② 근로자 적절 배치
③ 사용 기기·공구 절연상태 점검
④ 안전보호구 착용상태 점검
⑤ 단계별 안전대책 수립
⑥ 출입금지 표시, 낙하지역 구획설정
⑦ 표준신호 규정 준수

참고 **연약지반처리공법**

알기 점모 치압탈배고 진다폭전약동 기폭강동Pre압 SanPa Well Deep 전전

점성토		사질토	
치환	기계굴착, 폭파, 강제, 동치환	진동 다짐	Vibroflotation
압밀	Preloading, 압성토	다짐 말뚝	Sand Compaction Pile (=VibroCompozer)
탈수	Sand Drain, Paper Drain, Pack Drain	폭파 다짐	
배수	Well Point, Deep Well	전기 침투	
고결	생석회, 소결, 전기침투압, 강제배수, 전기화학	약액 주입	
		동 압밀	동다짐

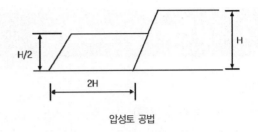

압성토 공법

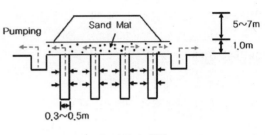

Sand Drain 공법

참고 **안식각, 흙파기 경사각**

1. 흙파기경사각 : 안식각 × 2배

흙의 종별		중량(kg)	안식각	경사각
모래	건조	1,500~1,800	20~35	40~70
	습윤	1,600~1,800	30~45	60~90
	젖은	1,800~1,900	20~40	40~80
흙	건조	1,300~1,600	20~45	40~90
	습윤	1,300~1,600	25~45	50~90
	젖은	1,600~1,900	25~30	50~90

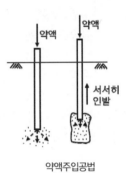

약액주입공법

2. 굴착면 구배기준 알기 토풍연경

구분	지반종류	기울기
보통흙	습지	1 : 1 ~ 1 : 1.5
	건지	1 : 0.5 ~ 1 : 1
암반	풍화암	1 : 1.0
	연암	1 : 1.0
	경암	1 : 0.5

Vibro Flotation

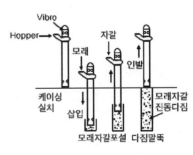

Vibro Compaction Pile

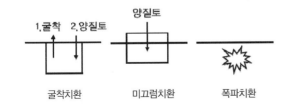

굴착치환   미끄럼치환   폭파치환

17 쓰레기매립장 환경오염방지방안

1. 개요

1) 쓰레기매립장 설치 시 주변 지반오염, 지하수 오염, 해충 서식 등으로 사회적인 문제를 일으키므로 환경오염방지방안을 마련하여야 한다.

2) 구분 : 기반시설공사, 준비시설매립공사

2. 매립장 형태 [암기] 평곡

1) 평지매립 : 적정한 구배로 설치

2) 곡간매립 : 옹벽을 만들어 매립

3. 오염방지방안 [암기] 기매 사집배우차 복악해Ga 오침조

1) 기반시설공사 [암기] 사집배우차

① 사면안정 : 적정한 구배로 설치

② 집수·배수 : 침출수를 신속히 배수, 수위상승 억제

③ 우수배제 : 강우량 70%가 집중, 우수 침출수를 구분하여 우수는 하천으로 배수

④ 차수 : 환경측면에서 가장 중요, 점토를 사용한 수평차수와 Sheet Pile, Slurry Wall, Grouting 을 사용한 수직차수로 구분

2) 매립공사 [암기] 복악해Ga 오침조

① 복토 : 쓰레기 비산·악취 제거를 위해 매일 복토를 하고, 진입로 부지정리 우수배제를 위한 중간복토 실시, 폐쇄 후 우수침투 Gas 억제 등을 위한 최종복토가 있다.

② 악취·해충 : 복토 미실시로 침출수량 증가, 해충 서식 증가, 대책으로 악취저감제 살충제 살포 및 신속히 복토를 한다.

③ Gas 발생 : 악취 등으로 호흡기 피부병 증가, 소각하여 발전용 활용

④ 오염감시체계 : 지하수 감시정 설치

⑤ 침출수 처리 : 수질관리, 하부에 집수·배수 시설로 처리

⑥ 조경 : 매립물 자체 수분감소, 침출수는 하부에 집수·배수 시설로 투수성 확보

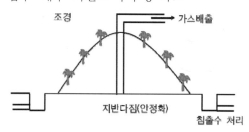

쓰레기매립장 환경오염방지대책

4. 안전대책

1) 지반안정

① 치환, 선행재하, 탈수, 동압밀 공법 적용

② 동다짐, 주입, 화학약액혼합 공법 적용

2) 사면안정 : 적정한 구배

3) 악취·해충

① 악취저감제, 살충제를 신속히 살포

② 신속히 복토하여 피해저감

4) Gas차단

① 추출공 통해 대기발산

② 소각하여 발전용 생활용 가스로 활용

5) 지하수 오염

① 오염수 차단하기 위해 차수벽 설치

② 지하감시정 확인

6) 기타

① 부식방지 : 강재 콘크리트 피복증가

② 집수·배수시설 및 우수배제시설 설치

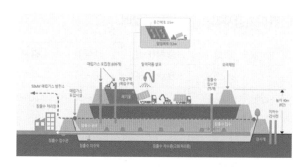

수도권매립지 폐기물매립개념도

(참고 : 서울시 수도권매립지 폐기물매립개념도)

18 굴착공법(흙파기공법) 종류

1. 개요

1) 굴착 전 지질 조사, 지하수 조사, 인접구조물 조사 지하매설물 조사 등 사전조사를 철저히 하여야 한다.

2) 굴착 시 주위지반 이동이 안 되도록 굴착하고, 침하 안 되도록 대책공법을 선정한다.

2. 굴착모양 [암기] 모형 구줄온 O 아트톱

1) 구덩이파기 : 국부적인 굴착

2) 줄기초파기 : 도랑모양 지하매설물 확인

3) 온통파기 : 넓게 전체흙막이 굴착

3. 굴착형식

1) Open Cut공법 : 경사
  ① 자립형
  ② 버팀대
  ③ 어스앵커
  ④ 타이로드

2) Island Method

3) Trench Cut Method

4) Top Down Method(역타공법)

4. 특징

1) Open Cut
  ① 자립형 : 지반 양호한 곳, 경사지게 굴착
  ② 버팀대 : 엄지말뚝 박고 띠장으로 받쳐가며 굴착, 가장 많이 시공
  ③ 어스앵커 : 부지가 여유 있는 곳, 천공 시 지장물 주의, 대지경계선 침범 주의
  ④ 타이로드 : 상부 당김줄을 걸어 시공

2) Island Method

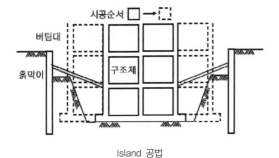

Island 공법

① 널말뚝 설치하고 자립 경사면을 남기고 중앙 굴착

② 구조물 축조하고 버팀대지지 후 흙파기

③ 구조물 완성

3) Trench Cut Method

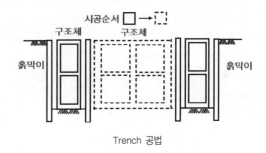

Trench 공법

① 외측널말뚝 시설 후 구조물 축조

② 외측흙막이 시설 후 중앙부 굴착

③ 연약지반에 유리하며 부지에 전체구조물 설치, 깊고 넓은 곳 유리

④ 구조물을 2회 나눠 시공하므로 비경제적이고 지하 이음 있음

4) Top Down Method(역타공법)
  ① 지하연속벽체으로 기둥기초 설치
  ② 지하·지상 동시 시공
  ③ 안전시공, 공기단축
  ④ 연약층 깊은기초 유리, 장비 소형
  ⑤ 수직부재 시 연결부 취약
  ⑥ 배수 곤란 시 토사반출 어려움

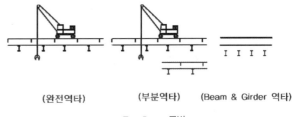

(완전역타)   (부분역타)   (Beam & Girder 역타)

Top Down 공법

19 발파 시 사전점검항목과 발파 설계과정

1. 사전점검항목

1) 발파작업계획 : 천공, 장전, 점화, 불발잔약 처리
2) 발파책임자 : 면허, 지휘
3) 발파시방 : 장약량, 천공장, 천공구경, 천공각도, 화약종류, 발파방식
4) 피해적용물 : 설계도서, 시방조항
5) 인접발파 : 안전도모
6) 화약사용기간, 사용량 준수
7) 작업자 안전 : 발파 전 대피
8) 붕괴 방지조치 : 사전점검 및 보강
9) 암질변화구간 : 시험발파, 영향검토
10) 암질판별 : 암질변화, 이상암질 출현 시

2. 발파 시 유의사항

1) 제삼자 출입금지
2) 2차 붕괴 : 사전점검
3) 부석정리 : 장비 2회, 인력 2회
  ① 버럭 처리 후 장비 1회, 인력 1회
  ② 천공 후 장비 1회, 인력 1회

3. 안전대책

1) 화약 수령 및 운반
2) 화약류 뇌관 동시운반 금지
3) 충격 화기 금지
4) 발파 후 불발잔약 제거
5) 전석유무 확인
6) 높이, 기울기

4. 시험발파 발파설계

```
시험발파계획서 → 시험발파 → 계측분석
→ 발파공법 → 발파설계 → 공사실시
```

참고 **Geosynthetic**

1. 종류 암기 Geo tmgc 배분Fil보방차

1) Geotextile
2) Geomembrane
3) Geogrid
4) Geocomposite

Geogrid

2. 기능

1) 배수	2) 분리
3) Filter	4) 보강
5) 방수	6) 차단

참고 **천공**

1. 사고원인

1) 사면 토석 낙하
2) 사면 굴착구배 미준수
3) 도심지 매설물 방호 미조치
4) 사면 단부로 추락
5) 천공기 리더 등 기계장치 연결부 탈락
6) 운반장비에 의한 충돌
7) 노면 불규칙으로 장비 전도

2. 안전대책

1) 개인보호구 보호복 착용
2) 사면 부석 사전 제거
3) 사면 굴착구배 준수
4) 매설물 방호 보강 조치
5) 사면 단부 안전난간 및 접근금지 조치
6) 리더 등 유압기계 연결부 안전블럭 및 이탈방지 조치
7) 굴삭기, 운반트럭 등 유도자 배치
8) 천공기 바닥에 돌출부 부석 제거후 작업

크로울러드릴 천공작업

참고 **장약**

1. 사고원인

1) 화약 주변 흡연, 라이터 소지
2) 사면으로 접금금지 조치 미흡
3) 화약 관리책임자 화약관리 소홀
4) 사면 부석낙하
5) 우천시 벼락 낙뢰
6) 비산석 의한 낙하, 비래
7) 잔류화약 미확인
8) 뇌관류의 보관, 화약취급 소홀
9) 장약작업중 누설전류 발생

2. 안전대책

1) 안전모 등 개인보호구 착용
2) 화약류 주변 흡연 및 라이터 소지 금지
3) 추락위험시 안전난간, 접근금지 표지 설치
4) 화약관리책임자 감독 철저
5) 경사면에 부석 등 위험물 제거
6) 천둥 벼락 위험시 작업금지
7) 잔류화약 즉시 반납
8) 뇌관류 Box 보관, 폭약 뇌관은 2m 이상 분리보관
9) 전기기계기구 등 누설여부 측정

천공 및 장약작업

20 암질 판별방식과 암 굴착공법

1. 개요

암질변화구간, 이상암질 출현 시 암질판별 및 시험
발파 후 발파시방 작성한다.

2. 적용 [암기] 암이시발

1) 암질변화
2) 이상암질 출현
3) 시험발파
4) 발파시방 작성

암질변화구간

3. 암굴착공법 [암기] 무미발직

1) 무진동공법 : 유압할암공법
2) 미진동공법 : 금속물질 팽창압
3) 발파공법 : 정밀진동제어발파
4) 직접타격공법 : 브레이커

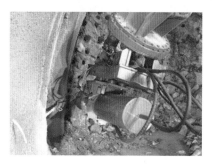
할암공법

4. 판별방식 [암기] 절뮐RRR풍균Q

1) 절리에 의한 방법
2) MUller에 의한 방법
3) R.M.R
4) R.Q.D
5) Riperbility
6) 풍화도

7) 균열에 의한 방법
8) Q-system

[참고] 암질분류

구분	RMR	RQD	일축압축강도	탄성파속도
풍화암	<40	<50	<125	<1.2
연암	40~60	50~70	125~400	1.2~1.5
보통암	60~80	70~85	400~800	2.5~3.5
경암	>80	>85	>800	>3.5

21 RMR(Rock Mass Ration)

1. 개요

1) 지반상태 등급화
2) 암강도, 지하수, 절리, 절리간격 조사
3) 중요도, 평가점수, 암반을 5등급 분류

2. 활용 [암기] 등지전변 무최지탄

1) 암반등급분류
2) 지보하중환산
3) 암반전단강도정수 추정
4) 암반변형계수
5) 무지보 유지시간
6) 터널 최대안정폭

3. 특징

1) 보편화된 방법
2) 절리방향 고려
3) 조사항목 간단
4) 오차 적고
5) 유동성 팽창성 있어 취약층 부적합
6) 보강방법 개략 제시

4. RMR 계산 필요 요소 [암기] 일R지상방간거충

1) 일축압축강도
2) RQD
3) 지하수
4) 절리상태
5) 방향, 간격
6) 거칠기
7) 충진물질

5. 암반등급분류(5등급)

등급	I	II	III	IV	V
RMR	100~81	80~61	60~41	40~21	20 이하
상태	매우 우수	우수	양호	불량	매우 불량
암질	경암	보통암	연암	풍화암	풍화토

[참고] 균열계수에 의한 암반판정

등급	암질상태	균열계수(C_r)
A	매우 좋음	<0.25
B	좋음	0.25~0.50
C	중정도	0.50~0.65
D	약간 나쁨	0.65~0.80
E	나쁨	>0.80

22 RQD(Rock Quality Designation)

1. 개요

1) 10cm 이상 코아의 합계를 총 시추 길이로 나눈 값
2) 암반지수 결정, 터널 Face Mapping 시 RMR값 활용

Boring Machine   시료채취

2. 활용 [암기] R지사분 경풍

1) RMR값 산정
2) 지지력 추정
3) 사면구배 결정
4) 분류(경암 ~ 풍화암)

3. RQD(암반지수)

$$RQD = \frac{10cm \text{ 이상 Core길이의 합계}}{\text{총 시추길이}} \times 100\%$$

4. RQD에 따른 암질 상태

RQD(%)	100~90	90~75	75~50	50~25	25~0
등급	I	II	III	IV	V
상태	매우양호	양호	보통	불량	매우 불량
암질	경암	보통암	연암	풍화암	풍화토

23 Q - System

1. 개요

1) RQD, 절리군의 수, 가장 불리한 절리, 불연속면의 거칠기, 가장 약한 절리, 충진 정도, 출수 등 6개의 변수를 활용하여 산정한다.
2) 응력조건 이용, 암질을 정량적인 수치로 평가

2. 계산식 [암기] Jnarw 잠실나루

$$Q = \frac{RQD \cdot Jr \cdot Jw}{Jn \cdot Ja \cdot SRF} \text{ (점수)}$$

: 절리관련계수
: 절리면변질계수
: 절리면거칠기계수
: 출수와 관련된 계수
: 활동성응력

1,000점 : 암상태 양호
0.001점 : 암상태 매우 불량
R.M.R = $9 \log Q + 44$

3. 결과 이용 [암기] 지변탄전

1) 터널지보공지침
2) 암반변형계수
3) 탄성파속도
4) 암반전단강도

24 암석의 불연속면

1. 개요

1) 절리는 암석이 취성변형을 받아 암석 내의 응집력을 상실하여 발생한 불연속면이다.

2) 불연속면의 종류 : 균열, 단층, 파쇄대, 절리

2. 조사항목 _{암기} 방연강충간틈투

1) 방향(Orientation)
2) 연속성(Persistency)
3) 강도(Strength)
4) 충진물(Filling)
5) 간격(Spacing)
6) 틈새(Aperture)
7) 투수성(Seepage)

3. 대책

1) 사면보강 : 록앵커, 어스앵커, 낙석방지망

2) 제어발파 _{암기} 라쿠Pre스

   ① Line Drilling
   ② Cushion Blasting
   ③ Pre-splitting
   ④ Smooth Blasting

Lattice Grider 시공중

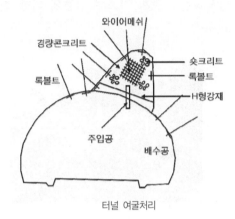

터널 여굴처리

| 무장약 | 50% | 100% | 분산장약 | 100% | 100% |

Line Drilling   Cushion Blasting

| 50% | 100% | 100% | 정밀 | 100% | 100% |

Pre-splitting   Smooth Blasting

제어발파

3) 터널막장 안정대책

   _{암기} 천막지배 포파강약,쇼록가지 약수P웰

   ① 천단부안정 : Fore Poling, Pipe Roof, 강관다단, 약액주입
   ② 막장안정 : 숏크리트, 록볼트, 가인버트, 지수
   ③ 지수 : 약액주입(LW, SGR, Jet Grouting)
   ④ 배수 : 수발공, PVC, Well Point

25 사면붕괴

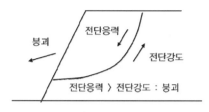

사면붕괴 메카니즘

1. 개요

1) 사면파괴 전단응력(S) 〉 전단강도(τ) : 붕괴
2) 원인
① 외적요인 : 진동 충격 강우 강설에 의한 전단 응력 증가
② 내적요인 : 풍화 지표수 침투에 의한 전단강도 감소

사면붕괴

2. 붕괴 형태 [암기] 사면 천중하

1) 사면천단부붕괴 : 사질토 53° 이상
2) 사면중심부붕괴 : 점성토 45° ~ 53°
3) 사면하단부붕괴 : 40°

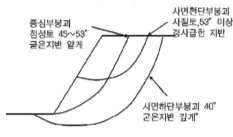

사면붕괴 형태

3. 굴착면 구배기준 [암기] 토풍연경

구분	지반종류	기울기
보통흙 (토사)	습지	1 : 1 ~ 1 : 1.5
	건지	1 : 0.5 ~ 1 : 1
암반	풍화암	1 : 1.0
	연암	1 : 1.0
	경암	1 : 0.5

4. 토사 붕괴의 원인 [암기] 외내

1) 외적원인(전단응력 증가)
① 진동 충격 : 발파 진동
② 토사중량 증가 : 지표수 지하수 토사중량
③ 강우 강설 : 강우 강설 융해 지하수위 상승 및 간극수압 상승

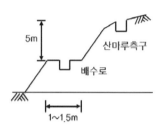

사면 배수로

④ 경사기울기 : 법면보호 다짐 불충분 시
⑤ 하중증가 : 구조물 성토 강우 적설
⑥ 일률적 표준구배 : 지층특성 고려 안함

2) 내적원인(전단강도감소)
① 전단응력(S) 〉 전단강도() : 붕괴
② 토석강도 : 토사 암 강도가 낮고, 풍화
③ 사면구성토질 : 지표수 침투가 쉽고 활동면 형성하는 토질
④ 동결융해 : 얼음으로 수축팽창, 연약화, 전단강도 저하, 지반침하
⑤ 기타 : 지하수 모이는 지층, 지하수가 풍부한 지층

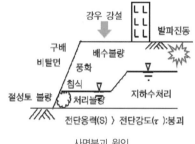

사면붕괴 원인

5. 사면안정공법

1) 사면보호공법(억제공)

① 식생공 : 평떼, 줄떼, 식생매트, 파종

② 뿜어붙이기 : 콘크리트, 몰탈 뿜어붙이기

③ 블록공 : 콘크리트 블럭, 콘크리트 현장타설

④ 돌쌓기, 블록쌓기 : 내부마찰각 〉 안식각

⑤ 배수공 : PVC 배수, 맹암거

⑥ 표면안전공 : 지표수 처리, 낙석방지망

2) 사면보강공법(억지공)

① 말뚝공 : 말뚝 일렬배치

② 앵커공 : 고강도강제+그라우팅

③ 옹벽

④ 절토 : 배토공

⑤ 압성토

⑥ Soil Nailing

⑦ 소단

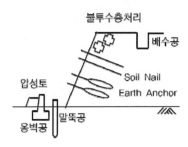

사면붕괴 방지대책

6. 비탈면붕괴 방지대책 [암기] 기당활보말 식구

1) 기울기 [암기] 토풍연경

2) 적절한 기울기 시공

3) 당초 계획과 차이

4) 활동이 가능한 토사 제거

5) 보강공법 적용

6) 말뚝(강관, H형강, RC)

7) 식생공

8) 구조물공

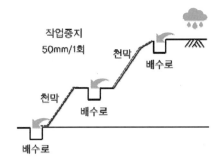

강우 시 사면보호대책

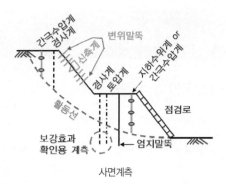

사면계측

7. 시공 전 안전대책 [암기] 동대2차

1) 동시 작업금지 : 도달거리 내 배수관 매설, 철근 작업, 콘크리트 타설작업 금지

2) 대피공간 : 붕괴속도 높이에 비례하며 좌우 대피 통로 확보

3) 2차 재해방지 : 구조도중 작은 붕괴 후 큰 붕괴 유발

[참고] **비탈면 점검요령**

[암기] 지경부용 결해보호비발

1. 지표면 탐사
2. 경사면 변화 점검
3. 부석 변화 점검
4. 용수발생 유무 점검
5. 용수량 변화 점검
6. 결빙·해빙 사면 변화 관찰
7. 경사면보호공 변위 탈락 유무 확인
8. 작업 전·중·후 사면 점검
9. 비가 온 후 낙석 유무 점검
10. 인접구역 발파 후 사면 점검

26 사면안정공법

1. 사면보호공법 : 억제공, 방호

[암기] 식구 씨씨식평줄식식 돌돌콘콘현모비돌보

식생에 의한 보호공	구조물에 의한 보호공
씨앗살포공 씨앗뿜어붙이기 식생매트공 평떼공 줄떼공 식생망태공 식생구멍공	돌쌓기공 블록쌓기공 돌붙임공, 블록붙임공 콘크리트붙임공 콘크리트블럭격자공 현장타설콘크리트격자공 몰탈뿜어붙임공 비탈면앙카공 돌망태공 보강토공

2. 사면보강공법 : 억지공, 억지로 못 내려오게

[암기] 철옹락식표경사뜬지낙

1) 철망(Wire Mesh)
2) 옹벽
3) 락볼트, 락앙카
4) 식생공
5) 표면처리공 : 불투수층 Soil Cement
6) 경사각
7) 사면보호공
8) 뜬돌떼기
9) 지하수처리 : 산마루측구
10) 낙석방지망, 낙석방지책

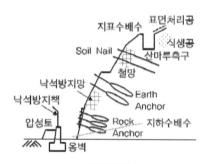

사면보강공법

[참고] **자연사면붕괴**

구분	Land Slide(산사태)	Land Creep(사태)
원인	집중호우, 지진	강우, 강설, 지하수상승
발생시기	호우중	강우후 일정시간경과
지형	급경사(30°이상)	완경사(15~20°)
토질	불연속층, 풍화암	점성토, 연암층, 연약지반
속도	빠르고 순간적	느리고 연속적

전단응력(S) 〉 전단강도(τ) : 붕괴

27 암반사면 붕괴 형태·원인·대책

1. 개요

1) 불연속면(Discontinuity), 경사(Dip), 절리(Joint), 암반 강도, 지질구조의 영향으로 붕괴
2) 암석강도 〈 불연속면 발달상태
3) 불연속면 발달상태를 조사하여 사면안정 판단

사면보호공법

2. 형태 [암기] 원평쐐전

1) 원형파괴 : 절리가 불규칙
2) 평면파괴 : 절리가 한 방향
3) 쐐기파괴 : 절리가 두 방향으로 교차
4) 전도파괴 : 절리가 반대 방향

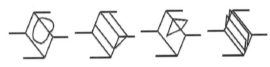

원형파괴　　평면파괴　　쐐기파괴　　전도파괴

3. 원인 [암기] 표해진충 풍함높하형

1) 일률적인 표준구배
2) 사면안정 해석방법 오류
3) 진동 충격
4) 암반강도 저하 : 풍화
5) 함수량 증가 : 지표수, 지하수 침투, 간극수압 증가
6) 사면구배 높이의 증가
7) 하중증가 : 강우 강설
8) 사면형상변화 : 해안 침식

4. 사면보강공법 : 억지공, 억지로 못 내려오게

[암기] 철옹락식표경사뜬지낙

1) 철망(Wire Mesh)
2) 옹벽

3) 락볼트, 락앙카
4) 식생공
5) 표면처리공 : 불투수층 Soil Cement
6) 경사각
7) 사면보호공
8) 뜬돌떼기
9) 지하수처리 : 산마루측구
10) 낙석방지망, 낙석방지책

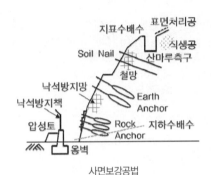

사면보강공법

5. 안전대책

1) 동시작업 : 동시작업 시 Trench 보강 후 작업
2) 대피공간 : 좌우 피난통로
3) 2차 재해 : 작은 붕괴 후 큰 붕괴

사면붕괴

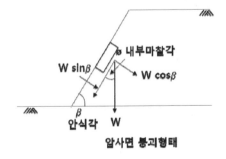

암사면 붕괴형태

$w \cdot \sin\beta > w \cdot \cos\beta \tan\phi$

$(w \cdot \sin\beta / w \cdot \cos\beta) > \tan\phi$

$\tan\beta > \tan\phi$

$\therefore \beta > \phi$ (내부마찰각) : 붕괴

β(안식각)보다 ϕ값을 증대시켜야 안전하다.

ϕ값 감소이유 : 우수침투(중점관리포인트)

참고 **사면종류**

암기 직무유(기)

1. 직립사면

1) 단단한 점토, 암반
2) 연직낙하로 굴러서 붕괴
3) 전단변위 거의 없음
4) 낙하속도 매우 빠름

2. 무한사면

1) 사면길이 > 활동 흙 깊이
2) 사면높이=활동깊이×10배 이상
3) 직선활동에 의한 평면파괴
4) 경사완만 서서히 발생
5) 활동속도 매우 느림

3. 유한사면   암기 천중하

1) 활동깊이 길이 > 사면높이
2) 사면천단부 붕괴
3) 사면중심부 붕괴
4) 사면하단부 붕괴

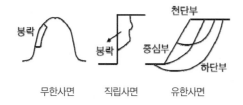

|무한사면|직립사면|유한사면|

참고 **그라우팅 천공 및 시공**

1. 사고원인

1) 그라우팅약액 신체접촉시 질병
2) 그라우팅주입시 주입구 역류 비산
3) Rod 코어튜브 탈착시 손가락 협착
4) 경사면 상부 천공시 낙하물에 맞음
5) 그라우팅 혼합기 혼합기날 신체접촉
6) 천공기 호스연결부등 파열 비래
7) 천공작업중 Rod 등에 협착

2. 안전대책

1) 개인보호구 착용
2) 탈착작업시 손 발주변 확인
3) 자재 공구 적재 시 전도방지 조치
4) 상·하동시작업 금지 및 하부 출입금지 조치
5) 비계 등 작업발판설치
6) 혼합기에 덮개 등 신체접촉방지조치
7) 천공 중 장비주변 출입금지

28 암반사면 안정성 평가

1. 개요

1) 불연속면(Discontinuity), 경사(Dip), 절리(Joint), 암반 강도, 지질구조의 영향으로 붕괴
2) 암석강도 〈 불연속면 발달상태
3) 불연속면 발달상태조사
4) 사면안정판단

2. 현장조사

1) 지표지질조사 〔암기〕 방연강충간틈투
   ① 방향(Orientation)
   ② 연속성(Persistency)
   ③ 강도(Strength)
   ④ 충진물(Filling)
   ⑤ 간격(Spacing)
   ⑥ 틈새(Aperture)
   ⑦ 투수성(Seepage)

2) 시추조사
   ① 시추
   ② 표준관입시험
   ③ 시료채취

3. 현장시험 〔암기〕 슈포틸프 일코경거

1) Schmit Hammer Test : 암석 일축압축강도
2) Point Load Test : Core 일축압축강도
3) Tilt Test : 경사각
4) Profile Gauge Test : 거칠기

Point Load Test

4. 암석시험 〔암기〕 강투변지탄

1) 일축압축강도
   ① 푸아송
   ② 탄성계수
   ③ 탄성파

④ 비중
⑤ 흡수율

2) 삼축압축시험 : 전단강도 정수
3) 절리면 전단시험 : 저항각

삼축압축시험장치

5. 사면안정해석 〔암기〕 평한

1) 평사투영법
   ① 암질방향
   ② 절리
   ③ 강도 고려
   ④ 개략

2) 한계평형법 : 정밀해석
3) 한계평형법+평사투영법으로 붕괴 예방

CHAPTER 12

29 사면계측

1. 개요

1) 계측이란 인간능력+계측기기, 공학적 유용정보로 안정성 유추
2) 사면계측 : 지반변위, 지표변위, 간극수압, 하중, 토압

2. 분류

1) 토질사면 [암기] 천중하
   ① 사면천단부붕괴 : 사질토, 53° 이상
   ② 사면중심부붕괴 : 점성토, 45~53°
   ③ 사면하단부붕괴 : 40°

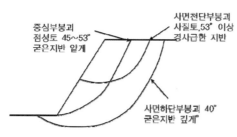

사면붕괴 형태

2) 암반사면 [암기] 원평쐐전
   ① 원형파괴 : 절리가 불규칙
   ② 평면파괴 : 절리가 한 방향
   ③ 쐐기파괴 : 절리가 두 방향으로 교차
   ④ 전도파괴 : 절리가 반대 방향

원형파괴   평면파괴   쐐기파괴   전도파괴

3. 특징

1) 불안정 증거
2) 불안정 상태
3) 사전 위험성 예보
4) 간극수압
5) 안정성 문제시 안정공법

4. 세부계측계획

사면경사계측
1) 인력배치
2) 설치

3) 측정
4) 자료정리
5) 결과보고

5. 사면계측계획

1) 조사
   ① 기울기
   ② 지하수위
   ③ 불연속면

2) 계측
   ① 지반변위 : 측량기 균열계 경사계
   ② 지중변위 : 경사계 침하계 간극수압계

사면경사계측

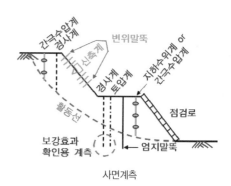

사면계측

[참고] 평사투영법

1. 개요

1) 평사 투영법은 net에 불연속면의 발달상태를 투영하여 분석하는 방법으로 현장에서 사용하기가 간단해 널리 이용되는 방법이다.
2) 절리나 단층 같은 불연속면의 주향과 경사를 측정, 불연속면의 극점(pole)을 net에 투영하여 백분율로 밀도분포도를 작성하여 사면의 안전성을 해석, 평가하는 것이다.
3) 작도가 다 이루어지면 각 불연속면을 투영한 극점의 위치에 따라 사면의 안전성을 검토할 때, 극점이 daylight envelope 중에서 마찰소원의 외부에 위치하면 붕괴가 일어날 우려가 있으며, 전도영역에 위치하게 되면 전도파괴가 일어나게 될 우려가 있으나, 그 외 지역에 위치하게 되면 안정성이 있다는 것으로 판단한다.

4) 평사투영법은 불연속면의 주향과 경사, 암반의 내부 마찰각 이외의 다른 요소들이 반영되지 않지만 현장에서 손쉽게 안정성 여부를 예비 판정할 수 있는 장점이 있다.

2. 한계평형법

이 방법은 사면에 발달한 절리면의 방향에 따라 일어날 수 있는 파괴의 종류에 따른 안정성을 해석하는 방법으로 여기에 해당하는 파괴에는 평면파괴, 쐐기파괴, 원호파괴, 전단파괴가 있다.

1) 원호파괴 : 토질사면과 같이 재료가 무척 약할 때나 폐석더미와 같이 암반에 절리가 매우 심하게 형성되었거나 암체가 파쇄된 경우에 사면 파괴는 단일 불연속면 표면에 의해 정의될 것이지만 원호 파괴의 경로를 따르게 될 것이다.

2) 평면파괴 : 성층면과 같은 지질학적 불연속면이 사면 표면과 평행하게 나아가고 마찰각보다 큰 각도로 굴착방향으로 경사져 있을 때 발생한다.

3) 쐐기파괴 : 두 불연속면이 경사지게 사면의 표면을 가로질러 나아가고 그것들의 교선이 사면 표면에서 만날 때 이 교선의 경사각 마찰각보다 다소 크면 이 불연속면들 위에 놓여 있는 쐐기형의 암반은 교선을 따라 미끄러지게 된다.

4) 전도파괴 : 절취면과 절리면의 경사방향이 반대이거나, 절취면의 주향과 절리면의 주향이 비슷한 경우 발생한다.

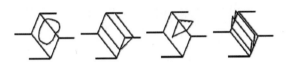

| 원형파괴 | 평면파괴 | 쐐기파괴 | 전도파괴 |

30 흙막이 공법 종류

암기 재지 H강강슬Top 자버어타

1. 공법의 종류

구조방식(재료)		지지방식
H-Pile		

버팀대식	강널말뚝
	강관널말뚝
		자립공법
		버팀대공법:
		  – 경사
		  – 수평
		어스앵커공법
		타이로드공법

Slurry Wall	주열식 :
	  – ICOS
	  – Soletance
	  – Boring Wall	

	벽식 :
	  – RCD
	  – BENOTO
	  – Earth Anchor
	  – Soil Nail
	  – 프리펙트콘크리트 :
	    CIP, PIP, MIP	

Top Down (역타공법)		

2. 흙막이 안정성 검토

1) 토압 수압 보일링 히빙 파이핑
2) 피압수
3) 차수·배수
4) 침하
5) 계측

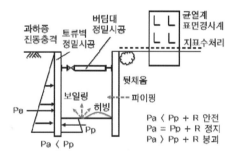

흙막이 침하붕괴 방지대책

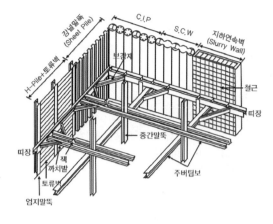

흙막이 구조별 분류

3. 흙막이공법 선정 시 고려사항 암기 시경안공 공민환교

1) 시공성, 경제성, 안전성
2) 공사기간, 공사비
3) 민원
4) 환경
5) 교통
6) 연약지반처리
7) 인접지반
8) 주변영향
9) 수밀성, 강성, 배수, 소음, 진동

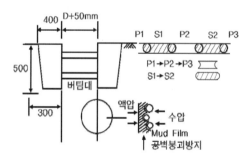

Guide Wall

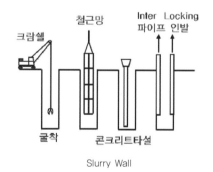

Slurry Wall

31 흙막이공법 시공 시 안전관리 품질관리

1. 개요

1) 흙막이란 지하굴착 시 주위 지반침하가 생기지 않도록 하는 공법
2) 조사 : 매설물 조사, 지장물 조사, 토질조사

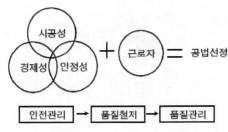

흙막이 공법선정 시 고려사항

2. 공법 선정 시 고려사항 [암기] 시경안공 공민환교

1) 시공성
2) 경제성
3) 안전성+무공해성

3. 안전·품질 중점사항

안전·품질	① 공법 ② 흙막이 주변 집중하중 ③ 진동·충격 ④ 지표면 상부 ⑤ 소운반 ⑥ 이동통로 ⑦ 지하매설물 ⑧ 안전시설
조사	① 사전 조사 ② 지반 조사 ③ 지하수 조사 ④ 매설물 조사
침하·균열	–
배수·차수	① 지하수 ② 중력식 ③ 강제식
환경	① 소음, 진동 ② 수질, 폐기질

[참고] 흙막이 구조 안전성 검토
[암기] 토수보히파 피차배침계

1) 토압 수압 보일링 히빙 파이핑
2) 피압수
3) 차수·배수
4) 침하
5) 계측

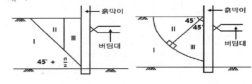

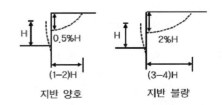

흙막이벽의 휨

[참고] 토압
[암기] 수정줘

1) 주동토압 : 앞쪽으로
2) 정지토압 : 변위 제로
3) 수동토압 : 벽체 뒤로
4) 수동토압 > 정지토압 > 주동토압

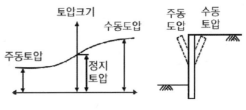

옹벽 토압의 변화

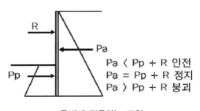

Pa < Pp + R 안전
Pa = Pp + R 정지
Pa > Pp + R 붕괴

옹벽에 작용하는 토압

참고 **흙막이 지보공 자재반입**

1. 사고원인

1) 이동식크레인 운전 미숙 자재낙하
2) H-pile 등 인양 시 크레인 붐이 파손
3) 아웃트리거 받침대 파손시 자재 요동
4) 적재자재 전도로 협착사고
5) 중량물 인양중 지반부등침하
6) H-beam을 1줄 결속 시 인양자재에 충돌
7) H-beam 줄걸이 수직도 불량
8) 후크에서 와이어로프 탈락, 자재 낙하
9) 회전중 크레인 후면부 충돌

2. 안전대책

1) 운전원자격유무 확인
2) 토석이탈 우려시 낙석보호복 착용
3) 크레인 본체, 붐대, 연결부 이상유무 확인
4) 아웃트리거 하부받침대 규격품 사용
5) 자재받침대는 상재하중에 견딜 수 있는 재료
6) 크레인 설치 전 지내력 확인
7) 크레인 작업 시 신호수 배치
8) H-beam 결속 시 2줄 걸이 결속, 인양시 수평유지
9) 후크 와이어로프 탈락방지용 후크해지장치 설치
10) 이동식크레인 충돌위험 부위에 접근위험표지

참고 **흙막이 지보공 설치**

1. 사고원인

1) 흙막이버팀대상에 안전대걸이용 로프 미설치
2) 흙막이시공시설계도서와 상이로 내력강도 감소
3) 이동식크레인을 흙막이상부에 근접 거치하여 흙막이 파손
4) 흙막이버팀보 상에 적재된 자재 공구 등 낙하
5) H-beam을 1줄 결속 시 인양자재에 충돌
6) H-beam 상에서 안전대를 로프 미체결
7) H-beam 교차부 볼트가 누락 시 취약부 발생
8) 후크해지장치 미설치시 와이어로프 탈락

2. 안전대책

1) 개인보호구 착용철저
2) 흙막이버팀보 상에는안전대걸이용 로프설치
3) 이동식크레인, 자재 등 중량물은 흙막이에 인접하여 적재금지
4) 흙막이버팀보 상에 낙하위험 자재, 공구적재금지
5) H-beam 결속 시 2줄 걸이 결속, 인양시 수평유지
6) H-beam 상에서 용접, 볼트체결시 안전대체결
7) H-beam 교차부에 볼트 누락 없이 견고하게 체결
8) 이동식크레인 후크에 해지장치 설치

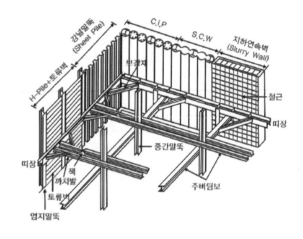

흙막이 구조별 분류

참고 **굴착토사 반출**

1. 사고원인

1) 굴삭기운전원, 운전미숙
2) 버켓과 운반트럭에 토사 과적재
3) 굴착단부주변 작업중 단부로 추락
4) 세륜시설 조작중 감전
5) 굴삭기 회전중 굴삭기 후면부 충돌
6) 굴삭기 회전, 운행중 주변 근로자 협착, 충돌
7) 굴삭기 버켓연결부 탈락

2. 안전대책

1) 운전원 자격유무 확인
2) 법면 굴착구배준수, 붕괴위험방지조치 실시
3) 운반트럭 토사적재 시 적정량 적재
4) 굴착단부등 추락위험 장소 안전난간대 설치
5) 세륜시설 접지 누전차단기 설치
6) 굴삭기 후면 경광등 접근금지표지
7) 굴삭기 유도자 배치, 작업반경내 출입금지

굴착토 상차 및 운반

참고 **흙막이지보공 해체**

1. 사고원인

1) 이동식크레인 운전미숙
2) 와이어로프 절단으로 H-beam 인양중 낙하
3) 이동식크레인 붐이 부러져 자재 낙하
4) 해체된 자재 불안전하게 적재
5) 해체된 파일하부 받침대 부러져 적재파일 전도
6) H-beam을 1줄 결속 시 인양자재에 충돌
7) 복공판 단부안전시설 미흡
8) H-beam 상에서 작업시 실족
9) 장비 및 자재 등 복공판 상부에 과적재
10) 와이어로프 후크해지장치 미설치
11) 이동식크레인 회전중 후면부 충돌

흙막이 지보공

2. 안전대책

1) 운전원 자격유무 확인
2) 와이어로프는 손상, 변형 점검 후 사용
3) 이동식크레인 본체, 붐대, 기계장치 안전성 점검
4) 해체된 자재 적재시 안전하게 적재
5) 받침대는 H-pile의 하중을 견딜 수 있는 견고한 것 사용
6) H-beam 결속 시 2줄 걸이 결속, 인양시 수평유지
7) 복공판단부 안전난간대 설치
8) H-beam 상 안전대걸이용 로프설치
9) 이동식크레인, 자재 등 중량물 복공판상부에 적재시 구조검토
10) 후크에 체결 시 후크해지장치 설치
11) 이동식크레인 후면부 접근금지표지 설치

참고 **안전가시설(굴착선단부)**

1. 사고원인

1) 개인보호구 미착용
2) 굴착선 단부에 자재 낙하
3) 굴착선단부 지반균열로 침하
4) 굴착선단부 노면굴곡 및 돌출물로 이동 시 전도
5) 안전난간대 수직보호망 미설치
6) 가설통로가 미설치
7) 발끝막이판미설치로 쇄석·자재 등 낙하
8) 안전난간대의 상부난간과 중간대 간격 넓어 추락
9) 굴착선단부 안전난간대를 적기에 미설치
10) 안전난간대 고정부가 탈락으로 추락

2. 안전대책

1) 굴착선 단부에 작업 시 안전대 착용 철저
2) 굴착선 단부 낙하물 방치 금지
3) 굴착선단부 지반균열시 보강 조치
4) 굴착선단부 바닥의 노면은 평탄하게 정리

흙막이 안전시설

5) 안전난간대 수직보호망 설치
6) 굴착선단부 안전한 가설통로 설치
7) 안전난간대 하부 발끝막이판 설치
8) 안전난간대 상부(90~120cm) 중간(45~60cm)
9) 굴착선단부 적기에 안전난간대설치
10) 안전난간대 중간부 120kg 겹침부 100kg 하중 견디도록 설치

32 Earth Anchor공법

1. 개요

인장재를 경질지반에 정착하여 인장력을 주어 토압을 견디는 공법

2. 분류 [암기] 가영 마지복

Earth Anchor 쐐기

1) 가설앵커
① 임시 설치, 공사종료 후 철거
② 타이로드
③ 말뚝재하시험

2) 영구앵커
① 구조물 보강
② 부상방지
③ 송전탑 기초
④ 옹벽 전도
⑤ 산사태

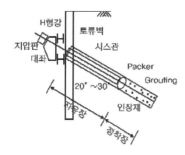

Earth Anchor

3. 지지방식

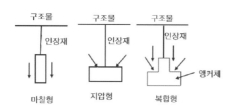

강연선의 마찰력 지압력

1) 마찰형
2) 지압형
3) 복합형

4. 특징

1) 작업공간 넓음
2) 기계화 시공으로 공기 감소
3) 가설재 감소
4) 경사지 가능
5) 변위침하 적고
6) 지주 동의 시 가능
7) 연약지반 시 적용 불가
8) 인접구조에 영향
9) 지하매설물 영향
10) 앵커부 누수로 토사유출

5. 시공순서

1) 천공 : 벽면붕괴 방지, 청정수 사용
2) 인장재삽입 : PS 강선
3) 1차 Grouting : 밀실시공, 부식방지
4) 양생 : 진동·충격 금지, 기온변화 유의
5) 인장, 정착 : 응력이완, 확인시험 후 정착
6) 2차 Grouting : 부식방지, 가설앵카 시 미실시

Earth Anchor

6. 시공 시 유의사항

1) 녹, 이물질은 부착력 저하
2) 정착길이 3m 이상
3) 앵카설치각 20°~ 30°
4) 인장 시 안전사고 주의
5) 인발 시 균열 주의
6) 앵카시험
7) 대표단면 취약개소 계측

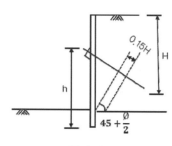

자유장 최소길이

33 벽식 지하연속벽(Slurry Wall) 공법

1. 개요

1) 지중콘크리트를 연속적으로 타설하여 지하벽을 만드는 공법으로 소음 진동 적고 도심지에서 많은 시공이 이루어진다.
2) 대규모 건설 시공 시 공해방지 대책공법이다.

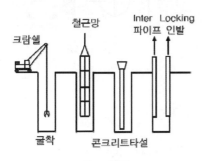

Slurry Wall

2. 용도

1) 지하실
2) 가설흙막이벽
3) 지하철
4) 지하도
5) 지하주차장
6) 지하상가
7) 댐 차수벽

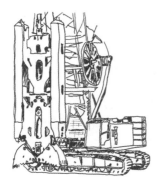

Slurry Wall 굴착장비

3. 종류 [암기] 벽주 임솔보 알베어스프 CPM

1) 벽식 : 안정액으로 벽면의 붕괴를 방지하고 철근망 설치와 연속콘크리트 타설로 지하벽체를 형성한다.
   ① ICOS(Impresa Construzioni Opere-Specializzate)공법
   ② Soletanche공법
   ③ Boring Wall공법

2) 주열식 : 현장타설콘크리트 말뚝을 연속타설하여 철근망 H-Pile로 보강
   ① RCD 공법
   ② Bento 공법
   ③ Earth Drill 공법
   ④ SCW(Soil Cement Wall) 공법
   ⑤ Prepact Concrete Pile(CIP, PIP, MIP)

3) 주입방법 [암기] 접지오혼
   ① 접점배치
   ② 지그재그배치
   ③ 오버랩배치
   ④ 혼합배치

접점배치   오버랩배치

지그재그배치   혼합배치

4. 특징

1) 소음 진동이 적음
2) 주변에 미치는 영향이 적음
3) 본 구조체의 강성이 크고 침하가 적음
4) 공기 길고, 공사비 많이 들고, 경질지반 불가

5. 시공순서 [암기] Gu굴슬In 철Tr콘In

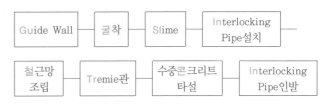

| Guide Wall | 굴착 | Slime | Interlocking Pipe설치 |
| 철근망 조립 | Tremie관 | 수중콘크리트 타설 | Interlocking Pipe인발 |

6. 시공 시 유의사항 [암기] Gu굴슬in철Tre콘in

1) Guide Wall 설치 : 50mm 크게(D+50mm)
2) 굴착 : 안정액 Mud Cake, 지하 10~15m 공벽이 자주 붕괴, Crane 20Ton+Clamshell, 수직도 유지
3) Slime 제거 : Bentonite Cleaning 3시간 후 모래함수율 3% 이내 제거
4) Interlocking Pipe 설치 : 연속벽 두께보다 5cm 적게 설치, 지수효과
5) 철근망조립 : 250ton(주크레인)+80ton(서비스크레인)

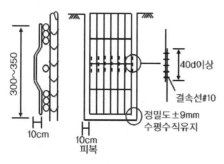

Slurry Wall 철근조립

6) Desending : Gel화로 퇴적된 오니를 신선한 벤토나이트로 교체
   교체방식 : Suction Pump, Air Lift, Sand Pump

   `암기` 썩에샌

7) Tremie관 설치 : 275mm, 바닥 위 15cm
8) 수중콘크리트타설 : 연속타설, Slump 18±2cm, Slime 제거 후 3HR 이내
9) Interlocking Pipe 인발 : 경화 전 2HR 이후 5HR 이내 시간 엄수

7. 안전대책 `암기` 지매복깊BoHe배 (발환조)

1) 지질상태 확인
2) 매설물 보호
3) 복공 안전상태
4) 깊이 10.5m 이상 시 계측
5) 보일링, 히빙, 배수
6) 발파, 환기, 조명(Top Down 시)

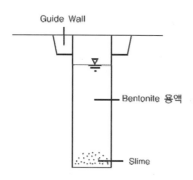

Slurry Wall 공사현장 환경오염물질

`참고` ## Guide Wall 역할

수직도, 변위 방지, 측량, 장비 위치, 줄눈설치, 안정액 유지, 측벽붕괴방지

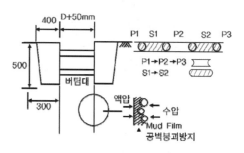

Guide Wall

`참고` ## RCD 공법 예시

1. RCD공법의 특징

1) RCD(Recerse Circulation Drill)공법은 1954년 독일의 Salz Gitter에서 개발한 공법으로 현장타설 콘크리트 말뚝 중 크고(대구경) 깊은(깊은 심도) 콘크리트말뚝을 만들 수 있다.
2) RCD 공법은 장비 끝에 설치된 비트가 암반을 파쇄하면서 동시에 물을 빨아 올리면서 배토하는 방식으로 역순환공법(Recerse circulation)이라고 한다.

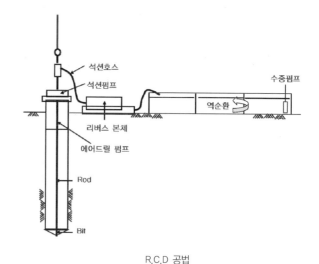

R.C.D 공법

2. 공벽의 안정

1) RCD공법의 가장 큰 특징은 공벽의 안정을 위해 정수압 0.2kg/cm²을 유지해야 한다.
2) 지하수위보다 2m 정도의 높이의 정수압을 유지하며 케이싱 없이 굴착하는 방식이다.
3) 지반속 지하수 영향으로 굴착 중 토사의 붕괴 우려가 있는 격우 적합한 공법이다.
4) 공벽의 안정을 위해서는 공내의 수압을 일정하게 유지해야 한다.
5) 정수압 0.2kg/cm² 이상을 유지하기 위해서 적절한 굴착속도를 유지해야 한다.

3. 수직도 확보

1) RCD는 수직도 조정장치 없이 실린더를 누르면서 굴착하는 방식이다.
2) 케이싱이 기울어져 있으면 기울어진 채로 천공이 되기 때문에 주의해야 한다.
3) 암반의 결이 기울어져 있을 경우 미끄러져 수직도를 확보하기 어렵기 때문에 굴착속도 및 회전속도를 느리게 천공해야 한다.

4. 시공순서

1) 케이싱 압입 및 선행굴착
2) RCD 연결 후 굴착
3) 슬라임 처리(1차)
4) 철근망 삽입
5) 트레미관 설치
6) 슬라임 처리(2차)
7) 콘크리트 타설

34 Top Down 공법(역타공법)

1. 개요

1) 벽식지하연속벽 설치 후 1층 바닥 설치하고 지상과 지하구조물을 동시에 축조한다.
2) 역타공법이라고 한다.

2. 종류 [암기] 완부빔가

1) 완전역타공법
2) 부분역타공법
3) Beam & Girder식 역타공법

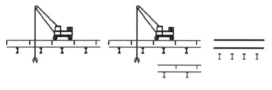

완전역타   부분역타   Beam & Girder 역타

3. 특징

1) 공기단축
2) 1층 바닥 작업장, 우천 시에도 작업장 가능
3) 토공계획이 중요
4) 정확한 지질조사
5) 암석 특수장비
6) 환기 및 조명
7) 장비 소형
8) 공사비 고가
9) 토압 수압 계측관리

4. 시공순서

1) 지하

2) 지상

5. 시공단계별 유의사항

1) Slurry Wall
① 수직도 유지
② 조인트 누수 방지
③ 공벽 붕괴방지
④ Slime 처리
⑤ 연속타설
⑥ Interlocking Pipe 인발시점 확인

2) 철골기둥, 기초
① 수직도 유지
② 좌굴 주의
③ Joint 밀실하게 그라우팅
④ 자갈채움 밀실하게
⑤ 기둥 이동방지

3) 지상 1층 바닥슬라브
① 연속벽과 기둥연결 전단철근 Dowel Bar 설치
② Open 부 연속벽 주위 피할 것

4) 굴착
① 과굴착 금지
② 지하수위 변화 관측
③ 지반변위 계측 실시
④ 지하매설물 방호
⑤ 조명 환기 유지

5) 콘크리트타설
① 선후 역조인트 처리
② 역조인트 그라우팅 충진재 처리
③ 콘크리트 밀실 타설

Top Down 상하접속부

6. 안전대책 [암기] 지매복깊BoHe배 발환조

1) 지질상태 확인
2) 매설물 확인 : 이전, 거치, 보전
3) 복공구조시설 : 토사반출, 적재하중

4) 계측

① 깊이 10.5m 이상 굴착 시 계측

② 수위계, 경사계, 하중계, 침하계, 응력계 계측
   허용범위 초과 시

③ 배수계획

④ 환기 조명

⑤ 토압, 수압, Boiling, Heaving

⑥ 발파시방

7. 공사 전, 작업 시 안전대책

암기 전일 작근장매자토신지 불근사안단출표

1) 공사 전 준비사항 **암기** 작근장매 자토신지

① 작업내용 숙지

② 근로자 투입 계획

③ 장애물 제거 및 보호조치

④ 매설물 방호조치

⑤ 자재 반입 및 적치

⑥ 토사 반출 시 토류판 작용하중 검토

⑦ 상하차 시 신호체계 유지

⑧ 지하수유입에 의한 붕괴 방지

2) 작업 시 준수사항 **암기** 불근사안 단출표

① 불안전 상태 제거

② 근로자 적절 배치

③ 사용 기기·공구 절연상태 점검

④ 안전보호구 착용상태 점검

⑤ 단계별 안전대책 수립

⑥ 출입금지표지, 낙하지역 구획설정

⑦ 표준신호 규정 준수

35 Soil Nailing

1. 개요

1) 흙과 보강재 사이에 마찰력과 네일인장응력 작용으로 흙과 일체화시켜 지반을 안정시키는 공법이다.
2) 점착력 있는 지반에 시공하여야 한다.

2. 시공순서

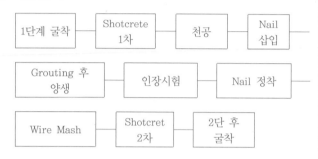

3. 종류 [암기] 드부그

1) Driven Nail
 ① 15~46mm 연강
 ② 유압 Hammer, 충격 Hammer로 타격
2) 부식방지용 Nail
 ① 아연도금
 ② Epoxy피복Bar
3) Grouted Nail
 ① 가장 많이 시공
 ② 15~46mm 고강도 강봉
 ③ Resin, Grouting 충진

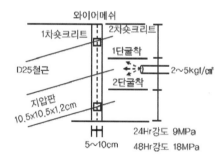

Soil Nailing 단계별 시공도

4. 특징

1) 간단하고 공기 적게 소요
2) 장비 소형화 가시설 필요 없음
3) 공사비 적게
4) 원지반 자체 벽체이용
5) 좁은 장소, 소음·진동 적고, 도심 근접시공
6) 지하수 발생부위 불가
7) 점착력 적은 사질토 시공 불가
8) 수평수직변위 발생에 주의

5. 시공 시 유의사항(안전대책)

1) 굴착 : 1~2m
2) 숏크리트 타설
 ① 굴착 즉시 벽면보호
 ② Nail 후 2차 숏크리트 타설
3) 천공
 ① 천공각도 유지
 ② 공벽 붕괴 시 Jamming
4) 천공간격
 ① 설계각도 유지
 ② 지반조건 고려
 ③ 천공기계 선정 시 지반붕괴 등 고려
5) 그라우팅
 ① 2~5kgf/cm
 ② 공내 공기가 안 들어가도록 주의
6) 긴장 : 설계강도 확인
7) 정착력 확인, 지압판 정착, 긴장기시험
8) 기타
 ① 굴착·보강 동시에 시공
 ② 점착력 없는 지반 시공이 곤란

Soil Nailing

36 Under Pinning 공법(밑받침공법)

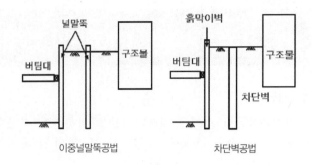

이중널말뚝공법   차단벽공법

1. 개요

1) 기초저면이 깊은 구조물 하부에 그라우팅을 주입하여 지반을 경화시키는 공법이다.
2) 구조물 증축, 지하실 축조, 기초하부보강

2. 적용

1) 침하·경사 미연에 방지
2) 구조물 이동 시 하부보강
3) 구조물 하부 지중 구조물 설치 시 하부보강
4) 구조물 침하복원

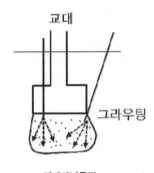

언더피닝공법

3. 적용   [암기] 2중현강지

1) 2중 널말뚝 : 2중 널 차단
2) Wall 차단벽 설치 : 판벽 사이 Wall 설치
3) 현장콘크리트말뚝 : 우물 모양의 현장타설콘크리트
4) 강재말뚝 : Jack으로 지지
5) 지반안정 : 시멘트, 화학약액 주입

4. 시공순서   [암기] 사준가본철복

1) 사전조사
2) 준비작업
3) 가받이 공사
4) 본받이 공사
5) 철거작업
6) 복구작업

5. 안전대책

1) 기존구조물 하부 : 하부 Pile 지장물 조사
2) 기존구조물 방호 : 파일, 브라켓으로 보강
3) 지반침하 : 기존구조물 사이 모래·자갈·콘크리트 충진하고 약액을 주입
4) 침하예상 : 약액주입, 보강말뚝
5) 침하주의 : 강제배수 시 침하하면 그라우팅·생석회말뚝·동결소결공법으로 보강
6) 비상 시 투입용 : 보강재를 사전준비하여 비상 시 투입
7) 계측

37 지반변위 원인 대책(흙막이 변위)

1. 개요

1) 굴착공사 시에는 지하매설물을 비롯하여 지하수 및 지반의 유동에 따른 싱크홀 등의 유해위험 요소가 다수 발생한다.
2) 지하 굴착공사를 하기 전에 사전조사 및 계획에 따른 문제점 원인 대책을 강구하여 작업에 임해야 한다.

2. 영향 [암기] 지주인

1) 지하매설물 파손
2) 지반침하
3) 주변 구조물 붕괴
4) 주변지반 연약화
5) 인명, 재산 피해

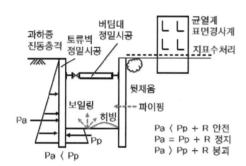

흙막이 침하붕괴 방지대책

3. 원인 [암기] 토보히파

1) 토류벽 변형
① 토압 수압
② 배면토 이동·침하
③ 근입깊이 짧을 경우
④ 버팀대 압축·좌굴

2) 지하수위 저하
① 펌핑에 의한 토사유출
② 점성토 압밀침하

3) 뒷채움 불량
① 뒷채움 불량재료, 다짐 불량
② 지하수 지표수 침투

4) 강제배수
① 인접지반 침하
② 지하매설물 침하
③ 주변 지하수위 저하

5) 과재하중
① 배면 자재 적치
② 중장비 진동
③ 매립토 위 중량물

6) Heaving
① 근입장 깊이 얕을 경우
② 내외토사 중량 차

7) Boiling
① 근입장 깊이 얕을 경우
② 배면 지하수
③ 굴착저면 수위 차

8) Piping
① 흙막이 벽체
② Boiling 영향

9) 피압수
① 굴착저면 솟음
② 상부 흙 하중 제거

10) Pile 인발 후
① 되메움 처리 불량
② 인접지반 침하

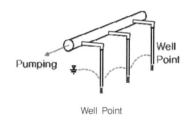

Well Point

4. 방지대책

1) 구조상 안전공법 H-Pile 〈 Sheet Pile 〈 Slurry Wall
2) 흙막이 안전성 검토 수동토압 〉 정지토압 〉 주동토압
3) 차수 배수 Slurry Wall, Deep Well, Well Point
4) 뒷채움 : 깬자갈 모래 혼합물 양질토 다짐
5) 과재하중
① 배면 자재 적치 금지
② 상부 중장비 통행금지
6) 강제배수 시
① Underpining
② 재하, 주입

7) 토압, 수압, 보일링, 히빙, 파이핑

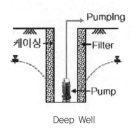

Deep Well

5. 계측관리 [암기] 경지간토 하변틸 지중지표균진

1) 지반변위
 ① 측량기
 ② 균열계
 ③ 경사계

2) 지반지중변위
 ① 경사계
 ② 침하계
 ③ 지하수위계
 ④ 간극수압계

3) 흙막이응력
 ① 하중계
 ② 변형계

4) 구조물
 ① Tiltmeter
 ② 균열계
 ③ 소음·진동 측정기

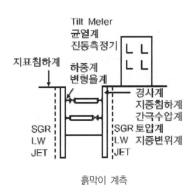

흙막이 계측

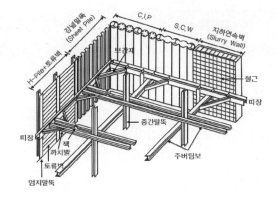

흙막이 구조별 분류

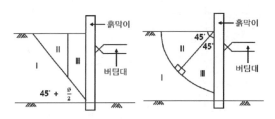

Ⅰ : 영향권 외 범위, Ⅱ : 주의를 요하는 범위, Ⅲ : 영향범위

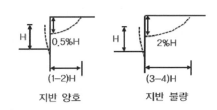

지반 양호　　　　지반 불량

흙막이벽의 휨

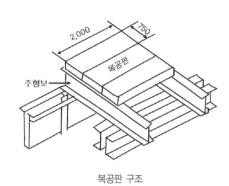

복공판 구조

38 Heaving

1. 개요

지하굴착 시 배면토압에 의해 굴착면이 전단강도를 잃고 솟아오르는 현상이다.

2. 방지대책

1) 근입장
   ① Pile 깊게 매설
   ② 경질지반까지 도달

2) 지반개량
   ① Pre-loading
   ② 시멘트 약액주입

3) 피압수 대책
   ① Well Point, Deep Wel
   ② Grouting

4) 전단강도 증가
5) 기타
   ① 설계계획
   ② 표토제거 하중 감소
   ③ 공법검토 : Trench Cut, Island Cut, Caisson

3. Heaving 안정검토 암기 이수파

$$F_s = \frac{M_r (저항모멘트)}{M_d (활동모멘트)} = \frac{S_u \cdot x^2 \cdot \pi}{(r^2 \cdot tH + q) \cdot \frac{x^2}{2}}$$

$$= \frac{2 S_u c \cdot \pi}{r_t \cdot tH + q} \geq 1.2$$

** 비배수전단강도 : 점토의 현재 상태 함수율과 동일 조건에서 점착력을 나타내는 비압밀비배수전단 시험이나 압밀비배수전단 시험으로 구하는 전단 강도.

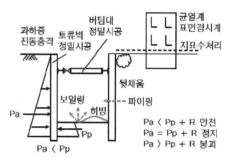

흙막이 침하붕괴 방지대책

참고 Boiling

1. 개요

1) 투수성 좋은 사질지반
2) 지하수위 > 굴착저면

2. Boiling 원인 · 방지대책

1) 근입장 깊이 : 경질지반
2) 차수성 높은 순서 H-Pile < Sheet Pile < Slurry Wall
3) 지하수 저하 : Well Point, Deep well
4) 기타 : 배수, 저면그라우팅, 지하수위 측정

3. Boiling 안정검토 암기 이달섭

$$F_s = \frac{\sigma}{u} = \frac{D \frac{D}{2} r_{sub}}{\frac{H}{2} \cdot \frac{D}{2} \cdot t r_w} = \frac{2D \cdot r_{sub}}{H \cdot r_w} \geq 1.5$$

u : 침투수압
r_{sub} : 흙의 포화 단위중량
r_w : 물의 단위중량
D : 묻힌 깊이

참고 Piping

1. 개요

1) 흙막이 벽체 부실
2) Boiling 영향

2. 원인

1) 근입장
2) 지하수위 > 굴착저면 지하수위
3) 피압수, 사질지반
4) 댐
   ① 누수 세굴
   ② 지진
   ③ 균열기초처리
   ④ 단면부족
   ⑤ Filter 층

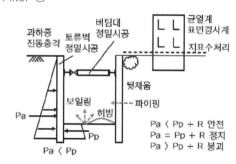

흙막이 침하붕괴 방지대책

3. 방지대책

1) 근입장 깊이
2) 차수성 높은 흙막이벽
3) 지하수위 차단
4) 댐 제방
  ① 차수벽(그라우팅, 주입공법)
  ② 불투수성 Blanket
  ③ 제방 폭 확대

5) 기타
  ① 배수설계
  ② 배면그라우팅
  ③ 지하수위

참고 **Sink Hole**

1. 개요

1) 싱크홀은 지표수, 지하수, 상수도 등에 의해서 약해진 지층이 내려앉으면서 생기는 깊은 웅덩이나 구멍을 말한다.
2) 원인은 석회석층의 자연적인 원인과 상수도 등에 의한 인위적인 원인으로 분류된다.

2. 원인

1) 자연적 : 석회암, 공동, 지하수
2) 인위적 : 하수관 상수관 누수, 되메우기 불량, 뒷채움 불량, 다짐 불량

3. 문제점

1) 교통사고 발생
2) 농작물 피해
3) 공공시설 피해

4. 예방대책

1) 무분별한 지하수 개발 금지
2) 상수도관·하수도관 누수
3) 온천개발 금지
4) Boring Test 공 되메움
5) 지하철 등 지하구조물 시공 시 계측관리 철저
6) H-Pile 등 인발 후 되메움 철저

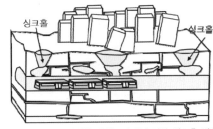

지하수와 함께 미세한 세립토가 유출되어 싱크홀 발생

싱크홀 발생

39 기초굴착, 흙막이 안전사고

1. 개요

1) 굴착공사 시에는 지하매설물을 비롯하여 지하수 및 지반의 유동에 따른 싱크홀 등의 유해위험요소가 다수 발생한다.

2) 지하 굴착공사를 하기 전에 사전조사 및 계획에 따른 문제점 원인 대책을 강구하여 작업에 임해야 한다.

2. 유형

1) 지하매설물
2) 추락
3) 가설재 낙하
4) 감전
5) 충돌 협착
6) 붕괴 도괴
7) 전도
8) 발파

3. 원인

1) 사전조사
2) 시공관리 : 부실설계, 부실시공, 인접침하
3) 안전관리 : 지하매설물
4) 안전점검 : 순회점검
5) 안전시설 : 안전난간, 안전대, 추락방지망
6) 다짐불량 : 뒷채움재 양질재료
7) 보호구
8) 기타 : 방호시설, 부적당한 공법

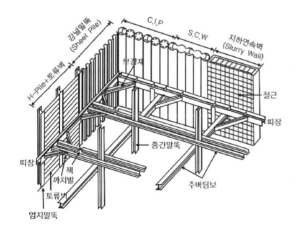

흙막이 구조별 분류

4. 안전대책

1) 지하매설물, 흙막이
2) 추락
 ① 안전대 설치
 ② 작업발판 고정 철저
 ③ 안전난간 상부 90cm, 중간 45cm
 ④ 안전계단 높이 22cm, 폭 25~30cm, 폭 1m

3) 낙하, 비산
 ① 인양줄 2개소 결속
 ② 유도로프 5m 이상 설치
 ③ Hook 해지장치 설치
 ④ 유도자 배치

4) 감전
 ① 누전차단기 설치
 ② 자동전격방지기 설치

누전차단기   자동전격방지기

5) 충돌 협착
 ① 장비유도자 배치
 ② 신호준수

6) 붕괴 도괴
 ① 과재하중 적재금지
 ② 버팀대 배면 스티프너 설치
 ③ 굴착 깊이 준수

7) 전도
 ① 침하방지, 깔목, 전용받침대
 ② 아웃리거 설치 및 전용받침대
 ③ 운전원 면허 소지

8) 발파작업
 ① 화약 면허 소지
 ② 대피장소 확인
 ③ 장약
 ④ 낙석

40 굴착공사 시 재해발생

1. 개요

1) 굴착공사 시에는 지하매설물을 비롯하여 지하수 및 지반의 유동에 따른 싱크홀 등의 유해위험 요소가 다수 발생한다.

2) 지하 굴착공사를 하기 전에 사전조사 및 계획에 따른 문제점 원인 대책을 강구하여 작업에 임해야 한다.

2. 재해 종류

1) 해빙기 붕괴

2) 토압, 흙막이 변형

3) 보일링·히빙·파이핑

4) 압밀배수 토사유출

5) 주변 우물 고갈

6) 세사 유출에 따른 싱크홀·지반함몰

7) 피압수 솟음

8) 지하수위 저하

9) 구조물 부등침하

10) 균열, 경사

3. 발생원인

1) 설계
① 사전조사 부실
② 근입장 깊이 도달 미흡

2) 시공
① 근입장 깊이 도달 미흡
② 뒷채움 불량토사
③ 과재하중 작용
④ 과도한 강제배수

4. 안전대책

1) 사전조사 및 계획 철저

2) 차수 및 차수벽 시공

3) 근입장 깊이 도달

4) 토압·보일링·히빙·파이핑

5) 언더피닝

6) 차수공법

물리적	화학적
Steel Sheet Pile	Bentonite
Slurry Wall	Cement
주열식 흙막이	약액주입

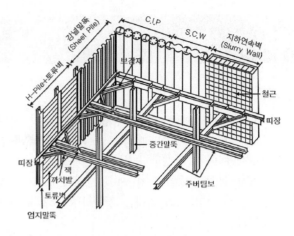

흙막이 구조별 분류

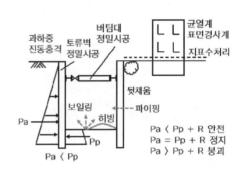

흙막이 침하붕괴 방지대책

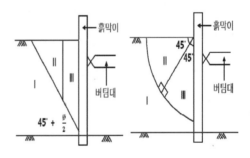

41 굴착작업 시 지하수 피해

1. 개요

1) 굴착공사 시에는 지하매설물을 비롯하여 지하수 및 지반의 유동에 따른 싱크홀 등의 유해위험 요소가 다수 발생한다.
2) 지하 굴착공사를 하기 전에 사전조사 및 계획에 따른 문제점 원인 대책을 강구하여 작업에 임해야 한다.

2. 지하수 배수 목적 [암기] 토지부Dry

1) 토압저감
2) 지반강화
3) 부력경감
4) 작업개선(Dry Work)

3. 자유수와 피압수 [암기] 자피

1) 자유수 : 강우로 중력작용, 틈새 발생 시 유동
   ① 지표수 : 빗물, 용수, 강물
   ② 지하수 : 불투수층에 집수
2) 피압수
   ① 불투수층 사이 높은 압력 작용
   ② 높은 압력 작용 시 구조물 부상

4. 지하수위 저하 시 피해 [암기] BoPi폐피침강계

1) 보일링, 파이핑
2) 폐수, 피압수
3) 압밀침하
4) 강제배수 시 침하

5. 피해 저감대책

1) 구조상 안전공법H-Pile 〈 Sheet Pile 〈 Slurry Wall
2) 흙막이 안정성 검토수동토압 〉 정지토압 〉 주동토압
3) 차수, 배수
4) 피압수 : 중력배수, 강제배수
5) Boiling
   ① 근입장 깊이 도달
   ② 차수성 높은 공법

6) Piping
   ① 차수성 확보
   ② 언더피닝
   ③ 배수공법
7) 강제배수 시 대책

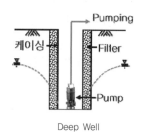

Deep Well

   ① 언더피닝
   ② 재하공법
   ③ 주입공법

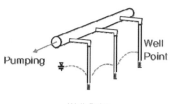

Well Point

42 지하수 대책공법(배수차수)

1. 개요

1) 굴착공사 시 굴착 심도가 지하수위 아래에 도달하는 경우 지하수의 유입에 의한 유효응력의 증가로 지반침하 및 인접 구조물에 악영향을 미친다.

2) 굴착작업 시 사전조사 및 지하수가 주변에 미치는 영향을 면밀히 검토하여 대책을 마련한 후 시공에 임해야 한다.

2. 공법종류(배수·차수공법)

암기 배차고 중강 흙주 생동소 집Deep Well전진 강슬주

1) 배수공법
① 중력 : 집수정, Deep Well
② 강제 : Well Point, 진공 Deep Well

2) 차수공법
① 흙막이 : Sheet Pile, Slurry Wall, 주열식 흙막이
② 주입

3) 고결공법
① 생석회
② 동결공법
③ 소결공법

3. 배수공법 암기 중강

1) 중력배수공법 암기 집Deep
① 집수정 : 하단에 집수통을 설치하여 펌핑, 간단하여 공사비 적고 소규모 공사에 적용
② Deep Well : 깊은 우물에 스트레이너 설치 후 펌핑, 케이싱 사용하여 수중펌프 설치

2) 강제배수 암기 Well전진
① Well Point : 집수관 설치 후 Well Point로 진공펌프 탈수, 10~20m 간격 설치, 점성토는 미흡
② 전기침투공법 : 전기의 전류이동 원리, 점토 간극수, 배수지반 개량효과
③ 진공 Deep Well : Deep Well, Well Point 병용, 진공펌프로 강제배수, 10~30m 가능

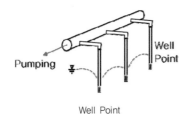

Well Point

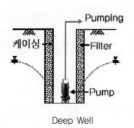

Deep Well

4. 차수공법 암기 흙주

1) 흙막이공법 암기 강슬주
① Sheet Pile 공법 : 강널을 연속적으로 설치하여 벽체를 구성하여 차수성이 우수하고 연약지반에 효과 있음
② Slurry Wall공법 : 벽식 콘크리트 벽에 의한 차수
③ 주열식 흙막이 : 주열식 콘크리트 기둥에 의한 차수

2) 주입공법
① 주입관을 통해 화학약액 분사
② 접착제로 공극을 충전하여 고결
③ 시멘트, 약액 분사

5. 고결공법 암기 생동소

1) 생석회 말뚝
① 생석회(CaO)가 급속히 탈수
② 생석회 팽창으로 강제적 압밀 효과

2) 동결공법
① 일시적으로 동결하여 차수
② 연약지반에 효과 우수
③ 약액주입

3) 소결공법
① 연직관 수평공동구에 연료를 연소하여 탈수
② 점토, 연약지반에 효과 우수

43 약액주입공법(환경문제)

1. 개요

1) 연약한 지반의 지반을 고결시켜 안정되도록 처리하는 공법이며, 지반의 빈틈에 주입제를 압입해서 고결과 동시에 지반을 굳혀서 지하수의 유입 등을 방지하는 공법이다.

2) 흙막이, 터널 등 각종 구조물의 기초를 굴착할 때의 용수방지, 벽체안정, 기초지반의 지지력을 증가시키는 등 많이 사용되고 있다.

2. 종류 [암기] 현용 시아점 물고 현용 크아요우

1) 현탁액형

 시멘트계, 아스팔트계, Bentonite계

2) 용액형

1) 현탁액형	시멘트계, 아스팔트계, Bentonite계(점토)	
2) 용액형	물유리계	현탁액 : 물유리+시멘트 벤토나이트 용액형 : 무기반응제
	고분자계	크롬니그린계 아크릴아미드계 요소계 우레탄계

3. 특성

1) 물유리계 : 점성도 높으며 차수효과 크고 공해가 없음

2) 크롬니그린계 : 투수성 우수하며 강도 크고, 경제적이나 지하수 오염 공해 유발

3) 아크릴아미드계 : 투수성 우수하고 Gel Time 조정이 어려움, 강산성

4) 요소계 : 강도 크고 차수효과가 아크릴아미드계보다 적다

5) 우레탄계 : 순간 고결 빠르고 유속 빠른 곳 유리, 유독성 심하다.

4. 주입압송법

1) 1액 1공정
2) 2액 1공정
3) 2액 2공정

5. 비교

구분	L.W	J.S.P	S.G.R
분류	반현탁액	강제치환	용액형
주입재	물유리+시멘트	시멘트 +벤토나이트	물유리+경화재
주입 방법	단관Rod주입	고압분사, 강제치환	2중관Rod주입, 저압주입
적용	점토, Silt제외	N < 30토질	모든 토질
특성	주입관보존, 재주입가능, 시멘트함량 이하 시 하자우려, 겔타입 조정곤란, 물많은곳 곤란	효과확실, 시공장비, 공사비 고가, 고압으로 주위교란	다중유도관, 복합주입 설비간 단, 경제적, 저압, 주변안전

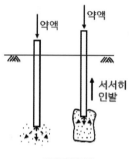

약액주입공법

44 계측

1. 개요

1) 계측은 정보화 시공으로서 지반굴착의 안정성 판단에 있어서 가장 중요한 요소중의 하나이다.
2) 계측은 흙막이 계측, 연약지반 계측, 터널 계측, 사면계측, 댐 계측 등으로 대별된다.

2. 목적 [암기] 경안설 거지주인

1) 경제성
2) 안정성
 ① 지하굴착 시 주변 구조물의 안전확보
 ② 인접도로 안전확보
3) 설계에 Feed Back
4) 지반 거동요소 확인
5) 지보효과 확인

3. 종류 [암기] 경지간토하변틸 지중지표균진

1) 경사계(inclinometer)
2) 지하수위계(Water Level Meter)
3) 간극수압계(Piezometer)
4) 토압계(Soil Pressure Meter)
5) 하중계(Load Cell)
6) 변형율계(Strain Gauge)
7) 경사계(Tiltmeter)
8) 지중침하계(Extensometer)
9) 지표침하계(Surface Settlement)
10) 균열측정기(Crack Gauge)
11) 진동측정기(Vibration Meter)
12) 소음측정기(Sound Meter)

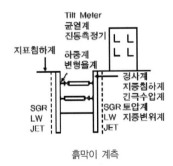

흙막이 계측

4. 계측 시 유의사항 [암기] 착계준Gra 오전경집중

1) 착공에서 준공 후까지 측정
2) 계측계획서 작성
3) 공사 준공 후에도 일시적으로 측정

4) Grapic화
5) 오차 적게
6) 전담자 배치
7) 계측계획경험자 배치
8) 관련성 있는 곳 집중배치
9) 변화가 없어도 중단하지 말 것

5. 개선방향 [암기] 비싸많 국메전

1) 비싸다.
2) 싼값 대량으로 생산해야 한다.
3) 많이 설치해야 한다.
4) 국산품 개발이 시급하다.
5) 메뉴얼이 부족하다.
6) 전문회사가 필요하다.

[참고] 계측(정보화 시공)

1. 연약지반계측 [암기] 경지간지수

2. 토류벽(흙막이) [암기] 경지간토하변틸 지중지표균진

3. 터널 계측 [암기] 일대 지천내 쇼록지지라

연약지반계측

1) 일상계측 : 지표침하측정, 천단침하측정, 내공변위측정
2) 대표계측 : 숏크리트 강도측정, R/B축력측정, 지중변위측정, 지중침하측정, 지하수위 측정, 라이닝콘크리트 응력측정

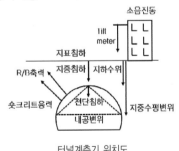

터널계측기 위치도

45 지하매설물

관부설

1. 개요

1) 1995년 4월 대구지하철 가스폭발 사고를 비롯하여 지하굴착 시 빈번한 대형 사고가 발생하여 국민생활에 불편함을 초래하고 인명재산 피해로 말미암아 사회적 불안감이 조성되고 있다.

2) 도심 굴착 시 가스관 전력선 상하수도 등 계획에 의한 굴착과 유지관리 등을 철저히 하여 지하매설물 안전관리에 유념하여야 한다.

2. 종류 _{암기} ㄴ도송전통상하

1) 도시가스관
 ① LNG(액화천연가스)
 ② LPG(액화석유가스)

2) 송유관
3) 전기배관선
4) 통신관
5) 상수도관 : 주철, 강관
6) 하수도관 : 흄관

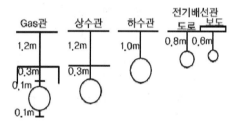

지해매설물

3. 사고유형 _{암기} 가기감통파

1) 가스 : 누출, 화재, 폭발
2) 기름 : 유출, 환경오염
3) 감전 : 전선줄 파단, 중장비 접촉
4) 통신 : 통신장애
5) 상하수도관 : 파열, 침수

4. 사고원인 _{암기} 사시관안이방안

1) 사전조사, 시공관리, 안전관리 부실
2) 지하매설물 확인작업 미흡
3) 굴착 시 이격거리 미준수
4) 굴착 전 방호시설 설치 미흡
5) 시공 전·중·후 안전점검 미흡
6) 되메움 재료 불량

5. 지하매설물 보호방법

1) 사전 현장조사
2) 시공 전 관련기관 협의
3) 도면조사 및 현장 확인
4) 지하매설물 방호 및 사전보수
5) 상시점검
6) 항타·천공 금지
7) 인력굴착
8) 표지판 설치
9) 굴착 전 매설물 보호
10) 주변 화기사용 금지
11) 물다짐 후 되메우기

6. 시공관리(지하매설물 보호대책)

_{암기} ㄴ도송전통상하

1) 가스관
 ① 내압 $70kgf/cm^2$
 ② 내용연수 30년
 ③ 1.2m 이상
 ④ 정기점검 2회/일
 ⑤ 긴급차단장치 설치
 ⑥ 한국가스공사 6월마다 실시
 ⑦ 노면이하 1.2m, 토사 0.3m, 모래 0.1m

2) 송유관 : 노면이하 1.5m
3) 상수관
 ① 내압 : 수압, 충격압
 ② 외압 : 토압, 차량
 ③ 노면이하 1.2m, 모래 0.3m

4) 하수관
 ① 외압만
 ② 보도부 1.0m, 바닥 콘크리트타설

5) 전기배선관 : 차도 0.8m, 인도 0.6m
6) 통신관 : 굴착 시 완전 노출

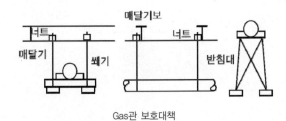

Gas관 보호대책

관부설 작업

참고 **지장물조사 굴착**

1. 사고원인

1) 굴삭기운전원 운전미숙
2) 관리감독자 미배치 시 무리한 작업
3) 굴착면을 수직 굴착
4) 굴착 작업자 지장물 현황 미파악
5) 지장물 주변굴착 작업 시 장비 굴착접촉
6) 굴착작업 시 지장물 관리주체와 협조체계 미비
7) 굴삭기는 퀵커플러 안전핀 미체결

2. 안전대책

1) 굴착작업 시 관리감독자 배치
2) 굴착면은 굴착구배준수
3) 굴착작업 전 관련부서 협의
4) 지장물 주변 굴착 작업 시 인력굴착
5) 지장물 주체와 협조체계 구축, 굴착 시입회
6) 굴삭기는 퀵커플러 안전핀 체결

참고 **지장물 이설**

1. 사고원인

1) 자재인양중 인양로프 파단
2) 굴착면이 수직굴착 시 토사붕괴
3) 인양용 로프를 1줄 걸이 시 요동으로 충돌
4) 슬링벨트 샤클 연결방법 미준수
5) 굴착면 상부에서 작업중 굴착 단부로 추락
6) 후크해지장치 미설치

2. 안전대책

1) 개인보호구 착용 철저
2) 인양로프 중량물에 충분히 지지할 수 있는 자재
3) 굴착작업시 굴착면의 구배준수
4) 인양용로프는 2줄 걸이로 묶고 수평유지
5) 굴착면상부의 단부 안전휀스 설치
6) 후크해지장치 설치
7) 슬링벨트 샤클 연결방법 준수

참고 **지장물 보호 보강**

1. 사고원인

1) 지장물 보강재가 파단
2) 굴착면이 작업중 붕괴
3) 지중가시설 단부에서 추락
4) 지장물에 위험표지 미설치로 작업중 지장물 손상
5) 지중가시설물의 무리한 해체

2. 안전대책

1) 지장물을 충분히 지지할 수 있도록 견고한 것 사용
2) 굴착면 굴착구배준수
3) 추락위험장소에 안전난간대 설치, 안전대부착
4) 노출된 지장물은 위험표지 등 설치
5) 지중가시설물의 무리한 해체금지

열수송관 되메우기

참고 **지장물 되메움**

1. 사고원인

1) 굴삭기 운전미숙
2) 굴착법면 부석 낙하
3) 주변토사의법면붕괴
4) 가시설물 단부 안전시설 미설치
5) 굴삭기는 퀵커플러 안전핀 미체결

2. 안전대책

1) 운전원의 자격 확인
2) 굴착법면 부석 사전제거
3) 굴착면 굴착구배준수
4) 되메움 작업시 관리감독자 배치
5) 가시설물 단부 안전난간대 설치
6) 굴삭기는 퀵커플러 안전핀 체결

46 지하매설물 굴착 시 안전대책

1. 개요

1) 1995년 4월 대구지하철 가스폭발 사고를 비롯하여 지하굴착 시 빈번한 대형 사고가 발생하여 국민 생활에 불편함을 초래하고 인명재산 피해로 말미암아 사회적 불안감이 조성되고 있다.

2) 도심 굴착 시 가스관, 전력선, 상하수도 등 계획에 의한 굴착과 유지관리 등을 철저히 하여 지하 매설물 안전관리에 유념하여야 한다.

2. 사전조사

1) 도면위치와 실제위치를 파악
2) 인접작업 시 매설물의 종류 및 깊이 파악
3) 지하수
4) 지반조사

굴착면 붕괴 방지조치

3. 굴착작업

1) 위치파악
2) 관리자 관계기관 소유자 입회
3) 지주보호 방호조치
4) 이설위치 변경협의
5) 1일 1회 점검
6) 매설물 인접 시
  ① 화기사용 금지
  ② 폭발 방지조치
7) 노면에 위치 표시-인력굴착(1.5m)-배관탐지기-노출 시까지 인력굴착-확인 후 표지판

4. 되메우기 시 유의사항

1) 관리자 입회
2) 받침시설
3) 피복표식 파손금지
4) 방호조치

5) 양질토사
6) 충분한 다짐

열수송관 되메우기

47 가스관의 보호조치

1. 개요

1) 1995년 4월 대구지하철 가스폭발 사고를 비롯하여 지하굴착 시 빈번한 대형 사고가 발생하여 국민 생활에 불편함을 초래하고 인명재산 피해로 말미암아 사회적 불안감이 조성되고 있다.

2) 도심 굴착 시 가스관, 전력선, 상하수도 등 계획에 의한 굴착과 유지관리 등을 철저히 하여 지하매설물 안전관리에 유념하여야 한다.

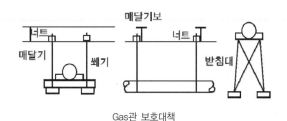

Gas관 보호대책

2. 직접조치 암기 직간 이돌임관 이빠차신 매받배고옆

1) 이전설치
2) 돌리기
3) 임시배관
4) 관 종류 변경
5) 이음보강
6) 빠지기 방지
7) 가스 차단장치(10m 이상, 대규모)
8) 신축이음 설치(지열)
9) 도로 횡단 시 흄관
10) 타 시설 30cm 이상

3. 간접조치

1) 매달기 방호
   ① 가스 차단장치
   ② 정압기의 불순물 제거
   ③ 용접 접합부 2개소 이상

2) 받침 방호
   ① 가스관 되메우기 시 침하 방지
   ② 절손방지
   ③ 되메우기 하부 물다짐

3) 배면 방호
   ① 지반변동 영향
   ② 흙막이 복공
   ③ 수시로 가스점검

4) 고정조치
5) 옆 흔들기 방지장치

보호모래 포설 후 물다짐

48 가스사고 긴급조치

1. 개요

1) 1995년 4월 대구지하철 가스폭발 사고를 비롯하여 지하굴착 시 빈번한 대형 사고가 발생하여 국민생활에 불편함을 초래하고 인명재산 피해로 말미암아 사회적 불안감이 조성되고 있다.

2) 도심 굴착 시 가스관, 전력선, 상하수도 등 계획에 의한 굴착과 유지관리 등을 철저히 하여 지하매설물 안전관리에 유념하여야 한다.

2. 가스 종류

1) 도시가스
2) LNG(Liquefied Natural Gas : 액화천연가스)
3) LPG(Liquefied Petroleum Gas : 액화석유가스)
4) 메탄 부탄 수소 프로판 아세틸렌

3. 사고발생 시 긴급조치

1) 관계기관 긴급통보 : 장소 종류 상황 연락처

2) 통행금지 구역설정
 ① 출입금지
 ② 2차 사고 방지

3) 홍보·피난 유도
 ① 방송시설
 ② 메가폰

4) 화기사용 금지
 ① 용접기, 건설기계기구
 ② 운전정지
 ③ 자동차 출입금지
 ④ 불꽃
 ⑤ 흡연

5) 전원차단
 ① 메인스위치
 ② 휴대용 전등

6) 가스누설 시 조치
 ① 밀폐공간 유입
 ② 복공개방, 맨홀개방
 ③ 창개방

7) 가스폭발 시 조치
 ① 피난 대피
 ② 정보수집
 ③ 구급

49 옹벽

1. 개요

1) 토사 붕괴방지를 위해 토압에 저항하는 구조물이다.
2) 토압크기 : 수동토압 〉 정지토압 〉 주동토압

2. 문제점 [암기] 배뒷줄

1) 배수
2) 뒷채움
3) 줄눈

3. 종류 [암기] 중반역부

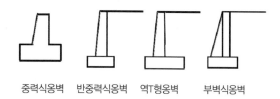

중력식옹벽   반중력식옹벽   역T형옹벽   부벽식옹벽

1) 중력식 옹벽
① 3m 이하
② 옹벽 자체무게
③ 무근
④ 석축

2) 반중력식 옹벽
① 벽두께 얇게
② 인장철근 배근

3) 역 T형 옹벽
① 5~7m 규모
② 옹벽 높이가 높을 때

4) 부벽식옹벽
① 7m 이상
② 전후 격벽

4. 작용 토압 [암기] 수정줘

1) 주동토압 : 앞쪽
2) 정지토압
3) 수동토압 : 뒷쪽
4) 크기 : 수동토압 〉 정지토압 〉 주동토압

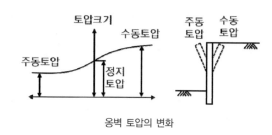

옹벽 토압의 변화

5. 시공

1) 기초공
① 암반 : 암반까지 굴착 후 청소
② 토사 : 율석을 깔고 다짐 후 버림콘크리트, 직접기초
③ 경사 : 계단식 콘크리트 치환, 수평 균일하게
④ 연약 : 말뚝기초, 치환(재료입수가 쉬울 때)

2) 구체공
① 상부와 일체화, 시공이음 시 강제삽입
② 신축이음 : 중력식 10m, 부벽식 15~20m
③ 뒷채움 곤란 시 램머다짐
④ 빗물침투보호 : 배수구, 배수관, 큰 잡석

6. 안전대책

1) 수평방향 연속시공 금지
2) 굴착부 방치금지
3) 절취 경사면 보호
4) 대피통로 마련하여 긴급 시 대피

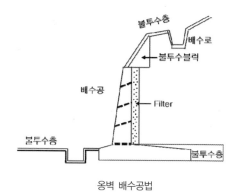

옹벽 배수공법

50 옹벽 안전조건 및 방지대책

1. 개요

1) 토사 붕괴방지를 위해 토압에 저항하는 구조물
2) 토압크기 : 수동토압 〉 정지토압 〉 주동토압

2. 종류   암기 중반역부

1) 중력식 옹벽
2) 반중력식 옹벽
3) 역 T형 옹벽
4) 부벽식 옹벽

3. 옹벽에 작용하는 토압   암기 수정줘

1) 주동토압

$$Pa = \frac{1}{2}K_a r H^2, \quad K_a = \tan^2\left(45 - \frac{\phi}{2}\right)$$

2) 정지토압

$$P_0 = \frac{1}{2}K_0 r H^2, \quad K_0 = 1 - \sin\phi$$

3) 수동토압

$$Pp = \frac{1}{2}K_p r H^2, \quad K_p = \tan^2\left(45 + \frac{\phi}{2}\right)$$

4) 수동토압 〉 정지토압 〉 주동토압

$P_a < P_p + R$ 안전
$P_a = P_p + R$ 정지
$P_a > P_p + R$ 붕괴

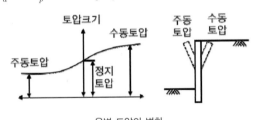

옹벽 토압의 변화

4. 안전성 검토   암기 활전침 1.5 2.0 3.0

1) 활동 : Shear Key 저판 폭, 말뚝보강

$$안전율 = \frac{기초지반마찰력합계}{수평력합계} \geq 1.5$$

2) 전도 : 높이 낮춤, 뒷굽 길게

$$안전율 = \frac{전도에 \ 저항하는 \ 모멘트}{전도모멘트} \geq 2.0$$

3) 침하 : 기초지반 지지력, 지반개량, 기초저판폭

$$안전율 = \frac{지반의 \ 극한지지력}{연직력의 \ 힘} \geq 3.0$$

4) 전체 안정조건(원호활동)
   안전율(F_s) ≥ 1.5
5) 지진에 대한 안전성 검토

참고 옹벽붕괴 원인 대책
암기 배뒷줄

1. 안정성 미확보
2. 기초지반 지지력
3. 배수불량
4. 과도토압
5. 뒷굽길이
6. 배면활동
7. 뒷채움(600mm 이상)
8. 저판면적
9. 옹벽 높이
10. 근입깊이
11. 잡석 크게
12. Shear Key
13. 배수공 막히지 않게
14. Filter Mat층 시공
15. 줄눈시공

CHAPTER 12

51 보강토 옹벽

1. 개요

1) 보강토 옹벽이란 전면판과 흙사이에 보강재를 넣어 옹벽에 마찰력과 인장력을 삽입하여 전단 강도를 강화시킨 구조물이다.
2) 시공 시 용지를 적게 차지하며 시공성이 우수하다.

2. 특징

1) 시공측면 : 시공속도가 빠름
2) 경제측면 : 용지비가 감소
3) 구조측면 : 마찰력과 인장력에 의한 전단강도가 큼

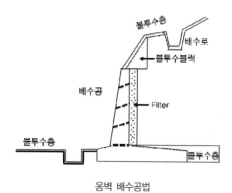

옹벽 배수공법

보강토옹벽 – Geo Grid

3. 파괴현상 암기 내외 인뽑 활전침

내**적파괴**	외**적파괴**
인장파괴 뽑힘파괴	활동 전도 침하

4. 시공순서에 따른 안전대책 암기 기전토보공 쿨보옹

1) 기초시공
2) 전면판 시공
3) 토립자 채움
4) 보강재 설치

5) 공학적 안전성 검토

① Coulomb 전단방정식

$$\tau = \sigma \tan\phi \rightarrow \tau = C + \sigma \tan\phi$$

② 보강재 길이

③ 파괴선 한계자유장 $= (45° + \dfrac{\phi}{2}) + 0.15 H$

④ 정착길이

$$정착장 = \dfrac{T \cdot F_s}{\pi D \cdot \tau}$$

⑤ 옹벽 안정조건(안정성 검토) 암기 활전침 1.5 2.0 3.0

Geo Grid

5. 안전성 검토 암기 활전침 1.5 2.0 3.0

1) 활동 : Shear Key 저판 폭, 말뚝보강

$$안전율 = \dfrac{기초지반마찰력합계}{수평력합계} \geq 1.5$$

2) 전도 : 높이 낮춤, 뒷굽 길게

$$안전율 = \dfrac{전도에\ 저항하는\ 모멘트}{전도모멘트} \geq 2.0$$

3) 침하 : 기초지반 지지력, 지반개량, 기초저판폭

$$안전율 = \dfrac{지반의\ 극한지지력}{연직력의\ 힘} \geq 3.0$$

4) 전체 안정조건(원호활동)
안전율 $(F_s) \geq 1.5$

5) 지진에 대한 안전성 검토

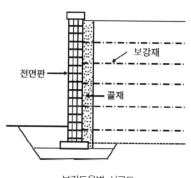

보강토옹벽 시공도

52 기초공사의 중요성

1. 개요

1) 기초란 상부 구조물의 하중을 하부에 전달시키는 역할을 한다.

2) 상부 구조물의 하중을 기초에 전달할 시 지내력의 저하 시에는 구조물의 내구성을 저하시키므로 경제적이고 지반의 강성을 증대시킬 수 있는 기초 공법이 적용되어야 한다.

2. 중요성

1) 상부구조의 하중을 지반에 직접 전달
2) 지내력 저하 시 구조물 내구성 저하
3) 지반강성 증대
4) 지내력 확보
5) 경제적

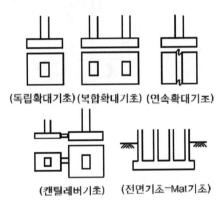

(독립확대기초) (복합확대기초) (연속확대기조)

(캔틸레버기초)   (전면기초-Mat기초)

직접기초의 종류

3. 안전관리

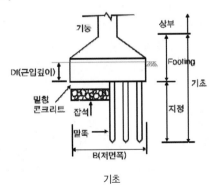

기초

1) 사전조사   2) 지하매설물
3) 연약지반   4) 경질지반 지지
5) 기초심도 고려   6) 지하수처리
7) 기초지반 강성   8) 기초잠함공사 안전
9) 내진설계   10) 안전관리

참고 기초 종류

암기 얕깊 말케특 재지시 기현 타매 관치굴 H강강슬 버어탑 DSVD Pre중압Jet PeFRa CPM RB어 OBP 강다슬

얕은 기초	Df/B < 1~4, 구조물 무게 가볍고, 지지층 얕고, 사질토 N > 30, 점성토 N > 20 인 좋은 토층이 지표면 부근에 있는 경우 상부구조물의 하중을 지반으로 직접 전달시키기 위하여 지반에 설치하는 기초				
깊은 기초	말뚝 기초	재료	H-Pile		
			강널말뚝		
			강관널말뚝		
			슬러리 월		
		지지방식	버팀재		
			어스앵커		
			탑다운		
		시공	기성제품	타설	Drop
					Steam
					Vibro
					Disel
				매입	프리보링
					중굴
					압입
					제트
			현장타설	관입	Pedestal
					Franky
					Raymond
				치환	CIP
					PIP
					MIP
				굴착	RCD
					BENOTO
					어스드릴
	케이슨 기초	Open 케이슨			
		Box 케이슨			
		Peneumatic 케이슨			
	특수 기초	강관말뚝 기초			
		다주식 기초			
		슬러리월			

** 얕은기초 : Df/B < 1~4, 구조물 무게 가볍고, 지지층 얕고, 사질토 N > 30, 점성토 N > 20인 좋은 토층이 지표면 부근에 있는 경우 상부구조물의 하중을 지반으로 직접 전달시키기 위하여 지반에 설치하는 기초

B : 기초 저면폭, Df : 기초 근입깊이

53 Caisson 기초

1. 개요

수평수직 지지력 큰 구조물의 기초에 시공되며, 케이슨기초는 바닥이 없는 구조로 내측을 굴착하여 자중과 외력으로 침설하는 공법이다.

2. 종류 [암기] O B P

1) Open Caisson
2) Box Caisson
3) Peneumatic Caisson

3. Open Caisson

1) 우물통거치-지반토굴착-지지층침설-저부콘크리트 -모래자갈빈배합채움-상부콘크리트 타설
2) 특징
① 설비 간단
② 소음공해 없음
③ 침설깊이 제한 없음
④ 침하속도 일정치 않다.
⑤ 공기지연
⑥ 장애물 제거 곤란
⑦ 경사 우려

3) 시공 시 유의사항
① 연약지반개량
② 대칭 굴착
③ 여굴 경사
④ 강제배수 시 부등침하
⑤ 수중콘크리트

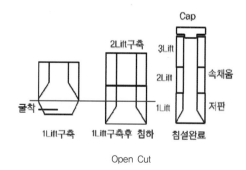

Open Cut

4. Pneumatic Caisson

1) 압축공기를 작업실에 넣고 고압공기로 지하수를 배제하며 토사를 굴착하는 공법으로 인력의존도 가 높다.

2) 특징

① 장애물 제거 유리
② 경사수정 유리
③ 품질 양호, 케이슨 병
④ 대규모 기계 소음·진동 크다

3) 시공시 유의사항

① 위생 주의
② 기압 $3.5\sim4.0\mathrm{kgf/cm^2}$
③ 1.8m 높이
④ 예비발전기, 컴프레서, 통신설비
⑤ 케이슨 천장 반력 내력측정

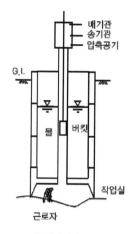

뉴메틱케이슨공법

5. Box Caisson

1) 지상제작-진수-소정위치 배로 예인
2) 횡하중을 받는 구조물
3) 특징
① 지상제작으로 품질 양호
② 설치 간편하고 저렴
③ 세굴로 횡압을 받아 전도 우려
⑤ 제작 - 진수 - 운반 - 거치 - 속채움 - 뚜껑 - 뒷채움 [암기] 제진운거속뚜뒷

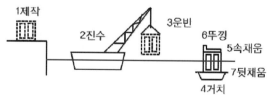

케이슨제작진수방법

⑥ 진수방법 [암기] 경건부가기Syn사
경사로에 의한 진수, 건선거에 의한 진수, 부선 거에 의한 진수, 가체절에 의한 진수, 기중기에 의한 진수, Syncrolift에 의한 진수, 사상진수

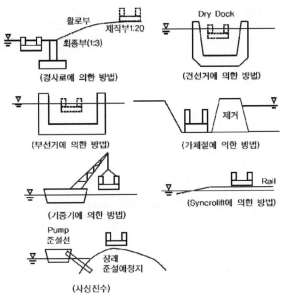

(경사로에 의한 방법) (건선거에 의한 방법)

(부선기에 의한 방법) (가체절에 의한 방법)

(기중기에 의한 방법) (Syncrolift에 의한 방법)

(사상진수)

케이슨진수공법

케이슨 사석채움

케이슨 상치콘크리트

4) 유의사항
 ① 기상조건 : 풍속 15m/sec 이상, 강우 10mm/일
   이상, 시계 1km 이하
 ② 해상조건 : 파도 0.8~1m, 조류 2~4노트, 조위
   시간, 일자별(항만청)

케이슨 제작장

케이슨 시공전경

54 팽이기초

1. 개요

1) 기초콘크리트에 일체성을 확보한 기초로서 상부가 팽이 모양을 하였다 하여 팽이기초라고 부른다.
2) 시공이 간단하고 비용이 적게 들며 공사기간이 짧다.

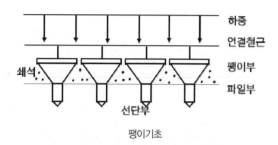

팽이기초

2. 구성

1) 선단부
   ① 침하 감소
   ② 지지력 증대

2) 파일부
3) 팽이부
   ① 하중분산
   ② 균등침하

4) 채움재
   ① 쇄석층
   ② 구속력 증대
   ③ Arching Effect
   ④ 과잉간극수압 방지

5) 철근고리

3. 특징

1) 진동·충격 흡수
2) 중소형 구조물
3) 공사비 적고
4) 응력 균등화
5) 지지력 강화

4. 시공순서

고정철근 설치	팽이말뚝 근입	쇄석 채움	수평연결철근 설치결속

5. 적용

1) 옹벽
2) 교대
3) 암거
4) 소형구조물

참고 **지정**

1. 잡석 : 15~30cm, 틈새(사충자갈)

2. 모래 : 2m 이내 굳은 지층

3. 자갈 : 5~10cm 램머

4. 밑창 콘크리트

55 말뚝기초 시공법

1. 개요

1) 말뚝기초는 비교적 직경이 작은 긴 구조체를 타격이나 진동에 의해 소정의 위치까지 박는 기초를 말한다.
2) 말뚝기초는 상부 구조물의 하중을 지지하고, 좋은 지지력을 가진 흙이나 암반의 층에 구조물의 하중을 전달하며 지반을 다져서 지반의 지지력을 증가시킴은 물론 구조물의 침하를 방지하고 측방압력에 저항할 수 있어야 한다.

2. 종류

알기 기현 타매 관치굴 DSVD Pre중압Jet PeFRa CPM RB어

기성제품	타설	Drop
		Steam
		Vibro
		Disel
	매입	프리보링
		중굴
		압입
		제트
현장타설	관입	Pedestal
		Franky
		Raymond
	치환	CIP
		PIP
		MIP
	굴착	RCD
		BENOTO
		어스드릴

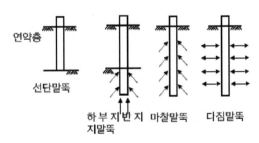

말뚝기초종류

3. 특징

1) 타입말뚝
   ① 타입속도 빠름
   ② 시공성 우수
   ③ 기성제품 품질 우수, 지하수위와 관계없음
   ④ 소음 진동 발생
   ⑤ 이음부 발생
   ⑥ 전석층 호박층에 타입 곤란
   ⑦ 운반 시 충격손상 주면 안 됨

2) 매입말뚝
   ① 소음 진동 적고
   ② 품질이 양호
   ③ 대구경 말뚝 가능
   ④ 인접영향은 적으나 타입에 비해 어려움
   ⑤ 지반을 교란시키고 지지력 적음
   ⑥ 배토 처리비로 공사비 증가

3) 현장타설콘크리트말뚝
   ① 소음 진동 적고
   ② 대구경 가능
   ③ 이음이 없고, 길이 조정 가능
   ④ 인접영향이 적으나 관리가 어렵다.
   ⑤ 작은 직경 불리
   ⑥ 교란 지지력 적고
   ⑦ 공벽 붕괴 우려
   ⑧ 배토 처리비용 발생

참고 관입공법

1. Pedestal : 2중관(외관내관)박고 콘크리트 타설

2. Franky
   1) 얇은 철판 심대 관입
   2) 심대 빼고, 콘크리트 타설

3. Raymond
   1) 구멍에 잡석콘크리트를 교대로 넣고 중추로 다짐
   2) 1.0~2.5ton, ▽U△모양의 추로 자유낙하하여 천공
   3) 지하수 곤란, 굳은 지층
   4) 원시적이며 사용 안함

56 말뚝의 마찰력과 중립점

1. 개요

1) 말뚝기초는 비교적 직경이 작은 긴 구조체를 타
   격이나 진동에 의해 소정의 위치까지 박는 기초
   를 말한다.

2) 이때 말뚝에 마찰력이 작용하여 말뚝을 하향으로
   끌어내리는 힘을 부(−)의 주면마찰력이라고 하며
   부마찰력이라고 한다.

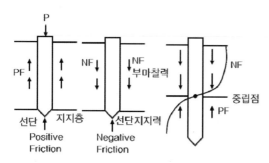

말뚝마찰력

2. 마찰력

1) 정마찰력(PF : Positive Friction)
   ① 상향으로 지탱해주는 마찰력
   ② 선단지지력+주면마찰력

2) 부마찰력(N : Negative Friction)
   ① 말뚝을 하향으로 끌어내리는 마찰력
   ② 지지력 효과가 없으며 이에 대한 대책 필요
   ③ 부마찰력에 의한 피해 최소화

3. 중립점의 두께 = n×H

1) 마찰말뚝, 불완전지지말뚝 : n=0.8
2) 모래, 자갈층 : n=0.9
3) 암반, 굳은 지층 : n=1.0

4. 수직도, 편심량

1) 수직도 경사 1/100
2) 편심량 5cm 이하

5. 시공순서

57 부마찰력 발생원인

1. 개요

1) 말뚝기초는 비교적 직경이 작은 긴 구조체를 타격이나 진동에 의해 소정의 위치까지 박는 기초를 말한다.

2) 이때 말뚝에 마찰력이 작용하여 말뚝을 하향으로 끌어내리는 힘을 부(-)의 주면마찰력이라고 하며 부마찰력이라고 한다.

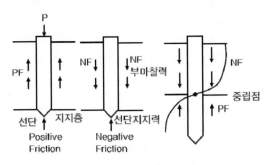

말뚝마찰력

2. 원인 〔암기〕 연두과동 지진침성말

1) 연약지반
2) 연약층 두께
3) 과재하중
4) 동결 흙 융해
5) 지하수위 저하
6) 말뚝진동
7) 침하지반
8) 성토층 압밀
9) 말뚝침하층 두께

3. 저감대책 〔암기〕 표벤케말경

1) 표면적이 적은 말뚝
2) 벤토나이트로 마찰력 저감
3) 이중관말뚝(케이싱)사용
4) 말뚝 근입깊이 증가
5) 경량골재 뒷채움
6) 말뚝근처 진동금지
7) 연약지반 개량
8) 보조말뚝보강
9) 지표면에 자재 적재금지
10) 배수층 설치, 지하수위 저하
11) 기타
  ① 설계 : 지지말뚝 〈 마찰말뚝
  ② 말뚝 본 수 증가
  ③ 재질 향상

4. 설계 시 고려사항 〔암기〕 총압말성지 100 10 25 2 4

1) 총 지반침하 100mm
2) 압밀층 두께 10m
3) 말뚝길이 25m
4) 성토고 2m
5) 지하수위 저하 4m

5. 부마찰력 피해 〔암기〕 파부침지매

1) 말뚝파손
2) 부등침하로 균열
3) 주변침하
4) 지지력 저하
5) 지하매설물 파손

〔참고〕 부마찰력 요약

〔암기〕 표벤케말경

1) 표면적 적은 말뚝
2) 벤토나이트
3) 케이싱
4) 말뚝길이
5) 경량골재

58 Slip Layer Pile

1. 개요
1) 표면에 특수아스팔트를 도포하여 아스팔트의 점탄성 증가시킴
2) NF 저감 대책으로 사용

2. 특징
1) NF 저감
2) 표면에 특수Asphalt 도포
3) 5℃ 이상에서 항타
4) 공기 단축
5) 공사비 저감
6) 시공성 향상

3. 주의사항
1) 운반
① 보행금지
② 접촉금지

2) 보관
① 받침목 받쳐 보관
② 1주일 이내 사용
③ 포개지 말 것
④ 고온 시 덮개 사용

3) 타입
① 5℃ 이하 시 타입금지
② 전석 시 타입 곤란
③ 지중장애물 제거

4. 층 보수
1) Gas 버너로 건조
2) 인두로 평탄작업
3) 소정 두께 도포

5. 허용지지력
$$R_a \leq \sigma_a \cdot A_p - P_{nf}$$

참고 **말뚝의 폐색**

1. 개요
1) 선단이 밀폐되지 않은 개단말뚝을 지반에 관입시킬 때 말뚝 내부에 흙이 들어와서 말뚝과의 사이에 마찰이 생겨 마치 말뚝 끝이 밀폐되는 것을 말한다.
2) 개단말뚝의 지지력이 폐단말뚝보다 더 큰 지지력을 갖는데 이를 말뚝의 폐색효과라고 한다.

2. 상태 암기 완부완 개폐
1) 관입깊이에 의한 판정
$$r = \frac{\Delta l}{D} > 5 : 완전폐색$$
2) 관입토 증분비에 의한 판정
① 완전개방상태 : r=100%, 관입깊이만큼 토사 들어옴
② 부분폐색상태 : 0 < r < 100, 일정부분 토사가 들어옴
③ 완전폐색상태 : r=0%, 토사가 전혀 안 들어옴
$$r = \frac{\Delta l}{\Delta L} \times 100\%$$
r : 관내 토사길이 비
Δl : 관내 토사깊이
ΔL : 말뚝길이

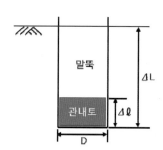

말뚝의 관내토 관입

3. 효과
1) 개단말뚝
$$Q = Q_p + Q_{f1} + Q_{f2}$$
2) 폐단말뚝
$$Q = Q_p + Q_{f1}$$
Q_p : 말뚝지지력
Q_{f1} : 외주변마찰력
Q_{f2} : 내주변마찰력

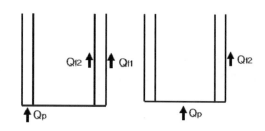

개단말뚝의 지지력   폐단말뚝의 지지력

참고 **배토말뚝, 비배토말뚝**

1. 정의

1) 배토말뚝 : 말뚝박시 시 타격진동으로 인접지반이 영향을 받는 공법
2) 비배토말뚝 : Preboring 현장타설말뚝 등으로 인접지반에 영향을 받지 않는 말뚝

2. 배토말뚝 사용재료 및 특징

1) 재료 : 목재말뚝, 강관폐단말뚝, 콘크리트말뚝(RC말뚝, PSC말뚝, PHC말뚝)
2) 특징 : 지반다짐효과, 말뚝주면교란, 건설공해
3) 비배토말뚝에 적용공법,특징
   ① 공법 : 중공굴착말뚝, SIP,Earth dril, Benoto, RCD
   ② 특징 : 말뚝주면 교란감소, 지지층 확인가능, 건설공해 감소

59 말뚝의 허용지지력 추정방법

1. 개요

말뚝의 허용지지력을 추정할 경우 토질상태, 말뚝의 종류, 경제성 등을 고려하여 적정한 방법을 선택한다.

2. 정역학적 추정방법

`암기` 정동재 TeMe SanEnHil 정동말 압인수

1) Terzaghi 공식

$$R_u = R_p + R_f = \pi r^2 q_u + 2\pi r l f_s$$
$$= 선단지지력 + 주변마찰력$$

2) Meyerhof 공식

$$R_u = 40 N_p A_p + 1/5\, N_s A_s + 1/2\, N_c A_c$$

3. 동역학적 추정방법

1) Sander 공식

$$R_u = \frac{W \times H}{S}$$

2) Engineering News 공식

$$R_u = \frac{W \times H}{S + 2.45}$$

3) Hiley 공식

$$R_u = \frac{W \cdot H \cdot e}{S + 1/2\,(C1 + C2 + C3)}$$

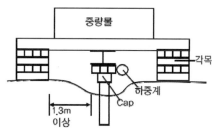

말뚝허용지지력 재하시험

4. 재하시험에 의한 추정방법

1) 정재하시험
  ① 압축재하시험

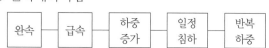

  ② 인발시험 : 1개 or 2개 유압잭, 다이얼게이지, 시험말뚝과 2m 이상 이격
  ③ 수평재하시험 : 1개 or 2개 말뚝

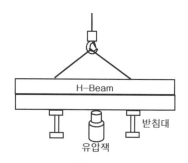

Pile loading testing

2) 동재하시험

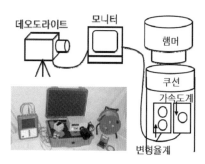

동재하시험

3) 말뚝항타시험

$$R_u = \frac{W \cdot H \cdot e}{S + 1/2\,(C1 + C2 + C3)} \quad \text{(Hiley)}$$

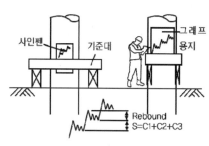

말뚝재하시험

4) 기타
  ① 소음 진동
  ② 자료

60 기성콘크리트말뚝

1. 개요

1) 공장에서 미리 제작된 콘크리트 말뚝을 말한다.
2) 원심력 철근 콘크리트 말뚝, 원심력 프리스트레스트 콘크리트 말뚝, 외각 강관이 달린 콘크리트 말뚝 등이 있다.

2. 시공순서

```
지반조사 ── 재료 운반, 저장 ── 말뚝박기 ──

말뚝이음 ── 두부정리 ── 보강
```

3. 시공 시 주의사항

1) 지반조사
2) 재료, 운반, 저장
 ① 충격손상 주지 말 것
 ② 제작장 배수 철저
 ③ 지반 견고히 다짐
 ④ 저장 2단 이상 저장 금지

3) 말뚝박기
 ① 말뚝파손 방지
 ② Cushion 설치
 ③ 최종관입량 10~20회
 ④ 최종평균값 소정위치 도달 타격중지
 ⑤ 수직허용오차 L/50 이하, 위치허용오차 D/10 이하

4) 말뚝이음 종류　암기 밴충용볼
경제적이고 단시간에 박을 수 있어야 하며 이음내력이 있어야 한다.
 ① 밴드식
 ② 충전식
 ③ 볼트식
 ④ 용접식

5) 두부정리
 ① 충격 금지
 ② 오염되지 않게
 ③ 버림콘크리트 위 6cm 남기고 밴드로 조이고 절단

6) 보강
 ① 75~150mm 이탈 시 : 기초확대, 철근보강 1.5배
 ② 150mm 벗어날 시 정위치 추가
 ③ 말뚝 수직시공이 안된 경우 : 기울기 1/50 이상이면 보강말뚝 시공
 ④ 말뚝 중간파손 시 : 인접하여 추가항타, 외측 벗어난 만큼 기초확대 및 철근보강

4. 두부정리 및 Rebound Check

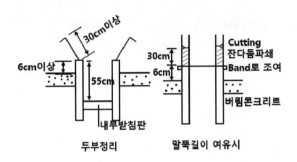

두부정리

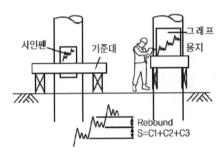

말뚝재하시험

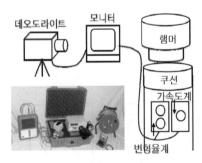

동재하시험

61 기성콘크리트 말뚝 관리사항

1. 개요

1) 시공이 간편하나 운반·취급 부주의 시 파단의 위험이 있으므로 주의하여야 한다.
2) 타격에너지 과다로 편심이 발생할 수 있으므로 쿠션두께 등을 규정에 맞도록 유지하여야 한다.

2. 시공계획서 [암기] 기타용공 가말공안 공항박 용박LiCapCu

1) 기구표
2) 타입공법
3) 이음용접방법
4) 공사용 기구
5) 가설비계획
6) 말뚝배치도
7) 박기순서
8) 공정표
9) 안전대책
10) 공해
11) 항타일지
12) 박기틀도괴방지 : 용접기, 박기틀, Leader, Cap, Cushion

3. 파손형태 [암기] 압전횡종폐개

1) 말뚝두부
2) 말뚝종방향
3) 말뚝횡방향
4) 말뚝선단부
5) 말뚝이음부 파손

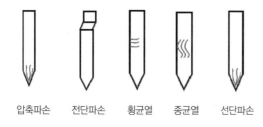

압축파손   전단파손   횡균열   종균열   선단파손

4. 파손 대책

1) 운반, 보관, 취급
2) 항타기 정비점검
3) Cushion 두께 유지
4) 수직도 편타 금지
5) 총제한 타격횟수 관리
6) 편심 금지

7) 해머 적정규격
8) 말뚝이음부 처리
9) 인장내력이 큰 말뚝
10) 말뚝강도
11) 지지층 경사
12) 강관말뚝 유리
13) 낙하조정 용이
14) 유압해머 사용
15) 타입저항이 적은 말뚝
16) 중간층 전석·호박돌 선단부 위치 시 곤란

5. 박기 전 준비사항 [암기] 타측말햄말부

1) 타입발판 정비
2) 측량
3) 말뚝보관
4) 햄머정비
5) 말뚝박기틀정비
6) 부속기기정비
　① 용접기
　② 박기틀
　③ Leader
　④ Cap
　⑤ Cushion

6. Test Driving [암기] 햄말박시말이지

1) 햄머용량 확인
2) 말뚝박기틀·캡·쿠션 검토
3) 박기깊이 결정
4) 시공정도 체크
5) 말뚝파손
6) 이음방법
7) 지지력 추정

7. 관리사항 [암기] 무낙위말설 1회제파

1) 무게 : 파일중량의 1~3배
2) 낙하고 : 2m 이하
3) 위치 : 위치이탈 D/4, 경사 1/100

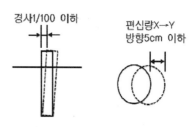

말뚝 허용수직도 및 항타정밀도

4) 말뚝타지

5) 설계지지력

6) 1회 타입관입량 : 2mm 이하

7) 총제한타격회수 암기 R P 강

RC파일	PC파일	강파일
1,000회	2,000회	3,000회

8) 두부파단 : 밴드감고, 기계절단

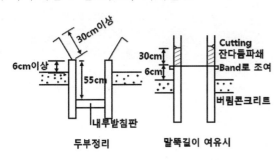

두부정리

참고 기초파일자재 장비반입 운반 보관

1. 사고원인

1) 지게차 운전원의 조작 미숙
2) 구름방지용 쐐기 미설치
3) 파일 과적재
4) 지게차 기계장치 연결부 파단
5) 지게차 운전원 파일 하역중 파일 낙하
6) 지게차 후면 경광등 미설치
7) 지게차 사용시 유도자 미배치

2. 안전대책

1) 지게차 운전원 자격 경력 확인
2) 적재된 파일 구름방지용 쐐기 설치
3) 파일은 적정한 높이로 적재
4) 지게차는 기계장치 연결부 이상유무 점검
5) 지게차는 헤드가드가 설치된 것 사용
6) 지게차 후면에 경광등 설치
7) 하역, 운반시 유도자 배치

지게차

참고 기초파일 천공

1. 사고원인

1) 작업장소 위험작업구역 미설정
2) 천공기 하부 지반침하방지조치 미실시
3) 천공기 붐대와 리더의 연결부가 파단
4) 굴삭기 후면부 경광등 미설치
5) 작업 주변 출입금지 미조치
6) 천공기 후면부 협착방지봉 미설치

2. 안전대책

1) 굴삭기 운전원 자격유무 확인
2) 작업장소 위험작업구역 설정
3) 천공기 하부지반 침하방지 조치
4) 천공기 붐대 리더의 연결부체결상태 점검
5) 굴삭기 쇼벨과 붐의 연결부 체결상태 점검
6) 굴삭기 후면부 경광등 접근금지표지 설치
7) 작업중 유도자 배치
8) 낙석보호복 등 개인보호구 착용 철저
9) 천공기 후면부 협착방지봉 설치

기초파일 천공

참고 기초파일 항타

1. 사고원인

1) 낙석보호복 등 개인보호구 미착용
2) 항타기 주변 출입통제 미실시
3) 해머 인상시켜 놓고 하부점검 중 해머낙하
4) 항타기 운행점검 중 지반침하 의한 전도
5) 항타작업중 아웃트리거 미설치
6) 항타기 붐대와 리더의 연결부 탈락
7) 항타기 붐대가 부러지며 항타기 리더 전도
8) 항타기 회전 중 후면부 근로자 충돌

기초파일 항타

2. 안전대책

1) 낙석보호복 등 개인보호구 착용 철저
2) 해머인상 시켜 놓고 해머하부에서 작업금지
3) 항타기 하부에는 침하방지조치
4) 항타작업중 항타기 전도방지 아웃트리거 설치
5) 해머의 항타고, 항타강도를 적정하게 유지
6) 붐대와 리더 연결부 체결상태 점검
7) 항타기는 붐대 기계장치의 이상 사전점검
8) 항타기 후면부에 접근금지
9) 위험표지 설치, 신호수 배치

참고 기초파일 두부정리

1. 사고원인

1) 파일 커터장비 붐대연결부 파손
2) 파일상부로 넘어져 부상
3) 파일 커터장비 운행, 회전 중 충돌
4) 절단되어 넘어가는 파일에 의한 협착
5) 파일 커터장비로 파일커팅 작업 중 파일파편 비산
6) 파일 커터장비 운행, 회전 중 충돌

2. 안전대책

1) 운전원의 자격유무
2) 파일 커터장비 붐대연결부 기계장비 점검
3) 파일 두부정리 후 돌출된 철근 보호시설
4) 운행작업중 유도자 배치
5) 파일커터장비 헤드커버 설치
6) 파일 커터장비 후면부에 접근금지

기초파일 두부정리 및 철근보강

62 강관파일 국부좌굴

1. 개요

1) 강관파일은 강판을 원통형으로 전기저항용접 또는 아크용접에 의해 제조된 파일이며, 부식, 좌굴에 대한 대책이 마련되어야 한다.
2) 개단말뚝 지지력이 폐단말뚝 보다 더 큰 지지력을 가지며, 이를 폐색효과라고 한다.

2. 강관말뚝 특징

1) 지지력이 크고 지지층에 깊게 관입이 가능
2) 강도가 크고 저항력이 큼
3) 휨에 대한 수평저항력이 큼
4) 이음이 안전하고 장척 시공이 가능
5) 고가이며 단척일 경우 비경제적
6) 부식에 약하며 이 경우 내구성이 저하

기초파일 항타

3. 좌굴형태

1) 지상장주좌굴
2) 지중말뚝좌굴
3) 토압수압
4) 측압좌굴
5) 중심에서 벗어날 시 편심좌굴

4. 원인

1) 햄머용량 과다
2) 관두께 부족
3) 쿠션두께 얇을 경우
4) 중심에서 벗어나 편타 시
5) 지중 장애물을 접할 시 선단좌굴

강관파일 인양 시 미끄럼방지

강관파일 절단작업

63 기성콘크리트말뚝 작업 시 안전대책

1. 개요

1) 간편하고 경제적, 소음 진동 적은 공법선정
2) 항타기 전도, 감전, 지하매설물 파손 등 사고
   요인을 사전 제거한 후 작업을 착수하여야 한다.

2. 재해유형

1) 항타기 전도
2) W/R 절단
3) 충돌
4) 지하매설물 파손
5) 고압선

3. 시공순서

지반조사 → 운반저장 → 박기 → 이음 → 두부 정리·보강

4. 시공 시 유의사항

1) 긴 것은 규준틀 2개소
2) 수직도 유지
3) 10~20회 타격평균값
4) 최종관입량 준수
5) 중단없이 항타
6) 도달 전 침하 안 될 경우
   ① 길이 변경
   ② 쿠션두께
7) 박기간격 : 중앙부 2.5d or 70~90cm
8) 기초판끝 : 1.25d or 37.5cm
9) 솟음 시 타격력 증가
10) 두부정리 버림 위 6cm

5. 안전대책

1) 보호구
2) 깔목 깔판
3) W/R 부식
4) 권상기쐐기장치
5) 역회전방지브레이크
6) 권상기 미끄럼이나 흔들림이 없도록
7) 운전자는 권상장치에 하중을 건 상태에서 이탈
   금지
8) 출입금지
9) 전담신호수 배치
10) 작업지휘자 지휘
11) 이동 시 반대편에 윈치로 텐션와이어 감고 이동
12) 배전선에 피복
13) 말뚝걸기는 지정된 자
14) 지중가스
15) 전선조사

64 부력기초

1. 개요

1) 지하굴착 후 구조물을 세우는 경우 지표 이하 굴착토량과 구조물 중량이 균형을 이루어지도록 설계하여야 한다.

2) 지표면 이하 굴착토사 중량이 구조물 중량보다 클 경우 부력기초는 안전하다.

2. 목적

1) 구조물 침하방지

2) 침하 경감

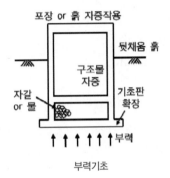

부력기초

3. 부력기초 조건

1) 하부지반 지지층 수평으로 균질할 것

2) 지반 지지력이 깊지 않을 것

3) 구조물 중량이 배토중량 보다 가벼울 것

4. 시공 시 유의사항

1) 설계 시 지지력, 부등침하 등 충분히 검토

2) 구조물 Balance를 고려하여 기초접지압이 같도록 시공

3) 지지력이 너무 깊은 지반은 부적합

4) 기초형식은 전면기초

5) 지하수위 변화를 파악하여 압밀침하 주의

6) 장래 지하수위 고려 구조물 신설

참고 **지하구조물 부상**

1. 개요

1) 부상이란 구조물을 끌어 올리는 데 작용하는 힘을 말하며 구조물의 중력이 부력보다 적을 경우 구조물이 부상한다.

2) 구조물이 부상할 경우 균열에 의한 파손 및 누수가 발생하여 구조물의 내구성이 저하되어 구조물에 손상을 가져온다.

2. 원인

1) 지하피압수 : 피압수, 수위 차

2) 지반여건 : 불투수층으로 강한 점토 혹은 암반이 위치할 경우

3) 일시적 수량증가 : 호우 등에 의해 계곡지나 매립지 등에 일시적인 지하수위 상승

4) 구조물 중량이 부력보다 적을 경우

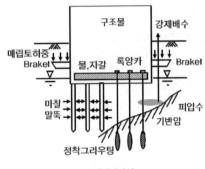

부력방지시설

3. 대책

1) Rock Anchor

2) 마찰말뚝

3) 강제배수

4) 구조물 중량

5) 브라켓

6) 인접 구조물 긴결

7) 지하중립부 지하수채움

8) 구조물 상부로 높여

9) 지하층 규모 축소

65 구조물 부등침하

1. 개요

1) 구조물 기초지반의 불균등한 침하가 발생하는 현상이다.
2) 구조물의 부등침하는 균열 침하 누수를 발생시켜 구조물의 내구성을 저하시킨다.

2. 구조물에 미치는 영향 암기 침균누내

1) 부등침하
2) 균열
3) 누수
4) 내구성

3. 침하종류 암기 즉압2차

1) 즉시침하
 ① 탄성침하
 ② 사질토층에서 하중증가에 의한 물이 배수 됨에 따라 즉시침하 발생
 ③ 단기침하

2) 1차 압밀침하
 ① 외부하중에 의한 흙입자 사이의 물이 빠져 나가며 발생하는 침하
 ② 간극수압이 소산되며 물이 빠져 나가며 발생하는 침하
 ③ 장기침하로 점성토층에서 발생

3) 2차 압밀침하
 ① 유기질 점토
 ② 지속하중에 의한 Creep 발생
 ③ 연약한 점성토나 연약층이 두꺼울 경우
   발생침하량 = 탄성침하(사질토, 즉시) + 1차압밀침하(점성토, 장기) + 2차압밀침하(유기질점토, Creep)

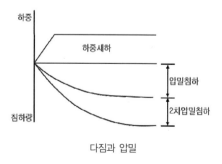

다짐과 압밀

4. 원인 암기 하연이지 경서기인 지부 급부상액

1) 하부연약지반
2) 연약층 두께 상이
3) 이질지반 위 기초
4) 지하매설물 Hole
5) 경사지반, 언덕위 건축
6) 서로 다른 복합기초
7) 기초제원 상이
8) 인근지역 부주의 터파기
9) 지하수위 상승
10) 부주의 증축
11) 강제적인 배수
12) 부마찰력 작용
13) 상재 과하중
14) 발파, 지진, 액상화
15) 지진, 지각 등의 변동
16) 흙막이 영향
17) UnderPinning

5. 방지대책 암기 연기상 점모 경복FI 경평중

1) 연약지반개량 암기 점모 치압탈배고 진다폭전약동
 ① 치환공법
 ② 압밀공법
 ③ 탈수공법
 ④ 배수공법
 ⑤ 고결공법

2) 기초구조 암기 경복FI
 ① 경질지반에 지지
 ② 이질지반 복합기초
 ③ 지하실 설치(굳은지층깊을시)
 ④ 내진설계
 ⑤ 언더피닝
 ⑥ 마찰말뚝
 ⑦ Floating Foundation

3) 상부구조 암기 경평중
 ① 건물 경량화
 ② 평면길이 짧게
 ③ 건물 중량배분
 ④ 신축줄눈
 ⑤ 강성증대

6. 연약지반 판정방법

1) 점성토 : $N < 4 \sim 6$
2) 사질토 : $N < 10$

7. 침하검토

1) 침하량 : $Sc = \dfrac{Cc}{1+e_0} H \log \dfrac{P_0 + \triangle P}{P_0}$(cm)

2) 침하시간 : $t = \dfrac{T_v H^2}{C_v}$(분)

3) 침하도 : $\bar{u} = 1 - \dfrac{u}{u_i}$

66 흙의 전단강도 측정방법

1. 흙의 전단강도 측정방법

1) 직접전단강도
2) 1축압축시험
3) 3축압축시험

2. 직접전단강도시험

1) 장점 : 시험이 간단, 장비취급 간편
2) 단점 : 배수조절 힘들고, 파괴면 고정, 전단응력 고루분포되지 않음
3) 적용 : 주로 사질토

3. 1축압축시험

1) 예민비 : 교란되지 않은 시료와 교란된 시료의 강도비

$$S_t = \dfrac{q_u}{q_{ur}}$$

* quick clay : 예민비가 아주 커서 강도가 떨어지는 흙(점토)quick sand : 분사현상이 발생되는 모래

4. 3축압축시험

1) 압밀 단계 + 전단 단계
2) 종류
① UU시험(비압밀 비배수), 성토직후
② CU시험(압밀비배수), 성토후(1차압밀후)
③ CD시험(압밀배수), 장시간지난후

67 대구경 현장타설 말뚝기초 (RCD) 공법의 철근공상 방지대책과 슬라임 처리방안

1. 공상원인 대책

원인	대책
Slime처리 미비	AirLift, SuctionPump, Sand Pump, Water Jet, Reverse, 모르타르바닥 후비기
철근망 (현장타설말뚝 RCD강관 인발 시)	Spacer, 철근망수직도
수중콘크리트타설 부주의	과대한 타설속도, 재료분리, Tremie 밑넣기 : 2~6m유지
굴착	수직도, 단면불량 : 탄성파 속도로 측정

2. 슬라임 처리방안

1) 슬라임 불완전처리시 문제점 : 말뚝지지력저하로 콘크리트 열화, 철근망공상원인
2) 종류 : 건설오니(슬라임 등 굴착공사, 지하구조물 공사등을 할때 연약지반을 안정화 시키는 과정에서 발생되는 무기성오니
3) 대책처리기준 : 탈수, 건조등에 의하여 수분함량 85% 이하로 탈수, 건조 후 매립처리

68 하상계수

1) 하상계수란 하천 임의 지점에서 특정 연도 최대유량을 최소유량으로 나눈 값을 말한다. 하상계수

$$하상계수 = \frac{Qmax}{Qmin}$$

Qmax : 하천 임의지점 특정연도 최대유량
Qmin : 하천 임의지점 특정연도 최소유량

하상계수는 하천 유량 변동을 나타낸다. 하상계수가 크면 유량이 안정적이지 못해 취수, 주운, 홍수처리가 어려워지는 단점이 있다.
대한민국 하천들의 하상계수는 다른 나라들에 비해 큰 편이다.

2) 하상계수는 하천의 최소 유량을 1로 두고, 최대 유량과의 비율로 나타내는 것이다. 유량 변동 계수라는 표현도 사용한다. 하상 계수가 클수록 하천의 유량 변화가 크고, 물 자원 이용이 불리해진다. 물이 한번만에 많아졌다가 사라져버리면, 물이 지속적으로 공급되지 않게 된다. 즉, 물 자원을 효율적으로 관리할 수 없게 된다.

69 대심도 연약지반에서 PC파일 관리항목

1. 시험항타의 목적 암기 타측말햄말부

1) 시공기준결정 : 햄머무게, 낙하높이, 타격횟수, 최종관입량
2) 말뚝길이 결정 : 지반조사의 일치성, 지지층 깊이에 따른 파일길이 결정
3) 말뚝길이에 따른 이음공법 결정
4) 지지력추정

2. 관리항목 암기 무낙위말설 1회제파

1) 항타장비제원 : Hammer의 종류, Ram 무게, 낙하고(유효높이)
2) 침하량 : 자립식 측정대 또는 자동항타 검측기 등을 사용하여 정밀하게 측정, 일반토사인 경우 10회의 측정값의 평균치로 한다. 2mm 이하 관입시 타격중지, 관입량 10mm 이하로 1m 이상 계속될 때 타격중지
3) 파일의 선단지반 확인 : 콘크리트 파일은 타격횟수 40회에 30cm내외 관입시 타격중지, 강관파일은 50회에 10~20cm 관입시 타격중지
4) 타입된 파일의 파손여부 : 콘크리트 파일은 침투수 여부 또는 누수여부, 강관 파일은 내부 흙 제거시 Mirror Test 실시
5) 각종 공식에 의한 지지력 확인
6) 동재하시험 및 정재하 시험을 통한 시험항타의 적부 판정 및 시공안 제시

70 흙막이 지지벽의 레이커(Raker)

1) 굴착면을 45° 정도의 경사면으로 굴착한 후 강재를 기울여 흙막이 벽체와 지반의 지지체에 고정되도록 설치함

2) 깊이가 10m 이내로 깊지 않고 앵커, 버팀보의 설치가 어려운 경우 적용지반이 견고하여 블록 지지가 가능하여야 하며 수동부를 사면 굴착하므로 초기변형이 많이 발생함.

콘크리트공사

제 13 장

01 거푸집공사

1. 개요

1) 콘크리트 구조물의 형상을 만들기 위해서 내부에 붙이는 판으로 평면을 유지하고 하중에 대한 내구성을 확보해야 한다.

2) 거푸집 자재의 종류에는 합판재, 강재, 알루미늄재, 플라스틱 등이 있다.

2. 구성재

1) 거푸집 널 : 작업하중을 전달, 각 부재의 하중을 분산

2) 장선 : 하중을 동바리를 통해 하부에 전달

3) 멍에 : 장선을 받치며 동바리에 하중 전달

4) 동바리 : 거푸집 자중, 콘크리트 중량, 작업하중 지지

5) 결속재 : 위치 치수 간격 유지

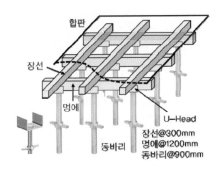

합판 장선 멍에 U-Head

3. 거푸집 선정시 주의사항

1) 목재거푸집
   ① 흠, 옹이가 없어야 됨
   ② 합판의 접착이 견고히 되어야 됨
   ③ 균열이 없어야 됨

2) 강재거푸집
   ① 찌그러지지 말아야 됨
   ② 비틀림이 없어야 됨
   ③ 녹이 없어야 됨

3) 동바리재
   ① 손상, 변화가 없어야 됨
   ② 부식이 없어야 됨
   ③ 일직선이 유지되어야 함
   ④ 최대허용하중 범위 내에서 사용

4) 연결재
   ① 충분한 강도
   ② 해체 시 회수가 용이하여야 함
   ③ 조합부품수가 적을 것

장선 멍에 U-헤드

4. 종류 　알기　일특 목강알 플와활갱

1) 일반거푸집
   ① 목재 : 가공 쉽고, 보온 좋고, 신축 적으나 내수성 미흡하고 무거우며, 표면손상 됨
   ② 강제 : 전용성(50회 이상) 우수, 녹발생, 무겁고, 고가, 마감재 부착 어렵고, 열전도율이 높아 한중 서중 콘크리트에 불리
   ③ 알루미늄폼 : 내구성 우수, 경량, 깨끗하고, 반복사용 가능

2) 특수거푸집
   ① 플라스틱 : 가소성 우수하고 가벼워 문양거푸집 마감면에 많이 사용
   ② 와플 : 우물판자 모양으로 장스판 사용이 가능하나 초기비 과다
   ③ 활동 : Sliding, Slip Form, 요크, 연속콘크리트
   ④ 갱폼 : 아파트 측면 동일부위에 조립분해 생략하여 경제적이고 설치탈형만으로 마감단순화로 비용절감, 초기투자비 높고 설치해체시 장비 필요

5. 거푸집시공시 허용오차

1) 수직오차 : 선, 면, 모서리
   ① 높이 30m 미만 : 25mm
   ② 높이 30m 이상 : 1/1000 이하, 최대 150mm 이하

2) 수평오차 : 슬래브 천장 보 밑 25mm 이하

3) 콘크리트슬래브, 제물바탕마감 : 19mm

4) 부재단면치수 : 기둥·보·벽·슬래브
① 단면치수 300mm 미만 : 기둥·보·벽+9mm, 슬래브 −6mm
② 단면치수 300~900mm : 기둥·보·벽 +13mm, 슬래브 −9mm
③ 단면치수 900mm 이상 : +25mm

5) 계단 : 높이 3mm 이하, 넓이 6mm 이하

02 SCF(Self Climbing Form: 연속거푸집)

1. 개요

1) 일정한 평면을 가진 구조물에 적용되며 연속하여 콘크리트를 타설하므로 접속부가 발생하지 않는 수직활동 거푸집 공법이다.

2) 단면의 변화가 없는 구조물에 적용되며 주야 연속 작업을 위한 인원 장비 자재에 대한 세심한 계획이 필요하다.

Self Climbing Form

2. 분류

1) 수직이동
① Sliding Form(높이 1~2m) : 1일 상승높이 5m~8m, 단면변화 없는 구조물, 주야 연속작업 가능, 여유인원 필요
② Slip Form(높이 0.9~1.2m) : 1일 반복타설 3~5회, 형상 변화가 없는 곳, 주간만 가능, 급수탑·수신탑·전망대 등 시공

2) 수평이동 : Travelling Form

3. 시공시 유의사항

1) 거푸집 이동 중 변형방지
2) 탈형 후 압축강도는 전하중의 2배 이상 중량에 견딜 수 있어야 함
3) 철근조립 거푸집 상승속도와 일치
4) 콘크리트 운반이 거푸집 상승속도와 일치
5) 시멘트의 종류 배합 온도영향은 거푸집 상승속도에 영향
6) 상승속도 예비실험 실시
7) 소요강도 확인 후 활동속도 변경

4. 안전대책

1) 안전방망 10cm×10cm
2) 돌출철근 테이프 표시
3) 운반용승강기 16~24m/분
4) 피뢰침 20m 이상 설치
5) 야간대비 전등 설치
6) 60m 이상 경고등
7) 통신설비
8) Panel 등 화재예방 소화시설
9) 용접용단 그라인딩 시 불티방지포 사용
10) 요크제작 안전시설

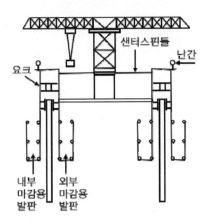

Sliding Form 공법

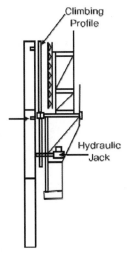

Self Climbing Form 공법

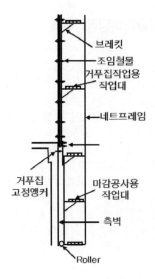

Climbing Form 공법

참고 슬립폼(슬라이딩폼) 제작

1. 사고원인

1) 슬립폼에 무리하게 올라서서 작업
2) 안전대 미체결
3) 이동식크레인 운전원 운전미숙
4) 이동식크레인 아웃트리거 미설치
5) 불안전하게 적재된 자재가 도괴
6) 슬립폼 상부 안전대 부착설비 미설치
7) 길이가 긴자재를 1줄걸이로 흔들리면서 충돌
8) 인양작업 반경내 근로자 출입
9) 인양용 후크에 해지장치 미설치

2. 안전대책

1) 관리감독자 배치
2) 개인보호구 착용 철저
3) 이동식크레인 운전원 자격여부 확인
4) 아웃트리거 거치시 견고하고 평탄한 지반 거치
5) 자재적재시 수평유지, 전도방지 조치
6) 슬립폼상부 안전대 부착설비 설치
7) 길이가 긴자재는 2줄 걸이로 결속, 수평인양
8) 인양작업 반경내 안전방책 설치
9) 인양용후크 해지장치 설치

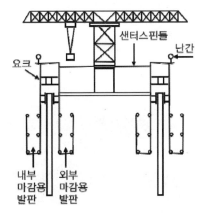

Sliding Form 공법

참고 **슬립폼(슬라이딩폼) 해체**

1. 사고원인

1) 개인보호구를 미착용
2) 이동식크레인 운전원의 운전미숙
3) 슬립폼 인양시 인양로프가 파단
4) 슬립폼 해체중 부속자재가 낙하
5) 슬립폼의 인양시 균형 상실로 낙하
6) 관리감독자 미배치, 임의로 무리한 작업
7) 크레인 이동경로 및 작업장의 평탄성 미흡
8) 교각 또는 연돌상부에서 안전대미착용
9) 이동식크레인으로 슬립폼 인양시 붐대가 꺾임
10) 인양용 후크 해지장치 없이 작업
11) 줄걸이 안전수칙 미준수

2. 안전대책

1) 개인보호구 착용 철저
2) 운전원 자격 유무 확인
3) 인양로프는 손상 부식 확인 및 규격품 사용
4) 슬립폼 해체중 하부에 근로자 통제조치
5) 슬립폼인양시 자재가 수평균형 유지
6) 해체작업중 관리감독자 배치
7) 크레인의 이동경로 및 평탄성과 지지력확보
8) 교각 또는 연돌상부 안전대착용 철저
9) 붐대 연결부 체결상태 확인
10) 후크에는 해지장치를 설치
11) 크레인의 인양능력은 사전검토

참고 **철근 PRE-FAB 공법**

1. 개요

1) 기둥·보·바닥 Slab 부위별로 지상에서 미리 조립한 후 크레인 등으로 인양하여 구조물 위치에 안착하는 공법이다.
2) 공기감소, 품질양호, 안전성 등 우수하다.

2. 특징

1) 자재손실 적음
2) 공기단축
3) 품질양호
4) 대구경철근사용 부피 큰 구조물 가능
5) 양중장비 사용으로 지내력 유지
6) 이음부 현장조립

Slurry Wall 철근망 조립

03 거푸집 조립 해체 안전대책

1. 개요

1) 조립, 해체 시 계획서에 의거 관리감독자 배치하고 관계자 외 출입금지 조치 후 작업에 임하여야 한다.

2) 해체 시에는 구획을 설정하며 해체자재 등은 던지지 말고 밴딩하여 양중기에 의해 이동한다.

2. 거푸집 동바리 Checklist

암기 형부몰이 접허부지 폼청박모 비발매

1) 형상
2) 부풀어 오름
3) 몰탈 새어 나옴
4) 이동 경사 침하 발생 여부
5) 접속부 긴결
6) 허용오차
7) 부등침하
8) 지주
9) 폼타이볼트 조임상태
10) 청소상태
11) 박리제 도포상태
12) 모따기 상태
13) 비계발판 안전상태
14) 발판결속 상태
15) 매설물 조치상태

3. 조립 시 안전대책

1) 안전담당자 배치
2) 지내력 확인
3) 하부고정철물 설치
4) 수평재 설치
5) 달줄 달포대 사용
6) 관계자 외 출입금지
7) 가새 설치
8) 지지대 설치

4. 해체 시 안전대책

1) 안전담당자 배치
2) 관계자 외 출입금지
3) 상부에서 하부로 조립 시 반대로 해체
4) 자재는 던지지 말고 밴딩할 것
5) 상하 동시작업 금지
6) 지렛대에 의한 무리한 해체작업 금지
7) 못 등 돌출물 제거
8) 정리정돈 실시

가설재 전용철물

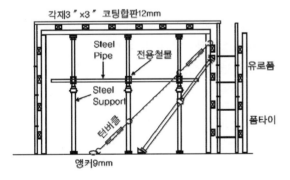

콘크리트 거푸집 동바리 설치

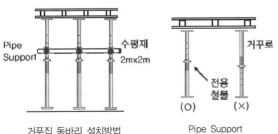

거푸집 동바리 설치방법   Pipe Support

04 콘크리트타설 붕괴방지 대책

1. 개요

1) 콘크리트 타설 시 재료-배합-설계-운반-치기-다지기-마무리-양생 순서에 의거 시공계획에 의한 순서를 준수하여야 한다.

2) 시공 Miss에 의한 부실시공이 붕괴사고를 초래하므로 전 과정에 걸쳐 관리감독을 철저히 하여야 한다.

2. 콘크리트 붕괴사고의 원인

1) 재료 불량
2) 현장규정 무시
3) 전용철물 미사용
4) 타설순서 타설방법 불량
5) 타설시 집중하중

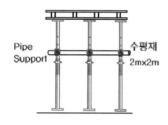

거푸집 동바리 설치방법

3. 거푸집 안전대책

1) 층고 높은 곳 System Support
2) 수직도
3) 수평재 설치
4) 턴버클 가새 설치 철저
5) 동바리 전용철물 고정
6) 철근 과하중 적치 금지
7) 거푸집 조립순서 준수 : 기둥-큰보-작은보-바닥-내벽-외벽

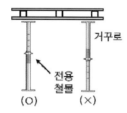

Pipe Support

8) 악천후시 작업금지
9) 작업인원 집중배치 금지
10) 책임자 점검 철저

4. 거푸집 동바리 안전대책

1) 표준조립상세도 작성
2) 비계용강관(48.6mm) 동바리 사용금지
3) Pipe Support 부재간 맞댐체결 현장용접 금지
4) 층고 6m까지 단일부재 Pipe Support사용
5) 층고 6m 이상 틀비계(B/T) 사용원칙
6) P/S 거꾸로 사용 금지
7) P/S 조절용 전용핀 사용, 잡철물 사용금지
8) 높고 Slab 두꺼울 시 : System Support
9) 수평연결재 : 단관 Pipe(48.6mm), 가로 2m×세로 2m, 전용철물 사용, 철선 사용금지
10) 일체화 : 가새 Bracing 별도보강
11) 수직도, 깔목·깔판 침하방지, 편심하중 및 집중타설 금지, 고저차 조절형 밑받침철물, 경사지 피벗형철물

5. 콘크리트타설 안전대책

1) 타설순서 : 기둥-보-벽체-Slab
2) 균등하중
3) 편심 등 한곳 집중하지 말고 소량 분산타설
4) 진동기사용 신규 40cm, 기존 10cm 겹쳐 기포가 상승할 때까지 다짐
5) 진동기다짐 5~15초@50cm 이하 간격
6) 재료분리 발생방지

6. 거푸집 동바리 Checklist

암기 형부몰이 접허부지 폼청박모 비발매

1) 형상
2) 부풀어 오름
3) 몰탈 새어 나옴
4) 이동, 경사, 침하 발생 여부
5) 접속부 긴결
6) 허용오차
7) 부등침하
8) 지주
9) 폼타이볼트 조임상태
10) 청소상태
11) 박리제 도포상태
12) 모따기 상태
13) 비계발판 안전상태
14) 발판결속 상태
15) 매설물 조치상태

05 거푸집동바리 안전대책

1. 개요

1) 거푸집이란 부어 넣은 콘크리트가 소정의 형상, 치수를 유지하며 콘크리트가 적합한 강도에 도달하기까지 지지하는 가설구조물의 총칭을 말한다.

2) 동바리란 타설 된 콘크리트가 소정의 강도를 얻을 때까지 거푸집 및 장선 멍에를 적정한 위치에 유지시키고 상부하중을 지지하기 위하여 설치하는 부재를 말한다.

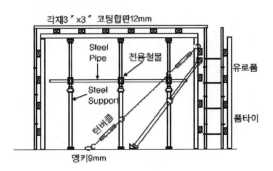

콘크리트 거푸집 동바리 설치

2. 재료선정시 고려사항

1) 강도
2) 강성
3) 내구성
4) 작업성
5) 콘크리트 영향력
6) 경제성

3. 종류 [알기] 파강강윙수 강목삼

1) 파이프받침
 ① 동바리 3본 이상 이음 금지
 ② 수평연결재 가로 2m×세로 2m
 ③ 가새연결 시 도괴 좌굴 주의
 ④ 구성 : 외관, 내관, 곶기관

2) 강관틀지주(B/T)
 ① 층고 높은 곳
 ② 보통 5단 이하
 ③ 허용하중 5톤/틀 1개
 ④ 5단마다 수평연결재 설치
 ⑤ 수직 수평 유지

3) 강재조립지주
 ① 넓은 공간 확보
 ② 지지력이 큰 지주 요구
 ③ 고강도동바리
 ④ 허용지지력 15~20ton
 ⑤ 수평연결재 4m 마다

4) 윙서포트
 지주 그대로 놓고 거푸집 해체가능

5) 수평지지보
 ① 부재양단보에 걸어 고정
 ② 종류 : 페코빔, 보우빔

6) 기타
 ① 강관지주
 ② 목재지주
 ③ 삼각지주틀

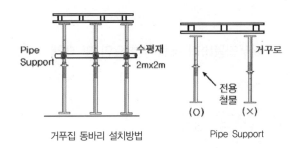

거푸집 동바리 설치방법   Pipe Support

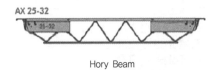

Hory Beam

Pecco Beam

4. 수평연결재 간격 [알기] 파강강삼 2545

종류	상하간격
Pipe Support(3.5m↑)	2m
강관틀지주(B/T)	5단마다
강재조립지주	4m
삼각틀지주	5m

5. 안전대책(붕괴방지대책)

1) 표준조립상세도 작성
2) 비계용강관(48.6mm) 동바리 사용금지
3) Pipe Support부재간 맞댐체결 현장용접 금지
4) 층고 6m까지 단일부재 Pipe Support사용
5) 층고 6m 이상 틀비계(B/T) 사용원칙
6) P/S 거꾸로 사용 금지
7) P/S 조절용 전용핀 사용, 잡철물 사용금지
8) 높고 Slab 두꺼울 시 : System Support
9) 수평연결재 : 단관 Pipe(48.6mm), 가로 2m×세로 2m, 전용철물 사용, 철선 사용금지
10) 일체화 : 가새 Bracing 별도보강
11) 수직도, 깔목 · 깔판 침하방지, 편심하중 및 집중타설 금지, 고저차 조절형 밑받침철물, 경사지 피벗형철물

참고 **거푸집동바리 조립 위험요인 및 대책**

1. 사고원인

1) 개인보호구 미착용
2) 안전대를 미체결
3) 동바리 미검정품 사용
4) 동바리높이 조절용 핀 철근도막으로 사용
5) 안전대부착설비 미설치
6) 동바리와 수평연결재 연결부 철선 고정
7) 거푸집동바리 구조가 2단으로 설치
8) 동바리상하부 미고정
9) 동바리 수평연결재 미설치
10) 동바리간격 구조허용간격 이상
11) 가조립된 보판, 슬라브판 낙하
12) 양중기의 후크해지장치 미설치

거푸집 동바리 작업

2. 안전대책

1) 개인보호구 착용 철저
2) 안전대를 체결하고 작업
3) 거푸집동바리 검정품사용
4) 동바리 높이조절용 핀은 전용핀 사용
5) 동바리와 수평연결재 연결부 전용크램프로 결속
6) 거푸집동바리 높이 6m 이상 시 2단 설치금지 시스템 동바리 사용
7) 동바리는 높이 3.5m 이상시 2방향 수평연결재 설치
8) 동바리간격 구조검토, 조립도에 따라 정밀시공
9) 인양 시 후크에 해지장치 설치

06 층고 6m인 동바리 시공대책

1. 개요

1) 동바리는 수직부재이며 사전구조적인 검토가 중요하며, 콘크리트 타설 시 집중하중의 검토하고 타설순서 수평재 설치 등 미준수 시 붕괴사고가 발생하므로 사전에 구조검토를 철저히 하여야 한다.
2) 안전성 검토와 관리감독 불량 시 시공 Miss는 대형사고를 초래한다.

2. 붕괴발생원인

암기 재료, 설치, 콘타

1) 동바리 재료불량
2) 동바리 설치방법 부적당
3) 콘크리트 타설방법 부적당

3. 안전대책(붕괴방지대책)

1) 표준조립상세도 작성
2) 비계용강관(48.6mm) 동바리 사용금지
3) Pipe Support 부재간 맞댐체결 현장용접 금지
4) 층고 6m까지 단일부재 Pipe Support 사용
5) 층고 6m 이상 틀비계(B/T) 사용원칙
6) P/S 거꾸로 사용 금지
7) P/S 조절용 전용핀 사용 잡철물 사용금지
8) 높고 Slab 두꺼울 시 System Support 사용
9) 수평연결재
  ① 단관 Pipe(48.6mm)
  ② 가로 2m×세로 2m
  ③ 전용철물 사용
  ④ 철선 사용금지

10) 일체화 : 가새 Bracing 별도보강
11) 수직도 유지
12) 하부저면 깔목깔판 침하방지
13) 타설 전 책임자 점검
14) 이상 징후 시 보완
15) 콘크리트 소량분량
16) 편심하중 및 집중타설 금지
17) 고저차 조절형 밑받침철물, 경사지 피벗형철물

가설재 전용철물

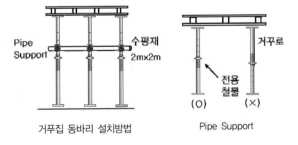

거푸집 동바리 설치방법   Pipe Support

07 동바리 높이 3.5m 이상 시 수평 연결재 시공

1. 개요

1) 동바리 좌굴시험 시 높이 1.8~2.0m 지점에서 좌굴이 발생하여 2.0m 지점에 수평연결재를 보강한다.

2) 3.5m를 넘으면 사용범위가 초과되어 동바리 연결이 필요해지므로 가로 2m×세로 2m 직각으로 수평연결재를 설치하여 좌굴을 방지한다.

2. 수평연결재 간격 `암기` 파강강삼 2545

종류	상하간격
Pipe Support(3.5m 이상)	2m
강관틀지주(B/T)	5단 이내
강재조립지주	4m
삼각틀지주	5m

거푸집동바리 수평재

3. 수평연결재를 2개 방향 설치 이유

1) 수평연결재 변위방지
2) 동바리 좌굴방지
3) 동바리 수직도유지
4) 동바리 이탈방지
5) 진동 충격으로부터 보호
6) 안전성 유지

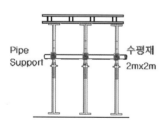

거푸집 동바리 설치방법

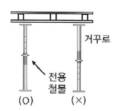

Pipe Support

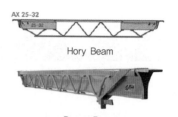

Hory Beam

Pecco Beam

4. 수평연결 시 유의사항

1) 가로 2m×세로 2m 직각 2방향
2) 수평이음 변형방지 가새 설치
3) 철근목재 사용금지
4) 단관파이프(48.6mm) 사용
5) 수평연결 전용철물 사용
6) 철선 사용금지
7) 책임자 점검

가설재 전용철물

08 거푸집 및 동바리 붕괴

1. 개요

1) 콘크리트는 중량물이므로 작업하중, 사용재료, 시공Miss 등 계획이 불량할 경우 붕괴사고가 발생한다.
2) 사전 구조검토, 표준조립도 작성, 시공방법 등을 상세히 검토한 후 작업에 임해야 한다.

2. 재해유형

1) 설치상태 불량
2) 지반지내력 부족
3) 수평연결재 불량
4) 가새 불량
5) 이질재료 혼합사용

거푸집 동바리 작업

3. 원인 `암기` 재료 설치 콘타

1) 재료 불량
 ① 목재 변형 부식 옹이
 ② 자재 양끝 굽은 것 사용

2) 설치 불량
 ① 미검정 부재자체 결함
 ② 이질재료(단관 Pipe+P/S)
 ③ 재료단면 부족
 ④ 동바리, 맞댐이음 용접이음 등 결속불량
 ⑤ 동바리, 수평연결재 설치 불량
 ⑥ 교차가새 미설치
 ⑦ 구조검토 미실시
 ⑧ 상하단부 고정 불량
 ⑨ 배수불량 지반침하 지내력부족
 ⑩ 동바리 상하 거꾸로 설치
 ⑪ 계단 등 경사지 깔목 깔판, 쐐기 불량

3) 콘크리트 타설방법
 ① 한 곳 집중 편심하중
 ② 타설물량 고려 적정한 타설장비
 ③ 타설순서 미준수

4. 안전대책(붕괴방지대책)

1) 표준조립상세도 작성
2) 비계용강관(48.6mm) 동바리 사용금지
3) Pipe Support 부재간 맞댐체결 현장용접 금지
4) 층고 6m까지 단일부재 Pipe Support 사용
5) 층고 6m 이상 틀비계(B/T) 사용원칙
6) P/S 거꾸로 사용 금지
7) P/S 조절용전용핀 사용 잡철물 사용금지
8) 높고 Slab 두꺼울 시 System Support 사용
9) 수평연결재
 ① 단관 Pipe(48.6mm)
 ② 가로 2m×세로 2m
 ③ 전용철물 사용
 ④ 철선 사용금지
10) 일체화 : 가새 Bracing 별도보강
11) 수직도 유지
12) 하부저면 깔목깔판 침하방지
13) 타설 전 책임자 점검
14) 이상 징후 시 보완
15) 콘크리트 소량분량
16) 편심하중 및 집중타설 금지
17) 고저차 조절형 밑받침철물, 경사지 피벗형철물

09 거푸집 존치기간

1. 개요

1) 콘크리트 및 철근 자중과 시공 중에 발생하는 하중에 충분히 견딜 수 있을 강도가 되었을 때 동바리 및 거푸집을 해체하여야 한다.

2) 자재의 전용을 위해 조기해체 시 급작스런 건조 및 하중작용에 의한 중대재해를 유발한다.

2. 존치기간 영향요인

1) 시멘트 성질
2) 콘크리트 배합
3) 구조물 종류의 중요도
4) 부재의 종류 크기
5) 부재 작용하중
6) 콘크리트 내부온도, 표면온도

3. 거푸집 존치기간

1) 수직재
① 적용 : 기둥, 보, 벽
② 콘크리트 압축강도 5MPa 이상일 때
③ 평균기온이 10℃ 이상일 때
④ 존치기간 **암기** 조 보고포플 고포플

구분	조강 포틀랜드 시멘트	보통포틀랜드, 고로슬래그(특급), 포틀랜드포졸란(A종), 플라이애쉬(A종)	고로슬래그, 포틀랜드포졸란(B종), 플라이애쉬(B종)
20℃	2일	4일	5일
10~20℃	3일	6일	8일

2) 수평재(바닥, 지붕, 보하부)
① 콘크리트 압축강도 14MPa 이상
② 설계기준강도의 2/3 이상 강도 발현 시

3) 받침기둥
① 수평재 존치기간 경과 시까지
② 큰보-작은보-바닥판 순으로 바꾼다.

4. 동바리 존치기간

슬래브, 보하부 : 설계기준강도(f_{ck}) 100% 이상의 압축강도가 얻어질 때까지 존치

10 거푸집 및 동바리 설계 시 고려하중

1. 개요

1) 거푸집 동바리의 구조검토는 하중, 응력, 단면계산을 통해 표준 조립상세도를 작성하여야 한다.
2) 설계 시 연직하중, 횡하중, 콘크리트측압 등이 검토되어야 하며 설치기준 준수로 안전성을 확보해야 한다.

2. 거푸집 동바리 설계시 고려하중

암기 연횡측특 고충작설

1) 연직하중

w = 고정하중+활하중

$= rt + 0.4kN/m^2 + 2.5kN/m^2 \geq 5.0kN/m^2$

r : 콘크리트단위중량

t : 슬라브두께(m)

① 고정하중(DL) : 콘크리트, 철근, 가설물 중량 등
- 보통콘크리트단위중량 $r = 24kN/m^3$
- 거푸집중량 최소 $0.4kN/m^3$

② 활하중(LL) : 작업원, 경량장비하중, 타설자재 공구 등 작업하중 및 충격하중
- 단위면적당 최소 $2.5kN/m^2$
- 전동타설장비 $3.75kN/m^2$
- 슬라브t=0.5m이상 시 $3.5kN/m^2$, t=1.0m이상 시 $5.0kN/m^2$ 적용

③ 고정하중 및 활하중 조합(DL + LL)의 최소치 적용치 : 최소 $5.0kN/m^2$ 이상 적용

④ 적설하중 : 지역별 적용

2) 수평하중(HL 횡하중)

① 타설시 충격, 시공오차 등에 의한 최소의 수평하중 고려(풍하중보다 큰값)

② 고정하중의 2% 이상 또는 종바리 상단의 수평방향 길이당 1.5kN/m 보다 큰값 적용

③ 벽체거푸집에 작용하는 수평하중은 수직 투영 면적당 $0.5kN/m^2$ 적용

④ 횡경사에 의한 수평하중 고려

3) 측벽하중(측압)

① 굳지 않은 콘크리트 측압 고려

② 재료, 배합 타설속도, 타설 높이, 다짐방법, 타설시의 온도 등 검토

4) 풍하중

가설구조물의 설계풍하중

$Wf = pf \cdot A$

Wf : 설계풍하중(kN)

$pf = qz \cdot Gf \cdot Cf$: 가설구조물의 설계풍력(kN/m²)

A : 작용면의 외곽 전면적(m²)

5) 특수하중

콘크리트 비대칭 타설시 편심하중, 경사거푸집 수직 수평분력, 콘크리트 내부매설물 양압력, 크레인 등 장비하중, 외부진동다짐 등 영향 고려

3. 동바리 해체시기 준수

부재	콘크리트 압축강도
슬래브, 보하부, 아치내면	$f_{cu} \geq \dfrac{2}{3} \times f_{ck}$ 다만, 12MPa 이상

11 거푸집 동바리 재해유형

1. 개요

1) 거푸집 동바리 작업 시 발생하중은 연직하중 횡방
향하중 측벽하중 특수하중으로 이에 대한 시공
Miss 및 사전검토 미흡 시 중대재해가 발생한다.
2) 거푸집 동바리 강도 강성 미발현 시 조기해체에
의한 중대재해도 다수 발생한다.

2. 동바리 붕괴 Mechanism

침하	—	좌굴	—	전도	—	붕괴

3. 재해유형 알기 침좌전붕

1) 침하
 ① 동바리 시공 간격 미준수
 ② 집중하중
 ③ 지반지지력 부족

2) 좌굴
 ① 간격 규격 미준수
 ② 가새 버팀대 미설치
 ③ 수평연결재 미설치

3) 전도
 ① 집중하중
 ② 응력상실로 주변전도

4) 붕괴
 ① 거푸집 동바리 붕괴
 ② 대형사고 발생

거푸집동바리 수평재

4. 안전대책

1) 조립순서 : 기둥-보-벽체-Slab
2) 작용하중
 ① 연직하중
 ② 횡하중
 ③ 측벽하중
 ④ 특수하중

3) 연결부 강성
 ① 전용연결핀 사용
 ② 철선, 철근 등 사용금지

4) 동바리
 ① 간격 준수
 ② 높이 규격 준수
 ③ 가새 설치
 ④ 접합부

5) 수직도 : 좌굴
6) 숙련공 : 품질 안전성 확보
7) 안전관리자
 ① 불안전한 상태, 불안전한 행동 제거
 ② 작업순서, 작업방법 작업자세 작업속도

8) 출입금지 : 테이프 팬스 설치
9) 양중 시 낙하물
 ① 2개소 결속 및 수평유지
 ② 유도로프
 ③ 구획설정 및 하부근로자 출입금지

10) 콘크리트타설 중
 ① 거푸집 변형 방지
 ② 집중하중 금지하고 소량 분산타설

12 System 동바리

1. 개요

1) 시스템동바리는 6m 이상 높이 시공 시 가능한 가설재로 규격화 단순화하여 작업성 안전성을 확보하였다.
2) 설치하기 전 사전 배수로 확보 및 침하방지를 하여 지내력 확보에 주의하여야 한다.

2. 예시도

장선 멍에 U-헤드

3. 특징

1) 6m 이상 설치 가능 : 강성, 고층 시공
2) 집중하중 : 응력분산, 작용하중 저감
3) 구조체 일체화 : System 동바리 가새 설치, Base, U-head 중심부, 강성확보
4) 가설비계 System 화 : 단순화·규격화·강성·표준화 및 조립·해체가 수월
5) 구조계산 부재결정

| 구조계산 | 간격결정 | 시공 | 안전성 |

4. 시공 시 유의사항

1) 수직도 불량 시 좌굴·변형
2) 설치간격 미준수 시 붕괴
3) 수평가새 버팀대 미설치 시 전도
4) 동바리 보강판 규격미달
5) 과재하 집중하중 금지, 동바리 설치순서 준수
6) 설치높이 높을수록 하중 지지력 저하
7) 하부침하 시 붕괴

5. 동바리 붕괴 Mechanism

| 침하 | 좌굴 | 전도 | 붕괴 |

6. 대책

1) 구조계산 : 연직하중 횡하중 측벽하중 특수하중
2) 시공계획서 작성
3) 지반 평탄작업 실시
4) 우수유입 방지 배수시설
5) 가새 버팀대 설치
6) 수직도 유지
7) KS규격 제품 사용

13 거푸집 측압

1. 개요

콘크리트타설 시 기둥·벽체의 수평방향압력, 단위 용적중량, 타설높이, 작업속도, 온도, 콘크리트 두께, 작업하중 등을 검토하여야 한다.

2. 콘크리트 헤드 측압

1) 헤드 : 측압이 최대가 되는 콘크리트 타설높이, 일정 높이 이상이 되면 측압은 감소함
2) 콘크리트 헤드 측압 최대값
 ① 콘크리트 헤드 : 벽 0.5m, 기둥 1.0m
 ② 콘크리트측압 : 벽 1.0tonf/m, 기둥 2.5tonf/m

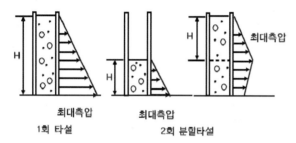

최대측압   최대측압
1회 타설   2회 분할타설

콘크리트 헤드

3. 거푸집측압 표준값(단위 : tonf/m)

분류	진동기 미사용	진동기 사용
벽	2	3
기둥	3	4

4. 거푸집 측압 증가인자 [암기] 단수평시 철온습타다

1) 부재단면이 클 경우
2) 수밀성 높을 경우
3) 표면이 평활할 때
4) 시공연도가 높을 때
5) 철근량 적을 경우
6) 외기온도 높을 때
7) 습도가 적을 때
8) 타설속도가 빠를 때
9) 과도한 다짐

5. 측정방법

1) 수압판
2) 측압계
3) 조임철물변형
4) OK식 측압계

6. 동바리 시공예시도

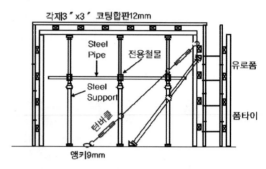

각재3″x3″ 코팅합판12mm
Steel Pipe
전용철물
유로폼
Steel Support
폼타이
턴버클
앵키9mm

콘크리트 거푸집 동바리 설치

14 콘크리트 측압검토

1. 개요

1) 콘크리트측압은 콘크리트타설 시 기둥·벽체에 작용하는 수평방향 압력을 말한다.
2) 단위용적중량, 타설높이, 작업속도, 타설 시 온도, 콘크리트 두께, 작업방법에 따른 하중을 검토하여야 한다.

2. 콘크리트 측압

1) 첨가물
 ① 지연제
 ② Slag, Flyash, $C_c = 1.2 \sim 1.4$

2) 일반콘크리트 측압 : $P = W \cdot H$

3) Slump 175mm 이하, 1.2m 깊이 이하, 내부진동다짐 시

 ① 기둥측압 $P = C_w \, C_c \left(7.2 + \dfrac{790R}{T + 18}\right)$

 ② 벽체측압

 타설속도 2.1m/hr 이하, 타설높이 4.2m 미만 시

$$P = C_w \, C_c \left(7.2 + \frac{790R}{T + 18}\right)$$

 타설속도 2.1m/hr 이하, 타설높이 4.2m 초과 시, 타설속도 2.1 ~ 4.5h/hr

$$P = C_w \, C_c \left(7.2 + \frac{1160 + 240R}{T + 18}\right)$$

 단위중량계수

$$C_w = 0.5 \left(\frac{W}{23\text{kg/m}^3}\right) \quad \text{단. } 0.8 \text{ 이상}$$

 C_c : 첨가물
 C_w : 단위중량계수
 R : 타설속도
 T : 타설온도
 H : 콘크리트 타설높이

참고 **교차가새 역할**

암기 좌부구찌인

1. 좌굴
2. 부재응력
3. 구조안정
4. 찌그러짐
5. 인장력 대응

참고 **가외철근**

1. 개요

1) 콘크리트의 온도변화 건조수축에 대비하여 설치한 철근
2) 콘크리트 인장응력에 대비하여 보조철근으로 설치하는 철근을 말한다.

2. 배치

1) I형 Precast보
2) 시공이음부
3) 바닥판 헌치부
4) 현장타설 콘크리트보
5) 복부양측면
6) 축방향 13~300mm 간격

참고 **온도철근**

1. 개요

1) 콘크리트의 온도변화 건조수축에 대비하여 설치한 철근을 말한다.
2) 콘크리트 인장응력에 대비하여 보조철근으로 설치하는 철근을 말한다.

2. 목적

1) 온도변화
2) 건조수축균열
3) 균열방지
4) 구조취약부 보강
5) 상부응력분산

15 정철근·부철근

1. 개요

콘크리트의 취약점인 인장응력을 보완하기 위한 목적
으로 이형 또는 원형의 강재를 배치하는데 대표적인
철근으로 정철근, 부철근, 배력철근, 전단철근, 가외
철근 등이 있다.

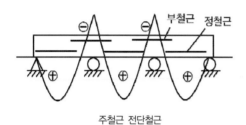

주철근 전단철근

2. 정철근

1) 슬라브, 보, (+)휨모멘트, 인장응력에 작용
2) 설치위치
　① 슬라브 보 하부
　② 라멘 중앙하부
　③ 옹벽 벽체배면

3. 부철근

1) 슬라브, 보, (-)휨모멘트, 인장응력에 작용
2) 설치위치
　① 연속교 지점 상부
　② 라멘교 측벽상부
　③ 보 기둥 상부
　④ 슬라브 보 상부

참고 전단철근

1. 개요

1) 철근콘크리트부의 중앙부 주인장응력 부위에 발생하는
　응력에 대비한 철근을 말한다.
2) 보의 단부 등 축에 45° 경사에 사인 장 응력 발생 시
　이에 대응하기 위해 전단철근을 설치한다.

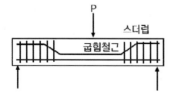

전단철근 보강

2. 종류

1) 절곡철근
　① 보단부 적은 휨모멘트
　② 인장철근 구부려 올려 보통 45° 배치

2) 스터럽
　① 주철근 외 별도 철근
　② 사인장응력에 저항

참고 스터럽

1. 개요

1) 보의 주철근을 둘러싸고 이에 직각되게 또는 경사지게
　배치한 복부보강근을 말한다.
2) 전단력 및 비틀림 모멘트에 저항하도록 배치한 보강
　철근을 말한다.

2. 종류

1) U형 스터럽
2) 개방형 스터럽
3) 폐합형 스터럽

참고 절곡철근

1. 개요

보의 휨응력에 따라 설치하고 중앙부에서는 하부단부
에서 올려 휘어 상부에 배근하는 철근을 말한다.

2. 역할

1) 휨응력 유효
2) 상하 주근 간격을 정확하게 유지
3) 스터럽 결속 시 필요
4) 보단부 사인장균열 방지
5) 전단보강

16 철근이음

1. 개요

1) 철근이음은 구조상 취약부분에 이음을 금지하고 설계시방규정에 대해서 감리의 승인을 받아야 한다.
2) 최대인장력 지점을 피하고, 한단면에서 집중을 피하고, 서로 엇갈리게 이음을 한다.

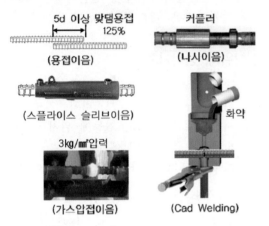

철근이음

2. 결속선에 의한 철근이음 암기 결용기|Cad 용Ga 슬압충나G

1) 겹침이음 : 규정된 철근길이에서 3개 철근다발은 20% 증가, 4개 철근다발은 33% 증가시킨다.
2) 이음길이
 ① 압축철근
  f_y가 400MPa 이하 : $l_l = 0.072\,f_y\,d$ 이상
  f_y가 400MPa 이상 : $l_l = (0.13f_y - 24)\,d$ 이상
  이음길이 300mm 이상
 ② 인장철근
  A급 $l_l = 1.0\,l_d$
  B급 $l_l = 1.3\,l_d$

3. 용접에 의한 철근이음 암기 용Ga

1) 용접이음 : 맞댐용접으로 항복강도 125% 이상 인장력 발휘
2) Gas 압접이음 : 직각으로 맞대고, 옥시아세틸렌가스의 중성염으로 가열하고, 3kg/mm 압력을 가해 부풀게 접합

4. 기계적 이음 암기 슬압충나G

1) Sleeve압착 : 철근을 맞대고 압착
2) Sleeve충진 : 에폭시 슬리브 사이 충진
3) 나사식이음 : 커플러 양단 볼트 너트조여
4) G-lock Splice : 깔대기를 망치로 쳐서

5. Cad Welding 이음

화약+합금을 넣고 구멍에 불을 붙여 순간적으로 폭발하여 녹여서 이음한다.

6. 철근이음 위치

1) 응력이 적은 곳
2) 기둥하단 50cm, 상단 3/4에 위치
3) 보 1/4 압축측에 위치

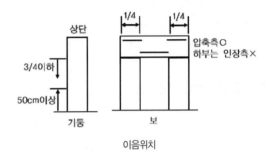

이음위치

참고 나선철근

1. 개요

1) 기둥에서 종방향 철근을 나선형으로 둘러싼 철근을 말한다.
2) 기둥좌굴 전단력에 대응하여 나선형태로 감아 주근 내구성 저하를 억제한다.

2. 분류

1) 각형 : 각형기둥
2) 원형 : 원형기둥

3. 특징

1) 내진력 유리하고, 전단보강 및 좌굴방지
2) 콘크리트를 구속
3) 철근 가공비 고가

17 철근 정착

1. 개요
철근의 정착이란 철근이 소정의 응력을 전달하기 위하여 콘크리트에서 빠져나오지 않도록 소정의 길이를 매립하는 것을 말한다.

2. 정착의 종류 `암기` 매표휨복다 압인
1) 매입길이에 의한 정착
2) 표준갈고리에 의한 정착
3) 휨철근에 의한 정착
4) 복부철근에 의한 정착
5) 철근다발에 의한 정착

3. 매입철근 정착길이 `암기` 압인
1) 압축철근 정착길이 200mm 이상

$$l_d = l_{db} \times 보정계수 = \frac{0.25 df_y}{\sqrt{f_{ck}}} \times 보정계수$$

2) 인장철근 정착길이 300mm 이상

$$l_d = l_{db} \times 보정계수 = \frac{0.6 df_y}{\sqrt{f_{ck}}} \times 보정계수$$

4. 표준갈고리
1) 갈고리와 직선부 부착으로 정착
2) 원형은 반드시 갈고리 둠
3) 정착길이 확보가 곤란 시 갈고리로 정착력 확보

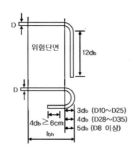

위험단면 12db

3db (D10~D25)
4db (D28~D35)
5db (D8 이상)
4db ≥ 6cm
lbh

표준갈고리에 의한 정착

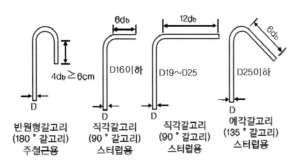

4db ≥ 6cm

6db   12db   6db

D16이하   D19~D25   D25이하

반원형갈고리   직각갈고리   직각갈고리   예각갈고리
(180°갈고리)   (90°갈고리)   (90°갈고리)   (135°갈고리)
주철근용   스터럽용   스터럽용   스터럽용

철근갈고리

5. 휨철근
1) 휨모멘트 큰 곳 철근량 많아짐
2) 철근연장이 필요 시 철근중단, 연속보일 경우 구부려 내리거나 구부려 올림

6. 복부철근
스터럽은 압축면 가까이 연장할 것

7. 철근다발의 정착
규정된 철근길이에서 3개 철근다발은 20% 증가, 4개 철근다발은 33% 증가시킨다.

8. 정착위치, 정착기준
1) 정착위치
① 기둥주근 : 벽주근, 보, 바닥, 기둥에 위치
② 지중보주근 : 기초, 기둥에 위치
③ 작은보주근 : 큰 보에 위치
④ 보주근 : 기둥, 바닥철근보, 벽체에 위치

2) 정착기준

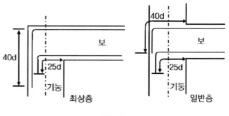

40d   보   40d   보
25d   25d
기둥   기둥
최상층   일반층

정착기준

18 철근 유효깊이와 피복두께 허용오차

1. 개요

1) 유효깊이란 부재의 압축연단에서 인장철근의 지름 중심까지의 거리를 말한다.
2) 피복두께란 최고 말단철근 표면에서 감싼 콘크리트 표면까지 거리를 말한다.

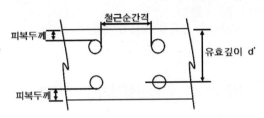

유효깊이 피복두께 철근순간격

2. 유효깊이와 피복두께 허용오차

구 분	유효깊이(d) 허용오차	피복두께 허용오차
d≤200mm	±10mm	−10mm
d≥200mm	±13mm	−13mm
하단거푸집까지의 순거리 허용오차 −7mm		
피복두께 허용오차는 최소피복두께 −1/3		

3. 유효깊이 피복두께 의미

1) 정착 피복
2) 안전
3) 응력변화
4) 철근량 산정

참고 **철근공사 시 안전대책**

1. 개요

1) 인양 시 줄걸이 : 슬링벨트, 샤클 체결주의, 크레인 사용규정 준수
2) 가공 시 : 접지확인, 감전사고 주의, 충돌협착 주의

2. 철근 가공조립운반 시 준수사항

1) 책임자, 안전보호구
2) Hammer 절단 시
  ① 자루 금 확인과 빠지지 않게
  ② 마모 훼손 확인
  ③ 절단날 마모 미끄러짐 방지

3) Gas 절단 시
  ① 자격, 보호구, 호스에 불티 튀지 않도록, 전선 접촉 금지
  ② 직선상 배선 및 길이 짧게
  ③ 가연성 인접 소화기 비치

4) 철근가공
  ① 고정틀에 고정
  ② 스프링 작용 시 충돌주의

5) Arc용접이음
  ① 배전관 스위치 확인
  ② 용이 조작
  ③ 접지 확인

4. 철근운반 시 준수사항

1) 인력
  ① 25kg/1인당, 2인 1조, 어깨메기
  ② 긴철근 1인 운반
  ③ 양 끝 묶어 운반
  ④ 던지지 말고 공동작업으로 운반

2) 기계
  ① 표준신호 준수
  ② Rope 허용하중 고려
  ③ 대량 적치금지
  ④ 인양하부 출입금지
  ⑤ 권양기운전자 현장책임자가 지정

3) 감전
  ① 바닥 전선배선 금지
  ② 최대길이 이상 높이 배선금지
  ③ 이격거리 2m 이상
  ④ 운반장비 배선 확인

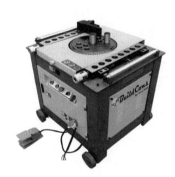

철근밴딩머신

19 철근 피복두께 및 철근 순간격

1. 개요

1) 철근의 피복두께는 철근을 보호하기 위해 철근을 감싼 두께를 말한다.
2) 철근의 순간격은 철근표면과 철근표면의 최단거리를 말한다.

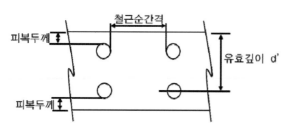

유효깊이 피복두께 철근순간격

2. 철근피복 목적

1) 내구성
2) 부착성
3) 내화성
4) 방청성
5) 콘크리트 유동성 　암기 영흙옥 8 654 42

위치	피복덮개
1) 영구히 흙에 묻혀있거나 수중콘크리트	8cm
2) 흙에 접하거나 옥외공기에 직접노출 D29 이상 철근 D25 이하 철근 D16 이하 철근, 지름 16mm 이하 철선	6cm 5cm 4cm
3) 흙이옥외공기에 직접 접하지 않는 콘크리트 기둥·보·벽·슬라브 철근 D35 초과 쉘·철판부재 철근 D35 이하	4cm 2cm

3. 철근순간격

1) 2.5cm
2) 철근지름의 1.5D 이상
3) 굵은골재 지름의 1.25배 중 큰 값 적용

참고 **콘크리트 내구성**

암기 기기물기 설재시 동건온 염중알 진충마파전

1. 기본 설재시
2. 기상 동건온
3. 물화 염중알
4. 기타 진충마파전

참고 **철근부식**

1. 원인 　암기 염중알동 진충마파전

1) 염해
2) 중성화
3) 알칼리 반응
4) 동결융해

2. 대책 　암기 시염철콘 염더밀피혼양 강스pi준제하 아에방피콘 고피중알

1) 시공 　암기 염더밀 피혼양
2) 염화물 　암기 강스pi준재하
3) 철근 　암기 아에방피콘
4) 기타 　암기 고피중알
5) 콘크리트 염화물 허용치 　암기 비상콘잔

참고 **위험기계기구(철근절단기 및 절곡기)**

1. 사고원인

1) 접지형플러그 비접지형콘센트에 연결중 접지 미실시
2) 철근절단기 절곡기받침대가 작업중 침하
3) 절곡기 외함에 접지 미실시
4) 철근가공장과 철근절곡기주변에 접근금지 미실시
5) 절단날 마모로 절단 중 철근이 튀면서 충돌
6) 철근절단기 푸트스위치 덮개 미설치

2. 안전대책

1) 접지형플러그는 접지형콘센트에 접속 사용
2) 철근절단기 견고하고 평탄지반에 거치
3) 철근절단기 외함 접지실시
4) 철근가공장 철근절곡기 주변 관계자외 출입금지
5) 철근절단기 절단날 마모된 것은 교체
6) 철근절단기 푸트스위치 보호커버 설치

위험기계기구(철근절단기 및 절곡기)

참고 **철근 가공 및 운반**

1. 사고원인

1) 철근인양중 인양로프 파단
2) 적재된 철근 충격 또는 불균형으로 전도
3) 유도자 미배치
4) 철근가공장 울타리 미설치
5) 철근을 1줄걸이로 인양시 철근요동으로 충돌
6) 철근인양용 후크에 해지장치 미설치
7) 철근가공기로 철근절단, 절곡작업중 감전

2. 안전대책

1) 철근중량을 충분히 견딜만한 견고한 로프 사용
2) 철근적재시 견고한 받침목 수평으로 설치
3) 철근 인양 및 운반 작업시 유도자 배치
4) 철공가공장 주변에 울타리 설치
5) 철근인양시 2줄걸이로 결속, 수평인양
6) 철근인양시 후크에 해지장치 설치
7) 철근가공시 외함접지하여 감전예방

참고 철근 조립

1. 사고원인

1) 조립된 벽, 기둥철근에 무리하게 올라서 작업
2) 철근배근작업시 철근에 찔림
3) 각재등을 얹고 올라 작업중 각재가 부러지며 추락
4) 가스압접기 사용중 토치에 화상
5) 이동식비계에 승강시설 없이 사용중 추락
6) 이동식비계에 안전난간 미설치
7) 조립된 철근이 근로자쪽으로 전도
8) 가스압접작업시 압접기에 손가락 협착

말비계 안전작업

2. 안전대책

1) 상부철근 조립시 이동식비계설치, 작업발판설치
2) 철근배근작업시 관리감독자 배치
3) 작업발판설치시 이동식비계에 작업발판 설치
4) 가스압접기 사용시 보호장갑착용
5) 이동식비계설치 사용시 승강시설 설치
6) 이동식비계의 작업발판단부에 안전난간대 설치
7) 철근 조립 중 또는 조립 후 철근의 전도방지
8) 가스압접작업시 안전작업절차 준수

철근 조립

참고 철근작업 유해위험요인 안전보건대책

1. 순서

반입 – 가공 – 운반, 인양 – 조립

2. 반입

하역, 부딪힘, 떨어짐, 받침대 부러지며 협착, 지게차 후면경광등 미부착 시 충돌 협착사고, 안전보호구 착용 철저, 적재지반 침하 끼임, 하역균형, 유도자 미배치 중 회전 시 충돌 협착사고

3. 가공

물기에 넘어짐, 가공장울타리 x밴딩 시 부딪침, 절단시 감전, 풋스위치 오조작, 외함 미접지로 감전사고, 보호구 미착용

4. 운반, 반입

줄걸이 요동, 크레인 방호장치, 지게차 끼임, 적재하중 초과, 와이어 슬링 및 샤클, 작업반경 미배치, 지게차 안전벨트 미착용 시 전도사고, 시동키 걸어놓아 무자격자 운전, 유도자 미배치

5. 조립

과적 시 각재 부러짐, 조립철근 전도, 토치로 화상, 기둥철근 말비계 추락, 배근철근 깔림, 이동식비계 승강시설 없이 오르다 추락, 안전난간 없이 작업 시 추락사고, 손가락 끼임, 고소작업대 방호불량

20 철근부식

1. 개요

1) 철근부식은 염화물이온이 부동태피막을 파괴하여 부식이 발생하며 체적팽창 2.6배로 팽창되면 콘크리트에 균열을 발생하여 중성화를 촉진한다.
2) 이를 방지하기 위해 염화물 방지대책을 촉진하고 피복두께를 유지하며 밀실한 다짐을 실시한다.

2. 부식분류

1) 건식 : 물 없이 발생
2) 습식 : 물 또는 전해질용액 접촉 시 발생

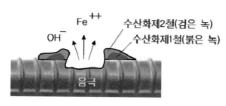

철근 녹

3. 철근부식 Mechanism

1) 양극반응 : $Fe \rightarrow Fe^{++} + 2e^-$
2) 화학적 반응 :
$$Fe^{++} + 2OH^- \rightarrow Fe(OH)_2 : \text{수산화제1철}$$
$$Fe(OH)_2 + \frac{1}{2}H_2O + \frac{1}{4}O_2 \rightarrow Fe(OH)_3 : \text{수산화제2철}$$

3) 부식촉매제(3요소)
   물　　　H_2
   산소　　O_2
   전해질　$2e^-$

4. 원인　`암기` 염중알동 진충마파전

1) 염해 : 콘크리트에 축적된 염분이 철근부식을 촉진시켜 균열, 박락 등의 손상을 입히는 현상
2) 중성화 : 콘크리트가 공기중 탄산가스와 접촉 후 알칼리성을 잃어가는 현상으로 철근부식을 촉진시키며 철근부피가 2.6배 팽창하여 콘크리트에 균열을 발생시킨다.
3) 알칼리골재반응
① 반응성골재+알칼리결합 화학반응
② 콘크리트 팽창으로 균열 및 부식

4) 동결융해
① 콘크리트팽창 9%
② 수축작용

5) 기계적작용
① 진동 충격
② 콘크리트 결함
③ 부식

6) 전류 : 전류작용

5. 방지대책

`암기` 시염철콘 염더밀피혼양 강스PI준하 아에방피콘 고피중알

1) 시공　`암기` 염더밀 피혼양
① 염분 규정치 적용
② w/c 적게
③ 밀실한 콘크리트타설
④ 피복두께 준수
⑤ 혼화재 사용
⑥ 양생 철저

2) 염분 제거방법　`암기` 강스PI준제하
① 자연강우 : 2~3회
② Sprinkler : 80cm 두께
③ 제염Plant 기계세척 : 모래체적 1/2담수
④ 준설선위 : 모래 1m, 물 6m, 6번 세척
⑤ 제염재 : 초산은알미늄분말 8% 혼합
⑥ 하천모래 : 하천모래 80%+해사 20% 혼합

3) 철근부식 방지대책　`암기` 아에방피콘
① 아연도금
② Epoxy Coating
③ 방청제 콘크리트 혼합하여 피막
④ 콘크리트 피복두께 증가
⑤ 콘크리트 피막제 도포

4) 기타　`암기` 고피중알
① 고온증기 양생 철근부식 우려
② Prestressed 콘크리트 해사 사용금지
③ 중용열시멘트 알칼리시멘트

5) 콘크리트 염화물 허용치　[암기] 비상콘잔

비빔 시 염화물	$0.3kg/m^3$ 이하
상수도 혼합수 염화물	$0.04kg/m^3$ 이하
콘크리트염화물 허용상한치	$0.6kg/m^3$ 이하
잔골재염화물	0.02%(Nacl환산0.04%) 이하

** 철근부식 / 동결융해 팽창율 헷갈림

[암기] 동9(야) 부26(가자)

　① 철근부식 체적팽창 2.6배
　② 동결융해 콘크리트 9% 팽창

21 철근 부동태 피막

1. 개요

　1) 철근은 그 표면에 부동태 피막이라는 얇은 산화피막을 형성하고 있어 철근을 부식으로부터 보호하고 있다.
　2) 철근부식은 염화물이온이 부동태피막을 파괴하여 부식이 발생하며 체적팽창 2.6배로 팽창되면 콘크리트에 균열을 발생하여 중성화를 촉진한다.

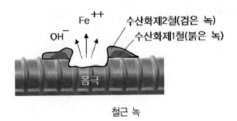

철근 녹

2. 대책　[암기] 아에방피콘

　1) 아연도금
　2) Epoxy Coating
　3) 방청제를 콘크리트 혼합
　4) 콘크리트 피복두께 증가
　5) 콘크리트 피막제 도포

3. 파괴 시 진행순서

[참고] 해양구조물 부식 속도

[암기] 0.09 4952

해양구조물 부식 속도

22 철근콘크리트 내구성시험

1. 개요

1) 콘크리트의 내구성시험은 장기간 외부조건에 저항하기 위한 시험으로 구조물의 안전성에 미치는 영향은 크다.

2) 콘크리트의 염해 중성화 알칼리골재반응은 내구성에 미치는 영향이 크며 구조물의 열화와 성능저하 현상이 발생한다.

2. 염화물 _{암기} 흡질전이시

1) 흡광광도법
2) 질산은적정법
3) 전위차적정법
4) 이온전극법
5) 시험지법

3. 중성화시험 _{암기} 폭탄 에(를)페(니)

1) 폭로시험 : 실외 중성화조건에 장시간 폭로
2) 탄산가스시험 : 기밀실에 액화탄산가스를 주입
3) 중성화도 측정시험
 ① 콘크리트를 드릴로 파쇄시켜 철근을 노출하고
 ② 에탄올 99%+페놀프탈레인용액 1% 분산 시 무색이면 중성화, 핑크색이면 알칼리

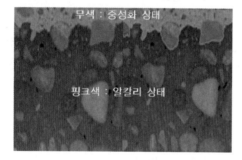

콘크리트 중성화

4. 알칼리골재반응 _{암기} 암화모

1) 암석학적시험법
2) 화학법
3) 모르타르법

5. 동결융해

1) 1일 6~8회 반복
2) 종류
 ① A법 : 수중에서 급속동결
 ② B법 : 공기중에서 급속동결

23 콘크리트 품질관리시험

1. 개요

1) 콘크리트의 품질관리 및 내구성시험은 장기간 외부조건에 저항하기 위한 시험으로 구조물의 안전성에 미치는 영향은 크다.

2) 콘크리트의 염해 중성화 알칼리골재반응은 내구성에 미치는 영향이 크며 구조물의 열화와 성능 저하 현상이 발생한다.

2. 타설 전 [암기] 시물골혼

1) 시멘트 : 비중, 분말도, 안정성, 응결시간차, 수화열, 강도, 화학적 안정성

2) 물 : 염분 규정치 이하, 청량한 물

3) 골재 : 굵은골재 잔골재 입도, 비중, 안정성, 마모율, 단위중량, 형상, 유해물질

4) 혼화재 : 감수율, 블리딩율, 응결시간차, 압축강도비, 길이비, 상대동탄성계수, 화학적 안정성

(압축강도시험)

(Slump Test)

(공기량시험)

(염화물함유량시험)

콘크리트 시험

3. 타설 중 [암기] 강슬공염

1) 압축강도시험
2) Slump시험
3) 공기량시험
4) 염화물시험

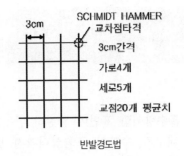

반발경도법

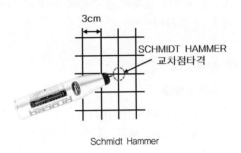

Schmidt Hammer

4. 타설 후 [암기] 재Co비

1) 재하시험
2) Core채취
3) 비파괴시험 [암기] 반초복음자방전내인
① 반발경도법
② 초음파

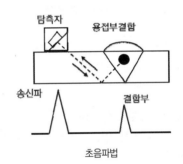

초음파법

③ 자기장측정법
④ 음파법
⑤ 레이더법
⑥ 방사선법
⑦ 전기법
⑧ 내시경법

24 골재 흡수량과 비중에 따른 골재 분류

1. 개요

1) 골재 흡수량이란 표면이 완전히 건조한 상태에서 골재 내부가 수분이 포화상태까지 변화를 나타낸 것이다.

2) 배합설계에서 골재의 흡수량과 비중의 상관관계는 매우 중요하다.

2. 골재 함수상태 암기 절대표습

1) 절대건조상태

① 100~110℃ 24시간 건조

② 내부에 수분을 모두 제거

2) 대기건조상태

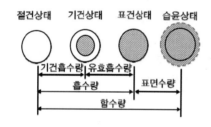

골재의 함수상태

① 자연건조

② 표면내부 일부 건조

③ 온습도 평형, 내부수분 포함

3) 표면건조 내부포화상태

① 표면에 수분이 없고 내부공극 물 가득 채워짐

② 표건상태

4) 습윤상태 : 내부와 표면에 물

3. 비중에 따른 골재분류 암기 경보중 경펄 화사 자강

1) 경량골재

① 경석, 펄라이트, 다공성 골재

② 비중 2.5

2) 보통골재

① 화강암, 사암

② 비중 2.5~2.65

3) 중량골재

① 콘크리트 비중 증가

② 자철광, 강철광

③ 비중 2.7

25 혼화재료

1. 개요

1) 굳지 않은 콘크리트, 굳은 콘크리트에 첨가하여 품질을 개선하는 첨가재료이다.
2) 워커빌리티를 개선하고 콘크리트의 강도 내구성을 증진시킨다.

2. 사용목적

1) 초기강도 장기강도 발현
2) 내구성 수밀성 증대
3) 응결시간
4) 부착강도 증진
5) 방청 효과
6) 워커빌리티 향상
7) 수화열 억제
8) 단위수량 감소
9) 단위시멘트량 감소

3. 혼화재료 특성

1) 혼화재 : 다량 사용, 워커빌리티 향상, 수화열 감소, 수축감소, 시멘트중량 5% 이상으로 배합계산 시 고려
2) 혼화제 : 소량 사용, 성질 개선, 물리 화학작용, 경제성, 시멘트중량의 5% 이하로 배합계산 무시

4. 혼화재 암기 포고플팽착

1) 플라이애쉬 규조토 화산회 규산백토와 같이 포졸란 작용이 있는 것
2) 고로슬래그 미분말 : 잠재 수경성
3) 팽창재
4) 규산질 미분말 : 오토클레이브양생 고강도
5) 착색재

5. 혼화제 암기 애유응방발수

1) 경제성 내구성 증대
2) AE제 AE감수제 고성능감수제
   ① 워커빌리티 내동해성 향상
   ② 단위수량 감소 10~15%
   ③ 단위시멘트량 감소 6~10%
   ④ 콘크리트 강도 증대 10~20%
   ⑤ 내동해성 강도 크게

3) 유동화제 : 유동성 증대
4) 응결촉진제, 응결지연제 : 응결지연 및 응결촉진
5) 방청제 : 부식 방지, 방수제
6) 발포제, 기포제 : 충전성 향상, 중량 감소
7) 수중불불리성 : 점성으로 재료분리 방지
8) 급결제 : 응결·경화 촉진

6. 혼화재료 사용 시 주의사항

1) 사용 전 시험하여 품질확인
2) 습기없고 통풍 잘되는 곳에 보관
3) 동결, 고온 피함
4) 직사광선 피함
5) 방류 시 침전조 정화 후 방류

참고 유동화제, 감수제

1. 개요

1) 유동화제는 유동성을 향상시켜 골재분리를 방지하는 역할을 한다.
2) 감수제는 단위수량을 감소시켜도 콘크리트의 성능과 워커빌리티의 저하를 방지하는 역할을 한다.

2. 유동화재와 감수제 다른 점

구분	유동화제	감수제
개요	w/c 변화없이 유동성 향상, 작업성 좋고 고성능감수제와 성능이 동일	입자의 분산효과가 우수하고 워커빌리티 향상시키고 단위수량이 감소
특징	유동성 향상 단위수량 감소 시공성 향상 압송성 향상 비공기연행성 비응결지연성 건조수축 감소	단위수량 감소 10~15% 단위시멘트량 감소 6~10% 강도증대 10~20% 분산효과 워커빌리티 증대 수화열 감소 수밀성, 내구성 향상 AE첨가 하여 경제성 향상

26 콘크리트 배합설계

1. 개요

1) 콘크리트 배합설계란 콘크리트를 만들기 위한 각 재료의 비율 또는 사용량을 적절히 결정하는 것이다.

2) 소요의 워커빌리티 강도 내구성 균일성 등을 가진 콘크리트가 가장 경제적으로 얻어지도록 시멘트·물·잔골재·굵은골재 및 혼화재료의 비율을 선정하는 것이다.

2. 목적

1) 강도·내구성·수밀성 향상
2) 균질한 시공연도
3) 경제적인 배합

3. 배합순서

4. 배합설계 　[암기] 설배시더 sl굵잔단배

1) 설계기준강도(f_{ck})
 ① 28일 압축강도
 ② 18MPa, 21MPa, 24MPa

2) 배합강도 : 배합강도(f_{cr}) 〉 설계기준강도(f_{ck})
 ① 배합강도가 설계기준강도보다 클 확률이 5% 이하
 ② 설계기준강도의 85% 이하 확율이 0.13% 이하
 ③ 아래 두식 중 큰 값
$$f_{cr} \geq f_{ck} + 1.34s \text{ (MPa)}$$
$$f_{cr} \geq (f_{ck} - 3.5) + 2.33s \text{ (MPa)}$$

3) 시멘트 강도(k) : 3일, 7일로부터 28일 압축강도 추정

4) w/c 비
 ① 강도·내구성·수밀성
 ② 압축강도기준 w/c비 결정 : 시험한 28일 공시체와 시험 없이 보통포틀랜드 사용하여 공식을 적용한 값 중작은 값 선택
$$w/c = \frac{51}{f_{28}/k + 0.31}$$

③ 수밀성 　[암기] 동수화해

내동해성콘크리트	45~60%
수밀콘크리트	50% 이하
화학작용콘크리트	45~50%
해양콘크리트	45~50%

5) Slump 결정 : 가능한 적은 값

[암기] 철무 일단일단 815 612 515 510

종류		슬럼프(cm)
철콘	일반적인 경우	8-15
	단면 큰 경우	6-12
무근	일반적인 경우	5-15
	단면 큰 경우	5-10

6) 굵은골재최대치수
 ① 부재최소치수의 1/5
 ② 피복두께에서 철근최소수평수직 간격 3/4 초과하면 안됨
 ③ 굵은골재 커질수록 단위수량 공기량 잔골재율 감소

7) 잔골재율(s/a)
 ① 소요워커빌리티에서 단위수량 적게 사용
 ② 잔골재율 크면 : 단위수량 단위시멘트량 증가, 시공성 향상, 블리딩 증가, 재료분리 증가

8) 단위수량(w)
 ① 가능한 적게
 ② 단위수량 감소 : AE제, AE감수제

9) 배합결정
 ① 시방배합 : 1m 당 재료량
 ② 현장배합 : 1 batch 용량

5. 시방배합, 현장배합

구분	시방배합	현장배합
기준	시방서, 책임기술자	현장보정
골재계량	중량	중량 or 용적
단위량 표시	1m³	Mixer, 1Batch용량
골재입도	NO.4번체(5mm)를 전부 통과하는 잔골재(모래), NO.4번체 전부 남는 것은 굵은골재	NO.4번체(5mm)를 거의 통과하고 일부만 남는 것은 잔골재(모래), NO.4번에 거의 남게 되고, 일부만 통과하게 되는 것은 굵은 골재
골재상태	표면건조포화상태	습윤상태, 건조상태

27 물·시멘트 비

1. 개요

1) 물·시멘트비란 시멘트 페이스트의 농도를 말하며, 강도·내구성·수밀성에 있어서 가장 중요한 요인이다.
2) 적정한 워커빌리티 범위내에서 적정한 비를 결정한다.

2. 결정

1) 강도·내구성·수밀성
2) 압축강도기준 w/c비 결정
  ① 시험 28일 공시체
  ② 시험이 없이는 보통포틀랜드 사용 시(작은 값)

$$w/c = \frac{51}{f_{28}/k + 0.31}$$

3) 수밀성 `암기` 동수화해

내동해성콘크리트	45~60%
수밀콘크리트	50% 이하
화학작용콘크리트	45~50%
해양콘크리트	45~50%

3. w/c비 영향

1) 적을 경우
  ① 강도·내구성·수밀성 향상
  ② 발열량·조기강도·건조수축 균열이 적어짐

2) 클 경우
  ① 강도·내구성·수밀성 감소
  ② 재료분리, 블리딩, 레이턴스 발생

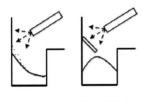

재료분리   재료분리방지

참고 콘크리트 물-결합재비(water-binder ratio)

1. 정의

1) 결합재(Binder)란 물과 반응하여 콘크리트의 강도, 내구성, 수밀성을 촉진하는 재료
2) 시멘트, 고로슬래그, 플라이애쉬, 실리카 퓸, 팽창재등
3) 물-결합재비란 굳지 않은 콘크리트의 물과 결합재의 질량비

2. 배합설계의 목적

1) 강도·내구성·수밀성향상
2) 시공연도 확보
3) 경제성 확보

3. W/B비와 W/C비의 비교

1) W/B비는 강도, 내구성, 수밀성, 균열저항성 고려하여 결정
2) 압축강도와 W/B비는 재령28일 공시체시험에 의해 결정
3) 콘크리트 내구성기준 W/B비는 60% 이하
4) 콘크리트 수밀성기준 W/B비는 50% 이하
5) 콘크리트 탄산화저항성 고려 W/B비는 55% 이하

구분	물-결합재비	물-시멘트비
정의	몰탈속 물과 결합재중량비	몰탈속 물과 시멘트 중량비
기호	W/B(Binder)	W/C(Cement)
수화열	낮음	높음
강도	단기강도 낮고, 장기강도 높음	단기강도 보통, 장기강도 보통

참고 미경화 콘크리트(굳지않은 콘크리트) 성질

1. 개요

1) 미경화 된 콘크리트의 성질은 콘크리트타설 후 굳기 전에 나타나는 콘크리트의 성질을 말한다.
2) 유해 성분인 블리딩, 레이탄스를 비롯하여 워커빌리티, 재료분리, 플라스티시트 등의 성질이 있다.

2. 미경화 콘크리트 구비조건

1) 운반·치기·다짐·마무리 등 작업이 용이 할 것
2) 재료분리가 적을 것
3) 유해 현상(블리딩·레이탄스)가 적을 것

3. 성질 `암기` 워컨플피펌 다유점

1) 워커빌리티(작업성)
  ① 작업 난이성
  ② 재료분리에 저항성

2) 컨시스턴시(반죽질기)
  ① 수량 다소에 따른 반죽질기의 난이도
  ② 수량의 량에 따른 유동성

3) 플라스티시티(성형성)
   ① 다지기 쉽고,
   ② 형상을 유지하여 재료분리가 쉽게 되지 않는 성질

4) 피니셔빌리티(마무리성) : 굵은 골재, 잔골재의 입도에 따른 마무리 난이도

5) 펌퍼빌리티(운반) : 콘크리트를 압송할 때 운반의 난이도

6) 기타 : 다짐성, 유동성, 점성

28 굳지 않은 콘크리트 재료분리

1. 개요

1) 재료분리는 균질성을 상실한 콘크리트가 국부적으로 재료가 모이는 현상이며, 강도·내구성·수밀성의 저하로 콘크리트의 성질을 상실한다.

2) 유해성분인 블리딩·레이턴스를 비롯하여 워커빌리티·재료분리·플라스티시티 등의 성질이 있다.

2. 좋은 콘크리트의 조건

1) 작업용이
2) 재료분리 안되고
3) 유해현상이 없어야 함

3. 콘크리트에 미치는 영향 [알기] 강내수

1) 강도 저하
2) 내구성 저하
3) 수밀성 저하
4) 부착강도 감소
5) Bleeding 증가

4. 원인 [알기] 재배시 시물골혼 더단단굵잔슬공

1) 시멘트 부족 : 수밀성 감소
2) 굵은골재 분리 : 비중차
3) 단위수량 : 반죽질기, 재료분리
4) 슬럼프치 : 블리딩, 굵은골재 분리
5) 잔골재율 많으면 : 단위시멘트량 단위수량증가, 시공성 향상, 블리딩 재료분리 발생
6) 부적절한 배합 : 불균질 재료, 재료분리
7) 타설시간 지연 : 일체성 감소
8) 블리딩 : 물분리 상승, 재료분리

5. 대책 [알기] 재배시 더단단굵잔슬공

1) 재료 : 적정 분말도, 시멘트·물·골재·혼화재 양호
2) 배합 : w/c 적게, 잔골재 적게, 슬럼프 가능한 적은 것, 균질한 재료
3) 시공
   ① 거푸집 철근배근 적정하게, 굵은골재 분리 시 재비빔
   ② 콘크리트 : 타설높이 1m 이하, 직접타설 금지하고 바닥에 받아서 타설, 과진동 금지, 타설속도 일정하게

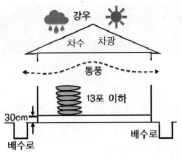

시멘트 보관시설

[참고] 콘크리트 치기

[알기] 재배설운치다마양

[알기] 재배시 시물골혼 더단단굵잔슬공

1) 재료 : 시물골혼
2) 배합 : 더단단굵잔슬공
3) 시공 : 타설높이, 타설속도, 과도한 진동금지

29 굳은 콘크리트의 성질

1. 개요

콘크리트는 시간의 경과와 함께 강도가 증진되며, 경화된 콘크리트의 성질에는 강도, 내구성, 수밀성, 체적변화 등이 있다.

2. 좋은 콘크리트 암기 강내수

1) 강도 : 좋은 Paste, 좋은 골재, 밀실한 콘크리트
2) 내구성 : 내마모성, 밀실한 시공, 균질한 콘크리트
3) 수밀성 : 수밀시공, 방수철저, 거푸집 긴결, 동바리 정밀 시공
4) 경제성 : 시공 시 능률 좋고 공급 용이

콘크리트 내구성 저하

3. 굳은 콘크리트 성질

1) 강도
① 재료 : 풍화되지 않은 시멘트, 청량한 물, 둥근 골재, 혼화재 사용 암기 시물골혼
② 배합 : w/c 적게, 단위수량 적게, 단위시멘트량 적게, 굵은골재 많이, 잔골재 적게, 슬럼프 가능한 적게, 적정한 공기량 암기 더단단굵잔슬공
③ 시공 : 재료-배합-설계-운반-치기-다지기-마무리-양생 관리철저 암기 재배설운치다마양
④ 재령 : 경과시간
⑤ 시험 : 공시체 모양 원주모양 유리, 크기비 적게, 요철 없게

2) 내구성
① 노후화
② 기상(동결융해, 온도변화, 건조수축)
③ 물리화학적 요인 : 염해, 중성화, 알칼리
   암기 염중알
④ 기계적작용 : 진동 충격 마모 파손 전류는 내구성 저하

3) 수밀성
① 콘크리트 투수
② 시공불량, 곰보
③ 균열
④ 불완전한 이음
⑤ 배합중요, w/c 적게, 굵은골재최대치수 크게
⑥ 습윤양생, 밀실다짐
⑦ 혼화재 사용하여 수밀성 향상

4) 탄성계수
① 콘크리트변형 가능성
② 압축강도 증가

5) 크리프
① 일정하중 지속적일 때 크리프 증가
② 변형시간과 더불어 크리프 증가
③ w/c 클수록 크리프 증가

6) 콘크리트 중량
① 골재비중·입도·입형·굵은골재최대치수
② 배합은 건조상태 따라

7) 체적변화 : 건조수축은 수분을 흡수하면 팽창 건조하면 수축하는 현상으로 분말도 적고, 골재 흡수량 많고, 온도 높고, 습도 적고, 단면치수 적을 때 발생함

8) 내화성 : 고온 시 강도탄성계수 저하, 부착력 저하, 고온 후 다공질로 변화되어 흡수성 높고, 균열 증가, 중성화 빨라지고 내구성이 저하됨

콘크리트 동해

30 워커빌리티 컨시스턴시 영향인자

1. 개요

1) 워커빌리티는 콘크리트를 혼합한 다음 운반해서 다져 넣을 때까지 시공성이 좋고 나쁨을 나타내는 성질이다.
2) 컨시스턴시는 콘크리트의 반죽질기 상태로 워커빌리티와 컨시스턴시가 좋고 나쁨에 따라 재료분리의 상태를 알 수 있다.

2. 영향인자 [암기] 시물골혼 더단단굵잔슬공

1) 단위수량 증가 : 반죽질기 향상되나 재료분리
2) 단위시멘트량 증가 : 워커빌리티 향상
3) 시멘트 성질
 ① 분말도 감소 : 반죽질기 불리, 재료분리 증가, 워커빌리티 감소
 ② 시멘트량 증가 : 워커빌리티 향상

4) 골재의 입도 · 입형
 ① 둥근 골재가 좋고, 강자갈 강모래가 좋음
 ② 깬모래 깬자갈 : 워커빌리티 감소, 잔골재율 증가, 단위수량 증가, 워커빌리티 향상

5) 공기량
 ① 볼베어링 작용으로 워커빌리티 향상
 ② 공기량 1% 상승 시 슬럼프 2% 증가

6) 혼화재료
 ① 워커빌리티 향상, 반죽질기 향상
 ② 감수제 : 공기량 효과 상승, 반죽질기 유리, 단위수량 8~15% 감소

7) 비빔시간 감소
 ① 워커빌리티 감소
 ② 과도한 워커빌리티 감소

8) 온도 상승
 ① 반죽질기 감소
 ② 비빔온도 1℃ 상승 시 슬럼프 3cm 감소

참고 레미콘 검사항목
[암기] 시물골혼

1. 레미콘 검사항목

레미콘 공장시험		타설 전
Cement	골재	
분말도	유기불순물	강도
팽창도	체가름	Slump
시료채취	마모	공기량
비중	강도	염화물
응결	흡수율	블리딩

1) 시멘트 [암기] 비분안응수강화
 비중, 분말도, 안정성, 응결시간차, 수화열, 강도, 화학적안정성
2) 물 [암기] 청량한 물
 염분 적고, 먹을 수 있는 물
3) 골재 [암기] 입비안마단형유
 굵은골재, 잔골재, 입도, 비중, 안정성, 마모율, 단위중량, 형상, 유해함유율
4) 혼화재 [암기] 감블응압길상화
 감수율, 블리딩율, 응결시간차, 압축강도비, 길이비, 상대동탄성계수, 화학적안정성

2. Slump 표준값 [암기] 강슬공염 철무 일단일단

구분		슬럼프cm
철근 콘크리트	일반적인 경우	8~15
	단면이 클 경우	6~12
무근 콘크리트	일반적인 경우	5~15
	단면이 클경우	5~10

3. Slump시험 목적 [암기] 워컨플피펌 다유점

1) 유연성 측정
2) 작업성 측정
3) 점성 정도 확인
4) 골재분리 난이도

31 워커빌리티 컨시스턴시 측정방법

1. 개요

1) 워커빌리티는 콘크리트를 혼합한 다음 운반해서 다져 넣을 때까지 시공성이 좋고 나쁨을 나타내는 성질이다.

2) 컨시스턴시는 콘크리트의 반죽질기 상태로 워커빌리티와 컨시스턴시가 좋고 나쁨에 따라 재료분리의 상태를 알 수 있다.

2. 측정방법 　암기 슬Vee흐다리케

1) 슬럼프시험 : 평판에 Cone을 놓고 다짐봉으로 3층을 1/3씩 각각 25회씩 다짐

2) Vee-Bee 시험 : 된비빔콘크리트의 컨시스턴시, 진동난이도 측정, 몰드를 다짐봉으로 다진 후 시료를 투명원판에 놓고 연직으로 들어올리고 진동다짐하여 모르타르가 원판전면에 접촉할 때 시간(초)으로 침하도 측정

3) 흐름시험(Flow Test) : 플로테이블에 플로콘을 놓고 상·하로 진동하여 넓게 퍼진 콘크리트 평균직경 측정

$$흐름값 = \frac{시험\ 후\ 직경 - 25.4cm}{25.4cm} \times 100\%$$

4) 다짐계수시험

① A B C용에 차례로 낙하시켜 중량 측정

② 슬럼프보다 정확하고 된비빔콘크리트에 효과적임

③ A용기 다짐-뚜껑 열고 B에 낙하-C에 낙하C 여분을 제거하고 용기 내 중량을 측정, C 동일용기에 콘크리트를 채워 중량을 측정

$$다짐계수\ (CF) = \frac{w}{W}$$

5) 리몰딩시험 : 리몰딩시험기로 반죽형상이 다른 반죽형상으로 변화하는데 필요한 힘 측정

① 점성이 큰 AE콘크리트에 효과적

② 정확도 : 리몰딩 〉 다짐계수, 흐름 〉 슬럼프

6) 케리의 구(Ball Penetration Test) : 13.6kg의 볼을 콘크리트 속에 놓아 관입깊이를 측정하며, 관입 값의 1.5~2.0배가 slump 값

참고 진동기 다짐

1. 천천히 인발하여 구멍 생기면 안 되고
2. 철근 닿지 않게
3. 나무망치 사용
4. 상하층 10cm 겹침
5. 진동기 진동간격 5~15초@50cm

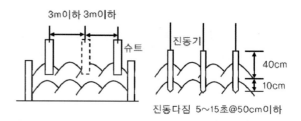

콘크리트 다짐방법

32 블리딩(Bleeding)

1. 개요

1) 콘크리트타설 후 시멘트가 침하되고 가벼운 물 위로 불순물이 상승하여 표면에 떠오른 부유물을 말한다.
2) 재료분리 시 다공질의 공극이 내부수로를 만들어 강도·내구성·수밀성을 저하시킨다.

2. 문제점

1) 철근 하단에 공극발생으로 부착력 감소
2) 강도·내구성·수밀성 감소
3) 철근 상단 균열·부식 발생
4) 슬럼프 감소
5) 동해 증가
6) 건조수축

Bleeding

3. 원인

1) w/c비 클 때
2) 반죽질기 질을 때
3) 타설높이 높을 때
4) 타설속도 빠를 때
5) 단위수량 많을 때
6) 비중차 큰 굵은골재 혼합
7) 부재단면 클 때

재료분리   재료분리방지

4. 대책

1) 재료 : 시멘트, 물, 골재, 혼화재 양질
2) 배합 알기 더단단굵잔슬공
3) 시공 : 타설높이 낮게, 타설속도 적정하게, 과도한 진동금지

참고 콘크리트 탄성계수(E)

1. 개요

탄성이란 하중을 제거하면 변형되지 않고 원래의 상태로 되돌아가려고 하는 성질을 말한다.

2. 콘크리트 탄성계수

$$E\,(\text{탄성계수}) = \frac{\sigma(\text{응력})}{\epsilon(\text{변형})}$$

$E_c = 8,500\,\sqrt[3]{f_{ck}}\,(\text{MP}_a)$
보통골재 콘크리트 단위중량 2,300kg/m³
여기서, f_{ck}는 재령 28일이 된 콘크리트의 평균 압축강도(MPa)로서, 다음 식으로 계산한다.

$f_{cu} = f_{ck} + \triangle f(\text{MP}_a)$
f_{ck} : 설계기준압축강도
$\triangle f$: 평균압축강도 증가를 보정하는 값
$f_{ck} < 40\text{MP}_a$ 이면 4MPa
$f_{ck} > 60\text{MP}_a$ 이면 6MPa

3. 영향 요소

1) 물시멘트 비
2) 시멘트 강도
3) 혼화재료
4) 골재 품질
5) 양생

참고 콘크리트 재료·배합·시공

1. 재료 알기 시물골혼

시멘트, 물, 골재, 혼화재

2. 배합 알기 더단단굵잔슬공

1) w/c비 적게
2) 단위수량 적게
3) 단위시멘트량 적게
4) 굵은골재최대치수 크게
5) 잔골재율 적게
6) 슬럼프 가능한 적게
7) 공기량 적정하게

3. 시공 알기 재배설운치다마양

재료, 배합, 설계, 운반, 치기, 다지기, 마무리, 양생

33 레이탄스(Laitance)

1. 개요

1) 콘크리트 타설 후 블리딩과 함께 콘크리트 표면에 떠올라 표면에 침전된 미세물질을 말한다.

2) 시멘트, 분말, 진흙, 먼지 등의 부유물이 떠올라 강도, 점착력을 상실하여 콘크리트의 부착강도를 저하시킨다.

2. 문제점

1) 이음강도 저하
2) 부착강도 저하
3) 일체화 되지 않음

Laitance

3. 원인

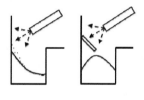

재료분리   재료분리방지

1) w/c비 클 때
2) 풍화된 시멘트
3) 불순물 혼합
4) 타설높이 높을 때
5) 단위수량 많을 때
6) 부재단면 클 때

4. 대책

1) w/c비 적게
2) 분말도 적정, 풍화된 시멘트 사용금지, 입도·입형이 고르고 둥근 것
3) 불순물 혼합금지

4) 잔골재율 적게, 단위수량 적게
5) AE제 AE감수제
6) 고성능감수제
7) 타설높이 1m 이하
8) 과도한 두드림 혹은 진동금지

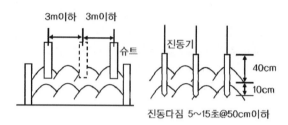

콘크리트 다짐방법

참고 **콘크리트 타설 시 펌프카 안전대책**

암기 안비배요 비붕전

1. 타설계획
2. 거푸집, 지보공 검측 여부
3. 타설순서 : 기둥-벽체-보-Slab
4. 진동기 : 지나친 진동은 도괴 유발
5. 차량 안내자
6. 안전표지판
7. 펌프배관용 비계 : 보강
8. 펌프카배관 : 펌프카 호스 선단 요동 주의
9. 콘크리트 비산 : 공기압송 주의
10. 붐대 이격거리 : 주변 전선, 지장물
11. 펌프카 전도 : 지반 부등침하, 아웃리거
12. 믹서트럭 협착 : 스토퍼 설치

콘크리트 믹서트럭 스토퍼

34 콘크리트공사 단계별 시공관리

1. 개요

1) 콘크리트 단계별 시공관리
   ① 재료-배합-설계-운반-치기-다지기-마무리-양생
   ② 강도·내구성·수밀성 증진

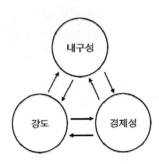

좋은 콘크리트 조건

2. 콘크리트공사 단계별 순서

[암기] 재배설 운치다마양

재료-배합-설계-운반-치기-다짐-마무리-양생
1) 재료 : 시멘트, 물, 골재, 혼화재
2) 배합 : 균질하게 충분히 배합, 비빔시간 3배 초과 금지
3) 설계 : 거푸집, 줄눈, 철근
   ① 거푸집 : 형상, 부풀어오름 방지, 몰탈 새지않게, 이음철저, 접속부 이음 긴결, 허용응력, 부등침하 방지, 지반지내력, 폼타이 조임, 청소상태, 박리제, 모따기, 작업발판설치, 매설물 확인
   ② 줄눈 : 신축줄눈, 수축줄눈, 시공줄눈
   ③ 철근 : 간격, 이음, 덮개, 표준갈고리

4) 운반
   ① 25℃ 이하 : 2.0hr
   ② 25℃ 이상 : 1.5hr

5) 치기 : 청소, 배관고정, 매입철골, 매설물 확인
6) 다짐 : 밀실다짐, 공극 없게, 과진동 금지, 나무망치 사용
7) 마무리 : 나무흙손으로 마무리, 쇠흙손은 블리딩 발생
8) 양생 : 온도유지, 습도 충분히, 진동충격 금지, 하중작용 금지, 서중콘크리트·한중콘크리트 온도관리

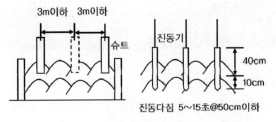

콘크리트 다짐방법

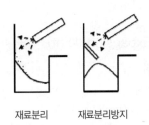

재료분리   재료분리방지

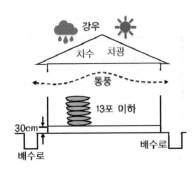

시멘트 보관시설

35 콘크리트 줄눈 종류

1. 개요

1) 콘크리트 줄눈은 외기온도·건조수축 등에 의한 균열을 제어하기 위해 설치한다.
2) 줄눈의 종류에는 신축줄눈·수축줄눈·시공줄눈 등이 있다.

2. 신축줄눈(Expansion Joint) 알기 신수시

1) 수축팽창 저항
2) 미리 설치
3) 건물길이 50m마다 설치
4) 변형집중이 쉽고 중량배분이 다른 구조, 길이가 긴 구조, 기초가 다른 구조에 설치

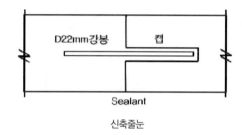

신축줄눈

3. 수축줄눈(Shrinkage Joint)

1) 장스판 미리 설치
2) 구조물 일체화
3) 건조수축 방지

4. 시공줄눈

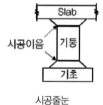

시공줄눈

1) 작업 중단 후 이어칠 때
2) 균열 누수에 취약하므로 가능한 없도록
3) 강도 영향이 없는 곳
4) 전단력 적은 곳
5) 수직이음 시 지수판

5. 기타

1) 조절줄눈 : 취약부 균열유도, 벽면 7.5m, 바닥 3m
2) 슬립조인트 : 조적과 철근콘크리트 사이
3) 미끄럼줄눈 : 걸림턱, 바닥판이나 보에 걸쳐 쉽게 미끄러지는 곳, 아연판 동판 스테인리스 등으로 시설

36 Cold Joint

1. 개요

1) 콜드조인트는 콘크리트 타설지연에 의해 발생되는 이음부를 말한다.
2) 먼저 친 콘크리트와 나중에 타설한 콘크리트가 일체화가 되지 않아 이음부가 발생하며, 강도·내구성·수밀성 저하로 콘크리트 중성화를 촉진한다.

2. 콘크리트 영향

1) 강도·내구성·수밀성 저하
2) 강우에 부식
3) 균열 촉진
4) 중성화

3. 원인

1) 운반 타설 소요시간
2) 재료분리 된 콘크리트 사용
3) 굵은골재 최대치수 비중 〈 잔골재 비중일 경우 굵은골재 떠올라 일체화 되지 않을 경우
4) 서중콘크리트·한중콘크리트 타설계획 미비
5) 강우 중 콘크리트 타설

4. 대책

1) 운반타설 구획순서 계획 철저
2) 이음부 진동다짐
3) 응결지연제 사용
4) 블리딩, 빗물 신속제거
5) 레이턴스 청소
6) 재료분리 억제
7) 소요시간 : 25℃ 이하 경우 2hr, 25℃ 이상 경우 1.5hr 시방규정 엄수
8) 서중 2hr 이내, 한중 4hr 이내 타설
9) B/P장 설치

Cold Joint

37 콘크리트 양생

1. 개요

1) 콘크리트타설 후 저온 건조 등 기온변화로부터 경화작용을 충분히 발휘하도록 콘크리트를 보호하는 작업
2) 진동충격·건조수축·소성수축으로부터 보호하는 것으로 일정기간 습윤상태를 유지하여 충분한 강도가 발휘하도록 양생하여야 한다.

2. 양생 종류 [암기] 습피증 전고적 PrePipe 가단

1) 습윤양생 : 건조를 방지하고 수분유지, 살수·분무와 Sheet를 덮어 습윤상태 유지
2) 피막양생 : 피막을 도포하여 수분증발 방지, 습도유지 발열억제
3) 고온증기양생
  ① 양생실 고압온도 8.2kgf/m, 증기압 177℃
  ② 오토클레브양생, 프리캐스트콘크리트 이용
4) 전열양생 : 전열선 거푸집 내 설치하여 냉각방지
5) 고주파양생 : 고주파를 이용한 양생
6) 적외선 양생 : 적외선을 이용한 양생
7) Mass concrete : Pre cooling, Pipe cooling
8) 가열양생 : 데운 물을 섞어 동절기 양생
9) 단열양생 : 단열재를 이용한 양생
10) 보온양생 : 단열재료 덮어 수화열 이용, 한중콘크리트
11) 온도제어양생 : 수화열 억제하여 온도균열 방지, 서중콘크리트, 매스콘크리트, Pre-Cooling, Pipe Cooling

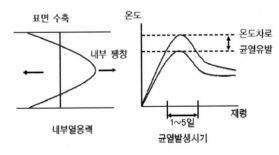

Mass 콘크리트

3. 양생시 주의사항

1) 7일 이상 습윤상태 유지
2) 조강포틀랜드 5일 이상
3) 직사광선 피하고
4) 3일간 보행적재 금지
5) 진동충격 금지
6) 온도습도 유지, 건조방지

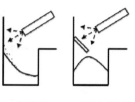

재료분리   재료분리방지

참고 **콘크리트 타설 및 다짐**

1. 사고원인

1) 안전모, 보호장갑, 안전장화 미착용
2) 콘크리트호스, 파이프연결부 결속불량
3) 레미콘타설장소 주변 개구부, 슬라브 단부에 안전조치 미실시
4) 진동기 누전차단기 및 접지 미실시
5) 철근배근상부에 작업발판, 통로 미설치
6) 콘크리트피니셔 회전부 접촉
7) 타워크레인 이용 호퍼로 타설시 호퍼 탈락

콘크리트 타설 및 다짐

2. 안전대책

1) 개인보호구 착용
2) 콘크리트 호스와 파이프연결부 견고하게 체결
3) 개구부에 덮개 및 슬라브단부 안전난간대 설치
4) 진동기에 접지, 누전차단기 연결하여 사용
5) 철근배근상부에 통로용 작업발판 설치
6) 피니셔 회전부에 덮개설치 철저
7) 콘크리트호퍼 인양시 인양로프 체결철저

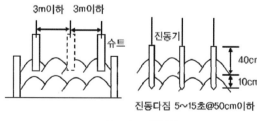

콘크리트 다짐방법

참고 **콘크리트 양생**

1. 사고원인

1) 호흡용 보호구 미착용하고 양생장소 출입중 질식
2) 콘크리트 갈탄사용시 유독가스로 질식
3) 콘크리트 양생장소 주변개구부, 슬라브 단부에 안전난간대 미설치
4) 관리감독자 미배치, 단독으로 양생장소 출입중질식
5) 열풍기 외함에 접지, 누전차단기 미연결

2. 안전대책

1) 콘크리트 양생장소 출입시 호흡용보호구 착용
2) 양생중 적절한 환기 실시, 산소농도측정기, 가스농도측정기 사용, 안전성 확인후 출입
3) 양생장소 주변 개구부에 덮개, 슬라브 단부에 안전난간대 설치
4) 질식 위험이 있는 장소에 관리감독자 입회하에 사전 안전성 확인후 출입
5) 갈탄, 열풍기등을 사용하는 콘크리트 양생장소에는 관리감독자의 지휘감독에 근로자 출입실시
6) 열풍기 등 전기기계기구에 접지, 누전차단기 연결하여 사용

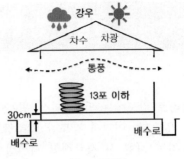

시멘트 보관시설

38 콘크리트 배합 영향 요소

1. 개요

배합이란 시멘트 물 골재 혼화재의 양을 정하는 것으로 강도·내구성·수밀성에 영향을 주는 중요한 요소이며 이를 위한 정밀한 시험이 요구된다.

2. 영향 요소 [암기] 재배시 더단단굵잔슬공

1) w/c비 : 강도·내구성·수밀성 다짐 충분 시 w/c가 낮을수록 강도가 증가

2) 단위수량 : 가능한 한 적게, 단위수량이 증가하면 반죽질기는 좋아지나 재료분리가 발생

3) 단위시멘트량 : 강도·내구성·수밀성에 영향, 단위시멘트량이 많아지면 워커빌리티 향상

4) 굵은골재최대치수 : 굵은골재 최대치수가 커질수록 w/c비 저하되며 강도는 커진다.

5) 잔골재율 : 잔골재율을 적게 해야 강도·내구성·수밀성이 향상되며, 잔골재율이 커지면 단위시멘트량이 많아지고 단위수량이 커져서 시공성은 좋아지나, 블리딩이 커지고 재료분리가 일어난다.

$$잔골재율 = \frac{잔골재\ 절대용적}{골재(잔골재+굵은골재)절대용적} \times 100\%$$

$$= \frac{모래절대용적}{모래절대용적+자갈절대용적}$$

6) 슬럼프 : 슬럼프가 크면 블리딩이 많아지고, 굵은골재의 재료분리가 일어난다.

Slump Test

7) 공기량 : AE제·AE감수제를 사용하여 볼베어링 작용으로 워커빌리티를 개선하여 단위수량을 감소(공기량 1% 증가→슬럼프 2cm 증가)시킨다. 공기량이 증가하면 강도가 적어지고, 적은 공기량을 사용하면 경제성이 향상된다.

39 콘크리트 시험과 압축강도

1. 개요

1) 콘크리트 강도에는 압축·인장·휨·전단·부착강도 등이 있으며, 여기서 강도란 압축강도를 말한다.
2) 콘크리트 시험 시 재료배합 시험방법 공시체 모양에 따라 압축강도가 달라진다.

2. 콘크리트 압축강도 영향요인

1) 재료 : 풍화되지 않은 시멘트, 청량한 물, 둥근 골재, 혼화재 사용 [암기] 시물골혼
2) 배합 : w/c 적게, 단위수량 적게, 단위시멘트량 적게, 굵은골재 많이, 잔골재 적게, 슬럼프 가능한 적게, 적정한 공기량 [암기] 더단단굵잔슬공
3) 시공 : 재료-배합-설계-운반-치기-다지기-마무리-양생 관리철저 [암기] 재배설운치다마양
4) 재령 : 경과시간
5) 시험방법
 ① 공시체 모양 크기
 ② 공시체 표면 모양
 ③ 재하속도 온도

압축강도시험 Cone제작

3. 시험방법이 압축강도에 미치는 영향

1) 공시체 모양 크기
 ① 한변의 길이비가 적을수록 압축강도가 커지고
 ② 길이비가 동일시 원주형이 각주형보다 강도가 큼
 ③ 공시체 직경 : 골재최대치수의 3배 이상이어야 되고, 원형공시체 15cm×30cm를 많이 사용한다.

2) 공시체 표면 모양
 ① 요철정도에 따라 강도 차이가 나고 볼록 모양일수록 강도가 저하된다.
 ② 캡핑 : 중앙부가 볼록하면 강도가 저하되므로 시멘트풀 석고 유황 등으로 캡핑을 한다.

3) 재하속도 : 재하속도가 빠를수록 압축강도가 커진다.
4) 시험온도 : 시험온도가 높을수록 압축강도가 적어지며, 시험하기 직전 공시체 건조 시 압축강도가 올라간다.

40 크리프

1. 개요

크리프란 콘크리트타설 후 일정크기의 하중이 지속적으로 작용할 때 하중의 증가 없이도 시간 경과와 함께 콘크리트가 변형되는 현상이다.

2. 콘크리트에 미치는 영향 [암기] 변처균저

1) 콘크리트 변형
2) 콘크리트 처짐
3) 콘크리트 균열
4) 프리스트레스트 강도 저감

3. Creep 변형

1) 지속적으로 하중작용 시 시간 경과와 함께 변형 증가
2) 변형진행속도
   ① f28 50%
   ② 3~4개월 75%
   ③ 2~5년 최종값 정지크리프변형율(탄성변형율) 1.5~3배

4. 크리프 계수

$$\phi = \frac{\varepsilon_c}{\varepsilon_e}$$

옥외경량 : 1.5
보통 : 2.0
옥내 : 3.0

5. 크리프 증가 원인 [암기] 물재강온습부다지

1) w/c 비 : 클 때
2) 재령 : 적재시기 짧을수록
3) 강도 : 낮을수록
4) 온도 높고, 습도 낮고
5) 작용응력 클수록
6) 부재치수 적을수록
7) 저강도 콘크리트일수록

6. 크리프 파괴 [암기] 변정가

지속적인 응력크기가 정적강도의 80% 이상 시 크리프변형 증가되고 콘크리트가 파괴된다.

1) 변천크리프 : 변형속도 감소
2) 정상크리프 : 변형속도 일정

3) 가속크리프 : 변형속도, 차차증대, 파괴

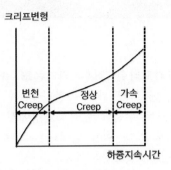

크리프 파괴곡선

41 콘크리트 수축

1. 개요

1) 콘크리트타설 직후 외기온도·습도·바람 등에 의해 콘크리트가 수축한다.

2) 콘크리트 수축에는 경화과정에서 일어나는 수축 현상과 경화 후에 일어나는 수축현상으로 대별된다.

2. 콘크리트수축 Mechanism   암기 미경 소자 건탄

콘크리트수축 Mechanism

3. 분류   암기 미경 소자 건탄

1) 미경화수축(경화중)

① 소성수축 : 건조 시 체적감소, 건조한 바람과 고온·저습으로 수분증발수분증발속도 > 블리딩 속도인 경우 발생

② 자기수축 : 수화반응으로 체적감소

2) 경화수축(경화 후)

① 건조수축 : 경화 후 잉여수분 증발로 체적감소

② 탄산화수축 : 공기 중 탄산가스에 의해 수축

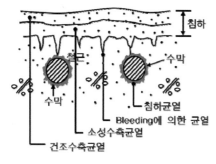

콘크리트 균열발생 원인

4. 콘크리트 탄성계수

$$E \,(\text{탄성계수}) = \frac{\sigma(\text{응력})}{\epsilon(\text{변형})}$$

$$E_c = 8,500 \sqrt[3]{f_{ck}} \,(\text{MP}_a)$$

보통골재 콘크리트 단위중량 2,300kg/m³

여기서, f_{ck}는 재령 28일이 된 콘크리트의 평균 압축강도(MPa)로서, 다음 식으로 계산한다.

$$f_{cu} = f_{ck} + \triangle f (\text{MP}_a)$$

f_{ck} : 설계기준압축강도

$\triangle f$: 평균압축강도 증가를 보정하는 값

$f_{ck} < 40\text{MP}_a$이면 4MPa

$f_{ck} > 60\text{MP}_a$이면 6MPa

42 콘크리트 건조수축

1. 개요
1) 콘크리트타설 직후 외기온도 습도 바람 등이 외기온도에 의해 콘크리트가 수축한다.
2) 콘크리트 수축에는 경화과정에서 일어나는 수축현상과 경화 후에 일어나는 수축현상으로 대별되며, 건조수축은 수분이 건조함에 따라 수축하는 현상을 말한다.

2. 콘크리트수축 Mechanism 　암기 미경 소자 건탄

3. 분류 　암기 미경 소자 건탄
1) 미경화수축(경화 중)
 ① 소성수축 : 건조 시 체적감소, 건조한 바람과 고온·저습으로 수분증발수분증발속도 > 블리딩속도인 경우 발생
 ② 자기수축 : 수화반응으로 체적감소

2) 경화수축(경화 후)
 ① 건조수축 : 경화 후 잉여수분 증발로 체적감소
 ② 탄산화수축 : 공기 중 탄산가스에 의해 수축

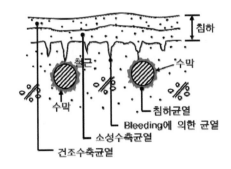

콘크리트 균열발생 원인

4. 영향요인
1) 시멘트 : 분말도 클수록
2) 골재형태 : 탄성계수 크고, 흡수율 적고, 건조수축 적고, 골재크기 크면 w/c비 줄어 건조수축 줄어듦
3) 함수비, 배합비 : 단위수량 클수록 건조수축 증가
4) 화학적 혼화재 : 경화촉진제 건조수축 증가
5) 증기양생 : 건조수축 감소

6) 포졸란재료 : 단위수량 증가로 건조수축 증가
7) 부재크기 크면 : 건조수축 감소

5. 건조수축 증가 원인 　암기 시물골혼
1) 시멘트 분말도 클수록
2) 모래량 많을수록
3) 골재입도 적을수록
4) 단위수량 많을수록
5) 골재량 적을수록
6) 경화촉진제 초기 건조 시
7) 포졸란작용으로 단위수량 증가시켜 수분증발 시
8) 공기중양생 중 수분증발 시

6. 방지대책
1) 분말도 적은 시멘트 사용
2) 모래량 적게
3) 단위수량 적게
4) 골재량 많게
5) 증기양생 실시
6) 부재크기 크게
7) 팽창시멘트 사용
8) 건조수축 철근 추가

43 소성수축균열

1. 개요

1) 콘크리트타설 직후 외기온도·습도·바람 등에 의해 콘크리트가 수축한다.

2) 콘크리트 수축에는 경화과정에서 일어나는 수축현상과 경화 후에 일어나는 수축현상으로 대별되며, 소성수축균열은 수분증발 속도가 블리딩 속도보다 빠를 때 발생한다.

2. 콘크리트수축 Mechanism [암기] 미경 소자 건탄

3. 시간

1) 타설 직후
2) 양생 시작될 경우
3) 마감공사 전

4. 원인

1) 증발속도 1kg/m/h
2) 된비빔콘크리트 타설 시
3) 건조한 바람이 불 때
4) 고온·저습 상태

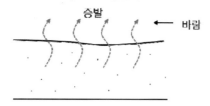

소성수축균열

5. 방지대책

1) 증발속도 0.5kg/m/hr 바람막이 설치
2) 골재습윤유지
3) 시트보호, 외기 노출금지
4) 습윤손실은 인장응력 감소

44 침하균열

콘크리트 내구성 저하

1. 개요

침하균열은 콘크리트 타설 후 마감작업 이후 1~3시간 사이 철근 위에 발생하는 균열을 말한다.

2. 발생시기

1) 다진 후 표면마무리 시 발생
2) 타설 직후 1~3시간 이내 발생

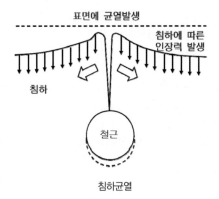

침하균열

3. 원인

1) 철근 직경이 클수록
2) 슬럼프 클수록
3) 수밀하지 않을 경우
4) 피복두께 얇을 경우
5) 다짐상태 미흡 시
6) w/c 클수록

4. 대책

1) 수밀한 콘크리트타설
2) 진동다짐 5~15초@50cm
3) w/c비 적게
4) 슬럼프 가능한 한 적게
5) 피복두께 크게
6) 침하균열 시 재진동다짐
7) 타설속도 느리게
8) 1회 타설높이 낮게

45 콘크리트 비파괴검사

1. 개요

비파괴검사는 파괴하지 않고 강도, 결함, 균열, 피복, 철근위치 직경 등의 결함의 유무를 검사하는 방법을 말한다.

2. 종류 [암기] 반초복음자방전내인

1) 반발경도법 : 슈미트햄머 사용하여 저렴하고 간단하며 편리하여 많이 사용

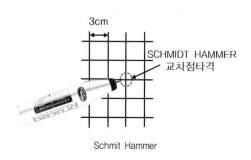

Schmit Hammer

2) 초음파법 : 초음파 Pulse를 내부에 발사하여 반발속도를 측정하고 강도 균열깊이 결함 검사

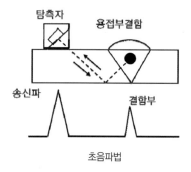

초음파법

3) 복합법 : 강도법의 내부상태 판단이 어려움과 초음파법의 표면상태에 따라 강도의 변동이 커지므로 정밀도를 높이기 위한 검사방법

$$F_c = 8.2R_0 + 269V_p - 1,094$$

4) 음파법 : 진동 공명원리를 이용하여 층분리 균열 검사

5) 자기법 : 강자성 미세입자의 변화로 판단하여 표면결함 검사

6) 방사선법
① X선, 선 투과하여 필름에 기록
② 철근위치 철근직경 밀도 검사

7) 전기법 : 철근 사이 전위차 측정 부식측정

8) 내시경법 : 천공구명으로 튜브를 관입하여 검사

9) 인발법 : 미리 철근을 설치하여 놓고 검사

[참고] 자기법

1. 개요

자기법은 교류전류감지기의 코일에서 발생되는 전자장에 의해 피복두께 등을 검사하는 검사법으로 철근직경 따라 전압이 변화하는 원리를 이용한 검사법이다.

2. 용도

1) 배근간격
2) 철근피복, 철근직경
3) 위치방향

3. 사용 시 주의사항

1) 미리 도면 철근지름 확인
2) 기기는 급히 움직이지 말 것
3) 기기에 손접촉 시 온기로 고장나므로 장갑을 착용
4) 철근탐지기는 60℃ 이상 온도 접촉금지
5) 철근의 피복두께는 오차가 크므로 사용금지
6) 기기 사용 전 바늘 0점 조정

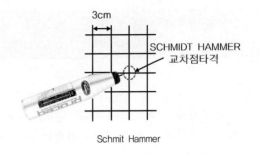

Schmit Hammer

46 반발경도법

1. 개요

1) 비파괴검사는 파괴하지 않고 강도, 결함, 균열, 피복, 철근위치 직경 등의 결함의 유무를 검사하는 방법을 말한다.

2) 반발경도법은 콘크리트 표면에 충격을 주어 측정하는 강도법으로 현장에서 많이 사용되고 있다.

2. 측정기 종류 [암기] 보경저매 NLPM

콘크리트	측정기	강 도
보통콘크리트	N형	15~60MPa
경량콘크리트	L형	10~60MPa
저강도콘크리트	P형	5~15MPa
Mass콘크리트	M형	60~100MPa

3. 특징

1) 저렴하고
2) 간단하고
3) 편리하며
4) 신뢰성 적음

4. 방법

1) 3cm 간격
2) 가로 4개, 세로 5개
3) 교점 20개
4) 평균치

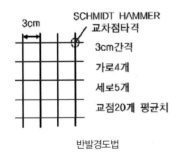

반발경도법

5. 유의사항

1) 균질하게 정리
2) 평활한 면
3) 열화 제거 후 실시
4) 측정기를 직각으로 대고 서서히 충격

47 초음파법

1. 개요

1) 비파괴검사는 파괴하지 않고 강도, 결함, 균열, 피복, 철근위치 직경 등의 결함의 유무를 검사하는 방법을 말한다.

2) 초음파법은 Pulse를 발사하여 압축강도 균열깊이 내부결함 등을 검사하는 측정법이다.

2. 특징

1) 부재의 형상·치수에 제약이 적음

2) 강도가 적을 경우 오차가 크고 철근에 영향이 큼

3) 재료 하단 반사파 차이로 불량부위 발견

3. 측정위치 압축강도 추정

1) 위치 : 굵은골재 노출된 곳, 철근 있는 곳, 모서리 부분을 피해 측점위치 정함

2) 판정

① 4.5km/sec 이상 : 우수

② 3.0 ~ 4.5km/sec : 양호

③ 3.0km/sec 미만 : 불량

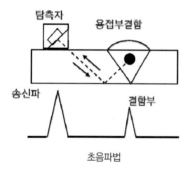

초음파법

4. 측정 시 유의사항

1) 전파시간 교정

2) 표면 그라인딩으로 평평한 면

3) 윤활제 밀착

4) 측정거리 10cm 이상

48 콘크리트 조기강도 판정

1. 개요

통상 28일로 강도를 추정하나, 단기간에 강도를 추정하기 위해 복합법을 많이 사용하며 강도법과 초음파법을 사용하여 정확도를 높인 방법이 복합법이다.

2. 이유

1) 단시간에 조기강도 추정
2) 수시간 내 28일 강도 예측

3. ASTM 표준방법 [암기] 온끓수

1) 온수
   ① 공시체를 32~38℃ 물에 담금
   ② 23.5시간 담금 - 탈형 후 캡핑 - 시험

2) 끓는 물
   ① 표준공시체를 21±6℃ 물에 23hr 수침
   ② 양생-뜨거운 물 3.5hr 방치-1시간 후 캡핑-시험

3) 수화열
   ① 절연컨테이너에 실린더형 공시체를 넣고 48hr 유지
   ② 최고·최저온도 기록 및 시험

온수사용   끓는 물 사용   수화열 사용

콘크리트 조기강도 판정

4. 복합법

1) 강도법의 내부상태 판단이 어려움과
2) 초음파법의 표면상태에 따라 강도의 변동
3) 정밀도를 높이기 위한 검사법 : 복합법

$$F_c = 8.2\,R_0 + 269\,V_p - 1,094$$

참고 철근콘크리트 시방서상 허용균열폭

1. 개요

1) 철근콘크리트 구조물에 발생한 균열은 요구되는 성능에 따라 허용되는 폭이 달라지며, 균열폭과 균열간격은 서로 비례한다.
2) 이런 의미에서 균열폭은 그 최대값이 중요하며, 규준에서는 이 최대 균열폭을 대상으로 한다.

2. 계산식

$$S = 375(210/f_s) - 2.5Cc \quad \cdots\cdots\cdots ①$$
$$S = 300(210/f_s) \quad \cdots\cdots\cdots\cdots ②$$
①, ② 중 작은 값

3. 허용균열폭 [암기] 철프 건습부고

강재 종류	건조 환경	습윤 환경	부식성 환경	고부식성 환경
철근	0.4mm와 0.006t_c중 큰 값	0.3mm와 0.005t_c중 큰 값	0.3mm와 0.004t_c중 큰 값	0.3mm와 0.0035t_c중 큰 값
프리 스트레싱 긴장재	0.2mm와 0.005t_c중 큰 값	0.2mm와 0.004t_c중 큰 값		

4. 한국 적용

1) 건조환경 0.4mm
2) 습윤환경 0.3mm
3) 부식성환경 0.004mm(피복두께)
4) 고부식성환경 0.0035mm(피복두께)

49 콘크리트 동결융해

1. 개요

1) 콘크리트 동결 시 수분이 동결되어 팽창(9%)이 반복적으로 일어나 강도·내구성·수밀성의 저하를 가져와 콘크리트에 열화가 발생한다.
2) 이를 방지하기 위해 공법에 적합한 양생방법을 실시하고 최소양생기간을 준수하여야 한다.

2. 영향

1) 침하 발생
2) 누수 발생
3) 강재 부식
4) 중성화 진행
5) 내구성 감소

3. 시험방법 암기 AB수공

6~8회/1일, 급속동결융해 반복
1) A법 : 수중에서 급속동결융해
2) B법 : 공기중에서 급속동결융해

콘크리트 동해

4. 원인

1) 수분 및 배합
2) w/c비 클 때
3) 혼화재료(AE제, AE감수제) 미사용
4) 양생기간 및 양생방법 부실

5. 대책

1) AE제 AE감수제 공기포 발생
2) w/c비 적게 내동해성 증대
3) 수밀성 확보
4) 빙설 제거 후 콘크리트 타설
5) 최저온도(10℃) 확보 초기동해 방지
6) 물침입 점검 및 방지
7) 양생기간 및 양생방법 준수

50 중성화(잔존수명 예측)

1. 개요

1) 중성화란 공기중의 탄산가스의 영향으로 수산화칼슘이 서서히 탄산칼슘으로 되어 알칼리성을 상실하는 현상을 말한다.
2) 공기중의 물 공기가 침투하여 철근부식을 일으켜 체적팽창(2.6배)으로 콘크리트에 균열이 발생되어 내구성 저하를 가져온다.

2. 중성화 Mechanism

타설 시(pH=12~13)-중성화(pH=9 이하)-철근부동태피막 파괴-철근부식-철근부피팽창(2.6배)-콘크리트균열

3. 반응식

1) 수화작용
   $CaO + H_2O \rightarrow Ca(OH)_2$ 수산화칼슘 : PH12~13

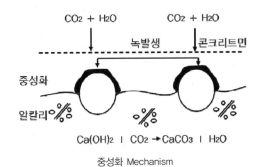

중성화 Mechanism

2) 중성화
   $Ca(OH)_2 + CO_2 \rightarrow CaCO_3$(탄산칼슘)$+ H_2O$

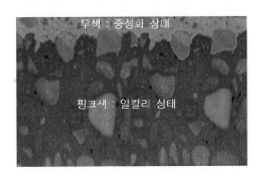

콘크리트 중성화

4. 시험법 [암기] 폭탄 에(롤)페(니)

1) 콘크리트파쇄-철근노출-콘크리트단면-용액분사 (에탄올 99%+1%페놀프탈레인)
   ① 적색 : pH10 이상 알칼리부위
   ② 무색 : pH9 이하 중성화

2) 폭로시험 : 실외폭로, 장기간 필요
3) 탄산가스 : 기밀실에서 공시체에 액화탄산가스 주입

5. 촉진요인

1) 탄산가스 농도 높을수록
2) 습도 낮을수록
3) 온도 높을수록

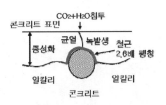

중성화에 의한 철근 녹발생

6. 원인

1) w/c비 크고
2) 공극이 큰 경량골재
3) 피복두께 적고
4) 다짐불량
5) 양생불량

7. 대책 [암기] 더밀피혼양

1) W/C 비 적게
2) 밀실다짐
3) 철근피복 두껍게
4) AE재 혼화재 사용
5) 양생 준수

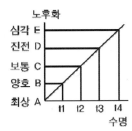

구조물 잔존수명

51 알칼리 골재반응

1. 개요

1) 알칼리 골재반응은 골재중에 반응성광물이 수화 반응을 일으켜 콘크리트가 팽창되는 현상을 말한다.

2) 골재가 수분흡수을 흡수하여 콘크리트가 팽창하여 균열을 일으킨다.

2. 분류 [암기] 알칼리 실리카게탄

1) 알칼리 실리카 반응

2) 알칼리 실리게이트 반응

3) 알칼리 탄산염암 반응

알칼리 골재반응

3. 골재 알칼리반응 시험 [암기] 암화모

1) 암석학적시험(편광현미경)

2) 화학법

3) Mortar-Bar법

4. 촉진 요소

1) 반응성골재 사용 시

2) 시멘트 풍화 시

3) 해사 사용 시

4) 수분 습기 많을수록

5. 원인

1) 반응성 광물 함유

2) 단위시멘트량 과다

3) 해사 염분

4) 강우나 수분 영향이 있는 제치장

5) 매시브한 건물

52 염해

1. 개요
1) 강자갈, 강모래의 고갈에 따른 해사의 사용으로 콘크리트 중에 염화물이 존재하여 철근과 PC에 부식을 일으켜 콘크리트가 손상된다.
2) 염화물의 종류에는 염화나트륨, 염화칼슘, 염화칼륨 등이 대표적이다.

2. 철근콘크리트에 미치는 영향 [알기] 부팽강SI 건응내
1) 부식
2) 체적팽창 균열
3) 강도 저하
4) 슬럼프 저하
5) 건조수축
6) 응결시간 단축
7) 내구성 저하

콘크리트 염해

3. 원인
1) 염분허용량 규정치 이상
2) 피복두께 부족
3) 대기중 염화물
4) 염화나트륨 염화칼슘 염화칼륨

4. 방지대책
[알기] 시염철기 염더밀 강스PI준제하 아에방피콘 고피중알

1) 시공관리대책 [알기] 염더밀
① 염분규제 0.04% [알기] 비상콘잔

비빔시염화물	0.3kg/m³ 이하
상수도혼합수 염화물	0.04kg/m³ 이하
콘크리트염화물 허용상한치	0.6kg/m³ 이하
잔골재염화물	0.02%(Nacl환산0.04%) 이하

② w/c비 적게
③ 밀실한 콘크리트타설

2) 염분 제거방법 [알기] 강스PI준제하
① 자연강우 : 2~3회
② Sprinkler : 80cm 두께
③ 제염Plant 기계세척 : 모래체적 1/2 담수
④ 준설선 위에서 세척 : 모래 1m 물 6m 6번 세척
⑤ 제염재 혼합 : 초산은알미늄 분말 8% 혼합
⑥ 하천모래 혼합 : 하천모래 80% + 해사 20%

3) 철근부식 방지대책 [알기] 아에방피콘
① 아연도금
② Epoxy Coating
③ 방청제 콘크리트 혼합하여 피막형성
④ 피복두께 증가
⑤ 콘크리트피막제 도포

4) 기타 [알기] 고P중알
① 해사 사용 시 고온증기양생 금지
② PS 콘크리트 해사 사용금지
③ 중용열시멘트 알루미나시멘트 사용

53 염화물

콘크래트 백테

1. 개요

1) 강자갈·강모래의 고갈에 따른 해사의 사용으로 콘크리트중에 염화물이 존재하여 철근과 PC에 부식을 일으켜 콘크리트가 손상된다.

2) 염화물의 종류에는 염화나트륨·염화칼슘·염화칼륨 등이 대표적이다.

2. 철근콘크리트 영향

1) 부동태 파괴
2) 부식
3) 균열
4) 장기강도
5) 슬럼프
6) 건조수축
7) 응결시간
8) 내구성

3. 염화물 함유량 `암기` 비상콘잔

비빔시염화물	0.3kg/m³ 이하
상수도혼합수 염화물	0.04kg/m³ 이하
콘크리트염화물 허용상한치	0.6kg/m³ 이하
잔골재염화물	0.02%(Nacl환산0.04%) 이하

4. 염화물 측정법 `암기` 흡질전이시 전이시

1) 굳지 않은 콘크리트

① 흡광광도법 : 티오시안산이온이 철반응으로 붉은 주황색의 흡광도를 측정하여 염화물이온량을 결정

② 질산은 적정법 : 지시약 크롬산칼륨용액으로 질산은 용액을 적정하여 염화물 이온량을 결정

③ 전위차적정법 : 염소이온 선택성 전극을 이용하여 염화물이온량을 결정

④ 이온전극법 : 염화물측정기를 이용한 간이 측정법

⑤ 시험지법 : 시험지를 이용하여 백색으로 변색한 부위의 길이를 측정

2) 굳은 콘크리트 : 경화콘크리트의 시료를 분말로 만들어 시험

① 전량적정법
② 이온색층분석법
③ 시료분석법

54 해사

1. 개요

1) 강자갈 강모래의 고갈에 따른 해사의 사용으로 콘크리트중에 염화물이 존재하여 철근과 PC에 부식을 일으켜 콘크리트가 손상된다.

2) 염화물의 종류에는 염화나트륨 염화칼슘 염화칼륨 등이 대표적이다.

2. 문제점 `암기` 철마 부팽강SI건응내

1) 철근콘크리트공사 `암기` 부팽강슬건응내

① 철근부식

② 체적팽창 2.6%

③ 장기강도 저하

④ 슬럼프치 저하

⑤ 건조수축

⑥ 응결시간 단축

⑦ 내구성 저하

2) 마감공사 `암기` 조미타 강내 부균박 탈접

① 조적 : 강도 내구성 저하

② 미장 : 부식 균열 박리

③ 타일 : 접착성 부족으로 탈락

3. 측정법 `암기` 흡질전이시

1) 굳지 않은 콘크리트 : 흡광광도법, 질산은적정법, 전위차적정법, 이온전극법, 시험지법

2) 굳은콘크리트 : 전량적정법, 이온색층분석법, 시료분석법

3) 염소이온양(kg/m) 산출

$$염소이온량(kg/m^3) = \frac{염분농도(\%)}{100} \times Con'c \text{ 단위중량}$$

$$\times \frac{염소분자량}{염화나트륨분자량}$$

4. 염해방지대책 `암기` 시염철콘 염더밀 강스PI준제하 아에방피콘 고피중알

1) 시공관리대책 `암기` 염더밀

① 염분규제 0.04% `암기` 비상콘잔

비빔시염화물	0.3kg/m³ 이하
상수도혼합수 염화물	0.04kg/m³ 이하
콘크리트염화물 허용상한치	0.6kg/m³ 이하
잔골재염화물	0.02%(Nacl환산0.04%) 이하

② w/c비 적게

③ 밀실한 콘크리트타설

2) 염분 제거방법 `암기` 강스PI준제하

① 자연강우 : 2~3회

② Sprinkler : 80cm 두께

③ 제염Plant 기계세척 : 모래체적 1/2 담수

④ 준설선 위에서 세척 : 모래 1m 물 6m 6번 세척

⑤ 제염재 혼합 : 초산은알미늄 분말 8% 혼합

⑥ 하천모래 혼합 : 하천모래 80% + 해사 20%

3) 철근부식 방지대책 `암기` 아에방피콘

① 아연도금

② Epoxy Coating

③ 방청제 콘크리트 혼합하여 피막형성

④ 피복두께 증가

⑤ 콘크리트피막제 도포

4) 기타 `암기` 고P중알

① 해사 사용 시 고온증기양생 금지

② PS 콘크리트 해사 사용금지

③ 중용열시멘트 알루미나시멘트 사용

`참고` **비중에 따른 골재의 분류**

`암기` 경보중 경펄 화사 자강

1. 경량골재 : 비중 2.5 경석 펄라이트
2. 보통골재 : 비중 2.5~2.65 화강암 사암
3. 중량골재 : 비중 2.75 자철광 강철광

55 콘크리트 노후화 종류

1. 개요

1) 콘크리트 노후화란 재료요인인 외적요인·기상요인·화학적요인·시공요인 등 다양한 요인에 의해서 콘크리트의 성질을 상실하는 현상이다.

2) 대표적인 요인으로는 균열 층분리 백태 등으로 재료-배합-설계-운반-치기-다지기-마무리-양생 전 분야에 걸쳐 시방에 따른 성실시공이 중요하다.

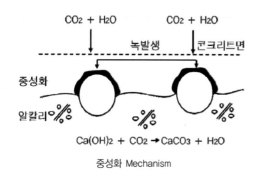

중성화 Mechanism

2. 콘크리트 노후화의 종류 [암기] 균층박박백손누

1) 균열
   ① 길이·폭·위치·방향에 유의
   ② 녹, 백태흔적

미세균열	0.1mm 이하
중간균열	0.1~0.7mm
대형균열	0.7mm 이상

2) 층분리 : 콘크리트 상하 분리, 망치로 치면 중공음

3) 박리(Scaling) : 몰탈손실 [암기] 경중심극

경미	0.5mm 이하
중간	0.5~1.0mm
심함	1.0~25mm 이상
극심	25mm 이상

4) 박락 : 원형 모양으로 떨어져

소형	깊이 25mm 이하, 직경150mm 이하
대형	깊이 25mm 이상, 직경150mm 이상

5) 백태 : 내부수분이 염분고형화 형태로 노출
6) 손상 : 외부충돌로 손상
7) 누수 : 배수공, 시공이음 결함, 균열

[참고] 콘크리트 비파괴, 강재비파괴, 노후화 암기

1. 개요

1) 콘크리트 노후화란 재료요인 외적요인, 기상요인, 화학적요인, 시공요인 등 다양한 요인에 의해서 콘크리트의 성질을 상실하는 현상이다.

2) 대표적인 요인으로는 균열, 층분리, 백태 등으로 재료-배합-설계-운반-치기-다지기-마무리-양생 전 분야에 걸쳐 시방에 따른 성실시공이 중요하다.

2. 콘크리트

1) 원인, 대책
   [암기] 기기물기 설재시 동건온 염중알진충마파전

2) 노후화 보수·보강
   [암기] 균층박박백손누 치표충주 An강P탄

3) 진단
   [암기] A B C D E

4) 비파괴검사
   [암기] 반초복음자방전내인

3. 강재

1) 노후화 보수·보강
   [암기] 부피과손 방보단교

2) 비파괴검사
   [암기] (육)방초자액와

56 콘크리트 내구성

1. 개요

1) 콘크리트의 내구성은 기상, 물리화학적 변화, 기계 성능저하, 외력 등에 의해 발생되는 콘크리트의 성질 말한다.

2) 내구성 저하는 콘크리트의 수명을 단축하므로 주기적인 정기점검과 유지보수가 필요하다.

2. 내구성 저하 원인 _{암기} 기기물기 설재시동건온 염중알진 충마파전

1) 기본원인

① 설계 : 설계복잡, 디자인 과감, 철근량 감소, 피복단면 감소, 과소하중, 균열방지조인트 삭제

② 재료 : 시멘트·물·골재·혼화재 불량

③ 시공 : 운반시간 미준수, 재료분리, 가수, 다짐불량, 양생불량, 시공이음, Cold Joint

콘크리트 내구성 저하

콘크리트 동해

2) 기상작용

① 동결융해 : 팽창수축 시 400kgf/cm 이상은 동해영향 없음, 동결융해 시 체적팽창 9%

② 건조수축 : 수분증발로 Bleeding 발생

③ 온도변화 : 급격한 온도변화, Mass콘크리트 타설시, 동절기 낮은 기온, 외기에 갑자기 노출 시 인장응력 작용

3) 물리·화학작용

① 염해 : 해사 사용, 부식, 염화물 규정치 이상

② 중성화 : 탄산가스로 알칼리성 잃어 부식팽창 2.6배 되어 강도 저하

③ 알칼리 : 골재 반응성물질로 팽창 균열

콘크라트 백테

4) 기타

① 진동·충격 : 기계 기구에 의한 충돌

② 마모·파손 : 과적하중, 모서리 탈락, 균열

③ 전류 : 전류가 흐를 때 부식되어 부착강도 저하

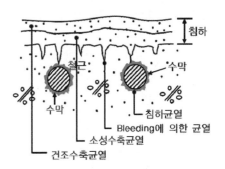

콘크리트 균열발생 원인

3. 내구성 저하 방지대책

_{암기} 기기물기 설재시동건온 염중알진충마파전

1) 기본원인

① 설계상 : 충분한 하중검토, 소요단면 유지, 신축이음, 피복두께 유지

② 재료상 : 시멘트·물·골재·혼화재 양호한 재료 사용

③ 시공상 : 타설속도, 밀실다짐, 가수금지, 재료분리 방지, 양생 철저, 가급적 적은 슬럼프

2) 기상작용

① 동결융해 : 경화속도 빠르게, AE·AE감수제, 보온양생, 온도조절

② 건조수축 : 골재크기 크게, 입도 양호한 골재, 조절줄눈 설치

③ 온도변화 : Pre-Cooling, Pipe-Cooling, 온도조절

3) 물리·화학작용

① 염해 : 밀실다짐, 염분규정치 이하 유지

② 중성화 : w/c비 적게, 밀실다짐, 피복두께,
AE·AE감수제 첨가

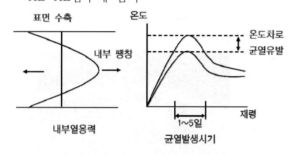

Mass 콘크리트

③ 알칼리골재반응 : 반응성골재 사용금지, 양질용
수, 저알칼리시멘트

4) 기타

① 진동·충격 : 양생 중 중장비 자재적재 금지,
중량물 출입금지

② 마모·파손 : w/c 적게, 밀실다짐, 습윤양생,
압축강도 크게

③ 전류 : 누설전류, 배류기 설치, 전식 방지대책

참고 **콘크리트 수축**

암기 미경 소자건탄

1. 미경화 : 소성수축, 자기수축
2. 경화 : 건조수축, 탄산화수축

```
          소성수축      건조수축
┌─────────┐     ┌─────────┐     ┌─────┐     ┌─────┐
│ 콘크리트 │─────│ 콘크리트 │─────│ 강도 │─────│중성화│
│타설(미경화)│     │  경화   │     │ 발현 │     │     │
└─────────┘     └─────────┘     └─────┘     └─────┘
          자기수축      수축탄산화
```

57 콘크리트구조물 열화방지 (Deteroration)

1. 개요

1) 구조물 열화는 콘크리트 구조물이 외적원인 내적원인 등으로 인하여 콘크리트 강도·내구성·수밀성·강재보호 성능을 상실함으로서 구조물의 수명을 다하지 못하는 현상이다.

2) 내구성 저하 현상으로 중성화 철근부식 균열 표면붕괴 박리 등이 있다.

2. 원인 암기 시재건온 철화동충 마불설

1) 시공관리
2) 재료불량

콘크리트 내구성 저하

3) 건조수축
4) 온도영향
5) 철근부식
6) 화학적
7) 동결융해
8) 충격파
9) 마모
10) 불량설계

3. 증상 암기 균충박박 백손누

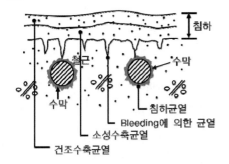

콘크리트 균열발생 원인

4. 대책

암기 기기물기 설재시 동건온 염중알 진충마파전

1) 기본원인
① 설계상 : 충분한 하중검토, 소요단면 유지, 신축이음, 피복두께 유지
② 재료상 : 시멘트·물·골재·혼화재 양호한 재료 사용
③ 시공상 : 타설속도, 밀실다짐, 가수금지, 재료분리 방지, 양생 철저, 가급적 적은 슬럼프

2) 기상작용
① 동결융해 : 경화속도 빠르게, AE·AE감수제, 보온양생, 온도조절
② 건조수축 : 골재크기 크게, 입도 양호한 골재, 조절줄눈 설치
③ 온도변화 : Pre-Cooling, Pipe-Cooling, 온도조절

참고 열화판정기준

암기 균중기동처

1) 콘크리트의 부실시공의 척도로 열화판정의 기준은 균열폭 중성화 기초세굴 동해깊이 등으로 판단할 수 있다.
2) 균열폭 : PC 0.1mm 이상, RC 0.2mm 이상
3) 중성화 : 피복두께 ≥ 40mm(15% 이상)
4) 기초세굴 : 200mm 이상 침하진행, 침하측방유동징후
5) 동해깊이 : 300mm 이상
6) 처짐 : 균열간격 20cm

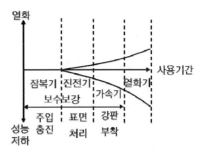

열화에 따른 보수보강

58 콘크리트 균열

1. 개요

1) 콘크리트 노후화란 재료요인 외적요인 기상요인 화학적요인 시공요인 등 다양한 요인에 의해서 콘크리트의 성질을 상실하는 현상이다.

2) 대표적인 요인으로는 균열 층분리 백태 등으로 재료-배합-설계-운반-치기-다지기-마무리-양생 전 분야에 걸쳐 시방에 따른 성실시공이 중요하다.

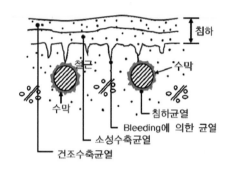

콘크리트 균열발생 원인

2. 영향 [암기] 강내수

1) 강도 저하
2) 내구성(수명단축)
3) 수밀성(누수)

3. 영향 [암기] 염중일동 진충마파전

1) 굳지 않은 콘크리트

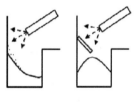

재료분리   재료분리방지

① 거푸집 진동 충격   ② 수화열
③ 소성수축   ④ 침하

2) 굳은 콘크리트
① 동결융해   ② 건조수축
③ 온도   ④ 염해
⑤ 중성화   ⑥ 알칼리골재반응

4. 대책

[암기] 기기물기 설재시 동건은 염중알 진충마파전

1) 기본원인
① 설계상 : 충분한 하중검토, 소요단면 유지, 신축이음, 피복두께 유지
② 재료상 : 시멘트·물·골재·혼화재 양호한 재료사용
③ 시공상 : 타설속도, 밀실다짐, 가수금지, 재료분리 방지, 양생 철저, 가급적 적은 슬럼프

2) 기상작용
① 동결융해 : 경화속도 빠르게, AE·AE감수제, 보온양생, 온도조절
② 건조수축 : 골재크기 크게, 입도 양호한 골재, 조절줄눈 설치
③ 온도변화 : Pre-Cooling, Pipe-Cooling, 온도조절

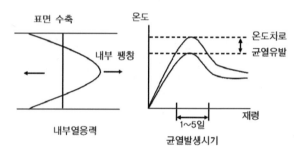

Mass 콘크리트

3) 물리·화학작용
① 염해 : 밀실다짐, 염분규정치 이하 유지
② 중성화 : w/c비 적게, 밀실다짐, 피복두께, AE·AE감수제
③ 알칼리골재반응 : 반응성골재 사용금지, 양질용수, 저알칼리시멘트

4) 기타
① 진동·충격 : 양생 중 중장비 자재적재 금지, 중량물 출입금지
② 마모·파손 : w/c 적게, 밀실다짐, 습윤양생, 압축강도 크게
③ 전류 : 누설전류, 배류기 설치, 전식 방지대책

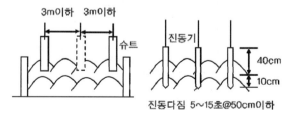

콘크리트 다짐방법

59 콘크리트 보수·보강공법

1. 개요

1) 콘크리트의 균열은 다양한 형태로 나타나며 균열위치 범위 원인 등을 파악하여 도면 특기시방 시공유지관리기록 등에 따른 면밀한 검토가 필요하다.
2) 콘크리트의 강도·내구성·수밀성 감소 우려 시 보수보강을 철저히 하여야 한다.

2. 균열분류 `암기` 미중대

미세균열	0.1mm 이하
중간균열	0.1~0.7mm
대형균열	0.7mm 이상

3. 평가방법 `암기` 육비코설

1) 육안검사 : 휴대용 균열측정기로 도면에 스케치 및 사진촬영
2) 비파괴검사 : 균열위치, 내부균열, 철근위치방향 직경, 초음파, 자기법
3) 코아검사 : 의심가는 곳 코아를 채취하여 검사
4) 설계도 시공자료 : 설계하중 실제하중 차이

4. 보수·보강공법 `암기` 치표충주 An강P탄

1) 보수공법

① 치환 : 열화 손상 경미한 곳 국부제거하고 무기 유기질접착제로 처리

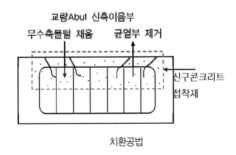

치환공법

② 표면처리 : 균열선 따라 Paste 피막처리, 0.2mm 이하 경미한 곳

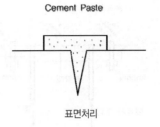

표면처리

③ 충진 : V-cut을 한 후 수지몰탈주입하면 팽창작용, 그라인딩 폭 작고 주입곤란 시

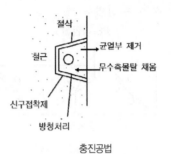

충진공법

④ 주입 : 균열선 따라 10~30cm 주사기 설치하고 저점성 에폭시로 균열부 내부충전

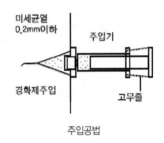

주입공법

⑤ BIGS공법(Ballon Injection Grouting System) : 고무튜브에 압력을 가해 균열심층부 충전으로 균일한 압력관리

2) 보강공법

① Anchor : 꺽쇠로 앙카를 크로스 시킨 후 몰탈 주입

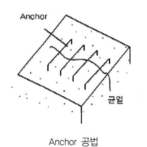

Anchor 공법

② 강판부착 : 적은 구조 국부적 보강, 강판 앙카 설치 후 에폭시 주입

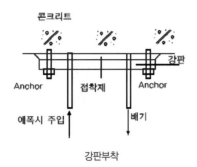

강판부착

③ Prestress : 직각으로 PC강선을 긴장하고, 균열 깊을 경우 주입병용

Prestress공법

④ 탄소섬유보강 : 탄소섬유접착제 보·기둥 접착, 편리하여 널리 사용

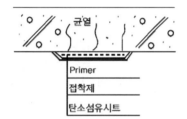

탄소섬유보강공법

콘크리트 Crack보수

60 비파괴검사

1. 콘크리트구조물 비파괴검사 [암기] 반초복음자방전내인

1) 반발경도법 [암기] 보경저매 NLPM

보통콘크리트	N형 15~60MPa
경량콘크리트	L형 10~60MPa
저강도콘크리트	P형 5~15MPa
Mass콘크리트	M형 60~100MPa

2) 초음파법 : Pulse발사, 측정거리 10cm 이상

속도	상태
4.5km/sec 이상	우수
3.5~4.5km/sec	보통
3.5km/sec 미만	불량

3) 복합법 : $F_c = 8.2R_0 + 269V_p - 1094$(보통con'c)

4) 음파법 : 공명, 진동 이용 층분리, 균열

5) 자기법 : 자기장의 자력에 의한 검사

6) 방사선법 : X선, 선 필름, 결함, 철근위치, 직경, 밀도, 결함

7) 전기법 : 전극의 + - 흐름에 의한 검사

8) 내시경법 : 필요부위를 천공, 내시경을 삽입하여 검사

9) 인발법 : 미리 철근을 박아놓고 경화 후 인발시험

10) 레이더법 : 레이더 발사에 의한 검사, 바닥판, 노후화, 공동, 층분리

2. 강재현장시험 [암기] (육)방초자액와

1) (육안검사)

2) 방사선 : X선, 선 필름을 사용하여 내부결함 검사, 기록가능하고 두꺼운 검사장소 제한, 검사관 차이, Slag 감싸돌기, Blow Hole, 용입불량, 균열 등 검사

3) 초음파탐사 : 브라운관을 통해 넓은 면 관찰, 속도 빠르고 경제적이며 기록가능, 두께, 크랙, Blow Hole 등 검사

4) 자기분말탐상 : 자력선 자장에 의한 검사로 육안검사가 안 되는 외관검사가 가능하고 기계가 대형이며 깊은 결함·표면결함·크랙·흠집·용접부 표면결함 등 검사

5) 액상침투탐상 : 침투액을 도포하고 닦은 후 검사액 도포하여 검사, 검사가 간단하고 넓은 범위가 가능하며 비철금속도 가능

① 염색침투탐상시험 : 적색염료 침투액 사용하여 자연광 백색광 아래서 확인

② 형광침투탐상시험 : 형광물질 침투액을 사용하여 어두운 곳에서 자외선 비춰 검사

6) 와류탐상 : 전기장 교란하여 검출하며 자기분말탐상시험과 유사하고, 비접촉검사로 속도가 빠르고 고온시험체 탐상가능하며 기록보존가능, 비철금속 용접부 표면결함 등 검사

[참고] **시특법 안전진단**

[암기] A B C D E

상태 등급	노후화 상태	조치
A	문제점 없고 최상상태	정상적, 유지관리
B	경미손상 양호상태	지속적 주의관찰
C	보조부재손상, 보통상태	지속적 감시, 보수·보강
D	주요부재, 노후화 진전	사용제한여부, 판단 정밀안전진단, 필요
E	주요부재, 노후화 심각	사용금지, 교체·개축긴급 보강조치

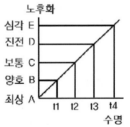

구조물 잔존수명

[참고] **강구조물 보수 보강공법**

[암기] 방보단교

1. 방청제
2. 보강판부착, 균열부교체
3. 단면보강
4. 교정, 보강

61 화재 시 콘크리트구조 폭열현상

1. 개요

1) 콘크리트가 화재발생 시 짧은 시간에 고온으로 열이 증가하는 순간 표면온도가 상승하며 폭발음이 발생하며 박리·박락이 일어난다.

2) 수분증기압 발생 시 표면이 박리되며, 500~600℃에서 콘크리트 철근성능이 50% 이하로 저하되어 수명에 심각한 내력손실 및 물적손실을 초래한다. 이것은 물과 관련된 현상으로 내화성이 높은 골재, 폴리프로필렌섬유 등을 사용하고 함수비를 낮추어 사전대책을 강구하여야 한다.

2. 미치는 영향

1) 박리
2) 비산
3) 고온
4) 철근 노출
5) 내구력 저하
6) 수명단축

3. 온도 [암기] 자물화

1) 100℃ : 자유공극수 방출
2) 200~300℃ : 물리적 결합수 방출
3) 400℃ 이상 : 화학적 결합수 방출

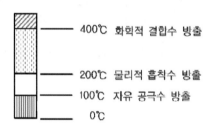

- 400℃ 화학적 결합수 방출
- 200℃ 물리적 흡착수 방출
- 100℃ 자유 공극수 방출
- 0℃

화재 발생 시 콘크리트 손상

4. 콘크리트 파손깊이

화재지속시간	온도	콘크리트 파손깊이
80분 후	800℃	0~5mm
90분 후	900℃	15~25mm
180분 후	1,100℃	30~50mm

5. 원인

1) 물, 증기, 흡수율이 높은 골재, w/c비 클 때
2) 수증기압 고열상태 배출되지 못하고 갇혀 내부 수분압력이 콘크리트 인장강도보다 커질 때
3) 내·외부 온도 차에 의한 비정상적인 열응력으로 인장강도 감소
4) 흡수율 높은 골재사용 시 내화성 감소
5) 함수율 높을 때 폭열 쉽게 발생
6) w/c 비 낮을수록 조직이 치밀한 상태에서 수증기방출이 어려워 폭열 증대

6. 폭열 방지대책

1) 내화성 높은 골재는 콘크리트 내화성 향상
2) 흡수율 낮은 골재는 내화성 향상
3) 수증기압 발생방지로 폴리프로필렌섬유 첨가 시 녹은 관로 따라 수증기압 제거
4) 함수율 낮은 골재를 사용하여 3.5% 이하 되도록 건조하여 내화성 향상
5) w/c비 50~55% 이상에서는 조직이 거칠고 방출이 용이
6) 강재피복두께
 ① 강재내화시간 2cm : 1hr
 ② 강재내화시간 3cm : 2hr
7) 메탈라스 강판피복 부착하여 박리비산 방지
8) 콘크리트 표면 회반죽하여 내화재 보호
9) 방화설비 스프링클러 연결송수관 설치
10) 내화피복 회반죽, 내화재료 사용, 온도상승 방지
11) 내화도료 가연성물질도장, 인화연소
12) 기타
 ① 화재, 가스경보기, 소화기 설치
 ② 내화문, 방화문 설치
 ③ 내화성 높은 마감재료 사용

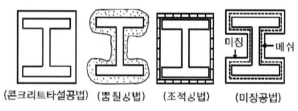

(콘크리트타설공법) (뿜칠공법) (조적공법) (미장공법)

내화피복

62 콘크리트 구조물 화재방지대책

1. 개요

1) 콘크리트가 화재발생 시 짧은 시간에 고온으로 열이 증가하는 순간 표면온도가 상승하며 폭발음이 발생하며 박리·박락이 일어난다.

2) 수분증기압 발생 시 표면이 박리되며, 500~600℃에서 콘크리트 철근성능이 50% 이하로 저하되어 수명에 심각한 내력손실 및 물적손실을 초래한다. 이것은 물과 관련된 현상으로 내화성이 높은 골재, 폴리프로필렌섬유 등을 사용하고 함수비를 낮추어 사전대책을 강구하여야 한다.

2. 화재지속시간에 따른 콘크리트 파손깊이

화재지속시간	온도	콘크리트 파손깊이
80분 후	800℃	0~5mm
90분 후	900℃	15~25mm
180분 후	1,100℃	30~50mm

3. 구조물 안전에 영향을 미치는 요소

1) 화재의 강도 : 300℃에서는 내화손상이 거의 없음

2) 부착력 저하 : 300℃ 이상

3) 성능저하 : 500~600℃에서 콘크리트·철근성능 50% 이하 저하

4) 콘크리트 함수율 상승 : 함수량 증가할수록 증기압 폭열발생

5) 두께가 얇은 콘크리트 : 급격가열

6) 골재종류 : 석영 석회암의 잔류수분은 증기압 팽창

7) 국부균열 발생 : 부분가열 시 온도차이, 열팽창 차이

8) 콘크리트 내구성 저하 : 높은 열에 다공질재료는 흡수성 높아 중성화를 촉진

9) 발생가스 : 강재부식

10) 강재 파손되고 강도를 상실
 ① 냉간가공강재 500℃ 이상
 ② 강도상실일반강재 800℃ 이상

4. 폭열방지대책

1) 내화성 높은 골재는 콘크리트 내화성 향상

2) 흡수율 낮은 골재는 내화성 향상

3) 수증기압 발생방지로 폴리프로필렌섬유 첨가 시 녹은 관로 따라 수증기압 제거

4) 함수율 낮은 골재를 사용하여 3.5% 이하 되도록 건조하여 내화성 향상

5) w/c비 50~55% 이상에서는 조직이 거칠고 방출이 용이

6) 강재피복두께
 ① 강재내화시간 2cm : 1hr
 ② 강재내화시간 3cm : 2hr

7) 메탈라스 강판피복 부착하여 박리비산 방지

8) 콘크리트 표면 회반죽하여 내화재 보호

9) 방화설비 스프링클러, 연결송수관 설치

10) 내화피복 회반죽, 내화재료 사용, 온도상승 방지

11) 내화도료 가연성물질도장, 인화연소

12) 기타
 ① 화재, 가스경보기, 소화기 설치
 ② 내화문, 방화문 설치
 ③ 내화성 높은 마감재료 사용

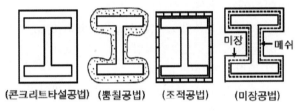

(콘크리트타설공법) (뿜칠공법) (조적공법) (미장공법)

내화피복

63 내화콘크리트

1. 개요

1) 콘크리트가 화재발생 시 짧은 시간에 고온으로 열이 증가하는 순간 표면온도가 상승하며 폭발음이 발생하며 박리·박락이 일어난다.
2) 화재로 고온 시 물리적 역학적 성상이 변화되지 않는 콘크리트로 알루미나 성분이 많은 칼슘알루미나, 내화성이 높은 쇄석으로 만든 콘크리트를 말한다.

2. 성능

내열콘크리트	일반공업용화로 같이 1,000℃ 이상 온도에서 장시간 반복에 견디는 구조용콘크리트
내화콘크리트	화재같이 극히 단시간에 800~1,000℃ 고온상황에 견디는 구조용콘크리트

3. 사용재료 [암기] 시골배혼 안경 프폴유

1) 시멘트 : 분말도 3,318cm/g, 비중 3.15
2) 골재 : 안산암, 경석암
3) 배합 : w/c비 27.5%
4) 혼입섬유 : 프리프로필름섬유, 폴리아미드섬유, 유리섬유

4. 내화콘크리트 성분 [암기] 미나쇄

1) 알루미나
2) 칼슘알루미나시멘트
3) 내화성이 높은 쇄석

[참고] **경량골재콘크리트**

1. 개요

1) 자연산 골재의 구득이 어려운 상황을 고려하여 중량 경감을 목적으로 인공경량골재 및 깬돌 등의 사용이 급증하고 있다.
2) 자중이 가볍고 경제성이 좋아 사용량이 증대되고 있으며 이에 대한 문제점도 증가하고 있다.

2. 종류 [암기] 경량 골기무

1) 경량골재콘크리트
2) 경량기포콘크리트
3) 무세골재콘크리트

3. 특징

1) 자중 경감, 철근량 감소로 경제적
2) 비중 작아 골재 부상
3) 콘크리트가 가벼워 충전성 불량
4) 흡수팽창 건조수축이 큼

4. 시공 시 유의사항

1) 경량골재 성질 고려
2) 슬럼프 18cm 이하
3) 단위시멘트량 최소값 300kg/m
4) w/c 최대값 60%
5) 습윤 시 떠오르는 굵은골재 눌러서 마무리
6) 표면마무리 후 1hr 경과 후 다져 재마무리

64 필로티 방식구조

1. 개요

1) 제천스포츠센터는 화재에 취약한 구조로 순식간에 확산하여 중대재해가 발생하였다.
2) 필로티구조는 위로 불이 옮겨붙기 쉽고 화재 시 1층을 통해 산소공급이 원활하여 불쏘시개 역할을 하는 구조이다.

2. 원인

1) 필로티구조로 위로 불이 옮겨 붙기 쉽고, 화재 발생 시 1층을 통해 산소공급
2) 불쏘시개 원리로 풀무역할
3) 막혀 있는 건물은 산소를 모두 소진
4) 방화문이 아닌 유리문 구조는 옥내로 화재가 퍼짐

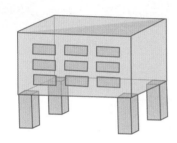

필로티 구조

3. 구조적 문제점

1) 하중을 1층이 가장 많이 받음
2) 중량이 기둥과 벽에 분산
3) 벽이 없어 상하좌우 진동되어 모두 취약구조

참고 **드라이비트(Dryvit)**

1. 개요

1) 미국 드라이비트(Dryvit)사에서 개발한 외단열 공법이다.
2) 건물의 외벽 공사를 마감할 때 단열재 위에 메쉬와 모르타르를 덮고 도료로 마감한다.

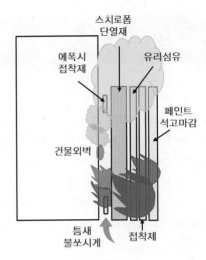

드라이비트 구조

2. 특징

1) 단열재를 모르타르로 마감해 외벽으로 사용 한다.
2) 석재나 외장재를 고정을 위해 철물 등을 설치하며, 발생하는 열 손실이 없어 단열 효과가 좋다.
3) 석재를 사용하는 외벽보다 비용이 50% 이상 저렴하다.
4) 공사 기간 50% 이상 단축한다.
5) 강도가 약하고 화재에 취약하여 대형화재를 유발한다.

3. 사고사례

스티로폼을 사용한 드라이비트 사용 시 스티로폼의 가연성으로 인해 화재가 발생하면, 스티로폼이 가열되고 창틀 등 시설이 쉽게 무너져 화재로 인해 대형 피해가 발생된다.

65 콘크리트 공사 시 안전대책

1. 개요

1) 콘크리트공사 시에 재해는 거푸집 설치·해체를 비롯하여 콘크리트타설 시까지 다양한 형태의 재해가 발생되고 있다.

2) 이에 안전계획서를 통한 안전시설, 관리감독, 콘크리트타설 거푸집 해체에 이르기까지 지속적인 안전관리가 요구되고 있다.

2. 재해유형

1) 추락
2) 낙하
3) 붕괴
4) 감전
5) 전도

3. 거푸집 작업 안전대책 [암기] 거철콘

1) 안전담당자 배치
2) 통로비계 정리정돈
3) 달줄 달포대 사용
4) 악천후 시 작업중지
5) 작용압력 고려

4. 철근작업 안전대책

1) 책임자 배치
2) 안전보호구 착용
3) 가스절단은 유자격자
4) 철근가공 시 충돌·협착 주의
5) 감전방지 접지
6) 집중하중 금지

5. 콘크리트타설 안전대책 [암기] 안비배요 비붐전안

1) 차량 안내원 배치
2) 펌프배관용 비계 긴결
3) 펌프카 배관상태 견고하게
4) 호스선단 요동 주의
5) 콘크리트 비산 주의
6) 붐대조정 시 주변 확인
7) 펌프카 전도
8) 안전표지판 설치
9) 감전 주의
10) 지반지지력
11) 집중하중 금지 분산타설

참고 콘크리트 타설 시 붕괴사고 원인

1. 원인 [암기] 설재시 거철콘

1) 설계
2) 재료
3) 시공

2. 안전대책

1) 거푸집
2) 철근
3) 콘크리트

후시경

Stopper

콘크리트 믹서트럭

66 매스콘크리트

1. 개요

1) 매스콘크리트는 부재단면이 큰 콘크리트로 과도한 수화열에 의한 내부 외부 온도 차에 의해 균열이 발생하므로 온도를 관리하여 균열을 억제하여야 한다.
2) 매스콘크리트란 슬라브 두께 80cm 이상, 구속벽 50cm 이상의 콘크리트타설을 말한다.

2. 온도상승요인

1) 부재두께 두껍고
2) 수화열 높고
3) 내·외부 온도차
4) 단위시멘트량 많고
5) 타설온도 높고
6) 타설높이 높고
7) 타설속도 빠르고

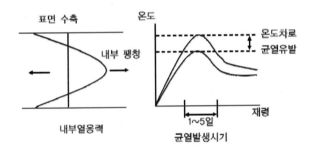

Mass 콘크리트

3. 온도균열 제어방법 〔암기〕 Pre Pipe 재배설운치다마양

1) 시공 : 시멘트 물 골재를 냉각하여 시공
2) Pre-cooling : 타설 전 온도를 낮추기 위해 미리 냉각
3) Pipe-cooling : 냉각 Pipe를 미리 설치하여 냉수 혹은 찬공기 공급
4) 팽창콘크리트 : 팽창효과로 건조수축방지
5) 균열유발줄눈 : 길이방향 균열유발
6) 균열유발철근 : 가는 철근 분산 시공

4. 시공 시 유의사항

1) 온도제어
2) 저발열시멘트(중용열시멘트 고로시멘트 플라이애쉬시멘트) 사용
3) 슬럼프 가능한 적게
4) 단위시멘트량 감소로 수화발열량 낮춤
5) AE제 AE감수제 유동화제 첨가
6) 이어치기 : 25℃ 이하 2hr, 25℃ 이상 1.5hr
7) 기온상승 시 응결지연제
8) 양생 시 보온조치
9) 1회 타설높이 낮게, 2~3회 분할 타설

67 한중콘크리트

1. 개요

1) 하루평균기온 4℃ 이하에서 콘크리트타설 시 응결 경화지연으로 콘크리트의 요구된 품질을 만들기 어렵다

2) 특히 밤·새벽·낮 동결우려 시 콘크리트의 품질이 저하되므로, 이에 따른 한중콘크리트 대책을 마련 하여야 한다.

2. 시공

1) 기온 0~4℃
   ① 골재덮어 보관
   ② 보온시공

2) 기온 0~-3℃
   ① 물가열
   ② 물+골재 가열
   ③ 보온시공

3) 기온이 -3℃ 이하
   ① 물+골재 4℃ 이하
   ② 가열, 보온시공, 시멘트는 절대 가열금지

3. 시공 시 유의사항

1) 초기동결방지, 빙설제거
2) 시멘트는 절대 가열금지
3) AE제 AE감수제 첨가
4) 단위수량 적게
5) 타설 시 온도 5~20℃
6) 찬바람 방지하고 압축강도까지 5℃ 이상 유지
7) 2일간 0℃ 이상 유지하고 보온양생
8) 보온양생 급열양생 후 온도 서서히 저하하여 균열 방지

참고 **레디믹스트콘크리트**

1. 개요

1) 레디믹스트콘크리트는 제조설비를 갖춘 공장에서 운반차 대수를 배정하여 공급하는 시스템으로 품질관리 상태가 양호하고 KS 허가공장을 선정하여 납품받을 수 있는 장점이 있다.

2. 특징

1) 대량구입 가능하며 품질균일
2) 공사추진 원활, 공기감소, 경비절감
3) 운반거리 따라 공급범위 제한
4) 운반로 정비, 시간경과 시 재료분리

3. 운반방식 알기 센슈트

1) 센트럴 : 공장에서 완전히 비벼 운반 중 교반, 근거리
2) 슈링크 : 약간 비벼 운반중 완전비빔, 중거리
3) 트랜싯 : 공장에 믹서 없고 계량만 하여 운반중 완전 비빔, 장거리

4. 슬럼프 허용치

슬럼프	슬럼프 허용오차
2.5cm	±1.0cm
5cm~6.5cm	±1.5cm
8cm~18cm	±2.5cm
21cm	±3.0cm

68 서중콘크리트

1. 개요

1) 여름철 고온 시 기온이 높아 운반 중 슬럼프 저하, 콜드조인트 발생 등의 품질 저하를 방지하기 위해 서중콘크리트 대책을 세워야 한다.

2) 서중콘크리트는 수분증발로 인해 하루평균기온 25℃ 이상 초과 시 균열이 발생하여 콘크리트의 성질을 저하시키므로 서중콘크리트 대책을 세워야 한다.

알기 미경 소자건탄

2. 특성(문제점)

1) 강도 내구성 저하 : w/c 증가
2) 균열 : 급격한 수분증발, 소성수축 균열
3) 콜드조인트 : 빠른 응결, 시공불량
4) 온도균열 : 내외 온도차
5) 슬럼프 감소 : 온도상승, 가수
6) 단위수량증가 : 온도 10℃ 이상, 2~5% 증가
7) 수밀성 저하 : 수화열 발생
8) 연행공기량 : 시공연도가 나빠지며 강도감소(콘크리트 온도 10℃ 상승 시 공기량 2% 감소)

3. 시공 시 유의사항

1) 온도상승이 최소가 되도록 재료배합 결정
2) 프리쿨링 골재 물 냉각
3) 중용열 고로 플라이애시 등 저발열시멘트
4) 단위수량 단위시멘트량 적게
5) AE제·AE감수제·응결지연제·유동화제 등 첨가
6) 거푸집 물 흡수 우려 시 습윤양생 실시
7) 직사광선으로 고온 우려 시 살수 및 거적
8) 습윤지 최소 5일 이상
9) 타설시간 1.5hr 이내
10) 25℃ 이하 : 2.0hr, 25℃ 이상 : 1.5hr

69 유동화콘크리트

1. 개요

1) 유동화콘크리트란 미리 비벼진 콘크리트에 현장에서 유동화제(고성능감수제)를 첨가하여 유동성을 대폭 증가한 콘크리트이다.

2) 유동화콘크리트 작업성을 고려하여 사전검토를 면밀히 하여야 한다.

2. 특징

1) 수밀성 내구성 향상
2) 단위수량 감소
3) 건조수축 감소
4) 분산작용
5) 유동성 증가
6) 과잉 첨가 시 : 재료분리, 응결지연, 강도·내구성·수밀성 감소

고성능 콘크리트

3. 첨가방법

1) 공장첨가 유동화방법
2) 현장첨가 유동화방법
3) 공장첨가 현장유동화방법

4. 유동화콘크리트 슬럼프값

종 류	슬럼프값(cm)	
	베이스콘크리트	유동화콘크리트
보통콘크리트	15 이하	21 이하
경량콘크리트	18 이하	21 이하

5. 콘크리트 발전방향 알기 A유강성

AE 콘크리트	유동화 콘크리트	고강도 콘크리트	고성능 콘크리트

6. 시공 시 유의사항

1) Slump 21cm 이하
2) Slump 증가량 10cm 이하 원칙
3) 5~8cm 표준원액 소정량 한꺼번에 계량중량
4) 용적계량오차 1회 3% 이내
5) Slump 공기량시험 : 50m당 1회(공기량 : 보통 4%, 경량 5%)

참고 **고강도콘크리트**

1. 개요

고강도콘크리트란 높은 압축강도에 설계기준 10MPa 이상의 재령 28일 강도를 발현시키는 콘크리트이다.

2. 특징

1) 부재단면 축소
2) 장스판 시공가능
3) 경량화
4) 내구성 향상
5) 취성파괴 우려

고성능 콘크리트

3. 고강도콘크리트 재료   암기 시물골혼

1) 시멘트 : 보통시멘트, 중용열시멘트, 조강시멘트, 저열시멘트, 내황산염시멘트
2) 골재 : 잔골재 굵은골재 골고루 섞어 공극율 적게
3) 혼화재 : 플라이애쉬, 실리카퓸, 고로슬래그미분말
4) 고성능감수제 : 큰 감수 효과, 강도 상승

4. 배합

1) w/c비 50% 이하
2) 슬럼프 15cm 이하
3) 유동화 21cm
4) 기상변화나 동결융해를 제외하고 공기연행제 사용금지

5. 시공 시 유의사항

1) 거푸집 건조 시 살수
2) 펌프카 높은 점성 고려
3) 재료분리 방지 낙하고 1m 이하 타설
4) 온도 습도 유지
5) 진동충격 금지
6) 낮은 w/c비
7) 습윤양생

참고 **고성능콘크리트**

1. 개요

1) 고성능콘크리트는 고내구성 고유동성 고강도성의 성질을 가진 압축강도 80~100MPa의 강도를 가진 콘크리트이다.
2) 고성능콘크리트는 고강도로 10MPa 강도와 다짐 없이도 시공성이 확보되는 고유동으로 고내구성을 가진 콘크리트이다.

2. 특징

1) 압축강도 800~1,000kgf/cm 고강도 고내구성
2) 동결융해 저항성 향상
3) 재료분리 적고
4) 다짐 감소 시공성 향상(고유동성)
5) 초기재령강도 높으며
6) 작업량 감소

고성능 콘크리트

3. 고성능 콘크리트 구성

1) 고강도콘크리트
   ① 고수밀성, 고강도화
   ② Flyash, 실리카퓸 첨가하여 강도 내구성 수밀성 향상
   ③ 고압증기양생으로 고강도 가능

2) 고유동콘크리트
   ① Flyash : 구속수 감소, 경화발열 경감
   ② 고성능감수제 : 분산성능 향상

4. 콘크리트 발전방향   암기 A유강성

AE 콘크리트	유동화 콘크리트	고강도 콘크리트	고성능 콘크리트

70 수중콘크리트

1. 개요

1) 수중콘크리트란 트레미관을 사용하여 콘크리트 펌프로 수중에 부어 경화시킨 콘크리트이다.
2) 재료분리가 적고 높은 배합강도을 발현하여 해양 콘크리트 등에 사용한다.

2. 수중콘크리트 배합

1) 재료분리를 적게 하려고 단위시멘트량 잔골재율 크게
2) w/c비 50% 이하
3) 단위시멘트량 37MPa 이상
4) 양질자갈 사용
5) 잔골재율 40~50%

3. 수중콘크리트 슬럼프 표준

시공방법	슬럼프 범위(cm)
트레미, 콘크리트펌프	15~20
밑열림상자, 밑열림포대	12~17

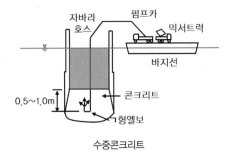

수중콘크리트

4. 수중콘크리트 치기공법 [암기] 트펌밑

1) 트레미
① 안지름 굵은골재최대치수 8배, 1개 면적 30m
② 하반부 콘크리트로 채워져 하단 30~50cm 아래 유지

2) 콘크리트펌프
① 압송 시 압력이 작용하므로 배관 수밀하게 시설
② 배관 선단부 30~50cm 아래 유지

3) 밑열림상자
① 쉽게 열리는 구조
② 구석구석 넣기 어려울 경우 수심을 측정하여 깊은 곳부터 타설, 소규모공사

5. 시공시 유의사항

1) 강도 시공성 확보하기 위해 부배합으로 배합
2) 거푸집 강도 확보
3) 유실 레이턴스 발생 방지 물막이 설치
4) 수중낙하 시 재료분리 방지
** 부배합콘크리트 : 시멘트 함유량이 많은 콘크리트 배합

71 프리펙트콘크리트 분류

1. 개요

1) 프리펙트콘크리트는 해양콘크리트 수중콘크리트 등에 많이 사용하며 굵은골재(조골재)를 미리 채워놓은 상태에서 주입관을 통해 콘크리트를 수중에 부어 넣는 콘크리트이다.
2) 품질확보 곤란 시 사용하는 방법으로 몰탈배합, 혼화재 사용, 시공방법을 통해 수밀성이 우수한 배합을 하여야 한다.

2. 대상

1) 수중공사
2) 보수보강
3) 옹벽 뒷채움
4) 매스콘크리트

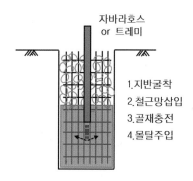

자바라호스
or 트레미

1.지반굴착
2.철근망삽입
3.골재충전
4.몰탈주입

프리펙트콘크리트

3. 특징

1) 재료분리 적고 건조수축 적음
2) 부착력 향상되어 수리개조에 유리하며 높은 압력과 수밀성 유지
3) 염류의 내구성 큼
4) 그라우트 유동성이 커서 물이 섞이지 않아 수중시공 가능
5) 조기강도 적으나 장기강도는 보통콘크리트와 차이 없음

4. 분류 [암기] 일대고

1) 일반프리펙트 콘크리트
   ① 굵은골재최대치수 크지 않게 주입관 간격을 좁게 설치
   ② 재령 28일, 91일 압축강도 기준

2) 대규모프리펙트 콘크리트
   ① 굵은골재최대치수 크게, 주입몰탈 부배합
   ② 주입관 간격 크게 하고 시공속도 40m/hr 이상
   ③ 1구획 시공면적 50m 이상

3) 고강도프리펙트 콘크리트
   ① 고성능감수제 사용
   ② 주입몰탈의 물·결합재 비 40% 이하
   ③ 재령 91일 압축강도 400kgf/cm
   ④ 소성점성 커서 1.5배 고성능 몰탈믹서 사용

5. 시공 시 유의사항

1) 기존 구조물 보수보강 : 목재거푸집 사용
2) 측압 많이 받는 곳 : 강재거푸집
3) 몰탈주입 연속시공 시공이음방지
4) 주입관 선단은 몰탈속 0.2~2.0m 묻히도록
5) 몰탈 : 강도·내구성·수밀성 강재보호성능

72 프리스트레스트 콘크리트

1. 개요

1) 철근 대신 강재를 넣고 콘크리트에 인장력을 가해 인장응력을 가한 콘크리트이다.
2) 인장강도가 크고 휨저항이 크며 종류에는 프리텐션방식과 포스트텐션방식이 있다.

2. PSC공법 종류

1) Pre-Tension
2) Post-Tension

Post-tension

3. 특징 [암기] 장내수 변처균 자중탄복 내공진경시

장점	단점
장스판, 내구성, 수밀성	내화성 적다
변형, 처짐, 균열	공사비 많다
자재절약, 자중경감	진동 쉬움
탄력성, 복원성	경험, 시공관리 부족

4. PS 강재의 인장방법 [암기] Pre Post

1) 프리텐션 : PS강재 미리 인장 후 긴장상태에서 콘크리트를 타설하여 PS인장력에 콘크리트 부착력이 작용하여 프리스트레스를 도입하는 방법이며 공장제품이 많음
2) 포스트텐션 : 시스관을 미리 넣은 후 콘크리트 타설하고, PS강제 삽입하고 Jack 긴장 후 부재끝을 정착하여 프리스트레스를 도입하는 방법

5. 시공 시 유의사항

1) 시공순서 준수
2) 습기에 의해 녹 부식 발생, 건조한 창고보관
3) 시스녹막이 처리
4) 그라우트 재령 28일 200kgf/cm 이상

참고 **PSC손실 종류**
[암기] 초장 콘P정 크건Re

1. 개요

프리스트레스트 콘크리트 타설 후 정착장치의 활동, 시스의 마찰, 탄성변형, Creep, 건조수축에 의해 PSC의 손실이 발생한다.

2. 초기손실

1) 콘크리트 탄성변형
2) PS강재와 Sheath 사이 마찰
3) 정착장치 활동

3. 장기손실

1) 콘크리트 Creep
2) 콘크리트 건조수축
3) PS강재 Relaxation

73 응력이완(Relaxation)

1. 개요

프리스트레스트 콘크리트에서 강재긴장 후 시간경과와 함께 인장응력이 점점 감소하는 현상을 응력이완이라 한다.

2. Relaxation 분류 `암기` 순겉(으로만)

1) 순 Relaxation : 일정한 변형율 유지 시 발생인장응력감소량 〉 겉보기Relaxation
2) 겉보기 Relaxation : 크리프, 건조수축에 의해 변형율이 일정하게 유지되지 못하고 시간경과와 함께 변형율 감소

3. 종류

1) PS강연선 : Pre-Tension Post-Tension 모두 사용, 여러소선을 꼬아 만듬
2) PS강선 : 주로 Pre-Tension, 종류는 원형, 이형
3) PS강봉 : 주로 Post-Tension, 종류는 원형, 이형이며 PS강연선보다 Relaxation 적음

4. PS강재 요구조건 `암기` Re인부착

1) Relaxation 적을 것
2) 인장강도 클 것
3) 부식저항 클 것
4) 부착강도 클 것

5. Relaxation 값

1) PS강선, PS강연선 : 3% 이하
2) PS강봉 : 1.5% 이하
3) PS강재 인장강도 크기PS강연선 〉 PS강선 〉 PS강봉

`참고` **PS강재 인장력 주는 방법**

`암기` 기화전Pre

1. 기계적방법
2. 화학적방법
3. 전기적방법
4. Preflex방법

`참고` **할렬균열**

1. 개요

1) 콘크리트타설 후 철근을 따라 콘크리트의 균열이 발생한다.
2) 이는 피복두께 부족, 배근간격 불량, 다짐불량에 기인한다.

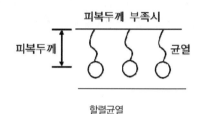

할렬균열

2. 원인

1) 피복두께 얇은 경우
2) 철근간격 따라 발생

3. 대책

1) 피복두께 유지
2) 배근간격 3D 간격 이내
3) 할렬억제 횡방향 철근배근

74 숏크리트

1. 개요

1) 콘크리트에 급결재를 혼합하여 압축공기로 타설하는 공법으로 터널, 철골공사에 많이 사용한다.
2) 급속히 경화하여 응력을 고루 분산하여 터널에서 암의 이완을 조기에 방지하는 역할을 한다.

2. 용도

1) 터널지보
2) 보수보강
3) 경사면, 비탈면
4) 방수몰탈마감
5) 강재녹방지

3. 숏크리트 리바운드량

$$반발율 = \frac{반발재의\ 중량}{재료의\ 전중량} \times 100$$

4. 분류

1) 건식 : 시멘트 골재 믹서에서 압축공기를 보내 노즐 물 합류시킨다. 리바운드 많고 분진 많음
2) 습식 : 비빈 후 믹서에서 압축공기를 보내 노즐로 분사한다. 청소 어렵고 분진 적음

5. 특징

1) 밀착 타설하고 강도 좋음
2) 거푸집 필요 없음
3) 작업조건 관계없음
4) 건조수축 크고
5) 분진발생

Shortcrete

6. 시공 시 유의사항

1) 타설각도 90° 타설거리 1m 리바운드 감소
2) 용수 시 배수파이프 설치
3) 배수 필터 설치
4) 철근·철망 진동이 안 되게 고정
5) 충분한 양생

7. 안전대책

1) 작업반경 내 접근금지
2) 분진방지를 위해 습식적용
3) 분진밀폐식 기계 사용
4) 방진마스크, 보안경, 개인보호구 착용

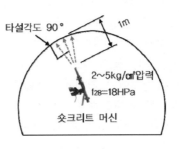

타설각도 90° 1m
2~5kg/㎠압력
f28=18HPa
숏크리트 머신

숏크리트 타설방법

참고 **지하방수공법**
암기 아쉿도침

1. Asphalt방수
2. Sheet방수
3. 도막방수
4. 침투식방수

참고 **특수콘크리트 종류 8가지**
암기 서한수M 해수PreShot

1. 서중콘크리트 : 급속응결
2. 한중콘크리트 : 응결지연
3. 수밀콘크리트 : 누수
4. Mass콘크리트 : 온도균열
5. 해양콘크리트 : 철근부식
6. 수중콘크리트 : 재료분리
7. Prepact콘크리트 : 주입압
8. Shotcrete콘크리트 : Rebound

75 레미콘 가수

1. 개요

1) 콘크리트타설 시 작업을 용이하게 하기 위해 근로자 임의로 물을 첨가하여 된비빔을 묽은비빔으로 만드는 작업을 하게 된다.

2) 이것은 작업을 용이하게 하여 수송능력을 향상시킬 수는 있으나 강도·내구성·수밀성을 저하시켜 부실시공을 초래한다.

2. 유형

1) 레미콘 수송 곤란 시 : 시간경과 시 굳기 시작하여 수송이 곤란할 경우

2) 수직부재 충진곤란 : 슬럼프 감소, 벽기둥 밀실충진 곤란, 철근 복잡

3) 펌프배관길이 : 긴배관, 슬럼프 감소, 배관온도 상승, 물 과대흡수

4) 타설온도 상승 : 서중콘크리트, 수분증발
  ① 블리딩속도 〈 건조속도
  ② 25℃ 이하 : 2.0hr, 25℃ 이상 : 1.5hr

5) 콘크리트 재료불량 : 모래불량 시 유동성 감소, 접착성 강한 모래는 수송 곤란

6) 타설속도 조절 : 야간 작업 시 타설속도 빠를 경우 임의로 빠르게 조절

3. 가수 시 문제점

1) 강도·내구성·수밀성 감소
2) 재료분리
3) 방수성 감소
4) 내마모성 감소
5) 콘크리트 수명단축
6) 동결융해

4. 방지대책

1) 의식 : 기능공 기술자 교육
2) 교육 : 강도부족, 구조체 문제, 품질 악영향
3) 품질강화 : 검사 철저, 슬럼프 유지, 압축강도 공시체
4) 적정혼화재료 : 서중응결지연제, 유동화재 적정 혼화재 사용
5) 레미콘 성능 : 고유동화콘크리트, 고성능유동화재 사용

6) 양질재료 사용 : 콘크리트 재료, 모래 검수, 풍화 시 사용금지

참고 폐색

1. 배관 내 이물질
2. 배관 형상 변화
3. Bleeding 많은 콘크리트
4. 압송 시작점 막힘
5. 반복적인 막힘
6. 혹서기 온도 상승

참고 가혹환경 조건에서 콘크리트 타설

1. 개요

1) 가혹환경하에서 콘크리트 타설 시 강도, 내구성, 수밀성을 저하시켜 콘크리트의 열화를 촉진 시킨다.

2) 이에 재료-배합-설계-운반-치기-다지기-마무리-양생에 걸쳐 현장규정에 의한 정밀시공을 하여야 한다.

2. 콘크리트 품질 　알기 강내수 시경안

1) 강도
2) 내구성
3) 수밀성
4) 시공성
5) 경제성
6) 안정성

3. 시공상 문제점 　알기 기시특작장

1) 기상조건 : 서중콘크리트, 한중콘크리트, 강우, 강설
2) 시공적용조건 : 수중콘크리트, 해양콘크리트, 진동구조물
3) 특수구조물 : Mass콘크리트, 경사면, 방사성 구조물
4) 작업장 조건 : 초고층 양중 후 높은 곳→낮은 곳으로 콘크리트타설
5) 장거리 운반 : 슬럼프 감소

76 콘크리트 구조물의 연성파괴와 취성파괴

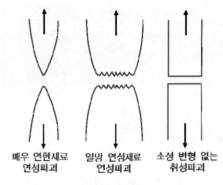

연성파괴 취성파괴

1. 개요

1) 철근 콘크리트 구조물은 콘크리트는 압축력을 부담하고 철근은 인장력을 부담하도록 설계

2) 콘크리트가 압축파괴를 일으키는 시점에서 철근의 항복 여부에 따라 과다, 과소, 균형 철근비로 구분하며 철근 콘크리트 구조물은 연성파괴를 유도하도록 규정하여 파괴의 징후를 예측하여 사람들이 대피할 수 있도록 해야한다.

2. 철근비

1) 균형 철근비 이하 (과소 철근비)
 ① 인장측 철근이 먼저 허용응력 도달
 ② 중립축이 압축측으로 상향
 ③ 연성 파괴 발생

2) 균형 철근비
 ① 인장측 철근과 압축측 콘크리트가 동시 허용응력 도달
 ② 균형 파괴 발생
 ③ 경제적

3) 균형 철근비 이상 (과다 철근비)
 ① 압축측 콘크리트가 먼저 허용응력 도달
 ② 중립축이 인장측으로 하향
 ③ 취성파괴 발생

3. 취성파괴와 연성파괴

1) 취성파괴 (과다 철근비)
 ① 균형철근비보다 더 많은 철근비로 콘크리트가 먼저 파괴되어 무거운 자중으로 인해 갑자기 무너져 인명피해 발생
 ② 사전 징후 없이 갑작스럽게 파괴

2) 연성 파괴 (과소 철근비)
 ① 균형철근비보다 적은 철근을 넣은 보를 과소철근보라하고 철근이 먼저 항복하여 균열과 처짐 등 파괴를 감지
 ② 철근 항복 후 상당한 연성으로 시간적 여유로 사람들이 대피가능

77 콘트리트교량의 상부구조물인 슬라브(상판) 시공 시 붕괴원인과 안전대책

1. 개요

1) 계획, 재료

2) 시공콘크리트타설, 붕괴도괴

3) 사전구조검토, 표준조립도

2. 재해유형

1) 설치상태

2) 지반지내력부족

3) 수평연결재

4) 가새

5) 이질재료

3. 원인-재료 설치 [암기] 콘타

1) 재료불량 : 변형, 부식, 옹이, 양끝굽어

2) 설치불량

① 미검정 자재 사용, 부재자체 결함

② 이질재료(단관Pipe+P/S) 재료단면 맞댐용접이음

③ 수평연결재

④ 교차가새

⑤ 구조검토 미이행

⑥ 상하단부 고정불량

⑦ 지지지반 지내력

⑧ 거꾸로 설치

⑨ 깔목깔판

3) 콘크리트 타설방법

① 한곳집중 편심하중

② 타설물량

③ 적정타설장비

④ 타설순서

4. 안전대책

1) 거푸집

① 재료 : 옹이, 찌그러짐, 비틀림

② 조립 : 조립순서 준수, 악천 후 시 작업중지, 부상방지, 인원집중 금지, 턴버클 가새 설치

③ 해체 : 역순, 출입금지, 악천 후 시 작업중지, 달줄 달포대 사용, 돌출물 충돌 주의

④ 존치기간 : 설계강도 이상(지주 : Slab 밑, 보는 설계강도 100% 이상

2) 거푸집동바리

3) 콘크리트 타설방법

① 한곳집중 편심하중

② 타설물량

③ 적정타설장비

④ 타설순서

5. 거푸집 존치기간

1) 수직재

① 적용 : 기둥, 보, 벽

② 콘크리트 압축강도 5MPa 이상일 때

③ 평균기온이 10℃ 이상일 때

④ 존치기간 [암기] 조 보고포플 고포플

구분	조강 포틀랜드 시멘트	보통포틀랜드, 고로슬래그(특급), 포틀랜드포졸란(A종), 플라이애쉬(A종)	고로슬래그, 포틀랜드포졸란 (B종), 플라이애쉬(B종)
20℃	2일	4일	5일
10~20℃	3일	6일	8일

78 콘크리트 타설 중 이어치기 시공 시 주의사항

1. 개요

1) 콘크리트 줄눈은 외기온도·건조수축 등에 의한 균열을 제어
2) 줄눈종류
① 신축줄눈
② 수축줄눈
③ 시공줄눈

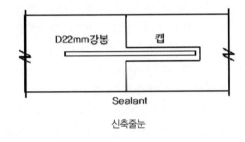

신축줄눈

2. 신축줄눈(Expansion Joint)

1) 수축팽창 저항
2) 미리 설치
3) 건물길이 50m마다
4) 변형집중이 쉽고 중량배분이 다른 구조
5) 길이가 긴 구조
6) 기초가 다른 구조

3. 수축줄눈(Shrinkage Joint)

1) 장스판 미리 설치
2) 구조물 일체화
3) 건조수축 방지

시공줄눈

4. 시공줄눈

1) 작업 중단 후 이어칠 때
2) 균열 누수에 취약하므로 가능한 없도록
3) 강도 영향이 없는 곳
4) 전단력적은 곳
5) 수직이음시 지수판

5. 콘크리트공사 단계별 순서

재료 - 배합 - 설계 - 운반- 치기 - 다짐 - 마무리 - 양생

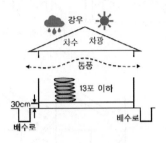

시멘트 보관시설

1) 재료
① 시멘트
② 물
③ 골재
④ 혼화재

2) 배합
① 균질하게 충분히 배합
② 비빔시간 3배 초과금지

3) 설계
① 거푸집
② 줄눈
③ 철근

4) 운반
① 25℃이하 : 2.0hr
② 25℃이상 : 1.5hr

5) 치기
① 청소
② 배관고정
③ 매입철골
④ 매설물 확인

6) 다짐
① 밀실다짐
② 공극없게
③ 과진동금지
④ 나무망치 사용

7) 마무리
① 나무흙손으로 마무리
② 쇠흙손은 블리딩발생

8) 양생
① 온도유지, 습도 충분히
② 진동충격 금지, 하중작용 금지
③ 서중콘크리트·한중콘크리트 온도관리

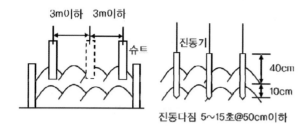

콘크리트 다짐방법

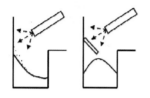

재료분리   재료분리방지

79 ACS(Automatic Climbing System) 시공 시 안전조치

1. 특징

시공 정밀성 요구, 시공 신속간편, 공사관리 용이, 안전작업, 경제성, 기둥슬라브 동시 타설, 타워크레인 양중부하 감소, 설계관리, 재래식 갱폼보다 고가

2. 안전조치

1) 제작사의 시스템폼 기술과 안전교육을 받은 자만이 작업을 할 수 있고 설치 시에는 안전대를 착용

2) 설치 전에 앵커 매립, 클라이밍 콘과 스레디드 플레이트의 위치는 정확한지 확인

3) 클라이밍 슈와 월 슈가 매립된 클라이밍 콘에 정확하고 긴밀하게 체결확인

4) 매립된 앵커에 슈를 연결하기 위한 작업발판을 설치하고 인양하여 설치할 수 있는 크레인의 인양반경과 하중을 검토

5) 설치 전에 구조검토서에서 제시한 콘크리트 강도(최소 100Kgf/cm 이상)가 충분히 나오는지 반드시 확인하고, 콘크리트 강도 및 거푸집 존치기간은 표준시방서를 준수

6) 시스템 폼은 앵커볼트, 월 슈, 클라이밍 슈, 콘크리트 강도 등에 의하여 지지되므로 제작도와 부위별 볼트위치, 볼트규격, 핀 등이 정확한 위치에 정확히 설치되었는지 확인과 측량을 하여 불완전한 상태가 발생하지 않도록 조치

7) 시스템폼은 대형거푸집으로 바람의 영향에 직접적으로 영향을 받으므로 인양 및 설치 시에는 본체만을 유도 로프를 이용하여 바람에 영향을 최소화 되도록 조치

8) 작업발판 위에 잡자재나 공구 등이 놓여있어 적재하중 증가, 거푸집 설치 및 해체 시 서로 간섭, 낙하 등의 위험이 발생하지 않도록 정리정돈 철저

9) 시스템폼의 제작·설치·운용·해체 작업자는 적합한 자격, 기능, 경험 및 해당 교육기관에서 교육을 이수한 자만이 작업 가능

80 콘크리트 에어포켓

1. 정의

1) 다짐불충분으로 내부기포 발생
2) 강도저하, 내구성, 수밀성 저하
3) 곰보, 표면결함

2. 다짐방법의 종류

1) 다짐봉 다짐
2) 진동다짐 :
 ① 내부진동기 : Vibrator
 ② 외부진동기 : 터널라이닝
 ③ 평면식진동기

3. 진동시간

1) 충분히, 용적감소로 페이스트와 수분올라와 표면 균일 시까지 진동
2) 편중 시 재료분리
3) 진동기 이동 시 재료분리
4) 과도한 진동은 재료분리
5) 진동기능력
 ① 소형 : 4~5m/hr
 ② 대형 : 15m/hr

참고 **Rock Pocket 현상**

1. 콘크리트 곰보(Rock Pocket)

콘크리트 표면에 발생한 것

2. 콘크리트 공동(Blowhole)

콘크리트 내부에 발생한 것

81 파이프서포트 사용 공사 시 관련법령을 안전관리업무를 근거로 공정순서대로 설명

1. 개요

1) 동바리 : 수평부재에서 전달되는 연직하중, 수평 하중을 하부구조에 전달하는 압축부재
2) 종류
 ① 파이프서포트
 ② 강관틀비계
 ③ 시스템서포트

2. 작업순서

1) 작업계획서 : 설치해체, 구조검토, 조립도, 자재 반입계획, 장비사용계획
2) 자재반입, 운반 : 하역장비용량, 과부하방지장치, 권과방지장치, 아웃리거, 자재적치장소, 적치방법, 적치높이 준수
3) 철근가공조립
4) 거푸집, 동바리제작 조립 : 구조검토, 조립도, 조립순서, 설치방법, 철근상태, 철근간격, 검측
5) 콘크리트타설양생
6) 거푸집동바리해체 : 정리정돈
7) 운반 : 변형 손상 여부, 불량자재반출

3. 안전관리업무

1) 자재반입 : 가공전선, 인양 시 낙하비래로 맞음, 인양로프체결, 하역장비안전점검
2) 설치 해체 : 구조검토, 수직도, 수평하중, 조립도, 재료검사
3) 품질검사

종별	시험종목	시험방법	시험빈도	비고
파이프 서포트	평누름, 압축하중	KSF8001 (최대하 중걸어서 시험)	제품 규격 마다 3개, 공급자마다	최대사용길이 3.5~4m인 제품은 3.5m에서 시험

82 자기치유 콘크리트 (Self-Healing Concrete)

1. 원리

1) 균열생긴 콘크리트 스스로 틈새 메꾸는 원리
2) 콘크리트 속에 박테리아 등 캡슐 넣어 콘크리트 균열발생 시 캡슐 안 박테리아가 노출되어 외부의 젖산칼슘이 개입이 되어 탄산칼슘을 형성하여 균열주위 방해석을 침전되게 함
3) 이렇게 생성된 방해석은 균열틈새를 채워 이물질침투를 막고, 이틈새를 접착시키는 역할을 함으로써 외부적인 개보수 없이도 콘크리트 구조물의 강도를 유지할 수 있음

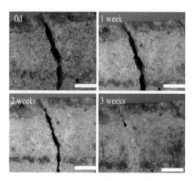

Smart Concrete Self-Healing

2. 핵심

1) 가장 중요한 것은 방해석을 만들어 내는 박테리아이며, 일반적으로 박테리아는 pH10 이상의 콘크리트 안에서는 생존하지 못하는데 연구팀은 이런 환경속에서도 살아갈 수 있는 박테리아를 찾기 위해 러시아와 이집트에 있는 소다 호수를 찾아갔고 그곳에서 물과 영양분 없이도 50년 동안 휴면상태의 포자를 유지할 수 있는 바실루스라는 박테리아를 찾아내었음.

83 기둥의 좌굴

1. 기둥의 정의

1) 기둥(column)은 건축물, 토목구조에서 많이 사용된다.
2) 건축물의 기둥, 교량의 교각 등이 대표적인 예이며 수직하중을 지지한다.

2. 좌굴

1) 길고 곧은 부재에 축방향 압축력이 가해지면 하중의 크기가 작은 경우 압축력을 받는 봉과 같이 수축을 하게 되나, 하중의 크기가 어느 값을 초과하면 가로방향으로 휨이 발생하게 된다.
2) 이러한 휨(lateral deflection) 현상을 좌굴(buckling)이라 한다. 휨현상이 발생하는 순간의 하중을 임계하중(critical load)이라 한다.

84 철근의 롤링마크(Rolling Mark)

1) 철근표면에 원산지(나라이름), 제조사, 호칭지름, 강도 등을 1. 5m 이하 간격마다 반복적으로 표시하는 것.
2) 단, 지름이 작아 롤링표시가 힘든 D4, D5, D6, D8은 양단면 도색 기준을 그대로 적용.

85 고정하중(Dead load), 활하중 (Live load)

1. 고정하중

1) 고정하중은 구조체 자체의 무게나 구조물의 존재기간 중 지속적으로 구조물에 작용하는 수직방향의 중력하중을 말한다.
2) 필수마감재, 영구부착된 설비, 장비 등이 포함된다. 가장 중요한 것은 구조물 자체의 중량이다.
3) 이 부분은 하중을 지지하는 역할을 하면서도 자체의 중량으로 인해 하중을 일으키는 부분이다. 예를 들어 슬래브의 경우, 내력이 부족하여 두께를 증가하더라도 자중의 증가 때문에 추가적으로 부담할 수 있는 하중이 증가한 두께에 비례해서 증가하지 않는다.
4) 모든 재료는 밀도를 가지지만, 실제 건축에 사용되는 재료는 실측된 단위중량을 기준으로 해야 하므로 단위체적 중량을 하중으로 적용해야 한다.

2. 활하중

1) 구조물을 사용함에 따라 발생하는 수직방향 의 중력하중을 의미한다.
2) 사람이나 차량의 통행, 물건 및 장비의 적재 등에 따른 하중이며 용어가 의미하는 바와 같이 이동 가능성을 전제로 한다.
3) 활하중은 고정하중과 달리 모든 면적에 대해 유사하게 작용하지 않지만 설계의 편의성을 고려하여 등분포 활하중을 적용하도록 하고 있다.
4) 집중 적재하중 수치를 산정하여 실제거동에 가까운 설계를 할 수도 있으나 중요부위나 중요구조물 설계에 적용하는 편이다.

참고 내민비계

1) 돌출비계는 건물의 지하공사가 지연되어 비계를 세우면 공사기간에 영향을 주거나 인접와 도로 등의 사정으로 밑에 비계를 세울 여유가 없는 경우에 사용되는 것으로 건물 구체에 수평보를 장치하고 그 위에 본비계를 조립하는 것을 말한다.

내민비계 / 내민비계 지지대

내민비계 / 내민비계 지지대

2) 내민비계를 설치하는 데 많은 시간과 비용이 들며, 또한 설치방법에 따라 철거 후 쓸모 없는 경우가 발생되므로 공사 진행상 문제점을 충분히 검토한 뒤 설치한다.
3) 내민 부분은 트러스(truss)구조로 된 것과 I형강, H형강 등 단일재를 사용한 것 등이 있으며, 그 부재단면은 비계의 높이, 내민 부분재료의 간격·구조 등에 따라 다르다.

참고 **콘크리트압축강도를 28일 양생강도 기준으로 하는 이유**

1. 개요

보통의 콘크리트 구조물에서는 재령 28일의 압축강도를 설계를 위한 기준강도로 하고 있다.
즉, 28일간 20°±3℃로 습윤양생한 원주형 공시체의 압축강도를 그 콘크리트의 설계를 위한 기준강도로 하고 있는 것이다.

2. 이유

1) 실제의 구조물에 있어서는 표준양생을 한 공시체의 재령 28일의 압축강도에 비하여 그 콘크리트의 강도를 크게 증가시킬 수 있을 정도의 양생을 기대할 수 없는 경우가 많기 때문이다. 따라서, 구조물이 실제로 사용되는 것이 수개월 후일지라도 재령 28일의 압축강도를 기준으로 하는 것이 안전하다.
2) 이와 같은 관점에서 보통의 구조물에 대하여는 표준양생을 한 공시체의 재령 28일의 압축강도를 기준으로 하는 것이다. 그렇지만 실제적으로 재령 28일의 구체강도 발현은 1981년에 다시 한 번 평가가 이루어졌고, 1981년부터 재령 91일까지 구체강도의 발현을 연장할 수 있게 되었다.

3) 그러나, 재령 28일 구체 강도발현이 현재 기준이 되고 있는 이유는 실제적으로 단기적인 관점과 장기적인 관점에서 고려할 경우, 4주정도(28일)되는 시점의 강도를 이용하기에 타당하다는 것이다.
4) 쉽게 풀이하자면 예전엔 28일까지 발현이 되다가 그 이후에는 발현을 하긴 하나 발현율이 그다지 높지 않다. 하여 28일로 했다고 한다.28일 강도로 측정해도 되고 91일 강도로 해도 된다. 하지만 28일을 채택한 이유는 더 빨리 제품의 강도와 발현율을 얻을 수 있기 때문에 91일 보다는 28일을 기준으로 채택했다고 한다.

86 석공사 건식붙임공법의 종류와 안전관리방안

1. 석공사 공법종류

1) 습식온통사춤, 간이사춤, 절충(반건식)
2) 건식앵커긴결(화스너), 스틸백프레인, 메탈트러스, GPC

2. 습식

1) 온통사춤공법
① 적용가능 벽높이는 4M 이하
② 외벽시공시 주의
- 습식공법에서 줄눈에 실링재를 사용할 경우 사춤 모르타르에 의해 부식하거나 변색이 발생하므로 치장줄눈용 모르타르 사용할 것.
- 사춤 모르타르 대신 시멘트 마른 가루를 채울 경우 백화현상이 발생하므로 시멘트가루 주입 금지
- 설치 시 쐐기, 받침목 등에 나왕 사용을 금지하고, 물이 침투할 경우 석재가 붉은 색으로 변색구조체 균열이 생기면 석재면도 균열우려

2) 간이사춤공법
① 외부 화단 등 낮은 부분에 앵커 및 철근을 설치하지 않고 철선 및 탕개, 쐐기를 이용하여 석재를 고정하고 모르타르를 사춤하는 방법이 많이 쓰이고 있다.
② 동절기 습식공법은 5도 이상, 건식은 10도 이상에서 한다.

3) 절충(반건식)공법
① 시공방법이 비교적 간단하여 내부 벽체시공에 가장 일반적으로 쓰임
② 내벽 대리석 또는 화강석을 실줄눈(2~3mm)으로 시공하는 경우에 적용하고, 석재 고유의 무늬를 살리는 장점이 있고, 비교적 작은(60~80mm) 마감치수로 내부공간 활용이 가능
③ 시공시 유의
- 석고는 접착력이 약하여 가벼운 충격에도 돌과 이탈하여 아래로 흘러내리므로 사용시 동선이나 스테인레스봉으로 감싸야 한다.
- 석고를 사용하는 공법이므로 외부에 사용할 수 없다.
- 차량 이동통로 및 화물 적재, 하차공간 등 충격이 발생할 수 있는 부위는 사춤을 하여 석재 손상에 대비한다.

3. 건식공법

1) 습식공법은 석재가 구체와 일체가 되어 외력에 대응하는 반면, 건식공법은 꽂음촉, Fastener, 앵커 등으로 풍압력, 지진력, 층간변위를 흡수하는 형식이다.
2) 종류 : 건식쌓기공법, Anchor 긴결공법, Metal truss지지공법

참고 **누진파괴(progressive collapse)**

1. 정의
건축물 구조의 주요부위(기보벽기)의 일부가 천재지변 또는 인위적 사고에 의해 파괴되었을 경우 근접해 있는 다른 구조부가 가중되는 하중을 견디지 못하고 연쇄적으로 파괴되는 현상

2. 발생원인
1) 지진 및 지하 가스 폭발
2) 폭풍, 홍수 등 천재지변
3) 지반의 부등침하
4) P.C panel 시공 시 접합부 시공미흡
5) 설계시공의 부실

3. 방지대책
1) 1차 구조결함 시 2차적인 보완장치 설치
2) 주요구조물에 철근배근 강화
3) 지반의 부등침하 방지를 위한 조치
4) 복합구조 채용
5) 추가 하중을 부담할 수 있는 보완 부재 설치

87 철근콘크리트 구조물의 내하력 조사내용, 내구성 평가방법

1. 내하력 평가

1) 상부구조 내하력 평가
 ① 상부구조의 내하력 평가시 다음사항을 충분히 고려하여 엄밀한 판정이 되도록 하여야 한다.
  - 콘크리트 및 강재 등 재료의 설계강도
  - 균열, 박리, 박락, 층분리
  - 강재, 철근의 부식
  - 구조부재 실제 단면적과 철근의 위치
  - 처짐
  - 신축 이음부와 받침부의 구속력
 ② 교량부재의 내하력 평가방법으로는 허용응력방법과 강도설계법을 동시에 사용함으로써 두 방법의 결과를 서로 비교 보완할 수 있도록 한다.
 ③ 교량에 대한 실제적인 내하력 평가를 하여 재하시험을 수행할 경우에는 재하시험 결과를 이용하여 이론에 의한 내하력을 보정한다.
 ④ 교량의 내하력은 교량 구성부재에 대하여 각각 산정된 내하력의 최소값에 의해 결정된다.
 ⑤ 교량의 잔존수명 예측에는 평가된 주요 부재의 내하력을 토대로 구성재료의 내구성 등 반복하중에 의한 응력과 피로손상, 크리프에 의한 강성저하 및 교통량 증가추이 등을 종합적으로 고려하여야 한다.
 ⑥ 강교의 경우 교량에 발생하는 결함, 손상 및 파손의 대부분이 고강도 강제의 사용과 볼트, 리벳 접착부등의 불연속면에 작용하는 응력집중에 의한 국부적인 누가손상 및 피로 파손에 기인하므로 잔존수명 예측시 반드시 피로응력에 대한 분석 및 평가를 수행하여야 한다.
 ⑦ 콘크리트의 경우 반복하중에 의한 피로손상 이외에 주변환경에 의한 구성재료의 내구성 저하속도, 철근, 부식속도, 염화물 축적량 등이 잔존수명에 미치는 영향을 평가하여야 하며, 프리스트레스트 콘크리트교의 경우에는 장기처짐, 단부거동, 유효긴장력의 변화가 교량 거동에 미치는 영향을 반드시 평가하여야 한다.
 ⑧ 교량의 구조해석이 난해하거나 특이하여 이 분야의 전문가의 자문이 필요하다고 시행청이 인정할 경우 이에 따라 전문가의 자문을 받아야 한다.

2) 하부구조 내하력 평가
 ① 하부구조물의 적정성 여부는 준공도면, 시공도면, 구조계산, 점검결과 및 기타 적절한 자료를 토대로 한다.
 ② 교각 및 교대를 포함한 하부구조는 상부구조를 지지할 수 있는 최소한의 내하력 확보 유무가 점검되어야 하며 우물통과 교각기초 사이의 거동, 기초가 암반에 근입된 상태, 교대의 부등침하, 전방이동 등을 고려하여야 한다.
3) 내하력 산정방법평가결과를 상호보완하기 위하여 허용응력방법과 강도설계법을 모두 사용한다

2. 내구성 평가방법

1) 성능저하환경에 놓여있는 콘크리트 구조물의 주된 성능저하인자인 염해, 탄산화, 동결융해, 화학적침식, 알칼리골재반응에 대하여 검토하여야 한다.
2) 콘크리트 구조물이 목표내구수명 동안에 지배적인 성능저하인자에 따라 요구되는 내구성능을 평가하여야 한다.
3) 콘크리트 구조물에 여러 성능저하인자가 복합적으로 작용하는 경우에는 각각의 성능저하인자가 독립적으로 작용한다고 가정하여 콘크리트 구조물의 내구성을 평가하며, 가장 지배적인 성능저하인자에 대한 내구성 평가 결과를 적용할 수 있다.

CHAPTER-14

철골

제 14 장

01 철골공사

1. 개요

1) 철골공사란 볼트·너트를 사용하여 전체를 조립한 후 접합부를 시공하여 구조체를 완성하는 공사를 말한다.
2) 철골작업 시 추락·낙하 재해가 많으므로 안전시설을 설치 등 설계 및 시공계획을 철저히 검토하여야 한다.

2. 구분

1) 철골 공사
2) 철근콘크리트 공사
3) 기타 철골 공사

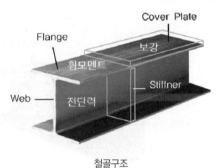

철골구조

3. 특징

1) 강성 인성이 크고
2) 단일재료 사용으로 속도 빠르고
3) 사전조립 가능, 내구성 크고, 재사용 가능
4) 압축재 길이가 길거나, 세장할수록 좌굴되기 쉽고
5) 고소작업 안전에 유의

추락방지망

4. 철골 공사계획

1) 사전준비 : 공장 운반, 지장물 조건
2) 공장작업계획 : 공장가공, 현장건립
3) 수송계획 : 도로 폭, 중량, 높이
4) 현장작업계획 : 규모, 공기, 건립기계

5) 장비계획 : 부재의 형상, 중량, 작업반경, 입지 조건
6) 안전계획 : 건립 전 안전시설 설치
7) 공해계획 : 소음, 진동
8) 기타 : 건립계획, 검사계획

5. 현장건립계획

1) 후속 공정 연계
2) 시공성 안전성 경제성 무공해성
3) 건물형태
4) 부재중량
5) 건물 크기, 접합방식
6) 기계종류에 따른 작업능력 고려

철골 안전대 사전설치

6. 현장관리

1) 안전관리
2) 품질관리
3) 양중관리
4) 전력관리
5) 공해관리
6) 수송관리
7) 검사관리
8) 지장물관리
   ** 세장비 L/k
   1) 장주(기둥)에 있어서, 횡단면의 최소단면인 2차 반경 k와 기둥의 길이 L과의 비 L/k
   2) 좌굴강도계 s의 지표
   3) 세장비(L/k)가 클수록 좌굴되기 쉽다.

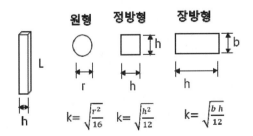

최소단면 2차 반경

02 철골 공작도 포함사항

1. 개요

1) 철골공사는 부재가 중량물이고, 철골부품 가공 제작 중 추락 및 낙하 재해가 다수 발생한다.
2) 설계도 및 공작도에 추락재해예방 및 안전작업에 필요한 부재 및 보강재를 포함하여야 한다.

2. 철골 공작도 필요성

1) 정밀시공
2) 재시공 사전예방
3) 도면이해
4) 안전사고 예방

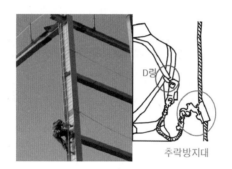

철골-Trap

3. 철골공사 전 검토사항 [암기] 설계도, 공작도, 자립도

1) 확인사항 : 형상, 치수, 접합부 위치, 브래킷 내민 치수, 건물높이
2) 검토사항 : 건립형식, 건립상 문제점, 가설설비
3) 기타 : 건립기계 종류, 공사기간, 건립기계대수, 이음부 시공난이도, 건립순서, 용접방법, 계단부, 내민보 있는 기둥의 조치

4. 철골 공작도 포함사항 [암기] 비브트구 와안난비 망호양

1) 외부 비계 받이
2) 승강용 브라켓
3) 기둥승강용 Trap
4) 구명줄 고리
5) W/R 걸이용 고리
6) 안전대 설치용 고리
7) 난간대 설치용 고리
8) 비계 연결용 부재
9) 방망 방호선반 설치용 부재
10) 양중걸이 설비 보강재

5. 철골 자립도 검토 구조물

1) 높이가 20m 이상 구조물
2) 구조물 폭 높이 비 1 : 4 이상 구조물
3) 단면구조 현저한 차가 있는 구조물
4) 연면적당 철골량 50kg/m 이하 구조물
5) 기둥이 타이플레이트형
6) 이음부가 현장용접인 구조물

6. 철골 공작도

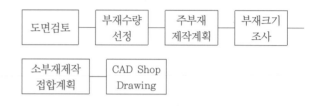

7. 철골보 구조도

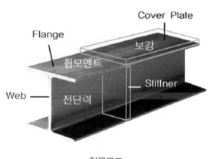

철골구조

03 철골공사 건립계획 수립 시 검토사항

1. 개요

1) 철골공사 건립 전 주변환경 작업환경에 대한 계획을 세우고 후속 공정에 따른 안전시설를 사전에 준비하여야 한다.
2) 건립계획 시에는 협력사의 의견을 반영하여 조직적인 계획을 세워야 한다.

2. 입지조건 조사

1) 소음, 진동
2) 낙하물, 주민, 통행인
3) 가옥, 생활시설
4) 차량 통행 시 지하매설물 지장
5) 자재적치면적
6) 지장물
7) 전선

3. 건립기계 선정 시 검토사항

1) 장비, 자재 등 출입로
2) 기계, 장비 설치장소
3) 조립면적
4) 이동식 Crane 통로
5) 고정식 건립기계 기초구조 공간 면적
6) 이동식 Crane 소음, 학교 병원 주변 소음 분진
7) 주택 근접 시 물의 길이 높이 형태
8) 고정식 작업반경, Boom 길이 수평수직거리

철골작업

4. 건립순서 계획수립 시 검토사항

1) 철골건립 : 공장제작, 현장건립, 조립순서
2) 좌굴, 탈락, 도괴
 ① 2절점 이상 동시 건립 금지
 ② 1Span 이상 수평방향 조립

3) 연속기둥설치 시 좌굴 편심 탈락 방지
 ① 2개 기둥 사이에 보 동시 설치
 ② 연속기둥 설치 시 안전성 확보
4) 건립 중 도괴방지 : 볼트체결 시간 단축하여 후속공사 계획

5. 1일 작업량 결정 시 고려사항

1) 교통
2) 장애물
3) 부재반입
4) 작업시간

6. 악천후 작업중지

1) 강풍 시 : 부재 공구 볼트너트 낙하비래 방지
2) 악천후 시

강풍	10분간 평균풍속 10m/sec 이상
강우	1mm/hr 이상
강설	1cm/hr 이상

7. 재해방지설비 설치 시 검토항목

1) 승강트랩
2) 구명줄
3) 추락방지망, 낙하물방호망
4) 방호선반
5) 통로

8. 기타 검토항목

1) 건립기계
2) 용접기
3) 전력 유무
4) 신호 등 지휘계통
5) 기계공구류
6) 양중관리

04 철골공사 공장제작

1. 개요

1) 철골공사는 공장에서 제작하여 현장에서 조립하는 공정으로 건립 전 주변환경, 작업환경에 대한 계획을 세우고 후속 공정에 따른 안전시설을 사전에 준비하여야 한다.

2) 건립계획 시에는 협력사의 의견을 반영하여 조직적인 계획을 세워야 한다.

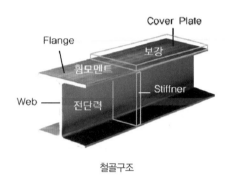

철골구조

2. 공장제작 원칙

1) 건립순서
2) 동종부재 연속가공
3) 운반능력
4) 건립조건
5) 반출에 지장이 없도록
6) 접합부 검사

3. 공장제작순서 [암기] 원본변금 절가구가 본검녹운

4. 공장제작순서 [암기] 원본변금 절가구가 본검녹운

1) 원척도 : 1 : 1 실측도면, 공장원척장
2) 본뜨기 : 얇은 강판
3) 변형바로잡기 : 비틀림
4) 금매김 : 형판 자, 절단 구멍
5) 절단·가공 : 구부림, 깎기
6) 구멍 뚫기 : 볼트, 리벳
7) 가조립 : 볼트, 드리프트핀
8) 본조립 : 리벳, 볼트, 고력볼트, 용접

9) 검사 : 치수, 각도, 맞춤, 이음, 용접외관
10) 녹막이칠 : 방청, 도장
11) 운반 : 현장 세우기 순서

05 철골공사 현장 세우기

1. 개요

1) 철골공사는 공장에서 제작하여 현장에서 조립하는 공정으로 건립 전 주변환경, 작업환경에 대한 계획을 세우고 후속 공정에 따른 안전시설를 사전에 준비하여야 한다.

2) 또한 생활환경을 고려하여 소음 진동 환경 계획을 수립하여 이로 인한 공정계획에 차질이 없도록 세부 계획을 수립하여야 한다.

2. 건립준비 시 준수사항

1) 작업장 : 기계기구 건립 위한 평탄작업, 기초구조 형식 고려

2) 안전점검 : 수목이식, 전주이설, 가스 배수 상수도 이설

3) 확인사항 : 기계, 윈치, 앙카, 고정장치 적정여부 확인

철골조립

3. 철골반입 시 준수사항

1) 철골적치 : 받침대 미리 설치, 건립순서에 따른 하차, 인양 시 도괴방지 삼각받침대

2) 인양 시 수평이동 : 트럭 적재함에서 2m 올려 하차

3) 수평이동 시 : 전선주의, 유도로프 설치, 출입금지 조치, 흔들림 방지, 하부근로자

4) 적치 시 : 높게 쌓기 금지, 하단 폭 1/3, 체인블럭 버팀대

4. 현장 세우기 순서

1) 부재반입 : 구부림, 비틀림 수정, 시공순서 준수

2) 기초앵커볼트매립 [암기] 고가나
   ① 고정
   ② 가동
   ③ 나중매입공법

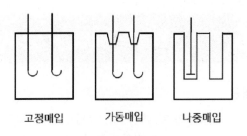

| 고정매입 | 가동매입 | 나중매입 |

기초Anchor 매입공법

3) 기초상부마무리 [암기] 전중나라
   ① 전면바름
   ② 중심바름
   ③ 나중채워넣기+바름
   ④ 나중채워넣기+라이너

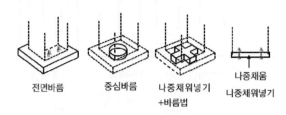

| 전면바름 | 중심바름 | 나중채워넣기+바름법 | 나중채움 나중채워넣기 |

기초상부 마무리공법

4) 철골 세우기 순서
   ① 세우기-조립-가새
   ② 변형바로잡기 : 수평수직 유지, 트렌싯 다림추 사용
   ③ 가조립 : 가체결 Bolt, 드리프트핀 사용

5) 철골 접합 : 리벳, 볼트, 고력볼트, 용접

6) 검사 : 리벳, 볼트, 고력볼트, 용접검사(육안, 토크, 비파괴)

7) 녹막이칠

8) 철골내화피복 [암기] 타뿜조미
   타설, 뿜칠, 조적, 미장

[참고] **Bracing 목적**

[암기] 휨좌뒤

1) 휨강성 증대(티)
2) 좌굴 방지(Bucking)
3) 뒤틀림 방지(Tortion)

06 기초앵커볼트 매립 시 준수사항

1. 개요

1) 기초앵커볼트 매립 시 정밀도가 공정을 좌우하므로 견고하고 이동변형이 생기지 않도록 정밀시공을 하여야 한다.

2) 앙카볼트는 휨모멘트로 발생하는 인장력에 대응하므로 기초상부가 마무리된 후 후속 공정을 진행하여야 한다.

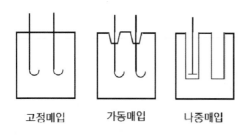

고정매입   가동매입   나중매입

기초Anchor 매입공법

2. 기초앵커볼트 매입공법 [암기] 고가나

1) 고정매입공법 : 상부 정확히 묻고, 불량 시 보수 곤란, 대규모 공사에 적용

2) 가동매입공법 : 위치조정 가능하도록 얇은 강판제 앙카볼트 상부에 대고 콘크리트타설, 경화 후 제거

3) 나중매입공법 : 스티로폼 합판 등을 거푸집 안에 넣고 콘크리트 타설, 경화 후 앵커 설치, 경미한 공사 기계기초에 적용

3. 앵커볼트 매립 시 준수사항 [암기] 기인앵Ba 5 3 2 3

1) 매립 후 수정하지 않도록 견고하게 시공하여 이동변형 방지

2) 정밀도 범위

① 인접기둥 중심 5mm 이상 벗어나지 않도록 설치

② 인접기둥 간 중심거리오차 3mm 이하

③ 앵커볼트 기둥중심에서 2mm 이상 벗어나지 않도록 설치

④ Base Plate기둥 하단은 기준높이 및 인접기둥 높이에서 3mm 이상 벗어나지 않도록 설치

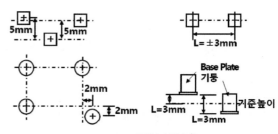

Anchor Bolt 매입시 허용오차

4. 기초상부 마무리 [암기] 전중나라

1) 전면바름 : 3cm 이상 넓게, 3~5cm 두께, 된비빔 타설, 소규모 공사 전용

2) 중심바름 : 중앙부 먼저 몰탈, 나중채움, 중규모 공사 적용

3) 나중채워넣기+바름법 : +자몰탈, 나중채움, 중규모 공사 적용

4) 나중채워넣기 : Plate 하부 라이너 및 수평조절장치로 수평 조절하고 된비빔 몰탈주입, 대규모 공사 적용

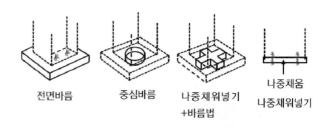

전면바름   중심바름   나중채워넣기   나중채움
                      +바름법   나중채워넣기

기초상부 마무리공법

5. 앵커볼트 고정방법

1) 형틀판 고정방법

2) 강제프레임 고정방법

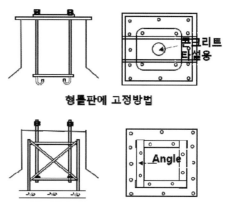

형틀판에 고정방법

강제프레임에 고정방법

07 철골공사 중 작업중지 할 악천후

1. 개요

1) 철골공사는 고소작업으로 추락·낙하·비래의 위험이 많은 작업을 수행하여야 하므로, 강풍·폭우 등 악천후 시에는 작업을 중지하여야 한다.

2) 골조 위에 공구 볼트·너트 등의 자재는 낙하를 방지하기 위해 안전대책을 수립하여야 하며 풍압에 의한 철골자립도를 검토하여 안전성을 확보하여야 한다.

2. 악천후 시 작업중지

1) 악천후 기준

강풍	10분간 평균풍속 10m/sec 이상
강우	1mm/hr 이상
강설	1cm/hr 이상

2) 강풍 시 조치 : 부재공구 결속, W/R 턴버클로 버팀, 임시로 가새 설치

3. 철골 자립도 검토 구조물

1) 높이가 20m 이상 구조물
2) 구조물 폭과 높이 비 1:4 이상 구조물
3) 단면구조 현저한 차가 있는 구조물
4) 연면적당 철골량 50kg/m 이하 구조물
5) 기둥이 타이플레이트형
6) 이음부가 현장용접인 구조물

4. 풍속별 작업범위 〔알기〕 안주(더시킨)경위

풍속	종별	작업종별
0~7m/sec	안전작업범위	전작업 가능
7~10m/sec	주의경보	외부용접도장 금지
0~14m/sec	경고경보	건립작업 금지
14 /sec 이상	위험경보	고소작업 즉시 하강

08 철골 건립용 기계

1. 개요

1) 철골 건립용 기계선정 시 공사종류·시공순서·작업방법 등에 따라 사용되는 기계의 사양이 정해진다.

2) 골조의 형상, 부재의 중량, 현장 내 크레인의 작업반경 등을 고려하여 기계를 선정하여야 한다.

2. 건립용 기계선정 시 고려사항

1) 철골부재 : 형상, 중량, 고리길이, 사용대수
2) 작업반경 : 작업위치, 설치위치
3) 입지조건 : 장애물, 교통, 적치장, 운반경로
4) 시공성, 경제성, 안정성

3. 크레인 종류

〔알기〕 고이데 타지호 트크유 가삼진 설클집 고이 마베 수경

4. 타워크레인

1) 고정식 : 고정기초위 마스터 및 본체 설치
2) 이동식 : 레일 설치로 작업반경 최소화

5. 이동식 크레인

1) 트럭 : 트럭 위 본체, 기동성 우수, 아웃리거 설치
2) 크롤러 : 무한궤도, 주행성 기동성 낮음
3) 유압크레인 : 안전성 주행성 좋고, 아웃리거 설치

6. 데릭(Derrick)

1) Guy Derrick : 지선지탱, 360° 회전, 인양능력 양호
2) 삼각데릭 : 2본 다리 270°, 수평이동
3) Jin Pole : 파이프를 철골에 달라 윈치 부착

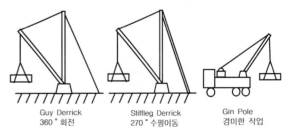

Guy Derrick
360° 회전

Stiffleg Derrick
270° 수평이동

Gin Pole
경미한 작업

건립용기계 Derrick

09 철골부재 접합방법

1. 개요

1) 철골부재의 적합방법은 시공성·경제성·안전성을 고려하여 선택하여야 한다.

2) 주변환경을 고려하여 소음 화재 등 저공해성 작업이 되도록 접합방법을 선택하여야 한다.

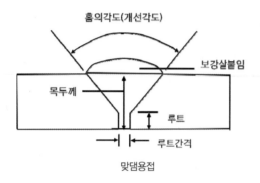

맞댐용접

2. 접합방법 선정 시 고려사항

1) 시공성
2) 강도
3) 저공해
4) 경제성
5) 안전성

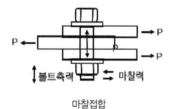

마찰접합

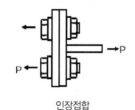

인장접합

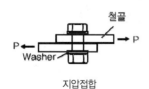

지압접합

3. 접합방법 [암기] 리볼고용 마인지 맞모

1) 리벳접합 : 900~1,000℃, Jaw Riveter, Pneumatic Reveter, 소음이 크고, 화재 위험, 시공성 낮음

2) 볼트접합 : 전단력 지압력 가설구조에 사용

3) 고력볼트접합 : 탄소특수강으로 만들어지고 토크렌치의 마찰력 이용하여 접합
 ① 마찰접합 : 조임력
 ② 인장접합 : 인장력
 ③ 지압접합 : 전단력, 지압력

4) 용접접합 : 열, 강재절약, 경량화, 소음회피
 ① 맞댄용접 : 마구리와 마구리
 ② 모살용접 : 목두께 모재면 각 45°

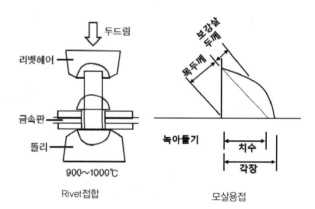

Rivet접합   모살용접

10 고력볼트 검사

1. 개요

1) 고력볼트는 탄소합금강에 특수강을 열처리하여 제조한 볼트이다.
2) 철골접합에 많이 사용되며 토크렌치 등의 기구의 마찰력 인장력 지압력을 이용하여 접합하는 방식으로 강성이 크고 변형이 작아 철골작업에 주로 사용된다.

2. 특징

1) 강성이 크고 변형이 안 됨
2) 작업이 간단하고 조임력 우수
3) 소음 진동 적고 수정용이
4) 조임 검사 시 숙련공 필요, 고가

3. 접합방식 [암기] 마인지

1) 마찰접합 : 조임력 마찰력, 볼트 축 직각
2) 인장접합 : 인장내력, 볼트 축 방향
3) 지압접합 : 전단력 지압력, 볼트 축 직각

4. 조임 [암기] 1금본 토너

1) 1차 조임 : 토크렌치나 임팩트렌치로 즉시 조임, 중앙에서 단부로

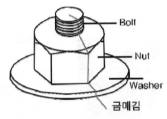

고력볼트 조임

2) 금매김 : 반드시 볼트·너트·와셔·부재 전부
3) 본조임
  ① 토크관리법 : 토크 모멘트값을 입력하고 너트 회전, 사전 기기 0점 조정
  ② 너트회전법 : 너트 일정 각도만 1차 조임 후 너트 120회전, 볼트길이가 볼트호칭 5배를 넘는 경우 특기시방 적용

5. 유의사항(검사)

1) 외관검사 : 접합면 틈새 여부, 나사산 3개 이상 노출, 재사용 금지
2) 틈새 처리 : 1mm 이상 시 끼움판 사용
3) 축력계 토크렌치 : 정밀도 확인 검사
4) 마찰면 상태 : 접합부 건조상태 확인
5) 접합편 구멍오차 : 녹 제거하고 거칠기 제거, 조임순서 준수

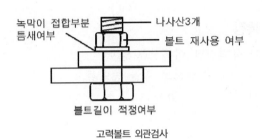

고력볼트 외관검사

11 용접(Welding)접합

1. 개요

1) 용접접합은 열을 가해 강재를 결합하는 것을 말한다.
2) 용접은 기후·기온·강우·눈·바람에 영향을 주어 기온이 0℃ 이하에서는 용접하지 말아야 한다.

2. 특징

1) 응력전달 이음상태 양호
2) 강제 절약으로 철골 중량감소
3) 소음 진동 없음
4) 결함검사 어려움
5) 용접열 변형 가능
6) 숙련공 기능도에 따라 양부

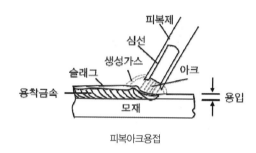

피복아크용접

3. 분류 암기 용이 피서가일 맞모

1) 용접방법

① 피복아크용접 : 손용접이며 아크를 녹여 용착
② 서부머즈드아크용접 : 자동용접이며 심선송급의 자동화로 하향전용임
③ 가스실드아크용접 : 반자동용접이며 CO로 Arc 보호
④ 일렉트로슬래그용접 : 전기를 사용하여 두꺼운 강판을 수직으로 용접하며, Flux가 녹으면 Slag의 전기저항열로 모재와 용접봉을 녹여 용접한다.

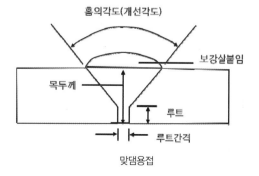

맞댐용접

2) 이음방법

① 맞댄용접 : 마구리 마구리 맞대어 용접
② 모살용접 : 목두께 방향이 모체의 면과 45° 각도 이룸

4. 용접접합 시 안전대책

1) 가연물질 인화물질 제거, 안전대 안전난간 설치
2) 안전보호구 : 차광안경 가죽장갑 안전화 안전모 안전대
3) 누전차단기
4) 교류Arc용접기

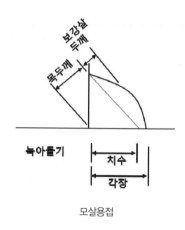

모살용접

5) 자동전격방지기
6) 감전주의, 접지상태 확인
7) 용접용단 시 불꽃비산방지 불연재료
8) 소화기 불티방지막 불티방지포 설치

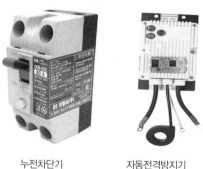

누전차단기   자동전격방지기

참고 가스용접기

1. 사고원인

1) 사전작업허가서 미검토
2) 고소구간 안전난간대 미설치
3) 접지 및 누전차단기 미설치
4) 자동전격방지장치 미설치

5) 밀폐공간 송기 배기 미실시

용접기

2. 안전대책

1) 용접기외함접지 상태
2) 화재감시자 배치, 소화기 비치
3) 사용 중지시 용접홀더에 용접봉 분리
4) 용접기전용 개폐기, 안전스위치 설치
5) 안전보호구 착용
6) 자동전격방지기 작동 여부
7) 접지 및 누전차단기 설치

참고 산소, LPG

1. 사고원인

1) MSDS 관리감독 불량
2) 가스통(사용연한) 관리불량
3) 역화방지기부착, 압력조정기 미부착
4) 호스 및 토치 연결부누설 및 파손
5) 밀폐공간내 보관
6) 불티방지포및 소화기 미비치
7) 보안면, 보안경, 방진마스크, 용접장갑, 용접앞치마 등 미착용
8) 화재감시인 미배치
9) 실병 공병 산소 LPG용기 구분 및 보관상태 불량

산소, LPG

2. 안전대책

1) 직사광선 피하고 40도 이하 보관
2) 용기는 불사용 장소부터 최소 5m이상 이격
3) 점화시 스파크라이터 사용
4) 토치를 햄머대용 사용금지
5) 운반시 캡을 씌워 전용 운반구로 운반
6) 전용 운반구 상시 소화기 및 가스누출 확인
7) 가스용기 충전기간 수시 점검
8) 옥외저장소 보관시 시건장치

용기에 압력조정기 체결방법

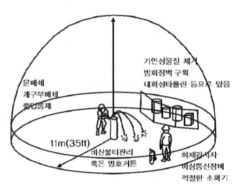

화재감시자 배치

참고 스캘럽

1. 개요

1) 용접선이 교차되는 부위는 재용접 부위에 열의 영향으로 뒤틀림이 발생한다.
2) 이러한 취약부위는 모재를 부채꼴 모양으로 모떼기를 하여 교차용접을 방지한다.
3) Scallop 반지름은 30mm를 표준으로 한다.

2. 적용부위

1) 기둥과 기둥이음
2) 보와 보이음
3) 기둥과 보이음

3. 스칼럽(Scallop)

1) 스칼럽 반경(Sr)은 30mm 표준
2) 조립 H형강 스칼럽 반경은 35mm
3) 밑플랜지 스칼럽 반경은 가로 45mm 세로 75mm

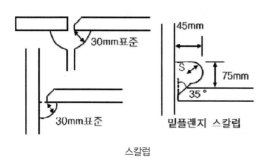

스칼럽

참고 강재비파괴검사

암기 (육)방초자액와

1) 육안검사
2) 방사선 : X선, 선으로 필름을 사용하여 내부결함 검사, 기록이 가능하고 두꺼운 검사장소는 제한, 검사관 차이, Slag 감싸돌기, Blow Hole, 용입불량, 균열 등 검사
3) 초음파탐사 : 브라운관을 통해 넓은 면 관찰, 속도 빠르고 경제적이며 기록가능, 두께, 크랙, Blow Hole 등 검사
4) 자기분말탐상 : 자력선 자장에 의한 검사로 육안검사 안 되는 외관검사 가능하고 기계가 대형이며 깊은 결함, 표면결함, 크랙, 흠집, 용접부 표면결함 등 검사
5) 액상침투탐상 : 침투액을 도포하고 닦은 후 검사액 도포하여 검사, 검사가 간단하고 넓은 범위가 가능하며 비철금속도 가능
  ① 염색침투탐상시험 : 적색염료 침투액 사용하여 자연광 백색광 아래서 확인
  ② 형광침투탐상시험 : 형광물질 침투액을 사용하여 어두운 곳에서 자외선 비춰 검사
6) 와류탐상 : 전기장 교란하여 검출하며 자기분말탐상 시험과 유사하고, 비접촉검사로 속도가 빠르고 고온 시험체 탐상가능하며 기록보존가능, 비철금속 용접부 표면결함 등 검사

12 용접결함 종류 원인

1. 개요

1) 용접부에 생기는 외관상 및 성능상 불만족한 각종 결함을 말한다.
2) 루트부가 용입되지 않은 것은 용입부족, 개선면이나 층사이가 용입되지 않은 것은 융합불량이다. 그 외에 균열, 슬래그 개입, 블로우 홀 등이 있다.

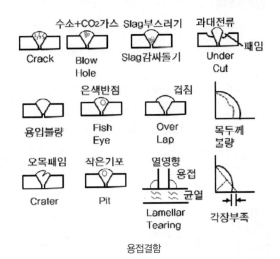

용접결함

2. 종류 [암기] 크블슬언 용피오목 크핏램각

1) Crack : 용접금속과 모재 균열 발생, 고온터짐, 저온터짐, 수축터짐
2) Blow hole : CO_2 가스의 기포발생
3) Slag 감싸돌기 : Slag 부스러기 남아있음
4) Under cut : 과대전류로 모재 패임
5) 용입불량 : 용착금속이 완전용입 안됨
6) Fish eye : Blow Hole나 Slag가 모여 반점 발생, 용착금속면에 생긴 반점은 은백색으로 생선 눈 모양
7) Overlap : 용착금속과 모재가 겹침
8) 목두께 불량 : 용착금속 두께 부족
9) Creater : Arc 용접 시 Bead 끝이 오목 패임
10) Pit : 작은 기포구멍 발생
11) Lameller Tearing : 수직수평재사이 열영향으로 미세균열 발생
12) 각장부족 : 한쪽 용착면의 다리길이 차이

3. 원인 [암기] 전속기개 재예잔Arc EnRi고

1) 적정전류, 용접속도 빠르고, 기능도 부족
2) 개선부 재료불량 : 건조상태 불량
3) 예열 : 급격한 용접으로 팽창수축

4) 잔류응력 : 먼저 용접부위 용접열에 잔류응력 영향으로 Crack 발생
5) Arc strike : 모재 순간적인 접촉 시 아크가 발생하여 터지거나 기공이 발생

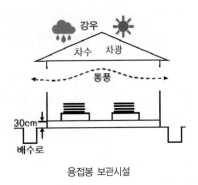

용접봉 보관시설

4. 대책

1) 적정전류, 용접속도, 숙련도
2) 용접봉 : 저수소계로 습기가 없도록 관리
3) 개선부 : 정밀도, 유류 먼지 수분 불순물 제거
4) 예열실시 : 결함 변형 방지
5) 잔류응력 최소화 : 전체가열법, 돌림용접
6) Arc Strike 금지 : 용접결함방지
7) End Tab, Rivet과 고력볼트 병용 변형방지
8) 작업금지 : 기온, 저온, 고습, 바람, 비, 야간, 상향용접

5. 용접부 검사방법 [암기] 착수전 중 후

1) 착수 전
① 트임새 : 개선각도
② 구속법 : 역변형, 각변형, 회전변형
③ 용접부 : 청소
④ 용접자세 : 하향, 안전

2) 작업 중
① 적정용접봉, 습기가 있는 것 사용금지
② 운봉 : 용접선 위 용접봉 이동 동작 확인
③ 적정전류, 용접속도

3) 완료 후 [암기] 외절비 육방초자액화
① 외관검사 : 숙련기술자
② 절단검사 : 분석 어려운 곳
③ 비파괴검사 [암기] (육)방초자액와

13 End Tab

1. 개요

1) 개선이 있는 양 끝 전단면의 완전한 용접을 위해 모재 양쪽에 모재와 같은 개선 형상을 가진 판을 부착한다.
2) 용접의 시점과 종점에는 전기적으로 아크가 불안 정하여 Blow Hole, Creater 등의 용접결함이 생기기 쉽다.

2. 기준 [암기] 동일종두 아반자35 40 70

1) 모재는 동일한 종류와 동일한 두께
2) End Tab 길이
  ① 아크손용접 : 35mm
  ② 반자동 : 40mm
  ③ 자동 : 70mm

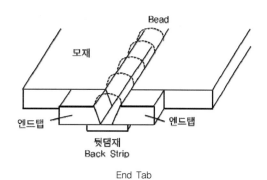

End Tab

3. 특징

1) 유효길이로 인정
2) 돌림용접 불가 시 모살용접 맞댄용접
3) 용접이음부 강도시험 절단시험편으로 이용
4) 돌림용접 되돌림용접 결함인정 시 설치하지 않아도 무관
5) 완료 시 End Tab 떼어냄

4. 용접작업 시 준비사항

1) 설계서 시방서 검토 : 용접재료, 순서, 방법
2) 숙련도 : 현장배치계획, 사전교육
3) 개선부 : 청소, 각도, 폭, 간격, 정밀도
4) 용접재료 : 건조상태, 보관함 온도
5) 예열관리 : 계획, 방법, 온도 관리
6) 천후관리 : 강우 강설 강풍 및 습도 90% 이상 시, 기온 0℃ 이하 시 중단

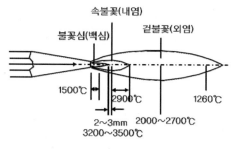

용접 시 불꽃온도

5. 안전대책

1) 이상기후, 차광 : 선그라스
2) 화상예방 : 피부노출방지, 가죽에이프런, 가죽구두
3) 추락, 낙하 : 낙하물방지망, 안전대
4) 화재 : 합선주의, 가연성 인화성 물질 제거
5) 감전 : 누전차단기, 전격방지기, 손발 물기, 접지
6) 환기시설 : 좁은 공간 Gas, 질식, 중독 주의

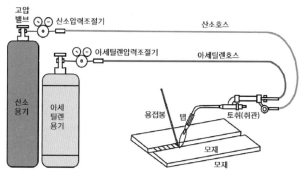

가스용접 모식도

14 용접변형

1. 개요

1) 용접부의 변형은 용접과정에서 발생하는 용융금속의 수축에 의한 인장 응력에 기인한다.
2) 용접변형에 영향을 주는 요소는 온도변화, 이음부의 응력변화, 강도저하, 용접균열 등이 있다.

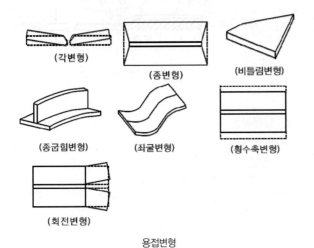

(각변형) (종변형) (비틀림변형)
(종굽힘변형) (좌굴변형) (횡수축변형)
(회전변형)

용접변형

2. 종류 [알기] 각종 비좌(금) 종횡(으로) 회(전 시켰때!)

1) 각변형 : 온도 불균일로 양단 휨
2) 종수축 : 긴 부재 용접선 평향방향 수축
3) 비틀림 변형 : 냉각 후 높은 응력
4) 좌굴변형 : 종수축응력 발생 시 좌굴로 파도
5) 종굽힘변형 : 좌우용접선 종수축 차이
6) 횡수축 : 용접층수 많거나 Root 간격 넓을 때 용접선에 직각방향 수축
7) 회전변형 : 용접 안 된 개선부 내외측 개선 간격이 이동하는 변형

3. 원인 [알기] 냉소열순방

1) 냉각과정 수축
2) 소성변형 발생
3) 열팽창
4) 용접순서 실수
5) 용접방법

4. 방지대책 [알기] 역억피가냉 교후대비

1) 역변형법 : 미리 예측하여 용접 전 역변형
2) 억제법 : 일시적 보강재 보조판 붙임
3) 피닝법 : 망치로 잔류응력 제거
4) 가열법 : 가열

5) 냉각법 : 수냉동판 살수
6) 용접순서 : 순서 바꿔
 ① 교호법 : 전체반대
 ② 후퇴법 : 후진
 ③ 대칭법 : 좌우대칭
 ④ 비석법 : 한 칸씩 건너뛰어

7) Over Welding 금지, 적정전류
8) 용접 Pass수 최소화
9) 높은 용착속도 용접법 사용

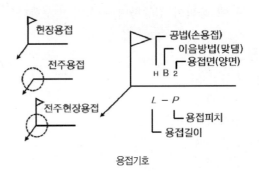

현장용접
전주용접
전주현장용접
공법(손용접)
이음방법(맞댐)
용접면(양면)
H B 2
L－P
용접피치
용접길이

용접기호

[참고] Cathode방식, 노치

1. Cathode방식 : 전기가 전류회로를 통하여 다시 되돌아오는 원리 이용
2. 노치 : 부재의 접합을 위해 잘라낸 부분

15 응력부식

1. 개요

1) 강재에 인장응력이 발생하는 곳은 신축작용에 의해 부식환경이 조성된다.

2) 응력부식은 기계적 강도에 치명적이며 부식균열, 갑작스러운 파괴 등에 의해 응력부식이 발생하며, 발생부위는 PS강선 강구조의 긴장부 가공부 용접부에 응력이 집중하며 부식이 발생한다.

2. 원인

1) 잔류응력

2) 인장력

3) 신축작용

4) 응력집중

5) 강재변형

3. 촉진요인

1) 국부적인 응력

2) 과도한 녹

3) 표면 흠

4) 단면취약부위

4. 방지대책

1) Grouting, 에폭시도장

2) 잔류응력 제거

3) 응력분산

4) 표면흠 제거, 단면보강, 피막보호

5) 과도한 Cathode방식 금지

6) 응력집중 방지 : 예리한 노치 제거

7) 잔류응력제거 : 용접 후 열처리

참고 **용접작업 시 건강장애**

1. 개요

1) 용접흄이란 용접 시 열에 의해 증발된 물질이 냉각되어 생기는 미세한 소립자를 말하며, 용접 시 흄은 고온의 아크발생열에 의해 용융금속 증기가 주위에 확산함으로써 발생한다.

2) 용접용단 시에는 유해물질이 환기되도록 송기·배기장치를 설치하고 호흡용보호구를 착용하여야 한다.

2. 유해인자 암기 흄가분아

1) 흄 : 납, 망간, 마그네슘, 니켈, 아연

2) 가스 : 일산화탄소, 질소, 오존

3) 분진 : 밀폐공간, 좁은 장소

4) 아크 : 유해광선, 강한 자외선, 오존

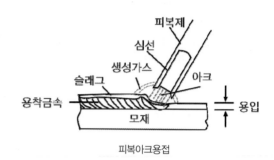

피복아크용접

3. 장애유형

1) 눈, 시력 : 안암, 백내장, 아크광, 적외선, 가시광선, 오존

2) 호흡기 : 폐, 만성기관지

3) 신경계장해 : 납, 망간, 마그네슘, 의식, 감각이상

4) 위장관장해 : 급성위염, 위장관, 스트레스성 위질환

5) 피부질환 : 피부염, 화상, 자외선, 니켈, 아연

16 전기용접 안전대책

1. 개요

1) 건설현장의 화재요인은 용접용단, 그라인딩, 담배꽁초 등이 주요 원인이다.

2) 전기용접 시 재해유형은 감전사고, 화재, 추락사고 등이며, 철골은 도전성이므로 누전차단기 자동전격방지기를 설치하여 감전사고를 예방하여야 한다.

2. 전기용접 종류

1) 저항용접 : 접촉부 통해서 통전하고 발생하는 저항열로 압력을 가해 용접하는 방식

2) 아크용접 : 쇠를 모재로 전극을 발생시켜 두전극간 Arc열을 발생시키는 방식

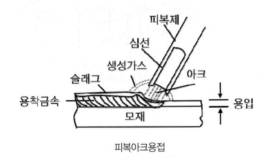

피복아크용접

3. 재해유형

1) 감전 : 젖은 장소, 파손된 케이블, 접지불량

2) 화재 : 용접, 용단, 불티 비산, 가연성 접촉

3) 중독 : 중금속, 납, 망간, 마그네슘, 니켈, 아연, 질소, 오존, 밀폐공간, 피복용접봉, 가스중독

4) 추락 : 고소용접 시 작업자세 불안전으로 발 헛디며 떨어짐

5) 직업병 : 눈, 호흡기, 발암, 신경계

4. 안전대책

1) 접지, 감전 : 과전류보호장치

2) 누전차단기 : 감전방지

3) 자동전격방지기 : Arc용접기

4) 용접봉 홀더 : 절연내력, 내열성

5) 젖은 장소 용접작업 : 절연장화, 세척장 작업금지

6) 용접용단 화재 : 불티방지포 불티방지막 소화기 설치, 인화성 물질 제거

7) 좁은 장소, 밀폐장소 : 가스 배기 환기

8) Arc광선 : 다른작업자에 노출되지 않도록 차폐 및 흡입금지

9) 퓸(Fume) : 건강장해 원인, 흡입금지

10) 안전시설 : 추락방지망, 안전대, 낙하·비래, 불꽃비산방지시설

누전차단기   자동전격방지기

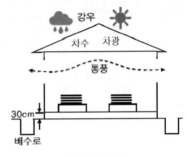

용접봉 보관시설

17 용접부 볼트이음부 부식방지

1. 개요

부식은 산화에 의한 녹과 전식에 의한 녹으로 구분되며, 용접부 및 볼트이음부 방식조치 불량 시 부식 및 부재의 손상을 유발하여 강재의 수명을 짧게 한다.

2. 부식분류

1) 건식부식
2) 습식부식

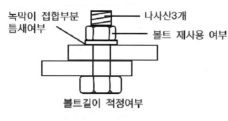

녹막이 접합부분 틈새여부
나사산3개
볼트 재사용 여부
볼트길이 적정여부

고력볼트 외관검사

3. 부식 Mechanism

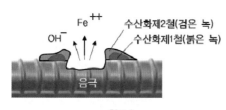

Fe^{++}
OH^-
수산화제2철(검은 녹)
수산화제1철(붉은 녹)
음극

철근 녹

1) 양극반응 : $Fe \rightarrow Fe^{++} + 2e^-$
2) 화학적 반응 :

$Fe^{++} + 2OH^- \rightarrow Fe(OH)_2$: 수산화제1철

$Fe(OH)_2 + \frac{1}{2}H_2O + \frac{1}{4}O_2 \rightarrow Fe(OH)_3$: 수산화제2철

3) 부식촉매제(3요소)
 ① 물 H_2O
 ② 산소 O_2
 ③ 전해질 $2e^-$

4. 부식현상

1) 용접부 : 부식, 균열, 진동
2) 볼트이음부 : 이음부 헐거워, 안전수명 단축

5. 부식 원인

1) 설계단계 미적용
2) 시공단계 방식 불량
3) 방식 전문인력 미확인

6. 부식 방지대책

1) 용접부 : 수분 녹 불순물 제거, 산화방지, 표면처리
2) 볼트이음부
 ① 신설 : 방식 처리된 재료
 ② 기존 : 부식억제제 처리, 부식도장, 볼트 교체
3) 설계단계 : 방식 적용
4) 방식 전문인력 : 유자격자

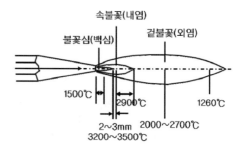

속불꽃(내염)
불꽃심(백심)
겉불꽃(외염)
$1500℃$
$2900℃$
$1260℃$
$2 \sim 3mm$ $2000 \sim 2700℃$
$3200 \sim 3500℃$

용접 시 불꽃온도

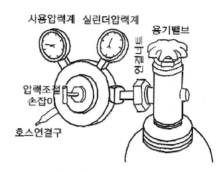

사용압력계 실린더압력계
용기밸브
연결너트
압력조절 손잡이
호스연결구

용기에 압력조정기 체결방법

18 철골 현장건립공법

1. 개요

1) 철골조립은 공장에서 제작하여 현장에서 조립하는 방법이다.
2) 사전계획 시 공사규모 입지조건 철골구조 공사 기간 등을 고려하여야 한다.

2. 종류 [암기] 나립출 현병지겹

1) Lift Up 공법
   ① 지상에서 조립하여 이동식크레인 유압잭 사용하여 건립
   ② 능률 우수, 오차 수정 가능
   ③ 하부작업 불가, Lift Up 시 집중 인원

2) Stage 조립공법
   ① 파이프 트러스와 같이 맞춤이 용접구조라서 가조립으로 달아올리기 불가능한 경우 철골 하부에 Stage를 짜고 철골의 각 부재를 3Stage에 지지하면서 전체를 조립
   ② Stage 작업장 사용, 맞춤 접합 조정용이
   ③ 고가, 조립 공기가 필요, 하부작업 불가

3) Stage 조출공법
   ① Stage 일부 설치하고 레일을 깔아 순차적으로 설치
   ② 부분 Stage로 하부작업과 조정이 가능, 작업장소 제한으로 양중설비 적음
   ③ 공기가 많이 소요되고, 숙련공 필요, 이동작업으로 철골 강성요구

4) 현장조립공법
   ① 부재길이 중량 등으로 전체조립 어려울 경우 소부재를 분할 반입하여 가까운 곳에서 조립하여 달아올려 작업
   ② 소부재로 운반용이, 현장조립으로 장척이 가능
   ③ 조립장소 필요, 현장조립공기 소요, 대형중량물로 계획제한 많음

5) 병립공법
   ① 계단식 작업으로 최상층까지 철골건립을 완료하고 순차적으로 건립
   ② 이동식크레인 사용 능률적, 순차적 건립으로 마무리
   ③ 자립 불가능 시 곤란, 제작과 조립순서가 달라 제작이 완료되어야 작업이 가능

6) 지주공법
   ① 부재 길이 중량의 제한으로 전체 달아 올려 조립 불가 시 지주위에서 접합하고 지주를 철거하는 공법
   ② 분할하여 올리므로 양중기의 적합한 계획 가능, 지주가 있어 솟구침 조정 가능
   ③ 지주 위 작업으로 능률 저하, 각부재 접합종료 후 지주를 빼낼 수 있으므로 지주의 반복사용은 불리

7) 겹쌓기공법
   ① 하부 1개 층씩 조립 완료 후 상부층 조립시공
   ② 제작과 조립순서 같아 조정용이, 타작업도 가능하여 공정진행 양호
   ③ 양중기 내부설치 시 철골보강 필요, 조립완료 후 양중기 해체 시 제약

철골 추락방지망

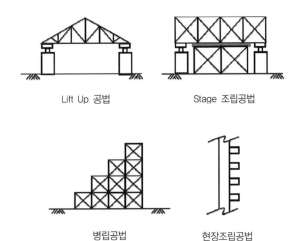

Lift Up 공법   Stage 조립공법

병립공법   현장조립공법

19 철골조립 안전대책

1. 개요

1) 철골조립은 공장에서 제작하여 현장에서 조립하는 방법으로 운전자, 작업자, 지시자, 신호자가 팀의 공동호흡을 맞추어 작업해야 한다.

2) 계획이 미흡 시 불협화음 및 작업순서 작업방법 등의 Miss가 발생하지 않도록 협력하여야 한다.

2. 건립준비 시 준수사항

1) 작업장 : 기계기구 건립 위한 평탄작업, 기초구조 형식 고려

2) 안전점검 : 수목 이식, 전주 이설, 가스 배수 상수도 이설

3) 확인사항 : 기계, 윈치, 앙카, 고정장치 적정여부 확인

3. 철골조립 시 안전대책

1) 인양로프 : 풀거나 낮추지 말 것

2) 기둥세우기 : 보와 연결하여 한 칸씩 조립

3) 보달지 못할 때 : 버팀줄 버팀대 설치

4) 기둥밑부분 : 버팀대 설치 후 W/R 철거

5) 분할핀 : 사전에 철골연결

6) 브래킷 커버플레이트 : 탈락하지 않도록 철선 긴결

7) 철골공구보관 : 재료, 분할핀, 볼트, 공구류, 낙하비래 방지

8) 달기로프 · 달포대 : 공구류 운반

9) 상하동시작업 : 긴밀히 협조하고 낙하구획 설정

10) 드래프트핀 타입 시 : 하부 출입통제

11) 각층 : 안전통로, 추락방지망, 구명줄

12) 강풍 시 자재적재 : W/R 턴버클로 긴결

13) 가공선로 : 이격거리 유지 확인

철골 안전대 사전설치

참고 **초고층건물 안전성 향상방안**

암기 풍내자방 풍실 저고

항목		내용
풍압력	풍동시험	건물주변 기류파악, 풍해예측
	실물대시험	풍압, Curtain Wall, 안전성 확보
내진대책		구조단순, 내력벽, 균등배치, 재료정량화 TMD(Turn Mass Damper) : 건물지진영향시 반대방향이동 진동소멸
자중경감	저층부	콘크리트고강도화, 고강도철근, 자중경감
	고층부	경량화, 조립화, 공장제품PC화
방진대책		진동원, 진동, 전달경로차단

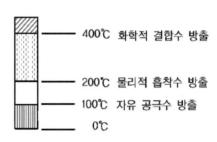

화재 발생시 콘크리트 손상

CHAPTER 14

20 리프트업 공법

1. 개요

1) 철골조립은 공장에서 제작하여 현장에서 조립하는 방법이다.
2) 리프트업 공법은 체육관 홀 공장 전시실 정비고 건립에 활용되며, 사전계획 시 공사규모 입지조건 철골구조 공기 등을 고려하여야 한다.

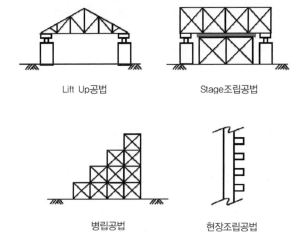

Lift Up공법 Stage조립공법

병립공법 현장조립공법

2. 특징

1) 지상조립으로 고소작업 적음
2) 능률이 높고 오차 수정 가능
3) 가설장비 절감
4) 시공성 우수하고 공기단축
5) 부재강성
6) 하부작업 불가
7) Lift Up 시 집중인력
8) 사전준비 철저, 숙련공 필요

3. 안전 암기 담보불내 출악전고 상달전정

철골 안전대 사전설치

철골 전도방지장치

참고 **철골공사 작업통로**

1. 개요

1) 철골공사의 작업통로란 임시로 설치되어 근로자 이동, 자재운반 등에 사용되며 수직통로와 수평통로로 대별된다.
2) 철골공사 시 작업통로는 불안전 요소 들이 다수 발생하므로 사전계획에 의거 시설되어야 한다.

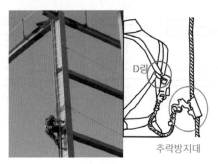

철골-Trap

2. 수직통로 암기 수직 수평

1) 승강로(Trap) : 강재 16mm, 높이 30cm, 폭 30cm
2) 철제, 줄사다리 : 공장제작 시 부착
3) 스터드볼트 : 철골, 콘크리트 부착력 증대, 수직통로
4) 기타 : 외부비계, 강재계단

3. 수평통로

1) 작업발판, 철골자체 : 로프, 안전대, 안전난간
2) 잔교 : 소운반, 작업통로

21 내화피복공법

1. 개요

1) 내화피복은 철골조의 기둥 보 등을 내화성능을 가진 재료로 감싸 화재로부터 보호하는 공법이다.
2) 철골구조용 강재는 온도가 500~600℃이면 응력이 50% 저하, 800℃ 이상이면 응력이 0에 가깝게 되므로 내화피복 시공 시 철저한 품질관리가 요구된다.

2. 목적

1) 철골 화재열로부터 보호
2) 온도상승 막아 변형방지
3) 내화성능 확보
4) 단열 흡음 효과

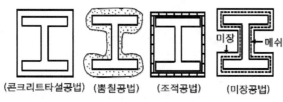

(콘크리트타설공법) (뿜칠공법) (조적공법) (미장공법)

내화피복

3. 종류 [암기] 습건합복 타뿜조미 이종질

1) 습식 : 타설, 뿜칠, 조적, 미장 공법
2) 건식 : 성형판붙임공법, 경량철골틀+접착제
3) 합성내화피복
   ① 이종재료 : 다른 마감재료 사용, 건식+습식
   ② 이질재료 : 외부 PC와 내부성형판을 접합하여 일체화
4) 복합내화피복 : 다기능을 충족, 외벽판넬(외벽마감+내화피복 기능), 천정(흡입+내화피복 기능)

4. 유의사항

1) 두께·밀도·중량 규정 준수
2) 분진
3) 낙하
4) 바닥오염
5) 내화기준

4층 이하	1hr 내화
5~11층	2hr 내화
12층 이상	3hr 내화

참고 철골구조물의 화재발생시 내화성능 확보하기 위한 철골보의 내화뿜칠재 두께 측정방법 판정기준

1. 적용

1) 고열보호
2) 내화뿜칠피복
3) 내화보드붙임
4) 피복공법
5) 내화도료도장

2. 측정방법

1) 외관 : 육안, 색깔, 표면상태, 균열, 박리
2) 두께 : 매층, 좌우 5m 간격 10개소 이상
3) 밀도 : 매층, 1개소 이상
4) 부착강도 : 매층 1개소 이상, 중간검사 시 시험부착, 완료검사
5) 배합비 : 원재료, 시멘트, 물, 매층 1회 이상

3. 판정기준

1) 두께측정, 구조체 전체평균 두께확보, 대표적부위 측정
2) 두께측정기, 피복재 수직, 핀, 슬라이딩디스크 밀착, 1mm단위 두께 측정
3) 기둥 보 설정된 곳 두께측정 1개소, 한변길이 500mm 구역설정, 무작위 10군데(플랜지 5군데, 웨이브 5군데), 두께측정, 최소값 기록

22 철골공사 작업발판

1. 개요

1) 철골공사 시 작업발판의 용도는 볼트체결, 용접
   용단, 도장, 마무리 작업 등에서 사용된다.
2) 전면발판은 비경제적이므로 부분발판이 많이 사용
   된다.

2. 전면발판

1) 전체시설
2) 비경제적
3) 거의 사용 안함

전면형 달대비계

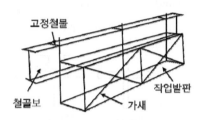

통로형 달대비계

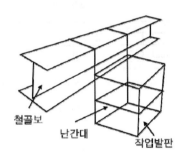

상자형 달대비계

3. 부분발판 암기 전통상

1) 달대비계
   ① 전면형 : 전면적 가설, 비경제적
   ② 통로형 : 내민보 조립틀
   ③ 상자형 : 내민보 상자모양

2) 기타 : 달비계(곤돌라), 이동식비계 등

** 작업발판 암기 달비대말 본간 전통상 각안

달비계	본달비계
	간이달비계(곤돌라)
달대비계	전면형
	통로형
	상자형
말비계	각립말비계
	안장말비계

CHAPTER 14

23 철골공사 안전시설

1. 개요

1) 철골공사는 고소작업으로 대부분 추락재해, 낙하
·비래재해 등이 발생한다.

2) 철골공사의 안전시설은 안전대 추락방지시설 낙
하방지시설로 대별되며, 안전대 등은 철골조립
전 설치한 후 조립하여야 한다.

2. 재해유형 `암기` 추감충협붕도낙비기

3. 철골공사 안전시설 `암기` 낙망반수투 주리통

추락방지	추락방지망, 표준안전난간, 안전대+부착설비
낙하비례방지	낙하물방지망, 낙하물방호선반, 수직보호망, 투하설비, 주출입구방호선반, 건설용 리프트 탑승대기장 방호선반, 통행로 `암기` 낙망반수투 주리통
기타시설	작업통로 : 수직, 수평 작업발판 : 달대비계, 달비계, 이동식비계 석면포 : 불꽃·비산방지

4. 건립 전 철골에 부착해야 할 부품

1) 추락방지설비
2) 승강용설비
3) 작업발판
4) 부재인양

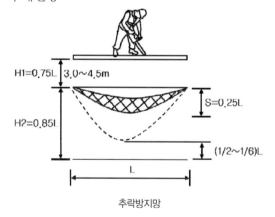

추락방지망

24 전단연결재(Shear Connector)

1. 개요

1) 전단연결재란 부재에 작용하는 전단응력에 저
항하는 연결철물을 말한다.

2) 이질구조체와 접합부 간에 강성을 확보하고 전
단응력에 대응하여야 한다.

2. 콘크리트 구조 `암기` 콘철P 옴스듀 스이 꺽앵집

1) 옴니어링 : 삼각형 모양
2) 스파이럴형 : 스프링 모양
3) 듀벨링 : 모양

3. 철골구조

1) Stud Bolt : 철골+콘크리트
2) 이형철근 구부리기 : 역오옴 모양

4. PC

1) 꺽쇄형 :][모양
2) 앵커형 : ⊓ 모양
3) 집게형 : 집게 모양

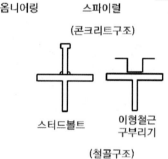

옴니어링   스파이럴   듀벨링

(콘크리트구조)

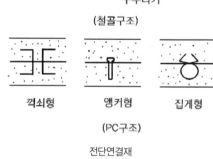

스터드볼트   이형철근 구부리기

(철골구조)

꺽쇠형   앵커형   집게형

(PC구조)

전단연결재

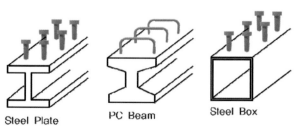

Steel Plate   PC Beam   Steel Box

교량전단연결재

25 철골결함

1. 개요

1) 강재의 결함은 수분에 의한 부식 및 용접용단 시 발생하는 열응력에 의한 부식, 볼트너트의 유격 등에 의해 결함이 발생한다.

2) 이에 방식의 중요성을 인식하여 정밀시공하여야 강재의 내구력 및 안전성을 유지할 수 있다.

전단연결재

2. 원인

1) 부식 발생
2) 볼트체결부 유격발생
3) 방식 불량

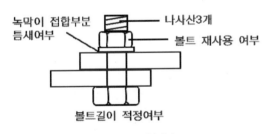

고력볼트 외관검사

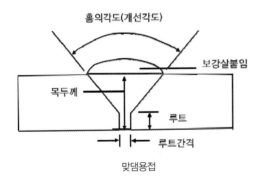

맞댐용접

3. 대책

1) 수분영향으로 녹 발생
2) 볼트 〉 용접
3) 볼트구멍 시공오차 시 유격발생
4) 방식변경 : 도장 + 테이프 → 도장 + 전기방식

참고 **강재의 저온균열, 고온균열**

1. 저온균열

1) 경화된 조직
① 다량의 합금원소 첨가에 따른 높은 탄소 당량, 주로, 열영향부에서 균열이 발생하며, High Strength Low alloy steel의 사용과 예열을 통한 경화조직 형성을 막는 방법을 사용한다
② 용접 후 800℃에서 500℃까지 빠른 냉각속도를 가질 경우 대처 방안은 예열 혹은 대입열용접의 적용이 있다.

2) 확산성수소
① 수소는 분해되어 H+ 상태로 쉽게 모재 속에 침투되고 시간이 지날수록 이동 후 결합되어 수소 Gas로 성장됨으로써 문제를 일으키고 있으며, 이러한 확산성 수소는 용접 시 고온에 의해 수분이 분해되어 발생한다.
② 확산성 수소량이 많을 수록 크랙이 발생하는 임계응력이 낮아져 낮은 응력에서도 크랙이 발생한다.
③ 대처 방안은 저수소계 용접봉의 사용과 soaking 처리가 효과적이며, 예열도 어느 정도 효과가 있다.

3) 잔류응력
① 잔류응력은 용접시 발생하는 수축응력이 구조물의 구속력에 의해 발생하며, 그 크기는 판두께, 구조물의 크기, 배부 보강재의 구속 정도에 따라 달라진다.
② 즉, 구속력이 클수록 용접 후 발생하는 잔류응력은 크게 된다.
③ 대처 방안은 예열과 용접절차에 의해 어느 정도 작게 할 수 있다.

2. 고온균열

일반적으로 고온 균열은 응고균열, HAZ액화 균열, 연성저하균열, Cu침투균열이 있으며 응고과정에서 용착금속에 발생하는 응고균열이 대부분이여 HAZ에서 발생하는 액화균열은 강재의 발전과 선급용강재 특성에 따라 현재는 거의 발생하지 않는다.

참고 **강재의 연성파괴와 취성파괴**

1. 연성파괴

1) 연성이 큰재료의 파괴는 단면적이 점이 될 때까지 파괴
되지 않고 첨단을 이룬다.
2) 대체로 천천히 진행되며 안정된 균열이라고 말한다.
3) 금속과 폴리머에서 연성파괴 형태가 많이 나타난다.
4) 네킹, 조그만 기공, 기공의 연결이 균열이 형성되어
파괴된다.

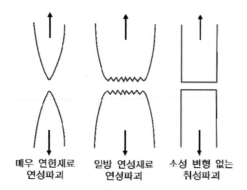

| 매우 연한재료 | 일방 연성재료 | 소성 변형 없는 |
| 연성파괴 | 연성파괴 | 취성파괴 |

연성파괴 취성파괴

2. 취성파괴

1) 소성변형 없이 균열이 빠르게 진행한다.
2) 파괴면이 대체적으로 평평하게 형성된다.
3) 균열이 빠르게 진행되며, 불안정한 균열이라고 말한다.
3) 대부분의 취성재료의 균열은 특정 결정면을 따라 원자
간의 결합이 연속되며 진행한다.

26 데크플레이트(Deck Plate)

1. 개요
1) 데크플레이트는사다리꼴 또는 사각형 모양으로 성형함
2) 면외방향의 강성과 길이방향의 내좌굴성을 높게 한 판으로 시공성 경제성을 향상시킴

2. 데크플레이트종류
1) 거푸집용 : 골형 및 평형
2) 구조용 : 철근트러스형 및 합성데크플레이트

3. 특징
1) 장점
① 지보공이 필요 없고
② 공기단축
③ 노무비 절감

2) 단점
① 연속적인 콘크리트 타설
② 철근배근 간단
③ 내화성 문제
④ 플로어의 배관 문제

4. 재해유형별 안전대책
1) 추락 예방
① 안전난간
② 안전방망
③ 안전대부착설비

2) 낙하예방
① 시공도면 및 시방서
② 부재간 용접, 판개 후 즉시 용접
③ 철골 하부 안전방망
④ 낙하구획설정, 출입통제

3) 붕괴예방
① 데크자재 과적치 금지,
② 보 거푸집 적치시보 거푸집 측판벌어짐 방지 위해 먼저 보강
③ 시공상세도 작성, 조립도 준수
④ 양단 걸침길이 확보
⑤ 콘크리트 과타설 집중타설 방지

5. 조립 설치 전 점검사항
1) 신호 유무선 통신체계,
2) 용접자유자격
3) 용접기, 가스공구, 휴대공구 확인 검사
4) 낙하방지조치 상태를 확인
5) 고소작업용 안전대, 용접 보호면, 차광안경 등 개인보호구 상태점검
6) 낙하물방지망, 추락방지망, 안전난간

데크플레이트

참고 철골 데크플레이트 설치

1. 사고원인
1) 안전그네 및 안전보호구 미착용
2) 상부에 중량물을 과적재
3) 작업중 개구부, 슬라브 단부로 추락
4) 가설통로가 미설치
5) 데크플레이트 설치하고 단부가 용접 미실시
6) 조립도, 작업순서 미작성
7) 용접시 용접기의 누전

2. 안전대책
1) 안전그네 착용 및 안전고리 체결 철저
2) 데크플레이트상에 중량물 과적재 금지
3) 개구부, 슬라브 단부 안전대 및 추락방지망 설치
4) 가설통로 설치
5) 탈락되지 않도록 가용접 철저
6) 조립도 작성 및 개구부가 최소화
7) 교류아크용접기에 자동전격방지기설치, 충전부 절연 조치, 외함접지 실시

해체공사

01 철골공사

1. 개요

1) 건설현장의 해체공사 시에는 소음 진동 분진이 발생하여 생활환경에 영향을 초래한다.
2) 특히 공해 폐기물 등은 환경 사고를 유발하므로 설계단계에서 사전계획을 세워 작업에 임해야 한다.

2. 구조물 해체요인

1) 경제적 수명한계
2) 구조적 기능
3) 주거환경
4) 도시정비
5) 재개발

3. 구조물 해체공사 종류 ^{암기} 스드와애와브팽기

1) Steel Ball
2) Drill & Blast
3) Water Jet
4) Air Jet
5) Wire Saw
6) Breaker
7) 팽창성 파쇄공법
8) 기계절단방식

4. 해체공사 시 사전준비 사항

^{암기} 구평부해 소진분 기인지도접

1) 구조물 특성
2) 평면구성 상태
3) 부지상황
4) 해체적용
5) 소음 진동 분진
6) 기계위치
7) 인접건물
8) 지하매설물
9) 도로상황
10) 접속도로

5. 해체공법 특징

1) 철해머 : 1~3ton 추를 크레인에 매달아 상하좌우 회전하여 충격력으로 파쇄하는 공법으로, 소규모 적용하고 능률이 양호하나, 소음 진동이 발생한다.

2) 소형브레이커 : 압축기의 충격력 작용으로 파쇄하며, 작은 부재로 만들어 운반하기 위해 사용하며, 소음 진동이 발생한다.
3) 대형브레이커 : 능률 좋고 경제적이나 소음 분진이 발생한다.
4) 절단공법 : 회전톱을 고속회전하여 절단하는 작업으로 작업성이 양호하고 진동분진 감소하나 2차 파쇄가 필요하고, 접합부는 절단이 불가하며, 전력과 물이 필요하다.
5) 전도공법 : W/R 인장력에 의한 전도 유도한다.
6) 유압잭 : 보 사이에 설치하여 소음 진동 감소하고 기동성 시공성 양호하나 Jack 숙련공 필요하다.
7) 압쇄 : 압쇄기를 사용하며, 저소음 저진동으로 철근콘크리트에 적합하다.
8) 팽창압 : 천공 후 혼합팽창제의 팽창압에 의해 파쇄하는 공법으로 도심지에서 유리하며, 무소음 무진동이나, 팽창재 고가이다.
9) 발파 : 화약의 충격파 가스압에 의한 대형구조물, 암석 파쇄에 적용되며, 비산 소음 진동발생으로 도심지공사 시 불가하다.
10) 폭파 : 폭약 및 지발뇌관을 사용하여 순간적인 폭발을 일으키며, 정확히 붕괴방향을 유도하고, 소음 진동 순간적이며, 공기 적고, 재래식으로 불가능 한 곳 해체 시 적용되는 공법이다.
11) 워터제트 : 물의 초고압 초고속 충격에너지를 사용하며 협소한 곳에서 유리하며, 분진 진동 없으나 물분사 시 소음이 발생한다.
12) 레이저 : 광선으로 육중한 부재에 다량에너지 발생하여 파쇄하는 공법으로 대용량 장치이다.

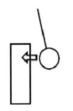   

Steel Ball   Breaker   Wire Saw   할암공법

참고 **구조물 철거작업**

1. 사고원인

1) 철거계획 미수립, 구조검토서 미확인
2) 현장조사 미실시, 설계도면 미검토
3) 장비 진입로 및 굴삭기 점검 불충분
4) 가설방음벽 방호벽 미설치
5) 크레인 및 인양장비 지반지내력 미확인
6) 장비배치 구조물 하부 잭 서포트 보강불량
7) 근로자 안전교육 미실시
8) 운전원 운전면허증, 등록증 등 미확인

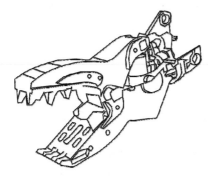

압쇄기

2. 안전대책

1) 장비안전성 확인, 지반지내력 측정
2) 장비운전자 자격증 등록증 확인
3) 작업반경내 출입금지
4) 분진 비산방지 살수
5) 압쇄기 브레이커 장비간 안전거리
6) 와이어로프 사전점검
7) 절단구조물 전도방지
8) 철근 분리시 비산방지 살수
9) 파쇄시 규정속도 준수

02 절단톱 해체공사

1. 개요

1) 절단톱의 전면부 공업용 다이아몬드 입자가 회전하며 구조물을 적당한 크기로 절단하는 공법이다.

2) 작업 후에는 정리정돈을 실시하고 접촉방지, 조임상태 확인 등으로 후속작업에 사고가 발생하지 않도록 조치를 하여야 한다.

2. 특징

1) 작업성, 운반성 양호
2) 진동·분진 없고
3) 가시설 필요 없음
4) 기계대수 조절가능
5) 2차 파쇄 시 소음
6) 접합부절단 어려움
7) 전력, 물 공급이 필요

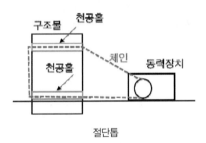

절단톱

3. 절단 톱 사용 시 준수사항

1) 정리정돈
2) 전기 급수 배수
3) 접촉방지커버
4) 조임상태 확인
5) 냉각수
6) 직선절단
7) 최소 단면 가능
8) 점검 정비
9) 윤활유 교체

4. 구조물 해체공사 종류

암기 스드와애와브팽기

1) Steel Ball
2) Drill & Blast
3) Water Jet
4) Air Jet
5) Wire Saw
6) Breaker
7) 팽창성 파쇄공법
8) 기계절단방식

CHAPTER 15

03 팽창성 파쇄공법

1. 개요

팽창성파쇄공법은 드릴로 천공 후 물과 혼합한 팽창제를 충전하여 광물의 수화반응으로 팽창압의 인장응력에 의한 파쇄공법이다.

2. 팽창성파쇄제의 종류 [알기] 부스감

1) 브라이스터
2) S-마이트
3) 감마이트

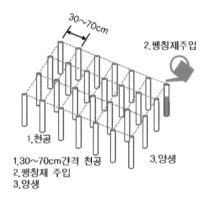

팽창제 파쇄공법

3. 준수사항

1) 팽창제물 혼합비율
2) 천공직경 30~50mm
3) 천공간격 30~70cm
4) 건조저장
5) 바닥에 습기가 없도록
6) 개봉된 것 사용 불가
7) 남겨서 사용 불가

4. 시공순서

5. 특징

1) 팽창압
2) 소음 진동 비석 없음
3) 법적규제 없음
4) 계획방향 작용
5) 수중 파쇄가능
6) 무소음 무진동

7) 규정온도 유지 필요
8) 천공직경 간격유지
9) 고가

6. 시공 시 유의사항

1) 적용온도 유지
2) 간격
3) 비빔충전 시 보안경
4) 고무장갑
5) 비빔 후 즉시 충전
6) 양생온도
7) 출입금지
8) 안전보호구
9) 눈에 튀면 눈을 세척 후 즉시 병원이송

04 발파식 해체공법(폭파공법)

1. 개요

1) 지지점의 Preweaking 지점에 폭약을 넣어 순간적으로 붕괴방향을 유도하여 해체하는 공법으로 재래식 불가능한 구조물 해체에 사용된다.
2) 소음·진동·분진이 순간적으로 일어나며 주변 시설피해가 적다.

2. 발파식 해체공법 적용

1) 난공사 : 기존재래식 공법으로 불가능 시
2) 기울거나 균열 시 : 인명피해 우려
3) 주변취약구조 : 소음 진동 분진이 심각한 우려
4) 특수해체 : 특수교량, 선박, 공장, 타워

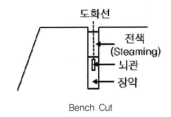

Bench Cut

3. 특징

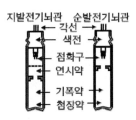

지발뇌관 순발뇌관

1) 공기단축
2) 소음·진동·분진이 순간적으로 발생하여 주변 피해가 적음
3) 지발시간차 적용
4) 재래식 불가
5) 외국 기술로 로얄티
6) 공사비 과다
7) 인허가 복잡

4. 수행절차

주변환경 영향조사 → 발파설계 시험발파 → Preweaking 및 발파 → 잔류폭약처리 주변조사

5. 수행절차

1) 공사내용 : 구조, 부재단면, 높이
2) 구조물분석 : 응력해석, 붕괴방향
3) 주변상황 및 환경영향조사 : 분진, 소음, 진동
4) 시험발파 : 붕괴순서방향, 안전시설 설치, 공해방지, 보험가입여부 확인
5) Preweaking : 사전 천공작업하여 계획하는 방향으로 전도를 유도
6) 발파 : 천공-장약-발파
 ① 대피 : 구급차, 소방차
 ② 확인 : 대피 확인, 위험요인 제거 후
7) 잔류폭발물 유무 : 안전확인 후 15분 전 출입금지, 15분 이내 불발 여부 확인, 인접구조 점검
8) 잔재물처리 : 분쇄하여 선별운반, 운반 시 분진방지

6. 규제치

1) 소음(dB) 암기 주상 심조주

적용	심야(22~05)	조석(05~08)	주간(08~18)
주거지	50dB 이하	60dB 이하	65dB 이하
상업지	50dB 이하	65dB 이하	70dB 이하

2) 진동허용규제기준(cm/sec) 암기 문주상철컴

구분	문화재	주택, apt	상가	철근콘크리트 공장	컴퓨터
허용 진동치	0.2	0.5	1.0	1.0	0.2

3) 미세먼지 규제기준

항목	기준($\mu g/m^3$)	측정방법
미세먼지 (PM-10)	연간 평균치 : 50 이하 24시간 평균치 : 100 이하	베타선 흡수법

05 지발효과

1. 개요

1) 발파 시 시간차를 두고 폭약을 폭파시키는 방법이다.

2) 전기식뇌관은 공업용 뇌관에 전기점화장치를 장착하고, 비전기식뇌관은 천둥, 번개, 낙뢰의 발화를 방지하기 위한 뇌관이다.

2. 뇌관의 종류 `암기` 공전비 순지 DM

1) 공업용뇌관 : 도화선에 점화

2) 전기식뇌관 : 공업용에 전기점화장치 연결
   ① 순발전기뇌관 : 통전과 동시 점화
   ② 지발전기뇌관 : 점화장치와 기폭약사이에 연기장치를 연결하여 단계적인 폭발을 일으키며 전기뇌관을 사용

3) 비전기식뇌관 : 천둥 번개 고주파전압 발화방지

DS(Desi-second)	MS(Millisecond)
기폭약 폭발 시까지 시간간격차 1/10초 이상의 것 단간격 0.25초	기폭약 폭발 시까지 시간간격차 1/100초 이상의 것 단간격 0.025초

3. MS 지발효과

1) 일정 시간차로 0.1~0.5초 시차로 붕괴 순차적
2) 충격진동 고려
3) 소음 진동 적고 암반이완 없음
4) 인접발파공 영향적고
5) 잔류약 없고
6) 적게 파쇄

지발뇌관 순발뇌관

06 해체작업 안전대책

1. 개요

1) 사전 해체작업계획서를 작성 및 계획서에 의거 안전교육 실시 후 작업을 추진한다.
2) 관계자 외 출입금지 조치, 지장물 및 전선 등 사고예방 조치
3) 폐기물반출장소 확보하고 살수시설을 갖추고 작업에 임한다.

2. 안전대책

1) 출입금지
2) 악천후 시 작업중지
3) 사용 기계 기구 인양 및 하역 시 그물망 그물포대 사용
4) 외벽기둥 전도작업, 전도작업 시 대피
5) 외곽방호용 비계
6) 방진벽 차단벽 설치
7) 살수시설 설치
8) 신호규정 준수
9) 대피소
10) 안전관리조직
11) 안전교육
12) 안전시설
13) 각종 보호구

3. 공해방지대책 [암기] 소진분지폐

1) 소음 진동 대책 [암기] 주상 심조주 문주상철컴
2) 분진
3) 침하
4) 폐기물 [암기] 수구평직집처
5) 보호구

[참고] 해체폐기물 처리계획

1. 개요

1) 건설공사의 대규모 복잡화 재개발지역의 확충 등으로 사회적 문제, 환경보호, 폐기물처리 등의 이슈가 대두되고 있다.
2) 해체폐기물은 자원절약 에너지재활용 등 측면에서 가치가 있으나, 공해방지시설 재활용계획 등을 면밀히 검토한 후 작업에 임해야 한다.

2. 고려사항

1) 낙하 : 적절한 기계 방법, 인근 피해
2) 적치 : 슈트 지상 개구부, 적치 장소 마련
3) 물량 : 해체기기, 반출계획, 처분장소
4) 반출 : 차량운행계획, 운반차량규격
5) 처리 : 거리, 조건, 해체공사비
6) 재생이용 : 자원절약, 재생, 재이용

3. 해체폐기물 이용방법 [암기] 직가재환

1) 부재해체물
   ① 직접이용법 : 해체하여 재활용
   ② 가공이용법 : 도로 하층재료로 사용

2) 파쇄해체물
   ① 재생이용형 : 재생골재, 재생골재콘크리트
   ② 환원형 : 소각하여 에너지 환수

07 노후건물 철거 시 행정절차

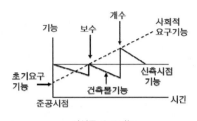

시설물 요구기능

1. 개요

1) 재개발지역은 노후건물 등의 내구연한 한계상황, 사용성 저하, 안전성 등을 위해 취약구조 등에 대해서 행정절차가 이루어지고 있다.

2) 사전 정밀진단 후 철거 시까지 면밀한 계획에 의해 안전성 경제성 등을 고려하여 작업에 임해야 한다.

2. 구조물 상태평가 [암기] A B C D E

상태 등급	노후화 상태	조치
A	문제점 없는 최상상태	정상적, 유지관리
B	경미손상 양호상태	지속적으로 주의관찰
C	보조부재손상, 보통상태	지속적인 감시 및 보수·보강
D	주요부재, 노후화 진전	사용제한여부 판단 정밀안전진단 필요
E	주요부재, 노후화 심각	사용금지, 교체, 개축 긴급보강조치

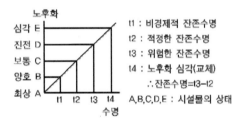

t1 : 비경제적 잔존수명
t2 : 적정한 잔존수명
t3 : 위험한 잔존수명
t4 : 노후화 심각(교체)
∴잔존수명=t3-t2
A,B,C,D,E : 시설물의 상태

구조물 잔존수명

3. 행정절차

정밀안전진단 ─ 구조물상태평가 ─ 철거승인요청 ─ 철거

1) 정밀안전진단 : 주요부 상태, 강도, 철근배근상태 등 진단

2) 구조물상태평가 : 노후화 사용성 안전성 등을 평가

3) 철거승인요청 : 관할기관에 노후상태 및 향후개발 방향 등을 제시하고 철거승인 요청

4) 철거 : 안전대책, 폐기물처리대책

4. 구조물 해체 필요성

1) 도시미관 : 미관고려 노후화 개선

2) 주거성능개선 : 냉·난방에너지 주거수준 향상

3) 토지이용 극대화 : 고층으로 이용율 확대

4) 쾌적한 환경 : 유휴토지의 녹지화로 쾌적한 생활환경 조성

5. 구조물철거 Process

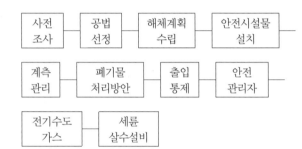

1) 사전조사 : 출입로, 주변환경, 법적인 문제

2) 공법선정 : 시공성 경제성 안전성+무공해성

3) 해체계획 : 작업방법, 순서, 인원, 장비

4) 안전시설 : 안전난간, 추락방지망, 낙하물방지망

5) 계측관리 : 소음·진동·분진, 환경민원

6) 폐기물처리방안

7) 출입통제

8) 안전관리자 배치

9) 전기수도가스 차단

10) 세륜, 살수설비 가동

[참고] **발파 시, 진동 파손 우려 시 통제사항(9가지)**

[암기] 계안통인 진지자폭 이

1. 계획 : 발파작업으로 인한 주변상황과 발파영향
2. 안전성 : 도심지 시험발파
3. 통제 : 작업내용 조치통보, 소유자 점유자
4. 인접구조물 : 피해 손상 예방, 허용치 이내
5. 진동 : 발파작업책임자, 검사기록해석
6. 지발뇌관 : 발파진동경감, 저폭속 사용
7. 자유면 : 많은 자유면 이용
8. 폭발음 : 경감 위해 토제쌓기, 풍향 풍속 고려하고 지발뇌관 사용
9. 이상현상 : 소음 진동 소량 시 고압가스분출

08 화약류 취급운반

1. 개요

1) 발파작업은 화약류의 수송 취급 저장에 관해 유자격자가 지휘 감독하에 작업을 한다.
2) 화약류 취급운반 시 유자격을 갖춘 경험자가 지휘 감독하에 작업을 한다.

2. 화약류 선정

1) 전문가
2) 발파 현장 상황
3) 암석 단단함
4) 화약 성능
5) 경제성

3. 화약류 취급

1) 취급주의 : 충격, 두드림, 던지기, 낙하 금지
2) 금지 : 화기, 그라인더, 흡연
3) 화약류 상자 : 화약류 상자는 철제기구로 억지로 개폐 금지
4) 전기뇌관 접촉 금지 : 전지, 전선, 모터, 전기, 철제
5) 보관 : 습기 없는 곳
6) 화약류 수납용기 : 나무 등 전기부도체 사용, 견고한 구조
7) 종류별 : 화약 도폭선 화공품 등은 별도수납
8) 굳은 폭약 : 굳은 폭약은 부드럽게 풀고 사용
9) 여분화약 : 반입금지
10) 잔여화약류 : 신속히 화약취급소에 보관
11) 취급 시 주의 : 도난주의, 과부족 주의

4. 화약류 운반

1) 도난대비 2인 이상 경비원, 가스분사기 휴대
2) 적재함 청소
3) 화약차량 구별
4) 다른 것과 혼합금지
5) 화약주임지시
6) 비상사태대책
7) 단단히 묶고 개봉금지
8) 소화기 1대 이상 준비
9) 뇌관 화약을 동차량에 운반 시 : 뇌관만 다른 보호용기에 넣고 운반

CHAPTER 15

09 발파 전·후 처리방법

1. 개요

1) 발파 후 유독가스 제거를 위한 환기작업을 실시한다.
2) 화약류 책임자는 잔류화약을 확인하고 장비 및 인력에 의한 부석제거를 실시한다.

2. 도화선 발파 시

1) 폭음 수 확인
2) 발파 후 접근시간 : 15분 이상 경과 후 가스제거 후 부석처리
3) 발파 후 점검 : 잔재화약, 구멍 끝 잔류물 확인
4) 기타 : 잔류화약 수거하여 보관소 반납, 삽입봉 삽입물 정리정돈, 상황종료보고

3. 전기발파 시

1) 발파모선 발파기 분리
2) 발파 후 접근시간 : 15분 이상 경과 후 접근

4. 불발 시 처리방법

1) 회수 불가 시
① 인력으로 30cm 이상 이격시켜 평행으로 천공하여 발파
② 기계로 60cm 이상 이격시켜 평행으로 천공하여 발파
2) 회수 가능 시 : 수압 및 압축공기 사용하여 회수

참고 **발파 작업 시 안전대책**

1. 개요

1) 화약류 유자격자 지정 및 발파계획작성 및 화약류 운반 취급 및 발파에 대한 안전대책을 세운다.
2) 장약 및 대피 후 방송하고 발파하며, 발파 후 환기 및 잔류화약 확인한다.

2. 재해유형

암기 추감충협붕도낙비기 전화발폭밀

3. 안전대책

1) 발파책임자 지휘
2) 발파시방 준수
3) 암질변화구간 시험발파
4) 암질판별 실시
5) 발파시방 변경 시 시험발파
6) 주변 구조물 인접발파
7) 화약양도양수허가증 유효기간 확인
8) 작업자 안전
9) 부석제거 : 장비 2회, 인력 2회
10) 발파작업 시 : 경보 및 대피, 불발잔약 확인, 2차 붕괴 방지, 낙반 부석처리

전문공사

01 교량 분류

1. 개요

1) 교량의 구조는 상부구조, 교좌장치, 하부구조로 대별된다.
2) 가설공법 : 현장타설공법, Precast공법
3) F.S.M만 동바리를 사용하여 하부공간 이용에 제약이 있고 나머지 공법은 토질·지형과 관계 없이 하부공간 이용을 할 수 있다.

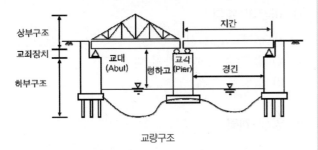

교량구조

2. 공법선정 시 고려사항 [암기] 시경안공 공민환교 연하인주

1) 시공성, 경제성, 안전성
2) 공사기간, 공사비
3) 민원, 환경, 교통
4) 연약지반
5) 하부매설물
6) 인접지형
7) 주변 구조물
8) 하부공간 이용
9) 건설공해

3. 가설공법 분류 [암기] 현P FIMF PGS

1) 현장타설공법
① F.S.M 공법 : 동바리를 사용하여 낮은 구조와 소규모 교량에 적합하다.
② I.L.M 공법 : Abut에 제작장 설치하고 압출장비를 사용하는 밀어내는 공법이며 높으면 유리하다.
③ M.S.S 공법 : 특수이동지보를 사용하여 한경 간씩 이동하는 공법이며, 상부이동식 하부이동식이 있다
④ F.C.M 공법 : Form Traveller를 좌우대칭시켜 segment를 조립하는 공법으로, 길수록 유리하고, 비용이 고가이다.

2) Precast공법
① P.G.M 공법 : 상부구조를 제작장으로 활용하여 크레인으로 운반하여 조립하는 공법으로, 속도가 빠르고, 소규모 공사에 적합하다.
② P.S.M공법 : Box Girder를 제작장에서 제작하고 가설장비로 운반하여 거치하는 공법으로, 운반 시 커브 요철 등에 주의하여야 하며, segment 제작 시 고도의 정밀을 요구한다.

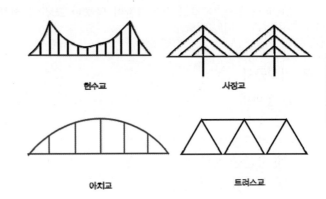

4. 교량 분류 [암기] 현사아트 휀레스하 타랭닐 워플하킹

1) 현수교 : 케이블 매달아 하중 배분
2) 사장교
① 탑을 세워 케이블을 비스듬히 당겨 설치
② 종류 : Fan, Radiation, Star, Harp

3) 아치교
① 양단을 하부에 구속
② 종류 : 타이드, 랭거, 닐슨

4) 트러스교
① 트러스, 메인거더
② 종류 : 워런, 플랫, 하우, 킹포스트

02 F.S.M(Full Staging Method) 공법

1. 개요
1) F.S.M 공법은 기존공법과 같이 거푸집 동바리를 설치하여 콘크리트의 강도가 허용된 값을 나타낼 때까지 동바리로 지지하는 공법이다.
2) 교량이 높지 않고 하부지반이 양호한 조건에 적합하다.

2. 가설공사
1) 동바리
  ① 강성
  ② 부등침하, 진동충격 고려
  ③ 충분한 하중
  ④ 경사와 높이

2) 거푸집
  ① 자중과 작업하중 측압
  ② 박리제
  ③ 강도 내구성 수밀성
  ④ 조임재 볼트 강봉

3. 콘크리트 시공계획
1) 타설순서 : Slab-Web-Deck-Slab
2) 중앙에서 좌우대칭
3) 시공이음 + - 모멘트 교차점

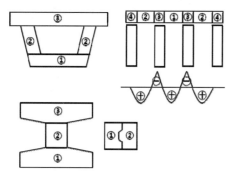

콘크리트 타설계획

4. 콘크리트 타설계획
1) 재료분리 방지
2) 타설 높이 최소
3) 철근거푸집 변형 주의
4) 밀실다짐
5) 진동기 페이스트 떠오를 때까지 다짐
  5~15초@50cm

5. 시공이음 처리계획
1) 수평시공이음
  ① 압축력 직각
  ② Laitance
  ③ 길이 면적 최소

2) 수직시공이음
  ① 연속타설로 Cold Joint 방지
  ② 온도응력, 건조수축
  ③ 방수 지수판 설치
  ④ 가능한 설치 하지 않음

6. 마무리 계획
1) 수직 Joint 설치
2) 철근 주위 평탄하게 다짐
3) 중앙부 높게

7. 양생 계획
1) 습윤상태 유지, 지속적인 살수
2) 건조수축 방지계획
3) 서중콘크리트 한중콘크리트 고려

참고 콘크리트 타설방법

1. 재료분리 방지

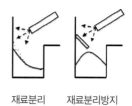

재료분리   재료분리방지

2. 진동기 다짐방법
1) 40cm 상하부 10cm 겹치게
2) 5~15초@50cm
3) 콘크리트 타설순서 준수

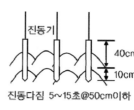

진동다짐 5~15초@50cm이하

콘크리트 다짐방법

03 F.C.M(Free Cantilever Method)공법

1. 개요

1) F.C.M 공법은 교각 위에 Form Traveller를 설치하여 교각중심으로부터 좌우로 1segment씩 전진 가설하는 공법이다.
2) 상부는 포스텐션방식으로 세그먼트를 순차적으로 연결한다.

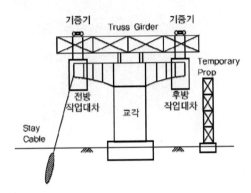

Free Cantilever Method

2. 특징

1) segment 2~5m씩 분할하며 반복시공
2) 경제적이고 능률적임
3) 가설 추가단면 설치
4) 불균형모멘트처리 균형유지
5) Bent 처리

3. 공법별 특성

1) 현장타설공법(Form Traveller)
   ① 가장 많이 시공
   ② 교각 상부 주두부
   ③ 양측 F/T 이용
   ④ 콘크리트 타설

2) 이동지보공
   ① 독일 P & Z사
   ② 교각 Pier Table 위에 Truss Girder 설치
   ③ T/G 지지된 거푸집 이동
   ④ 상부공 시공

3) Precast segment
   ① 공장 제작
   ② 미리 segment 제작
   ③ 현장 양중기 or Launching Girder이용 1segment씩 접합

4. 시공 시 유의사항

1) Form Traveller
   ① 전도방지
   ② 대차정착
   ③ 레일고정
   ④ 대차수평
   ⑤ Jack 조작

2) Pier Table
   ① Temporary Prop
   ② 불균형 moment 처리
   ③ Stay cable
   ④ Fixation Bar

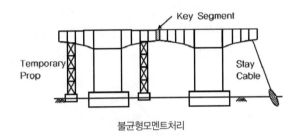

불균형모멘트처리

3) Sand Jack 시공
   ① Steel Prop
   ② Pier Table 사이
   ③ 탄성변형 방지
   ④ 해체 시 여유간격 제공
   ⑤ 시소현상 방지
   ⑥ 주두부 시공 전 완료

4) 콘크리트 타설순서 준수

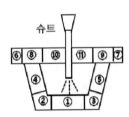

콘크리트 타설순서

5) 처짐관리
   ① 원인 : 콘크리트 탄성변형, Creep, 건조수축, Relaxation
   ② Camber 관리 : 미리 계산하여 솟음값
   ③ 응력재분배 : Key segment연결 완료 시 정정구조에서 부정정구조로 변하여 처짐 감소

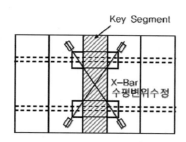

Key Segment 수평변위조정

6) Key segment 접합
① 중앙접합부 : 연결 segment 시공
② Digonal Bar : 양끝단 연결하여 오차를 수정하고 고정
③ 종방향버팀대 : 상하부버팀대 설치 후 프리스트레싱하여 교축방향의 변위에 대응
④ H빔 강봉교정 : H빔 끝단에 연결된 강봉을 고정하여 유압으로 수직방향 변위를 조정

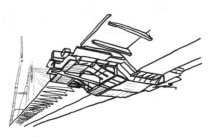

Key Segment

참고 **FCM 공법**

1. 사고원인

1) 고소작업자 안전대미착용
2) 강봉긴장시 이상긴장력으로 PSC 강선이탈
3) 워킹타워 벽이음 지지불량
4) 구조물 단부 개구부 뚜껑 미설치
5) 사다리 여장미흡 및 상부미고정
6) 주두부 이동통로 안전조치 미실시
7) 악천후시 무리한 작업 강행
8) 강봉삽입불량 중 인력조정시 손가락 협착
9) 작업대차 이동순서 및 현장규정 미이행
10) 슬링벨트 샤클 사용규정 미준수

FCM 공법

2. 안전대책

1) 고소 작업자 안전대 착용 철저
2) 강봉인장시 출입통제
3) 워킹타워 벽이음재 구조검토
4) 작업통로의 확보, 단부개구부 안전난간 설치
5) 사다리 상부고정 상부여장 아웃리거 설치
6) 승강통로 안전난간대 설치
7) 최대풍속 10m/s 이상시 작업중지
8) 긴장장치 작업전중후 출입통제
9) 강선 인장작업결과 확인, 인장 완료 전 바닥슬라브 거푸집 해체 금지

Free Cantilever Method

04 M.S.S(Movable Scaffolding System)공법

1. 개요

1) M.S.S 공법은 교각상부에 가설장비를 설치하여 한경간씩 다음 경간으로 이동하며 상부를 시공하는 공법이다.

2) 최대 경간장은 40~70m이며 상부가설장비가 대형이다.

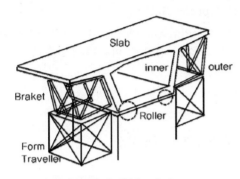

Movable Scaffolding System

2. 특징

1) 다경간 반복작업 가능
2) 능률 양호
3) 노무비 절감
4) 기계화
5) 하부지형 무관
6) 대형기계설비
7) 초기투자비 고가
8) 변화단면은 불가하고 직선 동일한 곡면은 가능

M.S.S. 공법

3. 종류

1) 상부이동식
2) 하부이동식

4. 시공법

1) 상부 MSS : Jack전진-이동받침대 이동
2) 하부 MSS : 이동준비-비계보 이동-비계보 설치 -후진보 이동

참고 **MSS 공법**

1. 사고원인

1) 안전대 미착용
2) 그라우팅 재료에 안구손상 및 피부질환
3) 강봉컷팅 작업시 강봉이 충돌
4) 세그먼트 단부 개구부 안전시설 미설치
5) 강봉삽입 인력 조정작업 시 협착
6) 내·외부거푸집 승·하강 이동통로 설치불량
7) 벽체철근조립 및 형틀 작업시 작업발판 및 안전난간 미설치
8) 강봉인장시 이상긴장력에 의한 PSC 강선의 튐
9) 강재 용접작업중 누설전류 발생
10) 횡보 하부에 추락방호조치 미흡
11) 교각브라켓에 안전가시설 미설치
12) 주두부 안전가시설 미설치
13) 이동식비계 설치해체 작업순서 미준수
14) 교량상부 이동통로의 전도방지 조치 미흡
15) 이동식크레인의 전도 방지조치 미흡

2. 안전대책

1) 안전대부착시설 설치 및 안전대착용
2) 강봉컷팅작업 전 강봉의 응력제거
3) 이동통로 및 안전난간대 설치 철저
4) 작업개소에 맞는 승하강통로 설치
5) 철근 형틀 작업시 작업발판 및 안전난간 설치
6) 긴장장치 점검, 긴장장치 후방 출입금지
7) 용접선의 피복 손상상태 확인, 충전부 절연조치
8) 횡보 하부에 추락방지시설 설치
9) 교각브라켓 작업발판, 안전난간, 사다리 등 설치
10) 주두부에 작업발판, 안전난간 설치
11) 이동식비계 설치 해체 작업순서 규정이행
12) 이동식크레인의 지반침하 방지조치

05 I.L.M(Incremental Launching Method)공법

1. 개요

1) I.L.M 공법은 Abut 후방에 작업장을 만들어 일정한 길이의 상부를 제작하여 추진잭으로 선단부 Nose를 밀어내는 공법이다

2) 압출 시 마찰력을 최소화하기 위해 롤러 및 미끄럼판을 사용한다.

I.L.M 공법

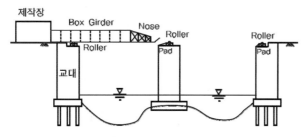

Incremental Launching Method

2. 특징

1) Abut 후면에 제작장를 설치하여 전천후 작업이 가능
2) 동바리 필요 없음
3) 주행성 양호
4) 신축이음 감소
5) 반복하여 시공성 우수
6) 직선 및 동일곡률 가능
7) 제작장 설치 공간 필요
8) 짧은 교장은 비경제적

3. 시공법

1) 제작장
   ① segment길이 2~3배, Mould 기초
   ② Temporary Pier
   ③ Mould & Jack 양생설비, 천막설치

2) Nose : Truss, 선단부 Jack
3) segment 제작
   ① Span 절반정도
   ② 앞 segment·Web·뒤바닥 Slab 동시 시공

4) 압출
   ① Lift Push : 프랑스
   ② Pulling : 영국, 압출속도 10cm/min/cycle

4. Sliding Pad

1) Bearing상부, Literal Girder, 측면 1장씩
2) Neoprens Sheets,
   PTEE 철판500mm×500mm×20mm사용, 실리콘·그리스 등으로 마찰력 감소
3) 강재긴장
   ① Central Strand
   ② Continuity Tendon
4) 교좌장치 : 영구고정

I.L.M공법 Nose

5. 시공 시 유의사항

1) 제작장
   ① 기초지지력
   ② 배수, 구배

2) 콘크리트타설
   ① Sand Blasting PC 부식 제거
   ② Slump 10cm, 천막설치

3) 양생
   ① Cold Joint, Pre Cooling Pipe Cooling, 습윤양생
   ② 최대온도 60~70°
   ③ 양생포 설치하여 직사광선 피하고
   ④ 온도계 외부 1개 내부 2개 이상

4) 강선긴장
  ① 설계 80% 이상 긴장, 절단 2~3cm 여유
  ② 유압호스 Guage 사전점검하고 대칭긴장

5) 압출
  ① Sliding Pad 뒤집으면 안 되고
  ② 기울어지면 안 됨
  ③ Grease로 마찰계수 줄임

참고 **제작장 설치**

1. 사고원인

1) 콘크리트 양생중 증기양생 증기에 화상
2) 제작장지붕 설치작업시 단부로 추락
3) 철골 기둥보 및 조립 중 추락
4) 콘크리트 양생장소에 출입하던 중 질식
5) 제작장단부 안전시설 미흡
6) 유압잭 충격으로 충돌 협착
7) 교류아크용접기 사용 중 감전

2. 안전대책

1) 콘크리트 증기양생시 증기발생 부위 접근금지
2) 제작장지붕 안전대 착용후 작업
3) 철골조립시 안전대 착용후 작업
4) 콘크리트 양생장소 출입시 환기실시, 산소, 가스농도 체크
5) 제작장주변 추락위험장소 안전난간대 설치
6) 유압잭등 충돌 협착 위험으로 출입통제
7) 교류아크용접기에 외함접지, 자동전격방지기 설치

제작장 설치

참고 **ILM 공법**

1. 사고원인

1) 강선 인장잭의 실린더에 손가락 협착
2) 거푸집 단부에안전시설 미설치
3) 작업통로, 작업발판 미확보
4) 강선 긴장력, 강선파단에 의한 PSC강선 충돌

2. 안전대책

1) 인장작업 방법 및 순서 등 현장규정 이행
2) 거푸집 단부에 안전난간 설치
3) 작업발판확보 및 승하강통로설치
4) 긴장장치 주변 출입통제

참고 **불균형모멘트**

1. 개요

1) F.C.M 축조 시 교각의 중심을 기준으로 상당량의 모멘트가 발생한다.
2) 모멘트는 균형을 이루지 못하고 불균형한 상태에 있으나 Key segment를 시설한 후 불균형모멘트를 제거할 수 있다.

2. 발생요인

1) 양측 segment 중량 차이
2) 시공오차
3) 상향방향 풍하중
4) 좌우 콘크리트 별도로 타설
5) 좌우 구조물 규격이 상이

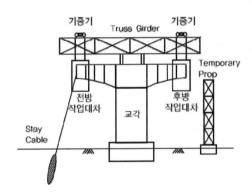

Free Cantilever Method

3. 대책

1) Temporary Prob : 기초에 하중전달
2) Stay Cable : 전도방지
3) Fixation Bar : 주두부 고정

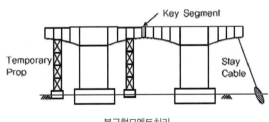

불균형모멘트처리

06 P.S.M(Precast Prestressed segment Method)

1. 개요

1) 프랑스 Freyssinet사에서 개발한 공법으로 제작장에서 segment를 제작하여 현장으로 운반하여 가설하는 공법이다.
2) 공장화 및 기계화 시공으로 품질확보 및 공기단축에 기여할 수 있다.

2. 특징

1) 동시작업으로 건설공해 감소
2) 제작장 품질
3) 건조수축, Creep, Prestress
4) 선형과는 무관, 곡선교 가능
5) 넓은 제작장
6) 접합 정밀시공
7) 운반 설치 장비 필요
8) 초기투자비 많음

3. segment 가설방식 [암기] 캔스전

1) Cantilever식
 ① FCM Precast 복합형
 ② 교각 좌 우 균형
 ③ 장비가설
 ④ 단면변화

2) Span by Span식
 ① MSS Precast 복합
 ② 30~150m 경제적
 ③ 상판 위 segment 운반

3) 전진가설법
 ① Catilever식 보완
 ② 교각에 도달하여 영구받침으로 전진
 ③ 일시적 Bent로 불균형 Moment 제거

4. 연결방식 [암기] 와매추

1) Wide Joint방식
 ① segment 개별제작
 ② 연결 0.15~1m 시공
 ③ Post-tention
 ④ 속도 느림

2) Match Cast Joint방식
 ① segment 접촉 제작, 경화 후 2 segment 분리 운반 가설접합
 ② Wet Joint Epoxy Resin 접착
 ③ Dry Joint는 접착제 사용 안함

3) 추후 현장타설 Match방식
 ① Wide식+Match식 장점
 ② segment 제작 후 다음 segment 연결부는 지상 Wide식으로 접착하여 콘크리트 타설하고 Match식으로 접합 조절한다.

5. 시공 시 유의사항

1) 거푸집 허용오차
 ① 복부 폭 10mm
 ② 상하부 Slab 10mm
 ③ segment 총 높이 : 5mm or 1/500

2) segment 취급
 ① 3점 지지, 수직 2층
 ② 인양고리 사전매입

3) segment 접합
 ① 중심측에 직각 연결
 ② Match Wide식 접착
 ③ 이물질 제거 후 접착

4) Closure Joint
 ① 폭 100mm
 ② 상부 Slab 두께 이상, Web 폭 1/2 이상

5) Tensioning : 콘크리트 강도 30~40MPa

07 Key Segment

1. 개요

1) F.C.M 축조 시 교각의 중심을 기준으로 상당량의 모멘트가 발생하며, 양측 캔틸레버가 완성되면 중앙부 연속적인 연결을 위해 1~2m 짧은 Key segment가 필요하다.

2) 모멘트는 균형을 이루지 못하고 불균형한 상태에 있으나 Key segment를 시설한 후 불균형모멘트를 제거할 수 있다.

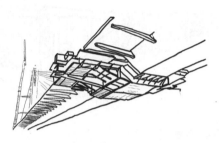

Key Segment

2. 고정장치

1) 횡방향 고정
① 캔틸레버 단부 교축에 직각
② 상대변위를 조정하며 긴장력을 도입, Digonal Bar는 양끝단을 연결하여 오차를 수정하는 고정장치

2) 수직방향 고정
① Form Traveller 이용
② 양측 캔틸레버 수직위치 고정

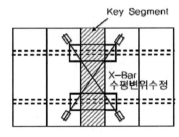

Key Segment 수평변위조정

3) 종방향 고정
① H형강으로 복부상하부 두 곳에 설치
② 상부버팀대 : 콘크리트타설 시 급격회전 변위 억제
③ 하부버팀대 : 콘크리트타설 전 Tendon 긴장 시 압축력이 작용하여 교축방향 상대이동 억제하며, Fixation Bar 해체 시 필요

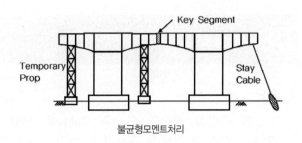

불균형모멘트처리

3. Key segment 응력재분배

1) 전진가설 시 segment는 Cantilever 상태로 정정구조물

2) 중앙부 Key segment 연결 시 부재에 작용하는 모멘트가 달라짐으로 부정정으로 전환하며 응력재분배

08 사장교

1. 개요

교량의 주탑을 세우고 다수의 Cable을 연결하여 좌굴에 대한 안전성을 확보하고 휨의 곡률반경을 확보하여 주형의 높이와 휨강성을 적게 한 장대교량 건설공법이다.

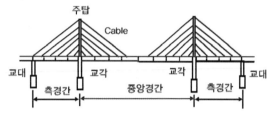

Cable Stay Bridge

2. 특징

1) 높이 비가 낮고, 적은 수 교각 장대교 가능
2) 기하학적인 외관으로 외관이 수려
3) 휨하중 사하중비가 적고 설계구조 복잡
4) 주탑 Cable 부식
5) 가설 시 하중의 균형문제 발생

3. 구성

1) 주탑 : 미적 경제성 고려
2) Deck Slab : Steel과 콘크리트 복합거더로 450m 까지 콘크리트교가 가능하고, 그 이상은 Steel을 사용한다.

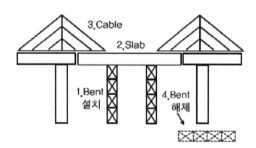

Staging Method

4. 가설방법 [암기] 스프캔

1) Staging Method : Main Girder Jack 들어, Jack 풀며 Main Girder Cable 지지하며 가 Bent를 제거한다.
2) Push out Method : 교량 뒤쪽에서 제작하여 Roller Slding Pad로 밀어, F.C.M 불가 시 경제성을 고려해야 한다.

3) Cantilever Method : 사장교 FCM 적용
4) Unbalance Moment 대비 : Stay Cable 설치, 주두부 고정, Sand Jack 설치

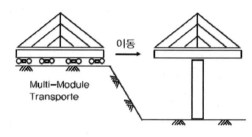

Push Out Method

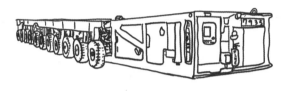

Multi-Module Transporte

5. 케이블주탑 고정방법 [암기] 관고새

1) 관통식
2) 고정식
3) Saddle식

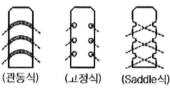

(관통식) (고정식) (Saddle식)

사장교주탑고정방식

[참고] 사장교

1. 사고원인

1) 워킹타워 버팀대 및 지지 불량
2) 교량 단부 개구부
4) 바지 선단부개구부 실족
5) 주두부 가시설상 하부 이동통로 안전조치 미실시
6) 악천후 시 무리한 작업
7) 특수작업차 이동순서 현장규정 이행불량
8) 사장교가설시 풍력에 대한 안전성 검토 부족
9) 특수작업차 연결부 파단

사장교

2. 안전대책

1) 워킹타워전도 방지조치 실시
2) 작업통로 확보, 단부개구부 안전난간 설치
3) 해상작업 단부개구부 안전난간 설치
4) 승강장 통로 설치, 단부 개구부 안전난간 설치
5) 기상정보 파악, 최대풍속 10m/s 이상시 작업중지
6) 특수작업차 이동순서 및 현장규정 준수
7) 풍력에 대한 안정성 검토
8) 특수작업차 연결부 긴결

09 강교가설공법

1. 개요

1) 교량 상부공을 산악지대의 높이, 하천의 수심 등을 고려하여 하상토질 지형 교량길이 경간장 등을 고려하여 시설하는 가설공법이다

2) 교각을 세운 후 동바리를 가설하거나, 압출 및 캔틸레버공법 등으로 상부를 시공한다.

2. 공법 분류 [암기] 지운

1) 지지방식
① 거더하부 : Bent, 가설거더공법
② 거더상부 : Cabler, 가설거더공법
③ 교체지지 : I.L.M, F.C.M
④ 대형블럭 : Floating Crane+Lift Up조합

2) 운반방법
① 자주식크레인
② 철탑크레인
③ 바지선 : Floating Crane+Barge 조합
④ 레일 : Traveller Crane

3. 특징 [암기] 동캐가압 캔리플

1) 동바리공법 : 교각사이 Bent 세워, Camber설정
2) Cable공법 : 깊은 계곡이나 하천 해상공사, Bent 어려울 시
3) 가설 Girder공법 : 가설Girder+Troy설치
4) 압출공법 : Bent 불가 시
5) Cantilever공법 : 교각 위 양쪽방향
6) Lift-Up공법 : Barge선 운반, 유압Jack 상승
7) Floating Crane공법
① 지상제작, Barge선 운반, Floating Crane 상승
② 공기단축, 대수심 필요
③ 운반이 복잡, Barge 국부좌굴 검토

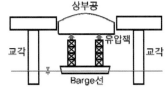

Lift Up Barge 공법

참고 **교량공사 안전대책**

1. 개요

1) 교량공사는 고소작업으로 추락 낙하 등 재래형 재해가 복합적으로 발생하는 공종으로 가설공사의 안전시설은 안전에 있어서 가장 중요한 시설물이다.
2) 사고 시 중대재해으로 인한 인적 물적 손실이 크며 상하부공 전반에 걸쳐 안전관리 유의해야 한다.

2. 재해유형 [암기] 추감충협 붕도낙비기

3. 안전대책

1) 출입금지 및 구획정리
2) 악천후 시 작업중지
3) 고소작업 시 방호조치
4) 낙하 비래 예방 낙하물방지망 설치
5) 전선줄 보호 감전사고 예방
6) 건설기계 충돌 협착
7) 동바리거푸집 붕괴 도괴
8) 아웃리거 설치 건설기계 전도방지
9) 상하동시작업 금지

참고 **강교부재 운반, 인양**

1. 사고원인

1) 이동경로 내 과속
2) 커브길 운전중 차량전도
3) 주행로 요철에 의한 운행 중 적재물 요동
4) 인양용 와이어로프 손상
5) 사다리 이용 강부재위로 오르다 사다리 전도
6) 운반차량의 적재용량 초과 운행
7) 안전작업절차 미준수
8) 작업장내 지반지지력 미검토
9) 차량운반중 적재함 결속선 파단
10) 크레인 방호장치 불량
11) 크레인 지브경사각 미준수
12) 주행로 협소로 운반도중 충돌
13) 후진 이동 시 후방의 근로자 또는 유도자 미확인

2. 안전대책

1) 현장 규정속도 운행
2) 제한속도 유지 및 커브길감속운전
3) 차량운반전 주행로 사전점검
4) 와이어로프는 작업전 점검
5) 사다리 전도방지조치
6) 이동주행로노견부 위험표지 다이크 설치
7) 인양방법, 순서, 신호체계 등 준수
8) 작업장 지반침하에 대한 검토
9) 차량주행로 평탄성, 체인블럭등 결속상태 확인
10) 크레인 방호장치 및 작동여부 확인
11) 크레인 인양하중 조견표 경사각 준수
12) 작업차량 이동경로 확보
13) 후진작업시 유도자 배치

강교부재 조립

참고 강교부재 조립

1. 사고원인

1) 인양 강재 거치시 강재요동에 실족
2) 자재운반하다가 스터트볼트에 걸려 추락
3) 강재거더거치후 전도방지 조치불량
4) Box 내부 도장작업중 질식
5) Box 내부 작업중 조도불량
6) 거더간 Closs beam 을 통해 건너다 추락
7) 거더하부 낙하물방지망 설치시 추락
8) 달대비계 긴결상태 불량
9) 굴삭기 버켓에 주변 작업자 충돌

2. 안전대책

1) 강재거치시 유도로프, 고소작업시 안전대 착용
2) 거더상부 안전대착용, 거더단부 안전난간 설치
3) 전도방지용 와이어로프 용접철근 적정 설치
4) 개인보호구 착용 철저
5) 작업장 주위에 조명등 설치
6) 강교거더간 이동통로 설치 및 안전난간 설치
7) 낙하물방지망 지상조립 후 거치
8) 달대비계 작업발판및 안전난간 설치
9) 유도자 배치 장비작업 반경내 출입금지

전단연결재

참고 현수교

1. 사고원인

1) 워킹타워 벽이음재 설치 지지불량
2) 바지선단부 개구부 추락
3) 교량상부단부 개구부 추락
4) 스트랜드와이어를 가이드레일에 거치작업 중 스트랜드 이탈로 충돌
5) 악천후시 무리한 작업
6) 현수교 중력에 대한 안전성검토 부족

2. 안전대책

1) 워킹타워전도방지조치 실시
2) 바지선의 이동통로단부 안전난간 설치
3) 구명조끼, 구명로프, 구명튜브 등 구호장비 비치
4) 작업통로의 확보, 단부개구부 안전난간
5) 스트랜드 설치작업 순서와 절차 준수
6) 기상정보파악, 최대풍속 10m/s 이상시 작업금지

참고 PSC 교량 Cross Beam 설치

1. 사고원인

1) 거더하부이동 목재사다리 제작 사용
2) 작업발판 설치 작업중 미고정
3) 철근조립중 협소통로 지지대에서 실족
4) 거더단부 안전시설 불량
5) 형틀작업용 달대비계의 설치 불량
6) 목재가공용 둥근톱 사용시 방호장치 미설치

PSC 교량 Cross Beam 설치

2. 안전대책

1) 거더상부 안전대 착용, 작업통로 설치
2) 거더하부 철제사다리를 견고하게 고정
3) 작업발판 설치작업시 발판 고정 철저
4) Cross Beam 설치부위 하부 추락방지망
5) 형틀 가공장소 안전대 착용 철저
6) 달대비계는 요동이 없도록 고정, 충분한 작업발판폭 확보, 달대비계의 구조는 충분한 강도 확보
7) 목재가공용 둥근톱에 덮개설치 사용

참고 **PSC 교량 거더제작**

1. 사고원인

1) 인력 소운반도중 중량물에 의한 전도
2) PSC 거더폼 설치도중 전도
3) PSC 거더야적 시 전도에 의한 협착
4) 철근 및 거푸집 작업발판 설치불량
5) PSC 거더 사다리 고정상태 불량
6) 형틀설치, 해체 작업반경내 근로자출입
7) 강선인장시 이상긴장력에 의한 강성충돌

2. 안전대책

1) 운반경로상 통로의 평탄성 확보
2) PSC 거더폼의 설치시 전도방지 조치
3) PSC 거더 전도방지 조치, 지반지내력 및 평탄성 확보
4) 작업발판 밀실하게 설치 및 안전난간 설치
5) 사다리는 견고하게 설치
6) 작업반경내 출입금지 및 유도자 배치
7) 긴장장치 후방 근로자 진입금지

참고 **PSC 교량 거더인양 및 거치**

1. 사고원인

1) PSC 거더 교각상부에서 추락
2) PSC 거더거치후 전도방지 조치불량
3) PSC 거더하부에서 추락방지망 설치하다 추락
4) 크레인 지반지지력 부족으로 전도
5) 굴삭기 버켓 퀵커플러 미고정
6) 크레인의 방호장치 작동 불량
7) 크레인 지브경사각 미준수
8) PSC 거더거치조정 작업중 와이어로프 회전로 충돌

PSC 교량 거더인양 및 거치

2. 안전대책

1) PSC 상부에 안전대걸이 로프선 조립후 작업
2) 전도방지용 와이어로프 용접철근 적정개소
3) 추락방지망 육상작업후 인양거치
4) 크레인 작업장소의 지내력확보
5) 장비 작업반경내 출입금지 조치, 유도자 배치
6) 크레인 반입시 방호장치 작동유무
7) 크레인 인양하중 조견표 지브경사각 준수
8) 작업 전 와이어로프 점검

참고 **PSC 교량 슬라브 시공**

1. 사고원인

1) 슬라브 개구부 안전시설 미설치
2) 캔틸레버 설치작업중 자재 낙하
3) 데크플레이트 자재 미고정으로 인력소 운반 중 실족
4) 철근조립 작업중 바닥철근에 전도
5) 슬라브 잔여자재 낙하
6) 자주식작업대에서 슬라브형틀 해체 작업중 작업대 파손
7) 크레인으로 자재인양시 슬링로프파단
8) 캔틸레버 작업대단부 안전난간 미설치
9) 철근조립 작업중 안전난간 설치불량
10) 거푸집동바리 설치불량 및 설치지반 불량
11) 콘크리트 타설순서 미준수
12) 형틀자재 인양 중 고정불량
13) 펌프카 압송력에 의한 붐대 꺾임

2. 안전대책

1) 슬라브 단부 안전대 착용 철저
2) 작업구간 하부에 출입금지 조치
3) 미고정 데크플레이트 상부 출입금지
4) 철근상부 이동통로 통로발판 설치
5) 자재의 하부 운반시 슬라브하부 출입통제
6) 작업대 절점부에 과하중방지장치 설치
7) 인양 작업시 작업반경 내 출입금지 조치
8) 캔틸레버브라켓 여장길이 확보로 안전난간 설치공간 확보
9) 거푸집동바리 구조검토, 조립도 작성
10) 거푸집동바리설치 지반지지력확보
11) 콘크리트 타설순서 준수
12) 중량물 인양함 사용하여 자재운반
13) 펌프카 타설위치 및 붐대의 적정각도 사전검토

10 교대의 측방유동

1. 개요

교대의 측방유동의 원인은 교대하부 연약지반, 전단파괴, 수평활동 등으로 발생하며, 이를 방지하기 위해서 성토재하중 및 배수전단강도 등을 면밀히 검토하여야 한다.

2. 문제점

1) Shoe 파손
2) 낙교
3) 침하
4) 단차
5) 기초파손
6) 지하매설

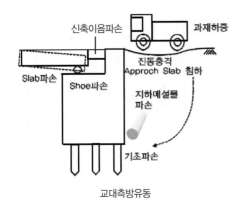

3. 원인

1) 설계부실
2) 교대배면 성토재 과대중량
3) 편재하중
4) 기초처리 불량
5) 지반변형
6) 부등침하
7) 축방향하중
8) 하천수 유입
9) 지진 진동
10) 연약지반 처리공법 미적용
11) 과잉간극수압
12) 뒷채움 재료불량
13) 전단강도 감소

4. 판정방법

1) 원호활동
2) 연약층중간지점 : 원호활동, 침하량
3) 측방유동 판정지수

5. 방지대책

1) EPS 공법 : 발포스티로폼, 토압경감, 차수, 초경량
2) Box Culvert공법 : 편재하중 경감
3) Pipe매설공법 : 흄관, PVC
4) 성토지지말뚝공법 : 성토하중, 말뚝전달, 지지
5) Approach Slab설치 : 길이 6m 설치, 단차완화, 소형교대
6) 기타 : 슬래그 뒷채움, 압성토, Preloading, Sand Compaction Pile

11 교량받침 종류

1. 개요

1) 교량의 상부구조는 온도변화 건조수축 크리프 신축작용에 의해 전후좌우 활동을 하며, 이러한 활동에 대응하기 위해 교량받침을 설치한다.

2) 구조형식으로는 가동받침과 고정받침이 있으며, 강재와 고무를 재료로 사용한다.

2. 선정 시 고려사항

1) 수직 수평하중
2) 이동량
3) 회전량
4) 이동방향
5) 마찰계수
6) 소요받침수
7) 총연장
8) 상하부구조 형식 치수
9) 부반력 발생여부
10) 유지관리

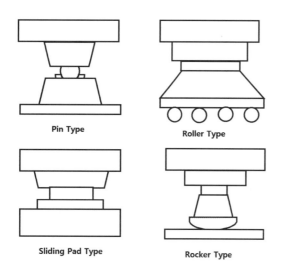

Pin Type

Roller Type

Sliding Pad Type

Rocker Type

3. 받침 종류 　암기 구재 가고 강고 슬로로

1) 구조형식
   ① 가동받침 : 지압 이동, Sliding, Rocker, Roller
   ② 고정받침 : 지압 회전, Hinge

2) 재료 : 강재받침, 고무받침

4. 특징

1) Sliding Type : 단경간에 유리, 설비 저렴, 유지 관리비 증대
2) Rocker Type : 장경간에 유리, 중량 하중 유리, 지압판 Rocker사이 선접촉
3) Roller Type : 큰 상부 하중에 유리, Rocker Type 개선
4) 고정받침 : 회전만 하고, 긴경간 시공 시 처짐을 고려

5. 받침손상 원인

1) 본체
   ① 강제 : 부상이동으로 장치파손, 받침부 균열, 부식, 너트 볼트 느슨 활동면 부식, 롤러 이탈, 핀롤러 균열
   ② 고무 : 균열, 열화

2) 설치부 : 몰탈부 균열, 볼트 절단 인발, 콘크리트 박리

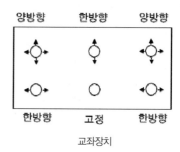

교좌장치

12 신축이음장치(Expansion Joint)

1. 개요

1) 교량의 상부구조는 온도변화 수축팽창 크리프 건조수축 활하중 이동회전 등에 의해 수축팽창이 일어나며 이에 대응하기 위해 신축이음장치를 설치한다.
2) 설치 시 계절의 영향을 받으므로 봄 가을철에 설치하는 것이 적당하며, 설치 시 물과 오물 등을 차단하여 부식을 방지하여야 한다.

2. 구비조건

1) 신축, 처짐
2) 강성, 내구성
3) 주행성
4) 소음
5) 방수
6) 배수
7) 시공성
8) 유지관리

Finger Joint type

Rail type

Transflex type

3. 지지방식

1) 지지형고무 Joint방식 : 신축량 큰 고무, 내구성 큰 강재
2) 강재Finger Joint방식 : 강재핑거 맞대어 시공
3) 강재겹침 Joint방식 : 겹침방식, 교장 30m 이내
4) 강재고무혼합 Joint방식 : 교통하중을 강재와 신축고무가 부담

4. 설치 시 온도기준

1) 봄, 가을 15℃
2) 여름 25℃
3) 겨울 5℃

참고 교각세굴

1. 개요

1) 물의 흐름에 따라 교량의 교각 교대 주변 시설물이 유실되는 것을 세굴이라고 한다.
2) 이에 대한 대책으로는 유속을 줄이거나 와류의 발생을 억제하고 유수가 가속화되는 부분 등을 보강하는 다양한 공법이 있다.

2. 원인

1) 홍수
2) 유로변경
3) 공동현상
4) 유속

3. 대책

1) Steel Sheet Pile : 외곽부 시공
2) 세굴방지블럭 : 와류저감
3) 수제 : 흐름제어, 사석, 돌망태
4) 하상정리 : 세굴방지
5) 깊은 기초 : 현장타설콘크리트, 케이슨기초
6) Under Pinning : 시멘트 몰탈로 기초보강 및 지반 보강
7) 세굴방지석 : 흐름 방해하지 않도록 사석크기 조정
8) 유로전환 : 유속을 감소시켜 국부적인 흐름제어
9) 하상 라이닝 : 교대주변 세굴방지 콘크리트 타설
10) Mat : 토목섬유 설치 후 누름사석 Block 설치

4. 발생 시 조치

안전 진단	유로 변경	원인 조치	기초 보강	언더 피닝

장마철 홍수 시 교각·교대 주변 유속 및 와류에 의해서 생기는 세굴로 교량의 노후화를 촉진한다.

13 Preflex Beam

1. 개요

벨기에의 프리플렉스사에서 개발된 공법으로 Camber
가 주어진 상태로 제작하여 강제에 미리 설계하중이
부여된 상태에서 콘크리트를 붓고 양생 후 설계하중
을 제거하는 공법을 말한다.

2. 제작순서

1) Chamber : H-Beam, I-Beam
2) Preflexion 상태 설계하중 가함
3) 고강도콘크리트(하부) 타설
4) 설계하중을 제거하여 Pre-Compression 도입
5) PC부제 완성
6) 현장거치 및 Slab 콘크리트 타설

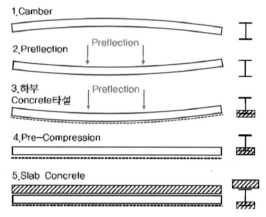

Preflex Beam

3. 특징

1) 큰 활하중, 철도교
2) 설계하중
3) 품질 공기
4) 유지보수비
5) Steel+콘크리트
6) 비용 고가, 운반 설치과정 복잡
7) 저경간 30~50m, 철도교

4. 시공 시 유의사항

1) 횡지지 5개소 이상
2) 큰 용량 Jack 필요
3) 1차 재하 후 2차 재하
4) 긴결 시 볼트 2개
5) 콘크리트 양생은 PS콘크리트와 동일

참고 **준설선 종류**

암기 펌그버디 호쇄

1. Pump 준설선
2. Grab 준설선
3. Bucket 준설선
4. Dipper 준설선
5. Hopper 준설선
6. 쇄암선 준설선

참고 **케이슨 진수공법**

암기 경건부가 기신사

1. 경사로진수
2. 건선거진수
3. 부선거진수
4. 가체절진수
5. 기중기진수
6. Syncrolift진수
7. 사상진수

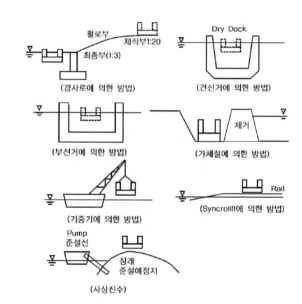

케이슨 진수공법

14 교량 공기케이슨 공법

1. 개요

1) 하천·항만에서 교량하부 깊은 굴착 시 강제로 밀폐작업실을 만들어 압축공기를 불어 넣고 물의 침입을 막으며 소정의 지지지반까지 굴착하는 공법이다.

2) 압축공기에 의한 케이슨병에 주의하여야 한다.

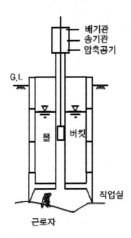

뉴메틱케이슨공법

2. 케이슨 종류 [암기] OBP

1) Open Caisson공법
① 우물통기초 설치
② 크람셸 굴착, 수심 4~10m
③ 강재원통 설치 후 콘크리트 타설
④ 속채움 모래 자갈 잡석 콘크리트

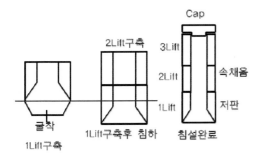

Open Cut

2) Box Caisson공법
① 지상에서 제작하여 품질이 우수하고, 배로 예인하여 소정위치에 안착
② 채움재 : 사석, 콘크리트
③ 방파제 시공
④ 설치 간편하고 수심이 얕은기초

3) Pneumatic Caisson공법
① 공기케이슨으로 밀폐하고 압축공기 넣어 물침입 막고 작업
② 용수량 많은 곳
③ 수심이 깊은 바다

3. 특징

1) 지지력 확인
2) 장애물 제거
3) 경사수정
4) 지하수위 높으며 고가
5) 작업자 감압
6) 숙련공 필요

4. 안전대책

1) 천정높이 2m
2) 중앙부-주변순 굴착
3) 동바리
4) 압기공기설비
5) 감압시간
6) 호흡용보호구
7) 섬유로프
8) 공기청정장치

[참고] 케이슨 Process

[암기] 제진운거 속뚜뒷

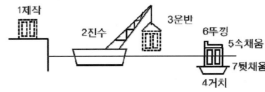

케이슨 제작 진수방법

15 교량 계측

1. 개요

1) 교량계측의 목적은 위험요소를 사전에 발견하고 분석하여 적절한 대책을 수립하는 것이다.
2) 계측을 통해 구조물의 안전성이 저하되는 것을 방지하고 설계수명을 늘리며 내구성과 사용성을 확보하여야 한다.

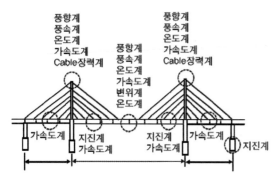

교량계측기 설치계획도

2. 계측사항

1) 지진 : 지반의 수직적인 거동 파악
2) 바람 : Cable 지지, 사장교, 현수교
3) 가속도 : 손상방지, 동적특성 파악
4) 처짐 : 거동파악, 과다하중

3. 계측기기

1) 지진계 : 기준초과 시 경보, 통행 안전성, 기초 상단 설치
2) 풍향풍속계 : 사장교, 현수교, 주탑 중앙에 설치
3) 가속도계 : 풍향·진동, 동역학적특성, 경간중 앙부 설치
4) 변위계 : 레이저광학장치기포, 수평 수직 처짐, 경간중앙
5) 온도계 : 온도변화 의한 거동파악, 경간중앙과 지점부 설치
6) Cable 장력계 : 장력측정, 구조해석, 온도변화, 케이블 유지관리
7) 반력측정계 : 사하중측정, 부반력 측정

참고 **중공 Slab 균열 원인 방지대책**

1. 개요

1) 교량 슬라브의 지간이 짧은 경우 세로방향에 구멍을 내어 자중을 감소시킨 슬라브를 중공슬라브라고 한다.
2) 중공슬라브의 균열원인은 단면축소, 중공관 하부공극 침하 균열 소성 등에 의해서 발생한다.

2. 원인

1) 단면축소
2) 하부공극
3) 침하균열
4) 소성수축
5) w/c비 과다
6) 재료불량

3. 대책

1) 중공관 고정
2) 배근 결속 철저
3) w/c비 적게
4) 유동화제 사용
5) 콘크리트 운반시간
6) 밀실 다짐
7) 양생 철저
8) 이음부 : 신축이음
9) 품질관리

16 교량 내하력 평가방법

1. 개요

1) 교량의 내하력 평가란 기존교량의 여러 기능을 평가하여 교량의 실용성 안전성을 판단하는 것을 말한다.
2) 차량증가 및 중차량 초과하중은 교량파손의 중요한 요소이며 계획 설계단계부터 면밀히 검토한 후 건설하여야 한다.

2. 목적 [암기] 결노수유

1) 결함
2) 노후교량
3) 수명연장
4) 유지관리

3. 평가순서 평가방법 [암기] 외정동내종보 교기공

1) 외관 : 상부구조, 교좌장치,
   하부구조 : 기초유실, 균열, 침하, 부식
2) 정적재하시험
   ① 시험방법 : 처짐 최대지점 재하차량 1대, 변형 측정
   ② 측정지점 : 휨모멘트로 변형된 처짐과 전단변형 최대지점을 측정
   ③ 결과분석 : 처짐부 응력산정, 이론치/측정치 비교
3) 동적재하시험
   ① 시험방법 : 정적재하지점 주행속도 시간당 15km 씩 증가, 주행속도 15~60km/hr
   ② 결과분석 : 동적변형 처짐 결정, 이론치/측정치 비교
4) 내하력평가 [암기] 교기공
   ① 교량내하력 : DB하중(표준트럭하중)
      DB하중(차선하중)
      0.1W 0.4W 0.4W
      0.1W 0.4W 0.4W
      합계1.8W
   ② 기본내하력 : DB-24(1등교) 하중 경우
      $$P = DB하중 \times \frac{\sigma_a - \sigma_d}{\sigma_{24}}$$
      P : 기본내하력
      σ_a : 재료의 허용응력
      σ_d : 사하중에 의한 응력
   ③ 공용내하력 : 기본내하력에 보정계수 적용

[암기] PK srio
$$P' = P \times K_s \times K_r \times K_i \times K_0$$
P : 기본내하력
K_s : 응력보정계수
K_r : 도로노면상태 보정계수
K_i : 교통상태 보정계수
K_o : 기타 보정계수

5) 종합적 평가
   ① 정상상태 : Data화
   ② 비정상상태 : 보수보강 및 재시공 여부
6) 대책수립 : 운행정지, 속도제한, 사용제한, 보수보강, 교량 교체
7) 보수보강공법 적용

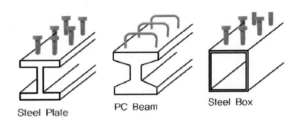

교량전단연결재

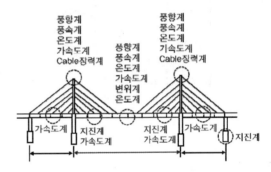

교량계측기 설치계획도

4. 계측기 설치

1) 지진계
2) 가속도계
3) 변위계

[참고] DB하중

1) DB24 :　　1등급 43.2ton
2) DB18 :　　2등급 32.4ton
3) DB13.5 :　3등급 24.3ton

17 교량 안전점검 및 안전진단

1. 개요

1) 교량의 내하력(안전성)평가란 기존교량의 여러 기능을 평가하여 교량의 실용성 안전성을 판단하는 것을 말한다.

2) 차량증가 및 중차량 초과하중은 교량파손의 중요한 요소이며 계획 설계단계부터 면밀히 검토한 후 건설하여야 한다.

2. 열화현상 평가기준 [암기] 균중기동처

1) 균열
2) 중성화
3) 기초세굴
4) 동해
5) 처짐
6) 철근부식

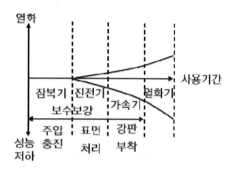

열화에 따른 보수보강

3. 안전진단 순서

1) 현장답사
2) 현장조사
3) 내구성 조사 : 외관, 재료품질, 지반조사
4) 내하력 조사 : 재하시험
5) 안정성 평가
6) 종합분석하여 보고서 작성

[참고] 교량상부구조 안전성 확보

1) 교통개방
2) 차선도색
3) 교면포장
4) 교면방수
5) 바닥판
6) 전단연결재
7) 거더

18 교량 유지관리 보수 · 보강

1. 개요

1) 교량이 국민 생활경제에 미치는 영향은 매우 크며, 경제부흥과 함께 구조물의 대형화가 가속화되고 있다.
2) 이에 교량의 유지관리가 계획적이고 체계적인 관리체계가 이루어져야 한다.

2. 유지관리 수행방식

1) 사후유지관리방식 : 문제점 발견
2) 예방유지관리방식 : 사전징후 원인 관리

3. 보수방법

1) 포장 알기 줄Pat표부주덧전
   ① 줄눈, 균열부 : Sealant 메움
   ② Paching : 균열부위를 절단하여 보수
   ③ 표면처리공법 : 2.5cm Sealing층
   ④ 부분재포장 : 훼손부 부분적인 재포장
   ⑤ 덧씌우기(Overlay) : 기존포장 위에 포장
   ⑥ 전면재포장방법 : 파손 현저한 곳
   ⑦ Sealing : 내구성, 부식방지, Tar
   ⑧ 절삭공법(Milling) : 요철부 소성변형 부위 제거
   ⑨ 주입공법 : 채움재주입

2) 철근콘트리트교 알기 치표충주 안강프탄
   ① 주입공법 : 벽체 균열폭 넓은 곳 주사기를 10~30cm 간격으로 설치하고 에폭시로 내부충진
   ② 충진공법 : 균열폭 0.3mm 이하, 주입곤란 시 V-cut 10mm 충진

3) 강교 알기 방보단교
   ① 용접 : 솟음량 조정, 용접+리벳 혼용금지
   ② 고장력볼트 : 보수 시 유리, 마찰력 인장력 지압력 중 마찰접합

4. 보강방법

1) 바닥판
   ① 종형증설 : 1~2개 증설로 휨모멘트 감소
   ② 강판접착 : 인장측 접착, 활하중에 저항
   ③ FRP 접착 : 인장측에 강판 대신 접착, 유연하고 가벼움
   ④ 모르타르 뿜칠 : 철근 철망으로 일체화, 두께 보강
   ⑤ 강재 상판으로 교체 : 기존 바닥판 교체, 공기단축, 공사비 고가

2) 강교
   ① 보강판 : 단면부족 범위, Girder Flange
   ② 부재교체 : 회복이 안 되는 부재, 안정검토 후 교체

5. 교량의 유지관리 단계별 주요내용

모니터링 → 안전점검 → 정밀안전진단 → 조치

참고 **도로포장 배수공법**

1. 개요

모든 구조물의 배수는 내구성에 있어서 중요하다. 아스팔트는 유류화합물이므로 물과 기름이 섞이면 분리되며 Pot Hole이 발생한다. 이에 포장에 있어서 노면배수는 설계 시공 유지관리에 있어 중요한 항목이다.

2. 표면배수

지표면 위 강우 강설 등 경사에 의한 배수

3. 지하배수

1) 보조기층배수
2) 노상배수

19 도로포장

1. 개요

1) 아스팔트포장은 연성포장으로 하중분산을 노상에서 전담한다.
2) 콘크리트포장은 강성포장으로 표층에서 전담하며 노상 및 보조기층이 콘크리트를 지지한다.

2. 구조적 특징

1) 아스팔트 : 연성, 하중분산, 노상에서 전담
2) 콘크리트 : 강성, 하중 표층에서 전담, 노상·보조기층에서 콘크리트지지

3. 역할

1) 아스팔트포장
   ① 표층 중간층 : 교통하중
   ② 기층 : 상부하중
   ③ 보조기층 : 하중분산
   ④ 노상 : 동상방지층 설치

2) 콘크리트포장
   ① 표층 : 하중지지
   ② 중간층 : 구성 높임
   ③ 보조기층 : 하중을 노상에 전달
   ④ 노상 : 하중지지

4. 특징

구분	아스팔트	콘크리트
내구성	불리	유리
시공성	유리	불리
경제성	초기비용 유리	초기비용 불리
주행성	유리	불리
수명	10~20년	30~40년
평탄성	유리	불리
지반영향	유리	불리(연약지반, 부동침하)
유지관리	잦음	유리

참고 구스아스팔트

1. 개요

1) 일반아스팔트 경우 강교강상판에서 강성이 적고 변형이 크다.
2) 구스아스팔트는 변형저항성이 크고, 피니셔로 포설하고 롤러다짐이 필요 없다.

2. 특징

1) 필러 배합
2) 유동성 향상
3) Cooker이용 1~2분 가열
4) 롤러 사용 안함
5) 포설두께 30~40mm

참고 블로운아스팔트(Blown Asphalt)

1. 개요

아스팔트 제조 중에 증기를 불어 넣는 대신 공기 또는 공기와 증기와의 혼합물을 불어 넣어 부분적으로 산화시킨 것으로 온도에 대한 감수성이 적고 연화점이 높고 안전하여 보통 옥상 방수에 쓰인다.

2. 용도

1) 줄눈채움재
2) 방수재료
3) 실링재

Blown Asphalt

20 노상·노반 안정처리공법

1. 개요

1) 연약지반에 있어서 안정처리공법은 노상토 지지력을 향상시킨다.

2) 안정처리공법은 지지력을 향상시키고, 기상작용에 저항한다.

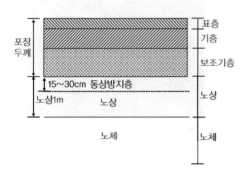

Asphalt 포장

2. 목적

1) 지지력

2) 함수비

3) 기상작용 저항

3. 공법종류　암기　물첨기 치입함다 Ce석역화 MaMem

1) 물리적 공법

① 치환 : 양질재료

② 입도조정 : 쇄석, 자갈, Slag

③ 함수비 조절 : 투수성 감소, 강도 증대, 침하 감소

④ 다짐 : 함수비, 최대건조밀도

2) 첨가제

① 시멘트첨가 : 내구성·강도 증가, CBR 3 이상

② 석회첨가 : 장기강도 증대, 점성토

③ 역청안정처리 : 접착력으로 조기 완공, 두께 10cm

④ 화학적안정처리 : 동결 및 수분증가 방지

3) 기타

① Macadam : 주골재+채움골재 Interlocking, 물다짐, 모래다짐, 쇄석다짐

② Membrane : 동상방지 Sheet Plastic, 차수층 만들어 함수량 감소시켜 노상 노반 안정화

참고　커트백 아스팔트(Cutback Asphalt)

1. 개요

1) 도로포장에 사용되는 아스팔트 시멘트는 상온에서 반고체 상태를 띠므로 다른 골재와 혼합하거나 노면에 뿌릴 때면 반드시 가열하여 녹여서 사용해야만 했다.

2) 이런 불편함을 줄이기 위해 아스팔트 시멘트를 휘발성의 석유 용제와 섞어서 액체 상태로 만든 것이 커트백 아스팔트이다.

Cut Back Asphalt

2. 종류　암기　R M S

1) RC : 급속 경화, 가솔린, 휘발성 빠름

2) MC : 중속 경화, 등유 경유

3) SC : 중유, 휘발성 낮음

3. 용도

1) Prime Coat

2) Tack Coat

3) 가열침투식

4) 상온침투식

21 Asphalt 콘크리트포장

1. 개요

1) 도로포장에는 가요성 포장의 아스콘 포장과 강성 포장의 시멘트콘크리트포장으로 분류된다.
2) 아스팔트포장에서는 하중재하에 의해서 생기는 응력이 포장을 구성하는 각층에 분포되어 하층으로 갈수록 점차 넓은 면적에 분포시키므로 각층의 구성과 두께는 역학적 균형을 유지하여 교통하중에 충분히 견딜 수 있어야 한다.

2. 시공순서 [암기] 혼운포다

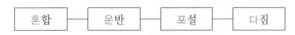

| 혼합 | — | 운반 | — | 포설 | — | 다짐 |

3. 혼합

1) 185℃
2) Batch 1 Cycle 45~60sec

4. 운반

1) 덤프트럭 적재함 청소
2) 덮개 덮어 온도유지
3) 재료분리 방지

5. 포설

1) 170℃, Asphalt Finisher
2) 연속포설하여 횡Joint 방지
3) 포설속도 유지

6. 다짐

1) 1차 다짐 : 120℃, Machadam Roller
2) 2차 다짐 : 80℃, Tire Roller
3) 3차 마무리 : 60℃, Tandem Roller

[참고] 포장 시공

1. 사고원인

1) 피니셔 로울러 주변 근로자 접근
2) 도로교통 신호를 하다 주행차량에 충돌
3) 고열의 아스팔트와 신체접촉으로 화상
4) 롤러다짐 작업 중 후진하는 롤러에 후방근로자 충돌
5) 롤러 후진 시 경보음 미작동
6) 타이어롤러 후방에서 핸드폰하다 충돌

2. 안전대책

1) 장비 주행로로부터 이격하여 작업
2) 유도자 안전지역내에서 작업
3) 개인보호구 착용 철저
4) 포장장소 주행차량 저속운행, 제한 속도지정
5) 유도자 배치 및 후방경보기 설치
6) 로울러등 장비에는 경광등 설치

포장시공

[참고] 캠크리트

1. 개요

1) 아스팔트 자체의 중합반응을 촉진시켜 혼합물의 주요 물성을 개선하는 촉매제로 유기금속화합물을 주성분으로 한 아스팔트에 용해성인 암갈색 액체의 생성물이다.
2) 강도 및 내유동성을 증가시켜 내구성이 우수하다.

2. 효과

1) 콘크리트포장 상부 포장
2) 교면포장
3) 작업성 우수
4) 두께 감소
5) 수명연장
6) 공기단축
7) 안정도 우수
8) 소성변형 감소
9) 탄성계수 우수
10) 점착력 우수
11) 인장강도 증대

참고 **유화아스팔트**

1. 개요

물속에서 아스팔트가 혼합되지 않고 분리상태를 유지하도록 유화제를 넣은 아스팔트를 말한다.

2. 종류

1) 양이온계 유화아스팔트
2) 음이온계 유화아스팔트

3. 분류별용도

1) RSC : 표면처리용, 택코트용
2) MSC : 개립도, 밀입도, 골재혼합용

22 Pot Hole

1. 개요

1) Pot Hole 발생 원인은 겨울철 노면에 쌓인 눈이 녹으면서 표층으로 스며들거나 지중수가 삼투압에 의해 상부로 침투해 교통하중에 의한 간극수압 발생으로 인해 발생된다.
2) 이러한 현상은 다짐부족, 우천 시 또는 한랭 시 포설, 불량한 골재사용, 아스팔트 함량 부족, 혼합물의 과열 등이 원인이다.

2. Pot Hole Mechanism

| 강설 강우 | 포장수분 침투 | 차량 하중 | 과잉간극 수압 | Pot Hole |

1) 차량 반복하중
2) 폭 깊이 확대
3) 불규칙 형태
4) 원형단면 형상으로 발전
5) 응력집중으로 확대

Pot Hole

3. 원인

1) 외부 : 눈, 삼투압. 소산현상, 과잉간극수압
2) 시공 : 다짐불량, 우천 한냉 시, 골재 함량 불량

4. 문제점

1) 교통사고
2) 주행안전
3) 유지보수
4) 포장 내구성 저하

5. 대책

1) 다짐 철저
2) 두께유지
3) 천후확인 : 우천·한냉 시 작업중지
4) 양질재료 사용
5) 온도관리 철저
6) 과적차량 단속

참고 **개질아스팔트**

1. 개요

1) 포장성능 개선 및 내구성 내유동성 증진을 목적으로 개질재를 첨가한 아스팔트이다.
2) 개질재 종류로는 고무 플라스틱 천연아스팔트가 있으며 방수효과와 저장성이 우수하다.

개질제

2. 특징

1) 소성변형 억제
2) 온도균열 감소
3) 골재박리 저감
4) 소음감소
5) 내구성 향상

3. 종류

1) SBR : 천연라텍스, 경제적, 저온에서 우수, 휨강도, 반복하중에 저항
2) SBS : 소성변형에 저항, 균열저항, 피로, 저온균열 저항, 미끄럼저항
3) CRM : 폐타이어 2mm 분해, 200℃ 혼합, 내유동, 균열
4) Ecophalt : 포장체 공극형성(20%), 소성변형 취성 파괴 감소, 미끄럼저항
5) Chemcrete : 망간 구리 넣어, 초기 낮은 점도, 작업성 우수, 양생 시 점도 향상, 소성변형 감소, 표층 균열 방지
6) Gilsonite : 천연아스팔트, 골재아스팔트 부착력, 박리 저항성 증대

23 아스팔트포장 파손

1. 개요

1) 포장의 파손 원인은 주로 중차량, 포장두께 부족, 노상의 지지력 부족 등에 의해 발생한다. 이로 인해 포장 파손 시 주행성 안전성 쾌적성이 저하되고 차량흐름에 지장을 초래한다.

2) 포장 파손의 방지대책으로는 설계 시 정확한 교통량 조사를 통한 적절한 포장두께 산정과 철저한 품질관리 및 계획적인 유지관리시스템이다.

2. 원인

1) 미세균열 : 혼합물 품질, 다짐불량

2) 종 횡방향 균열 : 지지력

3) 소성변형 : 혼합물 상태 및 다짐 불량과 대형차량 과적으로 횡방향 밀림현상

4) 시공이음균열 : 조인트 다짐불량

3. 보수공법 [암기] Pat표오재절리충절전

1) Paching : 10m 미만

2) 표면처리 : 2.5cm Sealing

3) Flush : 건조한 쇄석

4) Overlay : 덧씌우기, 기층까지 파손부 재포장

5) 전면재포장 : 심각한 손상

4. 아스팔트 시공 시 유의사항 [암기] 혼운포다

1) 혼합
① 185℃
② Batch 1 Cycle 45~60sec

2) 운반
① 덤프트럭 적재함 청소
② 덮개 덮어 온도유지
③ 재료분리 방지

3) 포설
① 170℃, Asphalt Finisher
② 연속포설하여 횡Joint 방지
③ 포설속도 유지

4) 다짐
① 1차 다짐 : 120℃, Machadam Roller
② 2차 다짐 : 80℃, Tire Roller
③ 3차 마무리 : 60℃, Tandem Roller

[참고] Asphalt 콘크리트포장 보수공법
[암기] Pat표오재절리충절전

1. Patching
2. 표면처리
3. Overlay : 덧씌우기
4. 재포장
5. 절삭 Milling
6. Recyling
7. 충전
8. 절삭 Overlay
9. 전면재포장

24 Cement Concrete 포장

1. 개요

1) 도로포장에는 가요성 포장의 아스콘 포장과 강성 포장의 시멘크콘크리트포장으로 분류된다.

2) 콘크리트포장은 콘크리트 Slab의 휨저항에 의해 대부분의 하중을 지지하는 포장이므로 Slab의 두께는 하중에 충분히 저항할 수 있어야 한다.

2. 특징

1) 내구성
2) 유지보수비
3) 초기건설비
4) 평탄성

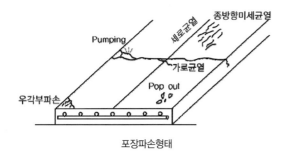

포장파손형태

3. 시공순서

1) 계량 : 1Batch

2) 혼합 : B/P장, 진출입로 정비

3) 운반 : D/T 재료분리, Agitator Truck 2.0Hr, D/T 1.5Hr

4) 포설 : 1차 4~5cm, 2차 속도 연속시공 코너 봉 다짐

5) 다짐 : 과다진동금지, 재료분리, 고른 밀도

6) 마무리 [암기] 초평거

① 초벌 : Slipform Paver, Finishing Screed

② 평탄 : 정밀성, 물사용 금지

③ 거친 : 홈 중심선에 직각 시공, 표면 물비침 없는 것 확인

7) 양생 [암기] 초후 삼피 습피

① 초기 : 습윤양생, 삼각지붕양생, 피막양생

② 후기 : 마대 가마니, 습윤양생, 피막양생

8) 줄눈시공 [암기] 세가가시

① 차선폭 규정

② 세로 : 차량진행방향 폭 6~13mm, 간격 4.5m

③ 가로팽창 : 차량진행에 직각, 폭 25mm, 교량접속부, 포장 접속부

④ 가로수축 : 차량 진행방향에 직각 설치, 건조수축 제어, 폭 6~13mm, 포장두께의 1/4 이상

⑤ 시공 : 일일시공 마무리 지점, 수축줄눈 예정 위치에 설치

25 콘크리트 포장 파손 원인·대책

1. 개요

1) 포장의 파손원인은 주로 중차량, 포장두께 부족, 노상의 지지력 부족 등에 의해 발생한다. 이로 인해 포장 파손 시 주행성 안전성 쾌적성이 저하되고 차량흐름에 지장을 초래한다.

2) 포장 파손의 방지대책으로는 설계 시 정확한 교통량 조사를 통한 적절한 포장두께 산정과 철저한 품질관리 및 계획적인 유지관리시스템이다.

2. 원인별 분류 [암기] 노가우라 Spal구압침 플블실단 펌교

1) 균열

① 가로균열, 세로균열 : 하중 온도변화, 줄눈시기

② 우각부균열 : 다짐, 노상노반지지력, 콘크리트 배합

③ 대각선균열 : 건조수축, 노상침하, 대형차량

④ 구속, 수축균열 : 동결융해, 알칼리, 배수

2) 노면파손 : Pot Hole, 골재마모

3) 줄눈파손 : Ravelling, Spalling

4) 포장침하 : 노면침하, 교통하중

3. 보수공법

1) 충진공법 : 채움재

2) Paching : 에폭시

3) 표면처리 : 엷은 층

4) 주입공법 : 몰탈, Asphalt

5) Over Lay : 콘크리트 Asphalt 도포

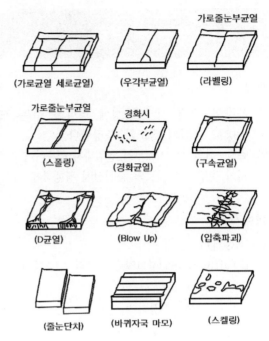

(가로균열 세로균열) (우각부균열) 가로줄눈부균열 (라벨링)

가로줄눈부균열 (스폴링) 경화시 (경화균열) (구속균열)

(D균열) (Blow Up) (압축파괴)

(줄눈단차) (바퀴자국 마모) (스켈링)

포장파손형태

26 도로 평탄성 관리

1. 개요

1) 차량의 주행 시 평탄성에 영향을 주는 도로의 종방향 요철의 정도를 측정한다.
2) 측정구간의 시점으로부터 종점까지 연속하여 차로당 1개의 측정선을 차로의 중심선에 평행하게 설정한다.

2. 관리기준

총 측정거리

(Profile Index) : 1차선당 1회, ±2.5cm

$$Pr\,I = \frac{\sum (h + h_2 + \cdots h_n)}{\text{총 측정거리}}\ (cm/km)$$

Con'c 16cm/km

Asphalt 10cm/km

곡선반경 6m 이하, 종단구배 5% 이상 경우 24cm/km 이하

3. 7.6m Profile Meter

1) 세로 7.6m Profile Meter
2) 가로 3m 직선자

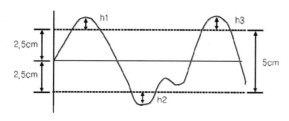

Pofile index

4. 측정위치

1) 세로 : 각 차선 우측단부 80~100cm
2) 가로 : 지정중심선 직각방향
① 방안지에 그림을 그리며 이해를 해보자.
② 도로의 요철에 따라 2.5cm를 벗어난 부분을 모두 합한 후 총측정거리로 나누어 계산한다.

PRI Machine

참고 **Proof Rolling**

1. 개요

노상의 최종 마무리 전 노상표면 전체에 대하여 노상의 다짐상태 및 불량개소 파악을 위해 타이어 로울러 또는 덤프트럭으로 3회 이상 주행시켜 노상의 변형상태를 조사하는 것을 Proof Rolling이라 한다.

2. 시험방법

1) 덤프, 타이어롤러, 3m 직선자
2) 덤프, 타이어롤러로 2km/hr 3회 운행하며 변형량 확인하고
3) 건조 시 살수 후 추가로 다짐하고 4km/hr 주행속도는 2~3회

Proof Rolling

3. 관리기준

1) 3m 직선자를 중심선에 평행하게 정렬시키고 직각 깊이 2.5cm 이하 발생여부 측정
2) 양질재료로 함수비 조절
3) 설계두께보다 10% 이상 차이 부위 8cm 이상 제거
4) 최대건조밀도 95% 이상 다짐

27 터널공법

1. 개요

1) 터널굴착 공법종류는 NATM TBM Shield의 대표적인 공법이 있다.
2) 이중 NATM 터널은 시공성 경제성이 우수하여 많이 시공되고 있으나 소음 진동의 환경요인으로는 불리한 점이 있다.

2. 공법선정 시 고려사항

1) 안전성
2) 시공성
3) 경제성
4) 지형 지질
5) 교통장애
6) 터널길이
7) 건설공해

3. 공법 분류

1) 재래공법(ASSM) : 광산, 목재, Steel Rib
2) 최신공법
   ① NATM : 지반자체가 주지보, 경제성 우수
   ② TBM : 폭약을 사용하지 않고 Hard Rock Cutter로 절삭파쇄
   ③ Shield : 토사터널, 강제원형굴삭기가 전방에서 회전추진하며 굴착, 연약토질 용수 발생 시 주의

전단면 굴착공법
Long Bench Cut 50m이상 Long
Short Bench Cut Short
다단 Bench Cut Short

터널굴착공법

할암공법

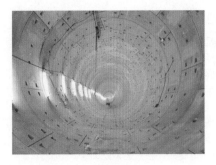

Shield 공법

4. 기타공법

1) 개착식공법 : 지하철
2) 침매공법 : 해저 지하수면 이하 설치 시, 지상에서 Box를 제작하여 물에 띄워 운반

참고 **ASSM**

American Steel Supported Method

참고 **SHIELD TBM 공법**

1. 사고원인

1) 세그먼트 조립중 손가락 협착
2) 굴진작업시 발생된 분진에 의한 질병
3) 가스매장 지질층 유독가스에 질식
4) 막장면유출수에 의한 붕괴
5) 연약지반 굴진후 라이닝거푸집 토압상승
6) 세그먼트 인양작업중 낙하
7) 장비 인양반입도중 과하중에 의한 인양장비 전도
8) 장비조립시 Cutter Head 부 등 중량물 전도
9) Shield 장비 인양반입중장비 전도
10) Shield 장비 추진중 바퀴가 레일로 부터 탈선

SHIELD TBM 공법

2. 안전대책

1) 세그먼트 조립작업순서 준수, 신호체계 준수
2) 메탄가스 등 가스농도 및 산소농도 측정
3) 막장면 유출수 약액주입 등 유출수저감
4) Shield 주변 연약지반 개량 실시, 격벽설치
5) 인양물받침대 또는 결속하여 인양
6) 유도자 배치 및 작업반경내 출입금지
7) 중량물 조립시 전도방지 조치
8) Shield 장비 전도방지조치
9) 레일설치규격 준수 및 고정 철저

참고 **TBM 공법**

1. 사고원인

1) TBM 굴진시 분진에 의한 사고
2) TBM 굴진작업중 바퀴 레일 탈선
3) 가스매장지질층 유독가스에 의한 폭발
4) 굴진작업중 토질변화(파쇄대, 절지등)에 따른 붕괴
5) 굴진작업중 막장면유출수로 붕괴
6) 환기불량으로 인해 근로자 진폐증
7) 슬링로프 체결상태 불량
8) 장비인양 반입도중 과하중에 의한 크레인 전도
9) 터널내 운행차량에 의한 사고
10) TBM 장비인양반입중 장비전도에 의한 협착

2. 안전대책

1) 레일설치규격 준수 및 고정 철저
2) 메탄가스 등 가스농도 및 산소농도 측정
3) 지반형태에 따라 Rock bolt 등 지반보강
4) 막장면 유출수 저감공법, 약액주입등 보조공법 적용
5) 환기상태 주기적 관리
6) 신호수 배치 및 작업반경내 출입금지
7) TBM 장비반입시 중량물 안전수칙 준수

28 터널여굴

1. 개요

1) 터널여굴은 설계 예정선 외측에 부득이하게 필요 이상의 굴착부분이 발생한다.
2) 이것은 각도, 지반의 이완, 폭발력 과다 등으로 발생하며 버럭량의 증가로 비용이 추가된다.

2. 원인

1) 천공 불량 : 천공 길이, 천공수, 드릴 각도, 장비 선정
2) 발파굴착 : 지반이완, 여굴
3) 토질 : Silt 모래층, 적정굴착 불가
4) 장약길이 : 하중집중 길이조절 미흡
5) 착암기 : 잘못 사용, 각도, 드릴위치, 운전원기능
6) 폭발직경 : 폭약과다, 폭발력과다
7) 천공직경 : 천공직경, 불균형
8) 천공 길이

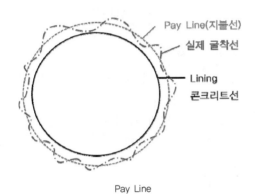

Pay Line

3. 대책

1) 천공깊이 유지
2) Silt층, 모래층 : 적정공법
3) 폭발직경 : 적게하여 폭발력 저하시킴
4) 천공직경과 폭발직경 : 균형유지
5) 제어발파공법

4. 제어발파공법 [암기] 라쿠Pre스 무분D정 50백

1) Line Drilling : 무장약 50 100
2) Cushinon Blasting : 분산 100 100
3) Pre-spliting : DI 100 100
4) Smooth Blasting : 정밀 100 100

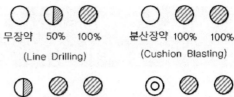

제어발파

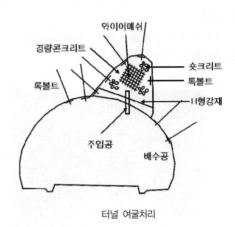

터널 여굴처리

5. 특징

1) 발파단면
2) 여굴적음
3) 낙석적음
4) 복공콘크리트 불리
5) 암반 손상 적음
6) 부석 적음

29 NATM 공법(New Austrian Tunneling Method)

1. 개요

1) NATM공법은 Austria에서 개발된 공법으로 원지반 자체를 주지보재로 이용하여 발파 후 즉시 보조지보재로 암의 이완을 방지하는 것이 중요한 원리이다.

2) 보조지보재로는 Steel Rib, Wire Mesh, Shotcrete, Rock Bolt 등이 있다.

NATM 공법

2. 특징

1) 지반자체가 주지보재
2) Steel Rib, Wire Mesh, Shotcrete, Rock Bolt
3) 연약~극경암 적용
4) 계측 설계에 Feed Back
5) 경제성 우수

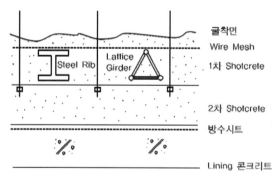

NATM 시공상세도

3. 시공순서

1) 지반조사 : 인접지반 지하수위, 암반 지지력, 작업구 환기구 위치, 연약층 대책
2) 갱구부 : R/B 보강, 낙석 방호망
3) 발파 : 안전담당자, 발파 시 대피, 여굴대책 제어 발파

4) 굴착 : 여굴 적게, 숏크리트 보강, R/B 보강, 용수, 보조공법 적용

5) 지보공 암기 스와쇼록

　① Steel Rib : 밀착시공, 지보효과

　② Wire Mesh : 부착력, 밀착시공

　③ Shotcrete : 붕락·이완을 방지하기 위해 조기 시공

　④ Rock Bolt : 봉합작용, 조기시공

6) 방수 : 돌출부 파손주의, 부직포, Sheet

7) Lining : 레일 견고하게 시설, 연속타설, 틀 버팀대 충돌 협착 사고 주의

8) Invert : 연약지반, 바닥고르기, 분할, 조기시공

암질변화구간

4. 연약지반 문제점

1) 용수 : 막장 붕괴, 숏크리트 부착력 저하, 연약화로 지지력 저하

2) 이상지압 : 탈락 붕괴로 지보변형 주의

3) 단층파쇄대 : 지내력 지지력 저하로 측벽안정이 중요

4) 지반침하 : 용수로 연약화, 지하수 유효응력 감소

5) 천단부 막장붕괴 : 지지력 저하로 붕괴, 배수 불량, 보일링 등

6) Shotcrete 박리 : 부착성 저하, 용수처리 불량

7) Invert Ring 붕괴 : 하부 연약지반 조기시공

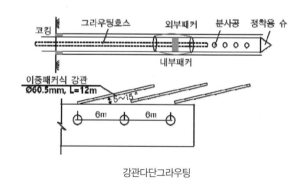

강관다단그라우팅

5. 대책 [암기] 물물웰딥 약P

1) 물빼기 갱 : 소단면 갱도, 사질
2) 물빼기 보링 : 수압·수위 저하, 용수가 많은 곳은 50~200mm 보링
3) Well Point : 집수관 넣어 지하수 펌핑, 토피 적은 곳, 용수 적은 곳
4) Deep Well : 우물통에 스트레이너로 흡입, 토피 적은 곳, 용수 많은 곳
5) 약액주입 : Growting 주입
6) PVC에 의한 배수
7) Shotcrete, Wire Mesh, Rock Bolt, Forepoling

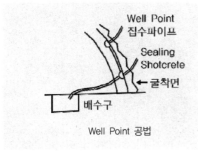

Well Point 공법

[참고] 터널작업 시 안전대책

[암기] 천발막버고조환분소진

1. 천공 : 위치, 방향, 깊이, 용출수, 잔류화약, 보호구
2. 장약 : 공청소, 동시작업 금지, 화기, 전선, 모터접근 금지
3. 발파 : 지휘, 대피, 방호, 여굴, 제어
4. 막장관리 : 부석정리 장비 2회, 인력 2회
5. 버력처리 : 페이로더 상차, 덤프트럭 운반
6. 고소작업 : 작업대차 사용
7. 조명 : 갱구부 30Lux, 중간 50Lux, 막장 70Lux 사용
8. 환기 [암기] 종반횡
9. 분진 : 환기시설 가동
10. 소음 진동 : 자유면 확보, Line Drilling

종류식　　빈횡류식　　횡류식

터널환기방식

[참고] 철포현상(Blown Out Shot : 공발현상)

1. 개요

1) 천공 장약 불량으로 암반이 파쇄되지 않고 분출되는 현상
2) 주위 암석은 파쇄하지 못하고 전색만 날려 보내는 현상

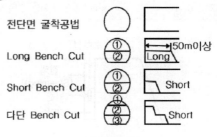

전단면 굴착공법
Long Bench Cut
Short Bench Cut
다단 Bench Cut

터널굴착공법

2. 문제점

1) 소음대책
2) 비석위험

3. 원인

1) 과장약
2) 전색부적당
3) 심발 실패
4) 자유면 형성이 안되고
5) 지발당 시간단차 부족

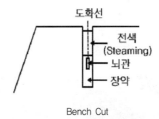

Bench Cut

[참고] Decoupling Index, Decoupling Effect

1. 개요

1) Decoupling이란 발파공 지름보다 훨씬 적은 지름의 폭약을 장전하여 발파공 내벽 사이에 상당한 공간을 유지하도록 하는 것이다.
2) 비율에 따라 발파효율은 증대시키고 소음 진동을 감소시키는 효과를 기대할 수 있다.

2. Decoupling Index

$$DI = \frac{D(공경)}{d(약경)} ≒ 2.0$$

3. Decoupling Effect

구분	효과
1) DI=1.0	발파효율 대 발파진동 대
2) DI≥1.0	발파효율 소 발파진동 소
3) DI≒2.0	발파효율은 작지만 진동제어

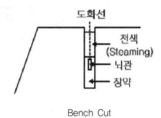

Bench Cut

참고 **터널 천공**

1. 사고원인

1) 낙석보호복 미착용
2) 막장관찰 천공작업중 부석 낙하
3) 조명불량
4) 환기불량
5) 천공장비 충전부 누설전류 감전
6) 천공작업시 물공급 부족으로 분진발생
7) 상부 천공시 부석낙하
8) 천공작업중 천공내 잔류화약 폭발
9) 천공장비의 천공 위치 조정 및 천공 작업중 충돌
10) 천공기 작업중 회전부 협착

터널천공

2. 안전대책

1) 낙석보호복 착용 철저
2) 막장점검을 통해 부석 제거
3) 작업장소 조도 확보
4) 적합한 환기량계산 및 발파후 환기철저
5) 주기적인 누설전류 점검, 충전부방호조치
6) 물공급 장비정비 후 작업
7) 부석정리 철저 및 상부 천공시 하부 출입금지
8) 발파후 잔류화약 유무점검, 천공구멍 재천공 금지
9) 유도자 배치 및 신호체계 수립
10) 회전부에 신체접촉금지

참고 **터널 장약**

1. 사고원인

1) 낙석보호복 미착용
2) 뇌관과 화약운반규정 미이행
3) 장약작업대 출입문 미고정
4) 장약시 흡연, 화기취급 부주의
5) 장약 작업시 충격
6) 결선불량에 의한 화약의 잔존시 충격으로폭발
7) 장약작업중 상부에서 부석낙하
8) 작업대에서 장약작업중 추락
9) 장약작업을 위해 이동중 작업대차와 충돌
10) 작업대차의 작업대 연결부 탈락

터널장약

2. 안전대책

1) 낙석보호복 착용 철저
2) 화약과 뇌관은 분리운반
3) 작업대 출입문 고정, 안전대 착용
4) 터널 장약 작업자 라이터 휴대 금지
5) 화약류 취급 장약 작업시 충격 금지
6) 장약후 결선상태 검사 및 확인
7) 작업전 부석정리 및 확인
8) 작업대에 안전난간을설치, 안전대 부착후 작업
9) 터널내 유도자배치, 조명확보
10) 작업대차의 연결부 작업전 점검

참고 **터널 발파**

1. 사고원인

1) 발파시 근로자 대피 미확인
2) 조명 불량
3) 불발 잔류화약 임의충격
4) 막장암반 붕락
5) 발파에 의한 지보공 손상
6) 발파시 갱문틈으로 발파 비산
7) 발파후 유해가스 발생

터널 강지보

2. 안전대책

1) 낙석보호복 착용 철저
2) 결속로프 해체시 안전수칙 준수
3) 작업장소 하부 출입금지
4) 지보 조립위치 작업전 부석정리
5) 부석정리 철저 및 안전모 착용
6) 지보공 상단볼트 체결 철저
7) 운반전 로프체결 철저, 통행로 평탄성확보
8) 장비의 목적외 사용금지
9) 작업대차 붐 연결부 정기점검
10) 작업대차에 아웃트리거설치

참고 **터널 락볼트**

1. 사고원인

1) 락볼트 작업대에 자재과적
2) 작업용케이지 또는 굴착면 돌출부 충돌
3) 락볼트 설치작업중 부석낙하
4) 주입장비 호스 청소중 경화된 모르타르 비산
5) 상단부 락볼트 설치작업중 락볼트탈락
6) 레진 삽입후 락볼트 삽입중 레진파편에 충돌
7) 락볼트 근입장 미확보
8) 천공기 및 주입장비 이동시 충돌
9) 천공기 호스분리로 고압에 의한 호스 비래
10) 천공 작업중 운전석 이탈로 붐대유동
11) 운전중 회전부 협착

터널 락볼트 대차

2. 안전대책

1) 자재적치대 설치, 자재과적 금지
2) 감시인 배치, 신호체계 준수
3) 낙석보호복 착용 철저
4) 호스 청소시 무인방향으로 호스압송 배출
5) 낙하방지용 방호선반 설치 및 안전모 착용
6) 락볼트 작업하부 출입금지
7) 락볼트근입장 암질상태에 따라 적합하게 결정
8) 유도자 배치
9) 고압호스 결속상태 수시 점검
10) 운전 중 운전자 이탈금지
11) 천공작업시 안전수칙 준수

참고 **터널 숏크리트**

1. 사고원인

1) 낙석보호복 미착용
2) 분사두께 불량으로 박리에 의한 낙하
3) 분사기호스 청소도중 잔류 콘크리트 비산
4) 시험실요원 시료제작중 숏크리트 분사
5) 분사기 분사중 호스분리
6) 후진하는 레미콘 차량 협착
7) 레미콘 차량주행중 유도자 미배치
8) 숏크리트분사기 이동중 주변작업자 충돌
9) 굴착장비로 분사기 견인중 전도

터널 숏크리트

2. 안전대책

1) 낙석보호복 착용 철저
2) 불량개소 분사두께 확인하여 작업
3) 호스 청소시 무인방향으로 호스 위치
4) 분사작업절차 준수
5) 호스 접속부 결속 상태 수시 점검
6) 장비유도자 배치
7) 레미콘 차량이동 경로, 작업방법 설정 및 주지
8) 유도자를 배치하여 장비이동 유도
9) 적정장비 사용, 통행로 평탄성확보

CHAPTER 16

30 갱구부

1. 개요

1) 갱구부는 갱문구조물 배면으로부터 터널길이의 방향으로 터널직경의 1~2배 정도의 범위 또는 터널직경의 1.5배 이상의 토피가 확보되는 범위까지로 한다.

2) 원지반조건이 양호한 암반층, 붕적층, 충적층 등의 미고결된 층에서는 별도구간을 갱구 범위로 지정한다.

2. 갱문형태 `암기` 면원벨새아

1) 면벽식
2) 원통절개식
3) Bell Mouth형
4) Bird Beak형
5) Arch 면벽형

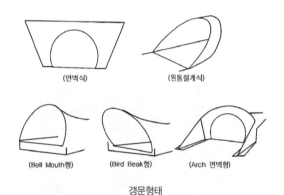

(면벽식)　　(원통절개식)

(Bell Mouth형)　(Bird Beak형)　(Arch 면벽형)

갱문형태

3. 시공 시 문제점

1) 지표수 : 침하, 전도
2) 갱문사면붕괴
3) 편토압 : 변형, 균열, 이탈
4) 갱구부 균열
5) 갱문 활동 전도
6) 갱문 부등침하 : 지내력, 연약지반
7) 갱구부 기초지반 지지력 확인

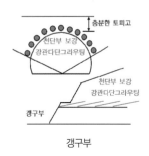

갱구부

4. 대책

1) Soil Nailing : 갱문 상부
2) 지반개량 : 치환, 압밀, 탈수 공법적용
3) 기초확대 : 주동토압 감소, 지지력 확보
4) 강지보공 : 내공변위
5) Invert Strut : 갱문 하부 설치, 내공변위 발생 시 변형 억제
6) 사면보호 : 숏크리트 타설, Rock Bolt 시공
7) 배면공극 충진 : 양질토사, 시멘트 그라우팅
8) R/B : 몰탈 충진 밀실 시공

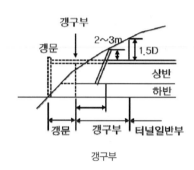

갱구부

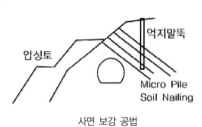

사면 보강 공법

`참고` 발파 시 안전대책

1. 발파책임자 작업지휘
2. 굴착경계면 : 폭약 사용, 모암손상
3. 화약량 검토 : 지질에 따른 시방 준수
4. 발파 시 조치 : 지보·복공 방호, 임시 대피장소로 대피 후 발파
5. 화약류 장전 : 동력분리, 30m 후방
6. 발화점화용 회선 분리 : 타동력선, 조명회선 등 분리
7. 발파기 작동상태 점검 : 도화선 연결, 저항치 확인 도통시험
8. 발파 후 : 30분 이상 경과 후 유해가스 확인, 뜬돌 보강, 잔류화약 확인

`참고` 터널 재해사례

1. 숏크리트 타설 시 콘제작 중 사고
2. 횡갱 용접 중 근접된 방수시트에 불티로 화재
3. 대차 위에서 흡연 후 아래 스티로폴로 꽁초 투척으로 화재
4. 방수쉬트 실고 가다 노후차량 화재
5. Rock Bolt 하향 낙하로 찔림
6. 작업대차 하부 절단으로 전도 및 추락사고

참고 수직구 흙막이지보공 시공

1. 사고원인

1) 토류판 배면토사붕괴
2) 하부 작업장 이동통로 미확보
3) 상부에서 토류판등을 작업장소로 던지다 사고
4) 흙막이지보공(Strut 등) 조립 미비
5) 토류판설치 작업중 차수불량
6) 수직구단부 안전난간 미설치
7) 토류판을 1줄걸이로 내리다가 낙하
8) 토류판설치 작업시 사다리전도
9) 강재설치 인양시 신호불일치
10) 인양물(강재) 유도조정작업중 인양물 회전
11) 자재하역시 후크해지장치 미설치

2. 안전대책

1) 배면토사이완되기 전 토류판 설치
2) 하부 작업장의 굴착진도 맞추어 작업통로 설치
3) 하부 작업장소로 투하금지
4) 흙막이지보공 시방서 준수
5) 비규격 토류판 사용금지, 밀실 설치
6) 수직구 개구부주변 안전난간 설치
7) 토류판 인양시 인양물 2줄걸이로 결속
8) 높은 부위 토류판설치시 작업발판 설치
9) 인양장비 운전자와 신호체계 준수
10) 인양물회전작업 반경 외접근금지, 유도로프 사용
11) 인양장비 후크해지장치 설치

라이닝거푸집 설치

2. 안전대책

1) 설치위치에 정지후 바퀴에 구름방지조치 실시
2) 작업장 하부에 출입금지조치
3) 이동전 주행로주변 확인, 레일의 설치위치 검토, 주변에 접근금지
4) 유압잭의 순차적 조작순서 준수
5) 라이닝거푸집 단부측면 안전난간 설치
6) 전기기계기구 사용시 누전차단기 연결
7) 목재가공용 둥근톱 톱날접촉방지용 덮개 설치

참고 라이닝거푸집 설치

1. 사고원인

1) 라이닝거푸집 이동 시 부주의에 의한 충돌
2) 라이닝거푸집 설치 시 측면거푸집 낙하
3) 라이닝거푸집 이동 시 근로자와 충돌
4) 라이닝거푸집 내면확대 설치 시 손 발 협착
5) 측면거푸집 설치작업 중 추락
6) 라이닝거푸집 표면그라인딩 작업 시 감전
7) 측면 홈가공작업 중 목재가공용 둥근톱 접촉

수직구 시공

31 용수대책

1. 개요

1) 터널 혹은 흙막이 등에서 용수분출 시 터파기면 숏크리트 타설 시 부착력 저하하여 리바운드량 증가 및 지반의 연약화로 안전성 약화로 어려움을 초래한다.

2) 이에 터널 혹은 흙막이 굴착 시 배수공법 지수공법의 시공으로 안전성을 향상시킬 수 있다.

2. 용수 영향

1) 숏크리트 부착력
2) R/B 정착 불량
3) 지보공 침하
4) 막장

3. 배수공법 [알기] 물물웰딥약P

1) 물빼기 갱(수발공) : 우회갱으로 단층파쇄대 및 저유수역 돌파

2) 물빼기 보링공 : 체수지대 다수 보링, 주입공법 보조수단으로 간편하고 경제적

3) Well Point : 집수관 넣어 진공펌프로 흡입탈수 양측 주위 양수

4) Deep Well : 깊은 우물에 스트레이너 부착하여 케이싱 설치하고 펌프로 양수

5) 약액주입공법

6) PVC에 의한 유도배수

4. 지수공법

1) 주입공법 : 몰탈 또는 화학약액을 주입관을 통해 주입하여 공극을 메워 고결

2) 압기공법 : 압축공기로 가압하여 지하수 용출 방지

3) 동결공법 : 인공으로 동결하는 공법으로, 연약지반 약액주입공법으로 기대가 어려운 경우

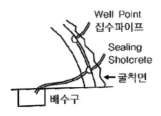

Well Point 공법

32 암석의 불연속면

1. 개요

1) 암석의 불연속면이란 단층, 절리, 파쇄대에 의해 암의 연속적으로 이어지지 않고 분리된 면을 말한다.

2) 터널 시공 중 불연속면을 파악하기 위해 선진보링, TSP 등을 선시공 한다.

2. 불연속면의 종류 [암기] 절층엽단파

1) 절리(Joint)

2) 층리(Bedding)

3) 엽리(Foliation)

4) 단층(Fault)

5) 파쇄대(Fracture Zone)

터널 막장

3. 조사항목 [암기] 방연강충간틈투

1) 방향(Orientation)

2) 연속성(Persistency)

3) 강도(Strength)

4) 충진물(Filling)

5) 간격(Spacing)

6) 틈새(Aperture)

7) 투수(Seepage)

4. 불연속면 대책 [암기] 사터암

1) 사면보강 : 숏크리트, Rock Bolt, 물빼기 보링

2) 터널 막장안정 : 코아시공, 강관다단그라우팅

3) 암 발파 시

[참고] **시험발파에 영향을 주는 요소**
[암기] 폭암발점

1. 폭약형태
2. 암반특성
3. 발파패턴
4. 점화패턴

[참고] **건축한계, 차량한계**

1. 개요

1) 건축한계는 철도건설규칙에 따르면 구조물을 설치해서는 안 되는 공간이다.

2) 차량한계는 차량의 길이와 너비 높이의 한계다. 차량한계보다 건축한계가 크고 건축한계보다 구축한계가 큰 개념이다.

2. 건축한계

1) 터널 목적

2) 기능에 따라 변화

3) 필요한 공간 확보

3. 차량한계

1) 건축한계 내측

2) 횡방향 이동

3) 곡선부 차량 흔들리며 접촉방지

4) 안전운행

5) 적정공간

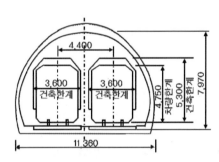

차량한계 건축한계

33 터널 보조지보재 보조공법

1. 개요

1) 터널의 보조지보재란 발파 후 암의 이완을 방지하기 위해 조속히 시공하여 안정성을 확보하기 위한 보조공법이다.

2) 보조공법은 붕락의 위험이 있는 곳에 강파이프 등을 이용하여 미리 그라우팅 등의 조치를 취하는 공법이다.

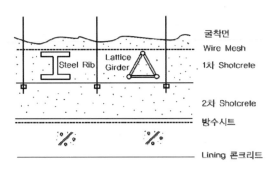

NATM 시공상세도

2. 보조지보재

1) Steel Rib : 터널형상유지, 지반붕락방지, 터널보강

2) Wire Mesh : 숏크리트 부착력증대, 숏크리트 전단보강

3) Shotcrete : 응력분배, 지반이완방지

4) Rock Bolt : 봉합효과, 보강효과

3. 막장안정 보조공법

암기 천막지배 포파강약, 쇼록가지 약수P웰

1) 천단부안정 : Fore Poling, Pipe Roof, 강관다단, 약액주입

2) 막장안정 : 숏크리트, 록볼트, 가인버트, 지수

3) 지수 : 약액주입(LW, SGR, Jet Grouting)

4) 배수 : 수발공, PVC, Well Point

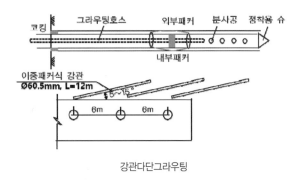

강관다단그라우팅

지보공 보강공법

4. 안전조치

1) 부석정리

2) 막장면 용수처리

3) 계측 : 일상계측, 대표계측

4) 조명 : 입구 30Lux-중간 50Lux-막장 70Lux

5) 유선시설

6) 보조공법 : 천단침하, 막장안정

7) Ring Cut, 숏크리트

8) 연약대 : Core설치, Invert콘크리트

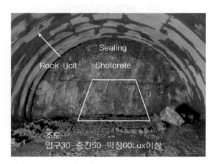

터널 막장안정

34 숏크리트

1. 개요

1) 굴착부위에 압축공기에 시멘트와 강섬유에 급결
   재를 섞어 분사하여 고결시키는 시공법으로 터널,
   흙막이에 많이 사용한다.
2) 숏크리트 타설 시 분진발생으로 근로자의 건강에
   유해하므로 안전보호구 착용을 철저히 하여야
   한다.

Shortcrete

2. 분류

1) 건식
   ① 압축공기를 노즐에서 물과 합류 분산
   ② 품질 나쁨, 리바운드양 많음, 분진 많음

2) 습식
   ① 물 시멘트 잔골재 굵은골재 혼화제를 믹싱하여
      압축공기를 노즐에서 뿜는다.
   ② 품질 좋음, 청소 곤란, 분진 적음

3. 숏크리트 리바운드 저감대책

$$반발율 = \frac{반발재의\ 중량}{재료의\ 전중량} \times 100$$

1) 물시멘트비 적정, 골재 13mm
2) 용수대책 용수억제(배수, 지수공법)
3) 타설각도 90°
4) 타설거리 1m
5) 감수제, AE감수제, 급결제
6) 면 청소
7) Wire Mesh 타설면 밀착

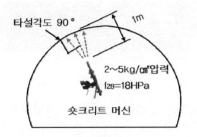

숏크리트 타설방법

4. 안전효과

1) 원지반이완방지
2) 응력집중 완화
3) 낙반붕괴 방지
4) Arching Effect 효과
5) 부착력 우수

5. 시공 시 유의사항

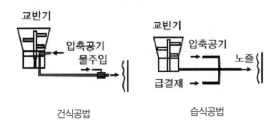

건식공법   습식공법

1) 타설면 90°
2) 타설거리 1m
3) 용수처리
4) 철근·철망 고정
5) 저온, 건조
6) 급격한 온도변화, 충분한 양생

6. 시공 시 안전대책

1) 굴착 후 조기시공
2) 작업반경 내 출입금지
3) 투입구 개구부 방호
4) 공기 환기
5) 방진마스크, 보안경

35 터널 계측

1. 개요

1) 계측은 정보화 시공으로 지반굴착 후 시설물과 주변 구조물, 지하수 등의 거동을 파악하기 위함이다.

2) 터널이 계측에는 일상적으로 실시하는 A계측과 대표적으로 실시하는 B계측이 있다.

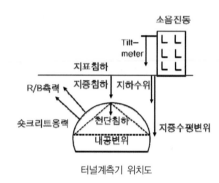

터널계측기 위치도

2. A계측(일상계측) [암기] 일대 지천내 쇼록지지지라

1) 지중변위
2) 천단침하
3) 내공변위

3. B계측(대표계측)

1) 숏크리트 : 숏크리트 강도 측정
2) 록볼트 : 록볼트 축력 측정
3) 지중침하 : 지중침하상태 측정
4) 지중변위 : 지중변위상태 측정
5) 지하수 : 지하수위 변동상태 측정
6) 라이닝 응력 : 라이닝 콘크리트 응력상태 측정

4. 계측 시 유의사항 [암기] 착계준Gra 오전경집중

1) 착공에서 준공 후까지 측정
2) 계측계획서 작성
3) 공사 준공 후에도 일시적으로 측정
4) Grapic화
5) 오차 적게
6) 전담자 배치
7) 계측계획경험자 배치
8) 관련성 있는 곳 집중배치
9) 변화가 없어도 중단하지 말 것

5. 개선방향 [암기] 비싸많 국매전

1) 비싸다.
2) 싼값 대량으로 생산해야 한다.
3) 많이 설치해야 한다.
4) 국산품 개발이 시급하다.
5) 매뉴얼이 부족하다.
6) 전문회사가 필요하다.

[참고] 터널작업 시 환경저해요인 및 개선대책 [암기] 조환분소진환

1. 조도 : 입구 30Lux-중간 50Lux-막장 60Lux
2. 환기 불량 : 산소농도 18% 이상
3. 분진 : 버력처리 시, 숏크리트 타설 시, 보호구 착용
4. 소음 : 천공 브레이커 숏크리트 저소음, 보호구 착용
5. 진동 : 천공, 발파
6. 환기단면 : 종류식, 반횡류식, 횡류식

36 피암터널

1. 개요

피암터널은 낙석이 발생하기 쉬운 비탈면에서 낙석의 규모가 매우 커서 일반적인 낙석방지시설로 방어하지 못하는 경우에 설치하여 도로, 철도시설물, 보행자 등을 보호하는 터널이다.

2. 종류 [암기] 캔문역아

1) 캔틸레버형
2) 문형
3) 역 L형
4) 아치형

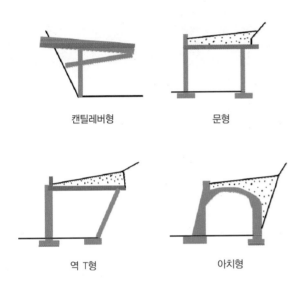

캔틸레버형   문형

역 T형   아치형

3. 설치장소

1) 이격부 여유가 없는 장소
2) 낙석부 규모 큰 곳
3) 철도 도로 근접

4. 기대효과

1) 낙석 방호
2) 깎기부 보강
3) 하자 사전예방
 ① 기차를 타고 여행을 하다 보면 산기슭에 콘크리트로 만든 박스암거가 보인다.
 ② 이것이 피암터널이다.

37 지불선과 여굴관계

1. 개요

1) 지불선은 라이닝 설계두께를 확보하기 위해 시공상 부득이하게 굴착되는 설계굴착선 이상의 굴착선으로 도급계약에 있어 라이닝 수량을 확정하기 위해 정해놓은 선이다.
2) 여굴은 지질불량 천공각도 등의 원인으로 필요 이상으로 굴착되는 것을 말한다.

2. 지불선 필요성

1) 불필요한 굴착
2) 라이닝 물량 확정
3) 지불한계
4) 클레임
5) 물량산출
6) 여굴발생 방지

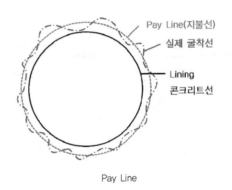

Pay Line

3. 여굴

1) 필요 이상의 단면 굴착
2) 원인
 ① 불량지질
 ② 균열 절리
 ③ 천공각도
 ④ 폭약과다
 ⑤ 부적절한 발파공법
 ⑥ 이질지층

3) 방지대책
 ① 제어발파
 ② 조속 숏크리트
 ③ 적정천공
 ④ 장비운전원 기능
 ⑤ 정밀폭약조절발파,
 ⑥ 여굴허용 : 아치부 10~20cm, 측벽부 15~15cm

38 댐 분류

1. 개요

1) 댐은 콘크리트댐, Fill댐으로 분류되며 토질지형 유량에 따라 경제적 공법을 선택하여야 한다.
2) 사용목적에 따라 관개용, 상수도용, 수력발전용, 홍수조절용 등으로 분류된다.

2. 콘크리트 댐 [암기] 중공아부R

1) 중력식 : 자중만으로 견디며 견고한 기초암반에 설치
2) 중공식 : 본체 내부에 중공부분을 두어 자중감소
3) 아치 : 수평 아치를 좌우 암반에 견고하게 고정
4) 부벽식 : 철근콘크리트 부벽을 두고 재료운반 곤란 시 적용
5) RCCD(Roller Compacted Concrete Dam) : 된 비빔콘크리트를 진동롤러로 다짐, Pre Cooling, Pipe Cooling 필요 없음

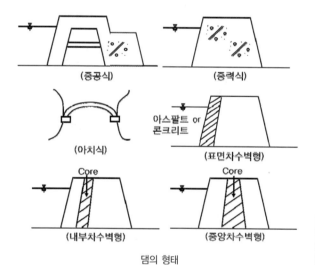

댐의 형태

3. Fill 댐 [암기] 록어 표내중 균코존

1) Rock Fill Dam(사력댐)
① 표면차수벽형 : 상류면 아스팔트 또는 철근콘크리트로 차수벽 설치
② 내부차수벽형 : 점토, 불투수층
③ 중앙차수벽형 : 점토, 불투수층

2) Earth Dam
① 균일형 : 재료 균일
② Core형 : 투수층, 차수층
③ Zone형 : 내부 차수존, 양측(반)투수

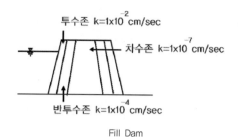

Fill Dam

참고 댐공사 시공계획

[암기] 가유기기 댐여가담 준설수용 공환

1. 가설비계획
2. 유수전환계획
3. 기초굴착계획
4. 기초암반처리계획
5. 댐축조(성토다짐)계획
6. 여수로공사(Spill Way)
7. 가배수로 폐쇄계획
8. 담수개시계획

39 유수전환방식

1. 개요

유수전환방식이란 공사 중 하천의 수류를 다른 방향으로 이동시키는 것으로 우기철·시공성·경제성·안전성 등을 감안하여 공법을 선정하여야 한다.

2. 선정 시 고려사항

1) 처리유량
2) 지형지질
3) 댐형식
4) 시공방법
5) 공사기간
6) 홍수월류

3. 하류전환방식 암기 전반가

1) 가배수터널방식(전체절방식) : 좁은 협곡, 공기 공사비 많고
2) 부분체절방식(반체절방식) : 절반을 막고 시공 후 나머지 반을 시공, 넓은 장소, 유량 큰 곳, 공기 짧고, 공사비 저렴
3) 가배수로방식 : 수로 넓고, 유량 적은, 공기 짧고, 공사비 적은 곳, 전면 어려운 곳

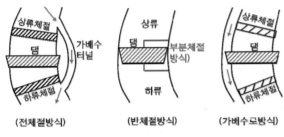

가체절 공법의 종류

참고 가물막이 공법(가체절 공법)

1. 개요

하천공사 시 Dry한 상태에서 공사를 하기 위해 물이 접하는 부분에 임시로 가시설을 설치하여 물을 막는 공법이다.

2. 공법선정 시 고려사항

1) 토압 수압
2) 파도 외력
3) 작업성
4) 시공성 경제성 안전성

5) 철거용이
6) 주변환경 고려

3. 특징

1) 중력식
   ① 댐식 : 토사축제, 공기 적게 소요, 시공 단순, 용지 필요, 수심 3m
   ② 케이슨식 : 지상제작, 소정위치 운반 거치 속채움, 수심 깊은 곳, 고가
   ③ 셀룰러블록식 : 철근콘크리트 Box, 속채움, 소규모, 파랑주의, 조류 나쁠 때 작업금지, 연약지반 불가

2) 강널말뚝식
   ① 한겹강널말뚝식 : 강널사용, 버팀대 띠장 수압저항, 소규모, 양호지반, 교각기초 등
   ② 두겹강널말뚝식 : 강널 2열, 모래 자갈 속채움, 수심 깊은 곳, 대규모, 교각기초 등
   ③ Ring Beam : 원형강관널 시공, 버팀대 띠장 없이 가능, 원형 링빔으로 지지, 교각기초 등, 속도 빠르고 경제적이며 시공관리 필요

3) 셀식
   ① 강널말뚝셀식 : 원형타입, 속채움, 안전성, 수밀성, 강널 곤란, 얕은 암반
   ② 파형강관셀식 : 공장 파형주름셀 제작 운반, 토사 속채움, 시공 간단, 깊이 10m

4. 시공 시 유의사항

1) 파이핑 발생 시 벽체변형
2) 강널 수직도 유지
3) 강널이음부 수밀성
4) 근입깊이가 얕을 시 Boiling Heaving
5) 타입 후 즉시 버팀대 띠장 설치
6) 셀둘레 누름토
7) 속채움 재료 : 양질 모래 자갈

참고 가체절(물막이) 흙막이 시공

1. 사고원인

1) 예인선 탑승인원 미준수
2) 해상작업시 실족에 의한 익사
3) 바지선에 적재된 흙막이강재가 너울파도 충돌
4) 흙막이지보공 설치상태 불량
5) 태풍 등 기상악화
6) 덤프트럭 토사하역 작업중 사면단부에서 전도
7) 항타작업중 전도
8) 항타기, 항발기등 건설기계 작업중 접촉
9) H강재가 항타장비에 매달려 유동으로 충돌
10) 토공장비 운행중장비 또는 근로자와 충돌

2. 안전대책

1) 예인선 탑승인원 준수
2) 개인보호구 착용 철저

3) 흙막이강재 적재시 받침목설치
4) 흙막이근입장 과굴착금지
5) 사전 피항계획을수립하여 긴급대피
6) 신호수 배치, 후진 제한선 설정
7) 항타장비 지반보강, 지반의 평탄성 유지
8) 신호수 배치 및 작업구역 내 출입금지 조치
9) 유도로프 및 보조기구 사용
10) 운전자와 신호수간의 신호체계 수립
11) 토공장비 작업반경내 근로자 출입금지

물막이

40 중력식 콘크리트 댐

1. 개요

중력식 콘크리트는 단기간 축조가 가능하고 품질확보를 위해서 콘크리트 재료-배합-설계-운반-치기-다지기-마무리-양생 전 과정에 걸쳐 정밀시공을 하여야 한다.

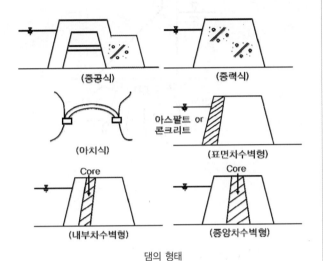

(중공식)   (중력식)

(아치식)   (표면차수벽형)

(내부차수벽형)   (중앙차수벽형)

댐의 형태

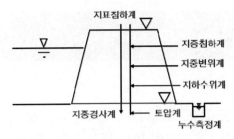

댐 계측기 설치계획도

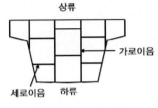

중력식 콘크리트댐

2. 시공순서

1) 설비계획수립 : 골재, 저장, 생산, 운반, 동력, 용수, 통신
2) 기초처리계획 : Lugeon Test, 토질조사, Consolidation Grouting, Curtain Grouting, Contact Grouting, Rim Grouting
3) 콘크리트타설 [암기] Bl La Li
 ① Block분할타설 : 종횡으로 순차적 시공
 ② Layer타설 : 중소규모 전단면
 ③ Lift분할 : 구조안정, 시공성, 온도차 저감

3. 시공 시 유의사항

1) 타설 : 각층 40~50cm, 1Lift 연속, 1Lift/1주일
2) 다짐 : 대형고주파 진동, Vibrator
3) 이음부처리 : 세로이음
4) 지수공 : PVC, 동판, 상류단 1m 위치
5) 검사랑 설치
6) 양생

41 Zone형 Fill댐

1. 개요

1) Zone형 Fill댐은 토질역학적인 성질을 이용한 댐으로 Earth Dam, Fill Dam, Rock Fill Dam 등으로 구분한다.

2) Zone형 Fill댐은 투과층을 배치하여 투수 특성을 이용한 댐이다.

2. 시공순서

3. 시공단계별 세부내용

1) 시공계획 : 유용토, 장비, 수송, 성토, 사토 계획
2) 기초지반처리계획 : 지반조사, 공법선정
3) 재료선정 : 투수 반투수 차수
4) 투수 반투수 차수 시공　알기　투반차 247

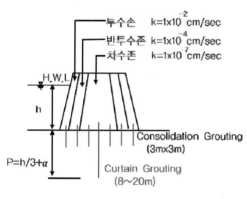

Dam 기초지반처리

4. 시공 시 유의사항

1) 안전관리자
2) 표준신호 수칙 준수
3) 안전보호구
4) 악천후 시 작업중지
5) 장비안전수칙

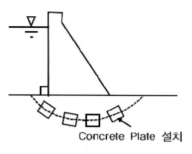

Doweling 공

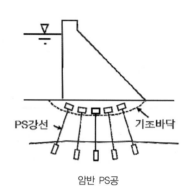

암반 PS공

42 댐 기초암반처리

1. 개요
1) 댐의 기초암반처리는 지반강도 증대, 제체변형 방지, 제체불투수성 확보, 취약지반 보강 등이다.
2) 댐의 설계 시 기초지반에 대한 지질조사와 투수시험 등을 통하여 지층의 구조를 파악하여 구조에 적합한 기초처리 계획을 수립하고 지지력 확보와 누수방지와 활동을 방지하여 댐의 안전성을 도모해야 한다.

2. 목적
1) 투수성 차단
  ① 양압력 적게
  ② 재료유실 방지
  ③ 지반파괴 방지
  ④ 저수량 손실 억제

2) 지반 역학적 성질 개량
  ① 지반 일체화
  ② 강도 유지
  ③ 변형 방지

3. 공법 분류 [암기] Con Cur Rim 컨택

1) 기초암반처리 분류
  ① Consolidation Grouting : 얕은 부분 기초변형을 억제하여 지지력을 증대하고 지수처리

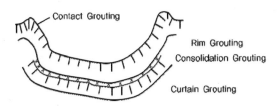

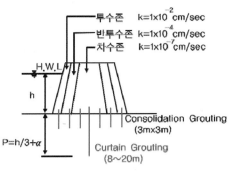

Dam 기초지반처리

  ② Curtain Grouting : 차수, 침식, 풍화방지

③ Rim Grouting : 기초 이외 암반 누수방지
④ Contact Grouting : 착암면 공극 및 접촉부 공극 제거

2) 연약층 처리공법
  ① 콘크리트 치환공법 : 연약층 제거, 강도 변형 수밀성 강화
  ② 추력전달구조공법 : 연약층을 관통하여 암반 전달, 콘크리트와 Steel을 기초암반에 설치
  ③ Dewelding공법 : 전단력 마찰저항 증대, 연약부 콘크리트로 치환, 불규칙한 면처리
  ④ 암반ps공법 : 변형을 구속, 암반을 천공하여 ps강재 설치 및 그라우팅

4. 기초암반처리
1) Lugeon Test
  ① 결과치 Map 작성
  ② $1kgf/cm^2$ 수압
  ③ 1m 매분당 투수량 Test Grouting

2) Grouting공법
  ① Rim Grouting
  ② Contact Grouting
  ③ Consolidation Grouting
  ④ Curtain Grouting

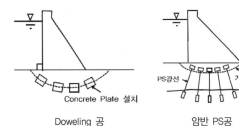

Doweling 공   암반 PS공

43 댐 생태계 영향

1. 개요

댐 건설 시 생태계 미치는 영향은 수몰지역확대, 주변 삼림 매몰, 안개 발생으로 인한 식물발육 저하, 서식지 파괴와 조류서식지 및 생태계 파괴와 수질오염 등으로 사회환경, 생활환경, 자연환경 등을 파괴하므로 사전 면밀검토 후 설계에 임해야 한다.

2. 미치는 영향

1) 수몰지역확대
2) 주변 삼림매몰
3) 안개로 식물발육 억제
4) 동 식물 서식지 영향
5) 기타 : 습기, 병원균, 조류서식지, 생태계 파괴, 수질 악화

3. 댐 위치선정 시 고려사항 　암기　 사생자

1) 지형, 지질
2) 지역사회 경제성
3) 개발목적 : 도수 시 자연유하, 충분한 표고
4) 지형지질 : 계곡 좁고 댐상류가 넓고 다량 저수 가능, 암반 양호, 퇴적물 적고, 암반보강 가능
5) 지역사회 : 농지, 산지, 도로, 문화재, 천연기념물, 보상, 이주민, 지역개발
6) 시공조건 : 재료, 양질, 운송조건, 가설비, 진입로, 가물막이, 임시배수로
7) 환경보전 : 조화, 부영양화, 수몰식생부식, 오염대책

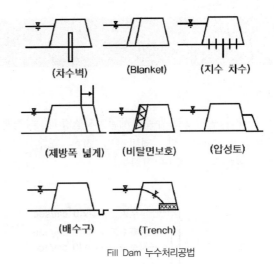

Fill Dam 누수처리공법

44 누수원인(Piping)

1. 개요

댐의 파괴 원인으로 누수, 세굴, 사면붕괴, 다짐불량, 제체구멍, 재료불량, 제방단면 적은 경우, 두더지 등에 의한 구멍 등이 있다.

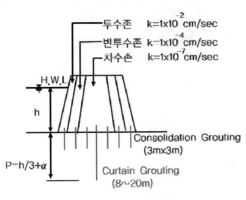

Dam 기초지반처리

2. 원인   [암기] 누세사다 제체료방구

1) 기초지반 : 시공불량, 기초지반처리 불량, 기초 경계처리 불량, 기초암반 침식 및 공극·절리 처리 불량
2) 콘크리트 댐 : 단면 시공이음 불량으로 균열 발생
3) Fill Dam : Core Zone 재료다짐 불량, 부등침하 발생, 지진·진동·휨 발생, 차수벽 설치 불량

3. 대책   [암기] 차블지제비압

1) 차수벽 설치
2) Blanket 설치
3) 지수벽 설치
4) 제방폭 넓게
5) 비탈면 피복
6) 압성토 시공
7) 배수구 시공 설치
8) 차수그라우팅
9) 배수용 트렌치 시공

45 댐의 파괴

1. 개요

댐의 파괴 원인으로 누수, 세굴, 사면붕괴, 다짐불량, 제체구멍, 재료불량, 제방단면 적은 경우, 두더지 등에 의한 구멍 등이 있다.

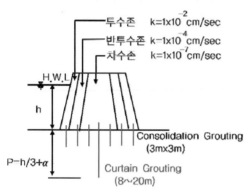

Dam 기초지반처리

2. 원인 [암기] 누세사다 제체료방구

1) 누수
2) 세굴
3) 사면붕괴
4) 다짐불량
5) 제체구멍
6) 재료불량
7) 제방단면 적은 곳
8) 구멍

3. 대책 [암기] 차블지제비압

1) 차수벽 설치 : Grouting, 주입공법
2) Blanket 설치
3) 지수벽 : Sheet Pile, Core Zone(점토)
4) 제방폭 넓게 : 침윤선 저하
5) 비탈면 피복공
6) 제방 측면부 압성토

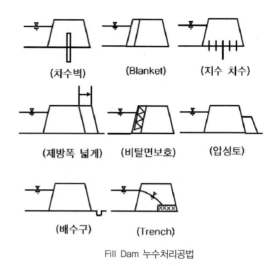

Fill Dam 누수처리공법

[참고] 가물막이 공법

1. 개요

1) 하천공사 시 Dry한 상태로 작업하기 위한 물막이 축조물로 하천공사 시 안정성에 영향을 미친다.
2) 자립형과 버팀형으로 대별된다.

2. 가물막이 붕괴 발생원인

1) 설계적 측면
2) 시공적 측면

3. 공법종류 [암기] 자버특 토강케강 한두

1) 자립형
   ① 토사축제
   ② 강널말뚝(Steel Sheet Pile)
   ③ 케이슨식
   ④ 강판셀

2) 버팀대형
   ① 한 겹 Steel Sheet Pile
   ② 두 겹 Steel Sheet Pile

3) 특수공법

46 유선망

1. 개요

유선, 등수두선, 침투수량, 간극수압, 동수경사, 침투수력

2. 유선과 등수두선

1) 유선 : 물의 경로
2) 등수두선 : 수두 같은 점 연결
3) 유로 : 인접유선 사이에 낀
4) 침윤선 : 최상부 유선

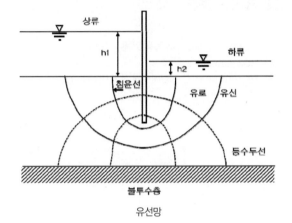

유선망

3. 특징

1) 유선과 등수두선은 직교
2) 유선과 등수두선은 정사각형
3) 인접한 두 유선사이의 침투수량은 동일
4) 침투속도와 동수경사는 유선망의 폭에 반비례
5) 유선망 성립에 필요한 유로수는 4~6개

4. 이용

1) 침투수량
2) 침투수력
3) 간극수압
4) 동수경사
5) 파이핑
6) 손실수두

양압력

1. 개요

1) 부력이란 물체가 수중에 잠긴 물체의 비중이 물의 비중보다 작을 때 생기는 힘을 부력이라고 한다.
2) 양압력이란 어떤 물체가 수중에 있을 경우 그물체에 수압이 작용하며, 이런 수압 중 상향으로 작용하는 수압을 양압력이라고 한다.

2. 양압력 산출방법

1) 유선망에 의한 방법
2) 임의점 양압력=압력수두×물단위중량
3) 압력수두=전수두−위치수두
4) 전수두

$$(H_t) \quad H = H_e + H_p = H_e \cdot \frac{U}{r_w}$$

$$U(간극수압) = H_\nu \cdot r_w$$

H : 전수두

H_e : 위치수두

H_ν : 압력수두

47 침윤선

1. 개요
1) 침윤선 : 물이 통과하는 유선 중 최상부 유선
2) 유선망 : 유선 등수두선 이루는 망, 침투수량, 간극수압, 동수경사, 침투수력 결정

2. 제방 안전성
1) 누수
2) 월류
3) 침하
4) 활동

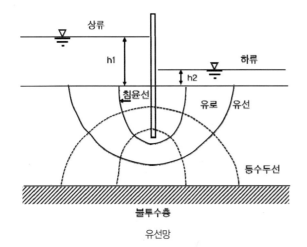

유선망

3. 침윤선 이용
1) 제방폭 결정
2) 제방 거동 조사
3) 제내지 배수층 조사

4. 누수 안전성 검토
1) 누수 종류
① 지반 누수
② 체제 누수

2) 평가방법
① 침윤선 형상 작성
② 침윤선 위치 확인

3) 파이핑 검토
① 한계동수경사법
② 침투압법

4) 허용안전율
① 한계동수경사법 3.0~4.0
② 침투압법 2.0 이상

5. 침윤선 저하 대책
1) 중심고어형
2) 근상배수도랑
3) 직립배수도랑
4) 수평배수도랑
5) 비탈끝 배수도랑
6) 상류측 배수도랑

참고 **케이슨 종류** 암기 OBP

1) Open Cassion(우물통기초) 공법
2) Box Cassion 공법
3) Peneumatic Cassion(공기케이슨) 공법

48 제방 붕괴원인 대책

1. 개요

제방의 붕괴 원인으로 누수, 세굴, 사면붕괴, 다짐 불량, 제체구멍, 재료불량, 제방단면 적은 경우, 두더지에 의한 구멍 등이 있다.

2. 제방 축제재료 구비조건

1) 투수성 낮은 재료
2) 함수비가 증가되어도 비탈면 붕괴가 없을 것
3) 뿌리·유기물·전석 등 포함되지 말 것

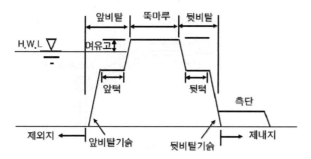

제방표준단면도

3. 원인 [암기] 누세사다 제체료방구

1) 기초지반 누수 : 침투수 용출
2) 표토재료 : 투수성 큰 모래 등 부적격재료
3) 비탈면 다짐부족 : 우수침투
4) 차수벽 : 미설치
5) 제방폭 감소, 누수로 Piping

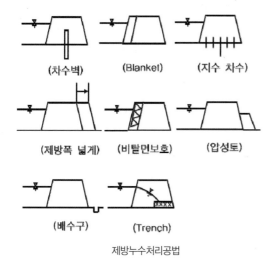

제방누수처리공법

4. 대책 [암기] 차블지제비압

1) 기초지반 : 중앙 홈통, 성토부 기초지반 밀실 다짐
2) 제방폭 증대 : 침투로 길게
3) Piping : 투수성 낮은 점성토, 밀실다짐
4) 차수벽 설치 : Sheet Pile, 심벽
5) 블랭킷 설치 : 불투수성 피복
6) 배수용집수정 설치
7) 제방 압성토
8) 침윤선 저하

5. 부위별 방지대책

1) 기초부
   ① 차수벽 설치
   ② 기초지반처리
   ③ 지수벽
   ④ 약액주입

2) 제방 본체
   ① 제방단면확대 : 침윤선 길이 연장
   ② 제체재료선정 : 투수성 낮은 재료
   ③ 비탈면 피복 : 불투수성 표면층
   ④ 압성토 : 비탈면 활동
   ⑤ Blanket : 불투수성 재료 아스팔트로 피복
   ⑥ 배수로 : 불투수층 내 침투수 신속히 배제하여 침윤선 저하

3) 비탈면 보강 : 침식방지

49 호안

1. 개요

1) 호안이란 제방·하천의 유수침투를 막아 경사부위를 보호하는 하천구조물이다.
2) 구조 : 비탈덮기, 비탈멈춤, 밑다짐
3) 붕괴의 원인은 누수, 기초세굴, 침식, 다짐불량, 뒷채움 불량 등이 있다.

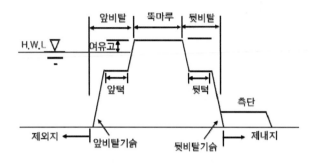

제방표준단면도

2. 종류 [암기] 고저제

1) 고수호안 : 비탈보호하여 하상세굴억제
2) 저수호안 : 저수로고정, 고수부지 파랑방지
3) 제방호안 : 직접 제방보호

3. 호안구조

1) 비탈덮기공
   ① 돌붙임공
   ② 콘크리트블록붙임공
   ③ 콘크리트비탈틀공
   ④ 돌망태공

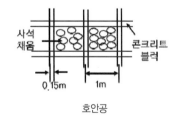

호안공

2) 비탈멈춤공
   ① 호안기초공
   ② 비탈덮기공
   ③ 콘크리트기초공
   ④ 사다리토대공
   ⑤ 널판공
   ⑥ 말뚝공

3) 밑다짐공
   ① 비탈멈춤공
   ② 사석공
   ③ 콘크리트블럭 침상공
   ④ 돌망태공
   ⑤ 침상공 : 돌망태, 격자블럭, Gabion Wall

4. 호안시공 시 주의사항

1) 급류하천 전면적 시공
2) 계획홍수위까지
3) 뒷비탈면 밀실한 다짐
4) 중소하천 0.5~1m, 대하천 1m 이상
5) 적당한 요철은 유수에 저항

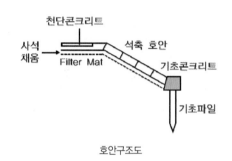

호안구조도

5. 호안제방 붕괴원인

1) 기초세굴 : 밑부분 다짐부족
2) 뒷채움 토사 : 뒷채움 유출되어 공극 발생, 덮개 파괴, 간극수압 상승
3) 유수, 비탈덮개 파괴 : 급류로 돌붙임사석 이탈
4) 구조이음 : 미설치
5) 천단부 세굴
6) 급격한 유로 변화 : 세굴 및 침식
7) Piping : 다짐부족, 굵은 골재 사용
8) 구조물 접합부 : 시공불량

6. 대책

1) 하상조사 : 설계 시 정밀조사
2) 비탈면 안정검토 : 구배 완만하게
3) 신구제방 : 층따기
4) 소단 여유 폭
5) 수제, 세굴방지공, 비탈덮기공, 비탈멈춤공
6) 밀실다짐

50 방파제

1. 개요
1) 방파제란 항만시설로 선박, 외해, 파도로부터 외곽시설 등을 보호하는 항만 구조물이다.
2) 분류 : 경사제, 직립제, 혼성제

2. 설치목적
1) 수심 파도 파랑 파고 조류로부터 항만 시설 보호
2) 표사이동 방지
3) 토사유출 방지

3. 항만 외곽시설의 종류
1) 방파제 : 선박 등 외해 파도로부터 보호
2) 방사제 : 먼바다에서 흐름 약화시켜 표사를 저지하고 얕아지는 것을 방지
3) 방조제 : 간석지 보호
4) 호안 : 유수 침식 침투 방지, 경사면 밑부분 밀실 시공
5) 기타 : 수문, 갑문, 도류제

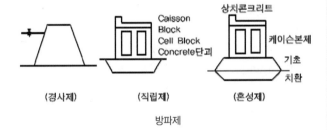

(경사제)　(직립제)　(혼성제)

방파제

4. 방파제공법 종류 [암기] 경직혼 사인 케블셀 케블셀
1) 방파제란 항만시설로 선박 외해 파도로부터 외곽시설 등을 보호하는 항만 구조물이다.
2) 분류 : 경사제, 직립제, 혼성제
① 경사제 : 사석경사제, 인공사석 Block경사제
② 직립제 : 케이슨식, Block식, Cell Block식
③ 혼성제 : 케이슨식, Block식, Cell Block식

5. 특징 [암기] 경직혼
1) 경사제
① 경사 1:0.5, 파력 소실
② 얕은 곳, 소규모
③ 연약지반
④ 시공 간단
⑤ 유지보수 용이
⑥ 종류 : 사석식, 블록식

2) 직립제
① 파랑으로부터 직립 반사파 차단
② 지반이 견고하고 일체성이 강함
③ 안쪽계류시설 활용
④ 종류 : 케이슨식, 블록식, 셀식

3) 혼성제
① 사석+직립제
② 깊은 곳, 연약지반에 유리
③ 공사비 절약
④ 직립부 소실
⑤ 종류 : 케이슨식, 블록식, 셀룰러블록식

6. 시공 시 유의사항
1) 연약지반 : 치환공법, Sand Drain, Paper Drain, Pack Drain, 재하공법
2) 사석재료 : 경질
3) 본체 : 시공관리
4) 거치 후 덮개콘크리트 : 조속히 시공, 속채움재 유출방지, 측벽파손 방지
5) 혼성제, 기초부, 직립부 세굴 : 아스팔트매트, 합성수지매트 포설
6) 혼성제사석부 : 요철금지, 직립부 거치, 편심하중방지
7) 기상, 공정 : 계획시공
8) 주변환경영향 : 수심, 파도, 파랑, 파고

51 해상공사

1. 개요

해상공사 시 고려해야 할 사항은 수심 파도 파랑 파고 등으로 기상조건 해상조건 위험물탐사 수심측량 등을 면밀히 조사한 후 공사를 착수 하여야 한다.

2. 관리항목

1) 수심, 파도, 파랑, 파고
2) 기상관리 해상관리
3) 정밀도 및 규격 관리
4) 안전관리
5) 환경관리

3. 기상관리 해상관리

1) 기상조건
   ① 풍속 15m/sec
   ② 강우 10mm 이상/일
   ③ 시계 1km 이하 시 작업중지

2) 해상조건
   ① 파도 0.8~1.0m 이상
   ② 조류 2~4노트 이상
   ③ 시간일자별
   ④ 조위관리

테트라포트

4. 시공정밀도관리

1) 위치측량
   ① 항내 : 물표설정 트랜싯
   ② 항외 : 전자파, Sixtant
   ③ 육상 : 기준점

2) 수심측량
   ① 일반 : 초음파
   ② 조위 : LLW(기준면)

③ 시간대별
④ 중추로 표시

3) 위험물 : 자기탐사기 음향측정기로 제거

5. 공정관리

1) 계절 지역 특성을 고려
2) 기상해상조건 작업량 관리
3) 적정공법 적용하여 시공성 향상
4) 범용성 있는 장비 사용
5) 공사진행상황 공정관리

6. 안전대책

1) 기상예보 확인
2) 해상변화 숙지
3) 안전교육
4) 돌발상황 대비
5) 작업구역 준수
6) 작업시간 장소 항만당국 신고
7) 안전 항행 선박 주의
8) 피항지 숙지 사전답사
9) 어장 양식장 오탁방지망 설치
10) 안전표지판 설치
11) 신호체계 준수

* 1Kn(노트)=1.852km/hr
* LLW : Lowest Low Water, 최저저조위

52 Caisson식 혼성방파제

1. 개요

1) 방파제란 항만시설로 선박 외해 파도로부터 외곽 시설 등을 보호하는 항만 구조물이다.
2) 수심이 깊고 연약지반에 사석기초를 쌓고 직립부에 케이슨을 시공한다.
3) 분류 : 경사제, 직립제, 혼성제

2. 종류 [암기] 케블셀

1) Caisson식, Block식
2) Cellular식
3) Concrete단괴식 혼성방파제

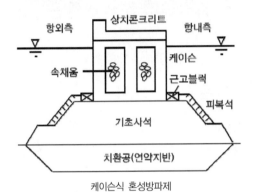

케이슨식 혼성방파제

3. 시공순서

기초공	본체공	상부공
지반개량	제작장	하층
기초사석	진수	상층
세굴방지	운반	
근고블럭	거치	
사면피복	속채움	
	뚜껑	
	뒷채움	

4. 특징

1) 연약지반에 적용
2) 깊은 곳에 유리
3) 상부직립부 사석 산란억제

5. 기초공

1) 지반개량공 : 상부하중 지지력
   ① 치환 : 모래
   ② 재하 : 사석
   ③ 표층보강 : 토목섬유, 철망보강
   ④ 혼합공법 : 시멘트밀크 심층혼합

2) 기초사석
   ① 공극 요철 메움
   ② 변형 방지
   ③ 강도 증대
   ④ 형상 유지

3) 세굴방지공
   ① 비탈면 소단 : 경사블럭, 아스팔트, 합성수지 보강
   ② 기초 : 투수성 매트
   ③ 사면 : 불투수성 매트

4) 근고블럭공
   ① 직립부 외항 2개, 내항 1개 이상
   ② 사석부 세굴방지

5) 사면피복공 : 피복두께 1~2m

케이슨제작장

6. 본체공 [암기] 제진운거 속뚜뒷

1) 제작장 : 제작, 진수, 동력, 운반 설비
2) 진수방법 : Dock내 주수 Floating, Crane, 경사면Rail

   [암기] 경건부가 기Syn사

3) 예인 : 케이슨 Floating 후 예인선으로 예인
4) 거치 : 기중기, Anchor+윈치, 정조시간, 오차 최소, 기초바닥 4~5cm 뜬 상태 위치 확인, 거치 시공오차 10cm

7. 시공 시 유의사항

1) 지반조사 : 침하방지
2) 시공법 : 쇄파 큰 곳 영향고려
3) 사석재료 : 경질이고 풍화 안 된 재료
4) 안정검토 : 제체 활동 침하 검토
5) 세굴 : 기초사석부 케이슨기초
6) 활동대책 : 케이슨 마운드부
7) 침하대책 : 여유고, 마루 높게, 제체 높이기 쉬운 방법 선택

Box Caisson

8. Caisson 안정성 문제점 및 안전대책

1) 문제점
  ① 기초압밀
  ② 사석부 케이슨 활동
  ③ 편심 작용
  ④ 저판 응력집중
  ⑤ 덮개파손 : 상부 시공이 안 된 상태

2) 대책
  ① 연약지반개량
  ② 사석두께 두껍게
  ③ 배면사석 쌓기
  ④ 사석부 하부 최소단면 치환
  ⑤ 사석 수평관리 후 직립부 거치
  ⑥ 덮개콘크리트 시공 후 즉시 상부콘크리트

참고 **케이슨 제작**

1. 사고원인

1) 갱폼인양중 인양로프가 파단
2) 철근조립중 전도방지조치 미실시
3) 갱폼에 작업발판이 부족하여 개구부로 추락
4) 갱폼상에 안전난간대 미설치
5) 케이슨제작 가설통로 단부로 추락
6) 철근조립 및 거푸집조립 작업중 추락
7) 관리감독자 미배치
8) 이동식크레인 후크해지장치 미설치

2. 안전대책

1) 인양로프는 손상, 부식 점검 철저
2) 철근조립시 전도방지
3) 갱폼상에는 작업발판 개구부 없도록 전면에 설치
4) 갱폼상에 안전난간대 및 바닥개구부에 덮개설치
5) 가설통로 단부 안전난간대 설치
6) 작업발판설치, 안전난간 설치
7) 케이슨 제작작업시 관리감독자 배치
8) 이동식크레인의 후크에는 해지장치 설치

케이슨 제작장

참고 **케이슨 운반 및 거치**

1. 사고원인

1) 잠수작업 중 공기호스가 스크류에 감겨 질식
2) 태풍발생
3) 잠수부가 사석고르기 작업 중 사석이 공기공급용 호스를 눌러 질식
4) 잠수부 산소공급 불량에 의한 질식
5) 케이슨 해상운반 중 케이슨내 해수유입
6) 케이슨 진수시 흘수관리불량
7) 해상크레인 인양능력 부족, 바지선의 부양력 부족

2. 안전대책

1) 잠수작업중 공기호스의 길이는 최소한의 잠수깊이에 필요한 길이만 사용
2) 태풍발생시 해상장비를 안전한 장소로 대피시키기 위한 피항계획 수립
3) 공기공급용 호스의 길이는 최소한의 잠수깊이에 필요한 길이로 제공
4) 작업전 송기호스 및 공기공급장치 점검 및 작업중 송기호스의 조임, 절단, 눌림 등의 발생여부를 확인
5) 해상운반시 케이슨내 해수가 침투되지 않도록 덮개 설치
6) 진수전하상깊이등 케이슨 흘수에 의한 적정진수방법 검토
7) 케이슨의 인양능력에 적당한 인양장비 선정

참고 **케이슨 내 속채움**

1. 사고원인

1) 바지선, 케이슨 상부 등 수상작업중 실족
2) 크람셀 운전원의 운전미숙
3) 크람셀붐대 연결부 취약으로 사석인양중 붐대절단
4) 사석인양중 인양용 와이어로프가 파단
5) 속채움용 사석인양중 체결이 풀리면서 낙하
6) 케이슨 내부에 근로자 출입중 낙하물에 맞음
7) 인양용 후크해지장치 미설치
8) 크람셀, 덤프 등 사석투입 작업중 충돌

케이슨 시공전경

2. 안전대책

1) 구명로프, 구명조끼, 구명튜브 구호장비 비치
2) 크람셀운전원의 자격유무
3) 크람셀 붐대연결부등 견고성사전점검
4) 인양용 와이어로프 손상 변형되지 않은 것 사용
5) 속채움용 사석은 인양, 하역시 탈락되지 않도록 견고하게 체결, 지름이 작은 사석 등은 버켓, 달포대 등 사용
6) 케이슨 바닥에서 작업하지 않도록 지휘감독 실시
7) 인양용 후크에는해지장치 설치하여 사석하역시 로프가 탈락되지 않도록 관리철저
8) 유도자를 배치하여 크람셀, 덤프 등을 안전하게 유도하고 장비작업 반경내 출입금지조치 실시

케이슨 사석채움

53 접안시설(안벽)

1. 개요

1) 접안시설이란 항만에서 선박 등을 정박시킬 수 있는 시설이며 계류시설 하역시설 등이 있다.
2) 종류 : 중력식, 널말뚝식, Cell식 등

2. 특징 [암기] 중널셀잔부Dol계

1) 중력식 : 육상에서 제작하여 소정위치에 거치, 공사량 적고, 시설비용 고가
   ① Block식 : 수심 얕은 곳, 연약지반 불가, 시공설비 간단
   ② Cell Block식 : 철근콘크리트상자에 속채움, 외력저항

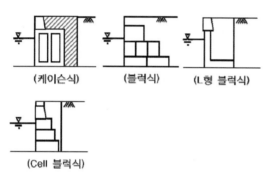

(케이슨식) (블럭식) (L형 블럭식)

(Cell 블럭식)

중력식 접안시설

2) 널말뚝식
   ① 보통널말뚝 : 널에 작용하는 토압을 후면버팀공과 널말뚝 근입부에서 저항, 원지반 얕아 전면 준설 유리, 널말뚝과 버팀공 사이 거리 필요
   ② 자립식널말뚝 : 후면 버팀공이 필요 없고 널말뚝근입부 횡저항으로 저항, 시공간단하고 단면이 크고 공사비 고가, 토압 과대 시 변형발생
   ③ 경사널말뚝 : 널말뚝과 일체로 경사진 말뚝에 의해 토압에 저항, 타이로드 필요 없는 안벽배면이 좁은 곳 사용, 파랑에 안전
   ④ 이중널말뚝 : 널말뚝 이중으로 박고 Tie Rod 연결하여 토압에 저항, 양측을 계선안으로 활용, 안정적인 측면 불리
3) Cell식 : 원형 혹은 기타형식, 속채움
4) 잔교식
   ① 횡잔교 : 해안선에 나란히 설치
   ② 돌제식 : 해안선에 직각으로 설치하며 토압저항 없음

5) 부잔교식
   ① Pontoon 띄워 계선안으로 사용
   ② 조수차 커도 사용
   ③ 종류 : 철제, 콘크리트제
   ④ 육지와 가동교 연결

6) Dolphin식
   ① 해상에 말뚝 혹은 구조물을 만들어 계선으로 사용
   ② 구조 간단, 공사비 적음
   ③ 부식 약함

7) 계선부표
   ① 해저 Anchor 박아 추에 줄을 연결하여 부표 띄움
   ② 선박계류
   ③ 침추식, 묘쇄식, 침추묘쇄식

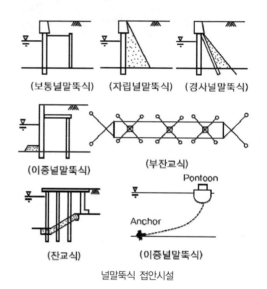

(보통널말뚝) (자립널말뚝) (경사널말뚝)

(이중널말뚝) (부잔교식)

(잔교식) (이중널말뚝)

널말뚝식 접안시설

3. 시공 시 유의사항

1) 중력식
   ① 기초사석 : 공극제거, 요철 수평 고르기
   ② 거치 : 뒷채움 재유출
   ③ 뒷채움공 : 양질재료

2) 널말뚝식
   ① 타입 : 경사식, 두부압축, 근입과잉 발생 시 타입 중지하고 깊이 조절
   ② 띠장공 : 실측하여 정밀 시공
   ③ 타이로드 : 강널 띠장 즉시 설치

3) Cell식
① 타입 : 널말뚝 전체 고르게 쳐 내려감
② 속채움 : 양질로 충분한 다짐
③ 상부공 지지항 : 속채움 다짐 후 설치

4) 잔교식
① 사면시공 : 피복석은 파랑보호, 견고히 시공
② 항타공 : 근입부족, 각도불량, 항타불량 시 절단 이음
③ 도판공 : 잔류부 이격 시 철근콘크리트나 강제 도판을 제작하여 크롤러크레인으로 가설

5) 부잔교식 안벽
① Ponton 선정 : 내구성 수밀성 충격성 고려
② Ponton 규격 : 충분한 넓이, Free Board를 가지며 안정성 있게 확보
③ Ponton 안정조건 : 갑판에 하중 만재 후 침수 시 0.5m의 건현 유지

항만 접안시설

항만 기초굴착

참고 **대형안벽 설치공법 3가지**

1. 케이슨식
2. 강Sheet Pile식
3. L형 Block식

54 터널공사에서 작업환경 불량요인과 개선대책

1. 부석정리

장비 2회, 인력 2회 버력처리

2. 조명

갱구30Lux - 중간50Lux - 막장70Lux

3. 환기 [암기] 종반횡

4. 소음(dB) [암기] 주상 심조주

적용	심야(22~05)	조석(05~08)	주간(08~18)
주거지	50dB 이하	60dB 이하	65dB 이하
상업지	50dB 이하	65dB 이하	70dB 이하

5. 진동허용규제기준(cm/sec) [암기] 문주상철컴

구분	문화재	주택, apt	상가	철근콘크리트 공장	컴퓨터
허용 진동치	0.2	0.5	1.0	1.0	0.2

6. 미세먼지 규제기준

항목	기준(μg/m³)	측정방법
미세먼지 (PM-10)	연간 평균치 : 50 이하 24시간 평균치 : 100 이하	베타선 흡수법

μg : 마이크로그램

참고 **교량받침에 작용하는 부반력 안전대책**

1. 발생조건

1) 곡선교

2. 부반력 발생 시 문제점

1) 구조적 : 피로파괴
2) 비구조적 : LCC증가

3. 부반력 발생원인 및 대책

1) 뒤틀림모멘트 : Anchor Tie
2) 곡선반경 : 곡선반경 조정
3) 차량주행속도 : 과속카메라
4) 받침밀착 : EL조정

참고 **터널공사 유해가스, 분진고려 환기계획, 환기방식**

1. 도로터널 환기대상 유해물

매연, 일산화탄소, 질소산화물

2. 오염물질별 허용농도기준

1) 환경부 대기환경보전법 시행규칙
2) 허용농도기준 : 관리주체 없는 경우 WRA권고치 고려
3) 환기설계목표연도 : 공용 개시 후 20년 후
4) 교통량급격변화 : 변동고려, 5년 주기
5) 환기방식 : 교통, 주변환경, 화재 시 안전성, 지반조건, 유지관리, 경제성 고려
6) 환기설비용량 : 전주행속도에서 소요환기량 만족
7) 기계환기방식 : 환기설비승압력을 최대로 요구하는 주행속도는 환기설비 설계속도로하여야 하며 환기설비용량이 과도하게 증가하는 경우에는 가스상물질 (CO, NOx)만을 환기대상물질로 고려
8) 터널내 차도내 풍속 :
   ① 일방향터널 10m/sec 이하
   ② 양방향터널 8m/sec 이하

참고 합성형거더(Composite Girder)

1. 개요

SB 합성거더는 새로운 개념의 강합성 거더로서 압축부, 웨브, 인장부로 구성되며 외부강재와 내부콘크리트를 합성시켜 효과적으로 거더 강성을 증대하여 처짐, 진동 감소 및 거더의 비틀림 좌굴을 방지한 동적성능이 우수한 공법이다.

2. 종류별 특징

구분	장점	단점
강교	장경간, 곡선교, 선형적용성 우수 크레인 괄거치로 시공성 우수 색채도장 주변환경과 조화우수	소음, 진동이, 사용성 x 많은 강재 사용, 공사비
PSC 거더	저렴한 콘크리트 사용, 경제성우수 구조적 안전성 양호 열차운행 시 소음 진동↓	자중이 크기 때문에 특수 장비 필요 극한하중 작용시 안전성 불리
SB 합성 거더	강재+콘크리트합성, 거더강성증대, 처짐진동감소, 동적성능, 사용성 우수 처짐율 : 40m : L/4200, 45m : L/3800, 50m : L/3700 고유진동수 : 40m : 3.140Hz, 45m : 2.959Hz, 50m : 2.703 Hz 열차운행 시 소음 감소, 소음피해 최소화	

참고 석촌 지하차도 충적층지반에 쉴드(shield)공법으로 시공 시 동공발생 원인과 안정대책

1. 개요

석촌지하차도 지하철 공사구간은 과거 한강이 흐르던 지역을 매립해 만든 지역이다. 이에 지질이 모래와 자갈 등으로 이뤄진 충적층 구간과 화강편마암 지질이 섞여 있다.

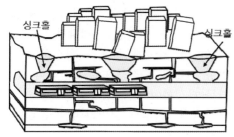

지하수와 함께 미세한 세립토가 유출되어 싱크홀 발생

싱크홀 발생

2. 동공원인

1) 충분한 지반 보강을 하지 않아 도로 밑에 있던 모래와 자갈이 터널 공사 지점까지 유출돼 동공이 발생, 동공 발생 위치를 봐도 충적층 내에서 터널 굴착 기기가 오랜 시간 멈춘 위치에서 대규모 동공이 발생했고 발견된 동공은 이미 공사 완료된 지하철 터널 방향을 따라 위치해 있었다.

2) 지하터널을 뚫는 공사에는 지상에서 구멍을 뚫고 지반을 굳어지게 만든 다음 파는 수직공법과 지하에서 기기를 통해 터널을 뚫으며 주변 지반을 보강하는 수평공법이 있다.

3) OO사는 당초 서울시에 보고했던 터널 굴착 기기와 다른 기기를 사용했다. OO사는 터널 굴착 기기의 앞부분에 위치한 커터 교체 시 주변 지반에 채움재를 넣는 구멍이 42개 달린 기기를 사용하겠다고 보고 했지만 실제 공사에서는 구멍이 8개 뿐인 기기를 사용했다고 서울시는 설명했다.

4) 또 지반 굴착 시 기기를 통해 유출되는 토사량이 기본적으로 배출되는 것보다 많은 양이었지만 이를 정확히 확인하지 않아 지반침하에 대해서는 신경쓰지 못한 것 같다고 전했다.

참고 도로 생태환경 변화에 따라 발생하는 로드킬(road kill)의 원인과 생태통로의 설치(eco-bridge)유형 및 모니터링 관리

1. 로드킬의 증가원인

1) 무분별한 택지개발, 도로건설
2) 동물들 서식지 파괴
3) 먹을 것 찾기 위해 민가로 이동 로드킬을 당함

2. 로드킬 대처방안

1) 서식공간 훼손방지 및 복원
2) 야생동물들의 본성에 맞는 이동통로등의 예방시설 설치
3) 종합적이고 체계적인 예방관리 대책 시행
4) 사고신고시 즉각 출동할 수 있는 야생동물구조팀 신설
5) 야생동물의 이동 통로와 유도 울타리등 예방 시설 형식적 설치 및 부족
6) 운전자의 과속단속

3. 생태통로 설치유형

1) 육교형 생태통로
2) 터널형 생태통로
3) 유도 울타리
4) 양서파충류 울타리
5) 탈출시설
6) 동물출현 표지판

4. 생태통로 모니터링 관리

참고 **도로터널에서 구비되어야 할 화재 안전기준**

1. 소화기
2. 옥내소화전설비
3. 물분무소화설비
4. 비상경보설비
5. 자동화재탐지설비
6. 비상조명등
7. 제연설비
8. 연결송수관설비
9. 무선통신보조설비

---

55 공용중인 도로 및 철도노반 하부를 통과하는 비개착 횡단공법의 종류별 개요를 설명하고, 대표적인 TRCM(Tabular Roof Construction Method) 공법에 대한 시공순서, 특성

1. 비개착 횡단공법

일반적으로 철도지하횡단공법은 토피가 작은 경우가 많아 궤도에 영향을 주기 쉽기 때문에 노반의 침하나 궤도변위를 억제하며 열차 안전운행에 지장을 주지 않고 안전하게 관입하는 것을 목적으로 하는 비개착공법이 많이 사용되고 있다.

1) 프론트잭킹 공법(Front Jaking method) : 파이프루프공을 설치한 후 열차 운행선 밖에서 프리캐스트구조물을 제작한 후 유압 프론트잭크를 이용하여 선로하부의 소정위치에 구조물을 견인 설치하는 공법

2) TES공법(Tube Extract Structure method) : 3주면에 배치된 강관을 강판과 분리시켜 유압잭을 이용하여 구조체를 견인하면서 강관을 추출하고 소정의 위치에 구조체를 밀어넣는 공법

3) UPRS공법(Upgraded Pipe Roof Structures method) : 소형강관을 다발로 중첩되게 특수 제작하여 압입 및 굴착하고 연결부 보강 철근을 설치한다. 그리고 강관 내부에 콘크리트를 타설하여 강관 슬래브루프 형성 후 내부를 굴착하여 가설지보재 설치 및 구조물을 설치하는 공법

4) STS공법(Steel Tube Slab method) : 파이프루프 공법의 연결부를 보강한 새로운 파이프루프 공법으로 특수 제작한 날개강판부착 소형강관을 사용하여 지중에 루프를 형성하고 강관의 횡방향 연결부를 철근으로 보강한다. 그 후 모르터를 타설하여 종횡으로 일체화된 라멘구조물을 형성한 후 내부를 굴착하여 구조물을 축조하는 공법

5) TRcM 공법(Tubular Roof Construction Method) : 작업기지용 갤러리관을 추진 하고나서 횡방향 슬래브관을 추진한 후 갤러리관 하단부를 절단하고 양측벽체를 트랜치 굴착한 후 상부 및 벽체를 타설한 다음 커플러를 이용하여 하부슬래브를 타설하는 공법

6) NTR 공법(New Tubular Roof method) : 설치될 구조물의 상부와 벽체 및 기둥부에 강관을 압입하고 강관내부를 굴착한 후에 압입된 강관내부에 거푸집 및 철근조립을 실시하여 강관 내에 콘크리트 타설 및 구조물 내부를 굴착한 뒤 하부콘크리트를 타설 후 구조물 내부 강관 절단부 제거 및 마감 하는 공법이다.

2. TRCM(Tabular Roof Construction Method) 공법

1) 시공순서
 ① 시공현장의 지반은 자립성이 비양호한 지반으로서 갤러리관 추진 및 굴착시 선도관 내에 선형 조정장치를 설치하여 압입단계마다 레이저 측량으로 오차(허용차 50mm이내)를 유지하여 조정하였다.
 ② 굴착지층은 퇴적층인 모래자갈층으로 N치는 5/30~50/27로 비교적 안정성을 확보하였으나 유사시 MSG 또는 LW, 시멘트주입 그라우팅 실시와 함께 겔 타입타임 조정제를 활용하여 급결시켰다.
 ③ 측벽 굴착시 지하수가 유입되어 SGR차수보강 그라우팅 및 Well Point공법을 적용하고 발진기지 및 도달기지의 작업구를 활용하여 집수정을 설치하였다.

2) 특성
 ① 장점
 - 대형강관 추진방식으로 내부굴착 및 굴착토 반출이 가능
 - 강관을 본 구조물로 사용 가능
 ② 단점
 - 운행선의 진동으로 구조물의 강도 저하 우려
 - 트랜치의 반복굴착으로 지반의 이완 및 여굴 발생 우려
 - 선로의 종방향 대형강관 추진시 수직활동면이 생겨 선로침하 발생 우려

참고 환경지수와 내구지수

1. 환경지수(ET = Environmental Index)

1) 노출 환경에 따른 구조물의 내구성 문제를 열화작용으로 국한하고 외부로 부터의 구조물의 열화 정도를 정량적(물리적)으로 표현한 지수(즉, 콘크리트 외부로 부터의 열화작용을 물리적 지표로 표현한 지수)
2) 구조물의 열화인자에 의한 내구성 저하 정도
3) 환경상태의 변화추이를 종합적으로 나타내기 위하여 여러 분야의 환경지표를 통합하여 작성한 값

2. 내구지수(DT)

1) 구조물의 내구 저항 능력을 정량적으로 표현한 지수 (즉, 내구저항을 물리적 지표로 표현)
2) 구조물이 열화 외력에 의한 내구성 저하에 저항하는 정도

56 타이바, 다웰바

1. 타이바

1) 정의세로줄눈(종방향 줄눈 : 차선 위치)에 연속성확보 목적으로 이형철근(이형봉강)을 사용

2) 기능(목적)전단 저항과 구속의 역할, 줄눈이 벌어지는 것을 방지

3) 층이 지는 것(단차)을 방지, 하중 전달 능력에 의하여 콘크리트 슬래브의 연단부를 보강하는 효과가 큼

4) 규격
   ① 직경 : 일반적으로 16mm
   ② 길이 : 80cm
   ③ 배치간격 : 75cm, 포장조건에 따라 다름
   ④ 타이바의 내구성 향상 : 방청 페인트를 중앙 약 10cm에 도포

2. 다웰바

1) 정의콘크리트 포장 슬래브의 가로줄눈부에 설치하는 역학적 하중전달 장치로서 원형철근(봉강)(다웰바 : dowelbar, or 슬립바 : slipbar)와 Cap으로 구성됨

2) 기능(목적)가로줄눈 시공시 온도차이(변화)에 의한 수축, 팽창시 균열방지대책, 전단에만 저항하고 구속에는 자유롭다, 응력전달 목적으로 원형철근 사용, 일단고정, 타단신축(Cap사용, 자유롭다)

3) 시공시 고려사항 및 특징
   ① 구조간단
   ② 설치용이, 콘크리트내에 완전삽입 가능한 것, 장치와 접촉되는 콘크리트에 과잉 응력을 발생시키지 않고 재하 하중응력을 적절히 분산시킬 수 있을 것,
   ③ 가로줄눈부의 가로방향 변위(longitudinal movement)를 구속하지 않을 것
   ④ 통과 윤하중과 통과 빈도 에 대하여 역학적으로 안정한 구조일 것
   ⑤ 부식에 저항하는 재료 지반이 좋고 보조기층 위에 빈배합 콘크리트를 설치하거나 보조기층을 시멘트 안정처리(CTB)하여서 지지력이 충분히 크게 되는 위치에서는 다웰바를 생략가능

4) 다웰바 규격
   ① 직경 : 25~32mm, 슬래브 두께의1/8정도
   ② 길이 : 500mm

5) 소요 인장 강도 이상 품질의 원형 봉강 철근 끝에 철재 cap을 씌움

6) 도로 중심선에 평행한 위치에 바르게 매설할 수 있도록 체어(chair : 직경 13mm 정도의 철근)로 지지

7) 중앙부의 10cm에는 방청페인트 도포, 체어철근도 방청페인트를 도포

57 검사랑(Check Hole, Inspection Gallery)

1. 정의

1) 대규모의 댐(댐높이 70m 이상)에서 댐체 내부 상부및 하부에 만든 통로(회랑)로서 댐시공 후 유지관리 및 보수를 위한 시설임
2) 갤러리 내부에서 각종 계측, 배수 등을 실시하여 댐을 유지관리 함

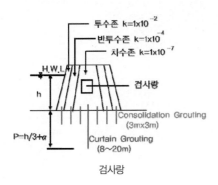

검사랑

2. 검사랑 설치목적

1) 계측 : 양압력계, 누수량측정계, 온도계, 변형율계, 응력계, 피에조미터(필댐인경우), 지진계, 플럼라인(댐수직, 축변위측정)
2) 댐점검 : 균열, 누수등
3) 유지보수 : 갤러리 내에서 보링 후 차수 그라우팅
4) 배수기능
   ① 집수정 : 갤러리내 가장 얕은 심도인 최하단에 집수정 설치 후 외부로 배출
   ② 배수공 : 기초바닥에서 배수공 설치하여 양압력 감소
   ③ 배수Ditch : 검사랑 바닥측면에 설치하여 누수된 물을 집수정으로 유도 후 배수

3. 검사랑의 규모 및 설치방법

1) 상, 하부에 각각 갤러리를 설치함
   ① 보통 댐높이 70m 이상의 큰 댐에 설치
   ② 폭 1.2~2.0m, 높이 1.8~2.5m
   ③ 설치 위치 : 상류면에서 2×B (갤러리폭)
   ④ 설치간격 : 높이 30M 간격마다
   ⑤ 철근 콘크리트 구조

4. 검사랑 설계시공시 고려사항

1) 조명장치 고려
2) 방습장치 고려
3) 검사랑내의 배수 : 배수관, 배수도랑, 집수정 설치
4) 밑부분에 설치하는 검사랑은 가능한 한 상류측 아래쪽에 설치하고 하류측의 수위를 감안한다.
5) 높은 댐의 경우 상하류 방향의 검사랑을 설치하고, 말단은 상류면에서 댐두께의 2/3 위치에 둔다.

58 댐의 홍수조절 방법에 의해 방류되는 여수로(Spillway)의 구조 형식에 따른 종류와 여수로 구성을 설명

1. 개요

1) 여수로(or 余水吐 ; Spillway) : 저수지의 안전을 위해서 물을 하류로 방류시키는 구조물댐의 안전도 = 여수로 용량과 밀접한 관계
2) 콘크리트댐 : 댐 제체부를 월류해도 어느정도안정적
3) Fill댐 : 월류 시 대형사고 유발

2. 여수로의 구성

1) 제어구조(control structure) : 방류량을 조절하는 웨어
   ① 비조절식 : 수위-유량관계가 일정한 단순 월류형
   ② 조절식 : 수위-유량관계를 변동, 조절할 수 있는 문비 또는 밸브로 조절

2) 방수로(discharge channel) : 제어부를 통과한 유수를 하류 하천으로 수송시키는 수로로 일반적으로 콘크리트 개수로 구조
3) 댐 높이가 높거나 Arch댐의 경우 홍수량을 자유낙하 시키므로 불필요
4) 단말구조(terminal structure) : 유수의 에너지를 소산시키는 구조물 정수지(stilling basin) 등

기타공사

01 산소결핍위험작업

1. 개요

1) 공기중 산소농도가 18% 미만 저하 시 두통 호흡곤란 현기증 의식불명 사망에 이른다.
2) 산소결핍 작업 시 산소농도측정 환기 호흡용보호구 안전담당자 배치 등으로 안전사고 예방해야 한다.

2. 인체 영향 [암기] 맥판의혼

산소농도	인체 영향
12~16%	맥박, 호흡수 증가, 메스꺼움, 두통, 귀울림
9~14%	판단력약화, 멍, 체온상승, 무기력
5~10%	의식불명, 중추신경장애, 경련
6% 이하	혼수상태, 호흡정지

3. 산소결핍 작업

1) 우물, 수직갱, 터널, 잠함, Pit
2) 장시간 사용을 안 한 우물내 작업
3) 암거 맨홀 빗물 용수 체류, 해수 체류
4) 장기밀폐 보일러 탱크 반응탑
5) 페인트 도장
6) 밀폐 지하실 창고
7) 분뇨 정화조 탱크
8) 불활성기체, 보일러탱크반응탑

4. 원인 [암기] 과 적 메질탄 잠터

1) 산소 과도한 소비
2) 산소함유량 적은 공기분출
3) 메탄 질소 탄산가스 등 공기치환
4) 잠함공사나 터널작업 전 산소농도 미측정
5) 산소 18% 이상 환기
6) 산소결핍 작업 시 산소호흡기 송기마스크호흡용보호구 미착용
7) 구출 시 호흡용보호구 미착용
8) 구출작업 안전교육 부족

5. 안전대책 [암기] 환인출연산대호 안감의농

1) 산소결핍 위험작업
① 시작 전 환기 및 산소농도 18% 이상 유지
② 인원점검, 출입금지, 연락설비
③ 산소결핍 우려 시 신속히 대피

④ 대피용 기구배치
⑤ 구출작업 시 호흡용보호구

2) 관리상 조치
① 안전담당자
② 감시인 배치
③ 의사진찰
④ 산소농도 수시측정

3) 보호구 착용
① 안전대
② 공기호흡기
③ 산소마스크
④ 송기마스크
⑤ 호흡용보호구

4) 산소측정 : 산소농도 18% 미만 시 환기

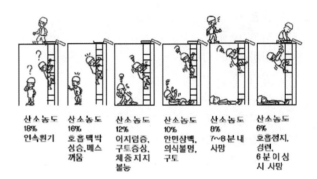

| 산소농도 18% 연속환기 | 산소농도 16% 호흡맥박 상승,메스 꺼움 | 산소농도 12% 어지럼증, 구토증상, 체중 지지 불능 | 산소농도 10% 안면상백, 의식불명, 구토 | 산소농도 8% 7~8분내 사망 | 산소농도 6% 호흡정지, 경련, 6분이상 시 사망 |

산소결핍에 대한 사람의 반응

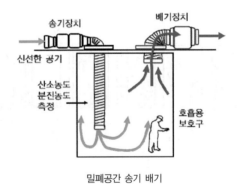

밀폐공간 송기 배기

02 밀폐작업장

1. 개요

1) 공기중 산소농도가 18% 미만 저하 시 두통 호흡 곤란 현기증 의식불명 사망에 이른다.
2) 산소결핍 작업 시 산소농도측정 환기 호흡용보호구 안전담당자 배치 등으로 안전사고 예방해야 한다.

2. 재해유형

1) 질식 : 산소, 분진, 유해가스
2) 중독 : 유해가스 과도한 흡입

3. 산소결핍 위험작업

1) 잠함
2) 터널 송풍기
3) 지하굴착
4) 암거 맨홀 Pit
5) 하수관, 상수도
6) 장시간 밀폐 탱크
7) 화학설비 불활성기체
8) 선박 탱크·호퍼
9) 분뇨 정화조
10) 냉동고, 컨테이너

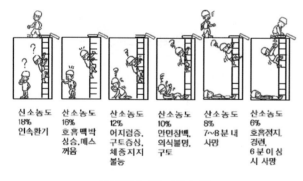

산소결핍에 대한 사람의 반응

4. 산소결핍 방지대책

1) 작업전 환기
2) 인원점검
3) 연락설비
4) 산소결핍 우려 시 대피
5) 대피기구 준비
6) 구출 시 보호구 착용
7) 안전담당자 배치
8) 산소농도 18% 유지

5. 분진방지대책

1) 환기 : 송기, 배기
2) 국소배기장치
3) 제진장치
4) 분진 청소
5) 분진측정
6) 작업 전 안전교육

03 매립지 활용방안

1. 개요

폐기물 매립부지는 환경오염 지지력 지반침하 등에 취약할 뿐만 아니라, 산소결핍 분진 진폐 유독가스 등에 의한 중대재해가 발생할 수 있으므로 공사착공 전 안전대책을 마련한 후 공사에 착수하여야 한다.

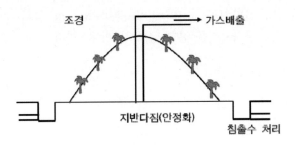

쓰레기매립장 환경오염방지대책

2. 매립장 활용

1) 주택지
2) 산림욕장
3) 스포츠시설
4) 관광농원
5) 자연학습장

3. 문제점

1) 지지력
2) 지반침하
3) 사면 불안정
4) 악취
5) 가스
6) 지하수 오염

4. 매립장 사전조사

1) 매립 이력
 ① 매립 시기
 ② 매립 종류 두께
 ③ 사후환경영향평가

2) 지층 상태
 ① 시추, 표준관입시험
 ② 평판재하시험
 ③ 지하수위

5. 환경오염방지

1) Gas차단 : 추출공으로 대기발산, 소각으로 발전용 사용
2) 지하수 오염 : 차수시설 설치하고, 유출수는 감시정으로 오염도 조사
3) 차수시설 : 주변 지하수 유입방지
 ① 수평차수 : 점토를 혼합하여 성토 및 다짐
 ② 수직차수 : Sheet Pile, 지하연속벽
4) 악취, 해충 : 악취저감제 살포 및 신속히 복토 후 살충제 살포
5) 집수 배수 : 신속히 집수 배수하여 수위상승 억제

6. 건설공사 시 안전대책

1) 지반개량
 ① 치환
 ② 선행재하
 ③ 탈수
 ④ 동압밀
 ⑤ 주입
 ⑥ 화학약액

2) 사면안정 : 적정한 구배
3) 기초형식
 ① 지반보강
 ② 말뚝기초

4) 부식방지
 ① 피복두께 증가
 ② 방식 : 도장+전기방식

04 PC(Precast Concrete)공사 안전대책

1. 개요

1) PC란 공장에서 제작·운반하여 현장에서 조립하는 공법으로 추락 낙하 협착 감전 등의 재래형 재해 등의 위험요소가 있다.

2) PC 작업 시 고소작업이 많아 추락 낙하 등 안전대책을 수립하여 재해예방을 하여야 한다.

2. 재해유형 `암기` 추감충협붕도낙비기 전화발폭밀

1) 추락   47%
2) 감전   13%
3) 충돌, 협착   12%
4) 붕괴, 도괴   9%
5) 낙하, 비래   6%
6) 기타 : 전도, 화재, 발파, 밀폐   13%

3. 공법 분류 `암기` 판골상

1) 판식 : 횡벽, 종벽, 양벽
2) 골조식 : HPC, RPC, 적층
3) 상자식 : Space Unit, Cubicle Unit

4. 특징

1) 공장생산으로 품질양호
2) 공기 짧고
3) 노무비 감소
4) 대량생산 원가절감
5) 고소작업 추락 낙하 위험
6) 접합부 충돌·파손 위험
7) 운반설치 시 파손

5. 안전대책

1) 반입도로 : 중차량 안전운행, 커브길 전도 주의
2) 적치장 : 양중장비 반경 통행에 지장, 평탄, 배수, 적치 시 받침대, 작업장과 거리유지
3) 비계 : 바닥면보다 1m 이상 높게
4) 설치 : 파손방지, 오염방지 받침목, 수직설치
5) 조립 : 인양 신호규정, 복장단정, 안전모, 안전대, 보호구, 하부 출입금지, 자재결속, 임시가새 설치, 달아 올린 채 주행금지, 적재하중 초과, 반경 내 출입금지, 고압선로, 크레인 침하

6. 재해방지설비

1) 안전대 시설 : 수평안전대, 수직안전대
2) 추락방지망
3) 낙하물방호망
4) 구획설정 후 작업
5) 출입금지

7. 시공순서

1) 공장제작 : 도면확정-부재제작-운반
2) 현장시공 : 사전조사-준비-가시설 설치-기초공사-조립 접합-접합부 방수-마감

05 고층화 공사

1. 개요

1) 최근 도심지 공사는 대형화 복잡화로 토지이용을 극대화하고 있는 추세이다.
2) 이로 인해 건설재해 요인은 증가하는 추세로 추락 낙하 감전 등 재래형 재해로 중대재해가 급증하고 있다.

2. 위험요소

1) 도심지
2) 고소
3) 대형기계
4) 천후 영향
5) 산업재해
6) 동시적이고 복합적
7) 대형화

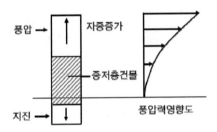

초고층건물 풍하중 발생시 영향도

3. 재해유형 암기 추감충협붕도낙비기 전화발폭밀

1) 추락   47%
2) 감전   13%
3) 충돌, 협착   12%
4) 붕괴, 도괴   9%
5) 낙하, 비래   6%
6) 기타 : 전도, 화재, 발파, 밀폐 13%

4. 문제점

1) 고층화 대형화 복잡화
2) 작업량 증가
3) 재해방지설비 증가
4) 안전관리조직 방대
5) 반복작업으로 안일함

5. 안전대책

1) 안전설계
2) 무리한 작업금지 : 돌관공사 금지, 적정공기 유지
3) 작업지시 : 작업내용 방법 명확, 안전의식
4) 상하동시작업 금지
5) 보호구, 재해방지설비
6) 안전관리 : 조직, 점검, 정비
7) 기타 : 순찰, 특별안전교육, 무재해운동

6. 초고층건물 작용 요소

1) 풍압력
2) 지진력
3) 자중
4) 저고층건물
5) 풍압력

7. 안정성 향상방안 암기 풍내자방 풍실저고

항목		내용
풍압력	풍동시험	건물주변 기류파악, 풍해예측
	실물대시험	풍압, Curtain Wall, 안전성확보
내진대책		구조단순화, 내력벽, 균등배치, 재료 정량화 TMD(Turn Mass Damper) : 건물지진 영향 시 반대방향으로 이동하며 진동 소멸
자중 경감	저층부	콘크리트 고강도화, 고강도 철근, 자중경감
	고층부	경량화, 조립화, 공장제품 PC화
방진대책		진동원, 진동, 전달경로차단

06 건설현장 계절별 안전대책

1. 개요

1) 건설현장의 계절별 재해에는 장마철 하절기에는 집중호우 강풍, 동절기 해빙기에는 사면붕괴사고 등의 영향으로 인하여 굴착지반 사면의 붕괴 침수 등 수해로 인한 인적 물적 손실은 물론 재산상의 막대한 피해가 발생한다.

2) 하절기 동절기 대비 건설현장에서는 사전 안전대책을 마련하여 인적 물적 피해를 최소화하여야 한다.

2. 우기 시 안전대책

1) 수방대책 수립
2) 수방자재 장비 점검 확보
3) 가배수로 점검 정비
4) 경사법면 보호 : 청천막, 비닐
5) 가설재 가시설물 결속
6) 하천 정비
7) 가설전기 점검 정비
8) 태풍점검 : 와이어로프 긴결
9) 안전활동 강화
10) 배수로 : 도수로, 산마루 측구점검
11) 토공 절성토부 : Trench, 배수로
12) 터널 갱구부 주변 배수상태 점검
13) 감전, 침수, 누전, 낙뢰
14) Fence 통풍구
15) 기타 : 위생, 식중독, 장티푸스, 구급약품, 손전등, 비상자재 등

3. 동절기 안전대책

1) 연락체계구축
2) 제설자재 확보
3) 동절기 공사계획
4) 토공 절성토 사면점검
5) 지하매설물 상태 점검
6) 가시설물 점검 정비
7) 복공구간 점검 정비
8) 작업통로 확보
9) 하수관 준설
10) 화재예방

4. 해빙기 안전대책

1) 유관기관 연락체계
2) 신속한 보고체계
3) 현장순찰 강화
4) 안전교육 철저
5) 전도방지
6) 슬라이딩 보강
7) 복공구간 점검
8) 흙막이 계측
9) 지하매설물 매달기
10) 가시설 상태확인
11) 인접건물 계측
12) 주변환경 고려

07 건설현장 우기철 안전대책

1. 개요

여름철 장마철에는 강우 강풍에 의한 지반연약화로 전도 도괴 부식 감전 재해가 발생하므로 공사장 현장 주변에 대해 사전 재해예방 및 안전대책을 마련하여야 한다.

2. 우기철 재해유형

암기 추감충협봉도낙비기 전화발폭밀

1) 추락   47%
2) 감전   13%
3) 충돌, 협착   12%
4) 붕괴, 도괴   9%
5) 낙하, 비래   6%
6) 기타 : 전도, 화재, 발파, 밀폐   13%

3. 안전대책

1) 통수단면 : 최대강우량 대비 암거 배수관 점검 정비
2) 암거, 배수관 : 우기 전 공사범위내외 시설점검
3) 법면시공 : 우기 전후로 작업 연기
4) 사전안전 : 침수나 토사유실 우려 시 인근가옥 대피, 수방용 자재 확보하고 응급복구용장비는 재해가 우려되는 장소에 비치
5) 지표수 : 배수로 재정비, 시멘트나 비닐 등으로 침투방지
6) 기타 : 감전, 누전, 낙뢰, 피뢰침 상태점검

강우 시 사면보호대책

참고 양수펌프 적정대수 산정방법

1. 개요

1) 하천에서 보시설이나 자연관개시설로 용수를 이용할 수 없는 경우와 우물, 집수암거, 집수정 등에서 지하수를 이용하여 관개를 하는 경우에는 양수시설을 이용하여 관개를 해야 한다.
2) 따라서 양수시설은 펌프에 의해 용수공급이 됨에 따라 유지관리비가 많이 소요되므로 효율적인 기계가동을 위해 적정한 펌프대수를 결정해야 한다.

2. 펌프의 종류

1) 원심펌프
임페라의 원심력을 이용하여 양수를 하는 펌프
2) 축류펌프
임페라의 추진력을 이용하여 양수를 하는 펌프
3) 사류펌프
원심 및 축류를 혼합하여 양수를 하는 펌프

3. 계획 양수량

1) 계획 최대 양수량
① 관개기별 최대용수시기에 필요한 최대용수량으로 한다.
② 최대용수량의 시기는 일반적으로 이앙기나 수잉기~ 개화기 사이이다.
③ 계획 기준년의 관개기별 필요수량 중에서 최대의 수량이다.

2) 상시 양수량
① 계획기준년의 관개기별 용수량이다
② 일반적으로 한발빈도 10년을 기준으로 한다.

4. 펌프대수 결정

양수량 Q(m^3/sec)	대수
0 < Q ≤ 0.15	1
0.15 < Q ≤ 0.50	2
0.50 < Q ≤ 1.0	3
1.0 < Q	4

1) 양수량 규모에 의한 결정방법
여기서 Q = 양수량 (m^3/sec)
2) Graph를 이용하는 방법
① 월 평균 순별(관개기별) 필요수량 산출
② 순별(관개기별) 필요수량 백분율로 환산(백분율표 작성)
③ 평균필요수량 배분표 및 수량배분
④ 펌프대수 결정 : 필요수량 배분표를 이용하여 펌프대수를 A, B, C안으로 비교 검토하여 가장 경제적이고 효율적인 펌프대수를 결정한다.

5. 펌프대수 결정시 유의사항

1) 펌프의 고장위험을 분산하기 위하여 되도록 2대 이상으로 계획한다.
2) 2대 이상의 펌프는 가급적 동일 구경으로 한다.

3) 용수량의 변화대응과 효율적인 운전을 위해 여러 대
   수로 계획한다.
4) 병렬 운전으로 계획하는 것이 일반적이다.(그림)
5) 펌프의 대수와 건축공사비를 검토한다.
6) 유지관리가 편리할 것
7) 보수점검이 용이하고 고장시 수리가 편리하도록 한다.
8) 운전 및 관리가 간편할 것
9) 경제적일 것

(출처 : 네이버블로그-구르메 달 가드시)

참고 강우강도

1. 개요

1) 강우강도란 강우강도계를 이용하여 1분간 내린 비의
   양을 측정한 후 이를 1시간당 강우량으로 추산하여
   나타내는 것이다.
2) 현재 기준으로 과거 100년 200년 기준으로 일일최고
   강우량을 체크하여 산정한다.

2. 강우빈도기준

1) 국가하천 : 4대강(한강, 낙동강, 금강, 영산강), 200년
   기준
2) 2급 하천 : 중랑천 안양천, 100년 기준
3) 지방하천 : 양재천 수원천, 50년 기준

3. 10년 빈도강우량

10년에 한 번 발생하는 홍수에 대비할 수 있는 능력

3. 4대 강

1) 한강
2) 낙동강
3) 금강
4) 영산강

08 건설현장 악천후 대비조치

1. 개요

여름철 장마철에는 강우 강풍에 의한 지반연약화로 전도 도괴 부식 감전 재해가 발생하므로 공사장과 현장 주변에 대해 사전에 재해예방 안전대책을 마련하여야 한다.

2. 기상보도 종류 _{암기} 기상예특 주경홍

1) 기상예보
   ① 일상
   ② 기압, 풍속
   ③ 온도, 습도
   ④ 강우

2) 기상특보
   ① 호우·태풍·폭우 주의보 : 재해 예상
   ② 호우·태풍·폭우 경보 : 심한 재해 예상
   ③ 홍수주의보 : 4대강 유역(한강, 낙동강, 금강, 영산강) _{암기} 한낙금영

3. 폭우 대비

1) 가배수로 설치
2) 침사지 설치
3) 감전 예방, 접지
4) 법면 보호
5) 응급복구 계획
6) 장비운용 계획

4. 강풍 대비

1) 철재 전도, 전주 전도
2) 동바리지지, 연결부 조임
3) 낙하물 방지망 임시 해체
4) 비산 붕괴 전도 자재 가설물 보강 혹은 해체
5) 기상대응 가설재 반입자재 낙하 비래 비산 상태 점검

5. 폭풍 대비

1) 과대풍압 대비 결속
2) 통풍구 확보
3) 가시설 결속상태 점검
4) 전선 결속
5) 가시설물 점검 정비

6. 폭풍 후

1) 가설물 : 가설재 안전시설 연결부 손상, 결속부 탈락, 침수·감전
2) 구조물 : 손상 변형
3) 지반 : 토질지층, 비탈면 균열, 인접지반 침하

CHAPTER 17

09 건설현장 화재예방대책

1. 개요

1) 건설현장 화재발생 시 인적피해 및 구조물 손상, 기계 장비 자재 파손 등의 재해가 발생한다.
2) 고층건물의 화재 시 안전성 확보가 가장 중요한 문제이다.

2. 화재분류 _{암기} ABCD 고액전가 냉질질냉 알티분

A형	고체(목재, 종이, 플라스틱)	냉각소화
B형	액체(석유제품, 그리스)	질식소화
C형	전기발화연소(전기장치)	질식, 냉각
D형	가연금속성	알미늄, 티타늄, 분리소화

3. 건설현장 화재위험 자재

1) 유기용제 : 시너, 도료
2) 석유류 : 휘발유, 등유, 경유
3) 방수자재 : 아스팔트계, 침투성방수, 신너
4) 화학제품, 마감자재 : 우레탄, 스티로폼, PVC, 전선, 합성수지
5) 가설자재 : 수직보호망, 추락방지용방망
6) 고압용기 : 산소, 아세틸렌, LPG, 부탄가스
7) 기타 : 각재, 포장재, 도배지

4. 건설현장 화재유형

1) 용접용단·그라인딩 불꽃, 담뱃불
2) 가연성물질, 인화성물질
3) 프라이머 도포
4) 밀폐공간 도장 시 흡연 용접
5) 우레탄폼발포제 스치로폼
6) 가설숙소 누전, 버너사용

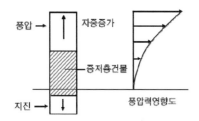

초고층건물 풍하중 발생시 영향도

5. 화재예방대책

1) 계획수립 : 소화기, 불티방지막, 불티방지포, 화재감시인
2) 밀폐공간 내 작업 : 환기, 소화설비
3) 전선 관리 : 규격, 피복, 누전차단기
4) 용접용단 : 지하실, 탱크, 밀폐공간, 소화기
5) 난방기구 : 난로, 숙소, 소화기
6) 소화기 : 충전, 비치장소, 소화기 표지
7) 숙소 : 방화사, 소화기, 경보기, 비상벨
8) 안전담당자 : 지하실, 탱크, 맨홀, 밀폐공간
9) 정리정돈

6. 대피요령

1) 공포극복
2) 주변 상황을 판단
3) 젖은 수건 입 코 막고
4) 낮은 자세로 신속히 이동
5) 높은 곳에서 뛰어내리지 말 것
6) 화재 반대방향으로 신속히 이동
7) 모든 수단을 동원하여 도움 요청

7. 초고층건물 위험 요소

1) 풍압력
2) 지진력
3) 자중
4) 저고층건물
5) 풍압력
6) 화재

8. 안정성 향상방안 _{암기} 풍내자방 풍실저고

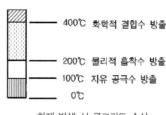

화재 발생 시 콘크리트 손상

10 벌목작업

1. 개요

1) 벌목작업의 안전한 작업순서는 넘어가는 방향의 반대쪽을 절단하고, 필요에 따라 쐐기를 사용해 넘어뜨린다.
2) 숲의 경사를 고려하고 목재가 넘어갈 방향을 고려하여 안전사고에 주의하여야 한다.

2. 흐름도 암기 벌조집운

1) 벌목–조재–집재–운반
2) 벌목 : 기계 기구 이용
3) 조재 : 적합한 길이로 가지치기
4) 집재 : 벌목 원목을 적재
5) 운반 : 규격별 상하차 방법, 지게차 사용 등에 유의

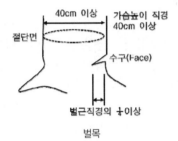

벌목

3. 안전수칙

1) 작업순서, 연락방법
2) 보호구, 호루라기, 경적신호기 휴대
3) 악천후 작업중지
4) 톱 도끼 주의
5) 출입금지
6) 위험예상로 표지
7) 체인톱 사용법 숙지, 보호구 착용
8) 체인톱 이동 시 엔진정지, 연속 10분 이상 작동 금지
9) 화재 : 담뱃불 성냥불 화재주의, 급유 시 평탄한 장소, 과열된 체인 낙엽 접촉금지

4. 안전대책

1) 벌채사면 구획설정 : 상하동시작업 금지
2) 인접벌목 안전거리 : 수목 높이의 1.5배 이상
3) 주변정리 : 관목 사목 넝쿨 부석 등 제거
4) 대피장소 지정 : 사전에 장애물 제거
5) 작업책임자 선임 대상

① 가슴높이 직경 70cm 이상 입목벌목 시
② 가슴높이 직경 20cm 이상 기울어진 입목벌목 시
③ 비계등받침대 사용하는 특수방법 벌목 시
④ 안전대착용 벌목 시

6) 절단방향 : 수형 인접목 지형 풍향 등 고려
7) 벌목 시 수구방법

① 가슴높이 직경 40cm 이상 시 : 벌근직경 1/4 이상
② 가슴높이 직경 10~40cm 시 : 충분한 깊이 확보
③ 가슴높이 직경 20cm 이상 시 : 수구상하면각 30° 이상 유지, 근로자 대피 후 자르기

5. 수목이설 작업순서

1) 직근자르기 : 안전제거, 방부제 도포
2) 가지치기 : 운반에 지장이 없도록 큰 가지 제거
3) 줄기보호 : 수목 상하차 시 줄기 껍질 손상방지
4) 가지감기 : 뿌리방향
5) 건조방지 : 젖은 가마니 습윤상태 유지
6) 운반 : 중량 여유
7) 하차 : 중기사용, 소형인력 소운반

6. 수목이설 안전대책

1) 이설구획 : 종방향, 상하동시작업 금지, 홍수 피해
2) 인접수목 안전거리 : 높이의 0.5배 이상, 관목 고사목 넝쿨 등 제거
3) 대피장소를 지정하고 장애물 제거
4) 책임자 상주

11 도장공사

1. 개요

1) 도장공사는 아파트 외부 개구부 단부 등에서 도색작업 시 부주의로 추락사고가 발생하며 사망 등 중대재해로 건설사망재해 7~8%를 차지하고 있다.

2) 작업 전 추락예방 대책을 마련하고 작업자는 안전대 안전고리 이중 체결을 하고 달비계 등의 안전상태 점검 후 작업에 임해야 한다.

2. 사고유형

1) 아파트 외부 추락
2) 개구부 단부 추락
3) 이동식비계 전도
4) 철골 낙하 비래
5) 이동식사다리 추락 전도
6) 지붕 추락
7) 충전선로 감전
8) 탱크 폭발 화재

3. 원인

1) 아파트 외벽 : 로프미체결, 안전대, 보조로프 미체결
2) 개구부 단부 : 안전덮개 안전난간 안전대 작업발판 추락방지망 미설치
3) 이동식비계 : 안전난간 브라켓 안전대 미설치
4) 철골 구조물 : 안전대걸이 안전대 추락방지망 미설치
5) 이동식사다리 : 작업방법 미흡, 아웃리거 미설치
6) 지붕 도장
 ① 작업발판, 안전대 시설 불량
 ② 경사로 계단 미끄러움
 ③ 감전 화재 폭발 : 보호구, 안전수칙, 소화기

도장공사

4. 안전대책

1) 아파트 외부도장 : 로프결속 2개소 고정점 옭매듭 결속, 수직구명줄 설치, 코브라 착용(세 가닥 꼬임, 추락방지용로프 16mm), 충분한 길이 확보, 콘크리트 접촉면 로프 보호대

2) 개구부 단부 : 작업발판, 표준난간, 추락방지망 설치

3) 이동식비계 : 상부 안전난간, 전도방지, 승하강 설비, 보호구

4) 철골 구조물 : 이동식비계, 추락방지망, 하부 평탄 시 자주식 작업대, 달줄 달포대, 하부 출입통제

5) 이동식사다리 : 수평각 75°, 상부고정, 여장 1m 이상, 아웃리거

6) 지붕 위 : 작업발판, 안전대, 추락방지망, 보호구

7) 구획정리, 상하 동시 작업 금지

5. 점검항목

1) 복장, 보호구 : 검정품, 로프 길이 및 매듭

2) 가설통로설치 : 접속부 교차부 연결은 경사 15~30°, 미끄럼막이 설치

3) 사다리식 통로설치 : 견고하게 고정, 고정사다리 90°, 9m 초과 시 계단참, 발받침대 25~30cm 등간격, 벽면이격거리 20cm 이상

4) 작업발판 : 폭 40cm 이상, 양측 2개소 이상 고정, 최대하중표지, 10cm 이상 폭목

5) 안전작업 : 밀폐공간, 환기, 개인보호구, 산소 18% 이상, 소화기, 화기점검, 흡연금지, 인화성 물질 경고표지판, 맨홀, 유기용제, 산소결핍, 작업지휘자, 특별교육, 구출장비, 라이터 반입 금지, 흡연금지

참고 달비계(외부로프)

1. 사고원인

1) 로프 보호대 파손, 매듭 점검불량
2) 로프 점검 필증 미확인
3) 풀림방지 시건장치 미설치
4) 주로프 20mm, 보조로프 16mm 이상
5) 로프 설치시 안전대고리 미체결
6) 상부 2중 묶음 및 고정상태 미확인
7) 로프 꺾임부 보호대 미설치
8) 수직구명로프, 안전블록 미설치
9) 외부로프 작업 전 특별교육 미실시

도장공사

2. 안전대책

1) 안전대를 안전고리에 걸고 확인 후 탑승
2) 파라펫 상부 탑승설비 비치
3) 작업도구 및 자재 결속상태 확인
4) 상하부 동시작업 여부 확인
5) 기상 확인, 악천후 시 작업중지
6) 바닥 로프 여장 길이 사전 확인
7) 작업개시 후 중간층 진입 절대 금지
8) 지면에서 안전대고리 해체

참고 **도장 면처리**

1. 사고원인

1) 달비계에 안전대를 수직구명줄에 미체결
2) 면처리중 콘크리트 파편 비산
3) 달비계 보조로프 미체결
4) 상하 동시작업으로 충돌
5) 고소작업시 작업대로 사다리 사용
6) 핸드그라인더 보호캡 임의 제거

2. 안전대책

1) 달비계작업시 수직구명줄에 안전대체결
2) 면처리시 보안경 착용 철저
3) 상하동시작업 금지
4) 달비계 작업 시 로프는 2개소 이상 결속, 구명줄에 안전대 체결
5) 작업발판 설치시 발판고정, 안전난간대설치
6) 핸드그라인더 보호캡 설치, 보안경 착용

면처리

12 방수공법

1. 개요

방수시트는 유류제품이며 토치 등으로 열을 가할 때 화재가 발생하므로 작업 전 소화기 불티방지포 주변 인화성 물질 등을 제거한 후 작업에 임해야 한다.

2. 방수공사 요구조건

1) 수밀성
2) 사용성
3) 내구성
4) 부식
5) 동해
6) 누수

방수공사

3. 방수공법 종류 [암기] 아Sheet도침

1) 액체방수
2) 아스팔트방수
3) Sheet방수
4) 도막방수
5) 침투방수
6) 복합방수

4. 방수공사 선정 시 고려사항

1) 부위 : 벽체 바닥 지붕 지하 내외부 시공방법 고려
2) 지하수위 : 지하수위, 지하수압
3) 시공성 : 난이도, 비용, 내구성
4) 경제성, 안전성, 무공해성
5) 배수공법 연계 : 방수공법+배수공법=공법선정

5. 시공 시 유의사항

1) 사전조사
2) 적정공법 적용
3) 바탕면 처리
4) 배수 구배
5) 신축줄눈 설치
6) 구조물 강성확보
7) 단부 방수, 습기 차단
8) 보호층 설치
9) 소화기 불티방지막 설치, 화재감시자 배치

[참고] **방수공사 유기용제류 사용시 고려사항, 대책**

1. 개요

1) 유기용제란 탄소함유, 다른물질용해, 액체상태 휘발
2) 휘발성, 호흡 시 유입, 유지류 녹이고, 피부흡수 쉽고, 흡수 후 중추신경 자극

2. 일반적 증상

1) 어지러움, 두통
2) 도취감, 혼돈
3) 의식상실, 마비, 경련
4) 만성중독, 사망

3. 유기용제 사용시 고려사항

1) 작업환경
  ① 밀폐, 국소배기장치설치, 정체환기장치
  ② 작업환경측정, 작업장온도관리
  ③ 직업병 유소견자 발생 시 작업환경관리

2) 작업관리
  ① 계획수립, 표준작업관리지침작성
  ② 특별안전보건교육
  ③ 명칭게시, 유기용제구분표시
  ④ MSDS작성 비치 게시
  ⑤ 밀폐공간 출입금지, 보호구 착용 철저
  ⑥ 사고 시 대피계획
  ⑦ 시설설비 이상 시 즉각조치
  ⑧ 화재폭발 예방조치

3) 건강관리 : 위생, 건강

4. 안전대책

1) 국소배기장치 임의정지 금지
2) 증기비산금지, 증기폭로주의
3) 보호구, 작업량 속도, 온도
4) 증기흡입금지

참고 **방수면처리, 방수 및 보호몰탈등 시공**

1. 사고원인

1) 개인보호구 미착용
2) 이동식비계 작업발판 개구부 및 안전난간 불량
3) 주변 인화성, 가연성 자재주변 화기사용
4) 지하밀폐공간 유독가스, 산소부족
5) 토치 등 화기사용 시 근로자 화상
6) 소화기 미비치

2. 안전대책

1) 개인보호구 착용 철저
2) 이동식비계 개구부 방호, 안전난간 설치, 아웃리거 설치
3) 작업장주변 개구부 덮개, 슬라브 단부에 안전난간 설치
4) 인화성 자재주변 화기사용 금지, 소화기 비치
5) 밀폐공간 송기 배기 환기시설 설치
6) 산소농도, 가스농도 측정

13 유리열 파손

1. 개요

유리열 파손은 대형유리 중앙부에 강한 태양열이 연속적으로 비칠 때 유리 중앙부와 가장자리의 고온 팽창·저온수축 등의 차이 발생으로 가열 냉각 시 파손되는 현상이다.

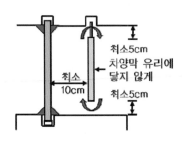

차양막 설치구조

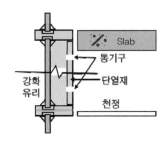

스팬드럴부 통기구설치

2. 개념도

1) 중앙부 : 고온 팽창
2) 주변부 : 저온 수축
3) 열 발생, 인장압축응력, 내력부족 시 균열

3. 원인

1) 복사열 온도차
2) 두꺼울수록 열 축적 커져 파손위험
3) 국부적 결함
4) 배면 공기순환
5) 유리 자체 내력부족

4. 대책

1) 유리 절단면 매끄럽게 연마
2) 배면 차양막 사이 간격 유지
3) 유리 Bar 공기순환 통기구 설치
4) Film Paint 부착금지
5) 자체내력 강화
6) 두께 1/2 이상 Clearance유지

14 전기Cable 화재

1. 개요

1) 전기케이블의 피복재는 고분자화합물질로 열분해로 연소 시 독성, 부식성, 연기와 함께 폭발 사고가 발생한다.
2) 이에 전기케이블 작업 전 전기케이블의 특성에 대한 안전교육 및 소화기 비치, 불티방지포 설치, 인화성물질 제거 후 작업에 임해야 한다.

2. Cable 구조 특성

1) 구조 : 도체, 절연체(합성고무), 외장(합성고무, 염화비닐)
2) 특성 : 절연체, 고분자화합물, 용융, 분해, 융착, 가스, 산소결합, 발화, 연소
3) 배선상태와 연소성
  ① 단조배선보다 다조배선이 연소성이 크다.
  ② 수평배선 〈 경사배선 〈 수직배선 순으로 연소성이 크다.

Cable 구조

3. 원인

1) 자체 발화 : 과전류, 단락, 누전, 발화, 정전기, 낙뢰
2) 외부영향 : 가연물 연소, 전기과열, 용접불티 그라인딩 불꽃 접촉

4. 예방대책

1) Cable 난연화 : 난연재료, 방화도료, 방화테이프, 방화시트
2) 금속덕트, 배선전용실
  ① 최소이격거리 유지
  ② 약전류 전선과 이격거리 : 저압 고압선은 30cm 이상, 특고압선은 60cm 이상 이격
  ③ 케이블구획관통부 : 방화 seal 처리

3) Cable 온도감시장치
4) 누전경보기
5) 자동화재경보설치
6) 초기소화시스템
7) 정기점검
8) 절연진단
9) 바닥배선중지 : 물기 습기 시 감전

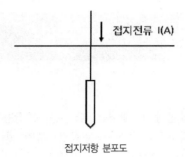

접지저항 분포도

참고 전기설비 배선

1. 사고원인

1) 전주상에서 작업시 안전대 미체결
2) 말비계 경사면 설치시 전도
3) 이동식비계 작업발판 파손
4) 사다리 여장 및 상부고정 불량으로 추락
5) 전기인입공사중 충전부에 감전
6) 각재 등으로 불안전한 작업발판 사용

2. 안전대책

1) 안전대 착용 철저
2) 말비계 평탄 견고한 지반에 설치
3) 이동식비계 개구부 방호 및 안전난간 설치
4) 전기인입공사시 절연복착용, 이격거리준수
5) 작업발판 2개소 이상 결속

참고 전기설비 설치

1. 사고원인

1) 변압기 등 전기 설비에 협착
2) 전기분전반 충전부 전기스파크로 화재
3) 발전기 등 중량물 인양로프 절단
4) 전기판넬 교체작업중 전도
5) 충전부에 접촉 감전
6) 전기차단기 점검중 감전
7) 전기계량기 전기스파크로 폭발

주차단기

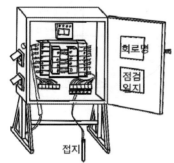

회로명

점검
일지

접지

임시 배전반 콘센트의 구조

2. 안전대책

1) 개인보호구 착용 철저
2) 변압기 전기설비 작업절차 준수
3) 전기분전반 인화성물질 격리, 소화기 비치
4) 발전기 등 인양시 인양로프는 견고한 것
5) 전기판넬 전도되지 않도록 적재
6) 계량기 전기판넬교체시 충전부 방호조치
7) 전기차단기 점검시 통전전류 차단후 점검
8) 전기설비 해체시 전기의 통전여부 확인
9) 이동식비계 등으로 작업발판 설치후작업
10) 전기계량기 주변 폭발위험성 물질 제거

참고 전기특고압선로 활선 및 전주시공

1. 사고원인

1) 절연모 절연복등 미착용
2) 절연용 기계기구 미사용
3) 활선작업용 대차 미사용
4) 근로자 단독작업시 감전
5) 이동식크레인 작업시 전선접촉
6) 고압선에 방호관 미설치

2. 안전대책

1) 절연모 절연복 등 개인보호구 착용
2) 절연용 기계기구 사용
3) 활선작업용 대차 사용
4) 관리감독자 배치
5) 이동식 크레인등 사용 시 접근한계거리 유지
6) 접촉위험이 있는 고압선에 방호관 설치
7) 활선작업시의 안전거리

충전부 선로전압	접근한계거리	활선작업거리
3.3~16Kv	20cm	60cm
22.9Kv	30cm	75cm
154kv	160cm	160cm

15 건설현장 화재폭발

1. 개요

1) 건설현장의 재해는 대부분 용접용단 그라인딩 담배꽁초가 인화성물질로 옮겨 발생하는 경우가 대다수이다.

2) 이에 용접용단 그라인딩 시 소화기 불티방지포 설치, 흡연구역 설정 등으로 사전에 재해예방대책을 철저히 세워야 한다.

화재폭발

2. 산업안전보건법상 내화기준

1) 건축물
2) 내화재료
3) 내화기준 적용 장소

3. 원인

1) 전기화재
2) 유류화재
3) 부주의(용접용단, 그라인딩, 담뱃불)

4. 화재사례 예시

1) 방수시트 이동 중 노후화된 차량 화재
2) 터널 라이닝 대차 위에서 담배꽁초를 아래 스티로폼 위로 던져 화재
3) 터널 횡갱 방수시트 옆 용접용단 작업 시 화재
4) 화약고 주변 흡연
5) 장약 중 흡연
6) 화약 뇌관 주변 브레이커 작업

참고 **불(연소)의 3요소**

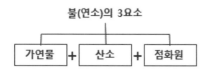

불(연소)의 3요소

참고 **화재 위험작업 시 준수사항**

1. 사업주는 통풍이나 환기가 충분하지 않은 장소에서 화재위험작업을 하는 경우에는 통풍 또는 환기를 위하여 산소를 사용해서는 아니된다.

2. 사업주는 가연성물질이 있는 장소에서 화재위험작업을 하는 경우에는 화재예방에 필요한 다음 각 호의 사항을 준수하여야 한다.

   1) 작업 준비 및 작업 절차 수립
   2) 작업장 내 위험물의 사용·보관현황 파악
   3) 화기작업에 따른 인근 가연성물질에 대한 방호조치 및 소화기구 비치
   4) 용접불티비산방지덮개, 용접방화포등 불꽃, 불티 등 비산방지조치
   5) 인화성 액체의 증기 및 인화성 가스가 남아 있지 않도록 환기 등의 조치
   6) 작업근로자에 대한 화재예방 및 피난교육 등 비상조치

3. 사업주는 작업시작 전에 불꽃·불티등의 비산을 방지하기 위한 조치 등 안전조치를 이행한 후 근로자에게 화재위험작업을 하도록 해야 한다

4. 사업주는 화재위험작업이 시작되는 시점부터 종료 될 때까지 작업내용, 작업일시, 안전점검 및 조치에 관한 사항 등을 해당 작업장소에 서면으로 게시해야 한다. 다만, 같은 장소에서 상시·반복적으로 화재위험작업을 하는 경우에는 생략할 수 있다

5. 화재감시자 배치기준

1) 연면적 15,000m² 이상의 건설공사 또는 개조공사가 이루어지는 건축물의 지하장소
2) 연면적 5,000m² 이상의 냉동·냉장창고시설의 설비공사 또는 단열공사 현장
3) 액화석유가스 운반선 중 단열재가 부착된 액화석유가스저장시설에 인접한 장소
4) 사업주는 배치된 화재감시자에게 업무수행에 필요한 확성기, 휴대용 조명기구 및 방연마스크 등 대피용 방연장비를 지급하여야 한다.

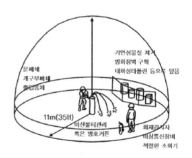

화재감시자 배치

16 건축물 대수선공사에서 발생할 수 있는 화재유형, 대책, 임시소방시설 종류

1. 개요

1) 대수선공사 소화기 이외 자체소방시설 미비로 즉각적인 대응이 어렵고, 부지주변 공사자재 등 소방차량과 소방재 접근 어려워 대형사고 촉발
2) 구조물 심각 손상, 기기장비파손, 자재파손
3) 공기지연, 생명위험
4) 효과적인 화재예방 계획수립, 정기적인 교육훈련

2. 화재유형

1) 작업 관련된 발화 : 용접, 용단, 누전, 합선, 도장, 방수, 토치, 불티
2) 작업과 직접관련 없는 발화 : 취사, 담배, 난방기구
3) 기타발화 : 방화, 천재지변, 테러, 주요화재 전파

3. 화재예방대책

1) 계획수립
2) 매뉴얼, 가이드라인 제정
3) 화재위험성 평가
4) 밀폐공간 작업시 환기장치설치, 화기사용금지
5) 작업용 전선은 규격전선, 피복손상유무
6) 용접작업 시 주변가연성 인화성물질 제거
7) 작업장 정리정돈
8) 작업중 흡연금지
9) 인화성, 산화성, 폭발성물질 경고표시
10) 전담방화관리자
11) 공사중 소화용수 공급방안

간이소화기 소화시설

4. 임시소방시설의 종류

1) 소화기
2) 간이소화장치
3) 비상경보장치
4) 간이피난유도선

5. 결론

1) 평소화재진압훈련, 일상점검
2) 신속화재 진압
3) 근로자 신속 대피
4) 인명피해 방지

참고 **연돌효과(Stack Effect)**

1. 개요

연돌효과란 굴뚝의 연기원리로 맨 아래층에서 상층까지 강한 기류가 발생하여 계단실이나 EV 공간을 통해 수직공간 내 압력차가 발생하며 이로 인해 공기가 상승하는 현상이다.

연돌효과

2. 문제점

1) 에너지 손실
2) 강한 바람으로 EV 문 오작동
3) 침기 누기
4) 소음
5) 화재 시 불쏘시개
6) 통기력

3. 대책

1) 회전방풍문 설치
2) 공기유입 억제
3) 공기 유출구 설치
4) 공기통로 미로
5) 방화구획 설정

참고 **소화기**

1. 사고원인

1) 소화기 미비치, 월별정기점검 미실시
2) 임시소방시설 설치 기준 미준수
3) 화기감시자 미배치
4) 화재장비 식별 어렵고, 간이소화장치 미표시
5) 할론, 이산화탄소 소화기를 지하창 없는 곳에서 사용
6) 용접용단 그라인딩 시 불티비산방지 미설치

간이소화기 소화시설

2. 안전대책

1) 화기사용장소 소화기 배치
2) 소방시설 상시 사용 할 수 있도록 교육 훈련
3) 소화기 방사시 노즐 부분 취급 주의(동상, 가스 호흡 주의, 사용 후 즉시 환기)
4) 화기감시자 확성기, 휴대용조명기구 및 방연마스크등 대피용 방연장비 지급
5) 사무실, 가설창고 등 자동확산소화기 설치
6) 위험물질 및 분전반주변 소화기 비치
7) 소화기 월별정기점검 실시

17 지하철역사 심층공간 화재발생시 안전관련 방재적 특징, 안전대책

1. 지하공간 화재위험특성

1) 지하심층화, 복합화, 대규모화
2) 사고 시 대형화
3) 화재안전성평가 : 피난대책, 연소확대방지대책, 초기소화대책, 출화방지대책, 소방활동대책대형화

2. 지하공간 특징

창이없음 : 무창구조, 피난, 구조, 소방활동화재 시, 지상으로

3. 대규모공간의 문제점

1) 지하상가연계연락체계
2) 소화설비작동
3) 피난시설운용
4) 공동협의 결정사항 많음, 각각 별도 관리 조직, 방화관리상 문제
5) 막대한 인명재산 손실

4. 화재위험특성

1) 공간적 : 출입구한정, 내부상황 파악곤란, 미로 구조, 위치방향 인식 못함, 유해가스 큰순환류 발생
2) 피난측면 : 유독가스, 연기, 열기, 무창구조, 밀실 구조, 정전, 방향감각 상실, 고립감, 초조감, 심리 적동요, 패닉
3) 소방활동측면 : 내부 상황파악 안됨, 출입구 적고, 진입로 제약, 발화지점 도착불가, 화염연기 상승, 진입 어려움, 진입 길이 길고, 체력소모, 활동 큰 제약

5. 대상

1) 지하상가
2) 지하주차장
3) 지하철
4) 터널
5) 지하공동구

6. 안전대책

1) 화재예방, 탐지, 진압, 피난전략, 진압시스템
2) 명확한 내부공간 : 단순명확, 피난로 친숙동선, 강조설명, 공간방향성 결여

3) 안전한 수직피난로 확보 : 대부분 외부출입구 유도, 방화구획, 방연가압환기시설, 대피장소, 소방대출입구, 기능적 적합 디자인, 음성통신시설, 소방용 호스파이프, 공간방향성 확보, 에스컬레이터, 방연수벽

4) 공간구획화, 안전대피장소 확보 : 지하공간구획화, 안전대피장소 제공, 엘리베이터 로비 분리구획, 안전대피장소

5) 명확유도표지, 비상조명 : 명확, 비상표지시스템, 조명, 발광성 재료 이용, 비상구(방화문), 피난경로지도, 소화기, 전화, 경보장치, 계단 손잡이 강조

6) 효과적 화재탐지, 경보, 통신시스템 : 비상상황 조기탐지, 중앙제어센터(방재센터), 주요시설에 소방서용 쌍방음성 통신시스템, 피난 감독 폐쇄회로

7) 효과적 연기제어, 공기조절 : 연기제어 제일 중요, 80% 연기질식, 연기배출방법, 산소결핍, 방화구획, 방연수벽, 축연 장소 배출팬 덕트

8) 효과적 화재진압 자동스프링클러, 자동소화, 진압시스템요구, 소방로봇

9) 내화구조 사용과 위험 : 가연성재료 사용금지

10) 공동방화관리체제 확립 : 대규모화, 복잡화, 기본단위지역 상호간 정보전달, 최기대응, 공동방화 관리체제

18 도로터널에서 구비되어야 할 방재시설

1. 목적

사고예방, 초기대응, 피난대피, 소화 및 구조활동, 사고확대방지

2. 사고예방계획

1) 구조적측면 : 속도, 선형, 구조, 비상주차장

2) 교통시스템 : 법적규제, 교통표지판, 정보표지판, 규제신호, 홍보계획 등

3) 초기대응계획 : 비상경보설비, 대피유도시설, 피난대피시설, 신속대피중점, 본격화재 확대시간 10여분, 통보, 경보, 초기소화, 연기노출방지, 적정용량제연 및 배연설비, 차량진입금지

4) 소화 및 구조활동계획 : 소방대 접근우선, 방재시설, 유관기관

5) 피난시설계획 : 피난가능 환경고려, 빠른시간 안전지역, 피난연락갱, 대피인원산정, 대피소요시간, 화재확산시간

6) 방재시설 운용계획 : 터널내 환경정보를 얻기 위한 데이터 수집장치 및 감시장치고려

7) 화재시대응계획 : 초기대응, 자동화탐지설비, CCTV, 비상상황접수시 터널입구 정보표지판 차량진입차단, 조명조도 즉시확보, 제연설비작동시나리오

3. 방재시설의 분류

1) 소화설비 : 소화기구, 옥내소화전, 물분무설비

2) 경보설비 : 비상경보설비, 자동화재탐지설비, 비상방송설비, 비상전화, CCTV(폐쇄회로감지장치), 라디오방송설비, 정보표지판

3) 피난설비 : 비상조명등, 유도표지판, 피난때피설비

4) 소화활동설비 : 제연설비, 무선통신보조설비, 연결송수관설비, 비상콘센트설비

5) 비상전원설비 : 무정전 전원설비, 비상발전설비

19 강재부식

1. 개요

1) 부식(corrosion)이란 금속이 주위 환경의 여러 가지 물질과 화학적 반응이나 전기화학적 반응으로 발생되는 금속의 파괴 및 유효수명의 단축을 말한다.

2) 철근부식은 염화물이온이 부동태피막을 파괴하여 부식이 발생하며 체적팽창 2.6배로 팽창되면 콘크리트에 균열을 발생하여 중성화를 촉진한다. 이를 방지하기 위해 염화물 방지대책을 촉진하고 콘크리트 피복두께를 유지하며 밀실한 다짐을 한다.

2. 부식의 분류

1) 건식 : 물 작용 안함
2) 습식 : 물, 전해질

3. 부식의 Mechanism [암기] 양음부산

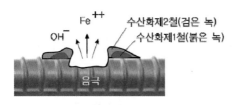

철근 녹

1) 양극반응 : $Fe \rightarrow Fe^{++} + 2e^-$
2) 화학적 반응 :

$Fe^{++} + 2OH^- \rightarrow Fe(OH)_2$: 수산화제1철

$Fe(OH)_2 + \frac{1}{2}H_2O + \frac{1}{4}O_2 \rightarrow Fe(OH)_3$:

수산화제2철

3) 부식촉매제(3요소)
① 물　　H_2O
② 산소　O_2
③ 전해질 $2e^-$

4. 부식 분류 [암기] 철교지탱

1) 철근콘크리트 [암기] 염중알동
① 염해
② 중성화
③ 알칼리
④ 동결융해

2) 교량
① Bolt이음부
② 용접이음부

3) 지하철 누설전류 [암기] 매배전
① 매설배관, 전식피해(가스, 상수도)
② 인근 매설배관과 레일사이 배류기 미설치
③ 전식방식 미고려

4) 지하유류탱크
① 국내설치법 : 도장 후 외부 감싸는 2중구조, 이중 구조는 파손이 쉬워 부식위험
② 대책 : 2중구조 대신 전기방식법, 탱크는 도장 +전기방식법

5) 항만시설물 강재부식
① 해수조건, 해양 파랑 조수 적절방식 선정 미흡
② 방식공법적용 : 무기질라이닝, 전기방식

5. 원인 [암기] 염중알동

1) 염해
2) 중성화
3) 알칼리
4) 동결융해

6. 대책

1) 양질재료
2) 혼화재료
3) 밀실다짐, 진동기 다짐 5~15초@50cm
4) 피복두께
5) 해사 대책

20 건설현장 전기용접 작업 시 안전대책

1. 전기용접 종류

1) 저항용접 : 접촉부, 통전, 저항열, 압력
2) 아크용접 : 쇠, 모재, 전극, 두전극간, Arc열발생

2. 재해유형

1) 감전 : 젖은 장소 및 물건, 파손된 기계 기구
2) 화재 : 용접, 용단, 불티 비산, 가연성 물질 주변에 위치
3) 중독 : 중금속, 납, 망간, 마그네슘, 니켈, 아연, 질소, 오존, 밀폐공간, 용접봉, 가스중독
4) 추락 : 고소, 용접자세, 헛디딤
5) 직업병 : 눈, 호흡기, 발암물질, 신경계

3. 안전대책

1) 접지, 감전, 과전류보호장치
2) 누전차단기 : 감전방지
3) 자동전격방지기 : Arc용접기
4) 용접봉홀더 : 절연내력, 내열성, 젖은 상태 작업 금지
5) 용접작업 : 절연장화, 세척장 작업금지, 용접용단 불티방지포
6) 좁은장소, 밀폐장소 : 가스, 배기, 환기
7) Arc광선 : 차폐, 흡입금지
8) 퓸(Fume) : 흡입금지
9) 안전시설 : 추락방지망, 안전대, 낙하, 비례, 불꽃 비산방지시설

21 지붕 채광창 안전덮개 제작기준

1. 정의

1) 지붕공사 중 빈번하게 발생하는 추락 사망사고를 근절
2) 지붕공사 중 183건의 추락 사망사고가 발생, 발생원인 중 다수가 채광창 등 지붕파손 및 안전대 등 필수 개인보호구 미착용

2. 제작기준 재료

1) 알루미늄 합금재 또는 이와 동등 이상의 기계적 성질을 가진 것
2) 무게는 5kg 미만일 것

3. 제작기준 구조

1) 폭 0.5m 이상, 길이 1.0m 이상의 사각형으로 높이는 0.1m 미만
2) 격자형 덮개의 경우 한 변의 순길이(Net length)는 100mm 이하
3) 지붕재위에 설치 시 볼트 등의 천공이 아닌 탈착이 가능한 구조
4) 안전덮개는 지붕재와 맞닿는 위치에서 밀착되는 구조일 것

4. 개구부 표시

1) 안전덮개가 개구부임을 알 수 있도록
2) 중앙부에 200mm×200mm 이상의 크기로 추락 위험 기호 및 글자 등의 표지를 설치할 것

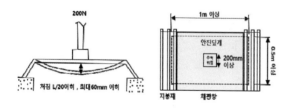

참고 **용접, 용단 불티 특성 및 비산거리**

1. 개요

1) 공정률 60% 시점
2) 외장, 창호, 보온단열, 내외부마감, 배관, 각종 건축설비공사 진행 시

2. 안전수칙

1) 소방당국
   ① 용접용단작업 반경 5m 이내 소화기 비치
   ② 반경 10m 이내, 가연성물질 쌓아놓지 말 것
   ③ 용접작업 후 30분 이상 작업장 주변 불씨 확인

2) 불티비산거리

높이 (m)	철판 두께 (mm)	작업 종류	불티 비산거리(m) 역풍(4) 1차 불티 (1)	역풍(4) 2차 불티 (2)	순풍(3) 1차 불티 (1)	순풍(3) 2차 불티 (2)	풍속 m/s
VIII. 25	4.5	세로방향	4.5	VI5	VIIO	9.0	1~2
		아래방향	3.5	VIO	–	–	
12.25	4.5	세로방향	5.5	VIIO	VIO	9.5	1~2
		아래방향	3.5	VIO	–	–	
15	4.5	세로방향	4.5	VIO	VIII. 0	11.0	2~3
	9		VIO	12.0	VIII. 5	12.0	
	16		5.5	VIIO	9.0	12.0	
	25		VIO	VIII.0	9.0	12.0	
	4.5	아래방향	3.0	VIO	–	–	
	9		4.0	VIIO	–	–	
	16		5.0	VIII.0	–	–	
	25		VIO	9.0	–	–	
20	4.5	세로방향	4.0	VIO	VIII.O	12.0	4~5
	9		4.5	VIO	9.0	15.0	
	16		4.5	VIO	10.0	15.0	
	4.5	아래방향	VI5	14.0	–	–	
	9		VIIO	10.0	–	–	
	16		VIII.O	10.0	–	–	

① 1차불티 : 용접·용단 시 발생하는 불티
② 2차불티 : 1차불티가 지면에 낙하하여 반사되면서 2차적으로 비산하는 불티
③ 순풍 : 바람을 등지고 작업할 때
④ 역풍 : 바람을 향하고 작업할 때

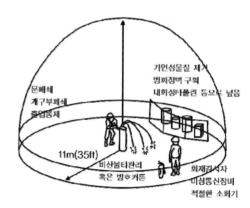

화재감시자 배치

참고 **강화유리와 반강화유리**

구분	강화유리	반강화유리
정의	판유리를 열처리 또는 화학처리하여 유리표면에 강한 압축응력을 만들고 외력의 작용 및 온도변화에 대한 파괴강도를 증가시켜 파손될 때 작은 조각으로 되도록 처리	판유리를 열처리 하여 유리표면에 적절한 크기의 압축응력을 만들어 파괴강도를 증대시키고 또한 파손되었을 때 비산이 되지 않도록 처리
파손 형태	작은입자로 파손	파손이 곡선으로 크게 나타남
안정성	파손시 비산의 위험	파손시 이탈하지 않아 고층건물에 유리
고층 건물 사용 시 안정성	파손시 갑자기 개구부가 형성 개구부형성시 건물 내·외부 기압차로 위험이 높음	예고성 파손 자연파손이 적음 파손시 유리가 이탈하지 않음
표면 압출력	10,000psi	3,500~10,000psi
용도	출입구, 차량, 선박용창, 수조관, 쇼케이스, 내부 칸막이	건축용창호
제조 방법	판유리를 720℃까지 가열후 급랭하여 판유리 표면에 압축 응력, 내부에 인장응력을 발생 시키도록 함	강화유리와 제조방법은 동일하나 급랭시간이 길다.

22 외주벽 Curtain Wall 구조 요구 성능 및 시험방법

1. 개요

1) 초고층건축공사 CurtainWall공사
2) 커튼월은 공장생산 부재로 비내력벽 구조이며
3) 초고층 건물 구조체 외벽에 고정철물을 사용하여 부착
4) 구분 : 재료별, 외관형태별, 구조방법, 조립공법별 분류

2. 요구성능

1) 강도, 차음성, 비바람, 내풍압, 내열성, 수밀성, 기밀성, 시공성, 경제성
2) 기능상 : 내풍, 단열, 차음, 내파손, 수막
3) 시공상 : 양중(부재운반), 취부(부재접합), 가설 계획, 공정관리, 안전관리
4) 재료상 : 내화성, 내열성, 내부식성, 강도, 내진성
5) 의장상 : 외관미, 외부환경

3. 대상

1) 철근콘크리트조, 철골조, 철골철근콘크리트조 등 구조
2) 기둥, 보, 바닥판 형성, 구조부(frame)외부, 금속재 or 무기질 재료, 공간수직 방향, 막아대는, 비내력벽

4. 시험

1) 풍동시험 : 건축물 준공 후 문제점 사전파악, 설계에 반영, 건물주변 기류파악 및 대책
   ① 건물주변 600m 반경(지름 1,200m)의 지형 및 건물배치도 축적모형, 과거 100년간의 최대 풍속 풍압 및 영향을 시험
   ② 외벽풍압시험, 구조하중시험, 고주파응력시험, 보행자 풍압영향시험, 빌딩풍시험
2) 실물대시험(mock-up test, 외벽 성능시험) : 최악의 외기조건시험, 커튼월의 변위, 누수 온도변화, 열손실 등
   ① 대형동풍압시험
   ② 소형소풍압시험 : 기밀시험, 정압수밀시험, 동압수밀시험, 구조성능시험
   ③ 층간 시험장치

23 커튼월(Curtain Wall)의 누수원인

1. 개요

1) 커튼 월(curtain wall)은 장막 벽 이라고도 하는 비내력 외주벽으로, 철근콘크리트조, 철골조, 철골 철근콘크리트조 등의 구조에서 기둥, 보, 바닥판으로 형성되는 구조부(frame)의 외부를 금속재 또는 무기질 재료로써 공간의 수직방향으로 막아대는 비내력벽(non bearing wall)을 말한다.

2) 초고층 건축공사에 있어서 curtain wall 공사는 건축물의 외주 벽을 구성하는 비 내력벽으로서 구조체에 fastner로 부착시키는 공법으로 외주벽 curtain wall의 주목적은 비와 바람으로부터의 보호이므로 내풍압과 접합 수밀성이 중요한 기능 요소가 된다.

2. 대책

1) 빗물침투 조건은 물, 틈, 틈을 통해서 물을 이동시키는 압력차이다. 이 3가지 요소 중 2가지만 제거되어도 누수가 생기지 않는다.

2) 기존의 방식은 틈을 제거하고, 실런트재를 충진해서 물의 침입을 막았다. 건물의 대형화와 고층화에 따라 건물의 줄눈 길이가 커짐으로 조인트 부분을 완전 방수해야 한다는 것이 어렵고 아무리 방수 실런트를 잘한다 해도 고층건물의 변위 및 진동을 막기에는 어렵다. 이에 틈을 통해서 물을 이동시키는 압력차를 없애는 검토를 해야 한다.

24 건물외벽 방습층 설치목적, 시공 시 안전대책

1. 결로요인

1) 실내외 높은 온도차
2) 실내습기 과다발생
3) 환기부족
4) 구조체 열적특성

2. 원인

내부 : 시공불량, 시공직후 미건조상태 사용

3. 결로피해

1) 열전도율 상승
2) 곰팡이, 미생물 증식
3) 목재 부패
4) 녹, 마감재 파손

4. 대책

1) 환기
2) 난방
3) 단열

참고 **기존매설 열수송관로 손상원인**

1. 원인

1) 매립당시 추가작업, 상판일부 떼어냄
2) 재용접부 강관내압력 이기지못하여 파열
3) 관리감독, 관제시스템 제기능 발휘 못함
4) 누수감지장치 단선, 관리소홀
5) 누수감지기 오류 오작동

2. 대책

1) 안전기준강화
2) 누수감지선, 열감지선, 비용부담반영 법제화
3) 데이터수집 무선장비, 강제조항마련
4) 안전관리 체계강화

참고 **수목식재의 버팀목(지주목)**

1. 원주 또는 원형지주목

1) 지주목은 상하 마무리 직경, 길이가 설계규격에 부합되어야 하며, 좀피해 및 부패가 없어야 한다.
2) 지주 외부가 매끈하게 박피되어야 하며 곁가지의 절단부에 거스름이 없어야 한다.
3) 체결구 및 기타 부속자재는 제조업자의 지침에 따르되, 녹슬지 않는 자재 또는 녹방지 처리한 것으로 한다.

2. 와이어형 지지대

1) 당김 줄은 설계도서에 따라 [와이어로프] [아연도금 와이어강선] 으로 한다.
2) 당김 줄 중간에 부착하는 턴버클(turnbuckle)은 KS F 4521의 규정에 적합한 것으로, 턴버클의 몸체는 아연도금 또는 카드뮴 판금강으로 제조되어야 하며 몸체와 볼트의 규격 및 조합은 설계도에 따른다.

3. 가로지지대

1) 대나무는 3년생 이상으로 직경 30mm를 기준으로 하고
2) 강도가 뛰어나고 썩거나 벌레 먹음, 갈라짐 등이 없어야 한다.

25 공동주택에서 발생하는 층간소음 방지대책

1. 문제점

층간소음으로 인해 이웃 간의 살인과 방화, 폭행 등의 사건이 자주 발생하면서 공동주택의 층간소음은 심각한 사회적 문제로 떠오르고 있음.

2. 층간소음의 정의 및 종류

1) 공동주택 층간소음은 아파트, 연립주택, 다세대 주택에서 발생하는 소음공해로, 아이들이 뛰는 소리, 발자국소리, 화장실 물소리, 가구 끄는 소리, 피아노 소리, 오디오 소리, TV소리 등을 총칭함.

2) 층간소음은 물건의 낙하, 어린이의 놀이 등으로 발생한 충격이 바닥을 진동시켜 아래층에 소음을 일으키는 것으로, '경량충격음'과 '중량충격음' 으로 구분됨.

① 경량충격음(light weight impact sound)은 아이들이 가지고 노는 장난감 등 물건 떨어지는 소리가 대표적이며, 작은물건의 낙하, 가구를 끄는 소리 등 가볍고 딱딱한 소리로 충격력이 작고 지속시간이 짧음.

② 중량충격음(heavy weight impact sound)은 아이들이 쿵쿵 뛰는 소리로 대표되며, 어린이가 뛰거나 달릴 때의 무거운 바닥 충격음으로, 충격력이 크고 지속시간이 김.

3. 층간소음 갈등의 주요원인

한국환경공단 층간소음이웃사이센터에서 분석한 소음 발생원 분석자료에 따르면 아이들의 발걸음이나 뛰는 소리가 층간소음 발생원인의 대부분임.

4. 대책

1) 층간소음 저감제품에 대한 올바른 인식 필요층 간소음 저감용 바닥마감재 및 매트는 가볍고 딱딱한 경량충격음을 다소 저감시키는 효과는 있으나 무겁고 충격력이 큰 중량충격음에서는 그 효과가 크다고 볼 수 없으므로 이를 정확히 인지하고 제품 구매 후에도 유의해서 사용하는 것이 필요함.

2) 생활태도 개선 및 합법적인 분쟁해결이웃끼리 서로 조금씩 양보하고 배려하는 마음으로 자녀들에게 집안에서는 가벼운 발걸음으로 걸어 다니게 하고, 소리를 지르거나 문을 쾅쾅 닫는 행동은 자제하도록 생활태도를 개선시키는 노력이 필요함.

참고 **건설현장의 가설전기 분전반 콘센트 설치 기준 및 안전대책**

1. 분전반의 설치

1) 분전반은 전기회로를 쉽게 조작할 수 있는 장소, 개폐기를 쉽게 개폐할 수 있는 장소, 노출된 장소, 안정된 장소 등에 시설하여야 한다. 다만, 적합한 설치장소가 없을 경우에는 감독관(감리원)과 협의하여 설치장소를 선정한다.

2) 노출된 충전부가 있는 분전반은 취급자 이외의 사람이 쉽게 출입 할 수 없는 장소에 설치하여야 한다

3) 분전반은 건조한 장소에 시설하여야 한다. 다만, 그 환경에 적응하는 형의 것을 사용하는 경우에는 그러하지 아니하다.

4) 분전반의 설치높이는 특기시방서 및 설계도에 의하고, 표기되지 않은 경우에는 바닥에서 함상단까지 1.8m 로 한다.

2. 콘센트 등의 설치

1) 콘센트류는 사용자가 찾기 쉽고 플러그등을 삽입하는데 용이한 위치로서 가구나 기계 기구등에 의하여 가리거나 은폐되어서는 아니된다.

2) 콘센트의 주위에 플러그 삽입시 발생할 수 있는 아크 등에 의하여 위해를 받을 수 있는 위험시설이 없어야 하며

3) 전압이 틀린 플러그등은 잘못 끼울 수 없는 구조의 것으로 반드시 접지극이 있는 것이어야 한다.

그림모음집

01 산업안전보건법

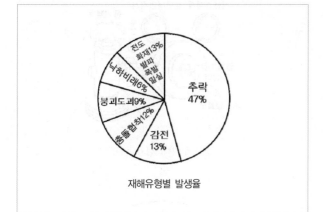

재해유형별 발생율

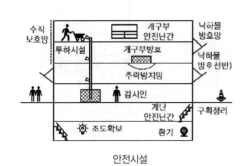

안전시설

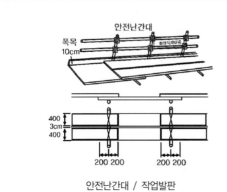

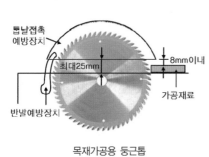

안전난간대 / 작업발판

목재가공용 둥근톱

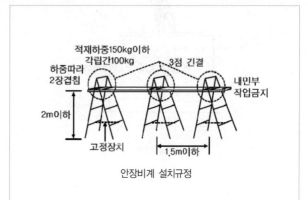

안장비계 설치규정

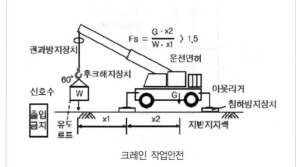

크레인 작업안전

고속절단기

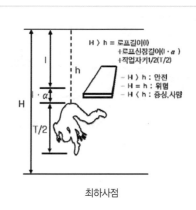

최하사점

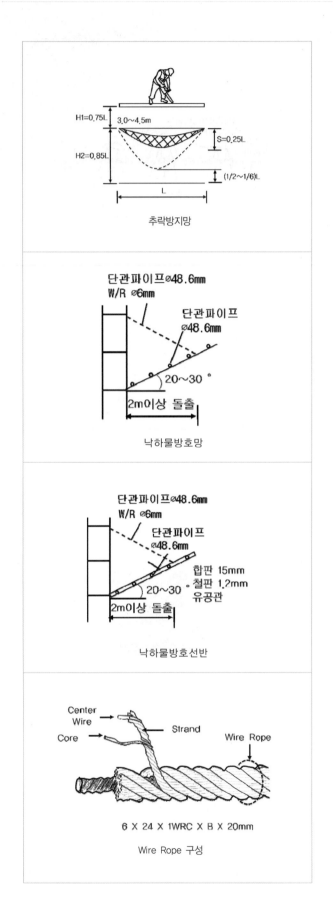

추락방지망

낙하물방호망

낙하물방호선반

Wire Rope 구성

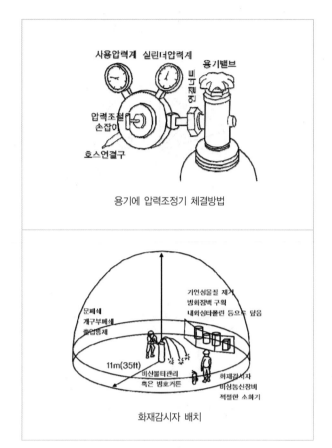

용기에 압력조정기 체결방법

화재감시자 배치

02 시설안전특별법

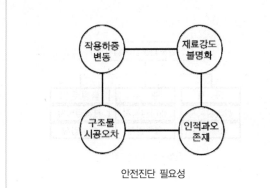

안전진단 필요성

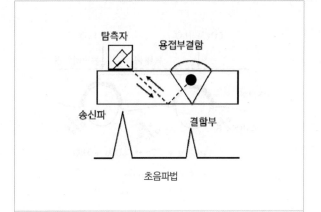

초음파법

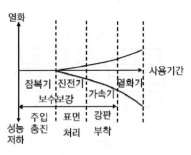

열화에 따른 보수보강

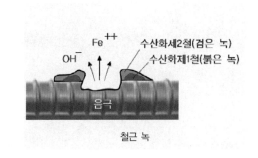

철근 녹

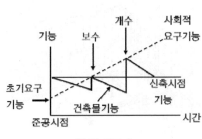

시설물 요구기능

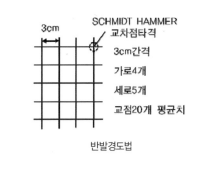

반발경도법

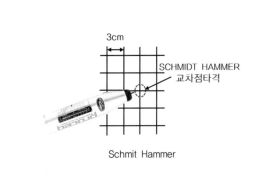

Schmit Hammer

03 건설기술진흥법

$CO_2 + H_2O$ $CO_2 + H_2O$

녹발생   콘크리트면

중성화

알칼리

$Ca(OH)_2 + CO_2 \rightarrow CaCO_3 + H_2O$

중성화 Mechanism

무색 : 중성화 상태

핑크색 : 일칼리 상태

콘크리트 중성화

04 기타법(재난, 지하)

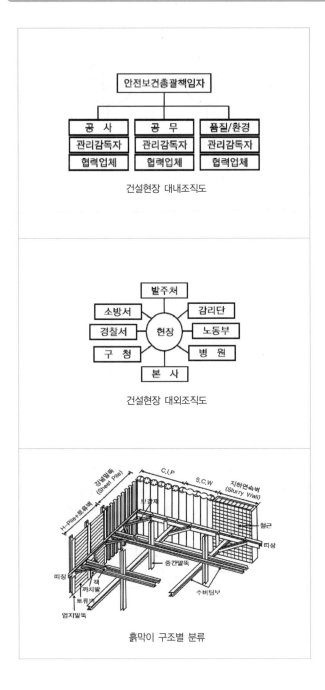

안전보건총괄책임자

공 사	공 무	품질/환경
관리감독자	관리감독자	관리감독자
협력업체	협력업체	협력업체

건설현장 대내조직도

발주처 / 소방서 / 감리단 / 경찰서 / 현장 / 노동부 / 구 청 / 병 원 / 본 사

건설현장 대외조직도

흙막이 구조별 분류

05 안전관리

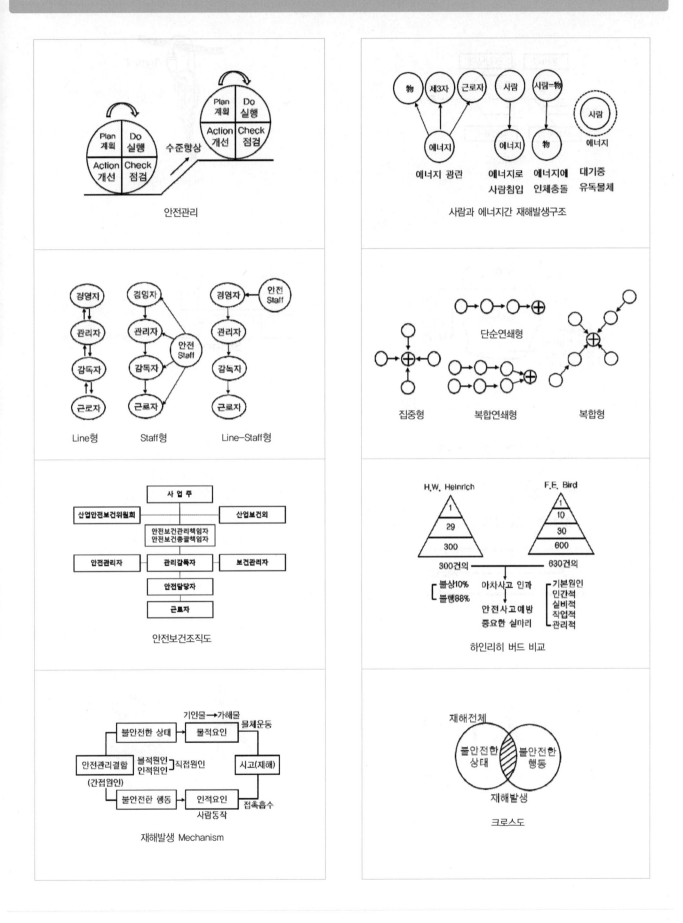

안전관리

사람과 에너지간 재해발생구조

에너지 광란　에너지로 사람침입　에너지에 인체충돌　대기중 유독물체

Line형　　Staff형　　Line-Staff형

단순연쇄형

집중형　　복합연쇄형　　복합형

안전보건조직도

하인리히 버드 비교

재해발생 Mechanism

크로스도

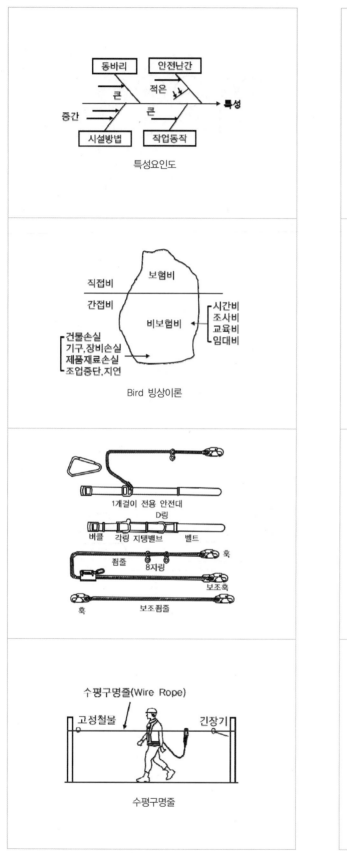

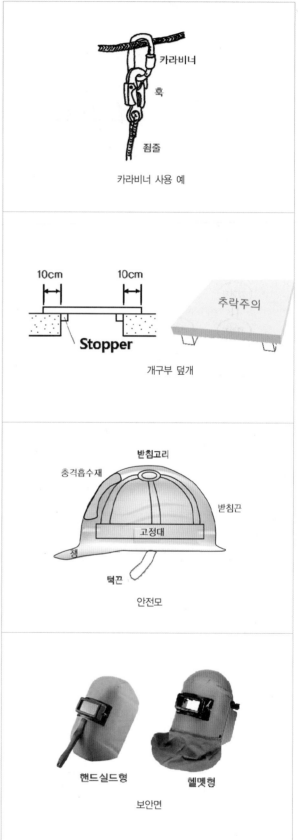

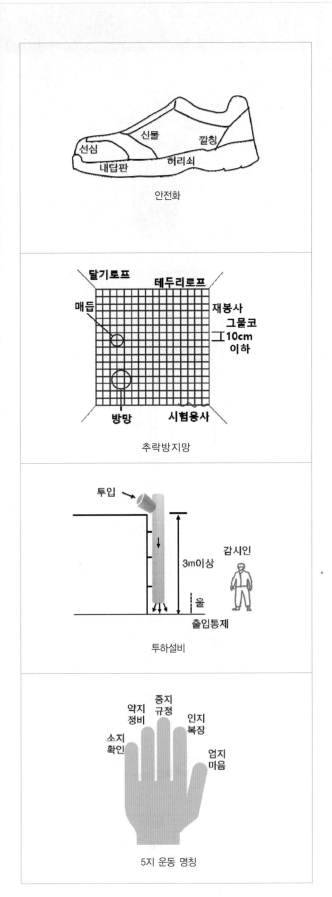

안전화

추락방지망

투하설비

5지 운동 명칭

10 기술안전

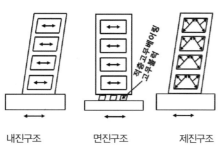
건설공해

내진구조   면진구조   제진구조

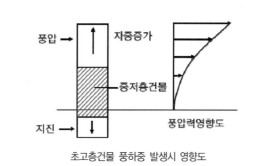

초고층건물 풍하중 발생시 영향도

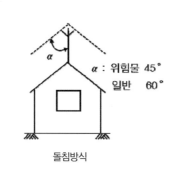

돌침방식

11 가설공사

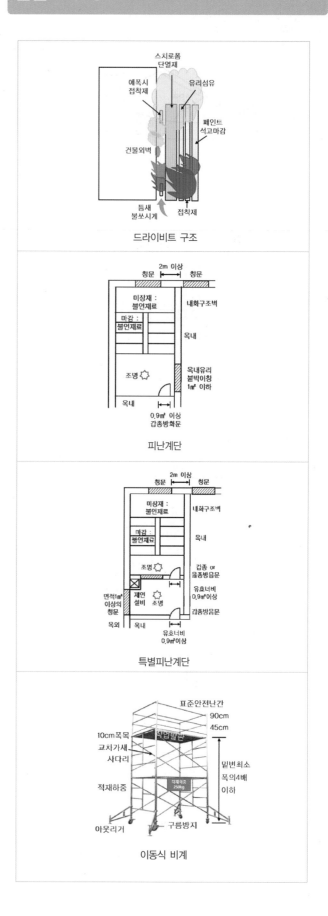

드라이비트 구조

피난계단

특별피난계단

이동식 비계

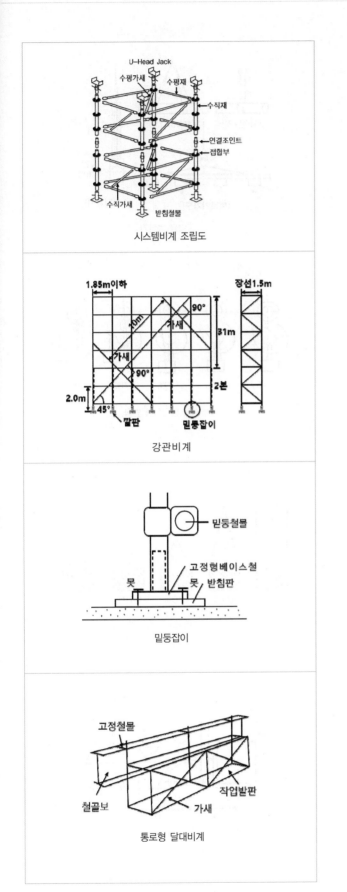

시스템비계 조립도

강관비계

밑둥잡이

통로형 달대비계

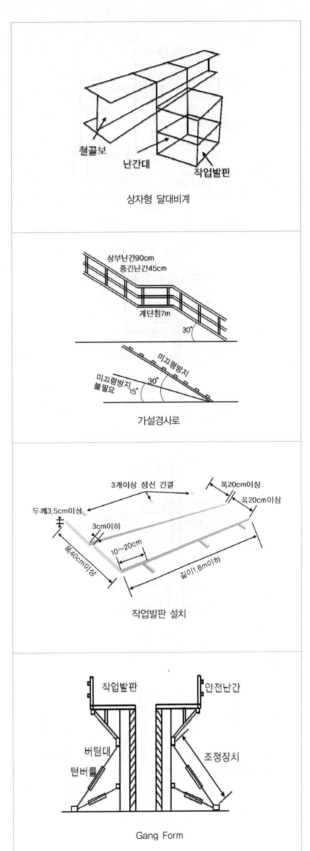

상자형 달대비계

가설경사로

작업발판 설치

Gang Form

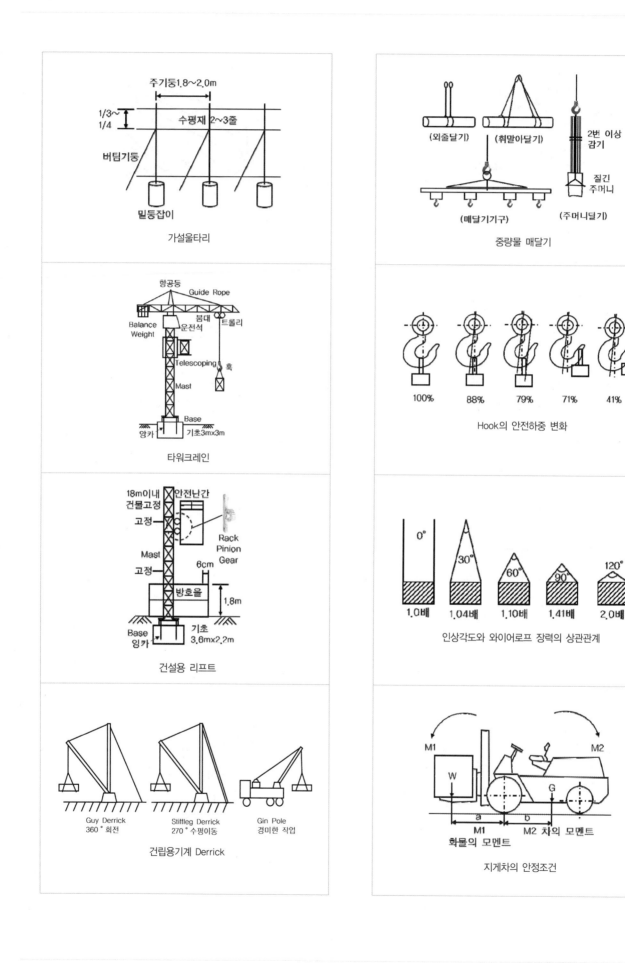

가설울타리

중량물 매달기

타워크레인

Hook의 안전하중 변화

건설용 리프트

인상각도와 와이어로프 장력의 상관관계

건립용기계 Derrick

지게차의 안정조건

12 토목공사

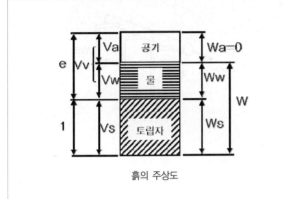
흙의 주상도

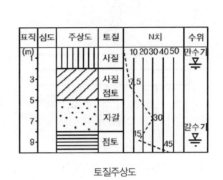
토질주상도

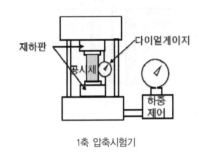
1축 압축시험기

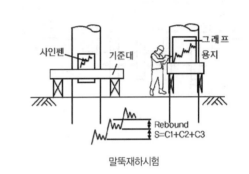
말뚝재하시험

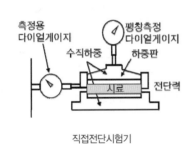
직접전단시험기

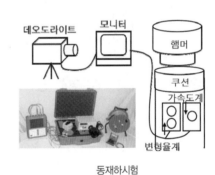
동재하시험

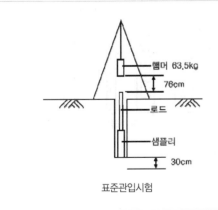
표준관입시험

평판재하시험

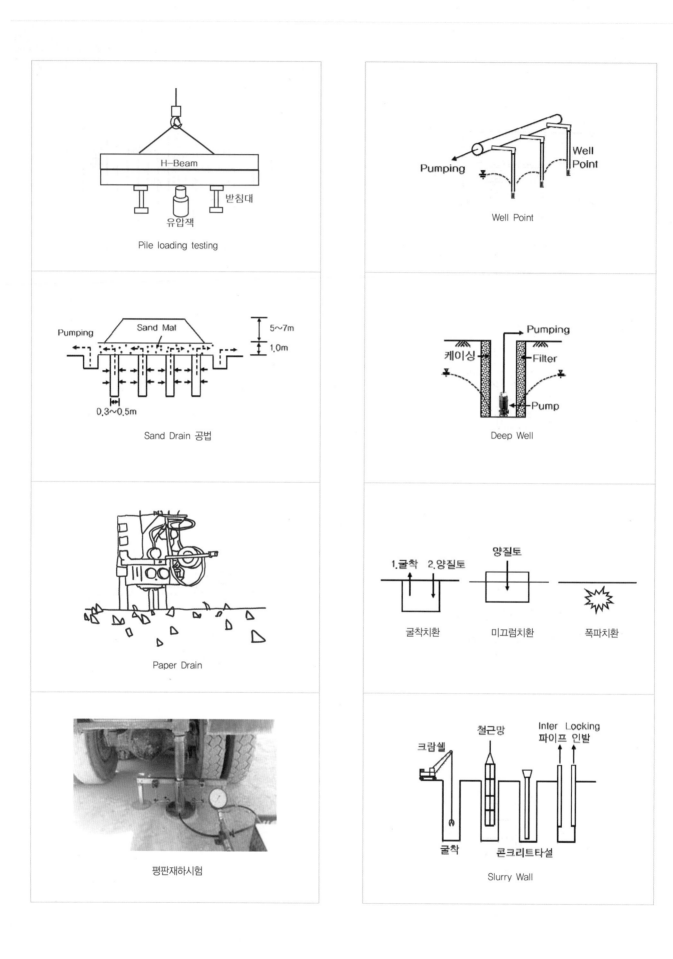

Pile loading testing

Well Point

Sand Drain 공법

Deep Well

Paper Drain

굴착치환   미끄럼치환   폭파치환

평판재하시험

Slurry Wall

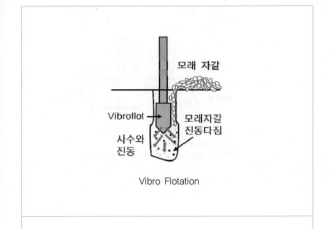

Vibro Flotation

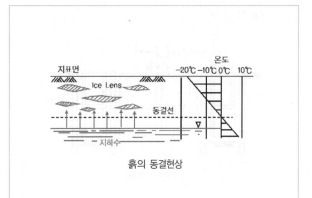

흙의 동결현상

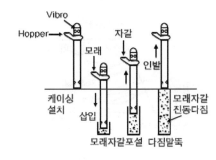

Vibro Compaction Pile

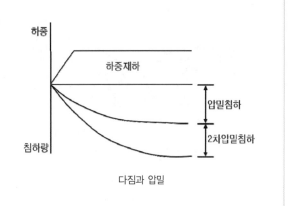

다짐과 압밀

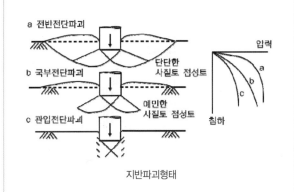

지반파괴형태

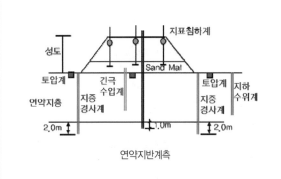

연약지반계측

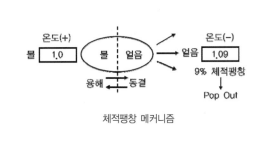

체적팽창 메커니즘

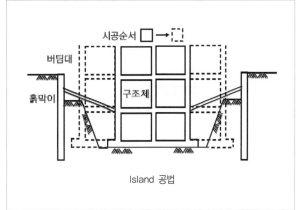

Island 공법

CHAPTER 18

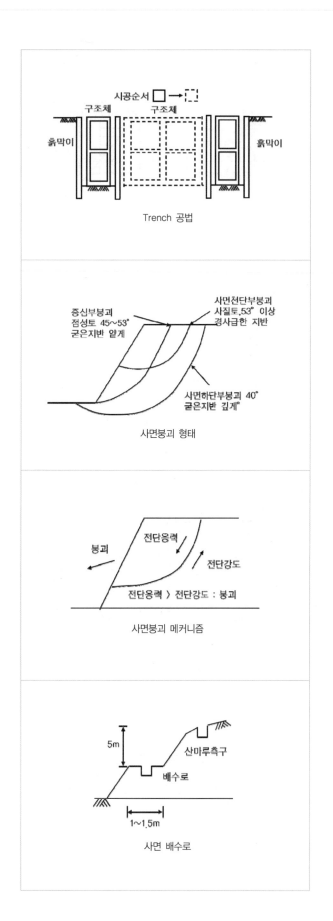

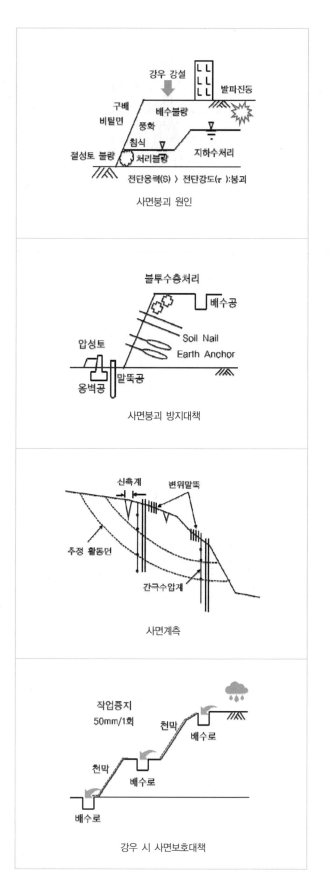

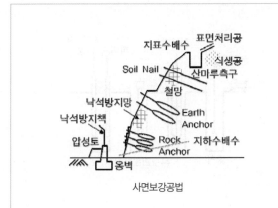

사면보강공법

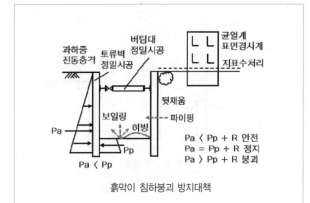

흙막이 침하붕괴 방지대책

$Pa \langle Pp + R$ 안전
$Pa = Pp + R$ 정지
$Pa \rangle Pp + R$ 붕괴

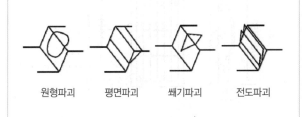

원형파괴   평면파괴   쐐기파괴   전도파괴

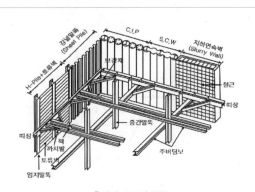

흙막이 구조별 분류

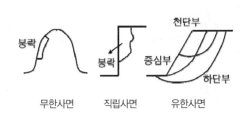

무한사면   직립사면   유한사면

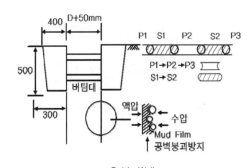

Guide Wall

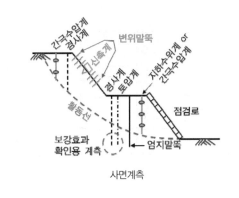

사면계측

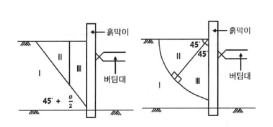

I : 영향권 외 범위, II : 주의를 요하는 범위, III : 영향범위

CHAPTER 18

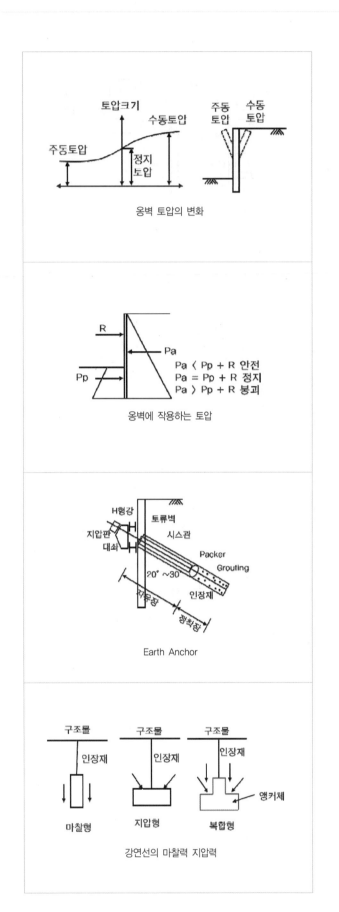

옹벽 토압의 변화

옹벽에 작용하는 토압

Earth Anchor

강연선의 마찰력 지압력

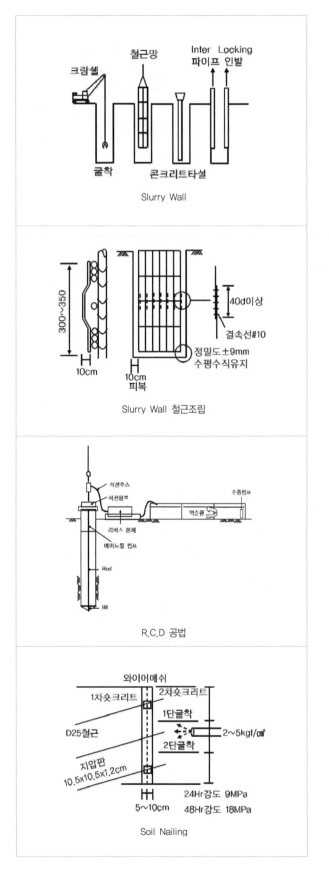

Slurry Wall

Slurry Wall 철근조립

R.C.D 공법

Soil Nailing

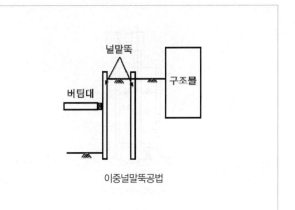

이중널말뚝공법

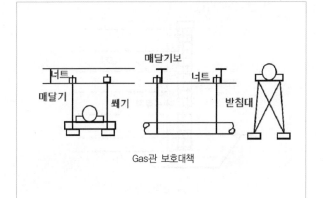

Gas관 보호대책

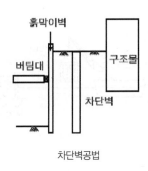

차단벽공법

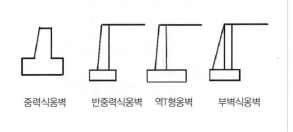

중력식옹벽   반중력식옹벽   역T형옹벽   부벽식옹벽

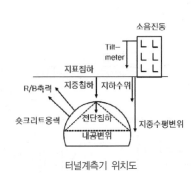

터널계측기 위치도

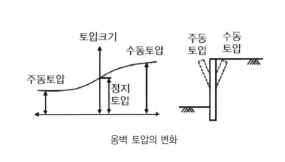

옹벽 토압의 변화

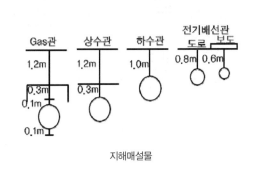

지해매설물

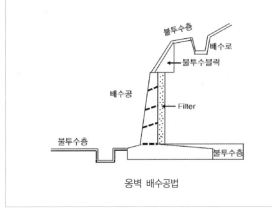

옹벽 배수공법

CHAPTER 18

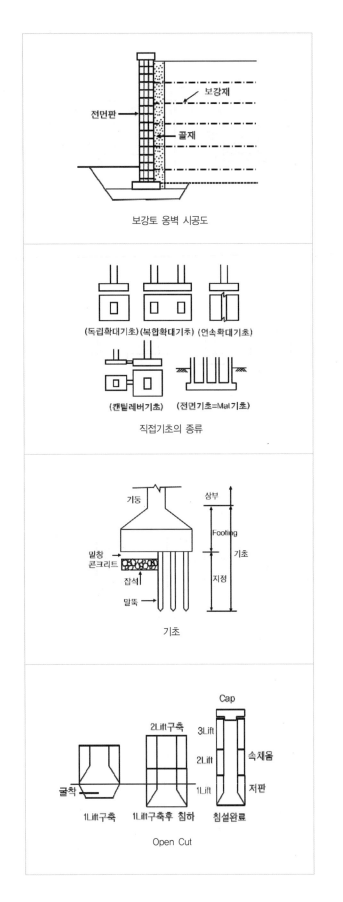

보강토 옹벽 시공도

직접기초의 종류

기초

Open Cut

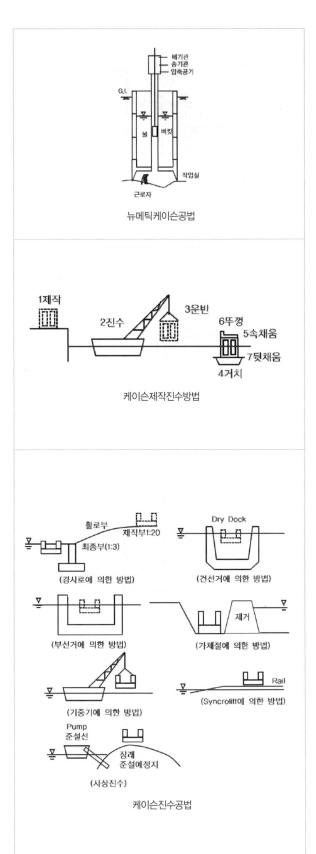

뉴메틱케이슨공법

케이슨제작진수방법

케이슨진수공법

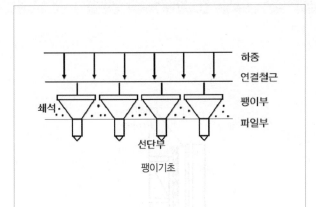

팽이기초

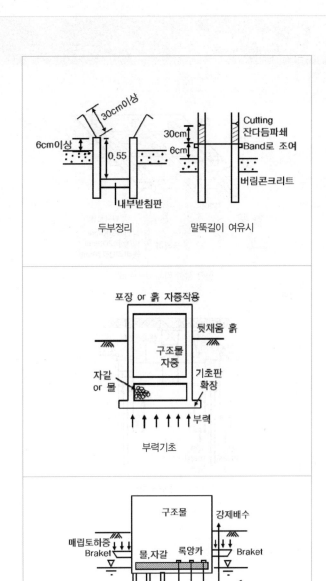

두부정리 　　　　말뚝길이 여유시

부력기초

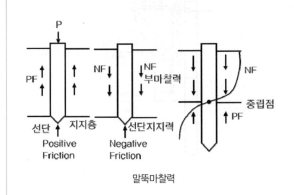

말뚝마찰력

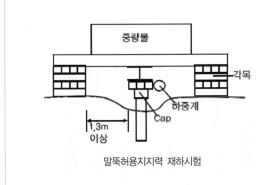

말뚝허용지지력 재하시험

부력방지시설

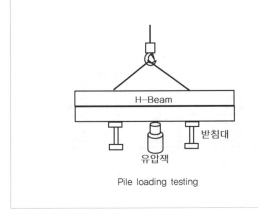

Pile loading testing

CHAPTER 18

13 콘크리트 공사

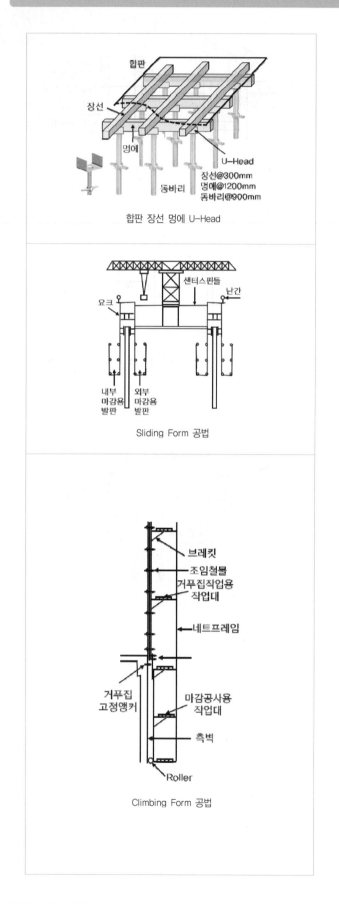

합판 장선 멍에 U-Head

Sliding Form 공법

Climbing Form 공법

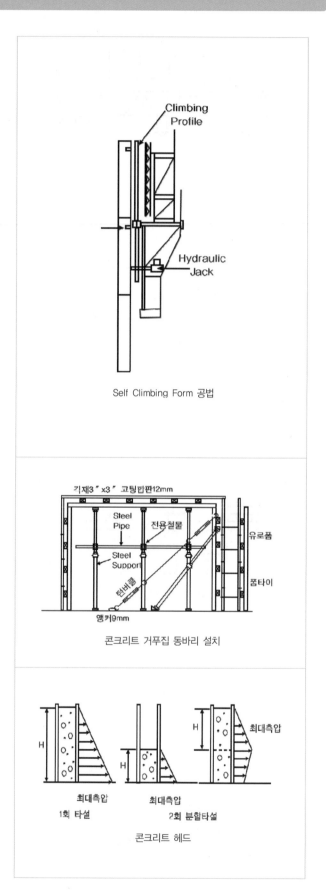

Self Climbing Form 공법

콘크리트 거푸집 동바리 설치

콘크리트 헤드

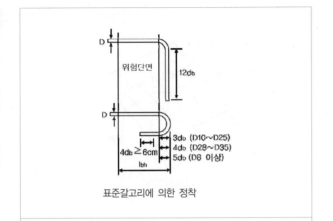

표준갈고리에 의한 정착

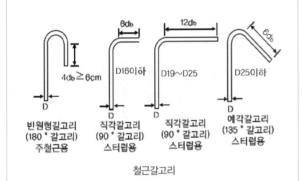

철근갈고리

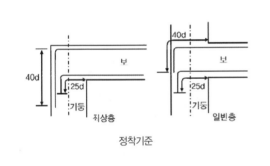

정착기준

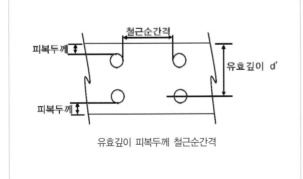

유효깊이 피복두께 철근순간격

해양구조물 부식 속도

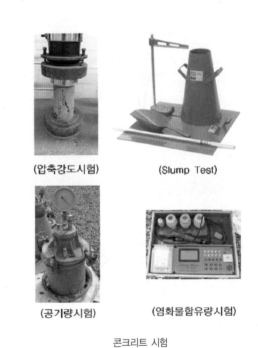

(압축강도시험)　　　(Slump Test)

(공기량시험)　　　(염화물함유량시험)

콘크리트 시험

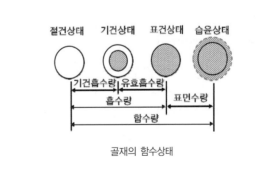

골재의 함수상태

CHAPTER 18

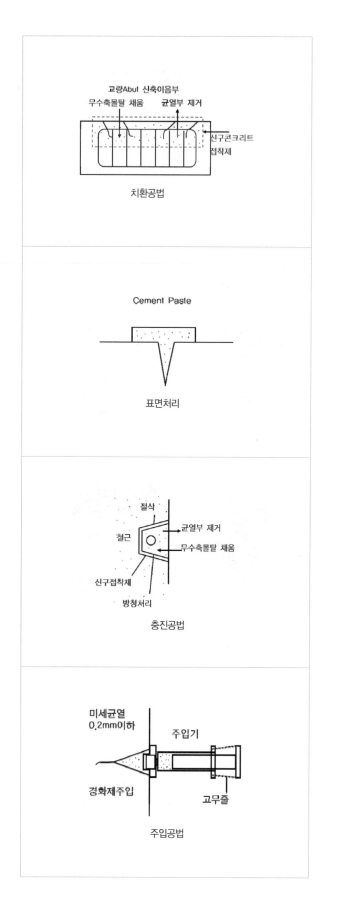

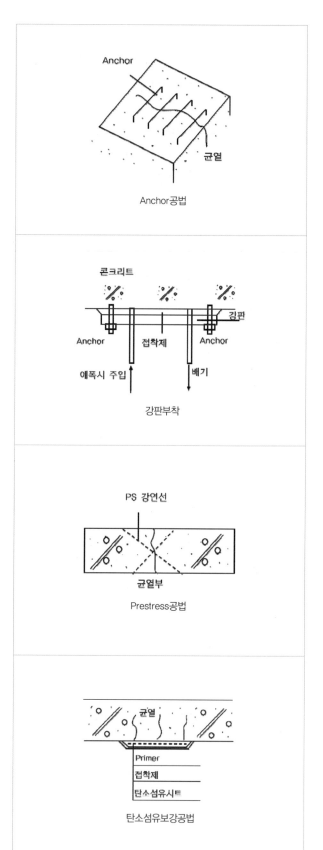

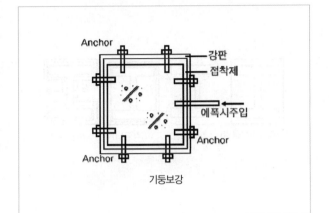

기둥보강

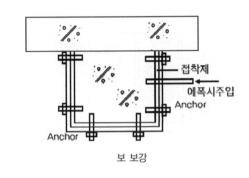

보 보강

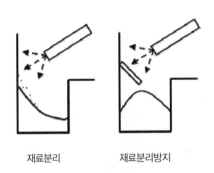

재료분리   재료분리방지

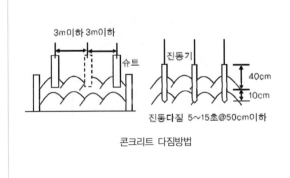

콘크리트 다짐방법

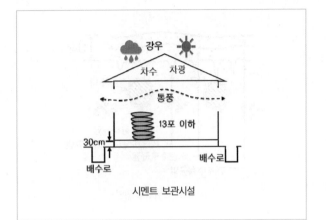

시멘트 보관시설

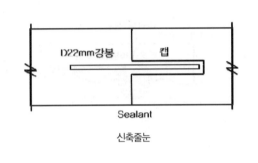

신축줄눈

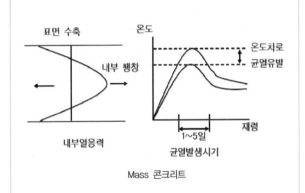

Mass 콘크리트

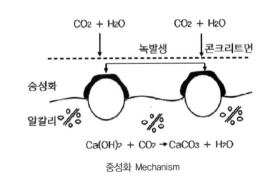

중성화 Mechanism

CHAPTER 18

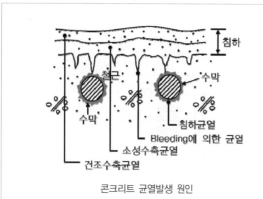

콘크리트 균열발생 원인

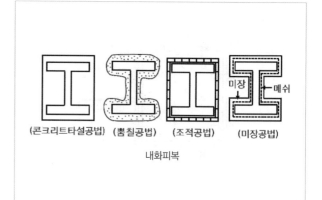

내화피복

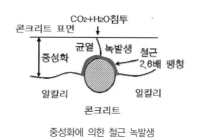

중성화에 의한 철근 녹발생

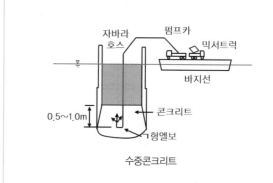

수중콘크리트

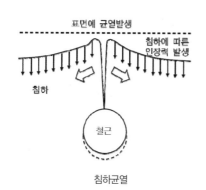

침하균열

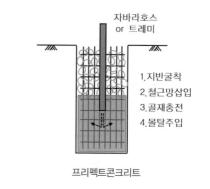

프리펙트콘크리트

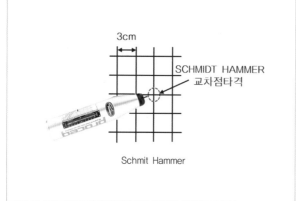

Schmit Hammer

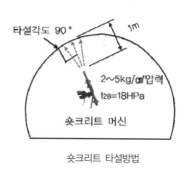

숏크리트 타설방법

14 철골

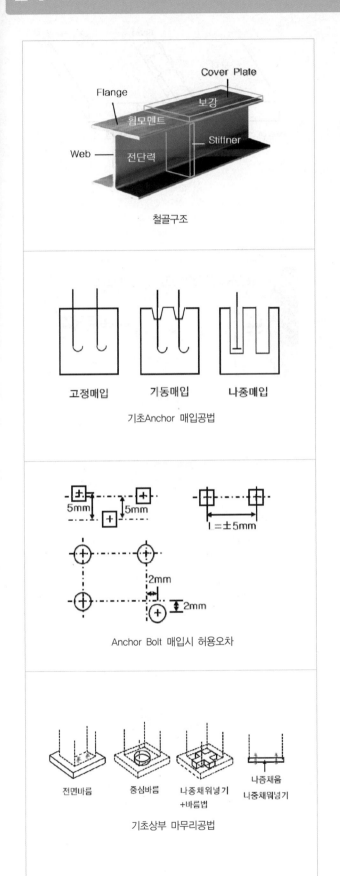

철골구조

기초Anchor 매입공법

Anchor Bolt 매입시 허용오차

기초상부 마무리공법

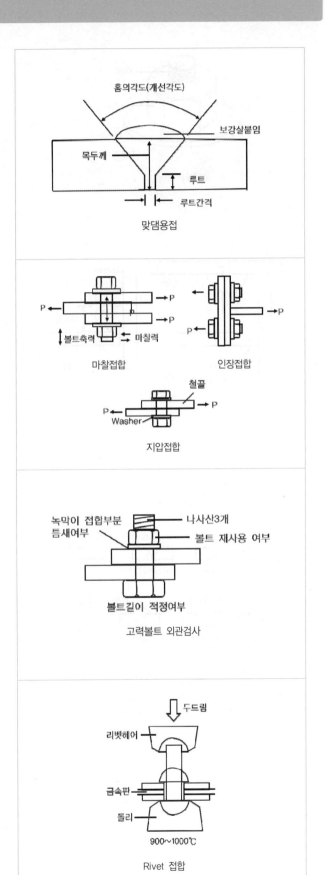

맞댐용접

마찰접합 / 인장접합

지압접합

고력볼트 외관검사

Rivet 접합

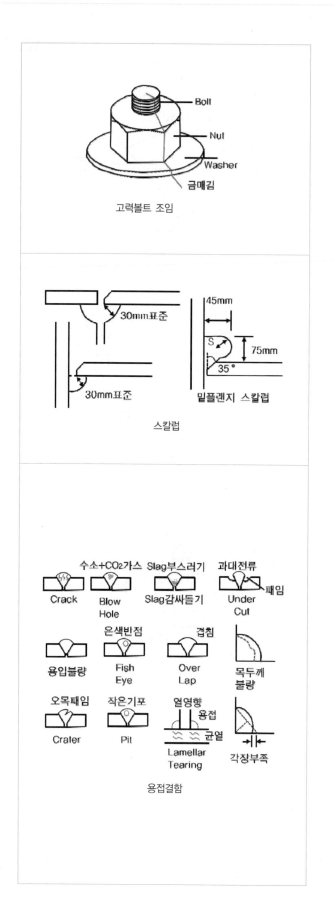

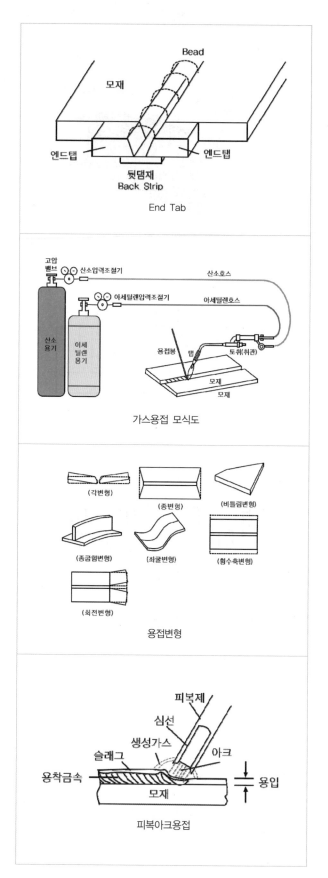

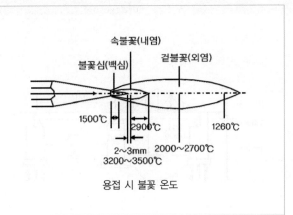

용접 시 불꽃 온도

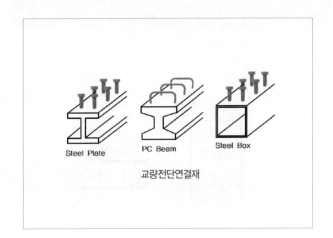

교량전단연결재

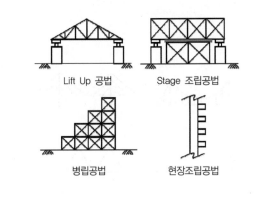

Lift Up 공법   Stage 조립공법

병립공법   현장조립공법

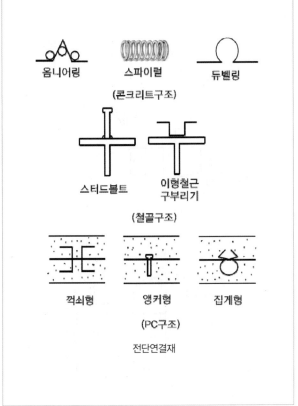

전단연결재

15 해체공사

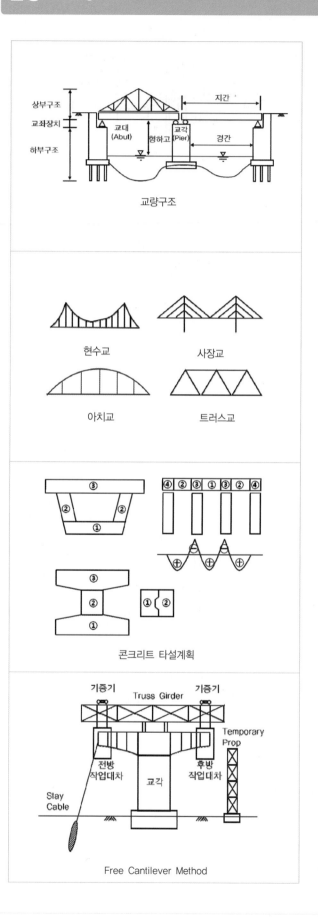

구조물
천공홀
천공홀
체인
동력장치

절단톱

30~70cm
2.팽창제주입
1.천공
3.양생
1.30~70cm간격 천공
2.팽창제 주입
3.양생

팽창제 파쇄공법

도화선
전색
(Steaming)
뇌관
장약

Bench Cut

지발전기뇌관 순발전기뇌관
각선
색전
점화구
연시약
기폭약
첨장약

지발뇌관 순발뇌관

16 전문공사

상부구조
교좌장치
하부구조
지간
교대
(Abut)
교각
(Pier)
형하고
경간

교량구조

현수교   사장교

아치교   트러스교

③
②   ②
①

④ ② ③ ① ③ ② ④

③
②
①

① ②

콘크리트 타설계획

기증기   Truss Girder   기증기

Temporary
Prop

전방
작업대차

후방
작업대차

교각

Stay
Cable

Free Cantilever Method

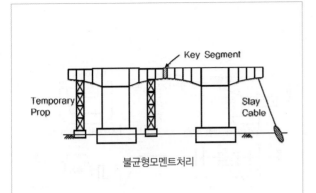

불균형모멘트처리

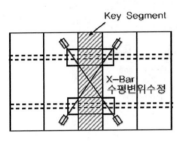

Key Segment 수평변위조정

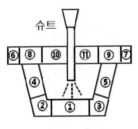

콘크리트 타설순서

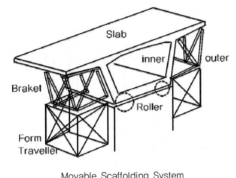

Movable Scaffolding System

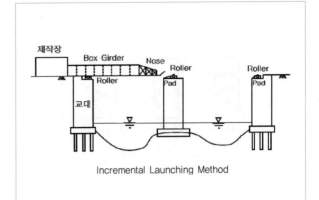

Incremental Launching Method

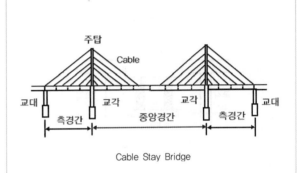

Cable Stay Bridge

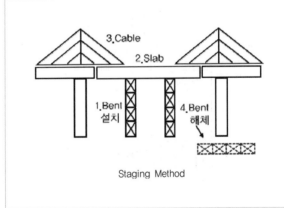

Staging Method

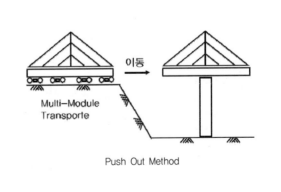

Push Out Method

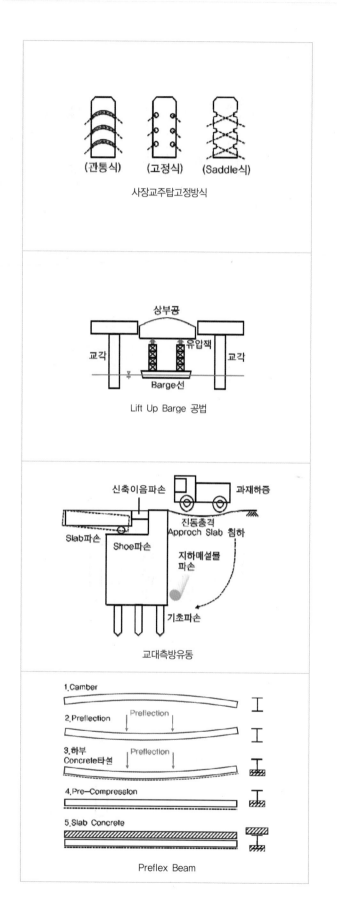

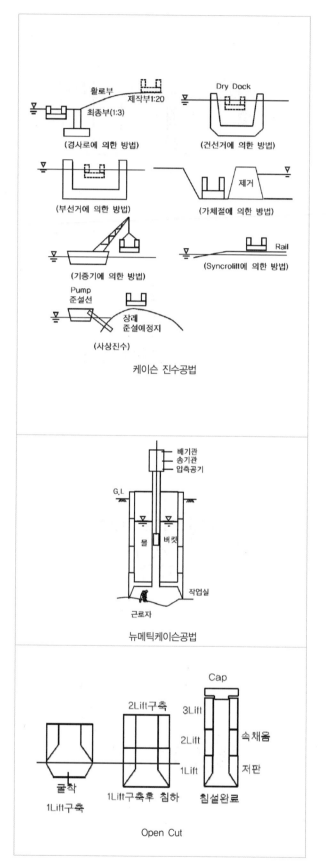

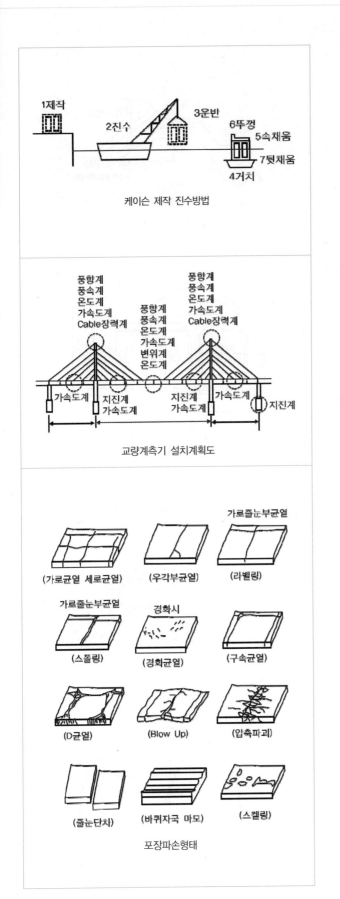

케이슨 제작 진수방법

교량계측기 설치계획도

포장파손형태

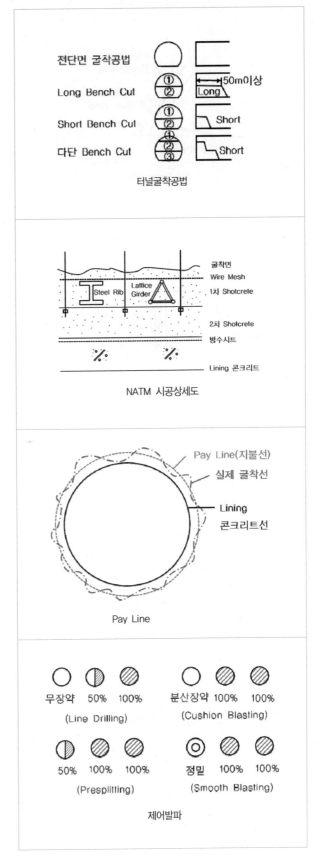

터널굴착공법

NATM 시공상세도

Pay Line

제어발파

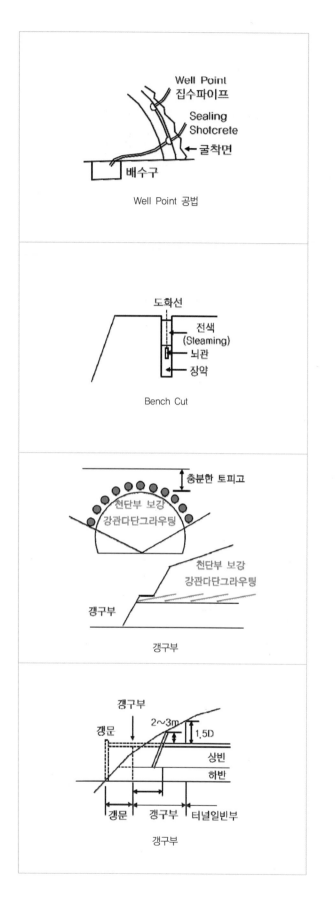

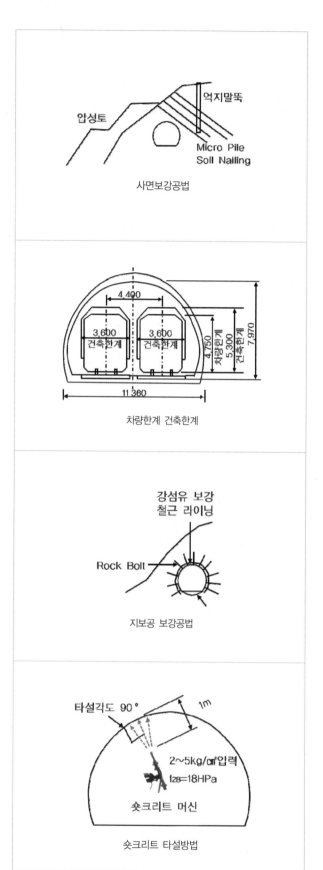

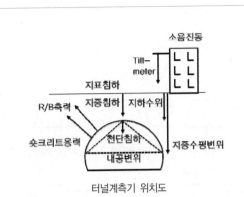

터널계측기 위치도

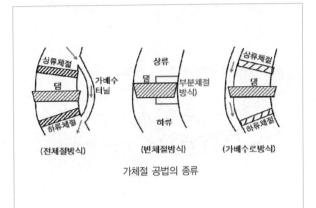

(전체절방식) (빈체절방식) (가배수로방식)

가체절 공법의 종류

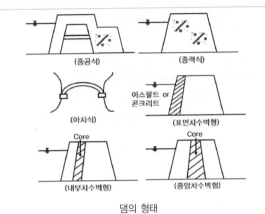

(중공식) (중력식)

(아치식) (표면차수벽형)

(내부차수벽형) (중앙차수벽형)

댐의 형태

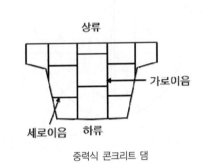

중력식 콘크리트 댐

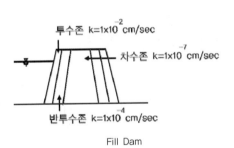

Fill Dam

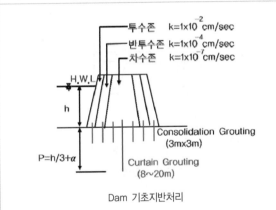

Dam 기초지반처리

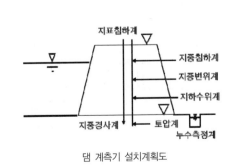

댐 계측기 설치계획도

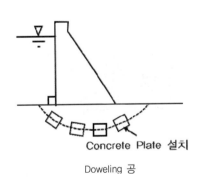

Doweling 공

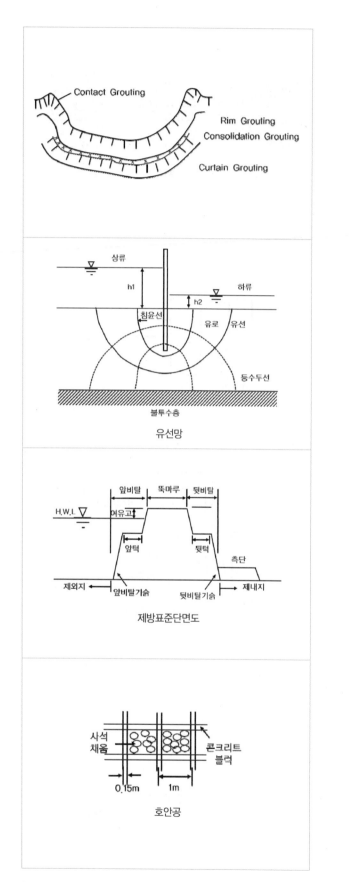

Contact Grouting
Rim Grouting
Consolidation Grouting
Curtain Grouting

상류
h1
하류
h2
침윤선
유로 유선
등수두선
불투수층
유선망

앞비탈 뚝마루 뒷비탈
H.W.L 여유고
앞턱 뒷턱
측단
제외지 앞비탈기슭 뒷비탈기슭 재내지
제방표준단면도

사석
채움
콘크리트
블럭
0.15m 1m
호안공

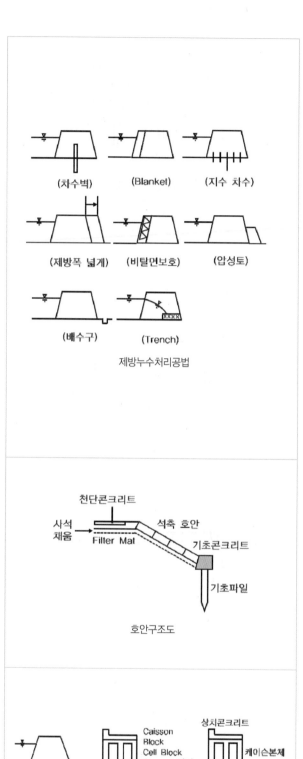

(차수벽) (Blanket) (지수 차수)

(제방폭 넓게) (비탈면보호) (압성토)

(배수구) (Trench)
제방누수처리공법

천단콘크리트
사석
채움
석축 호안
Filter Mat
기초콘크리트
기초파일
호안구조도

천단콘크리트
상치콘크리트
Caisson
Block
Cell Block
Concrete단괴
케이슨본체
기초
치환
(경사세) (직립세) (혼성제)
방파제

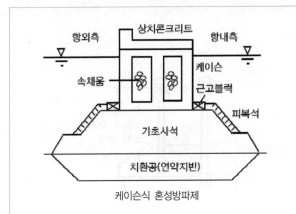

케이슨식 혼성방파제

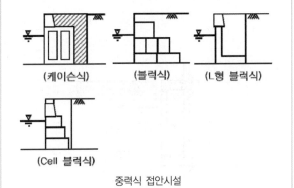

중력식 접안시설

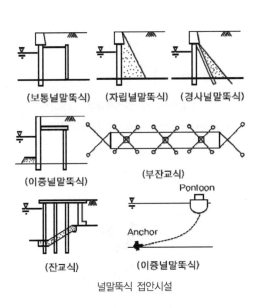

널말뚝식 접안시설

17 기타공사

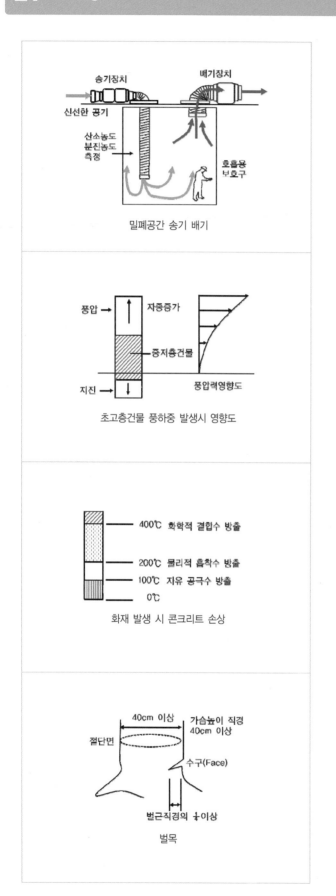

밀폐공간 송기 배기

초고층건물 풍하중 발생시 영향도

화재 발생 시 콘크리트 손상

벌목

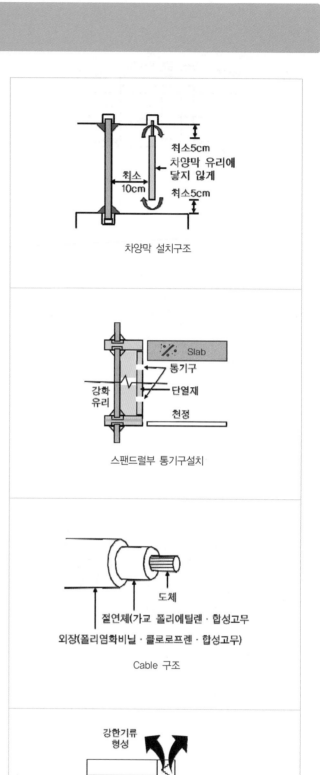

차양막 설치구조

스팬드럴부 통기구설치

Cable 구조

연돌효과

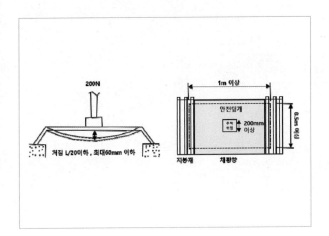

공식정리

제 19장

01 건설안전기술사 공식정리

1. 산업안전보건법

1) 환산재해율$=\dfrac{환산재해자수}{상시근로자수}\times 100$

   상시근로자수 $=\dfrac{연간\ 국내공사실적액\times 노무비율}{건설업\ 월\ 평균임금\times 12}$

2) 무재해목표시간(1배수)

   $=\dfrac{연간\ 총\ 근로시간}{연간\ 총\ 재해자수}$

   $=\dfrac{연평균\ 근로자수\times 1인당\ 연평균\ 근로시간}{연평균\ 재해자수}$

   $=\dfrac{1인당\ 연평균\ 근로시간}{재해율}$

3) 기적 및 환기

   기적산식 $S=\dfrac{V-v}{N}$

2. 시설안전특별법

1) 콘크리트 비파괴검사
   복합법 : $F_c=8.2R_0+269V_p-1094$(보통 con'c)
   잔존수명 $=t3-t2$

3. 건설기술진흥법

1) 부실벌점제도 산정방법
   동일업체 or 건설기술용역2회↑
   Σ당해부실벌점÷점검횟수=평균부실벌점
   Σ3년간평균부실벌점÷2=누계평균부실벌점

2) 건기법시행령 관련 관리시험　암기 강슬공염
   압축강도시험

   슬럼프시험 $S=\dfrac{Ccl-w}{100}$

   공기함유량 $A(\%)=A-G$
   염화물함유량

4. 재난안전관리기본법

1) 보험급여 산정
   평균임금=전회평균임금×(1+전회평균임금×전회
   평균임금산정이후 통상임금변동률)
   최저보상기준금액=전년도최저보상기준금액×(1+
   최저 임금의 전년 대비 조정율)

2) 환경관리비
   환경관리비=환경보전비+폐기물처리비+재활용비

5. 안전대책　암기 환인출연산대호 안감의농

1) 전격전류와 인체반응　암기 최고이교심 가불
   교착전류(불수전류) : 15~50mA : 뗄수 없음 근육수축
   심장기능↓, 수분이내사망

   심실세동전류 : $\dfrac{165}{\sqrt{t}}$mA

2) 하인리히(H.W. Heinrich) 연쇄성이론
   재해발생=물적불상+인적불행+α

   $\alpha=\dfrac{300}{1+29+300}$ 90.9% 아차사고인과

3) 정량적 재해통계의 분류
   ① 환산재해율=(환산재해자수/상시근로자수)×100
      사망자 가중치부여
   ② 연천인율(천인율)=(연재해자수/연평균근로자수)×1,000,
      재적근로자, 1000인당, 재해자수
   ③ 도수율=[재해자수/(연근로시간=근로자수× 근로시간)]
      ×1,000,000
      산재발생빈도, 백만시간 당, 재해발생건수
   ④ 강도율=(근로손실일수/연근로시간)×1,000
      재해경중, 1000시간당, 근로손실일수
   ⑤ 종합재해지수(F.S.I : FrequencySeverityIndicator)
      $=\sqrt{도수율\times 강도율}$
      발생빈도, 근로손실일수, 사업자위험도 비교
   ⑥ 안전성적(Safety Score)

      $\dfrac{현재도수율-과거도수율}{\sqrt{\dfrac{과거도수율}{현재\ 근로총시간수}\times 1,000,000}}$

      과거현재비교 +나쁜, -좋은
      +2↑ : 과거보다나빠짐
      +2 ~ -2 : 현상유지
      -2↓ : 과거보다좋아짐
   ⑦ 상시근로자수=(연간국내공사실적액× 노무비율)/(건설
      업월평균임금×12)
   ⑧ 환산도수율=(재해자수/연근로시간수)×100,000
   ⑨ 환산강도율=(근로손실일수/연근로시간수)×100,000
   ⑩ 평균강도율=(강도율/도수율)×1,000
   ⑪ 사망만인율=(사망자수/근로자수)×10,000
   참고 종합재해지수=도수강도치(F.S.I : Frequency Severity
      Indicator)　암기 종도강
      도수율(F.R : Frequency Rate of Injury)
      강수율(S.R : Severity Rate of Injury)

4) 재해손실비 평가방법　암기 하시버콤
   ① 하인리히(H.W. Heinrich) 방식　암기 하직간 14
      총재해비용=직접비(1)+간접비(4)
   ② 시몬스(R.H. Simonds) 방식　암기 시산비
      총재해비용=산재보험비용+비보험비용
      (산재보험비용〈비보험비용)

③ 버드(F.E Bird) 방식 암기 버직간 15

　직접비 : 간접비=1 : 5

④ 콤페스(Compes) 방식 암기 콤개공

　총재해비용=개별비용비+공용비용비

5) 안전인증대상 안전모

내수성시험 : 25℃수중24hr, 표면수분제거, 질량 증가율1%이내

$$질량증가율 = \frac{담금\ 후\ 무게 - 담그기\ 전\ 무게}{담그기\ 전\ 무게} \times 100$$

난연성시험 : 분젠버너, 10초간연소, 불꽃제거 후, 불꽃연소시간, 불꽃5초↑x

6) 안전대 최하사점

H 〉h=로프길이(l)+로프 신장 길이

(l·α)+작업자 키1/2(T/2)

H 〉h : 안전

H = h : 위험

H 〈 h : 중상,사망

7) 추락방지망 설치기준

작업점아래 h1=0.75L(3~4m)

　　　　　　h2=0.85L

　　　　　　S=0.25L

하단부여유 1/2L~1/6

8) 무재해시간=실근무자수×실근로시간수

(실근무시간 곤란시 1일→8시간)

6. 안전심리

1) 안전심리 5대요소

K.Lewin 인간행동법칙

B=f(P·E)

B : 인간행동

f : 함수관계

P : 지능, 시각, 성격, 감각, 연령

E : 인간관계, 온습도, 조명, 분진, 소음, 정리정돈, 청소, 채광, 행동장애

2) 에너지대사율(R.M.R : Relative Metabolic)

작업강도 암기 경중풍초

$$R.M.R = \frac{작업대사량}{기초대사량}$$

$$= \frac{작업\ 시\ 소비\ Energy - 안정\ 시\ 소비\ Energy}{기초대사량}$$

기초대사량=$A \times H^{0.725} \times W^{0.425} \times 72.^{46}$

3) 허쉬(R.B. Hershey) 피로분류법

① 산출식

$$R = \frac{60(E-4)}{E-1.5}$$

R : 휴식시간(분)

E : 작업 시, 평균E소비량

총작업시간 60분

작업 시 분당 평균E소비량 4kcal/분

2000÷480≒4.16=4.0

휴식시간 중 E소비량 1.5kcal/분

750÷480≒1.56=1.5

② 작업 시 평균에너지 소비량

1일소비에너지　　4,300 Kcal/day

기초대사　　　　2,300 Kcal/day

작업시소비에너지 2,000 Kcal/day, 4kcal/분

휴식시소비에너지　750 Kcal/day, 1.5Kcal/분

7. 안전교육

1) 파지와 망각(기억의 과정) 망각곡선

기억률(H.Ebbinghaus)

$$= \frac{최초에\ 기억하는데\ 소요된\ 시간 - 그\ 후에\ 기억에\ 소요된\ 시간}{최초에\ 기억하는데\ 소요된\ 시간} \times 100$$

2) 기업 내 정형교육 암기 AAMT

A.T.P(Administration Training Program) or C.C.S(Civil Communication Section)

A.T.T(American Telephone Telegram)

M.T.P(Management Training Program) or FEAF(Far East Air Forces)

T.W.I(Training Within Industry)

J.I.T(Job Instruction Training)

J.M.T(Job Method Training)

J.R.T(Job Relation Training)

J.S.T(Job Safety Training)

8. 인간공학

1) Man-Machine System 신뢰도

① 인간-기계의 신뢰도

$$R_s = R_H \cdot R_E$$

　R_S : 신뢰도

　R_H : 인간신뢰도

　R_E : 기계신뢰도

② 직렬연결과 병렬연결시 신뢰도

직렬배치(Series System)

$$R_s(신뢰도) = r_1 \times r_2$$

병렬배치(Parallel System)

$$R_s(신뢰도) = r_1 + r_2(1-r)$$

9. 시스템안전

1) System안전 해석기법 암기 훼펄이프 크디메테

F.M.E.A(Failure Mode and Analysis/F.M & E) : 고장형별분석, 정성적, 정량적, 영향

F.T.A(Fault Tree Analysis) : 결함수분석, FT, 도표 이용

E.T.A(Event Tree Analysis) : 사고수분석, 안전도, 귀납, 정량적, 재해확대요인분석

P.H.A(Preliminary Hazards Analysis) : 예비사고분석, 최초단계분석, 사전분석

C.A(Critical Analysis) : 위험도분석, 사상손실 높은 위험도, 요소, 형태분석

D.T(Decision Tree) : 의사결정나무, 요소 신뢰도 이용, System 모델, 귀납, 정량적

M.O.R(Management Oversight & Risk Tree) : Tree중심, F.T.A기법, 관리, 설계, 생산, 보존, 안전도모, 원자력산업 이용

T.H.E.R.P(Technique of Human Error Rate Prediction) : 인간적 Error, 정량적 평가, 안전공학

10. 인간공학

1) 환경영향평가 환경관리비 암기 보폐재

환경관리비=환경보전비+폐기물처리비+재활용비

2) 비용증가(Cost Slope)

$$Cost\ Slop = \frac{급속비용-정상비용}{정상공기-급속공기}$$

$$= \frac{특급비용-표준비용}{표준공기-특급공기}$$

11. 가설공사

1) 가설구조물 적재하중

방망지지점 강도 600Kg↑

F=ma=60kgx9.8m/sec=598kg≒600kg

2) 추락방지망 설치시 유의사항

원칙적2단(상부10x10,하단2.5x2.5)

낙하높이(충돌면여유)

작업점아래 h1=0.75L(3~4m)

               h2=0.85L

h1아래 망처짐 S=0.25L

하단부에서 1/2L~1/6L

3) 가설구조물 작용하중

작용하중

연직하중 $P = rt + 0.5rt + 150kg$

4) 바람이 가설구조물에 미치는 영향

영향 F = P · Q · V

        P : 공기밀도

        Q : 풍량

        V : 속도

5) 슬링(Sling)

안전율

$$슬링안전율 = \frac{절단하중}{최대하중}$$

안전율구성(F)=ExSxB=5.0배 암기 이수배

        E : 탄성한계계수, 로프파단하중 50%

        S : 충격계수

        B : 잔류강도계수 1.25배

6) Wire Rope

① 구성

6×24×1WRC×B종×20mm

(스트랜드수×소선수×wire심재질×소선인장강도×로프직경)

② 안전계수

$$안전계수 = \frac{절단하중}{최대하중}$$

근로자 탑승 10↑

화물하중지지 5↑

상기이외   4↑

7) 건설기계 재해유형

$$안전율 = \frac{G \cdot x_2}{W \cdot x_1} \geq 1.5$$

12. 가설공사

1) 흙의 기본성질

① 간극비(Void Ratio)

$$e = \frac{V_v}{V_s}$$

② 간극률(Porosity)

$$n = \frac{V_v}{V} \times 100\%$$

③ 포화도(Deegree of Saturation)

$$S = \frac{V_w}{V_v} \times 100\%$$

④ 함수비(Water Content)

$$w = \frac{W_w}{W_s} \times 100\%$$

⑤ 함수율

$$w' = \frac{W_w}{W} \times 100\%$$

⑥ 비중

$$G_s = \frac{r_s}{r_w(4℃)}$$

4℃에서 물의 단위중량에 대한 흙의 중량

⑦ 포화단위중량

$$r_{sat} = \frac{G_s + e}{1+e} \times r_w$$

⑧ 수중단위중량 : 흙,지하수 아래작용

부력 : 이 때의 단위중량, 포화단위중량은 부력만큼 감소

$$r_{sub} = r_{sat} - r_w = \frac{G_s - 1}{1+e} \times r_w$$

⑨ 상대밀도

$$D_r = \frac{e_{max} - e}{e_{max} - e_{min}} \times 100(\%)$$

조립토 느슨, 조밀상태 : 공극크기 비교

2) N치 보정　[암기] 로토상

로드길이보정 $N_1 = N'(1 - \frac{x}{200})$

토질보정 $N_2 = 15 + \frac{1}{2}(N_1 - 15)$

상재압수정 $N = N'(\frac{5}{1.4P+1})$

N_1 : 수정값

N' : 측정값

x : 로드길이

P = 유효상재하중 ≤ 2.8kg/cm²

3) CBR(California Bearing Ratio)

$$CBR = \frac{시험단위하중(시험하중강도)}{표준단위하중(표준하중강도)} \times 100(\%)$$

4) 토질시험(Soil Test)과 흙의 연경도

① 역학적시험　[암기] 투입전 직간 일베 일삼

직접 :

간접 :

삼축압축 : 압축실 물 상하압력강도

$S = C + \sigma \tan\phi$

② Atterberg한계(흙의연경도 : Consistency한계)

수축지수(SI) = 소성한계(PL) - 수축한계(SL)

소성지수(PI) = 액성한계(LL) - 소성한계(PL)

액성지수(LI) = $\frac{w - 소성한계(PL)}{소성지수(PI)}$

소성지수↑ : 함수비↑, 나쁜흙

소성지수↓ : 함수비↓, 좋은흙, 노상PI<10

고반소액 SL PL LL

5) 액상화현상　[암기] 간유전액

① 액상화 발생원인

Coulomb법칙 유효응력(σ)상실할 때

$\tau = C + \sigma \tan\phi$

S : 전단강도

C : 점착력

σ : 수직응력

$\tan\phi$: 마찰각

ϕ : 내부마찰각

6) 지반계수

지반계수 K치(K-value) = $\frac{P_1}{S_1}$

연약점토 < 2.0

모래 : 8~10

7) 동상현상(Frost Heave)

① 동결심도측정법　[암기] 동보실열

동결지수 $Z = C\sqrt{F}$ 햇볕 3, 그늘 5 "

보정동결지수

실제파서, Ice Lens온도측정

열전도율 $Z = \sqrt{\frac{48kF}{L}}$

② 측정시간 : 03 09 15 19 21시

8) 연약지반　[암기] 함일느

① 침하량, 침하시간, 압밀도

$$Sc = \frac{Cc}{1+e_0} H\log\frac{P_0 + \Delta P}{P_0}(cm)$$

$$t = \frac{T_v H^2}{C_v}(분)$$

$$\overline{u} = 1 - \frac{u}{u_i}$$

② 연약지반판정기준

점성토 : N≤4, 표준관입시험, 자연함수비, 일축~

사질토 : N≤10, 표준관입시험, 자연상태간극비, 상대~

9) RQD(Rock Quality Designation)

$$RQD = \frac{10cm\ 이상\ Core\ 길이의\ 합계}{총\ 시추길이} \times 100(\%)$$

10) Q-System — Jnarw　[암기] 잠실나루

$$Q = \frac{RQD \cdot Jr \cdot Jw}{Jn \cdot Ja \cdot SRF}(점수)$$

J_n : 절리관련계수

J_a : 절리면변질계수

J_r : 절리면거칠기계수

J_w : 출수와 관련된 계수

J_w/SRF : 활동성 응력

1,000점 : 암상태 양호

0.001점 : 암상태 매우불량

$RMR = 9LogQ + 44$

11) 사면종류 `암기` 직무유(기)

무한사면 : 사면길이 〉활동흙깊이

사면길이=활동깊이x10배↑

12) Heaving안정검토

$$F_s = \frac{M_r(저항모멘트)}{M_d(활동모멘트)}$$

$$= \frac{S_u \cdot x^2 \cdot \pi}{(r_t \cdot H + q) \cdot \dfrac{x^2}{2}}$$

$$= \frac{2S_u \cdot \pi}{r_t \cdot H + q} \geq 1.2$$

13) Boiling 안정검토

$$F_s = \frac{\sigma}{u} = \frac{\dfrac{D}{2}\dfrac{D}{2}r_{sub}}{\dfrac{H}{2}\dfrac{D}{2}r_w} = \frac{2D \cdot r_{sub}}{H \cdot r_w} \geq 1.5$$

u : 침투수압

r_{sub} : 흙의 포화 단위중량

r_w : 물의 단위중량

D : 묻힘깊이

14) 옹벽 안전조건 및 방지대책 `암기` 활전침 1.5 2.0 3.0

① 옹벽에 작용하는 토압 `암기` 수정줘

주동토압 $Pa = \dfrac{1}{2}K_a rH^2$, $K_a = \tan^2(45 - \dfrac{\varnothing}{2})$

정지토압 $P_0 = \dfrac{1}{2}K_0 rH^2$, $K_0 = 1 - \sin\varnothing$

수동토압 $Pp = \dfrac{1}{2}K_p rH^2$, $K_p = \tan^2(45 + \dfrac{\varnothing}{2})$

수동토압 〉정지토압 〉주동토압

그림 $P_a < P_p + R$ 안전

$\quad\quad P_a = P_p + R$ 정지

$\quad\quad P_a > P_p + R$ 붕괴

② 안전성 검토

활동 : Shear Key 저판폭, 말뚝보강

안전율=$\dfrac{\text{기초지반 마찰력 합계}}{\text{수평력 합계}} \geq 1.5$

전도 : 높이낮춤, 뒷굽길게

안전율=$\dfrac{\text{전도에 저항하는 모멘트}}{\text{전도모멘트}} \geq 2.0$

침하 : 기초지반지지력, 지반개량, 기초저판폭

안전율=$\dfrac{\text{지반의 극한지지력}}{\text{연직력의 합}} \geq 3.0$

전체 안정조건(원호활동)

안전율$(F_s) \geq 1.5$

15) 보강토옹벽(소성침하유도, 내진 강한 구조물)

Coulumb 전단방정식 : $\tau = \sigma\tan\phi \rightarrow \tau = C + \sigma\tan\phi$

보강재길이 파괴선한계 자유장=$(45° + \dfrac{\varnothing}{2}) + 0.15H$

정착길이 정착장=$\dfrac{T \cdot F_s}{\pi D \cdot \tau}$

옹벽안정조건(안정성검토) `암기` 활전침 1.5 2.0 3.0

16) 말뚝의 마찰력과 중립점

중립점의 두께=n×H

마찰말뚝, 불완전지지말뚝n=0.8

모래, 자갈층 n=0.9

암반, 굳은지층 n=1.0

17) Slip Layer Pile 허용지지력

$R_a \leq \sigma_a \cdot A_p - P_{nf}$

18) 말뚝의 허용지지력 추정방법

`암기` 정동재 TeMeSanEnHil 정동말 압인수 가변

① 정역학적 추정방법

Terzaghi 공식 $R_u = R_p + R_f = \pi r^2 q_u + 2\pi r l f_s$

Meyerhof 공식 $R_u = 40N_p A_p + 1/5N_s A_s + 1/2N_c A_c$

② 동역학적 추정방법

Sander 공식 $R_u = \dfrac{W \times H}{S}$

Engineering News 공식 $R_u = \dfrac{W \times H}{S + 2.45}$

Hiley 공식 $R_u = \dfrac{W \cdot H \cdot e}{S + 1/2(C1 + C2 + C3)}$

③ 재하시험에 의한 추정방법

말뚝항타시험 $\quad R_u = \dfrac{W \cdot H \cdot \sum e}{S + 1/2(C1 + C2 + C3)}$

(Hiley)

19) 말뚝 폐색 `암기` 완부완 개폐

① 상태

완전개방상태(r=100%)

부분폐색상태(0 〈 r 〈 100)

완전폐색상태(r=0%) : $r = \dfrac{I}{D} \times 100\%$, 토사x

② 효과

개단말뚝 : $Q = Q_p + Q_{f1} + Q_{f2}$

폐단말뚝 : $Q = Q_p + Q_{f1}$

Q_p : 말뚝지지력

Q_{f1} : 외주변마찰력

Q_{f2} : 내주변마찰력

20) 구조물 부등침하

① 연약지반 판정방법

점성토 : N 〈4~6

사질토 : N 〈10

② 침하검토

침하량 $Sc = \dfrac{Cc}{1+e_0} H \log \dfrac{P_0 + \triangle P}{P_0}$ (cm)

침하시간 $t = \dfrac{T_v H^2}{C_v}$ (분)

침하도 $\bar{u} = 1 - \dfrac{u}{u_i}$

13. 콘크리트공사

1) 거푸집 및 동바리 설계시 작용하중
- 연직하중(수직하중)

W=고정하중+활하중

$= rt + 0.4kN/m^2 + 2.5kN/m^2 \geq 5.0kN/m^2$

r : 콘크리트단위중량, t : 슬라브두께(m)

① 고정하중(DL) : 콘크리트, 철근, 가설물 중량 등
  - 보통콘크리트단위중량 r = 24kN/m³
  - 거푸집중량 최소 0.4kN/m³

② 활하중(LL) : 작업원, 경량장비하중, 타설자재 공구 등 작업하중 및 충격하중
  - 단위면적당 최소 2.5kN/m²
  - 전동타설장비 3.75kN/m²
  - 슬라브t=0.5m 이상 시 3.5kN/m², t=1.0m 이상 시 5.0kN/m² 적용

③ 고정하중 및 활하중 조합(DL + LL)의 최소치 적용치 : 최소 5.0kN/m² 이상 적용

④ 적설하중 : 지역별 적용

- 수평하중(HL 횡하중)

① 타설시 충격, 시공오차 등에 의한 최소의 수 평하중 고려(풍하중보다 큰값)

② 고정하중의 2% 이상 또는 종바리 상단의 수 평방향 길이당 1.5kN/m 보다 큰값 적용

③ 벽체거푸집에 작용하는 수평하중은 수직 투영 면적당 0.5kN/m² 적용

④ 횡경사에 의한 수평하중 고려

- 측벽하중(측압)

① 굳지 않은 콘크리트 측압 고려

② 재료, 배합 타설속도, 타설 높이, 다짐방법, 타설시의 온도 등 검토

- 풍하중

가설구조물의 설계풍하중

Wf = pf · A

Wf : 설계풍하중(kN)

pf = qz · Gf · Cf : 가설구조물의 설계풍력 (kN/m²)

A : 작용면의 외곽 전면적(m²)

- 특수하중

콘크리트 비대칭 타설시 편심하중, 경사거푸집 수직 수평분력, 콘크리트 내부매설물 양압력, 크레인 등 장비하중, 외부진동다짐 등 영향 고려

2) 콘크리트 측압검토

첨가물 : 지연제, Slag, Flyash, $C_c = 1.2 \sim 1.4$

Slump175mm이하, 1.2m깊이↓, 내부진동 다짐시 :

기둥측압 $P = C_w \cdot C_c (7.2 + \dfrac{790R}{T+18})$

벽체측압 :

타설속도 2.1mm/hr이하, 타설높이 4.2m 미만시 :

$P = C_w C_c (7.2 + \dfrac{790R}{T+18})$

타설속도 2.1mm/hr이하, 타설높이 4.2m 초과시

타설속도 2.1~4.5h/hr : $P = C_w C_c (7.2 + \dfrac{1160 + 240R}{T+18})$

단위중량계수 $C_w = 0.5(\dfrac{W}{23kg/m^3})$ 단, 0.8이상

C_c : 첨가물, C_w : 단위중량계수, R : 타설속도
T : 타설온도, H : 콘~타설높이

3) 철근이음 `암기` 결용기Cad 용Ga 슬압충나G

① 결속선

겹침이음 : 3개다발 20% 증가, 4개 다발 33% 증가

이음길이 :

압축철근 f_y가 400MPa이하 : $l_l = 0.072 f_y d$이상

f_y가 400MPa이상 : $l_l = (0.13 f_y - 24)d$ 이상

이음길이 300mm 이상

인장철근 - A급 : $l_l = 1.0 l_d$

B급 : $l_l = 1.3 l_d$

4) 철근 정착

① 매입철근 정착길이 `암기` 압인

압축철근정착길이 200mm이상

$l_d = l_{db} \times 보정계수 = \dfrac{0.25 d f_y}{\sqrt{f_{ck}}} \times \geq 0.04 d f_y 보정계수$

인장철근정착길이 300mm이상

$l_d = l_{db} \times 보정계수 = \dfrac{0.6 d f_y}{\sqrt{f_{ck}}} \times 보정계수$

② 표준갈고리

갈고리와 직선부 부착, 원형 반드시 갈고리, 정착길이 확보곤란 갈고리

위험단면 $12 d_b$

$4 d_b \geq 6cm : 3 d_b (D10 \sim D25)$

$4 d_b (D28 \sim D35)$

$5 d_b (D8 이상)$

5) 철근부식

① 철근부식 Mechanism

양극반응 : $Fe \rightarrow Fe^{++} + 2e^-$

화학적반응 :

$Fe + H_2O + \dfrac{1}{2}O_2 \rightarrow Fe(OH)_2$: 수산화제1철(붉은)

$Fe(OH)_2 + \dfrac{1}{2}H_2O + \dfrac{1}{4}O_2 \rightarrow Fe(OH)_3$: 수산화제2

철(검은)

부식촉매제(3요소)

물 H_2O

산소 O_2

전해질 $2e^-$

6) 콘크리트 배합설계 [암기] 설배시더 sl굵잔단 배

설계기준강도(f_{ck}) : 28일 압축강도, 18MPa, 21MPa, 24MPa

배합강도 : 배합(f_{cr}) > 설계기준

배합 < 설계 확률 5%이하

설계 85%↓ 확률 0.13%이하

아래 두 식중 큰 값

$f_{cr} \geq f_{ck} + 1.34s$(MPa)

$f_{cr} \geq (f_{ck} - 3.5) + 2.33s$(MPa)

시멘트 강도(k) : 3, 7일로부터 28일 압축강도 추정

w/c비 : 강도, 내구성, 수밀성

압축강도기준 w/c비 결정 :

시험, 28일 공시체

시험x 보통포틀~사용 시(작은값)

$w/c = \dfrac{51}{f_{28}/k + 0.31}$

내동해성콘~　45~60%-　[암기] 동수화해

수밀콘~　　　50%이하

화학작용콘~　45~50%

해양콘~　　　45~50%

7) 물시멘트비 결정

강도, 내구성, 수밀성

압축강도기준 w/c비 결정 :

시험, 28일 공시체

시험x 보통포틀~사용 시(작은값)

$w/c = \dfrac{51}{f_{28}/k + 0.31}$

내동해성　　　45~60%-　[암기] 동수화해

수밀콘크리트　50%이하

화학작용　　　45~50%

해양콘크리트　45~50%

8) 미경화 콘크리트 성질

콘크리트종류　　25　-　21　-　18

　　　　　굵은~(mm)　설계기준　slump
　　　　　　　　　강도(MPa)　(cm)

9) 워커빌리티,컨시스턴시 측정방법 [암기] 슬Vee흐다리케

흐름시험(Flow Test) : 플로테이블, 플로콘, 상하진동, 넓게퍼진, 콘~평균직경

흐름값 = $\dfrac{\text{시험 후 직경} - 25.4cm}{25.4cm} \times 100\%$

다짐계수시험 : A B C용기, 차례로 낙하, 중량측정, 슬럼프보다 정확, 된비빔 효과적, A용기 다짐, 뚜껑 열고 – B에 낙하 – C에 낙하 C여분제거, 용기 내 중량, C동일 용기, 콘~채워중량

다짐계수(CF) = $\dfrac{w}{W}$

10) 콘크리트 탄성계수(E_c)

① 콘~탄성계수

$w_c = 2.3 ton/m^3$

$f_{ck} < 30MPa$경우　$E_c = 4,700\sqrt{f_{ck}}$(MPa)

$f_{ck} > 30MPa$경우　$E_c = 3,300\sqrt{f_{ck}} + 7,700$(MPa)

② $0.25 \sim 0.5 f_{ck}$에 대한 활성탄성계수

11) 콘크리트 배합 영향요소 [암기] 재배시 더단단굵잔슬공

① 영향요소

잔골재율 $\dfrac{\text{잔골재 절대용적}}{\text{골재(잔-+굵-)절대용적}} \times 100\%$

$= \dfrac{\text{모래절대용적}}{\text{모대절-+자갈절-}}$

12) 크리프 계수

$\phi = \dfrac{\varepsilon_c}{\varepsilon_e}$

옥외경량 : 1.5

보통　　 : 2.0

옥내　　 : 3.0

13) 콘크리트 탄성계수

E (탄성계수) = $\dfrac{\sigma(\text{응력})}{\epsilon(\text{변형})}$

$E_c = 8,500\sqrt[3]{f_{cu}}$ (MP$_a$)

보통골재 콘크리트 단위중량 $2,300 kg/m^3$

여기서, fcu는 재령 28일이 된 콘크리트의 평균 압축강도(MPa)로서, 다음 식으로 계산한다.

$f_{cu} = f_{ck} + \Delta f$(MP$_a$)

fck : 설계기준압축강도

△f : 평균압축강도 증가를 보정하는 값

$f_{ck} < 40MP_a$ 이면 4MPa

$f_{ck} > 60MP_a$ 이면 6MPa

14) Con'c 비파괴검사

복합법 : 강도+초음파법, 정확도

$$F_c = 8.2R_0 + 269V_p - 1,094$$

15) 중성화(잔존수명예측)

수화작용 : $CaO + H_2O \rightarrow Ca(OH)_2$ 수산화칼슘 : PH12
~13

중성화 : $Ca(OH)_2 + CO_2 \rightarrow CaCO_3$ (탄산칼슘) $+ H_2O$

16) 염화물

염소이온량(kg/m^3)산출

$$= \frac{\text{염분농도(\%)}}{100-} \times Con'c \text{ 단위중량} \times \frac{\text{염소분자량}}{\text{염화나트륨분자량}}$$

17) 철근콘크리트 시방서상 허용균열폭

① 계산식

$$S = 375(210/f_s) - 2.5Cc \quad ①$$

$$S = 300(210/f_s) \quad ②$$

①, ② 중 작은값

② 허용균열폭(w_a) 〔암기〕 철프 건습부고

강재종류	건조환경	습윤환경	부식성 환경	고부식성 환경
철근	0.4mm와 0.006t_c중 큰 값	0.3mm와 0.005t_c중 큰 값	0.3mm와 0.004t_c중 큰 값	0.3mm와 0.0035t_c 중큰 값
프리 스트레싱 긴장재	0.2mm와 0.005t_c중 큰 값	0.2mm와 0.004t_c중 큰 값		

③ 한국

건 0.4mm

습 0.3mm

부 0.004mm(피복두께)

고 0.0035mm(피복두께)

16. 콘크리트공사

1) 교량 안전성평가방법 〔암기〕 외정동내종보교기공

내하력평가 〔암기〕 교기공

교량내하력 : DB하중(표준트럭하중)

　　　　　　 DB하중(차선하중)

　　　　　　 0.1W 0.4W 0.4W

　　　　　　 0.1W 0.4W 0.4W

　　　　　　　 합계 1.8W

기본내하력 : DB-24(1등교) 하중 경우

$$P = DB\text{하중} \times \frac{\sigma_a - \sigma_b}{\sigma_{24}}$$

공용내하력 : 기본내하력에 보정계수 적용 〔암기〕 PK srio

$$P' = P \times K_s \times K_r \times K_i \times K_0$$

2) 도로 평탄성 관리

PrI(Profile Index) : 1차선 당 1회, ±2.5cm

$$PrI = \frac{\sum(h + h_2 + \cdots h_n)}{\text{총측정거리}} (cm/km)$$

PrI : Con'c 16cm/km

　　　 Asphalt 10cm/km

　　　 곡선반경 6m↓, 종단구배 5%↑경우 24cm/km

3) 숏크리트

$$\text{반발율} = \frac{\text{반발재의 중량}}{\text{재료의 전중량}} \times 100$$

4) 양압력

① 양압력 산출방법

임의점 양압력=압력수두×물단위중량

압력수두=전수두-위치수두

$$\text{전수두}(H_t)H = H_e + H_p = H_e \cdot \frac{U}{r_w}$$

$$U(\text{간극수압}) = H_p \cdot r_w$$

H : 전수두,　H_e : 위치수두,　H_p : 압력수두

■ 저자약력

이 태 엽
건설안전기술사 / 토목시공기술사

■ 주요경력
전) SK건설㈜(1992 ~ 2015)
 – 토목사업부문, 품질안전환경부문, 현장소장
전) 한국건설기술인협회 토목시공기술사 교수(2006 ~ 2015)
현) 한국건설기술인협회 건설안전기술사 교수
현) 이태엽 건설안전기술사 대표
 – 구글 Meet 강의, 기술사강의, 협회강의, 대학강의, 기업안전 컨설팅
현) 고용노동부지정 재해예방전문지도기관
   에스티종합안전㈜ 임원
현) 한솔아카데미 출판위원 및 기술사 교수

■ 학력 및 자격
연세대학교 공학대학원 토목공학 석사
건설안전기술사, 토목시공기술사, 토목기사 1급
한국시설안전공단
 – 교량 터널 및 수리시설 정밀안전진단 및
   성능평가 기술자격
고용노동부 NCS 확인강사

■ 참고문헌

- 고용노동부, 산업안전보건법령집
- 국토교통부, 건설안전기술
- 국토교통부, 지하굴착공사 안전관리편람
- 국토교통부, 교용접시방서
- 한국산업안전보건공단, 유해위험방지계획서 작성지침
- 한국산업안전보건공단, 안전작업 매뉴얼
- 한국산업안전보건공단, 건설업 공종별위험성 평가
- 한국산업안전보건공단, 안전보건관리책임자 직무교육
- 한국산업안전보건공단, 건설공사 안전관리계획서 작성지침
- 한국산업안전보건공단, 건설업 공종별 위험성 평가 모델
- 한국시설안전공단, 시설물안전관리법령집
- 한국시설안전공단, 구조물안전진단
- 한국시설안전공단, 정밀안전진단 기술자교육
- 한국시설안전공단, 성능평가과정교육
- 한국시설안전공단, 이러닝교육과정
- 한국시설안전공단, 건설업 공종별위험성평가모델
- 한국시설안전공단, 산업재해예방 기술에 관한연구
- 한국시설안전공단, 불안전한 행동 인간특성에 관한 연구
- 한국건설기술연구원, 지하굴착공사 안전관리편람
- 한국지반공학회, 터널표준시방서
- 대한토목학회, 콘크리트표준시방서
- 대한토목학회, 도로교표준시방서
- 대한토목학회, 토목학회지
- 대한건축학회, 건축학회지
- 한경보외3인, 건설안전공학ⅠⅡ, 예문사
- 한경보, 건설안전기술사, 예문사
- 한경보, 건설안전기술사 실전면접, 예문사
- 김우식, 길잡이건축시공기술사, 예문사
- 김우식, 길잡이토목시공기술사, 예문사
- 김우식외2인, 길잡이토목시공기술사 용어설명, 예문사
- 김인식, 건설안전관리 건설연구사
- 양성황, 인간공학, 형설출판사
- 정재수, 재난안전방재관련법규, 도서출판세화
- 정재수, 전기안전기술사, 도서출판 세화
- 유재복, 토목시공 이론과 실제, 예문사
- 이춘석, 토목 및 기초기술사, 예문사
- 신현묵외, 프리스트레스콘크리트, 학술정보원
- 정재수, 산업안전지도사, 도서출판 세화

건설안전기술사

定價 55,000원

저 자 이 태 엽
발행인 이 종 권

2021年 11月 17日 초 판 발 행
2023年 2月 8日 1차개정발행
2024年 5月 2日 2차개정발행

發行處 (주) 한솔아카데미

(우)06775 서울시 서초구 마방로10길 25 트윈타워 A동 2002호
TEL : (02)575-6144/5   FAX : (02)529-1130
〈1998. 2. 19 登錄 第16-1608號〉

※ 본 교재의 내용 중에서 오타, 오류 등은 발견되는 대로 한솔아
  카데미 인터넷 홈페이지를 통해 공지하여 드리며 보다 완벽한
  교재를 위해 끊임없이 최선의 노력을 다하겠습니다.
※ 파본은 구입하신 서점에서 교환해 드립니다.
www.inup.co.kr / www.bestbook.co.kr

ISBN 979-11-6654-527-6 13560